国外城市设计丛书

公共空间与城市空间

——城市设计维度

（原著第二版）

[英] 马修·卡莫纳　史蒂文·蒂斯迪尔
蒂姆·希斯　泰纳·欧克　　著
马　航　张昌娟　刘　堃　余　磊　译
马　航　张昌娟　刘　堃　　校

U0390596

中国建筑工业出版社

著作权合同登记图字：01-2011-2930 号

图书在版编目（CIP）数据

公共空间与城市空间——城市设计维度（原著第二版）/（英）卡莫纳，（英）蒂斯迪尔等著；马航等译.—北京：中国建筑工业出版社，2014.5

（国外城市设计丛书）

ISBN 978-7-112-16339-7

Ⅰ.①公…　Ⅱ.①卡…②蒂…③马…　Ⅲ.①城市空间-建筑设计　Ⅳ.①TU984.11

中国版本图书馆CIP数据核字（2014）第015816号

本书中文简体字翻译版由英国Taylor & Francis Group出版公司授权中国建筑工业出版社独家出版并在中国销售。未经出版者书面许可，不得以任何方式复制或发行本书的任何部分

本项目由"北京未来城市设计高精尖创新中心——城市设计理论方法体系研究"资助，项目编号UDC2016010100

责任编辑：程素荣　张鹏伟　　责任设计：董建平　　责任校对：刘　钰　张　颖

国外城市设计丛书
公共空间与城市空间
——城市设计维度
（原著第二版）

[英]　马修·卡莫纳　史蒂文·蒂斯迪尔
　　　蒂姆·希斯　泰纳·欧克　　　　　著
　　　马航　张昌娟　刘堃　余磊　　　译
　　　马航　张昌娟　刘堃　　　　　　　校

*

中国建筑工业出版社出版、发行（北京海淀三里河路9号）

各地新华书店、建筑书店经销

北京嘉泰利德公司制版

北京缤索印刷有限公司印刷

*

开本：787×1092毫米　1/16　印张：27¼　字数：630千字

2015年1月第一版　2017年10月第二次印刷

定价：138.00元

ISBN 978-7-112-16339-7

　　（25061）

版权所有　翻印必究

如有印装质量问题，可寄本社退换

（邮政编码 100037）

目　录

Foreword, Chinese Edition

Reflecting the increasingly widespread recognition of the value of urban design across public and private sectors around the world, urban design is now seen as a serious and significant area of practice and academic research. This strong growth in interest is being matched by a higher than ever demand for urban designers in the market, and by an increasing demand for urban design training at universities and in the workplace.

The new found status of urban design is based on a large and growing body of theoretical writings that have their roots in critiques of post-war Modernism, and, in particular, in a number of classic texts dating from the 1960s. The ideas emanating from these early writers have been worked over, criticized, tested, added to and extended by a wide range of theorists, practitioners and policy makers over the last half century. Today, the resulting urban design literature is extensive and growing, and collectively constitutes a legitimising theoretical underpinning for practice in urban design.

Public Places Urban Spaces represents an attempt to structure this body of writing into a number of inter-related dimensions of thought and practice. The result has been accepted widely across the world as a useful framework within which to situate evolving discussions about urban design. I am therefore particularly pleased that this Chinese version of the text will continue this process, allowing the second edition of the book to reach a new and important audience. With the continued rapid growth and development of China over the next 50 years, this audience has perhaps the most critical role of all to play in shaping the future of the World's urban areas. I hope that in some small way this text can be of assistance in that heroic task.

Prof Matthew Carmona
UCL, The Bartlett School of Planning
London, 2012

致中国读者

随着世界各地公共及私营部门对城市设计价值的日益重视，城市设计现已在实践领域与学术研究中占据举足轻重的地位。与此相应的是，市场上对城市设计师的需求以及工作单位和大学院校中对城市设计相关知识与技能的培训需求也史无前例的高涨。

城市设计所取得的发展是建立在为数众多且日益增加的理论著作的基础之上，而这些著作多半可以从对战后现代主义批判的论著，尤其是 20 世纪 60 年代以来的一些经典论著中追根溯源。这些早期著作中的观点已经得到许多理论家、实践家及决策者的检查、批判、验证、增补与拓展。时至今日，由此形成的城市设计文献仍在不断增多，它们共同构成了城市设计实践公认的理论基础。

《公共空间与城市空间》这本书试图将若干相互关联的城市设计思想维度与城市设计实践维度组织在一起来建构全书主体。其研究结果被视为是一个可以使城市设计讨论不断演进的实用框架而被国际同行普遍认可。令我尤感欣慰的是，本书中文版本的面世将使第二版书拥有许多新的重要读者。随着中国今后 50 年的快速持续发展，这些读者或许将在塑造未来世界城市中发挥至关重要的作用。我谨希望本书能对他们完成这项伟大的使命有所帮助。

马修·卡莫纳教授
伦敦大学学院，巴特雷特规划学院
2012 年，伦敦

再版前言

本书是对 2003 年第一版的更新与修订，展示了多个各不相同但又密切相关的城市设计维度。作者既不希望囿于少数的城市设计品质，也不愿毫无重点地平铺直叙，因此采用了整体的写作手法来阐述城市设计与场所塑造，从而为初学者及需要总体指引的人士提供一个全面概览。为此，全书结构安排清晰易读，各章节相对独立，但又彼此关联，以便读者根据各自需要精读其中的某些内容。而分层论述的结构则更便于通读全书以获取更详尽的信息。

在本书中，城市设计被视为一种设计过程。如同所有的设计过程一样，其结果并无对错之分，仅有好坏之别，设计的质量只能通过时间来验证。因此，对城市设计项目应持不断质疑与追问的态度，而非教条地作出判断。本书无意效仿当下流行的做法去创造出一种"新"的城市设计理论，而是详尽阐述作者对城市设计及场所塑造所持的观点与态度，即坚信城市设计与场所塑造是城市开发、更新、管理、规划和保护进程的一个重要组成部分。

本书根据对现有文献和相关研究的全面回顾与阅读，广泛综合了各种理论和观点，同时还吸收并提炼了作者在规划、城市研究、建筑及测绘院校中从事与城市设计相关的教学、科研及写作等方面的经验。

1 缘起

本书的写作缘于两个契机。其一，源自 20 世纪 90 年代作者们在诺丁汉大学城市规划本科课程改革中的共事经历。课程改革的初衷是将城市设计作为一门跨学科的、创造性的、解决问题的学科去确定教学工作的核心，期望规划专业（包括其他专业）人士能够由此获得更有价值的学习经历，并为其未来的职业生涯打下更扎实的基础。尽管许多规划院校中，城市设计依然被视为是一门由城市设计"专家"执教的"黑箱课程"，但我们依然认为城市设计意识及专业敏感性应反映在规划教学课程的方方面面。对于建筑、产权、房地产及景观类院校而言，也同样如此。

其二，源自一个讲座的筹备工作，该讲座面向本科生，其目的是介绍城市设计相关理念、原则、概念，以此作为本科课程中设计教学的辅助。尽管关于城市设计的优秀著作已经不少，但是显然仍缺少一本能够全方位介绍城市设计思想的论著。由于要为这些课程而写作，所以产生了撰写本书的想法，而全书整体架构的灵感也是源于此处。

2 结构

全书主要由三个部分组成。首先是对城市设计含义的全面阐述。第1章阐明"城市设计"及"城市设计师"所面临的挑战。

该章有意采用一种对城市设计的广义理解，即将城市设计视为是一种整合的（如"连接"）、综合的设计行为，而不仅仅是简单的某种开发活动的物质或视觉表征。虽然城市设计的研究范畴较为广泛，外延界限模糊不清，但其关注的核心是明确的——为人创造场所——这也正是本书的要义所在。

更准确地说，是如何创造更好的场所而不仅仅是生产场所。坦率地说，这就是我们所认为的城市设计应该一直关注而非在某种特定情况下才需要关注的问题。由此，我们认为城市设计是一种伦理行为——首先，它具有价值论意义（因为它密切关注价值观问题），其次，城市设计关注或是说应该关注诸如社会公正、公平，环境可持续发展等特定的价值观。

第2章概括并讨论了当代城市背景的变迁。第3章则展开论述多个作为城市设计活动背景的环境，包括地方背景、全球背景、市场背景及调控背景。而这些内容为第二部分探讨城市设计原则与实践的各个维度做了铺垫。

从第4章起至第9章为本书的第二部分，每一章分别论述一个城市设计维度——"形态的"、"认知的"、"社会的"、"视觉的"、"功能的"和"时间的"。由于城市设计是一种连接行为，所以这种划分仅仅出于论述与分析的需要。这六个相互交叉的维度便是城市设计日常关注的实质内容，而第3章所总结的四个横向背景与这六个维度紧密相关。将城市设计视为一种解决问题的过程的概念理解是将四个背景与六个维度联系起来的逻辑链。章节的划分不是为了划清城市设计的各维度的界限，而是为了强调各维度的主题及不同维度间的联系。只有同时考虑到所有这些维度——形态、认知、社会、视觉、功能以及时间，城市设计才是完整的。

本书的第三部分为第10、11、12章，探讨了城市设计的实施与传达机制，即城市设计如何运作、控制与交流，从而强调了城市设计的本质是一种由理论到实践的过程。那些有理想的尤其是仍在接受教育的城市设计师们，往往能够就城市开发以及（表面上）优秀的公共场所的创造提出一些激动人心的愿景和设计方案。这些愿景的效果似乎完全不证自明，而且在立即实施的情况下，它们可能将获得压倒性的成功。然而对于城市设计及场所塑造而言，这种做法是不现实的，甚至还很天真。我们生活在一个"真实"的世界里，那些在理论上看起来合理的东西在现实中往往是难以实现的。进一步说，真实的情况是设计方案在实施过程中常常由于某种原因而最终失败。这是由于政策和方案偏离了实践过程。但从另一个角度来看，政策和方案也可能在实施过程中得到发展与优化。最后一章不仅强调了场地的重要性，还将各种维度组织起来，进一步强化了城市设计整体性和可持续性的本质特征。

了解城市设计师（主要指那些在公共部门工作或是为公共部门工作的，同时也包括其他设计师）如何促成，有时甚至是强行做出较好的设计作品——提出高质量的开发方案或是为人们创造出更好的场所，这一点十分重要。我们关注的重点应在于决策如何实现（"结果"）以及发生的过程（"手段"），而不在于强调城市设计是什么或应该是什么。

3 城市设计：逐渐显现与演进的行为

直到最近，英国的建成环境行业才将城市设计视为是一个重要的实践领域，而被中央及地方政府认可则是更近的事了。其标志是中央政府将城市设计与场所塑造纳入到规划编制的核心内容中。

在美国，至少在某些州，城市设计通常已被更充分地概念化，并更好地融入建成环境专业人士的实践中。纵观旧金山和波特兰的城市规划史就能清楚地看出这点。更为普遍的是，正如英国那样，近期公共层面与专业层面纷纷采取行动，共同倡议赋予城市设计新的地位——公共部门通过推广将设计审查作为以规划促进设计的方式，而专业人士则通过成立诸如"新城市主义协会"的专业团体的方式。此外，随着地方社团参与到当地环境的设计、管理和改造之中，城市设计成为了当前发展较好的民众运动关注的焦点。

城市设计是一门发展中的学科。世界各地的公共及私人部门对城市设计执业者的需求日益增长——或者更简单地说，是对具有城市设计专长和场所塑造敏感性的人士的需求正在不断增加。与此相应的是，在本科及研究生阶段的教育中开设若干新的城市设计课程，更加重视规划、建筑和测绘（房地产）教育，出版大量城市设计刊物，公共及私人部门从业人员希望掌握相关知识、提升专业技能。

所有城市设计师，无论是"自知"的还是"不自知"的（见第 1 章），都需要清楚地了解他们不同的设计行为以及对建成环境的干预将导致截然不同的结果——创造出高品质的、人性化的、有活力的场所，亦或创造出低质量的、冷漠而单调的场所。作为一个活动领域，城市设计已成为近期备受关注的焦点，同时也确保了它在既有建成环境专业中作为解决跨学科问题的主要手段的学科地位。在这样一个位置上，与建筑学和城市规划类似，城市设计也是一门基于政策和实践的学科，得益于数量巨大且广为接受的理论的支撑。本书借助大量目前的理论基础来介绍许多对建成环境的总体质量及宜居性有积极影响的重要成果。

自本书第一版出版后的 7 年多时间内，城市设计方兴未艾。希望本书所采用的结构能继续经受住时间的考验，并随时间的流逝，能将我们对城市设计实践与过程的其他思考融入其中，同时能够修正从一开始就被我们疏忽或因理解偏差而未能囊括进来的疏漏。因此，本书旨在通过加深对好的城市设计的理解，来促成那些成功的、可持续的以及令人珍视的公共场所的设计、开发与维存。

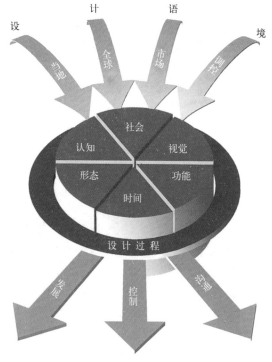

公共场所·城市空间

第一部分　城市设计的定义

第 1 章　今日的城市设计

本书采用城市设计的广义概念,将城市设计理解为为人创造更好的场所而不仅仅是生产场所的过程(图 1.1-1.3)。该定义重点强调以下四个主题:首先,城市设计是为人服务的;第二,"场所"的重要性;第三,城市设计是作用于"现实"世界的,其作用范围受经济(市场)和政治(调控)因素的限制;第四,设计作为一个整体过程的重要性。由于城市设计是为人创造更好的场所而不是生产这些场所,因而无论何时对城市设计的讨论都应在于城市设计应该怎样,而不在于城市设计是什么。

本章引入城市设计概念,分三个主要部分对其进行阐述。第一部分深化对城市设计这一主题的理解。第二部分分析当代城市设计的需求。第三部分探讨城市设计师与城市设计实践。

1　理解城市设计

早在 20 世纪 60 年代初,就有一群学者和设计师,以简·雅各布斯(Jane jacobs)、凯文·林奇(Kevin Lynch)、戈登·卡伦(Gordon Cullen)、克里斯托弗·亚历山大(Christopher

图 1.1　哥本哈根,老海滩步行街 /Gammel Strand
(图片来源:史蒂文·蒂斯迪尔 /Steve Tiesdell)

图 1.2　爱丁堡,圣安德鲁斯广场
(图片来源:史蒂文·蒂斯迪尔)

Alexander)、阿尔多·罗西（Aldo Rossi）、伊恩·麦克哈格（Ian McHarg）、扬·盖尔（Jan Gehl）等人为首，在城市空间形塑方面初具影响力，这就是后来为世人所知的"城市设计"的前身。而"城市设计"（urban design）一词于 20 世纪 50 年代后期正式出现在北美，大家往往会将这一术语的产生与时任哈佛大学设计学院院长的何塞·路易斯·舍特（Jose Luis Sert）于 1956 年在哈佛大学召开的城市设计研讨会，以及随后在哈佛大学设立全美首个城市设计课程这两个事件联系在一起。

作为空间塑造行为的术语，"城市设计"取代了更为传统且含义更狭窄的"市政设计"（civic design）一词。以城市美化运动为代表，市政设计更强调那些主要市政建筑——如市政厅、歌剧院、博物馆等——的选址、设计及其与公共空间的关系。而由早期建筑群体布局和建筑空间关系美学为主演化而来的当代城市设计则代表了一种更为包容的方法，正如本书标题所言，当代城市设计更侧重于城市空间的塑造，被视为是创造、再创造为公众所使用、享乐的公共空间的手段。

1.1 定义城市设计

由于包含两个具有多重含义的单词，因此"城市设计"是一个含糊不清的术语。若

图 1.3 芝加哥（图片来源：马修·卡莫纳）

将其拆分来看，"城市"与"设计"都具有明确的含义："城市"描述了城镇或城市的特征，而"设计"是指构思、规划、布局、着色和制模等行为。若从其在业界的使用来看，"城市"的内涵较之本义更为宽泛且包容性更强，它不仅指代城镇与城市，同时也将村庄和村落纳入其中。而"设计"也不仅仅是狭义上审美观念的产物或是某种特殊造物行为的结果，还意指有效地解决问题，或是组织、推进开发活动的过程。

马丹尼波尔（Madanipour）指出城市设计定义的模糊性存在于七个方面：

- 城市设计是否仅涉及城市的特定尺度与层次？
- 城市设计是否仅关注城市环境的视觉效果，或更宽泛一点，还包括城市空间的组织与经营？
- 城市设计是否仅简单地处理空间布局问题，或者能更深入地关注空间与社会之间的社会与文化关系？
- 城市设计是应关注产品（城市环境）还是关注这一产品的生产过程？
- 城市设计是建筑师、规划师亦或景观建筑师的研究领域？
- 城市设计是一种公共行为还是个人行为？
- 城市设计应被看作是理性过程（科学）亦或感性过程（艺术）？

前三个问题涉及城市设计的"产品"，后三个问题关注的是作为"过程"的城市设计，而第四个问题则反映出城市设计是"产品"还是"过程"的两难选择。尽管马丹尼波尔在阐明城市设计的模糊性时，有意采用一系列完全对立的情况两两对比的手法，然而城市设计往往是"二者兼具"而不是"非此即彼"的。当我们"有意识地塑造并经营我们的建成环境时"，城市设计师既参与建造过程又关注建成结果。因此，在实践中，城市设计既

指发展的结果又指发展的过程，更严格地说，城市设计意味着结果与过程的品质提升。

以描述方式使用城市设计与以规范方式使用城市设计之间的差别很容易混淆。在前一种使用方式中，所有的城市发展都是城市设计；而在后一种使用方式中，只有品质足够好的城市发展才是城市设计。因此，分析地看，城市设计是形成城市环境的过程；而规范地看，城市设计是形成好的城市环境的过程。由于那些"内行"（设计师）常常在两种不同的使用方式间切换，因此容易把它们混淆，而其他人（往往是社会科学家）则因无法区分这两种使用方式的差异，而造成混淆。

城市设计涉及范围非常宽泛。蒂贝尔兹（Tibbalds）试图界定城市设计的可能范围及其多样性，并简要地将其概括为"窗外你所能看到的一切"。虽然他的观点有其基本的事实依据和逻辑性，但如果"一切"都能看作是城市设计，那么同理而言，什么都不是城市设计(Dagenhart & Sawicki,1994)。因此，划定城市设计的学科边界意义不大。我们真正需要的是通过对城市设计的根本信仰及其活动主旨的考证、澄清、甚至辩论来明确城市设计的内核而非划定其外延边界。

为了探究城市设计概念认识混沌的根源所在，可以从其学科归属及涉及的空间尺度这两个层面去考量。

（i）城市设计学科

从学科归属角度来看，城市设计不是一门可以轻而易举为其做出精确定义的学问。例如，城市设计不是大型建筑设计、小尺度规划、市容美化、市政工程、模式教科书，也不仅仅只是一种视觉审美艺术，或者仅获得公共部门的关注，同时它也不是一门独立的学科。尽管如此，使用关联定义法——即用某种事物去定义与之相关的其他同类事物——仍然有助于我们更加接近事物的本来面目。例如，学者们就常常借助建筑设计与城镇规划来定义城市设计——戈斯林和梅特兰（Gosling & Maitland, 1984）将城市设计描述为建筑设计与城镇规划的"交集"，而英国前社会科学研究委员会（Social Science Research Council）则将其定位为

> "结合了建筑学、景观建筑学及城镇规划的交叉学科，汲取了源自于建筑学和景观建筑学的设计传统，沿袭了当代规划的环境管理和社会科学传统。"（Bentley & Butina, 1991）。

但是，城市设计并非一个简单的"学科间的接口"。它包容并且有时是融合了许多学科门类与实践活动，如建筑设计、城镇规划、景观建筑学、社会调查、地产开发、环境管理与保护等等。正如卡斯伯特（Cuthbert）所认为的那样，各专业通常都有其自身的专业领域，并且这种专业领域往往是各专业内提供职业教育的学术机构迫于专业发展的需求而不得不划定的（见表1.1）。城市设计不是也不应该是一门独立学科（见表1.1）。

尽管有些专业不时地强调其在本领域中的霸主地位，城市设计仍是一门典型的协作型学科和交叉学科，代表了一种综合性的方法，融合了广泛参与者的专业知识与技能。一些城市设计实践家认为"场所"不是也不应该是某一专业领域的工作对象，不能将场所塑造这一创造性的工作交由一个"无所不能"的设计师全权负责，而应该由多个参与者共同协作完成。例如考恩（Cowan, 2001）就曾提出这样的问题：

> "哪一种专业能够最精准地解读政策，评估地方经济和房地产市场；从土地利用、生态、景观、地形现状、社会要素、历史、考古、城市形态以及交通等角度来评价土地；组织并促进公众参与设计过程；草拟并阐明设计原则；推动发展进程？"

	建筑设计	城市设计	城市规划
定义	单个建筑的设计,主要依据可人为控制的环境设计参数进行构思	以单个建筑及建筑的外部空间为基本构成要素的开放系统的设计,主要关注公共领域的社会交往与交流	国家机构为了资本积累与社会再生产而控制土地生产,为诸如医院、学校和宗教建筑等的社会物资的集体消费划拨土地,为商品的生产、流通和消费提供空间
要素			
(1) 结构	静态 + 人类行为	空间形态与形式(历史 + 人类行为)	政府权力机构
(2) 环境	三维空间环境(封闭系统)	四维空间环境(开放系统)	国家的政治经济环境
(3) 资源	材料 + 能源 + 设计理论	建筑 + 外部空间 + 社会理论	法规系统和信息系统
(4) 目标	社会封闭 / 物理防御	社会交往与交流	实现政权的主流意识形态
(5) 行为	设计参数:可人为控制的环境	城市土地市场动态	发达资本主义社会的动态

资料来源:改编自卡斯伯特(Cuthbert 2007)

他认为,尽管完成一个城市设计框架或总体规划,需要以上所有这些技能,但鲜有个人能集所有技能和知识于一身。因此,最好的城市设计框架或总体规划只能由一群具有不同技能的人合作完成。城市设计师通常是在多主顾的背景下工作,这些业主有着不同的兴趣和目标,从而产生了对同一问题的多样化而非单一的解决方案。

实际上,很多人认为"城市设计"这一说法将其过多地局限在沉浸于自我意识中的自知的专业设计师的职权范围内,人们倾向于使用更具包容性的术语"场所塑造"来描述它,如果是更大范围的设计,则使用"城市塑造"一词,这样的说法意味着并非只有(专业的)"设计师"才能创造场所和城市。将其描述为城市设计,很多非专业人士难以找到他们所需扮演的角色;而将其描述为场所塑造,他们能较容易地进入角色并做出贡献。因此,城市设计可被视为是自知的城市设计师的自我意识的实践;而场所塑造则是每个人的自我或非自我意识的实践。

作为直接设计(场所-设计)的城市设计(场所-塑造)与间接设计的城市设计,或更宏观地看,是作为政治经济学的城市设计之间存在明显的区别。在间接设计的城市设计实践中,参与者通过建立政策,制定投资决策,经营空间等手段来介入场所特征的塑造,他们本身可能并不参与任何有意识的设计过程。城市设计既包括"直接设计",也包括"间接设计"。乔治(George,1997)提出了一次订单设计和二次订单设计的概念,并作了区分。所谓一次订单设计是对建成环境要素的直接设计,例如对单栋建筑或建筑群的设计,或者是环境整治,简而言之,一次订单设计是某一场地内的某项工程。而二次(间接的)订单设计则是对开发参与者(例如开发商、投资方、设计师等)的"决策环境"的"设计"。城市设计可能涉足一次订单设计(例如新建城市广场的设计),但通常更侧重于通过策略、框架与计划去整合、协调城市环境的构成要素,而这往往就是一种二次订单设计。

(ii) 城市设计尺度

尺度也常被用来定义城市设计,一般认为,城市设计的尺度介于规划(聚居点)与建筑(单体建筑)之间。1976 年,雷纳·班汉姆（Reyner Banham）将城市设计涉及的尺度界定为"半平方英里的城市空间"。这一定义仅仅在城市设计被看作是建筑与规划之间的衔接者时才适用。林奇（Lynch，1981）对城市设计尺度的界定更为宽泛，他认为城市设计关注不同的空间尺度，他指出城市设计师可能参与区域交通的综合研究、新城镇的规划、区域公园体系的架构，同时"可能试图保护邻里街道、复兴城市广场……为保护和开发设立规章，组织公众参与，撰写解释性指引或者计划城市庆典等等。"城市设计通常处理多种不同空间尺度上的问题。尽管将城市设计的工作域认定为某一特定尺度可能是一个简便的理解方法，但这将削弱场所概念的纵向"整体性"。城市设计师应始终关注其工作范围之内的尺度，对超出工作范围的尺度也需予以同样的重视，同时还应了解局部与整体及整体与局部之间的关系。

亚历山大·克里斯托弗的《建筑模式语言》一书使用"模式"来将城市设计所涉及的尺度大致排序，他指出城市设计的尺度序列始于策略（城市范围）设计模式，止于室内设计模式。而书中总结的253种模式恰恰说明了城市设计尺度的多层次性与复杂性。亚历山大等人强调说，没有一种模式是"孤立的个体"：

> "任何一种模式只有得到其他模式——它所存在于的较大规模的模式、周围同等规模的模式、所包含的较小规模的模式——的支持时才能存在，它们相互依存。"

为了呼吁建成环境行业既要重视局部也要看到整体，蒂贝尔兹指出"场所是最为重要的"：

> "我们似乎丧失了退后一步来整体看待我们所创造出来的东西的能力……我们不应只关注单体建筑以及其他构筑物，而是应将其置入场所中，全面整体地去看待。"

1.2　城市设计的思想传统

城市设计的两大思想传统源于对设计以及设计产品的不同理解方式——即视之为艺术品或展示品（为观赏之用）和视之为建成环境（为使用或居住之用）。贾维斯（Jarvis，1980）区分了这两种城市设计思想传统的不同之处，"视觉艺术"传统强调视觉形式（"建筑与空间"），而"社会使用"传统关注公众使用及城市环境体验（"人与活动"），上述二者融合出现了第三种传统——"场所塑造"——既关注过程又关注产品。近年来，一种新的思想传统——"可持续城市设计／场所塑造"越来越引人注目。

（1）"视觉艺术"传统

"视觉艺术"传统代表了一种对城市设计早期的、建筑化的狭义理解。产品导向为主的城市设计往往更关注城市空间的视觉质量和审美体验，而不是那些有助于造就成功场所的文化、社会、经济、政治以及空间等诸多要素与过程。

贾维斯认为视觉艺术传统源于西特的《按照艺术原则进行城市设计》（City Planning According to Artisic Principles）。同时，他也将勒·柯布西耶（Le Corbusier）看作是这一思想流派的核心人物，即使柯布西耶的美学观与西特的美学观相对立。乌文（Unwin）的《城镇规划实务》（Town Planning in Practice，1909）清晰地阐述了将城市设计视为一种视觉艺术的观点，而随后出版的《城镇与村庄设计》（Design in Town and Village，MHLG，1953）一书将这一观点进行了多维拓展。贾维斯在评述《城镇和村庄设计》中吉伯德（Gibberd）的住区设计时指出，过于注重视觉艺术的设计缺乏对人在住区中行为活动的考虑与回应，例如住宅前花园的设计就过于强调图案构图，而忽视了人的私密性与个性化需求。

由戈登·卡伦等人于 20 世纪 40 年代末到 50 年代之间提出的"城镇景观"也是视觉艺术传统的一个中坚力量。卡伦随后撰写了《城镇景观》(Townscape) 一书，摒弃其他一切维度，强调了视觉维度的绝对主导地位。正如庞特和卡莫纳所指出的那样：《城镇景观》强调了作者本人对城市环境极富表现力的回应，但是却在很大程度上忽略了公众对城镇景观及场所的认知，而同时期林奇的论著《城市意象》(The Image of the City) 则极力强调了后者。

(2)"社会使用"传统

贾维斯比较了视觉艺术传统与社会使用传统，指出社会使用传统更强调人对空间的使用方式、对空间的认知以及场所感等问题。他认为凯文·林奇是这一思想传统的重要代表人物，贾维斯 (1980:58) 突出强调林奇对城市设计的关注点已经转移到以下两个方面：首先，在城市环境认知方面——林奇认为城市环境体验不应是一种"独家新闻"或"精英主义观点"，而应是大众体验的综合；其次，在研究对象方面——林奇主张更多地研究人的精神意象和感受而不是城市环境的物质形态。

这一思想流派的另一个领军人物是简·雅各布斯，在其著作《美国大城市的生与死》(The Death and Life of Great American Cities,1961) 中，她猛烈抨击了很多"现代主义者"的城市设计基本理念，并宣扬了当代城市设计思想（见第 2 章）。雅各布斯 (1961) 认为城市永远不会成为艺术品，因为艺术源于"生活的抽象"，而城市是"……生动、复杂而热烈的生活本身"。雅各布斯对人类行为的细致观察目的在于考察街道、步行道以及公园的社会功能并强调其作为居民日常生活的"容器"及社会交往的"发生器"的重

要作用。在随后的研究中不乏类似的详细观察，扬·盖尔 (Jan Gehl, 1971) 对斯堪的纳维亚 (Scandinavia) 公共空间的研究和怀特 (Whyte, 1980) 的《小型城市空间的社会生活》(The Social Life of Small Urban Spaces) 都是典型代表。

亚历山大的研究工作同样是社会使用传统的一个缩影。在其著作《形态合成笔记》(Notes on the Synthesis of Form,1940) 和《城市并非树形》(A City is Not a Tree,1965) 中，亚历山大表达了他对城市设计的反思，他不仅认识到设计哲学中"无内容的形式"的失败，也意识到城市设计忽略行为与空间之间相互交错的多样联系可能导致危险（贾维斯，1980:59）。在《建筑模式语言》(A Pattern Language, Alexander et al., 1977) 及《建筑的永恒之道》(The Timeless Way of Building, Alexander et al., 1979) 这两本书中，亚历山大进一步发展了其城市设计思想，建立了一系列的"模式"。与"完全设计"不同的是，模式是由需要被进一步塑造和细化的"要素的最简框架"，"少量的基本指令"和"粗略的手绘草图"构成。对亚历山大而言，模式的意义在于为设计者提供一系列有用的（但并非预先设定）行为与空间之间的关系。即使这些模式与传统的关注视觉或空间的城市设计——如亚历山大常引用的卡米诺·西特 (Camillo Sitte) 的作品——非常相似，但这些模式却是建立在研究与观察人对场所的使用的基础之上，并通过这些研究与观察不断修正。

(3)"场所塑造"传统

在过去的 20 年中，建立在早期城市设计开拓者大量工作基础上的"场所塑造"观逐渐发展壮大，成了一种新的城市设计思想流派。"场所塑造"传统综合了前两种思想传统，不仅关注作为物质／美学实体的城市空间设

计，也关注作为人类行为载体的城市空间设计，也就是说，当代城市设计既关注由建筑和空间形成的"城市硬环境"（hard city），也关注由人及活动构成的"城市软环境"（soft city）（图1.4、图1.5）。

（4）一种新的传统—可持续城市主义

谋求更可持续的发展是城市设计及场所塑造领域一个日益明朗的新热点，即使"场所塑造"本身就是一种新兴的思想与实践。布朗（Brown，2009）等人认为有四条思想主线推动着21世纪城市设计实践活动的发展：1）理查德·佛罗里达（Richard Florida，2004）的研究以及他提出的关于"有活力、可步行且吸引创意阶层的邻里关系"的纷争；2）随着回归都市生活渴求的升温，美国城市中心区的命运发生转变（城市复兴）；3）认识到美国（以及世界其他地方）日益加剧的肥胖症危机与依赖小汽车的城市化扩张方式密切相关；4）人们对通过可能的城市形式来降低人类二氧化碳足迹表现出越来越浓厚的兴趣。

前三条思路充实并巩固了场所塑造思想传统，而最后一条则暗示可能需要一种新的城市设计观。纪念1958年宾夕法尼亚－洛克菲勒（Penn-Rockefeller）城市设计大会召开50周年的庆典宣言指出：

> "新一代的城市设计师需要在条件含糊的情况下依然能够应付自如，需要认识到融合了科学与艺术的可持续城市设计是一个不断演进的挑战，需要不断更新与改进相关理念……城市设计师的最终目标是能够使用视觉语言、技术语言以及文字语言来描述城市的发展前景，从而促进社会参与，开展政治行动，吸引经济投资，使得'低碳城市'的梦想最终成为现实"。

（Abramson，2008）。

图1.4　墨尔本，联邦广场（图片来自：史蒂文·蒂斯迪尔）

图1.5　伦敦，博罗市场（图片来源：马修·卡莫纳）
当代城市设计关注的焦点是创造成功的城市空间所必需的多样性与活力，尤其物质空间如何较好地支持此处场所功能的发挥和活动的发生，以及这些场所如何与日常生活发生互动。

许多高质量的技术信息和案例研究陆续出现，这将有助于实现低能耗及零能耗发展（Dunster，2008）。正如高技术带来了高层居住方式和高速交通一样，在可能的情况下，借助高技术也可能实现零碳生活方式，也能够削减建筑带来的碳排放。然而，由于城市设计不仅解决有形的技术问题，也能应对上述那些无形的场所塑造问题，因此，城市设计师所面临的真正挑战是将二者结合起来。这样来看，"以人为本"是城市设计不朽的追求，而"可持续性"是这一长远诉求的深层维度，也就是说城市设计不仅要提升城市生活质量，同时还要减少对全球环境带来的不良冲击。

1.3 城市设计与场所塑造框架

作为场所塑造思想传统的一部分，无数理论家和实践家一直努力寻求并试图定义出成功的场所或是好的"城市形态"所应具有的优秀品质。因此，了解他们研究工作的核心内容是非常必要的。

1.3.1 凯文·林奇

林奇（1981）建立了城市形态的五个基本性能指标：

- 活力－场所形式对生命机能、生态要求和人类能力的支持程度。
- 感知－场所在空间和时间上被使用者感知与建构的清晰程度。
- 适宜性－场所形式和空间容量对使用者当前行为模式或未来行为模式的适应程度。
- 可达性－能够接触其他人、其他活动、资源、服务、信息或其他场所的能力，包括能够接触到的元素的数量和多样化程度。
- 控制性－使用、工作或居住在场所中的人们能够创造、管理可达空间和活动的程度。

"效率"与"公平"这两个评价标准强化了上述五个性能指标。"效率"与创造和维护某一场所，从而实现上述性能指标中的任意一个所需的花费有关，而"公平"则涉及环境收益的分配方式。因此，对于林奇而言，关键的问题是（i）实现某一特定程度的活力、感知、适宜性、可达性或控制性的相关花费如何？（ii）谁从中得到多少收益？

1.3.2 艾伦·雅各布斯与唐纳德·艾伯雅

在《走向城市设计宣言》（Towards an Urban Design Manifesto）一书中，雅各布斯与艾伯雅（1987）提出了七个"未来良好城市环境所需的基本要素"目标：

- 宜居性——一个城市应是所有人都能安居的地方。
- 可识别性与可控性——居民应该感觉到其所处环境的某些部分属于他们，且他们对其承担相应的责任，无论他们是否拥有这些地方的产权。
- 获得机会、想象与快乐的权利——人们应能在城市中找到一个地方来突破固有的传统模式，丰富自身经验，认识新朋友，获得新观念，并享受快乐时光。
- 真实性及意义——居民应该能够理解其所处的城市（或其他人的城市），包括城市的基本规划、公共职能、公共机构以及其所能提供的机会。
- 社区与公众生活——城市应该鼓励其居民参与社区和公众生活。
- 城市自给——城市将逐渐实现其发展所需的能源和其他稀缺资源的自给自足。
- 公众的环境——好的城市环境应该为所有人享有。每个公民都有权获得最低程度的宜居环境，最低程度的可识别性，控制权和发展机会。(Jacobs & Appleyard 1987)

为实现上述目标，一个良好的城市环境必须具备以下五个先决条件：

- 宜居的街道及邻里。
- 最小的居住开发密度和土地使用强度。
- 各种活动整合——居住、工作、购物应保持合理的距离。
- 用建筑来围合公共空间（而不是将建筑置于公共空间内）
- 不同个性的小体量单体建筑通过复杂关系巧妙组合成建筑群（而不是

一个庞大的建筑）（Jacobs & Appleyard 1987）。

1.3.3 共鸣的环境

在 20 世纪 70 年代末到 80 年代初，牛津理工学院的一个学术团队提出了一套城市设计方法，随后撰写成书——《共鸣的环境：城市设计师指南》（Responsive Environments：A manual for urban designers，Bentley et al.，1985）。该书提出的设计方法强调更多的民主决策，强调应使环境尽可能的丰富，也就是最大限度地满足使用者的选择需求。其核心思想是"建成环境应该向使用者提供最基本的民主氛围，通过最大限度提供可选择性来增加他们的使用机会"（Bentley et al，1985）。

场所设计可以影响使用者的如下选择：
- 能去或不能去的地方（渗透性）。
- 可使用范围（多样性）。
- 使用者了解场所提供的机会的容易程度（可识别性）。
- 使用者将给定场所另作他用的方便程度（健全性）。
- 场所细节能否帮助使用者意识到选择的可行性（视觉适宜性）。
- 使用者感官经验的选择（丰富性）。
- 使用者在场所内体现自身标记的程度（个性化）。

具有这些品质的场所是可以共鸣的。1990 年，伊恩·本特利（Ian Bentley）提议增加一些与城市形态的生态影响及人的行为模式有关的品质——资源效率、清洁度及生物支持。随后，他将这一观点发展成为"共鸣的城市类型学"，由六种类型组成：变形的网格（相互联系的街道模式）；复杂的使用模式（混合使用）；粗放式的块状开发；积极的私密性梯度（积极的建筑正面）；建筑周边式布局的街区；原生生物网络（Bentley

1999）。相反地，其他研究团队的两名成员——麦格林和马林（1994）——根据他们多年的教学和实践经验将最初的品质削减，认为共鸣的环境的基本特征为渗透性、多样性（活力、相近性和集中度）、可识别性以及健全性（适应性）。

1.3.4 弗朗西斯·蒂巴尔兹

1989 年，威尔士亲王查尔斯殿下提出了一个建筑设计框架，融合了场所、等级、比例、协调、围墙、材料、装饰、艺术、标识、灯光以及社区。由于固守视觉艺术传统，查尔斯殿下的主张引发了一场重要的辩论。作为回应，时任皇家城市规划研究所所长和英国城市设计集团创始人的弗朗西斯·蒂巴尔兹提出了一个更为复杂的，包含十条原则的框架：
- 场所最重要
- 吸取历史的经验
- 混合功能和活动
- 人性尺度
- 行人自由
- 人皆可达
- 建立易识别的环境
- 建立可持续的环境
- 控制变化（渐进式）
- 综合考虑

1.3.5 新城市主义协会

20 世纪 90 年代，美国兴起了一种新的城市设计思潮——新城市主义（见第 2 章），该思潮衍生自早期的两套社区开发理念：
- "新传统邻里"（NTDs）或"传统邻里开发模式"（TNDs），其核心思想是设计与传统邻里相类似的新邻里（Duany & Plater-Zyberk，1991）。
- "步行街区"（pedestrian pockets）和"以公共交通为导向的开发模式"（TOD），其核心思想是邻里设计应使得公共交通的使用最大化，应保证足够的密度使得公交出行成为可能 (Calthorpe 1989，1993)。

1993 年新城市主义协会成立，正式发表了《新城市主义宪章》(www.cnu.org)，提倡重构公共政策与发展实践来支持以下原则：

- 社区应在用途和人口构成上多样化。
- 社区设计应该对步行交通与车行交通同样重视。
- 城市和城镇应该由形态明确、普遍易达的公共空间和社区公用设施来界定形成。
- 场所建构是由体现当地历史、气候、生态和建筑传统的建筑及景观设计来完成的。

该宪章还提出了一套细则，从三个空间尺度上指导公共政策、发展实践以及城市规划与设计，这三个尺度分别为：(i) 区域-都市、城市和城镇；(ii) 邻里、社区和走廊；(iii) 街区、街道和建筑 (www.cnu.org)。

1.3.6 南·艾琳

近年来，南·艾琳提出了一个她称之为"整体城市主义"的宣言，并发表在 2006 年由其本人撰写的同名书的首页。整体城市主义阐述以下五种品质：混杂性、联系性、多孔性、真实性和脆弱性：

- 与孤立物体和分离功能不同，混杂性和联系性将人与活动联系在一起，让人与自然共融共生，就如建筑与景观一样，而不是将它们对立起来。
- 多孔性允许各物质通过渗透膜相互渗透从而聚合在一起以保持整体统一。
- 真实性包括：

"积极参与并从具有关怀伦理、尊敬和忠诚等观念的真实社会及物质环境中获得设计灵感。就像所有的有机体一样，真实城市总是随着新需求的出现而不断成长与进化。这种新需求的产生归因于可以衡量并检测成功

与失败的自调节的反馈回路。"(2006)

- 脆弱性要求"我们放弃控制，深入了解，对过程和产品同样重视，并能将空间与时间相结合。"

1.4 框架

在城市设计发展过程中，有许多类似上述的框架存在。每种框架对理想的物理空间形式有着不同的描述。其中，林奇的框架说明性内容最少，它实质上是一套用于指导和评价城市设计的标准，而其他框架则多用于测定物理空间形式。雅各布斯和艾伯雅建立的框架说明性较强，其设计准则提出了诸如旧金山和巴黎那样的生机勃勃、充满活力、整体完好的城市模式。新城市主义协会 (CNU) 的评价标准也同样对物理空间形式有着高度说明性的规定。

正如后文会进一步讨论的（见第 4 章和第 8 章），由于城市形态很大程度上取决于当地的气候及背景，因此城市设计的定义应尽量避免过多地描述城市形态。适用于某种气候和背景的空间形式可能并不适用于其他类型的气候和背景。例如，卡利斯基 (2008a) 肯定了简·雅各布斯将日常生活小尺度作为产生好的城市主义的首要因素，但同时也批评到："仓促地将某种具体形式与好的城市主义联系在一起，并简单地认定这些形式就是好的形式，事后来看，这种狭隘递推方式会很快降低城市主义的价值，正如草率地将雅各布斯极力推崇并深受当地居民喜爱的格林威治村模式认定为好的，却反而破坏了其真正内涵一样。"

近几年，城市设计的"官方"定义将场所塑造的内容纳入其中，并在诸如前文所述的框架中确认其"官方地位"。以英格兰为例，政府 1997 年首次在规划政策中明确提出城市设计的定义，认为城市设计涉及几方面的关

系："各种不同建筑之间的关系；建筑与街道、广场、公园及其他组成公共领域的开放空间之间的关系；村庄、城镇或城市的一部分与其他部分之间的关系；建筑环境与人们的价值、期望和资源之间的相互作用。简而言之，是建成或未建成的空间中所有元素之间复杂的内在关系。"（英国环境部/DoE 1997）。

随后出版的政府刊物——《通过设计：城市规划系统中的城市设计：面向更好的实践》（By Design：Urban Design in the Planning System：Towards Better Practice，DETR/CABE 2000a）一书为城市设计下了一个更全面且更完整的定义。该书将城市设计描述为"为人们创造场所的艺术"：

> 它包含场所作用的方式和诸如社区安全、社区形象等问题。它关注人与场所之间，运动与城市的形态之间，自然与建成肌理之间的关系，以及确保乡村、城镇和城市成功发展的过程。"

同时还提出了七个与场所概念相关的目标：

- 个性——具有自身特点的场所
- 连续性及封闭性——能够清晰界定公共领域与私人领域的场所
- 公共空间的品质——具有成功且极富吸引力的户外空间的场所
- 便于移动——容易到达并通过的场所
- 可识别性——有着清晰意象并易于理解的场所
- 适应性——可以灵活变化的场所
- 多样性——有着多样性选择的场所
  （DETR/CABE 2000）

2005年，一项修订政策（ODPM 2005）强调在全国城市设计领域中，可持续性的重要性与日俱增，指出："优秀的设计应创造具有吸引力、实用性、持久性和适应性的场所，这是获得可持续发展的关键因素。"英格

兰也采取行动强调可持续的重要性，认可了场所塑造的原则并将其推广开来，这样高水准的政策不断被世界各地的其他国家重复使用（例如：新西兰的城市设计草案——环境部，2005）。

由于理论框架与规划政策提出的好场所应具有的品质常常包含许多共同的内容，因此，将理想化的设计原则变为僵化的教条，将设计与场所塑造简化为一种公式，是这些框架固有的缺陷。这将抹杀设计的积极过程，这一过程是指运用设计智慧将普适性原则应用于具体情况之中：设计原则应具备使用上的灵活性，这种灵活性应建立在对设计的基础、正义性和相关性深刻理解和评价的基础之上。任何设计过程都不存在绝对"正确"或者"错误"的答案——实质上是因为设计涵盖了针对具体场地的一般原则和理想原则，在这里整体结果才是最重要的。

进一步而言，正如这里所描述的，这些框架强调的是城市设计的结果或者产品，而不是过程：它们明确了"好的"场所品质，但却没有说明如何获得这些场所品质以及如何传承它们。有效的场所塑造需要对整体城市空间及其空间的产生动力有灵锐的认知。为此，城市设计师不仅需要了解城市设计的运作语境（见第3章），还需要了解场所的形成过程及开发进程（见第10章和第11章）。正如很多其他领域一样，由于政策的关系，理论与实践之间，高水平、理想化的原则与具体实施之间总是存在着执行上的差距。

2 城市设计的必要性

在1976年关于城市设计仍处于"史前期"的辩论中，本特利（1976）认为人们对城市设计表示关注是源自对以下三个问题的批判：

（1）城市环境的产品；（2）建成环境的生产过程；（3）控制环境产品的行业规定。这些批判仅针对城市环境的某一方面展开讨论，缺乏对城市环境总体品质的整体考量。时至今日，这些问题依然存在。

2.1 产品与过程

关于建成环境的品质存在着许多批判。当代建成环境质量低劣以及缺乏对总体环境品质的关注是由环境的生产过程及作用于这些过程的力量共同决定的。无论对错与否，人们多将原因归咎于开发行业。例如，英国《城市设计大纲》（Urban Design Compendium）卢埃林·戴维斯（Llewelyn-Davies，2000）的作者就认为开发过程及其参与者往往在如何"开发"的问题上纠缠不清，而非关注"场所"的塑造。关于场所品质的制约因素，卢埃林·戴维斯指出"主要受到开发行业保守、短期及受具供需驱动等特点的制约。"

同样是关注产品而不是过程，露卡杜·西德里斯（Loukaiton-Sideris，1996）从"裂缝"的角度来探讨场所质量，她将"裂缝"视为：

- 城市形态的缺口，在这里城市形态的整体连贯性被破坏。

图 1.6　城市中的裂缝（图片来自：马修·卡莫纳）

- 未开发、未使用或者退化的残余空间。
- 有意或无意地划分社会世界的物理分割线。
- 已有开发或新开发所造成的破碎、中断的城市空间。

她给出了一些位于不同位置的"裂缝"例子，其中包括了城市中心的"裂缝"："虽有摩天大楼林立，但摩天大楼却孤立于城市之外；下沉或抬升的广场、天桥和屋顶花园破坏了步行系统的连续性；在沥青停车场的'沙漠'中散落着街道的碎片"（露卡杜·西德里斯 1996）（图 1.6）。其他"裂缝"还包括那些小汽车导向的、商业带状的、缺少人行道及其他步行设施的以及通过墙和大门来"…割裂与周边环境的联系以宣告私人土地不得侵犯"的开发（Loukaitou-Sideris 1996）。许多"裂缝"是自我意识设计的结果，但同样也是表象设计的结果，环境品质的下降也是由一些不知名的城市设计师所作的决策的累积效应所致。

各种社会趋向和经济趋向也能导致城市环境品质的下降，如同质化和标准化；个人主义趋向而非集体主义趋向；文化及生活的私有化；公共领域的退化与衰落。早在 20 多年前，雅各布斯与艾伯雅（1987）就评论了城市特别是美国城市是如何因为消费了社会对个人和私人领域的关注而变得私有化。随着小汽车的大量增加，这些趋向会导致一种"新的城市形态"的出现："…由无窗户的实墙围合而成的封闭的、防御性的岛，四周是荒芜的停车场和川流不息的车辆…许多美国城市的公共环境变成了空旷的沙漠，其公共生活只能依赖于经过规划的正式公共场所，而这些公共场所大多数是有防护的内部空间。"这些私有化的过程在过去 20 年中有所加强（Low & Smith，2006）。

2.2 建成环境行业

当代对城市设计以及自我意识的场所塑造的关注也存在于对各种建成环境专业职责的批判之中。从20世纪60年代后期开始直到今日，主要建成环境专业产生了一系列关于他们做什么和如何做的信仰危机。例如，朗将城市设计的起源（再生）归结为认识到："从城市居民的生活这个角度看，将现代主义运动的理念应用于城市政策制定与建筑设计，从而创造出枯燥乏味的城市环境的做法，其实是一种失败。"同样，麦克格林（McGlynn, 1993）也认为，那些生活在"简化的、破碎的并且往往是间隔式发展的战后重建的城市中的人们，已经开始挑战建筑师和规划师的价值观与设想，并怀疑他们改进前现代主义城市空间与物质形态的能力。"

当代开发质量低劣的问题已经被归咎于那些虽有良好意图但却考虑不周的公共规章本约瑟夫和斯佐尔德（Ben-Joseph & Szold

2004）；杜埃尼和布雷恩（Duany & Brain, 2005）。受约翰·鲁斯金（John Ruskin）的启发，洛兹（1998）总结了"城市设计的七个钳制"以阐明"…为什么我们总是不能在城市设计上达到一个更高的水平…"（见表1.2和第11章）。

与之相似，杜埃尼等人（2000）在讨论美国的规划和开发控制时，强调指出许多开发法规都会对建成环境的质量产生负面影响："其尺寸和结果表明了同样的问题：法规的核心是空洞的。它们并非出自真实的景象。法规里没有图像，没有图表，没有推荐模式，有的只是一些数字和文字。其制定者对理想的社区模式似乎根本就没有明确的想法。他们没去设想一个值得推崇的场所或提出值得效仿的建筑。甚至他们所有的想法仅仅是他们所不希望的：没有混合使用，没有慢行车辆，没有停车困扰，没有过度拥挤，如此而已。"

他们注意到：

城市设计的七个钳制　　　　　　　　　　　　　　　　　　　　表1.2

（1）战略真空的钳制 缺乏足够的确保将城市设计置于政治和行政决策中心的国家、地区和地方政策。
（2）被动的钳制 规划体系未能采用城市设计过程的战略途径以及用事后的，消极的规章代替预先或者积极的干预。
（3）僵化规则的钳制 在错误的时间和地点，再正确的规则也会扼杀革新、创造与机会。开发过程需要更大的灵活性，以便与对设计质量的控制相平衡。
（4）吝啬的钳制 长期以来我们只关注所付出的代价，却忘记了很多东西的价值。普通的设计如此，城市设计更是这样的牺牲品。设计需要投入，但可以创造更持久的价值。
（5）无知的钳制 事实上，没有人正确掌握了要求 、创造和诠释精彩城市设计所需的技能——我们变得无知，全体需要接受再教育。
（6）缺乏思想的钳制 当代开发往往是内省、低目标、趋于回到最低的公共标准，以及对过去的成功与失败怀着不健康的迷惘。
（7）目光短浅的钳制 总体环境和近期环境意味着当代开发不是面向未来的百年大计，而是五年的投资计划，四年的政策周期，三年的公共支出以及年度计划。

资料来源：洛兹（Rouse, 1998）

"再没人能够轻易地建造出一个查尔斯顿 (Charleston)，因为那样是违法的。同样，波士顿的笔架山 (Beacon Hill)，楠塔基特岛 (Nantucket)，圣塔菲 (Sante Fe)，卡梅尔 (Carmel) ——所有这些闻名遐迩的地方，其中很多都已成为了旅游胜地，它们都违反了当前的分区法规。"

(Duany, 2000: xi)。

论及那些生搬硬套便可以有效确定很多地方的空间布局的公路和交通设计标准时，这个问题尤为明显。其原因可以部分归咎于"割裂"：注重某一方面，并常常仅以技术的、永恒不变的标准来衡量它们，而忽视了整体。城市设计则与之相反，它是一个由局部创造整体的过程，这也正反映了"整体"的重要性（见第 3 章和第 9 章）。

当 20 世纪六七十年代起，规划、建筑和道路工程界饱受公众批评之时，关于建成环境行业内的城市环境问题和专业分工问题，引发了他们之间的相互指责。正如麦克格林（1993）认为的那样，建筑师们关注的是某一场地中某一建筑（或建筑群）的设计，而规划负责："通过制定政策和编制规划来对土地使用进行总体部署，以及通过运行开发控制系统来对建筑项目进行详细与必要的逐个监管。"更为普遍的是，规划师们开始以牺牲对场所和人的关注为代价来换取对社会经济过程和政治体系的更多关注。拉夫（1976）认为，在这段时期内，城市规划中"场所"的概念几乎等同于那些能够发生某种特定的社会交往并具有少数功能的地方："显然，此时场所几乎无法产生空间体验。"

卡莫纳将相异文化认定为是有可能对开发计划的设计质量产生负面影响的专业"专制"。第一种专制源于对设计的盲目崇拜，持这种态度的人们最关注的是外在形象，而不是社会、经济或环境等内在的价值观，他们认为追求创作过程的自由是最有价值的。这种专制基本发生在建筑学专业内。第二种专制反映出"市场万能论"的观点，即市场最能怎么做最好以及什么卖点才是最重要的。因此，开发商认为设计质量是众多复杂因素的总和，这些因素包括主导供求关系的成本及市场潜力等经济因素，具体而言指可建造性、标准化、市场评估及客户反馈。例如，朗就曾提出过"由谁来领导"的问题，最后得出在资本主义国家是由民营企业来推动城市发展的结论。第三种专制是一种规则专制，可以从其所代表的政治经济的角度进行分析，即可将其视为是为了纠正市场失灵而做的努力。正如范·多伦（Van Doren, 2005）所认为的那样，规则本身就是成本昂贵但效果欠佳的，然而由于其获得了政治支持，因此难以改变，他将这种政治支持描述为"走私者"（那些因规则的存在而获得经济利益的特殊利益团体）和"教士"（那些不喜欢别人的行为，希望政府能对这些行为进行管制的人）。

"专制"同时也反映出一种现实，即城市设计从业人员在整个开发过程中会不断面临各种极端，甚至是讽刺的情况。造成这种现象的原因，一方面是各种截然不同的动机所导致的——分别为获得同行首肯、获取利润或是狭隘地保障公众利益等动机，而另一方面则是不同的工作模式及不同的相关专业知识所致——分别为设计、财务／管理、社会／技术等专业的工作模式和专业知识。这就势必带来了开发方案质量低劣的后果，因为这些方案是在冲突、妥协和拖延中形成的，而不是根植于提升场所质量的种种努力和尝试。

2.3 作为连接的城市设计

自 20 世纪 60 年代末起，人们逐渐意识到一味地固守专业门户之见会造成城市环境、开发活动及场所质量低劣的后果。本特利认为，城市设计实践活动的产生是出于衔接因设定边界和各建成环境专业及开发专业制度化所造成的"断层"的目的。他认为学科断层与设计师和市场进程之间的关系以及经济理性化有关，这将导致学科日益专业化，因此"专业的分散设置"，学科之间出现"泾渭分明"以及"鸿沟天堑"的现象也就成了必然。当不同专业之间的差距日益扩大并制度化时，牺牲品就是"公共领域本身——构成我们城市空间日常生活体验的建筑物之间的空地、街道以及场所"（McGlynn，1993）。反过来，这也正说明了重视综合性专业活动的必要性，但更为重要的是对场所质量的关注。

以上讨论可以引出两种特殊且相互关联的城市设计观念：（1）作为恢复与赋予城市环境连续性及协调性的手段，通常指内聚式的城市开发（例如改善整体场所质量等）；（2）作为一种可以将分割的（或有点疏远的）专业联系在一起的手段。

2.3.1 联系城市环境

斯腾伯格（Sternberg，2000）认为城市设计的主要任务是再现"城市体验的凝聚力"。他借鉴"有机体论"的观点（帕特里克·格迪斯（Patrick Geddes）和刘易斯·芒福德（Lewis Mumford）以及近期的亚历山大及其研究团队都深受这一理论学说的影响），观察了有机体论持有者是如何意识到这一点的："现代社会（尤其是其核心动态机制——市场）分化了社会、自然和城市。受生物学及哲学'生机'概念的启发，有机体论者重申了自然增长及整体性的重要性，并指出'机械'的市场社会将摧毁这一切"。斯腾伯格认为这些有机体论的观点为默认人类体验具有超越资产边界的"非商品性"特征（即城市体验是一种整体感受，我们无法将其拆分成单个个体）提供了思想基础。由此，他坚信绝大多数城市设计的理论家们都会认同这一观点，即"面对将土地和建筑作为独立商品出售的房地产市场时，优秀的设计试图去恢复人类对城市形态的体验"。因此，他认为若不是有意识地将城市设计作为一种恢复或赋予个体连续性及协调性的过程，通常在内聚式的开发中，会不可避免地忽视总体品质。

克里斯托夫·亚历山大对"物"和"关系"这二者的概念论述也有助于这一观点在城市设计领域的应用。在《建筑的永恒之道》（The Timeless Way of Building，Alexander，1979）一书中，亚历山大认为最好将我们日常生活中的"物"，如建筑、墙、街道、篱笆等理解为相互交织的模式（也就是"关系"）。正如肯斯特勒（Kunstler，1996：83）所解释的那样："建筑物的窗户是建筑内外部空间之间的联系。它发挥着采光及空气流通的作用，同时透过它还可以进行公共领域与私人领域的相互窥探。一旦窗户失去了这些功能，它充其量也仅仅是墙上的一个洞而已。"当它们终止"关系"而成为"物"时（即将其孤立或是将其从环境中剥离出来），模式也就失去了质量，也就是亚历山大所说的"活力"。因此，正如亚历山大等（1977）所阐述的，模式不是孤立存在的实体（见上文），在很大程度上，城市设计师的职责就是连接模式，而其他相关专业人员（如建筑师、开发商、道路工程师等）则主要负责提供这些模式。

艾琳（Ellin，2006）在解释整体城市主义（Integral Urbanism）时，声称"任何事物都不能孤立地存在，它们都是以相互关联的形式存在"，并引用了阿根廷作家豪尔赫·路易斯·博尔赫（Jorge Luis Borge）的名言来阐明这个观点："苹果的味道，存在于水果与口舌的接触之中，而不在水果本身；同样的，（我想说）诗意存在于诗歌和读者的交会之时，而不在那些印在书本页面上一行又一行的符号之中。"

她进一步指出："总体规划功能区划强调功能分离、孤立、疏远和避让，而整体城市主义则与之相反，它强调联系、交流和集会"，并由此阐明了整体城市设计关注的是：

- 网络而不是边界；
- 关系和联系而不是孤立的物体；
- 相互依存而不是独立或依赖；
- 自然群落和社会群体而不仅仅是个体；
- 透明或半透明而不是不透明；
- 相互渗透而不是实墙隔离；
- 流通而不是停滞淤积；
- 与自然相互联系并放弃控制自然，而不是控制自然；
- 触媒、骨架、框架、符号，而非最终产品，总体规划或乌托邦。

2.3.2 连接建成环境专业

场所品质问题是一个棘手的问题，它们往往具有许多共性特征，包括相互关联性、复杂性、不确定性、模糊性以及矛盾性等。空间具有与生俱来的多维度特征，这些维度彼此相互依存，无法简单地将其拟合至专业领域的各个独立职能部门中。因而，场所塑造需要一种综合的、整体的方法，即"连接"。进一步而言，与那些有完整解决方案的可控问题不同，棘手的问题通常只能获得部分的解决方案，这是因为这些问题处于一个开放的系统中，在这里问题不断地发生变化与演进。因此，认为完成一个设计方案，对环境进行干预或是采取某些行动就能产生一个终极状态或是获得问题的定解，这种想法是十分幼稚的。

建筑设计往往将重点放在问题的解决而不是问题本身，景观设计在某种程度上也是如此。多宾斯（Dobbins，2009）认为城市设计"发生在一个流动的，相互影响且千变万化的环境中。因此，场所塑造过程无法像建

筑项目或其他有明确时间限制及预算限制的项目一样，以一种有始有终的方式去运作。"他认为城市设计应谨防"解决主义"："一些城市设计师依赖于一条或三四条妙策来将城市设计过程综合成一个可以实现的愿景。倘若这些妙策体现的是一个对问题的充分审视、完全包容，市民导向同时具有弹性的过程，那么此法暂且行得通，并且这的确有助于达成一个可以触及的、可以理解的愿景。然而，从另一方面看，这些妙策若是出自某个顾问贴着'妙策'标签的锦囊，那就要当心了。无论它们多么具有说服力，多么打动人心，或者是无意识的误导，那也改变不了一个事实，即首先这些妙策的提出者并不知道为什么它们变成了一种通用的解决方案，其次，他们也不知道这些妙策应用于具体问题的解决是使问题好转还是更糟，而出现这些后果的几率是相等的。"根据多宾斯的观点，在城市设计领域中，未经调查了解而仅凭推测得出的解决方案比比皆是。

因而，城市设计必定是一个开放的过程——不断地开始，不断地结束，此外，它还是一种对其他动态系统的干预或作为。但是鉴于当代发展变化的速度，我们不能低估断续渐进主义（Disjionted Incrementalism）的危险，同时，确保整体远景可以引导开发朝着设定的目标不断前进，这一点也很重要——至少（在演进的时间尺度上）短期内，不仅需要给予投资商信心以吸引投资，还要确保个体增长可以促进整体的共同增长（见第9章）。

过于严格的"发射井式的"的专业划分会强化专业人员仅从其狭隘的学科视角看待问题的倾向。例如，布雷恩（Brain，2005）曾感叹道："分崩离析的选择能够综合在一起，最终形成某种城市形态，主要得益于各种各样的专家从技术和管理层面为解决问题

所做的种种努力。在这里，逻辑排序主要由工程师和管理人员的技术考虑及信贷机构从确定的、可预见的投资中所获得的利润来确定。"他认为有效的场所塑造往往需要去化解由不同专家分别解决问题的"发射井式效应"（2005）。场所塑造应将不同的专业知识融合在一起，而不是将问题进行专业化分工，分化地去处理问题往往只能解决某一方面的矛盾，而缺乏综合通盘考虑。专门化及专业知识都是不可或缺的（我们即需要脑外科医生，也需要全科医生），但是，在塑造好的场所的过程中，需要的是软边界的专业化而不是硬边界的专业化，同时合作及包容的工作方式也必不可少。

从 20 世纪 70 年代起，一些专业人士开始试图找出专业实践中有损场所品质的因素，而不是永远地怪罪于文化或是推卸责任，他们主张在规划中应更加重视场所及环境质量，在建筑设计中应更多地理解并尊重背景（例如，将"场地"视为是超越其产权边界的某一事物）。

在认识到将不同专业及专业人员融合在一起的必要性之后，一些规划领域的领军人物以及随后成立的组织机构开始在已有建成环境专业之间架起了一座桥梁，并创造了平等对话的机会，共谋发展大计。1978 年，英国成立了首个联盟组织——城市设计小组（UDG）。城市设计小组有意识地采取一种包容的姿态，认为每一个参与建成环境塑造的人都是城市设计师，"因为他们所作出的决策对场所品质产生直接影响"。

1997 年在英国成立的城市设计联盟（UDAL）进一步强调了城市设计交叉学科的属性。城市设计联盟（UDAL）是由公民信托基金、景观设计师学会、土木工程师学会、皇家建筑师协会（RIBA）、皇家特许测量师学会（RICS）、皇家城市规划协会（RTPI）以及城市设计小组（UDG）共同创办的机构，旨在"深入研究城市设计，提升城市设计水平"（城市设计联盟 /UDAL，1997）。

这些组织所做的宣传工作有助于转变此后十年英国政府对城市设计的工作方式（参见第 11 章）。而在其他地方，例如欧洲大陆的一些国家，专业之间的界限不会划分得如此明显，城市规划往往被视为是建筑学或工程学科下的一个二级学科，"城市主义"作为一种媒介，其关注的重点在于他们所采取的行动（Hebbert，2006）。世界各地那些各不相同的专业机构几乎都在设立城市设计及场所塑造学科方面取得了重大进展。

在此期间，呼吁将城市设计作为一门正式的专业仍然是一个永恒不变的主题。例如，彼得·卡索尔普（Peter Calthorpe，Fishman，2005）注意到，在美国城市设计不是一个正式的专业，他认为："景观设计师、规划师、土木工程师、结构工程师、交通工程师都有独立的专业设置，也有各自的执业证书，然而其中最重要的专业——城市设计，却没有这些。这里存在一个巨大的缺口…一个专业正待形成…有时候一些建筑师会脱离建筑学专业而成为城市设计师，但这种情况实属罕见，因为他们对建筑是如此的着迷。也有些时候，优秀的景观设计师也会成为城市设计师，但往往会出现天赋不够或技能不足的现象，因为他们都没有接受过专业的设计训练…我们缺少一个能使问题以恰当的方式去解决的专业。"在英国，一些利益集团也在极力推动城市设计专业的发展。例如，城市设计小组（UDG）启动了一项计划，工作在城市设计中的任何背景的专业人员都可以申请"公认的城市设计师"称号（Recognised Practitioner in Urban Design），这是一个新的称号，虽然有些幼稚，但不失为一种认可他们的技巧与能力的方法。

关于城市设计专业存在的必要性，有一个公认的观点，即它可以管理那些无约束市场无法合理生产出的公共产品，此外，城市设计专业不仅需要满足客户需求，还应倡导公共利益（Friedson，1994，Childs，2009）。然而，设立一个正式的城市设计专业，似乎否定了城市设计作为一个连接过程以及一个包容的场所塑造行为的概念，而根据伊恩·本特利此前提出的观点，城市设计必然会制度化成一个专门的专业领域。

3 城市设计师

鉴于城市设计存在的必要性，本小节讨论的主题是"谁是城市设计师？"对此，一个包容性的回答是，所有对城市环境塑造具有决策权的人。这些人不仅仅包括建筑师、景观建筑师、规划师、工程师及测绘师，同时也包括开发商、投资者、使用者、公务员、政要、活动组织者、犯罪干预人员、消防人员、环境卫生官员以及其他相关人员。按照这种观点，普通使用者的意见和设计师的意见是同样重要的。正如卡里斯基曾断言的："选择不同上下班通行路线的人、在街上贴广告的人、从街角手推车上购买东西的人、志愿组织社区会议的人，与开发商以及建造摩天大楼的建筑设计师、制定管理条例的城市官员一样，都是城市设计师。城市正是这些不断变化的日常行为与那些构思某一时期城市总体规划的城市设计的宏观构想共同作用的结果。"可见，不同能力的个人与团体出于不同的目的参与城市设计及场所塑造的过程。他们的参与以及对设计决策表达的影响，可能是直接的也可能是间接的，此外，他们可能会也可能无法了解他们的决策是如何影响场所品质的。

因此，从"自知的"（自觉的）城市设计（即由那些认为自己是城市设计师的人所进行的创作实践）到"不自知的"（不自觉的）城市设计（即由那些不认为自己是城市设计师的人所作出的决策与行动）存在一个连续统一体（Beckley 1979，Rowley 1994：187）。就其产生的结果的质量而言，这二者不存在差别——其结果好坏皆有可能。因此，不自觉的城市设计并非就是差的，但是由于场所的整体品质不是那么容易就能考虑清楚的，这也就大大降低了创造好的场所的机率。正如巴奈特（Barnett，1982）所言："今日的城市不是偶然形成的，其形态往往并非有意为之，但也绝非偶然。它是各种单目标决策合力的产物，然而，这些目标彼此间的相互关系及副作用并未得到充分重视。城市设计是由工程师、测绘人员、律师以及投资者等共同完成的，他们每个人都为各自合理的理由而做出了个人的理性决策。"自知／自觉的城市设计师一般指那些因具备城市设计专长而被雇佣或聘请的专业人员，即职业城市设计师。他们中的一些通常拥有城市设计专业研究生学历，但是也有许多人没有接受过专门的城市设计教育，他们往往曾受教于建筑学、城市规划或景观建筑学等专业，从中汲取了经验并进行实践探索。

更广泛地说，这个连续统一体是一个专业团体，由那些虽能对场所品质的相关决策产生影响，但却不认为自己是城市设计师的建成环境专业人员组成。尽管他们承认也明白他们在维护和提升场所品质过程中的作用以及产生的影响。这个专业团体可能还包括那些认识到设计可以使土地增值并促成长期商业上的成功的房地产开发商们（University of Reading，2000）。

"不自知"、"不自觉"的城市设计师并未意识到他们的作为影响了城市设计及场所塑造的决策（图1.7和1.8），他们包括：

- 负责制定设计的战略框架，并将其作为国家经济战略及可持续发展的政策背景的中央／州政府官员；
- 负责实施中央／州政府制定的战略，但是会根据当地的实际情况进行诠释和进一步细化的地方／区政府官员；
- 掌握包括基础设施建设在内的投资决策权的商业团体和公务人员；
- 为公共及私营部门的投资提供建议的会计师；
- 设计道路、交通基础设施，并将其与公共领域相结合的工程师；
- 评估短期、中期、长期投资机会，并决定要支持哪些开发和开发商的投资者；
- 负责将公共基金投入城市更新项目，并平衡项目的环境、社会与经济目标的城市更新机构；
- 投资和维护公共领域中的隐形基础设施的基础设施供应商（如电力公司、天然气公司、通讯公司等）；
- 支持或反对开发，推动变革，参与开发过程的社会团体；
- 维护其物权以及／或者将其个性化的业主。

这一专业团体可能还包括那些并未意识到其决策是如何影响整体场所品质的建成环境专业人员。

如果没有认识到好的城市设计所应具有的品质和附加值，那么场所的塑造过程就会变得冗长拖沓。对于那些自知的城市设计师，尤其是职业城市设计师而言，他们所面临的挑战是要阐明城市设计的重要性和价值，并确保不会因为无知，或是疏忽，或忽略误导，或追求短期利益而将场所置之脑后。此外，引导那些不自知的城市设计师或场所建构者，使其明确自身职责，也是自知的城市设计师的工作之一。

图 1.7　伦敦，格林威治（图片来源：马修·卡莫纳）
介绍伦敦格林威治的带轮垃圾箱对城市景观具有意想不到的破坏性，它代表了一种不自觉的城市设计案例。

图 1.8　意大利，罗马（图片来源：马修·卡莫纳）
不同开发商采用不同的公共停车标准——在路的一侧采用地面停车方式，而另一侧则采用地下停车方式——这对街道的活力产生了意想不到的破坏性，但是却没有人需要为此负责。这种停车规则对理想的场所景观没有任何积极作用。

3.1　城市设计实践

在主流实践中，城市设计师通常有两种基本类型：偏向建筑的城市设计师和偏向规划的城市设计师，这二者的区别与前文提到的自知的城市设计和不自知的城市设计之间的差别基本一致。前者往往直接参与设计，比如一个单体建筑或建筑群的形式。而后者一般热于引导、促成、协调和管理其他建设行为，也越来越多地受邀为某个地区确定长期的物质空间"愿景"。这种管控通常是（但不绝对是）公共部门对某些地区私人利益的管控，在这些地区中，公共／集体利益非常重要，足以证明管控、维护以及引导的合理性。

然而，当代城市设计实践要比这宽泛得多，例如，英国的环境、交通和区域部门（DETR，2000）就归纳了四种当代城市设计实践类型，分别为开发型城市设计，制定政策、导引和管理规则型城市设计，公共领域型城市设计和社区型城市设计（见表1.3）。朗（2005）也总结了四种主要的城市设计实践类型：

- 整体式城市设计（Total urban design）——是指由一个设计团队全权负责一个较大区域的全套设计，包括从区域总图到局部地块分图，甚至到建筑单体和公共空间设计，并在建设阶段按照此设计方案实施。
- 整体－局部城市设计（All－of－a－piece urban design）——开发地块被分解给不同的开发／设计团队来完成开发计划。局部地块的发展策略应遵循总体规划，以确保各局部地块协调发展。
- 局部－局部城市设计（piece－by－piece urban design）——当机遇与市场条件允许时，在区域总体目标和政策的指导下，针对某些可以独立开发的地块的特征制定不同的开发计划。
- 插件式城市设计（Plug－in urban design）——在城市现有地块或新开发地块上设计建设"触媒式"基础设施，以带动周边建设项目的开发，将来这些项目以"插件"的形式依附在这些基础设施。

朗（1994）早前已经讨论过这些内容，他同时提到了存在着许多不同类型的城市设计师——表1.4列出了十种。这些角色并不是相互排斥的，在同一项目中，城市设计师可能同时扮演好几种角色。

城市设计实践的类型　　　　　　　　　　　　　　　　　　表1.3

	专业	特征	工作
开发型城市设计	传统上属于建筑师的专业领域，景观建筑师及其他专业人员提供支持	植根于开发过程，通常适用于场地及邻里尺度	包括： ● "整体－局部"设计 ● 一些整体设计
公共领域型城市设计	工程师、规划师、建筑师、景观建筑师及其他相关专业人员的专业领域，但常常有许多不同的团体采取未经协调的决策和行动产生了无意识的结果	包含对"主干网络"（如干道、街道、步行道或人行道、公交枢纽站和停车场以及其他城市空间）的设计。涉及尺度范围很广	包括： ● 具体项目的设计与实施； ● 某一地区设计导则及改造指引的制定与应用； ● 场所的永续经营与维护，包括活动和事件的策划组织
制定政策、导则与管理规则型城市设计	传统上属于规划师的专业领域，建筑师、景观建筑师、负责维存的官员及其他相关专业人员提供支持	主要关注规划进程中的设计维度（如主要应对预期的城市发展变化对城市设计品质的影响，其中，将导则和管控主要应用于开发过程之外）。所考虑的事项较开发型城市设计要更加广泛。适用于城市的所有尺度	包括： ● 区域评估，设计策略与政策的制定； ● 设计导则与设计大纲的增补； ● 设计管控的执行
社区型城市设计	无特定专业	在社区中工作，并与社区合作，使得社区开发方案听取普通民众的意见，特别适用于邻里尺度	包括： 使用多种方法与技术满足场所的使用者的需求

资料来源：改编自雷丁大学／University of Reading，2001

	朗提出的 10 种类型的城市设计师	表 1.4

(1) 总体设计师	当某个城市设计师或设计团队全权负责从项目的全面启动到现场施工的全过程设计时，城市设计师就是一名"总体设计师"。对于某个具体工程而言，城市设计师或许是设计过程的核心人物，但是鉴于其交叉学科的性质及多主体的特征，总体设计师一般不会由某一个人单独担任
(2) 整体—局部型城市设计师	当某个城市设计师（或公司）负责制定地块的总体指导性图则，而图则包含着不同开发个体和建筑师必须在建筑设计时遵循的导则时，城市设计师就是"整体—局部型城市设计师"。它与城市设计师的区别就如同基础设施设计与设计导则编写的区别一样，虽然差距甚小但也很重要：朗的基本观点是"整个开发项目如果不能同时进行，那也是将其分解成若干个小地块，而后在一个较短的时期内完成，整体—局部型城市设计师充当的是每个分地块开发计划的审核者这一角色"（1994）
(3) 愿景制定者（概念提供者）	愿景的制定者负责提供愿景、概念或是组织城市或城市区域空间模式的理念。愿景通常以框架或导则的形式表达出，在此之后，其他开发主体会发展完善各自的阶段或部分
(4) 基础设施设计师	基础设施设计师首先与土木工程专业，其次与城镇规划专业紧密联系。由于城市环境的功能和特征往往是从街道、公园、公共空间以及其他公共设施中体现出来，因此基础设施设计师的作用不容忽视。而道路工程师和交通规划师的专业传统和目标都未将重点置于获得整体场所品质中
(5) 政策制定者	城市设计师作为政策制定者，与政客和其他决策者紧密联系。这是一个起到促进作用的角色，涉及从形态和功能上塑造未来。这些城市设计师也为决策者提供关于理想的变化所具有的特性的指导和建议。政策制定者建立发展目标，为开发提供指引，同时协调、监控和评估则和政策的实施情况
(6) 导则设计者	导则以政策的形式确定详细的设计原则。设计导则是界定和设计公共空间、指明其具体用途、鼓励和促进开发、维存现有环境的机制。在公共部门和（越来越多的）私营机构中，城市设计师负责编制将政策与实践联系起来的导则，同时还负责设定设计参数
(7) 城市管理者	城市中心或城市管理者提升、发展并承担城市核心的日常管理。其初衷是保护比较老旧的零售中心，以对抗城郊购物中心和新型"边缘城市"造成的经济威胁，其职责已演化为对整体城市环境的关注，其工作内容涵盖了以下列出的处于"城市事件推动者"这一身份之下的许多工作。城市管理者的其他重要工作还包括通过建立利益团体联盟和管理公共领域的维存来启动一些小规模的激励措施
(8) 城市事件的推动者	成功的城市空间有着天然的活力（来来往往的人群），而其他场所可能未必有足够的活力。城市事件的推动者负责激发以及／或者管理已规划好的包含社会活动和展演在内的文化活力，以促进额外活动的发生，从而鼓励不同年龄、种族、性别的人造访、使用并逗留于场所之中。这些举措需要有地方政府的热情，通常还要有正式的认可、合作伙伴和赞助商
(9) 社区推动者／催化剂	参与社区层面城市设计的设计师负责使社区居民能够参与到本地区的开发进程中。其作用包括推进该地区城市设计、规划及管理中的公众参与。社区推动者要确保这一过程和任何行动规划都是由社区居民参与完成，使开发计划符合当地的环境条件、时间表以及资源条件（见第 12 章）
(10) 城市保护者	城市保护者影响决策是通过对留存和变革之间微妙的平衡关系施加影响来实现的，这就需要对城市变革的动态和过程保持相当的敏感度。他们感兴趣的空间范围跨度很大，从单体建筑到大面积的城镇景观、邻里、城市街区，有些甚至是整个城市，其职责主要是推动那些能够提升现状城镇及区域景观质量的变革

资料来源：改编自朗（1994）

3.2 城市设计的委托人

如果城市设计是为人创造场所的实践活动的假设成立，那么我们就需要考虑这里所谓的"人"的具体指向。在狭义上，可以认为这是从指认客户的角度来认识城市设计。鉴于城市设计从业者的职责及其与城市环境的关系，他们势必要为各种不同客户的利益诉求服务。城市设计的过程和结果以不同的方式牵扯并影响很多人和利益关系：个人，地方组织，社区以及整个社会；业主以及使用者；当代人以及子孙后代。

朗将城市设计委托人分为"付费"（paying）和"不付费"（non-paying）两类。无论在公共部门还是私营机构中，付费的委托人均包括"雇主"及其财政支持。在公共部门中，雇主一般是政府机构和政要们，其财政支持来源于纳税人。尽管这种情况在私营机构中也越来越多见，但是私营机构的雇主还是以开发商为主，其财政支持来源于银行家和其他信贷机构，同时，公私合营（例如英国就通过民间融资模式（PFI）为公共建设提供经费来源）、政府及其代理机构的模式也日益增多。正如朗提到过的，这些行为主体往往充当代理人的角色，而那些包括购买者、租客和使用者在内的人们才是最终为这些建筑和环境买单的人。

朗将"不付费"的城市设计委托人分为几类，其中最主要的两类为：

- 业主和使用者：开发的使用者之所以"不付费"是因为他们通常并没有直接雇佣设计专业人员，也未与他们有过联系。其后果便是在专业人员和使用者之间造成管理上的隔阂以及在客户和更为基本的使用者之间造成生产者的隔阂（参见第10章、第11章）。在开发过程中，公共机构或营销专家往往是使用者的代言人，他们声称自己了解使用者的需求并知道如何满足这些需求。

- 公共／集体利益：提出城市设计师应该考虑公共利益的宣言是非常容易的事，然而在具体情况下如何界定公共利益，或者设计一种方法去界定公共利益却很困难（Campbell & Marshall, 2002）。在开发过程中，不同的参与者往往都有各自的目标以及从自身角度对公共利益的理解，而建成环境的专业人员对公共利益的设想通常是基于狭窄的专业知识、阶层以及／或者是社会根源等因素。在现实中，公共利益的界定涉及竞争各方之间的谈判和协商。

在论及城市设计的客户和消费者时，意识到"隔阂"的存在是非常重要的，例如，在城市环境的生产者与使用者或消费者之间就存在隔阂（见第10章），而设计师与使用者，专业人员与外行人员之间也存在沟通上的隔阂以及社会隔阂（见第12章）。如果城市设计师的愿望是为人创造场所，那么他们就应该努力缩小这些隔阂。特里·法雷尔爵士（Sir Terry Farrell, 2008）注意到，在现实中，客户总是会有一些局部利益，他认为城市设计真正的客户就是场所本身。

4 结语

在过去的50年里，城市设计已发展成为一个公认的实践领域。尽管其涉及范围很广，专业界限也很模糊，甚至有时还存在争议，但本章的论述仍将其视为一个整体的实践活动，其核心是为人创造场所。然而，势必会有不同的群体，包括那些拥有城市设计专业学历的人群，依旧认为城市设计是一个专属专业领域，也许甚至是一门独立的专业，但我们仍坚持城市设计是一个共同的责任，而不是某个人或专业的特定职责，这不仅仅是因为城市设计所要处理的问题及其面临的挑战太过复杂，以至于任何个人或专业很难独立把控，更为重要的是，总体场所品质涉及的问题要比建成环境专业惯有的知识宽泛得多。

此外，创造好的场所并非专业设计人员及其赞助者独有的权利：我们无法将城市设计从城市区域的日常生活中抽取出来，并且所有参与这些区域的塑造和运作的人都在确保场所的成功中发挥各自的作用。因此，许多其他群体也都关注着好的场所的塑造与管理——如中央和地方政府、地方组织、商业团体、房地产开发商和投资者、业主和使用者、路人以及我们的子孙后代等，所有这些人在塑造更好的、更可持续的场所中都有各自相应的利益，也都肩负着相应的职责。

第 2 章　城市变革

近年来，城市发生了巨大的变化，城市设计、改造和改善的理念也有了明显改变。由于区域间物理和电子通信手段的发展，传统的集中型城市形态演变为景观不易辨识的、蔓延的多中心型城市。正因为集中型城市形态及主要中央商业区的理论假设越来越站不住脚，所以像"城市中心区"、"郊区"、"城市边缘"这样的传统词汇也逐渐失去了意义。对于菲什曼（1987）而言，新的城市"真正中心"不再是市中心的商业区，而是每个独立的居住单元，其居民"可以从位于适宜驾驶的距离范围内的众多目的地中创造出他们自己的城市"。此外，这些"自己的城市"与四邻只有很少或者根本没有交集。其原因可以归结为数字通信技术的新进展为区域间的出行提供更多的选择或是极大降低出行的必要性。

本章分为五大部分，第一部分论述了城市空间设计理念的发展。第二部分则探讨了前工业、工业以及后工业时代的城市形态。第三部分阐明了信息和通信技术的影响。第四部分对回归城市性的前景展开讨论。第五部分评述了当代的城市主义。

1　城市空间设计的变革

"传统"城市空间被视为大规模工业化和城市化发生之前城市形态演化的结果。在工业革命之前，城市发展受交通方式的限制，人们移动的速度仅限于行人和马车的行进速度；可用的建筑材料十分有限——每个城市都使用地方材料来进行建设，也因此具有了相对一致的外观形象；建造方式通常只有承重砌体结构和木结构两种。同时因缺乏高层建筑所需的电梯，所以建筑高度往往限制在六层或者七层之内，但是为了一些特殊用途（如教堂尖塔、大教堂或是瞭望塔等），偶尔也修建更高的建筑。

这些限制意味着城市肌理是逐渐发生改变的，当自然力量或战争爆发造成大规模的破坏时则例外，这就使得连续几代人能从周围环境中获得历史的延续感和稳定感。到了19世纪，随着资本主义的发展和快速城市化进程，这种老的城市发展规模和步伐被取代了。

19世纪和20世纪早期，工业化带来了新的建筑材料和建造技术，如玻璃、钢、混凝土、轻钢结构，从而改变了城市发展的规模。而这与技术领域的其他重大发展，如火车、安全电梯、内燃和众多相关的社会经济变革不谋而合。建筑师和工程师们开始探求应对这段时间城市变革所产生的新需求及新挑战的方法，由此产生了众所周知的现代主义思想。

现代主义建筑和规划思想产生于20世纪上半叶，其发展受两种力量的双重推动，其一是对19世纪工业城市贫民窟和肮脏环境的极度厌恶，其二是察觉到了一个新时代的开始——机器时代，在这个时代里，社会从新技术和工业化中获得了前进的动力。现代主义城市设计的领军人物是瑞士建筑师和规划师勒·柯布西耶，而该时期最有影响力的城市设计宣言是1933年国际现代建筑协会（CIAM）在雅典召开的第四次会议所颁布的《雅典宪章》（Charter of Athens），国际现代建筑协会（the International Congress of Modern Architecture）是20世纪20年代由勒·柯布西耶、瓦尔特·格罗皮乌斯、阿尔瓦·阿尔托等发起的一个现代派建筑师的国际组织。

一系列的当代城市问题和机遇催生了现代主义者的城市空间设计理念（见框图2.1）。为了应对19世纪和20世纪早期工业城市的问题而产生的现代主义思想，往往被视为具有天生的反城市偏见。更确切地说，它反对

框图2.1　现代主义城市空间设计的特征

更健康的建筑

早期现代主义的城市规划和城市设计是为了应对工业城市的物质环境状况。而19世纪与20世纪早期，医学知识的发展为设计更健康的建筑和环境提供了标准，即健康的人居环境需要采光、空气、阳光、通风以及开放空间。而实现这些的最佳途径在于将建筑分离开来，使其朝阳（而不是像以往那样面街），使其获得更好的通风和采光，并向阳光和空气充足的高处建造。

更健康的环境

现代主义者也试图努力创造更健康的环境。在这种较大的尺度上，是通过缓解拥挤、降低居住密度以及分隔居住区与工业区（"那些黑暗的撒旦磨坊"）等手段来实现采光与通风的优化。《雅典宪章》的主要观点就是功能分区，它提出在城市规划中用绿化带将不同用途土地的严格分隔开来。这并不完全是出于环境卫生的需求，也是城市追求效率与秩序的结果，而新的交通模式担负起联系不同分区的重任。

城市如同机器

汽车和城市快速路是新时代最有力的象征。勒·柯布西耶（1927）曾高度评价汽车带来的种种益处与机遇："城市将成为国家的一部分，我居住在距我办公室30英里的地方；而我的秘书居住在另一个方向距办公室30英里的一棵松树下。我们都拥有自己的汽车。我们日复一日消磨着轮胎，刮薄路面，磨损汽车齿轮，消耗着石油和汽油。"然而，要容纳汽车，当前城市还存在着"装备不良"的问题，因此，《雅典宪章》呼吁通过"大规模转变"来解决矛盾，实现人车分流。"街道"因降低了汽车的行驶速度，而成为被摒弃的对象。城市被视为一部从逻辑上将人类运动和活动分离并排序的机器，而非人的住所。

建筑设计哲学

为了表达功能及功能需求，建筑设计应由内而外地对其规划和功能需求作出回应，例如采光、空气、卫生、朝向、景观、娱乐、移动以及开放等。建筑成为雕塑或"空间中的物体"，它们只需遵循自身的内在逻辑，而不必顾及已有的城市背景。这样的建筑同样表达了现代性。

时代的建筑

作为对19世纪历史主义的回应，现代主义表现出对时代思潮的极大热情，即所谓的"时代精神"，并与传统毅然决裂。它们强调差异而非延续，将过去看作是通向未来的障碍。尽管这种对历史的忽略是"虚华的辞藻而非现实"，但仍在很大程度上影响了人们的态度和价值观建构（Middleton，1983）。

传统城市形态，现代主义者试图建立新的城市形态建构原则：他们主张采用理性的、通常是直角相交的街区划分方式，点式建筑布置在公园和其他开放空间中，拒绝采用传统的、低层建筑围合的街道、广场和街区。这样一来，不再是建筑围合城市空间，而是城市空间环绕建筑，从而使得建筑获得更多采光，空气也得以流通。

1945 年后的欧洲战后重建计划以及随后的清除贫民窟计划和发达国家大规模筑路计划，都为推广现代主义的城市空间设计理念提供了实践机会和政治保障。从 1945 年之后，城市变革以戏剧化的步伐和规模快速推进中可以看出，此时推崇的是城市整体重建，而不是渐进式的修复和填充式的开发。尽管当时的城市建设活动是在国际现代建筑协会（CIAM）勒·柯布西耶等人的观点的大背景下展开的，但是哈维却不这么认为，他指出："……对于务实的工程师、政治家、建筑师，开发商而言，相比理论框架和理由，理念对产品的控制力在许多情况下纯粹出于社会、经济和政治的必要性。"

城市整体重建为更高质量的环境和更高效率的交通网络提供了光明前景。但与此同时，旧城拆除行动以及新城开发设计却破坏了传统的街道模式（见第 4 章）。重建过程也瓦解了原有的经济和社会基础，而由此产生的大型街区简化了土地利用模式，消除了"角落与缝隙"，虽然这些空间产生的经济效益微不足道，但其带来的社会效益却不容忽视，其各种令人愉悦的用途和活动赋予了该地区多样性和活力。然而，尽管这是一个令人痛心的过程，但从 1945 年起至 1975 年的大约 30 年间，这种对内城区的物质、社会和文化结构的摧毁，对混合使用邻里关系，以及对穷人和工人阶级居住区的破坏也都被毫无异义地接受了。但是，自 20 世纪 60 年代

起，一股新的力量逐渐崛起，他们表示出对城市更新和重建的传统观念的遵从、动荡或是质疑，与此同时，对现代主义城市空间理念和城市建设主流实践的批判和回应也有所增加（见框图 2.2）。当代城市空间设计在很大程度上是基于对现存缺陷的弥补而得到进一步发展的（见第 4 章）。

对现代主义的批判往往呈现得比实际情况更加整体和包罗万象。正如威尔斯·索普（Wells-Thorpe, 1998）提到的，现代主义的许多优点现在看来都是理所当然的，然而哈维（1989a）却这样认为"…将这些现代主义的解决方案描述成完全失败的战后的城市发展和重建，是错误的也是不公正的。"在欧洲，遭受战火摧毁的城市很快就修复重建了，人们被安置到更好的生活环境中。

事实上哈维指出"将所有战后城市的弊病全都归因于现代主义，而丝毫没有想到政治经济调整应与战后城市化的步调保持一致，这种想法是完全错误的"。将 20 世纪后城市环境质量的好坏完全归咎于现代主义，不仅给予建筑师、规划师和工程师太多的信任，同时也将成堆的责难压倒他们身上，而且也低估了普通的开发实践和赋予他们权利的监管体制的作用。

因此，现代主义常常是被歪曲和讽刺的。将其视为一种对问题和挑战的理性探索，以及响应利用新技术来发展的设计方法或是哲学，而不是某种视觉风格，会相对准确些。马歇尔（Marshall）将其描述为"通过理性行动来获取进步可能性的一种信仰"，在实践中，这一定义涵盖了大多数城市设计。在不同的情况下和不同的背景中，现代主义的方法应该会产生不同的城市形态——这正体现了某一特定历史时期的城市形态应有别于另一时期的。框图 2.1 中概括的现代主义空间特征是 20 世纪中叶，现代主义者对预应力钢

框图 2.2　对现代主义城市空间设计的批判

参与和介入

现代主义通常被认为缺少与最终使用者的对话和互动。例如，勒·柯布西耶建议"人们必须接受再教育以理解其远见"（Knox，1987）；而瓦尔特·格罗皮乌斯（Walter Gropjus）则认为没必要与建筑使用者讨论，因为"他们在这方面的心智未被开发出"（Knox，1987）。已建成的现代主义项目的缺陷则表明应与使用者和地方社团协商，以理解他们的偏好和愿望，并对此作出回应（见第12章）。

保护

直到20世纪60年代末，传统环境的特征，以及这些环境为更好地适应和支持城市生活和活动所作出的努力，都被看作是现代主义环境的对立面。20世纪六七十年代，欧美出台了保护历史地段的政策，自此，保护融入城市规划，成为它的一个重要组成部分。随之而来的是关注历史背景（与现代主义的国际化形成对照），尊重场所及历史的独特性，以及延续当地模式和类型（见第9章）。

混合使用

功能分区的逻辑因交通的发展和对土地的高价值使用而得到强化，然而摒弃低价值用地功能的土地利用方式和越来越庞大的建筑群同化了传统街区的生活和活动，从而降低了城市中心的复杂性与生动性。这种内容贫瘠的城市环境充分表明了混合使用的必要性（见第8章）。

城市形态

由于对"传统"城市品质和尺度有了全新的认知，一些理论家和实践家们提倡运用形态学方法进行城市设计，根植于现存"经过实践验证"的城市空间先例和建筑原型，强调对这些历史形态的延续而非决裂。与此同时，理论家们对现代主义城市空间设计不满的声音也逐渐加强：尽管现代主义"最好的独奏表演"（单体建筑）不愧为"艺术鉴赏品"（杰作），但他们终究未能成功地创造出"好"的街道和"好"的城市，理论家们还认为"早先年代的传统城市机理和整体布局更加和谐。"（Kelbaugh,1997）（见第4章）。

场所中的建筑

现代主义建筑的幻灭，或者，更准确地说工业化生产和施工技术导致了现代主义建筑的贬值，这在许多书中都有详细记载（Blake，1974；Wolfe，1981）。罗伯特·文丘里（Robert Venturi）在其1966年出版的《建筑的复杂性与矛盾性》（Complexity and Contradiction in Architecture）一书中质疑了纯粹主义者、极简主义者和精英主义者的教条，在他看来，国际化风格和现代主义建筑已深受其害。受这本书和后来的《向拉斯韦加斯学习》（Learning from Las Vegas，Venturi et al，1972）的影响，人们开始认识到建成环境的装饰性及背景特征，并出现了许多新的设计方法。建筑必定是属于某一特定场所和特定时代的，这并不是二者选其一的问题（见第7章）。

人的城市

街道和道路缺乏社会特质，城市区域被分割成碎片，导致了城市隔离的问题。美国很多城市中心区都形象说明了汽车对于城市形态的最终影响——临近高开发强度地区的街区被夷平变成停车场——科斯托夫／kostof 称为"汽车的领土"。科斯托夫（Kostof，1992,P.227）注意到底特律、休斯敦、洛杉矶等以及其他一些地方，虽然是"现代主义的城市化地区"，但却不是勒·柯布西耶所设想的样子，"他的绿色城市构想——公园中林立的塔楼，在美国，就变成了停车场中的塔楼群"。尽管欧洲的一些城市是以较为温和的方式发生转变，大多数城市启动"主干道修建计划"，而不是像美国那样肆意修建停车场，但同样带来了隔离问题（见第4章）。作为对汽车主导城市的回应，人们开始重新关注行人，并要求创造以行人为中心的环境（车辆可达，但尽量适应行人的尺度、速度和舒适度）和可以使用多种交通模式的环境。

筋和混凝土框架结构出现以及大规模的汽车时代到来的一种探索。许多当代设计师保留了对现代主义的核心敏感度，通过寻求新型建筑材料和利用计算机潜能来设计与建造早些年不可能存在的形状和形式，以此回应当今城市存在的问题和挑战。

2　城市形态的演进

城市和聚居地的演进经历了三个历史阶段。在第一阶段中，城市作为主要的市场所在地；在第二阶段中，城市成了工业生产的中心；在第三阶段中，城市则演变为服务提供、消费以及知识的中心。城市形成的本源是人类出于某些需求而聚集在一起，这些需求包括安全，防御，贸易，获取那些只能在特定地点才能获得的信息、人才和资源，参与那些需要集体努力才能完成的或是需要组织的活动，以及使用特殊的设施和机器等。其中最本质的因素是那些需要人们沟通交流的活动，这就意味着要素必须在同一时间出现在同一地点，即某种形式的聚集（至少最开始时是这样）。人在时间和空间中的集聚，促进了一个重要社会维度的发展，而这后来被视为是城市的本质。例如，奥登伯格（Oldenburg，1999）就认为，如果在人们的生活中没有公共聚集的场所，那么"城市的承诺"（promise of the city）也就成了一纸空文，因为城市"无法支持人类形形色色的交往和关系，而这正是城市的本质"（见第6章）。

自从首次以聚居的形式定居后，人们聚集在一起，进行相互交往和交易的理由也大幅度增加。而交通和通讯技术的使用和发展对定居点的形式和性质产生了重大影响。活动的空间分布以及城市和城市地区空间形态的变化可视为是成功的技术创新浪潮的结果。

哈格罗夫斯与史密斯（Hargroves & Smith，2005）指出共有六次创新浪潮影响了城市形态(图2.1)。第五波创新浪潮是由相对廉价的、容易提炼的石油推动的。而一旦进入一个后廉价石油时代，我们就可能面临重大变化，即纽曼（2009）所认为的，对气候变化和石油峰值的回应将会推动下一次创新动——这就是第六次创新浪潮。

在引导城市空间模式的发展中，并不是技术本身，而是支持技术的基础设施模式以及后来社会的选择在发挥作用。早期防御墙和防御工事制约了城市的发展，然而交通革新以及后来信息和通信技术的发展，压缩了时空（单位时间内行进的距离），使得城市得以扩展开来。在中世纪时，15分钟的步行距离可能只有1英里，但是却可以让你从小镇的一侧走到相反方向的另一侧，而在当代城市，15分钟的车行距离只有五六英里，甚至不用离开这个城市。现代通信技术的创新（例如电报、电话、电子邮件讨论、视频会议等）也为"共在"沟通模式提供了替代方案。城市设计有助于促进城市形态的演进同时对昔日的增长模式做出回应。

（1）早期的工业城市形态

在18世纪资本主义经济全面崛起和19世纪工业革命之前，城市在本质上只是小规模的定居点。到了18世纪后半叶及19世纪，自英国开始，后来发展到世界各地，社会经济发生了重大变化。人口的快速增长和耕作方式的进步造成了农业地区劳动力过剩。与此同时，日益繁荣的工矿业城市提供了大量的就业机会和更高的生活水平，于是人口开始大规模地迁入城镇。而蒸汽动力的发明使得工厂体制成为必需，这就导致了劳动力进一步集中到城市。

在西方，城市人口的增长非常惊人。1801年，英格兰和威尔士的城市人口是300万——

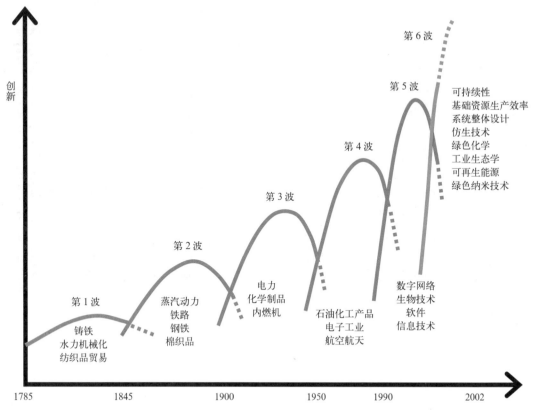

图 2.1 六次创新浪潮(图片来源:改编自哈格罗夫斯与史密斯)。哈格罗夫斯与史密斯(2005)指出共有六次创新浪潮,它们影响了城市形态,成就了今天的多中心型城市区域。第一次创新使用水力,因此工业沿河渠发展,从而形成了步行的城市。第二次创新使得城市沿铁路线扩展。在第三次创新中可以看到城市是沿电车线路线性发展。以廉价石油和汽车为主的第四次创新使得城市得以向各个方向蔓延开来。而第五次创新中的互联网和数字技术将城市蔓延造成的负面影响降至最低,同时带来了老工业城市的更新。廉价石油时代的终结也正是第六次创新的开始,正如纽曼所解释的,第六次浪潮是"一个资源生产力和投资都集中在一系列可持续发展技术上的新时代,这些技术与可再生能源以及那些分散的、小尺度的、水、能源和废物处理系统等更地方化与低能耗的领域紧密相关。"

约占总人口的 1/3。到了 1911 年,两地城市人口增加到 3600 万,几乎占总人口的 80%。因此,可以说产业革命造就了现代工业城市,而到了今日,这场革命对南半球国家的城市产生了类似的影响。

然而,城市的快速发展造成了严重的拥挤、肮脏和恶劣公共卫生状况。同时,由于缺乏大运量的公共交通工具,工人们不得不居住在步行可到达工厂的范围内,这就导致了在工厂内及工厂周边任意修建简陋的工人

住宅,从而有碍健康的现象,面对这种局面,城市当局缺乏经验,组织无力,无法积极地应对。

(2)成熟的工业城市形态

随着由工业革命促成的城市化的快速推进,以马车和步行为主的交通方式逐渐被大运量公共交通方式取代,从而打破了"工作场所必须紧邻居住地"的原则。最初,工业城市的发展呈现为密度的增加,大约 1870 年以后,随着郊区铁路系统的发展,城市增长

也开始呈现出面积扩张的趋势。而在20世纪早期，上演了交通工具的变革：从马车发展为机车、有轨电车和公共汽车，以及大都市的地铁。这种变革使得分散居住成为可能。郊区是城市化的一种新形态，它与传统城市形态有着明显的差别。经过一段时期，城市化最终演变为两种基本的发展模式——更高密度的、更加紧凑的、可步行的传统城市化和更低密度的、不紧凑的、依赖小汽车的、多中心的郊区城市化。上述的两种模式是发展模式而不是地理区位，举个例子，位于郊区的区域可以有若干种发展模式。表2.1概括了这两种发展模式的基本特征，而每个特征都是"更郊区的"和"更城市的"对比。

人们选择居住在郊区的最初动机是为了逃离工业城市，远离污染、疾病和犯罪。此外，高质量的住宅、花园、健康的生活环境以及居住在该区域所代表的社会地位也吸引人们前来定居的原因。该时期，田园城市运动的蓬勃发展对西方产生了重大影响，它提供了一种理想化的郊区模型，尽管后来这一理论被滥用，但在整个20世纪，该理论一经提出就立即吸引了众多的关注（框图2.3）。事实上，如果以花园城市的直接产物——郊区蔓延的程度来衡量该理论的影响力的话，那么很显然，它的影响远远超过现代主义。

20世纪30年代，新兴的中产阶级因拥有稳定的收入，鼓励了银行以抵押的方式向他们提供贷款，从而扩大了分散化的趋势。与此同时，交通系统的发展和在大多数国家都是形同虚设的规划体系一起，共同推进了郊区化的进程。

"郊区"（蔓延）与"城市"（紧凑）的区别   表2.1

低密度	高密度
功能分区的发展模式	混合使用的发展模式
居住、工作、娱乐功能的分离	居住、工作、娱乐功能的融合
不同经济阶层隔离	不同收入阶层混居的社区／混合式社区
依赖小汽车	行人和自行车主导
不连贯的公共空间	相互联系的、各种尺度的步行公共空间网络
高速交通网络和日益增多的道路基础设施	将对交通的需求最小化，为步行和自行车而规划
停车场、建筑和高速公路	公园、风景和自行车专用道
最小的停车空间	满足所有的停车需求
匿名感	社区意识
美国模式	欧洲、亚洲模式
100多年前开始发展	9000多年前开始发展
大规模开发	邻里—人的尺度开发
超市及大型购物中心	街角商店，本地购物区，农贸市场
集中的居住区、商业区和工业区	在获得许可的空间中开发商业区和工业区
市场驱动	愿景和总体规划驱动
高能耗	低能耗
高碳排放	低碳排放

资料来源：改编自丹尼斯和厄里（Dennis & Urry, 2009）

框图 2.3　田园城市

田园城市 (Garden City) 的构想最初由埃比尼泽·霍华德 (Ebenezer Howard) 提出，在其1898年出版的著作《明天：通往真正改革的和平之路》(Tomorrow, A Peaceful Path to Real Reform) 中，田园城市构想试图实现一个重要的社会议程，即创造一个各社会阶层混合，在健康绿色的环境中工作与生活的社区。而事实上，所有运用田园城市理念来建设的案例无一例外地在达成其社会目标方面失败了，例如，汉普斯特德郊区花园 (Hampstead Garden Suburb)，建造伊始其主要住户是中产阶级和单身人士，直到今天依然如此，造成这种现象的部分原因是它们是被作为牟利工具而建造的。

田园城市运动的先驱之一奥斯本 (Osborn, 1918)，接受了霍华德在物质形态方面的建议，很快就在他自己的著作中提出了一个"田园城市"设计公式，这种设计方法关注视觉形象而不是像预期的那样去解决实质上的社会经济问题。实际上，田园城市的公式被诸如雷蒙德·欧文 (Raymond Unwin)，巴里·帕克 (Baary Parker) 和路易斯·德·索爱森/Louis de Soissons 等城市设计师很好地发展完善，最终演绎成为一更为明确的、更易于识别的城市建设计划。

例如，汉普斯特德的郊区花园的显著特点包括：

土地使用
- 主要为居住用地，有少量市政建筑用地。
- 零售限制在次干道周边发展，不提供就业空间。

城市形态
- 为了加强社区感，建筑群围绕窄道、绿地、四边形以及尽端式道路的短边布置。
- 形成连续的建筑线，通过景观节点来中断、点缀。
- 将街道交叉口作为城市空间和郊区入口来设计，并通过建筑的手法将其标识出来。
- 独特的建筑布局——有时将建筑有机地组织在一起，有时建筑呈轴对称布局。
- 低密度——每公顷约20户住宅。

景观
- 城市形态塑造顺应地形。
- 街道两旁种植树木和草坪。
- 通过开阔的前花园将建筑与街道隔离开来。
- 地块之间通过绿篱、树木或者栅栏分隔，而不是围墙。
- 绝大多数住宅拥有私家后花园。

建筑
- 通过地标建筑强化城市结构。
- 住宅设计相互协调。
- 使用高质量的建筑材料和传统工艺。
- 广泛使用的灰泥卵石涂层，通常不刷油漆，而是刷白色或米色的涂料。
- 使用红色，紫色或棕色的普通砖以及手工制作的红色无楞瓦。
- 诸如烟囱、老虎窗和墙面凹凸等细部可进行个性化设计。

郊区的世外桃源（图片来源：马修·卡莫纳）

1945 年后的一段时期，郊区化进程进一步加剧。持续增长的汽车保有率实现了个体的移动性，从而使得从前融合在一起的居住、工作、商务和休闲活动可以分离开来，因此，1945 年后，城市快速分散化成为大多数西方国家城市的特征，在美国甚至更早些（Jackson 1985）。而不同国家和地区的分散化存在着差异：在北美，日本和澳大利亚，分散化主要以大规模蔓延的形式进行；而在欧洲，分散化则表现为两种形式，较大城镇的郊区化和较小村镇的增长，造成这种现象的部分原因是大城市周边的强制绿带政策（Breheny 1997）（图 2.2）。

郊区人口因工作需要通勤到城市中心，从而引发了通达性和交通拥堵的问题，降低了城市中央商务中心（CBD）的可达性。20 世纪五六十年代，道路修建计划，辅以诸如环路、支路以及与国家高速公路网联通等措施，解决了持续增长的郊区与城市之间的通勤需求。当时，人们坚定地认为，郊区的特征决定了居住在这里的人仍会经常因工作、购物及休闲的需要而出入城市（Kunstler，2005）。

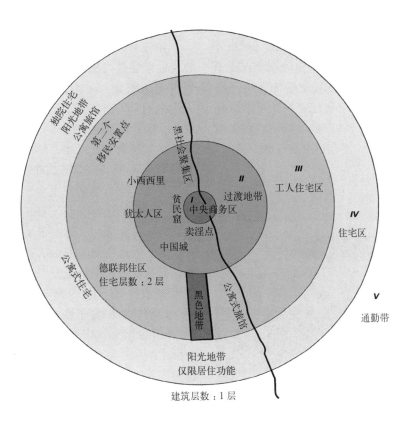

图 2.2 伯吉斯（Burgess）的同心圆模式（图片来源：诺克斯与平奇 /Knox ＆ Pinch 2000）。20 世纪初，关于城市形态结构最有影响力的理念和阐述，大部分来自芝加哥大学城市社会学系学者们的研究，他们后来被称作"芝加哥学派"（Chicage School）。芝加哥是一座因工业化而快速发展的新城。在众多城市结构模式中，最著名的是伯吉斯通过对芝加哥城市的研究而推导出的同心圆模式。一个'典型'的成熟工业城市，应该有一个主要的城市中心或中央商务区（CBD），相对均质的土地利用和社会群体，城市结构为单中心型，其中心是可达性最强的交通体系的核心点——中央商务区（CBD）。因区位竞争和不同土地用途有着不同付租能力的缘故，城市中心的地价最高。不同用地功能围绕中心呈圈环结构。地价和开发强度从中心开始，呈随距递减的现象。

然而，在当时，交通模式已经从分级的中心辐射式转变为网络式，前者只有中心才是最容易到达的，而在后者中，网络的所有交叉点都很容易到达。交通模式的发展从根本上改变了城市区域的可达性，使得"邻近中心"不再是必须，从而挖掘了城市分散发展的潜能，而事实上"邻近中心"这一原则在整个19世纪都影响了城市形态——使其保持紧凑并以同心圆模式增长（Southworth & Owens, 1993）。

此外，那些介于郊区与城市之间，在形态上属于城市的地区，可称之为城市远郊区（exurb），其规模仍在不断增长。"exurb"译为"城市远郊"，是"extra-urban"（城市外围的区域）一词的缩写，该词由斯拜克托斯（Spectorsky）于1955年首次提出，用于描述围绕着城市但未及郊区的富裕阶层的居住圈，事实上，这是一种通勤城镇，它们保留了一部分城市功能，但在形态上有别于城市。

图2.3　底特律（照片来自：斯蒂文·韦斯迪尔）。这张图片让人们感受到在底特律中心呈现的投资减少和中心区被遗弃的感觉。对菲什曼/Fishman来说，在20世纪末期，底特律被注定了命运，并且被预测到其他美国城市："……一个边际化和半被遗弃的市中心；曾经熙熙攘攘的工厂区人口逐渐减少，负工业化和种族隔离的'内化城市'；在郊区的环ია超过中心城市陷入一个滚动的浪潮关于遗弃的正吞噬他们——在边缘——发热的，不完整的，低密度增长我们所知道的扩张。"

区域交通网络的变革产生了两个主要影响：城市中心衰退和"周边城市"及"边缘城市"的出现。由于原先的城市中央商务区（CBD）在当地交通网络中失去了优势，因此城市中心衰落，新的城市形态出现，单中心型城市减少也就成了必然。在很多情况下，中央商务区（CBD）的瓦解使得城市中心失去了其作为政治经济、社会和形象中心的地位，这一过程被描述为"城市空心化"（hollowing out of city）或是"面包圈型城市"（donut city）的必然结果。菲什曼观察到，在美国出现了功能上不依赖城市中心的"周边城市"，并且这是一种极为突出的现象。

在较大的地理尺度上，则发生了人口和投资的区域性与国际性转移。这点在美国表现得尤为明显，因为美国不存在发展边界，人们也不会因语言障碍而被束缚在某一地点谋生，因此人口和投资纷纷从北部衰退地带转移到南部的阳光地带，即从北部老的制造业和工业城市转移到南部新的服务型城市。

可见，物质要素已发生了从城市中心向郊区、远郊的迁移，甚至彻底迁移到城市区域之外。与此同时，那些能力较强、拥有较高技术、受过良好教育的人口也随之发生迁移，而留在城市中心以及经济衰退地带的人们相对贫穷，他们接受教育的水平也较低。

这些转变引发了城市萎缩现象（www.shrinkingcities.com），即城市丧失了绝大部分原本的经济根基以及人口流失。这一现象在美国北部经济衰退地带、东欧和英国北部的大部分地区非常普遍。在这些城市中，现有的基础设施相对于极度分散的人口来说，规模过大且数量过多。而维护这些基础设施的费用是来自不断缩减的税收，这就意味着在这些城市中应该为减少必要的公共服务设施而推行规模缩减策略和有计划地缩减人口的策略，而不是实行增长管理（图2.3）。

老的城市中心被侵蚀,而新的商业、购物、娱乐区集中在城市外围发展。为了更为宏观地描述这一现象,美国华盛顿邮报记者高乐(Garreau)于1991年提出了"边缘城市"的概念。

高乐认为,边缘城市是城市扩散过程的第三阶段——就业机会移至人们的居住和购物了近20年的郊区。为了界定边缘城市,高乐提出了5条功能性标准:

- 具有超过500万平方英尺(465000m²)的办公空间,容纳大约20000到50000的就业岗位。
- 具有超过60万平方英尺(56000m²)的零售空间,可以分为办公、休闲和商务中心。
- 就业岗位超过卧室数量。
- 被视为是一个独立的空间。
- 是一种新的城市化进程(也就是说与30年前的城市特征完全不同了)。

格瑞奥(Garreau)提出一个关于边缘城市的经典案例是泰森斯角,它位于华盛顿特区的西部,弗吉尼亚州。其发展源自一个购物中心或公路交汇处,格瑞奥将这种类型用"婴儿潮时期出生的人"这样的术语表示。他定义两个其他类型:一类为"住宅区"建在已有的,前汽车年代的定居地(Garreau),另一类为作为一个新镇的"绿地"规划,通常位于郊区边缘。对格瑞奥来说,后者是最"野心勃勃"和"了不起的":

"一个绿地诞生在几千英尺的农场聚集处,体现开发商非凡的勇气。它既体现了反映人类本性的较大规模的总体规划愿景,也反映了私人公司严格控制广阔地区的意图。"

边缘城市的发展是受到法规限制的,在一定的条件下是被允许的。对于开发商,按照规则办事,这是一条阻力最小的途径(和最高的利润)——也就是说,工业的发展是最早被发现建造的。更准确地说,虽然边缘城市是汽车的产物,大多数边缘城市在现有的或规划的高速公路交叉口,或临近主要机场的区位发展,分级设置的车行街道忽略行人的步行需求,蜿蜒变化的停车空间通常没有设置步行道路。与北美同样,在中国和印度的中东部,边缘城市是一个普遍发展的空间形态。

(3)后工业时代城市形态

20世纪70年代以来,全新的城市形态开始出现。和近代工业城市相比,它们在形式、土地价值模式和社会地理学等方面都有着明显的不同。在汽车拥有量的不断增加和廉价石油的推动下,城市蔓延和分中心化逐渐显现,结合交通网络的改变,导致打破了从中心城市向郊区向外扩展的密度渐变的规律。郊区的工作和居住密度仅次于城市中心商务区,与此同时,新的居住区、行业和零售业可能集中在城市的周边发展(Hall,1998)。

一项由加利福尼亚的学者进行的城市扩展研究将洛杉矶定义为后工业时代或"后现代"城市的原型。洛杉矶学派则提出,与早期城市相比,后工业城市在形态上更为碎片化,在结构上更为混乱,这是城市化进程的各个阶段留下的痕迹叠加(框图2.4)。该时期的主题是"分裂",在城市形态上和相关的经济和社会地理上的分裂(图2.4)。格雷厄姆和马文(2001)描述如下:

生长和衰败,聚集和分散,贫穷和极度富有共同存在的条件下,它们之间的关系极其复杂。在城市中心区高级别服务占据统治地位,而办公室、公共广场、研究开发、大学校园、商店、机场和物流、零售、休闲和居住空间已经进一步向城市核心区的周边区域扩散。

框图 2.4　洛杉矶学派

洛杉矶学派著作的主要价值在于较早并且清楚地认识到了城市景观、经济和文化的形成过程。

1. 交织着非工业化和再工业化的过程，导致了新型灵活的经济组织和产品的诞生。这表明"将原来围绕大型工业中心组织的生产和消费实体间的紧密联系转变为更灵活的生产体质，在产业层次上相互居于不同地位，但以新工业空间的概念在地理上相互集聚"(1995)。

2. 国际化的进程、全球资本的扩张，以及全球性"世界城市"体系的形成，将"地方全球化"和"全球地方化"紧密结合。

3. 后工业时代城市形态展现出非集中化和再集中化、城市中心的边缘化和边缘地区的中心化的结合。城市同时表现出离心扩散和向心集中的发展趋势。

4. 社会分裂、隔离和两极分化发展模式导致越来越多的不平等和空间分异。结构重组加剧了收入差异，强化了"极明显的对比"，充分暴露了收入、文化、语言和生活方式上的差异。

5. 上述四个步骤源于以保护、监视和隔离为基础的"监狱建筑"的诞生。这种"万花筒式的复杂"使后现代城市同时表现出"日益无政府化"和"监狱城市"两种形态（见第6章）。

6. 城市景观中不断出现的模仿行为被描述为以"将自身想象与经验本体相结合"的方式进行的"迅速改变"(Soja，1995)。

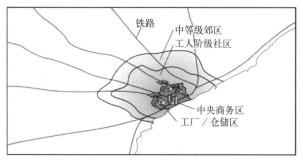

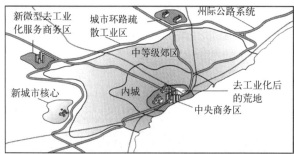

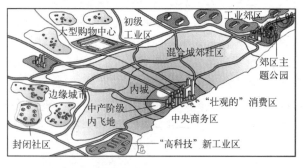

图 2.4　洛杉矶学校
从 1850—1945 年（上图）的经典工业城市到 1945—1973 年（中图）的"大工业"城市和 1975 年以来（下图）的"后工业"大都市的进化（资料来源：诺克斯和平奇/Konx and Pinch，2000）。

迪尔（Dear）与弗拉斯提（Flusty）(1999)
认为：

> "缺乏对邻近地区进行强制管理的常
> 规的交通法则，曾一度作为标准的芝加
> 哥学派逻辑逐渐让位给散落的、看似杂
> 乱无章的土地利用结果。

结果是城市景观不与凯诺形成的游戏卡
不同，

> "如果有机会开发一块地，资本投入
> 将忽视对地块开发的其他因素。一块地
> 块的开发和其他未开发地块之间的关系
> 是相互脱节、看似无关的事。传统的城
> 市形态，芝加哥风格被牺牲让位给非连
> 续的漫画像，消费型的景观，它们缺乏
> 传统的中心，随着电子业的临近，超级
> 公路变形的神话成为现实。"

重建过程受到社会文化选择、制度构成
和既有物质空间的制约。将城市类型简化为
工业化城市（芝加哥）和后工业的城市形态（洛
杉矶），固然可以少受先前城市形态的种种束
缚。但很多城市，尤其是欧洲城市，变得和
众多北美城市那样惨不忍睹。

因此，即使洛杉矶式的重构及其城市形
态成为一些城市的效法对象时，也不意味着
所有的城市都要洛杉矶化。诺克斯和马斯顿
(1998) 列举了具有独特的自然、社会和经济
特征的欧洲城市，它们使自己有别于北美的
城市，同时也是不同于洛杉矶式重建的例子：

- 复杂的街道布局，反映出古时居住模
  式和长期缓慢的演化。
- 现存的空地和广场（很多是现代文明
  之前的产物），在当代生活中仍然是最
  重要的活动中心。
- 高密度和紧凑的形式，它是高度城市
  化的产物，受到城市发展的漫长历史
  影响，由城墙勾勒其轮廓，并为强有
  力的规划法规所控制。

- 平缓低矮的天际线，源于传统材料和
  技术的限制，而重要建筑物的支配地
  位有计划地凸现出来。
- 富有活力的城镇中心，归因于普及汽
  车带来的郊区化进程的相对延迟，以
  及强有力的规划城市政策中的控制。
- 稳定的社会和生态邻里：欧洲人比起美
  国人较少搬家；而且，由于过去对于
  耐用建材的使用（如砖、石材料），现
  实生活中的邻居更换的周期就要更长。
- 战争的痕迹：城墙和山顶的旧堡遗址
  给现代城市的生长划定了范围。
- 符合：长期的历史在建成环境中和历
  史区域内留下大量遗产，其中包括了
  丰富多样的有价值的符号。
- 传统的市政社会主义：传统的地方性福
  利主义，欧洲和国家通常会提供，或已
  经提供了大量的市政服务和福利措施，
  包括建设其交通系统和提供住宅。

因此，在绝大部分的欧洲，仍然是充
满活力的——经常有新的活力（请参阅下面
的）——核心被一个破碎地带包围——然后
是郊区，伴随着更繁荣的住宅发展和其他发
展的混合——零售商场，复杂的休闲，商务公
园和就业中心——包围着它。然而，郊区和
绕城环带在形式与密度上不同于北美布鲁格
曼（Bruegmann, 2005）。

塞德里克·普赖斯（Cedric Price）幽默
地把城市形态比作蛋。早期的工业城市是十
分紧凑的像一个煮熟的蛋。成熟工业城市像
一个煎的鸡蛋，"白色的"郊区集中在一个"黄
色的"城市中心。后工业城市就像是炒鸡蛋，
伴随白色和黄色的混合。有趣的是，在"郊
区的国家"一书中，杜埃尼（2000）将认为
当代美国城市比作'弯弯曲曲的煎蛋卷：鸡
蛋、奶酪、蔬菜、一撮盐，但是吃起来反而
是生的。'

3 信息和通信技术时代

目前对于城市形态的重组不仅仅从工业时代到后工业时代的过渡。正如曼纽尔·卡斯特(Manual Castells, 1989)提出的，它也是从工业时代向信息时代过渡的一部分。城市和城市空间在信息时代会如何发展仍难以精确地被描述。什么是新的，还有一些意想不到的，例如：流行的虚拟空间——聊天室、虚拟世界、微博、社交网等。将满足需要并替代传统的公共空间，并最终将导致新城市主义的形式(Aurigi, 2005)。

米切尔(Mitchell, 1995)确认数码通信网络将转变城市形态和功能，从根本上改变供水和污水渠，电力和机动的运输网络，电报和电话网络。支持远程和异步交互，这些网络将进一步释放空间和进行及时的联系，减少对人类活动的束缚。

为了说明本地／远程和同步／异步的通信成本与效益的问题，米切尔(1999)采用从一位同事寻求的信息作为实例，并将四种模式放到历史的序列中，有助于理解城市形态的发展过程(图2.5)。面对面的接触提供最强烈的，高质量和潜在的令人愉快的互动，需要交通费用和居住成本，但它也是最昂贵的。相反的，尽管参与者在不同的时间和空间上，远程异步通信是更加方便的，成本往往更低。

城市的历史表明，增强流动性——物理和电子——减少空间集中的需要。电子通信也许是最有效的城市分散化和反城市化的力量，许多专家看到"信息高速路"让人们和他们的工作分散到各地，正如霍尔(1998)观察到：

> 总之，那是以前的技术突破的影响，像电话和汽车；信息高速路会简单地引导走向合逻辑的结论的趋势。

米切尔认为新的技术是"溶解胶水"——需要面对面地与合作者接触，为接近昂贵的信息处理设备，为便于获得信息，经常在中

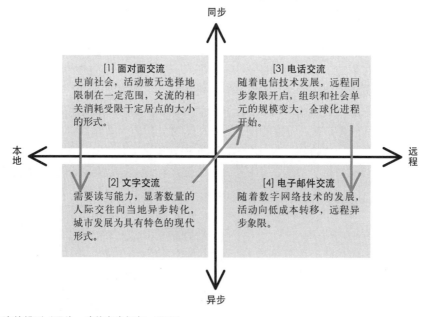

图 2.5　交流的模型（图片：改编自米切尔，1999)

心位置——将原有的信息凝聚在一起。然而，由于通信技术，同时当代城市和城市地区，可能有更多空间的扩散和流动，同时他们也有更多的连接和整合——与以往相比，采取电子的方式，而不是物理的方式。

电子通信可能意味着未来的"城市"不再是空间或地理学上的概念。米切尔这样认为："网络消解了几何……它就是空间……网络成为一种环境：无从捉摸，却又无处不在"（1995）。由于计算机放在哪里不再成为问题，只要将它们连接起来，互联网络就可以提供比汽车更为高效的全球通道（在互联网上，所有地方都是一样的便捷可达）。

信息时代也进一步深化了梅尔文·韦伯（Melvin Webber，1965，1964）的观点，他称赞高速公路系统和高度分散的城市带来的便利。韦伯构思了"没有场所的城市领域"（这里的"场所"指的是地理位置），这种观念对正统的"地点！地点！！地点！！！"的房地产概念提出了挑战。像洛杉矶这样向外延伸的城市与传统的纽约这样高密度的城市同样运作良好，因此他提出："城市的基本属性是相应的文化，而不是其地域。即使不将城市看作空间的现象，这些属性依然存在。"在其著名的文章中，他总结道：

> 理想城市结构的价值不在于空间形式；某种设计优于其他方案，只不过是因为它更适应当时的社会发展，成为某种社会形态的结晶。对于城市形态应由"放诸四海而皆准"的空间和物质美学原则来决定的观点，我只能无言以对。
>
> （Webber 1963：52）

认识到运输和通信技术在仪器上的影响并不等于技术上的定论——技术的应用被社会的发展趋势调解。城市的分散化，所谓的"取消距离"的城市以及城市的终结，最终不是必然的结论：技术创造机会，对于人，

至少那些有选择的人是有利的。正如霍尔认为的：

> "……新技术塑造了新的机会，创建新的产业和变换旧的，提出新的筹办公司或整个社会的方式，变换潜在的生活；但是并不能够迫使这些改变能发生"（图2.6）

通常移动性可能会导致几乎完全丧失与中心地位和传统观念相关联位置的结果。该段论述不完全令人信服，因为地方特征的不同。空间的区位（地理位置）在区位决策时作用被削弱，当地的"场所"质量变得更为重要。科特金（Kotkin，2001）举个例子，认为：

> "如果人、公司或行业可以在任意位置居住，或至少从繁多的地方做个选择，问题是哪里定居，变得越来越多地取决于任何给定位置的特殊属性。"

预测新的通信技术将解决城市面临的挑战。IT产业很大程度上是一种城市现象，格拉汉姆和马文（1999）讨论了新的通信技术分解城市的可能。他们关注的是如何使IT产业通过软件和内容革新满足需要，IT产业的

图2.6 巴黎（图片：史蒂夫·蒂斯迪尔/Steve Tiesdell）。卡斯特（1989）认识到"巴黎是怎样热情的城市""以家庭为基础的远程处理系统是一个成功的故事。"米切尔（1995）提出巴黎是否具有"……一些远程呈现等无法比拟的特性"

附加值是难以确定的，更重要的是，从事该类行业的雇员还是希望居住空间社会化。他们引用了一项对于曼哈顿地区苏荷（SoHo）和特里贝克地区（TriBeCa）的研究，发现IT行业的原材料是：

> "IT产业的原材料是非正式的网络，高级别的创造力和技能，和公认的知识体系，但仍有大量的、并随时进行的面对面交流，因此需要大量能产生亲切联系的公共空间，而这是革新的基础(Graham & Marvin, 1999)。"

他们也指出，虽然虚拟经济不断成长，但大量的消费服务——旅游、购物、参观博物馆和休闲度假、餐饮、运动、看话剧或电影等——依然植根于真实的城市场所，而不会轻易地被"在线"设备所取代(1999)。同样地，城市的发展需要吸引有天赋的工人，佛罗里达认为城市是"……该时代关键的经济和社会组织单元"，提供"密集的流动的人才市场，帮助人们寻找就业机会，支持建立婚配市场，使人们可以找到生活伴侣。"

目前，城市风格是一种文化的选择，而不是经济上的需要。远程办公——在家工作能力，模糊处理家庭和工作之间的区别——曾被誉为变革生活和工作的条件，改变家庭和工作场所分离的重大转折，完成了伴随汽车时代开始的城市扩张（Hall 1998）。但是远程办公不是必须的，意味着空间上远程的电子村落，只是为人的居住提供了更多的选择。

然而，实际上，这不仅仅是一种个人选择的结果，它是集体影响的结果。雷恩博格(Leinberger, 2008)，讨论主要在可步行的城市主义与开车的郊区之间的选择（见表2.2），包括后者对整个社会有深刻的社会、经济和环境的影响。然而，成本往往隐藏了个人选择开车出行的生活方式——当意识到产生昂

在郊区开车出行的成本和效益	表2.2

效益
- 陆地的隶属关系——我们自己拥有的土地
- 由于固有的廉价的建筑和基础设施补贴而形成的更低的成本
- 更多的土地，尤其是如果一个人愿意开车直到你允许的范围
- 较低的社区税
- 私密性
- 安全感知
- 便捷的免费停车

成本
- 对汽车的依赖，使其成为唯一的交通方式
- 社会隔离
- 贫困的集中，导致主要的社会问题
- 许多低收入和少数民族家庭缺少工作的机会
- 不开车的人受到社会排斥——那些太老，太年轻，太穷，失去能力的，或者没有兴趣的人群
- 分裂国家的精英们，推动两极社会的发展
- NIMBY（不在我的后院）开发集团，反对在郊区推行可驾车的可能。

环境影响
- 土地消费是人口增长的10～20倍
- 热岛现象是由于这么多的土地下垫面是沥青
- 水质量退化，是由于所有径流是从沥青上流过
- 尽管废物排放受到控制，但由于对汽车使用的几何增长，空气质量退化。

- 气候改变，未经验证，但直观地把低密度建筑和温室气体排放联系起来

健康意义
- 呼吸系统疾病
- 哮喘
- 肥胖
- 增长的交通事故

经济影响
- 压缩个人财务，因为美国家庭已转移更多他们支出，以维护他们应折旧的车辆
- 基础设施和经济竞争力下降，由于建筑相对较轻地使用，向外扩展的基础设施的维持和大量补贴显得过于昂贵
- 石油的依赖和全球石油的潜力，伴随当前贸易赤字和外交政策的重大影响，石油峰值到达时可能会受到严重影响

来源：改编自雷恩博格（2008）

贵的医疗费用和其他费用时，就太晚了。

电子通讯不会忽视人们对于生活、工作和娱乐场所的需求，能有助于促进空间的流动性并满足丰富的城市生活方式。例如，大部分电子商务可以在大城市内部或周边进行，这使得人们可以一周只用抽一两天时间去公司进行面对面的会晤（格雷厄姆和马文 1999）。

米切尔（1999）因此建议，将来城市环境将保留更多熟悉的因素，会形成一个新的图层

"……全球建设的高速电信联系、智能地点和越来越不可或缺的软件，这将会转变城市的现有元素的功能和价值，彻底改变了它们之间的关系……新城市组织的特征在于有生命力的住宅，24 小时的邻里关系，宽松的针织衫，以电子方式为媒介的位于偏远地区的会议场所，灵活的、分散的生产，市场营销和分配系统，以及电子传唤和邮寄的服务。"

4 回归都市性

即使人们认识到了最终的城市和城市危机的相关概念（Fishman，2008a），从 20 世纪 90 年代中期起，可以看到部分城市重新出现了一些复苏——体现在政策和实践上——密度和集中式发展的优点和优势逐渐体现，城市复兴政策从 20 世纪 90 年代初成为全球的当代都市政策的功能和任务（Porter & Shaw 2009）。这些都是可以通过城市的中央商务区和中心区的经济复苏和文化重塑来体现的，尤其是作为新兴全球经济，作为区域和国家经济主要驱动因素，同时也影响着市中心和城郊部分的人口增长，是城市重要的推动力。在 20 世纪 80 年代和 90 年代初，经济发展追求的地方就是城市发展的主要地方。在 20 世纪 90 年代后期和 21 世纪初，经济发展更加关注城市化，城市化作为经济发展的关键，是城市和城市地区的发展引擎。

例如在美国，在刘易斯·芒福德提出的"第四次迁移"基础上，菲什曼（2005，2008a）预测"第五次迁移"和重生的美国城市，其中提出部分原因是相对便宜的住房一般靠近市中心方便就业的地区和郊区可以到达的地方：

"……再城市化一直是一项重大的文化力量，挑战传统的城市郊区的汽车文化，步行和多样化生活，城市现在处于关键时期，特别对于越来越多的年轻一代，他们需要的是在大学期间的自然环

境，以及越来越多关注大学毕业后的生活环境。"

在1925年，芒福德预测，首次迁移定居大陆的先驱和随后的第二次（从农场到工厂的城镇）和第三次迁移（向伟大的大都市中心），"第四次迁移——从根本上分散遍及整个地区的大都市和传播人口的职能（Fishman 2005）。菲什曼认为，我们将目睹第五次迁移，郊区化是一种开始，现在逐渐减弱，内陆城市正在振兴，并在进行一个良性循环，取代了城市第四次迁移，从城市外流的恶性循环。

菲什曼认为有四个方面的趋势继续进行：（1）美国主要城市的中心市区成为经济振兴的关键节点，成为全球金融和知识生产中心。（2）移民的再城市化是一种新的小规模的经济建设，是起步时期。（3）黑人的再城市化是黑人中产阶级致力于城市的出现动力。（4）白人中产阶级的城市化是离开孤立的聚居区重返城市，当然，这些的动力是移民的再城市化。

> "……全球移民来自世界各地包括远距离居住的移民，他们正在重新认识市中心区域的核心作用，郊区之间的内城形成的可能性。"

第五次迁移是……"可能是一个继续瓦解权利的过程，而不是单一区域内的主导模式的反向运动。"（2005）在西欧，东面的欧盟新成员国的移民带动了一个类似的移民再城市化，但经济获得稳定增长（直到2007年底），廉价的信贷和较高的住房需求，再加上城市遏制政策，从城市边缘区转向城市的直接投资起到决定性作用。

虽然英国的城市复兴直到1999年才制定和出版英国可持续发展研究报告，"迈向城市的复兴"，但在21世纪初期看到了戏剧性的逆转－至少在表面上－许多城市中心的财富发生了改变。为了阐明城市复兴的含义，哥

伦布（Colomb，2007），确定了四个关键主题：建设一个新的城市风格，社会凝聚力组合，强大的当地社区，城市设计以文明和公民为先导。

当认识到了对城市设计需要前所未有的再投资和角色意识时，有一些意识如"城市设计与英国城市复兴"揭示了各种问题：许多设计进行了必要的妥协，以满足过热的房地产市场；缺少当地政府的领导；缺乏适合当地的规划来引导城市复兴；许多新的住房质量差，尤其是普遍存在的中产阶层化现象；缺乏社区设施和基础设施；在城市中心区的过度开发；对标志性建筑的痴迷（高大的建筑）。

城市化部分是来自一种文化的选择和对郊区生活的普遍不满，从对郊区不满中所产生或者更确切地说除郊区外缺乏其他的选择，缺乏城郊生活外的选择。积极方面，是有一个新的城市生活的愿望；时间充裕、社会互动频繁发生的地方，其文化的中心是一种在进行的生活，而不是远离目标，并具有一些文化和娱乐设施，如剧院、博物馆、医疗、餐馆、酒吧等。同时可以随时接近自然景观。

但是增强城市化的愿望既不普遍的，也不是整个社会和生活方式以及各个年龄段都可以广泛共享的。在美国，菲什曼（2005）对第五次迁移的人口潜力有如下分析。

> "……这些取决于不同的基础，这些基础就是重返城市生活的浪潮，一些20出头的孩子拒绝生活在郊区，他们喜欢城市内充满活力的生活；一些非贫民化的住户，选择留在原地进行"自然增长"；同时，成千上万的人设法迁移到美国。"

他认识到这些人口统计数据是不全面的，而且具有偶然性，所以他提出城市规划面临的挑战是：

> "……落实政策，不仅要充分利用机构目前的人口趋势数据，同时需要创造

多样，宜居，充满活力的城市，可以到今后相当长的一段时间内提供人们生活的保障。"(2005)

对文化的关注体现在空间上，同时体现在对城市无序扩张的关注；传统的城市中心衰退，棕地更新逐渐替代新建绿地的开发，对已建成区实施改扩建而不是提倡新区的开发，这就是一种精明增长（见框图2.5 精明增长）；环境的可持续性；高效的运输和步行的城市形态；和更紧凑的城市形式。就像下面讨论的内容，由于石油供应的减少和气候变化，而不是对城市文化的偏爱，导致城市

框图 2.5 精明增长

精明增长（www.smart growth.org）作为美国当代城市主要的发展模式日益受到关注，精明增长主张结合各地不断变化的目标，他们认识到城市扩张带来的不良影响，质疑忽略了基础设施的经济成本；社会成本的不匹配体现在现有的城市劳动力和郊区劳动力之间的工作岗位不均衡；环境成本花费在放弃"棕地改造"的方面，在郊区的边缘，开发开放空间和优质农业用地，并通过推动进一步行动增加了污染。(EPA 2001)

很少会有人反对"精明增长"－其对立面是"愚蠢增长"，唐斯（2005 年），确定了赞同精明增长的四类人群：
- ● 缓慢增长的倡导者，旨在向外扩张放缓，并减少对汽车的依赖
- ● 支持经济增长的倡导者，向外扩张的目标是充分适应未来的增长
- ● 城市中心区生活的倡导者，旨在阻止城市中心区的资源外溢
- ● 提倡更好的增长，合理的增长目标，希望减少其负面影响。他还确定了 14 个精明增长的基本要素
- ● 这些元素引起了精明增长不同群体之间广泛的分歧
  限制了进一步向外部的扩张；
  为增长及维持现有系统而增加的设施提供财政支持；
  减少对私人机动车辆的依赖，尤其是一人汽车的依赖；
- ● 支持精明增长的群体要素少于总数
  促进紧凑、混合使用的开发；
  在州政府提出的框架原则内，当地政府采取"精明增长"的规划政策将产生明显的财政刺激；
  地方财政的资金共享；
  土地利用控制由谁掌控；
  采用更快的项目申请审批程序，给开发商提供更大的确定性，降低项目运行的成本；
  在外围的新增长地区提供更多的可支付性住宅；
  开发公－私合营的建筑过程。
- ● 支持精明增长的群体元素
  保留大量的开放空间，保护环境质量；
  城市内部核心地区的再开发，以及开发城市新区；
  为在城市和新建郊区的城市设计消除障碍，降低项目运行的成本；
  产生社区更大的认同感，由当地政府和邻里构建，营造整个城市都市区的地区独立性和完整性。

唐斯（Downs, 2005）后来发现这些想法很少得到当地居民的支持，除其他因素外，主要障碍是具体实施的过程。事实上，高斯林（Gosling, 2003）指出社区失误与经济增长的影响，越来越多是对零增长的强烈反对，反对精明增长的政策，许多美国社区已通过非增长的规定，例如设定刚性的城市增长边界、密度的限制和住宅建筑许可证的限制，以及对所有新建住房项目的批准要获得投票者的一致同意。

化的加剧以及人口集聚（虽然在大城市不一定发生）。

4.1 汽车的依赖

当代城市形态格局形成的一个主要因素是汽车，施瓦泽（Schwarzer）的市场规划（见下文）里将汽车作为城市生活的主要工具，进行居住、工作和购物。

"……打破他们对铁路枢纽和交通走廊的无限依赖。边缘城市数量的激增超越了城市土地的限制，通过对征集土地分区管制和高税率来达到；同时通过空间的私有化，汽车可达性带来的相应空间而产生对舒适性和便利性的追求，导致了人们对私有化空间犯罪率攀高的恐惧。"(Schwarzer，2000)

汽车使我们能够到达的更远，但往往要做的事情，我们都习惯用步行实现。布朗格（1995，Tolley，2008）指出德国一代人增加汽车使用量，享受汽车带来的速度没有带来更多的行程与更多的活动，以及节约时间的目的。相反地，它导致更长的旅程，到达同一地点如同前辈没有使用汽车工具时一样耗时。

此外，城市已经启用汽车和他们的活动空间，为了利于汽车的使用，调整土地利用成为一种必然。汽车提供灵活性，但这种灵活性被称为"强迫灵活性"(Sheller & Urry 2000)。殖民化的公共空间网络，在空间分布上服从其他形式的流动和重组活动，汽车交通和汽车系统变得更加普遍(Dennis & Urry 2009)，但同时也损害了其他形式的交通方式。此外，垄断资源，导致公共交通不足，并迫使城市景观的转换，导致一些重要的服务设施专属于汽车用户—汽车主导的交通体系形成了汽车用户对非汽车用户的歧视(Lohan，2001)。

然而，存在的重大问题和挑战是社会和

汽车依赖导致的问题　　　表 2.3

环境方面：
- 石油本身的弱点
- 石油化学烟雾
- 铅和丁烷的有毒物质排放
- 产生较多的温室气体
- 城市蔓延
- 来自更多的硬质地面产生的洪水泛滥问题
- 交通问题，如噪音和阻隔

来源：纽曼·肯沃西（2000）.

经济方面：
- 来自交通事故和污染的外部成本
- 拥堵成本
- 在新建的蔓延性郊区较高的基础设施成本
- 生产性的农村土地损失
- 城市土地让位于更多的沥青路面

社会方面：
- 街道生活的丧失
- 社区的丧失
- 公共安全的丧失
- 偏远郊区的隔离
- 非汽车人群和残疾人的可达性问题。

环境对汽车形成越来越多地依赖（见孔斯特勒 1994，凯 1997，杜埃尼及柏列达伊贝克 2000；雷恩博格 2008）。与之产生的一系列环境，经济和社会问题，对汽车的依赖导致城市形态和交通选择方式的改变（表 2.3）。

4.2 石油峰值

它不仅仅是对汽车的依赖的问题，同时也是对全球经济的依赖，当代社会和生活习惯的品质导致相对廉价的石油储备在逐渐减少（Kunstler，2005），石油作为一种"神奇的物质"使整个 20 世纪人类实现前所未有的技术发展，并为世界产生许多财富，它的优势在于……它的廉价，高能量含量，液体性质，这使得它比较容易储存、运输和分配（Roberts 2004），但石油的这些独特优势也使其难以找到现实和可行的替代品。

> "没有真正符合石油性能的替代储备，满足通用性，可运输，易于存储。所有这些特性，再加上它一直是廉价和丰富的……缺乏这些特点是在后廉价时代替代燃料存在的主要问题。"

所有的化工燃料的供应是有限的，我们利用的碳储备是过去150年的城市增长动力的基础燃料，这种情况被称为石油峰值——这一峰值就是当原来储备只有一半时，已经开始从地面抽取，促使生产速度进入终端下降。

一个关键的问题是，石油峰值即将达到，乐观的预测是2020年前后全球化衰退即将发生。一定范围内——虽然不多，将增加对替代能源的投资，不会对富裕国家的生活方式产生重大改变。相反，悲观的预测表明，它已经发生了，或将在短期内发生。正如孔斯特勒（2005）指出，石油高峰可能"……只看到一个"后视镜"，一旦终端下降开始——对于缓解已经晚了。

由于石油供应下降，价格将上升。对低成本的石油依赖程度很高的当代工业交通，农业和工业系统将加快石油峰值到达后生产率的下降，将进一步提高石油价格，对全球经济产生负面影响："后峰值时代的生产率将高速地降低，消耗已有的石油储备，使衰退加剧。"罗伯茨（2004）列举了美国地质学家的说法："……高原的边缘看起来更像悬崖"。孔斯特勒认为前景是暗淡的：

> "在刚刚达到石油峰值时，存在各种社会、经济和政治的巨大潜在问题。毫不夸张地说峰值是一个转折点。超越此峰值，许多事情瓦解，城市中心将衰退。除了石油峰值外，所有的赌注将是文明的未来。"

全球气候变化将进一步加剧石油峰值带来的影响，正如孔斯特勒所说：

> "无论全球气候变暖是不是人类活动的副产品，可能这并不重要了，或者它只是代表了我们所说的'自然'存在着失衡。但是它与我们迫在眉睫下降的石油和天然气消耗相吻合，这样所有潜在的、具有划时代意义的不连续性情况由于气候变化问题，将被放大、交叉、增强、和扭转"。

化石燃料储量的消耗和带来的气候变化，产生的污染将不可避免地影响城市形态，可能出现的后果是未知的，对后石油时代环境的再造出现了更多的悲观的和乐观的观点。在悲观的一面，孔斯特勒（2005）强调美国的西南部，已通过廉价的能源使许多地区变成了不适合居住的前景：

> "几乎所有的在这一地区的定居，都发生在石油时代的150年，在过去的五十多年是最具爆炸性的增长阶段，交通，空气质量和水的分布在未来几年内将成为至关重要的问题。由于以石油和天然气为基础的农业产量的下降，同时需要向本地种植更多的粮食以满足需求，例如菲尼克斯、拉斯韦加斯、阿尔伯克基、洛杉矶等地将痛苦的重新认识他们所处的困境。"
>
> (www.1ifeafiertheoilcrash.net and http：//www. dieoff. com)

其他情况较为乐观，例如，纽曼等人（2009）认为，智慧性的规划和富有远见的领导，可以帮助城市应付即将到来的危机，他们确定转变为弹性城市的七个要素：

● 可再生能源的城市——从地区到建筑领域，城市建成区以可再生能源技术为主要的能源手段。

● 碳平衡城市——每一个家庭、邻里和商务用途的碳中和。

● 分散式城市——大城市将建立大型集中供电、供水和废物系统，以及小规模级的、以居委会为基础的系统。

● 光合作用的城市——充分利用当地的可

再生能源，并提供食品和纤维，并将其转化为城市绿色基础设施的一部分。

- 生态城市—大城市和地区将从线性循环状循环（封闭的环状）系统转变，他们的能量和物质的需求大量从废物中转换获得。
- 以场所为基础的城市—大城市和地区将增加对可再生能源的了解，以更普遍的方式建立当地的经济，培育高品质的生活，建立一个强有力的有保障的场所。
- 可持续交通的城市—城市、邻里和地区的设计将节俭地使用能源，推崇步行化的、公共交通为主导的、电动汽车推广的交通体系。

同样的，邓纳姆－琼斯和威廉姆森（Dunham-Jones & Williamson，2009）认为改造郊区的生产种类的方式，以实现更高的环境可持续性，同时，联合国认为实践是最好的榜样，鼓励高密度环境下的减少对汽车依赖的交通方式（见 www.bestpractices.org）。

4.3 空间的影响

石油消耗导致的空间结果是地方主义盛行，以及高密度、更紧凑的城市形态的出现。

（1）地方主义

石油储量的枯竭和气候变化可能涉及的地方主义和更大的浓度集聚和密度（即城市化）的回归。对石油峰值的讨论后，孔斯特勒（2005）断言，我们的生活将产生"更深刻的以及强烈的地方主义"的趋势。

"……社会关注的焦点将返回到城镇或小城市和其支持的农业腹地。这些城镇和小城市，将是一个很大的密聚地。"

人们认为回归到"中世纪的村庄和诗情画意的乡土文化是不可能的"，纽曼等（2009）认为："地方主义是……更可能成为后石油峰值时期所需的运作模式，就像廉价石油时代出现的全球化。"

这将对个人行程产生影响——缩短工作与生活间的距离，导致更紧凑形式的城市和区域出现。旅行与休闲的活动范围将缩短，洲际间旅行次数将减少。

是什么对在城市和其他城市地区的较短的供应和服务距离产生重要作用呢？高度集成化、全球供应链的公司，如沃尔玛，它无情地剥削劳动力成本，这些做法在面对急剧上升的运输成本时将是不可持续的。食品供应和农业也将受到影响。新鲜水果、蔬菜、肉类和鱼运输成本将不再是负担得起的，甚至是不可能的。为了尽量减少对食物的运输，纽曼等人（2009）建议的："地方需要开发更多的本地生产的产品，例如"50英里菜单"和社区支持农业等活动。"50英里菜单运动"旨在让客户享受当地农产品，完全在当地采购菜单以减少食品运输里程和支持当地农民。目前，这是人为的约定，但它也表明我们需要一个更可持续的生活方式。

后石油峰值时期的地方主义回归的一种体现是"慢运动"的出现（www.slowmovement.com），特别是它的慢食文化和慢城元素（Knox 2005）。慢食运动是由卡洛·彼得里尼（Carlo Petrini）在1989年于意大利创立的，目的是反对快餐和快节奏生活。其前身组织，Arcigola，成立于1986年，当时抵制在罗马西班牙阶梯广场开业的一家麦当劳餐厅。慢食文化提倡曾消失的当地传统食物的回归，以及人们日益失去对他们吃的食物的兴趣，它从何而来，它的味道如何，以及如何选择食物，这些主张将影响到世界各地。该组织旨在维护生态区域内的美食文化及相关食品的植物和种子、家畜、农业等资源。

成立于1999年，在意大利的Citta Lente（所谓的慢城）运动倡导简单的，速度较慢的，有更多的本地和更可持续的生活方式，维护和支持文化的多样性和一个城市及其腹地的特色，并寻求改善生活质量，鼓励自觉抵制城镇和城市的同质化和全球化，同时在城镇生活。诺克斯解释说：

"我们的目标是促进发展地方性的生活，人们应该享受具有强烈活力的生活方式，基于良好的食物、健康的环境、可持续的经济和季节性的和传统社区的生活节奏。"

（2）紧凑城市

石油紧缺和汽油价格上涨导致城市空间更紧凑，在郊区形成密度更大的中心，以上现象已经通过更严格的土地使用和开发规则得以实现，例如最小密度设定、城市增长边界、绿带等措施。法规规定之外的内容可以通过高涨的汽油价格（或者是石油短缺）等市场力改变场所选址的范围。

虽然一些人提倡更紧凑和集中的城市形态，但是对这些是否是切实可行的甚至是必要的存在较大争议。布雷赫尼（Breheny，1997）认为减少旅行的需要，缩短行程，并使用公共交通工具（从而减少使用不可再生的燃料和减少车辆废气）是紧凑型城市的主要动力。其他的动力是，支持开放空间和保留有价值的栖息地；鼓励和支持使用公共交通工具，步行和骑自行车；提供经济实用的设施和设备，从而鼓励社会互动和提高社会的可持续发展。

纽曼与肯渥西提出人均石油消费与人口密度的关系是许多大城市发展紧凑性城市的中心议题，需要降低油耗和排放水平（图2.7）。基于低油耗与高密度的需求，需要建立促进城市紧凑和提倡公共交通的政策。

但是他们的想法遭到了批评，因为他们都是过分侧重于单一变量：密度。霍尔（1991）认为交通的距离和功能分隔也取决于城市结构。Cheshire（柴郡，2006）认为，上述研

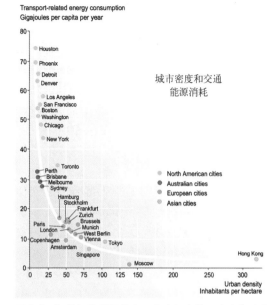

图2.7　纽曼与肯渥西的人口密度与人均石油消费量比较（图片：纽曼与肯渥西1989；环境外交公约／Atlas Environment duMonde Diplomatique 2007）。最低的密度和最高的消费率城市都在美国。欧洲城市相对节能，香港是一个能源高效的城市，具有很高的城市密度和密集的交通系统。

究并没有包括价格数据、经济变量、汽油的使用，以及城市密度和燃料使用之间的关系……"没有考虑这些因素，燃料的使用在很大程度上解释为价格和城市密度，是城市规模和收入的函数。"

更普遍的，戈登等人（1989）认为，市场机制会产生多中心的大城市，相对较低的能源消耗和交通拥堵，戈登与理查森（Gordon & Richardson，1991）还发现，尽管出现城市分中心化，在美国的通勤距离趋于保持稳定或有所下降，他们将原因归结于劳动力在分配和就业机会之间的关系，大部分活动都是在郊区之间进行的，而不必由郊区到市中心。工作岗位和零售业也通常靠近而没有远离人们居住的地方（Pisaski，1987）。

许多评论家提出其他未来可持续发展的

城市形态，如分散型，但具有集中和紧凑型住区的公共交通系统，集中式的节点和高密度的开发走廊的形式（Frey，1999），许多这样的模式是基于相对较小的步行街区的聚集规模（见第6章）。普遍关注与个别社区是如何连接在一起，形成较大的城镇单位（Owens in Hall,1998）。关键因素是具有足够的密度，具备大量的交通通勤方式和当地服务的条件（第8章）。

未来的城市设计日益提倡混合用途的功能设计，如城市街区／城市乡村，商务和就业区，休闲和娱乐中心，办公区，商场，家庭，工作单位等。设计的过程中主张均匀的、分散的功能配置，似乎不再需要考虑土地的价值，因此为开发密度和开发强度提供了平稳的过渡。诸如"城市中心"、"郊区"和"周边地区"等学术词语逐渐失去意义，社会和城市空间的分隔将持续，高度贫瘠和极其不利居住的地区仍将存在。

5 当代城市主义

一些作者已经将趋势概念化，将上述讨论内容形成一系列的城市主义概念。以上概念和特征为当代城市设计思想的辩论提供了思考框架。

施瓦泽（2000）提出了四种当代城市主义的特征，清晰地表明了当代城市发展进程和城市设计范例的多样性：

- 传统的城市主义，努力更新城市建设的黄金时代。
- 概念的城市主义，通过超越习惯的模式，寻求加快城市发展的"巨大的创造力"。
- 市场的城市主义接受在城市的边缘区规划外的汽车驱动力的增长。
- 社会的城市主义的目的，是提高公众意识，批判资本主义城市发展的不公正性（见表2.4）。

虽然主要是基于美国城市实例和发展情况，施瓦泽的类型学研究具有普遍性的应用

四种当代城市主义　　　　　　　　　　　　　　　　　　　　　　　表2.4

1. 传统的城市主义	主要回顾了"有方格网道路、公共广场、适中居住密度和人行通道的时代"（Schwarzer 2000）。基于对现代立体城市市场所感的丧失和城市的无序扩张的批评，传统城市研究试图恢复一个更真实的城市结构。
2. 概念的城市主义	采取了更激进的态度，试图"动摇城市曾经是、现在是和应该是怎样的假设"（Schwarzer 2000），而将城市看作是"流动的不稳定性"与"剩余物质的惰性"的统一。概念城市规划者不是公开的指责当代的城市生活的无序和拥挤，而是"针对瓦解无序进行实验"。
3. 市场的城市主义	以'在当代城市边缘区发生的经济的、技术的和政治力量为特征'，施瓦泽认为'以资金推动的城市主义体现物质与精神的极端状态。'在高速公路交叉口附近、数万英亩的农田或者荒地上、城市边缘地区，形成动态的密度聚集节点'。对于市场城市主义者来说，郊区开发的规模与边缘城市的经济动力是'与流行价值观相和谐的体现，实用主义是以商品利润为主要目的'（Schwarzer 2000）。
4. 社会的城市主义	涉及对当代美国城市各个方面的批评，尤其是对商品资本主义"不公平产生的后果"。强调了"资本漠视或者逃离"的城市区域，这些区域被认为是对"不公平的资本集聚、无情的商业和房地产竞争，以及不断的社会运动所导致的当前城市生活质量下降的指责"。

资料来源：由施瓦泽提供。

意义，这些研究形成了两组相反的观点，传统城市主义和概念城市主义对城市设计的基础和城市形态的创造持有不同的观点。市场城市主义承认塑造当代城市形态的市场力的存在。而社会城市主义是对当代城市条件的批判。

同时源于美国的背景下，凯尔博（Kelbaugh，2008A，2008B）提出三种"自我意识"的城市主义—新城市主义，后城市化和日常城市化 —"这些代表了西方建筑和城市规划的理论和实践活动的前沿。"（2008a-Fishman 2005；Mehrotra-2005；Strickland，2005）。这些城市主义的观点与 Kelbaugh（2008A）提出的"市场城市主义"相对应。

"……目前的惯例和土地征用模式，进行专业规划和设计的服务，政府监管，融资，建设，以及房地产开发项目无时无刻都受到宏观的和微观的市场力量的影响，由私人开发商进行决策。"

凯尔博（2008a）指出，不同的客户有不同的倾向，新城市主义者通常为土地开发商工作，尤其是政府机构或公私合作机构组织的位于郊区的再开发项目；日常城市主义者通常为非营利性的社团组织工作，资源和政治权利是有限的；后城市主义者的项目主要来自有知名度的竞赛"由较高的知名度、强大的机构、公司和雇主发起的有关高质量的标志性建筑的设计竞赛"。

5.1 新城市主义

新城市主义的一些想法出现在 20 世纪 80 年代和 90 年代初，主要是在美国。该运动由新城市主义大会（CNN）发起（见第 1 章），在国际现代建筑协会（CIAM）颁布的《雅典宪章》基础上，出版了一系列的出版物，召开了一系列会议。

根据其"章程"（CNU 1998），新城市主义者是"……通过公民参与规划和设计，致力于重新建立建筑艺术和社会的决策之间的关系。"因此，新城市主义带有明显的社会倾向，简·雅各布斯将其与特殊的建筑形态相联系：认识到物质手段无法解决社会和经济问题，"宪章"认为"……没有一个连贯的和支持的物质框架，是无法维持经济活力，社会稳定和环境健康的"。

新城市主义及其运动有时是一个被人们误解的词汇。例如，具有教条主义意图的混淆折中的实践；忽视区域层面，卡索普（2005）认为新城市主义是"最大的用词不当"；"……它仅仅展示出在楚门的世界中可以看到的带有优美环境但对外隔绝的一个小型社区"。此外，虽然经常被诟病为单一的和教条主义倾向，但也具有独特的东海岸（"历史主义者"）和西海岸（环保主义者）的主张。卡索普指出，争论的焦点是该运动是否遵循开放性原则和特定形式和规则的设计规范。

埃利斯（Ellis，2002）提供了一个全面、系统的关于新城市主义的讨论，指出大部分批判性文献只是通过图片进行分析，造成不切实际的判断和对意识形态的偏见（布雷恩2005；卡索普 2005；丹南－琼斯（Dunham-Jones，2008）。他尤其—也许有点严厉地－批评它明显的怀旧行为。对后城市主义者而言，新城市主义"试图重温不存在的带有怀旧色彩的浪漫主义的秩序感"（凯尔博 2008A）。然而，在城市形态方面，这种批评忽略了从传统和持久的永恒的空间类型学习的意义（见第 4 章）。

尽管如此，"风格"维度问题仍然是很重要的。认识到新城市主义……经常公式化，导致平庸的，克隆历史建筑的出现，凯尔博反思了采用历史形式，缺乏"真实的、完整的历史风貌的问题"：

'这种肤浅的拼贴被更多地应用在市

场上出售或为即将破产的开发商/制造商建造的投机性住房。其被应用到非住宅类建筑，打破某些常规的设计规范是情有可原的，但这些很少能够上升到一流的建筑设计。'

尽管有许多新城市主义者声称建筑风格的问题是"无关的或被夸大的"，凯尔博指出，"从辩论的激烈程度来看，显然这些问题已经涉及设计师和学术界。"

新城市主义试图寻求、改造和提供当代制度体系的替代品——布雷恩指出"技术上理性的规划体系中的非理性元素"。体现在惯常的（郊区化的）开发实践，但是在理论和实践预期中存在反差。既不考虑混合使用，混合收入，以及混合所有权，也不考虑公共交通为导向的发展（Sohmer & Lang，2000）（图2.8）。

沃尔特斯(2007)认为虽然存在上述缺陷，以其他活动家提出的观点为基础的在美国的城市设计项目也没有符合新城市主义的章程原则，对当地政府规范性的实践没有产生太多影响（见第11章）。新城市主义在国际领域的影响也是显著的。塔伦（2005）提出新

图2.9—2.11 庞德伯里镇，多塞特郡，英国肯特土地；马里兰州和斯台普顿，丹佛，科罗拉多州（图片来源：马修·卡莫纳和史蒂夫·蒂斯迪尔）。 杜埃尼等人（2000）抱怨，"许多建筑师们发现"……不可能看到过去的瓦顶，木制百叶窗的海滨和肯特兰镇（Kentlands）渐进的城市规划概念下。"许多有庞德伯里镇的视觉造型，这大大的守护神殿下的王子威尔士（Hardy 2005）和连接的街道模式，大多数的指导仍然建议树突状街头模式（见第4章）。卡索普指出，以他作为一个医生的经验，"……新传统风格的大部分来自市场本身，没有任何设计师的意图或故意设计理念。它是这个市场的力量必须了解和进行指导。

图2.8 海边,佛罗里达州(图片来源:史蒂夫·蒂斯迪尔)。许多项目自我描述为"新城市主义者"，其中包括一些知名的项目（如佛罗里达州、肯特、马里兰州的海滨地区），它们不符合CNU章中概述的核心原则。但是，它对判别新城市主义实践与章程的"深"或"浅"的辩证关系是有用的（Sohmer & lang，2000）

城市主义的四类文化要素,即渐进主义,市政规划,环保主义和混合使用的开发,意在整合。他提出这些理念都不是新提出的,但是新城市主义者看到所有四个文化要素具有的价值,需要被纳入到美国的城市化发展中:

> 市政规划的监管方面有一些改变,但他们普遍接受和掌握能够把握的东西……(新城市主义者的)价值在于更广泛的环境规划目标,他们是在促进区域范围内的混合用途发展。所有这些都是有价值的,同时小规模的城市多样性、渐进性、是最被认可的设计方法。

在英国,个别的与传统城市主义相关的倡议已经具有一定影响力,例如90年代的城市村落运动,以及随后的由英国王储查尔斯名义建立的王子基金会工作和影响力,关于这些方面实践已有很多(Biddulph,2003)。

当风格争议的包袱卸下后,本书的内容主要贯穿的是新城市主义所倡导的优秀的场所营造内容,这些主张是基于历史先例的,并批判什么可行,什么不可行。城市设计不涉及设计的意识形态,而是体现设计的智慧和方法。

5.2 后城市主义

众所周知,后城市主义这个称谓已被广泛使用,但是还没有谁愿意给自己贴上后城市主义者的标签,正如凯尔博(2008a)所说,"在过去的几十年里,一大批被称为后结构主义者或者批判性建筑的先锋案例如雨后春笋般涌现出来。"后城市主义是起源于一个被称为"新现代派"的思想倾向,同时与解构主义这种先锋的建筑思想紧密相连,解构主义的思想最早是存在于理论和非建筑作品中,近年来在建筑作品中也开始有所体现。新现代派旨在通过建筑设计与城市规划,反映当前的社会情况。但是,如果只是去反映社会而不是试图去塑造和改变社会生活,就会和

新现代派的社会理想产生背离,同时也是否定了建筑设计的社会意义。凯尔博认为这实际上是一种"虚无主义",因为它"接受了当前的社会生活,甚至说是在为当前这种分裂的、脱离的、尖锐的和变化无常的生活喝彩"。

在他们的作品中,后城市主义者们试图寻求"高艺术价值"的建筑,他们把注意力放在了艺术上而不是设计上。一个体现了设计师个人的艺术想象力的作品,"作者"这一概念显得尤为重要:"他们培养了像霍华德·洛克西(Howard Roarkish)这样的人,媒体也在为这些独奏艺术家和孤单的天才喝彩庆祝,尽管要实现他们的设计实际上需要一大批多学科团队合作才行"凯尔博。他们的城市设计观点更趋向于一种"巨构的建筑"和"巨型的工程"而不是一种更宽广平和的(少一些傲慢的)设计主张。

后城市主义者的作品代表了重大的城市事件,由于是一些单独的建筑物和小型的复合体,也许会产生与周边环境不协调的极端例子,但是,不可否认的是这些建筑和复合体的确极大地丰富了视觉景观和审美经验。正如凯尔博所说,后城市主义者的建筑可以被看作是"空间设计的力作":"它们会将建筑立面和复杂的形态糅合在一起呈现出来,人们的确会为它们的形体所着迷和吸引。"后城市规划师们利用计算机技术进行绘图,然后创造出奇怪的、扭曲的形体和结构,他们的作品是"大胆的、实验性的","可预见性和不可预见性的",他们正在尝试"打破常规类型学法则的方法。"凯尔博(图2.12~2.13)(见第7章)。

然而凯尔博感叹"后城市主义怎么常常能规划出那么多明星建筑,而这些明星建筑是一个城市所需要的,并且又可以被这座城市所吸纳的"。他认为"尽管他们有着理论和美学上的复杂性",但是他们"能够回报城市一些东西"(2008a)。不管怎么样他们"常常

图 2.12 商业学校,凯斯西大学校园,克利夫兰(建筑设计:弗兰克·盖里/Frank Gehry)(图片来源:斯蒂文·蒂斯迪尔)

图 2.13 毕尔巴鄂古根海姆博物馆(建筑设计:弗兰克·盖里)(图片来源:马修·卡莫纳)

看上去是被设计在一个无形的封闭环境中,几乎一点也不关心与周边环境的联系",他指出"这些设计和周边的物理环境几乎没有直接的联系","…通过前卫震撼的设计手法…

布局建筑…缺少对建筑方案的协调和周边环境的考虑"。后城市主义创造出充满活力和有潜在吸引力的建筑、环境和空间,它们看上去是为了观看和偶尔的参观而不是为了在里面居住和工作。正如凯尔博所说:"游客在出租车上通过挡风玻璃所感受到的城市要比真正的使用者的感受要好。"

5.3 日常城市主义

后城市主义对设计创作者的盲目崇拜与日常城市主义的谦逊形成鲜明的对比。克劳福德(Crawford)(2008a)声称日常城市主义"强调首先将人的感受和体验作为城市规划各种定位的基础"。卡里斯基(Kaliski)(2008b)认为它的出现是:

"一种对已有城市设计实践决定论的反应。我们曾试图寻求方法去观察城市的多样性,并保持对其开放和包容的态度。我们对城市中被遗忘的角落以及城市的体验感兴趣,而这些往往是其他城市规划所忽略的。我们认为这些可以成为构建包容的、非教条主义的城市规划实践的起点。"

该理论得到广泛的认识是在1999年同名书出版以后(2008年第二版),该书的作者有约翰·雷顿·查斯,马格瑞特·克劳福德和约翰·卡里斯基。克劳福德指出"该书并不是发明一个新的观点,而是将一个广泛存在的但没有被完全表达清楚的观点运用到城市设计中。"

日常城市主义有三个主要理论源泉。第一,对普通城市环境的日常生活的关注——首先是基于人们对洛杉矶"无尽的迷人的城市景观"的日常感受(Crawford,2008b)。第二,对当代城市设计专业论述的批判——就像克劳福德认为那样:

"城市设计师们常常看上去无法欣赏和体会他们周围的城市,同时表现出对居住在城市中的人们的漠不关心。相反，他们主要是通过抽象的理解和规范性的条款来处理城市设计。"

第三，后结构主义哲学家亨利·列夫费尔，米歇尔·塞尔托，米哈伊尔巴赫金等的作品中对日常生活的诠释，正如克劳福德解释的那样：

"我们提供了一套新的城市设计价值观。这套价值观将城市居民和他们的日常生活经历作为工作的中心，鼓励一种更人性化的城市研究模式，同时强调特异性和物质现实性。"

但是，这种思想的拥护者们，并不否认设计和设计智慧的重要性。由于关注的是设计而不是艺术，日常城市主义的元素组成是集合了"当前背景"+"民主"+"设计智慧"。正如卡里斯基所说：

"关注当前背景作为出发点；然后通过接受民主设计的论述来改良这些出发点；继而运用设计的智慧去处理日常设计中关注的内容和需求。"

日常城市主义主张不是为了规避风险的城市规划，不是传统的房地产开发，也不是传统的资金增长模式（大型的建设项目和生硬的城市建筑与空间）。日常城市规划是一种非传统意义上的房地产开发的规划；是一种创新的资金增长模式；是带有实验性、创新性和创造力的；是基于小型建设项目的；是一种柔性的，流动性的，城市居民和行为自发形成的规划。正因如此，它有着与其他运动和倡议类似的作用，如"慢城市运动"（www.cittaslow.blog.com），并在美国的后工业化城市以及中东欧城市中蓬勃发展；再如"缩小城市"运动（Oswalt，2006；www.skrinkingcities.com）和"跨越式城市"这些短暂出现的运动和倡议（奥斯瓦尔特，2007）。

因为大量的日常城市主义关注的是对城市既有条件的诠释，而不是通过一些行动改变它，所以沃尔特斯指出该理论最大的挑战在于如何超越言辞的修饰而介入到实际的城市设计中去。

5.4 景观城市主义

一种更新兴的城市规划思想是景观城市主义——一种自觉的以"设计为主导"的规划手法，在这里设计的对象是景观而不是建筑。争论的焦点是"景观"而不再是"建筑"，这成为了城市设计一个很好的基础和前提（虽然有人对这个最初的前提本身产生质疑）。瓦尔德海姆（Waldheim，2006a）认为这里涉及一个"学科重组"的问题。

"……景观代替了建筑，作为当今城市规划的基本模块…景观既是表达当代城市特征的'镜头'，也是构建城市空间的媒介。"

一些评论家声称景观城市主义的出现是由于北美的城市条件——"汽车导向下的城市化，这种城市基本都是横向平铺式发展的"（Waldheim 2009）。例如，瓦尔德海姆认为该理论的出现不是一种巧合：

"那一时期，较高的人口密度、向心的城市形态、城市的可读性等这些欧洲城市的模式显得日益遥远，我们大多数人居住和工作的环境是郊区而非市区，周边是更多的植物而非建筑，更多的基础设施而非与世隔绝"。

虽然某些人可以声称这是一个"新世界"，而不是对"旧世界"（欧洲）城市主义的移植，它的关联和适用性并不只限于北美。

景观城市主义的可塑性概念元素，并不是"建筑"和"空间"，而是"生态"和"城市基础设施"。前者既是深层次的生态学，表现为关心环境的可持续发展，也将生态作为一种目标——构建相互协调和相互作用的系统。后者是城市基础设施，而不是土地，是固定的而不能改变的。科内（Corner，2009）指出土地性质的变化贯穿于整个城市领域。科内与库哈斯（Kulhass，1995）主张城市规划应具备战略性眼光，并指出"激发地区的发展潜力"。

在过去的 10 年里，景观城市主义被理解为是一种价值观。它的代表性项目还没有被建造出来，设计竞赛成了它发展的重要核心理念。一个有影响力的项目就是巴黎拉维莱特公园设计，该设计出自伯纳德·屈米（Bernard Tschumi）之手，未建成的部分由竞赛获得者库哈斯设计（Shane 2009），此外，纽约斯塔滕岛的垃圾填埋场，多伦多的斯维尔公园都是大型生态更新项目，都受到了很高的关注。

5.5 各种城市主义之间

城市设计师应该从这些不同城市主义选择什么？最好的回应是保持批判性的眼光，从它们中寻求有用的，而不是被动的妥协。新都市主义可以作为一个公式，面对截然不同的问题和挑战产生相同的答案。它在场所营造上有很多实质的共识性原则——其中许多内容体现在英国公众指导（Tiesdell 2002）和现代荷兰城市设计的建筑形式中，虽然这两种情况都是在没有形成风格和惯例的条件下发生的。不同于美国，品牌和时尚的建立是非常关键的。在后城市主义的都市中，那些漂亮的建筑能引起你的兴奋和刺激，可能通过这些城市建筑，城市得到了更多的尊重（和持续性的关注）。日常城市主义，更多的是对当地情况和当地居民的关注，以及发展设计的智慧。景观城市主义是把自然景观和生态作为思考的起点（而不是事后再考虑景观和生态）。

当然也存在其他一些自发形成的城市主义，包括：

- 有机增长（生成）城市主义，反映了传统城市的缓慢增长。
- 园林城市，将城镇和郊区的农村进行整合。
- 现代主义，信奉科技、未来以及理性不断发展的潜力。
- 城市蔓延，代表是一个市场化的城市主义。
- 可持续的场所空间，这本书倡导创造更好的场所空间的意识过程。

未来，追求可持续场所空间的城市主义可能会超越这一切。目的在于解放思想而避免因为意识形态和理论家的争论而被分心。不像高雅艺术，"设计"在城市设计中，最好应当被理解成一个解决问题的过程（见第 1 章和第 3 章）。有通用的原则和思想来创造良好的场所空间，但是方法的使用要经过调节，而且要视当地的现实情况而定。

6 结语

本章的内容是对现代城市设计运作进行了回顾：城市已经改变了，将来也会不同于现在，而且还会以人类不熟悉的方式发生变化。污染，全球变暖，化石燃料的消耗都可能引起突变。目前，在集中的城市形态和分散城市形态两者中存在着文化的选择。因为后者对化石燃料的依赖，意味着它是不可持续的。

城市设计并不是简单的对这种改变的被动反应，它应该是，一个积极的尝试去塑造这种变化和创造更好的城市环境。城市所需要的是要把它设计成一个运行良好的，以人为本的，可持续发展的环境。最近通过对英国城市复兴和美国的城市精明增长运动的反思，人们认识到他们忽略一些最基本的构成城市的因素，例如连通性、可达性及土地的混合利用，结果造成了城市发展的非持续性，社会公正的缺失，从长远上来说，也减少了城市发展的经济可行性。

第 3 章　城市设计背景

本章讨论了一组广泛的"背景"——当地的、全球的（可持续发展的）、市场的（经济的）以及调控方面的（政府的）环境——他们制约和引导了城市设计活动的各个领域。尽管这些背景随时间而改变，但在任一特定时刻，他们是相对不变的，而且通常不受城市设计从业者的影响。单个的项目和相关活动将其当作已知的条件考虑。背景也支持和贯穿这本书第二部分关于城市设计维度的探讨——维度构成城市设计的基本要素，城市设计师控制与改变它的程度。

事实上，"背景"和"维度"之间的界限是模糊的。从一般意义上来讲，虽然城市设计师能对某个开发模式和视觉形象做出决策，但是他们不能改变这一事实：开发总是处于一个特定的当地和全球背景中，或者发生在一个或多或少受政府机构调控的市场经济环境中。

作为一个解决问题的过程，城市设计的本质涉及四个背景和六个维度。本文在讨论每个背景后，在本章最后一节提出了对城市设计过程的讨论。

1　地方背景

当城市设计活动涉及公共领域的政策或者街道家具的设计时，场地本身就是背景的重要组成部分。当城市设计活动只涉及某个开发项目，背景可以被认为包括场地及周边相邻地区。规模越大的开发项目或开发地区，其自身背景的创造比例越大，控制和创造直接背景的范围也越大。然而，无论规模如何，所有的城市设计活动都根植于所处的当地背景。

所有的城市设计活动都应有助于形成一个更大的整体环境。此外，这样的行为不可避免地嵌入和促进当地的背景。城市设计师通常在已建的、复杂的和精细的环境下设计。弗朗西斯·蒂贝尔兹提出的重要准则"场所是最重要的"（见第1章），指出尊重和理解地方背景是成功的城市设计的首要因素。

忽视当地背景，追求经常创新的和新奇的意识形态，是否定现代主义的城市空间设计理论的重要因素（见第2章）。现代主义派设想一个新的未来，狭窄的和不健康的城市被一个崭新的完全不同的城市环境所取代。尽管这种设想从未完全实现，改天换地的思路和对生活场景的向往，导致人们更倾向于

图 3.1 伦敦狗岛（图片来自：马修·卡莫纳）。伦敦狗岛的新开发没有考虑而且通常很少联系周边的环境。虽然在这个地区有重要的投资，但对主要开发项目附近的区域而言，几乎没有带来任何利益。

综合改造而不是渐进发展的方式，尊重当地的现有特色。但是尽管有这方面的经验，破坏背景的事件却逐渐增加，人们没有总结相关的教训（图 3.1）。

不是所有的环境或者场所都要求同等程度的回应：特色鲜明的区域通常需要更谨慎

的设计回应，而环境质量较低的区域，则提供更多创造新环境特质的机会。大部分的区域则是处于这两个极端之间。同时，这些区域往往重视一个更大范围的环境质量以及诸多原因。大部分地区不具备历史和高质量的审美价值，价值主要通过其社会和文化价值来衡量，而非物质价值（Hyden，1995）。

背景的概念必须从更宽泛的角度来考虑。布坎南认为"背景"不仅是指"相邻的周边区域"，还应是"整个城市，甚至可能包括城市的周边地区"，还包括：

"……土地利用模式和土地价值、地形地貌和小气候、历史和象征意义以及其他社会文化现实和愿望——当然还包括（通常是特别重要的）交通网和基础设施网的定位。"

(Buchanan，1998a)

伦敦城市环境质量的一项研究(TCKWM 1993)为探索建设城市背景的多样性提供了有益的借鉴（图 3.2）。

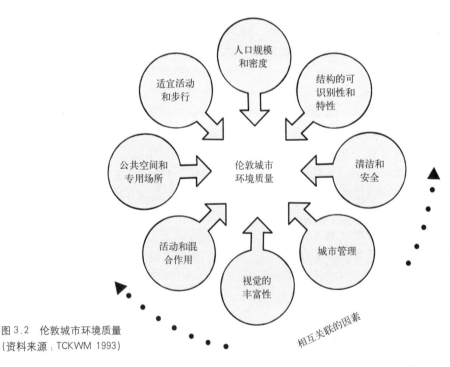

图 3.2　伦敦城市环境质量
（资料来源：TCKWM 1993）

相互关联的因素

相似地，朗认为所有的环境都可以依据四个紧密关联的组成部分来理解：

- 地理环境——土地、土地结构及其发展过程。
- 生命环境——占据环境的生命有机体。
- 社会环境——人与人之间的关系。
- 文化环境——社会行为准则和社会事实。

因此，背景的要素包括：

- 地理和生命要素——土地和当地的微气候；已有的自然环境；地质，土地形态、地形特征；环境灾害；以及粮食和水资源。
- 社会和文化要素——住区建造的最初目的；历史过程中目的的变化和对环境的干涉；土地所有形式；居住文化；邻里之间的关系；以及在环境变化中的适应能力。

无论何时何地，城市环境是不同生物群落栖居的特定地理环境的一部分，综合了多层次的社会相互作用，创造出独特的地方文化，并在复杂的城市背景的发展中形成。

尽管城市设计与开发惯常上被认为与人造元素相关，杨（Yeang，2009）提出了生态规划，寻求保持生态系统的完整，连接性和功能，强调通过重建、修复和改变生态系统，促进人类环境在生态接受范围内。他提出需要进行四类彩色生物基础设施的整合配置：

- 绿色——通过自然提供的基础设施。
- 蓝色——基础设施相关的水系统的排水、水文系统和水资本。
- 灰色——道路工程设施、公用事业及其他人类生活的生命维持系统。
- 红色——建筑空间活动以及复杂的社会经济、立法系统提供给人类的基础设施。

杨认为这些需要通过设计行为理解和管理，形成"……完整的、动态的、相互作用的、功能高效的生活系统"。蓝色和绿色形成为生态规划服务的关键的组织框架，并应在区位和相关大背景中考虑。他认为在过去，我们优先红色和灰色而忽略了蓝色和绿色，将来，我们需要首先考虑绿色和蓝色，然后选择灰色和红色搭配它们。

杨分析证明了背景不仅包括物理意义上的场所，也包括人类如何创造，占用以及使用建筑环境。了解城市的场所可以"阅读"并被理解、揭示和创造，并且维持和创造新文化。

1.1 文化和环境

文化和环境之间的关系是一个双向的过程。历史发展过程中，人们生活的各种选择产生了独特的地方文化，地方文化塑造和强化了他们的环境，并在其中形成象征意义。这些基于先前经验的选择受到人们不断变化的目标、价值观（个人和社会的）以及偏好的影响。同时，支付能力和意愿、当地的气候的限制和可能性、技术和资源的可用性和成本，都影响人们的选择。例如当代美国城市环境是基于相对较低的汽车驾驶成本（以及期望保持低成本）的产物。而在欧洲的大部分地区，优越的城市环境是相对较高的汽车驾驶成本的条件下选择的结果。

技术，尤其是通信和交通技术提供了新的可能性。虽然技术对社会和文化生活的冲击是剧烈的和根本的，但是由于变化总是以细微和渐进的方式进行，因此我们很少察觉到它正在发生，只有在回顾中才更能意识到这一点。

新技术对社会、文化和经济生活的影响，可以通过一个传统的当地书店与网上书店的比较来说明（表 3.1）。同样的例子，近年来，银行在当地的主要街道中仍然无处不在，通

通信技术的影响		<div align="right">表 3.1</div>
传统的当地书店	● 提供顾客能浏览并购买图书的场所。 ● 书籍的购买和浏览是一个社会活动，由公众来承担。 ● 书籍的购买和浏览仅在开放时间内才可以。 ● 储存许多书籍。 ● 离顾客住址较近。 ● 在当地环境中作为书店，是一家真实存在的、充满广告或者交流的地方。 ● 商店的管理、预算在这栋建筑的一件办公室里。	
电子零售书店	● 书籍的购买或浏览可以在家或者任何可以上网的地方。 ● 书籍的购买成为一种私人的行为。 ● 书籍可以 24 小时随时购买。 ● 书籍集中存储和分类，可放置在地价便宜的地方，并且沟通良好。 ● 零售商无处不在，但感受不到。 ● 零售商具有虚拟的存在方式。 ● 不论哪里只要有合适的人力就可以管理，办公室不必一定在书店的附近。	

常表现为装饰繁琐的建筑，提供面对面的服务（Mitchell，2002）。但是，24 小时的自动提款机削弱了银行的作用，电话和网上银行进一步削弱了人们对主要街道的银行分支机构的需求，它们逐渐关闭，另作他用，变成商店、咖啡馆、上网咖啡屋等等。这些例子表明以新技术为基础的改变是个人与市场选择共同作用的结果。

虽然城市设计师必须尊重和服务于人们的社会文化价值观和喜好，但城市设计还要对文化变迁做出反应，而且其自身也是走向这种变迁的一种方式。通过参与开发过程，构建和管理建成环境，城市设计师塑造而不是决定社会和文化生活的方式及其相互作用。在过去的 20 年中，许多英国城市中心区出现了"咖啡馆社团"和"阁楼生活方式"，以及相应的城市生活文化，文化变迁有时被称为再城市化（Fishman，2005，2008a）或文艺复兴（Colomb，2007）（见第 2 章）。这既是人们寻求这类生活方式，以及媒体和文化产业宣传其积极形象的结果——也是开发商和设计师提供这些集会场所的产物。

城市设计也需要对文化的差异性保持敏感。此外，由于全球化进程威胁到了整体文化的多样性，尊重那些现存的文化变得日益重要，因为这允许真实的当地特殊性的存在（见第 5 章）。

虽然本书的讨论主要以西方的视角进行的，谢尔顿（Shelton）的《日本城市：西方和东方在城市设计中的相遇》（1999）做出了重要的提示：城市空间理念具有文化特点（图 3.3）。他解释在日本的城市形态背后，有着怎样的根植于更广阔的日本文化的思维和观察方式，这些与西方有很大不同。例如，日本的建筑和城市空间观念更接近"区域"——从榻榻米和建筑地面的重要性可见一斑——而不是强调"线"的西方思维。

当然不仅东西方有很多不同，而且在同一领域也存在着很多的不一致。例如，存在着对"欧洲"和"美国"传统城市设计的争论，通常倾向于建立明显的美国传统，而不是移植和改造过的欧洲传统（见狄克曼 Dyckman 1962；洛干 Attoe & Logan 1989）。巴提那沃森和宾利强调在世界范围

图 3.3 街景，涩谷，东京（图片：斯蒂文·蒂斯迪尔）。那些沉浸于西方城市设计传统的人来说，接触日本城市令人有困惑不解的感觉。谢尔顿（1999.9）指出，对于大部分西方人来说，日本城市'缺少市民空间，人行道，广场，公园，远景等等'换句话说，这些城市缺少那些被看作是西方文明城市特征的物质要素。

寻找复杂多样的当地文化景观，对当代的和历史的案例进行仔细的研究，研究案例可以获取重要的文化文献，同时避免模仿。对于这些作者，在当地建筑环境和个人身份及当地文化之间有着密切联系。他们认为本土景观应该支持认同感和消除无根感，这些使他们能够居住在那儿。

随着经济、社会、文化和技术语境的不断变化，在当地语境持续不断的变化过程中，城市环境也发生变化。这种变化是不可避免的，而且通常是让人向往的。在工业革命以前，建成环境的变化是缓慢和渐进的，这都要归功于当地的建筑材料和方法（见第2章）。在工业革命之后，变化的步伐和规模加剧了，同时伴随着某些场所发展压力的增长，以及场所和环境的均质化（见第5章），这些发展压力包括：全球化和国际化，建筑类型、风格和建造方式的标准化，地方传统的缺失，大批量生产的材料的使用，城市的离心化：人类对自然环境的疏远，人们关于生活环境的决定和开发产业要求短期经济回报的压力，公共部门通常对建成环境缺乏考虑的和一刀切的管理制度，以及人们流动性的增加和汽车的主导。这些压力既有当地的，也有全球的维度，从而连接了当地背景和全球背景。

2 全球（可持续）背景

所有的城市设计活动根植于所在的当地背景，同样也不可避免地根植于全球背景：在全球活动影响当地的同时，当地活动也产生全球性的影响和结果。面临气候变化、自然环境污染和化石燃料枯竭的警告。在全球语境内的一个重要元素是和环境责任相关的。尽管城市建成区面积只占了地球表面积的1.5%。人口的密度和对土地的使用造成了对全球气候的重大影响。研究一致表明适合的城市设计是最有效的解决全球人口居住问题的方法。用来解决环境恶化和对人类的威胁，否则那些问题会接踵而至。全球范围内，城市正在以每年2.3%的速度增长。在发展的过程中要确保对环境的影响是最小的（Newman，2006）。

城市设计师需要重点考虑环境责任，这在很多层面上影响到设计决策，包括以下方面：

- 新开发项目与现有的建成形式和基础设施的整合——例如：位置或基地的选择、基础设施的利用、交通方式的可达性。
- 开发所包含的功能范围——例如：混合使用。设施的可达性、离家工作。
- 总平面布局和设计——例如：密度、

景观或绿化、自然环境、日照或阳光。

● 单体建筑的设计——例如：建筑形式、朝向、微气候、有生命力的建筑、建筑再利用和材料的选择。

可持续开发的概念不仅包括环境的可持续性，还包括经济和社会的可持续性。城市设计师需要关注社会影响、长期的经济可行性、而且还要考虑对环境的影响。

在满足人类的需要、欲望和承担环境责任之间常存在矛盾（图3.4），把人类需求看作是短期的和"急切的"行为、而环境需求是长期的和"重要的"，那么需要平衡人类的短期利益和环境的长期利益。但问题是，现实存在着以环境的长期利益为代价来满足人类短期需求的倾向。长期的利益必然包括短期利益，而短期利益是不包括长期利益的。经济学家约翰梅纳德凯因斯（John Maynard Keynes）在评论市场行为的短期主义时，认为从市场角度来看长期利益并不重要，因为"从长远来看，我们都是要死的"。然而，西雅图酋长（Chief Seattle）用充满智慧的诗一般的语言表达了不同的观点："我们不是从先辈手中继承了这个世界，而是向我们的

后代借用了这个世界。"如果未来的人们要享受到今天的环境和生活品质，那么可持续的设计和发展策略是极其重要的。

城乡融合先锋人物如：埃比尼泽·霍华德（Ebenezer Howard），帕特里克（Patrick Geddes）和雷蒙德昂（Raymond Unwin）的主要工作主题。对于城镇和乡村的渗透是一个重要的主题。他们的理念是当地社会和经济的可持续。一些人认为规划（更小范围的城市设计）一直在追求可持续的概念，体现公共利益。城市规划是用来平衡环境、经济和社会的必要条件。

即使这些概念已经在理论中存在了，但经常脱离实际。这些妥协都是由于符合市场运作的过程。在公共政策的议程上，优先考虑经济增长和社会幸福（而不是环境），在私人的议程上，把环境的影响简单看成是另一种消费种类。然而，在当前对于可持续发展概念的论文中，通过对于环境的担忧，已经帮助他们转变了城市设计的过程。在规划中，可持续的内容已经为城市设计提供了额外的合法性和价值——出现一种非常合理的思考方式，这是对20世纪中晚期出现的不可持续发展形式的反映（反城市）。

大多数当今城市设计的概念对于全球环境发展的影响表现出明显的担心。在发达国家（欧盟2004）和发展中国家（Romaya & Rakodi，2002），这些已经通过他们的方法体现到政策里。在这些快速发展的区域前景并不明朗，然而，形成了赞同或反对新政策的很多观点；包括如文学作品中描述的可持续原则是否合理的争辩（Mantownhuman 2008），也有对于适当干预是否足够有所作为的质疑（Cuthbert，2006）。

有些人不理会这些质疑，把它们作为一种愚昧误导的声音，经济学家尼古拉斯·斯特恩（Nicholas Stern，2009）断言："存在

图3.4 英国 伦敦 格林尼治半岛 超级市场（图片：马修·卡莫纳）这是一个"节能"而又依赖汽车的开发项目，显示出经常存在的开发理念上的内在矛盾。

着一种'不严肃的怀疑'，那些排放物逐渐变成人类活动的结果，并且越来越多的温室气体不可避免地导致气候的变化。没有必要对此产生怀疑，研究人员和作者们在这一问题上已经达成共识。为该地区设立合法的政策给予支持和关注。"

最大的困难是环境问题常常被忽略和看作是"别人的问题"。通常，财政预算的紧张程度和公共规范的要求限制了开发项目对此类问题的关注程度。开发过程中的财政预算通常缺少整个环境成本的估算——由于不愿意或者缺少强制性等原因。开发商通常只关心直接影响项目进行的成本，而几乎不考虑更大范围内对投资者、居住者和社会的整体

环境影响。

然而，正如斯特恩（2006）在气候变化的经济学中所说的那样，现在就采取行动，以实现可持续的发展模式会有更高的成本。但这些比那些不采取行动的花费将要小。正因为如此，尽管明确的可持续发展的目标是在近期的城市设计实践才被关注，与其他行业相比，城市设计师应充分重视可以说是最重要的。

开发对环境的影响远大于马上显现出来的情况，这可以用开发的环境足迹形象地说明（框图3.1）：越来越多的可持续的城市设计致力于减少对总体环境足迹的影响，例如，通过减少对广泛使用的环境资源的依赖，

框图 3.1 环境足迹

一个开发项目对环境的影响可以比喻成足迹。起初，这个足迹可能显得很小：开发项目的基地，包括对现存自然环境的破坏。当考虑到建设中那些看不到的环境资本时，第二组更大的足迹范围变得明显可见（即在建材的生产和运输过程中消耗的能源和资源，平整土地和进行建设所需的能量，需要在基地增加基础设施消耗的能量等）。当建筑开始使用，出现了第三组甚至更大的足迹范围（即维持开发所需要的能源和资源：维护的需求、开发能量，废物处理需求和使用者通勤的需求等）。最后，当开发项目寿终正寝，改造或者拆除建筑并处理剩余的建筑材料和场地所需的能量，是开发项目最后消耗的环境成本，从而进一步扩大足迹范围。然而，开发商往往只关心建设过程中的环境影响（第一组和第二组环境成本），而很少关心开发之后对环境的影响。这些影响最终由投资者、居民和整个社会来承担。

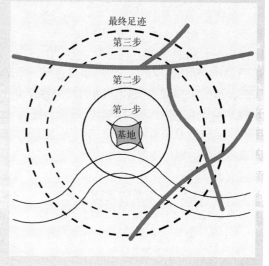

这个概念也反映在对有关环境足迹的学术文献中，他们认为，在西方发达经济体没有真正意识到真实的环境对他们生活方式的影响（Wackernage & Yount 2000）。在西方城市发展的过程中，起初开发商只在乎直接发展和建设费用，这些费用直接影响到工程经济生存，随着时间的推移，他们很少关心对环境的影响（即使存在管理成本）。在英国，生态足迹是每人每年5.4全球公顷，研究人员建议这个数据应该减少三分之二，达到1.8全球公顷，来符合"一个人的星球生活"的目标（BioRegional & CABE 2008）。可以利用可持续的设计方法使居民达到这个目标。

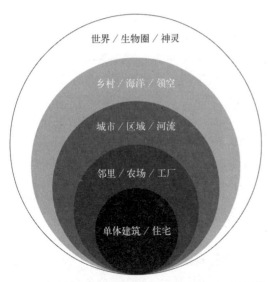

图 3.5　影响圈层（资料来源：巴顿等，1995）。巴顿等人建议应该把所有的发展看成是一系列的圈层式影响。可持续和自足式发展的目的是减小内部对外部的冲击。

以及减少废品导致的环境污染。为达到这个目的，开发项目——在建造和使用过程中——应该是尽可能自给的，拜伦等（1995）从一系列影响范围的角度来理解开发过程（图 3.5）。虽然很多城市设计活动的尺度都是相对较小的，但它们聚集起来对邻里、城镇、城市、区域的整个自然系统产生了主要影响，并最终影响地球生物圈。

吉拉德特（Girardet，2008）探讨了城市的新陈代谢，他把新陈代谢定义为"一个生物体或生态系统内发生的所有的生物、化学和物理过程的总和，以使其能够无限期地存在。"他提到自然生态系统的新陈代谢是循环的。然而富裕的现代城市的代谢基本上都是线性的，没有考虑资源的利用和丢弃的废物对环境所造成的影响。食物为我们提供了一个很好的线性的新陈代谢例子。例如，在一个饥荒的城市里，斯蒂尔（Steel，2009）探寻了食物从偏远的地区或海洋到达城市的餐桌上，并在其后进入下水道或垃圾填埋场

的轨迹。揭示了城市和食物来源、消费和最终处理之间的紧张关系。

吉拉德特提出线性城市生产的模型，他认为消费和破坏减弱了整个城市生态系统的生态能力，一个可持续的城市应该是模仿自然系统的代谢过程。

"为了提高城市的新陈代谢能力，要减少城市的生态足迹，生态系统思维的应用需要提上重要的议事日程上来。未来，城市需要适应循环的新陈代谢系统来确保长期的生存，就像在农村环境与生产力之间的关系和谐共处。生产的产品在使用后被重新投入到城市的生产系统中，像我们经常使用的可循环纸、金属、塑料和玻璃等，如同植物营养回归农田一样，使得城市的土壤保持良好的健康状态。"

朗认为可持续的城市设计应该避免被误解，在处理环境问题上它不仅仅是一个可以用技术来克服的"一个工程问题"，或是以环境为代价来满足人们的社会需求。但是在 20世纪，能源都是比较便宜和比较容易获得的。城市的环境已经被塑造成一个经济的技术指标，而忽视了环境的或是社会的因素，这样造成了城市居民远离了早期存在的生命循环的自然过程。

某些评论家提出城市环境应该被明确地看作自然生态系统。例如，伊恩·麦克哈格（Ian McHarg，1969）在他的著作《设计结合自然》（Design with Nature）中提出，城镇和城市应该当作更大范围的、运行中的生态系统的组成部分。霍夫（1984）也认为：正因为生态学已经成为更大地域上的环境规划的"必不可少的基础"，"对城市中被改变，但运行着的自然过程的理解和利用成为城市设计的核心"。决策者需要知道和理解城市区域内运行的自然过程（图 3.6）。

米哈乌霍夫（Michal Hough，1984）确

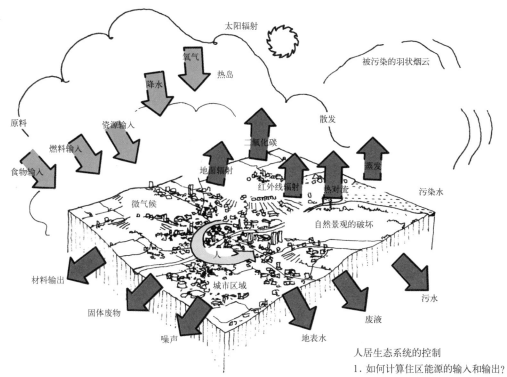

图 3.6 　人居生态系统（资料来源：巴顿等，1995）

太阳辐射

被污染的羽状烟云

氧气
热岛
降水

原料
资源输入
散发

燃料输入
二氧化碳
食物输入
地面辐射
红外线辐射
热对流
蒸发
污染水

微气候
自然景观的破坏

城市区域

材料输出

固体废物
污水

噪声
地表水
废液

人居生态系统的控制
1. 如何计算住区能源的输入和输出？
2. 如何减少可持续的能源的输入和输出？

立了五个生态设计原则：

- 对进程和变化的理解：自然进程是永不停止的，变化是不可避免的，而且并不总是向更坏的方向发展。
- 经济最大化，以最少的代价和能源获取最多的效能。
- 多样性是环境和社会健康的基础。
- 环境思维是更广泛地理解生态问题的基础。
- 环境改善作为变化的结果，而不是对限度的破坏。

一些评论家和组织也提出了可持续城市发展和设计的原则（表3.2）。其中，巴顿等（1995）对可持续设计原则的分析是最全面的（巴顿1996年总结）。最近，通过资助他们的工作室在可持续城市设计上的研究（欧盟，2004），欧盟已经开始推进思考，扩展相关领域：

"可持续发展的城市设计是一个过程，所有参与的人员一起通过合作关系和有效的参与，整合功能，环境和质量的考虑，贯穿设计、规划和管理环境建设工作的全过程。"
表3.2 可持续设计原则矩阵（见附表）
这些地方应该是：

- 美丽的、独特的、安全的和健康的，而且拥有强烈的自豪感、社会公平性、凝聚力的和独特性。
- 有一个充满活力，平衡，包容和公平的经济支撑。
- 把土地作为一种宝贵的资源，改造土地，促进人类规模紧凑和集聚区分散化。
- 在城市和区域景观的整合视角下，联合的功能性网络和系统作为城市与区域的支撑。
- 新的城市发展战略定位，以解决资源

表3.2

可持续设计原则矩阵（Carmona, 2009b）

	霍夫 (1984)	本特利 (1990)	欧洲组织的任务 (1990)	布洛尔斯 (1993)	霍顿和亨特 (1994)	巴顿 (1996)	URRBED (1997)	罗杰斯 (1997)	弗雷 (1999)	爱德华兹 (2000)	欧盟可持续城市设计工作组 (2004)	Jabareen (2006)	克拉克 (2009)
1. 多样性和选择性	多样性	多样性、渗透性	混合开发		多样性、渗透性		综合、渗透性、充分的混合使用	一个宜人的城市，一个多样化的城市	混合使用、多层次的服务设施	混合使用、多元化的占有权	有活力、混合使用、和街道相连	混合使用的类型和价值、多样性	街道混合使用、房屋混合、透水性结构、社会的街道造
2. 特色			地区特色	遗产	创造性的关系、有机设计		场所所感		中心感、场所感		美丽、有特色、归属感、自豪感、遗产	有归多样性的建筑	
3. 人类需求		可识别性		美学、人类需求	安全、合适的尺度	人类需求	一个安全的结构/可识别的空间	一个公平的城市，一个美丽的城市	有庇护场所、低犯罪率、社会混合、能想的	有庇护场所感、有供交流的安全感、开放空间、健康、舒适	安全、健康、公平、有凝聚力和私密的支持、社会和资本的尺度、人类平衡、经济平衡		当地有社区设施、私密性、混合和包容的社区
4. 生态保护		生命力		开放空间、生态、多样性	开放空间、生态多样性	开放空间、网络		绿色空间—公共	绿色空间—公、私人共生的、城镇/乡村	生态幸福感、和自然的连接、高高密度	景观、生物多样性、绿色结构	绿色。生物多样性	
5. 集聚			紧凑开发		集聚	线性集中	大量活动	一个紧凑、多中心的城市	遏制、用密度来支持服务		紧凑、高密度来支撑、公共交通	紧凑的密度来支持交通	多中心的城市结构、密度递减、减少停车
6. 弹性	过程和变化	弹性			灵活性		调整和改变环境的能力		适应性	可适应的、可扩展的	可适应的建造形式		长期的维护
7. 资源效率经济途径	经济效率途径	能效	减少出行、节能、再循环	土地/矿物、能源、基础设施和建筑	经济途径	能效、交通能源战略	对环境的最小破坏	一个生态的城市	公共交通、减少交通流量	公共交通的能源、雨水收集、低能量/水利用	土地再利用、资源保护、公共交通和自行车、效利用和循环技术	可持续的交通、被动式太阳能设计	以太阳能为导向、公共交通
8. 自足	环境的可读性			自足	民主、咨询、自足、参与				一些地方的自主权、一些自给自足		联通网络和系统、行道树和自行车网络	人行和车行	能步行的社区、共享、参与
9. 减少污染		清洁	通过绿化建设减少污染	气候/水/空气质量		水策略			低污染和噪声	污染和浪费策略	避免污染、考虑微气候	绿色城市排水系统	
10. 职责	加强改变		综合规划				责任感	一个有创造力的城市		联合土地利用和交通规划			关注可持续的城市管理

保护，生物多样性，公共卫生需求和公共交通的问题。

- 促进混合用途发展，使邻里关系、活力、安全和建筑形式的适应性的利益最大化。
- 足够的密度用来支持公共交通和服务，同时必须要维护隐私和避免污染。
- 建立一个绿色框架实现城市区域的生态质量最优化，这包括它们的微气候和与自然连接的通道。
- 高质量的公共基础设施，包括公共交通服务、步行交通、循环网络和一个容易到达的街道网络和广场。
- 利用当地的艺术资源来节约成本和循环技术。
- 尊重现有的文化底蕴和地方的社会资本，同时也避免对自身利益的保护（欧盟/EU 2004:39）。

可持续性的城市设计原则主张根据未来的可能选择进行建设，或者留下建设的余地。朗（1994）提出了城市设计的"实用原则"。他认为技术并不总是灵丹妙药，城市设计师应采取对环境友好的立场，设计灵活和健康的环境，提供可能的和便利的选择（见第9章）。尽管从短期来看，人们很可能继续使用汽车，但应该提供可选择的其他交通方式——步行、自行车、公共交通。

在空间尺度上，表3.3总结了来自表3.2的10条可持续城市设计的原则——每个原则在第10章都会进一步地通过"可持续的角度"来进行讨论（Carmona，2009a）。这是一个多学科交叉点，涉及了城市设计多种的、复杂的、全部的"维度"和"过程"，在这本书的第二和第三部分中将进行讨论。

空间尺度的可持续设计　　　　　　　　　　　　　　表3.3

	建筑	空间	住宅	人居
1. 多样性和选择性（见第4章）	提供建筑中混合使用的可能性； 混合不同类型、年代和所有权的建筑； 建筑容易到达的终生住宅的建筑	街区和街道的混合使用设计； 适合步行和自行车的设计； 抵制公共领域的私人化； 促进地方可达性	住宅的混合使用设计； 设计小尺度的街道和空间系统（微观尺度）； 支持邻里特色的多样性； 设施和服务的地方化	整合交通模式； 联系道路网络（宏观尺度）； 多层次中心以提供多种选择； 两个中心之间服务和设施的多样化； 增强可达性
2. 特色（见第5章）	呼应周围建筑特点的设计； 突出当地有特点的建筑环境； 保留重要建筑	反映城市形态、城市景观和场所特征的设计； 保持鲜明的场所特征； 地方场所感——地方特色的设计； 保留重要建筑群和空间	反映形态模式和历史—渐进的或者规划的； 识别和反映重要的公众联系； 考虑住宅的使用和质量	保护任何积极的地区特性和景观特色； 利用地形环境； 保护考古学遗产
3. 人类需求（见第6章）	支持创新和设计中的艺术表达； 适合人体尺度的设计； 设计有视觉趣味的建筑	提供高质量和可意象化的公共空间； 通过空间设计和管理来减少犯罪率； 通过减少人行和车辆冲突来提高安全度； 促进社会交流和保证儿童游戏安全的设计	设计有视觉趣味的空间系统； 通过地标和空间布局提高可识别性； 混合不同社会阶层的社区	通过住宅特色和布局提高可识别性； 通过土地利用布局提高公平性； 建设有归属感的社区形象

	建筑	空间	住宅	人居
4. 生态保护（见第7章）	建造绿色建筑； 把建筑当作栖息地	有生命力的软质景观的设计； 种植和更新行道树； 鼓励绿化和开发私人花园	提供最小的公共开放空间标准； 提供私人开放空间； 创造新的住区或者提升现有的住区； 尊重自然特色	使公共和私人开发空间系统化； 绿色的城市边缘区； 城乡一体化； 支持地方物种
5. 集聚（见第8章）	设计紧凑的建筑形式以减少热损耗，即联排房屋； 废弃建筑的再利用； 在适当场所建设高层建筑	减少过多的道路空间； 减少过多的停车空间； 通过活动集聚来提高空间的活力	交通交叉口的强化； 提高密度标准，避免低密度建筑； 能支撑各种用途和设施的建造密度； 尊重私密性和安全需求	加强城市控制和减少城市扩散； 强化交通走廊； 连接多活动的中心
6. 弹性（见第9章）	建造可扩建的建筑； 建造可适应的建筑； 可延续的建造； 使用弹性材料	设计有生命力的，适合多种用途的空间； 设计能容纳地上和地下基础设施的空间； 服务空间的设计	允许区域进行小规模用途改变的设计； 设计有生命力的城市街区布局； 通过植物吸收释放的二氧化碳； 植物以减少污染； 减少光污染	建设有生命力的基础网络—持久和可适应的基础设施； 意识到生活和工作模式的改变； 质疑污水处理的最终解决方案； 控制私人小汽车交通； 清洁和维护城市
7. 能源效率（见第10章）	使用被动（和主动）的太阳能技术； 节能的设计； 减少能耗—地方材料和低耗能材料； 使用可再循环和可更新的材料； 自然采光和通风的设计	有自然采光的布局； 降低车速和限制车流量； 减少风速和改善微气候的空间设计； 使用地方和自然材料	降低停车标准； 创造鼓励阳光穿透和自然通风的城市街区进深； 使用组合的热能系统； 建立当地的公共交通	对公共基础设施的投资，现有基础网络（基础设施）在扩建之前，进行更有效的利用
8. 自足（见第11章）	提倡公共机构的市民责任感； 鼓励私人机构的市民责任感； 提供自行车保存； 连接互联网	通过设计鼓励自我监督； 为小规模商业提供空间； 提供自行车停车场地	社区感的建设； 社区参与决策； 鼓励地方粮食生产—分配花园、城市农场为地方破坏作担损失	通过示范和奖励来鼓励环境文化； 咨询和参与远景规划和设计
9. 减小污染（见第12章）	废水的再利用和再循环； 隔声以减少噪声的传递—垂直的水平的； 提供就地污水处理	减少硬质铺地和水的流失； 设计可循环使用的设施； 设计有良好通风的空间，以防止环境污染； 公共交通优先	通过植物吸收释放的二氧化碳； 植物以减少污染； 减少光污染	质疑污水处理的最终解决方案； 控制私人小汽车交通； 清洁和维护城市
10. 职责（见第13章）	呼应和改善环境； 容易维护的设计	呼应和改善环境； 安静的交通； 允许公共空间私人所有； 管理公共领域	复兴设计； 设立长远的计划； 必要资源的投资	与质量相关的"综合"行为—设计、规划、交通和城市管理； 支持资金所有者的参与

3 市场背景

第三个和第四个背景—市场（经济的）和调控（政府的）是一枚硬币（政府—市场）的两面。因为我们中的大多数都处于市场经济条件下，所以许多城市设计活动产生于以基本供求关系为基础的环境中：获得回报的要求（或者至少超过生产成本的收益）增强了对预算的限制。此外虽然在市场经济下，许多产生公众影响的决策是由私人机构做出的。私人机构的决策环境通常受政策、规章制度，以及那些为了产生更好的结果而采取的平衡（至少是协调）经济力量的制度框架和控制措施的影响。因此。城市设计活动一般处在或多或少调控的市场经济环境之中。城市设计实践一定要了解政策经济学：库斯伯（Cuthbert，2006）把城市设计定义为空间的政策经济学，接下来的章节将讨论组成政策经济学的两个主要部分。

为了有效地进行运作，城市设计师需要理解创造场所和进行开发的财政和经济过程。市场经济受到利益和风险可能带来的回报前景的驱动，通常以资本积累的策略和体制为特点。因为建成环境的开发和更新是一种创造利润和积累资本的方式，所以城市设计和建成环境的创造通常是这类策略的关键部分（Harvey 1989b）。

从更广阔的视角来讨论建筑师的角色，诺克斯（1984）认为在帮助刺激消费并确保资金的循环过程中，设计师扮演了一个重要的角色。因为设计本身是一个不断追求新奇和创新的过程：

'国内的建筑市场缺乏一个稳定的潮流，整个商品住房市场若减缓到某一不可接受的水平，将产生淘汰机制。这些会涉及建设者和开发商，以及'互动'的专业人才（评估师、开发机构等）。并

且在住房市场上，直接地或间接地涉及了所有范围内的金融机构的参与。'

虽然城市设计师需要认识和理解推动开发的过程，但是必须注意两个常见的误解：一是认为塑造城市空间的主体是熟知建成环境的专业人员；二是认为开发商做出主要决策，而设计师只不过为决策提供"包装"（Madanipoor，1996）。前者高估了设计师的作用，并且让他们面临超出他们控制范围的开发因素的批评；而后者低估了设计师在塑造城市环境中的作用，对建筑师作用的高估——以及实际上是对开发过程中，其他专业人员的高估——被称为"对设计的神化"（Dickens，1980）。即过于关注建筑和建筑师，而不是更广泛的社会进程，以及作品周边的环境关系和城市环境的意义。

必须适当考虑价值、成本、风险、报酬和不确定性，市场（和公共相反）的发展必须考虑经济的可行性，在私人部门，保障城市设计质量的障碍是投资者不支付开发费用（涉及更大的冒险），或者对项目实施的时间表没有要求（见第10章）。在公共部门，主要考虑公共资金（或纳税人的钱）的价值，以及实现和保持经济的竞争力和社会凝聚力方面的广泛目标。

任何发展的机遇都伴随着潜在的回报和风险，同时反映了过程的复杂性和在更广泛的经济背景下发展的前提。在各个阶段，开发的项目很容易受到外部和内部的风险影响，不仅仅是市场波动，而且需要保持资金的流动性（图3.7）。

城市开发实际上是由控制资源或者控制资源获取的人决定的，因为建筑和城市开发耗资巨大，投资者这样做是为了自己的目的，通常是为了赢利。正如宾利（1998）观察到的，绝大多数的地产商对"为艺术而艺术"不感兴趣，而且如果没有获得预期的利润，投资

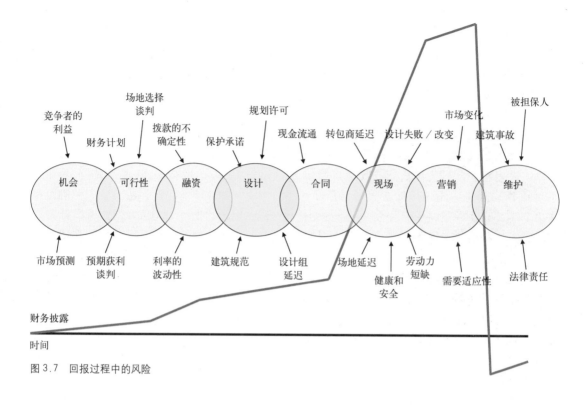

图 3.7 回报过程中的风险

人就会到别处投资。雷恩博格（Leinberger，2008）强调金融系统已经将建筑环境变成一个标准的房地产产品（见第10章）。真正的房地产应该不像石油商品和钢材商品那样，建构场所因为反映人们生活的背景是非常复杂的。这种商品化设计的结果成为永恒的标准，通常是不可持续的产品形式，并且以市场为基础的决策因素下不考虑基地情况。

3.1 市场的运行

在讨论市场前，必须明显区分出市场机制和资本主义。正如德赛（Desai，2002）提出的市场对于经济学家来说是一种分配资源的机制（可能有效的和公平的）；对于资本家，市场是创造利益和扩大他们生意的手段（积累资本）；对于经济学家来说，当利益没有时，市场才能工作。但对于资本家来说这无疑是个灾难。不管市场是否工作，这个系统必须

有利润，这些利润足够支撑公司的生意。这样它们就能提供足够的就业岗位和产品。

不管他们对待资本主义的道德观点如何，为了更有效率，城市设计师需要理解市场是如何运行的。市场产生于以货币换取产品和服务的买方，和用产品和服务换取货币的卖方之间的交换行为。简单的形式供给（房子的库存）和需求（寻房人群）的关系。

市场的拥护者一般认为市场机制有两个主要优点：

● 生产商和供应商之间的竞争导致产品和服务的有效配置价格主要由供需关系决定，通过质量和价格竞争，消费者受益于良性竞争带来的更低价格的产品和服务，同时确保所有的生产者竭力提供与其他生产者同样好的服务；从而迫使生产者加入竞争或者被淘汰出局。竞争还鼓励厂家为获取优势地

位而进行技术革新和开发。

● 市场提供的选择使得消费者能够接触到相互竞争的供应商，并根据个人爱好组合选择不同供应商的产品和服务。人们能够使他们的个人利益最大化，仅仅受到自身意愿和购买力的限制。

正如克洛斯特曼（Klosterman，1985）所说：

> "竞争的市场是基于协调个人行为，刺激个人行为，并以社会需要的数量，以社会愿意支付的价格，供应社会所需的产品和服务。"

亚当·斯密把这个形容为市场竞争过程中一只"看不见的手"，德赛曾说道："隐藏在看似混乱的无关联的个人行为下的是深刻的结构内涵。"亚当·斯密认为：虽然个人追求自身利益，但社会整体也通过这一自由过程而获得最大利益。每个人都是"被市场这只看不见的手所引导，而产生意料之外的结果"。正如瓦鲁法克斯（Varoufakis，1998）所说，"好像一只看不见的手作用在人们身上，他们无耻的行为却产生出神圣的集体成果"。

虽然市场经济理论认为，厂家主要按照消费者的需求进行生产；但是，事实上，因为没有必须的竞争，这种"消费者主导"现象并不存在。评论家认为：由于从事"大规模贸易"的合作企业和跨国公司支配了市场，所以消费者不得不购买市场上销售的，而并非真正所需的产品和服务。加尔布雷思（Galbraith，1992）认为，

> '企业的服务对消费者是非常重要的，广告和营销对消费者的消费影响较大。消费者的需求直接影响到该公司的商品目的，特别是公司的财政利益。'

另一个问题是，"大规模贸易"通常代表那些与特定地点的联系日益弱化的大型公司和企业的经济利益。虽然扎克姆（1991）强调流动的"全球资本"和不能移动的"地方区域"存在基本矛盾。但是哈维（1997）认为资本不再依赖特定场所："资本需要更少的工人，而且大部分可以在全球范围内流动，不依赖某一特定地区和特定人群。"结果造成当地失去了对贸易的管理和控制—逐渐被那些陌生的和缺少人情味的经济势力决定。

3.2　市场失灵及其不完善

为了有效运行，市场要求"全面性竞争"，这需要具备以下所有条件：有大量的买方和卖方；卖方拥有的任何产品数量小于市场整体交易额；不同卖方出售的产品和服务是一样的；所有买方和卖方都有畅通的信息渠道，而且能够非常自由地进出市场。但事实上，在某种情况下市场作用通常会"失灵"或"不完善"。

正如"穷徒困境"（个体行为导致机体困境）和普通的商品（商品有普遍的财产权利）等因素的影响，三种市场的失灵或不完善对城市设计师来说是特别重要的：

（1）外部效应

也称溢出效应，在自愿的市场交换过程中，没有考虑市场交换的自愿性和市场价格的外部性。以驾驶汽车增加的社会和环境成本为例，汽车污染环境、并加剧道路拥塞（Hadgson，1999）但是每个驾驶者只承担相对较低的环境成本，大部分转嫁给其他人。而且，由于市场没有对驾驶者施以相当于社会成本的处罚，所以人们根据驾驶者个人成本和收益，而不是社会整体的成本和收益来决定是否驾驶汽车。有些土地所有者同样造成了消极的外部效应，无视开发带给附近居民的道路拥挤、噪声和私密性丧失的代价。

外部效应有消极的一面，也有积极的一面。例如：通过建设新的交通系统和其他大

范围的改进措施来提升土地价值。土地所有者也获得了积极的外部效应。虽然有时政府扣除了部分利润（如通过增加税额），私人土地所有者还是由于不用支付环境成本而获利颇丰（见第10章）。城市设计的核心部分通常包括强化积极影响以及弱化消极影响。前者是在一个限定的地理区域内土地混合使用产生的积极协同作用。同样的，很多小型商店通过一些大型有吸引力的商店在提高人行道的流动性中获利（见第8章）。

房地产市场的良好配置能平衡私人成本和收益，但无法顾及社会成本和收益（Adams，1994），根据利益最大化，或者更简单地说'逐利'，开发商通常以社会成本和收益为代价，最小化"私人"开发成本和最大化私人利润，社会成本通常被忽略，所以市场总是导致高度私人化的行为，并创造有利于个人的私人成果，而不是有利于社会的集体成果。个人开发利益的最大化通常以社区为代价，开发的过程和结果通常都是有缺陷的，因为它主要关心的是忽略当地环境的私人开发，而不在乎创造契合环境的场所。

亚当斯认为外部效应（房地产中的市场失灵）的发生是由于土地作为'社会'中固有的自然属性，而不是'私人'的商品。私人涉及对于个人的消费和利益，而社会则涉及那些更大范围的社区。土地是一个社会商品，它任何特别形式的潜在的使用价值都被周边土地发生的活动所限制——也就是说，活动不可避免地要影响到相邻地块。因此，土地是一个相互依存的财产，其价值（或缺乏价值）主要从其活动中所产生，而不受边界的限制（见第10章）。

（2）公共／集体消费产品

公共产品同时使许多个体受益，因为如果忽视产生的拥挤效益，个人对环境的享有并没有阻止他人的享有。对这样的公共产品使用进行控制是不可能的。相比之下，可以通过收费限制对私人产品的使用。个人对公共产品获得的便利是由总的产品供应决定，而不是个人在其生产过程中的贡献。那么，当需要支付某一特定产品时，个人倾向于隐藏自己的真实需求，而总希望由其他人来承担费用，这能使他们成为"免费乘客"：在没有个人支出的情况下享受公共产品。但是，如果每个人都这样做的话，就再也得不到提供公共设施所需的资金。如此一来，因为私人参与者不能（独自）窃取利益和回报，"理性的"开发商对公共使用的基础设施和公共空间开发的投资，只限制在能获取个人利益的范围内。同样的观点适用于公共基础设施的各个组成部分。因为这些原因，私人机构往往对生产和提供这类产品缺少兴趣。如果私人机构不能提供足够的公共产品，那么政府（通过税收募集资金）不得不供应，或者根本不提供。

城市的发展离不开公共和集体的参与和影响，因此有一些公共／集体消费的产品的财产，不论它是否是私人或公共土地的开发标准。公共或私人资源至少是一个公共物体——同时具有艺术性和功能性——形成公共领域的一部分。

（3）短期盈利主义者

市场通常只关注短期的运营，这种做法的假设就是钱将在外来贬值。虽然项目一旦完成，建成环境常常持续很多年，但是开发资金通常依赖于建筑寿命的最初几年的回报：如果建筑建成初期的盈利超过开发成本，就能充分保证预期的利润（Adams，1994；Leinberger 2005，2008）。根据传统的开发评估方式，更长时期内的成本和收益要大打折扣。所以，对短期而不是长期的更多优先考虑导致了开发的短期主义，以及对长期开发的忽视（见第10章）。

4 调控背景

城市设计的第四个背景是调控背景。这里指（政府的）"宏观"调控。宏观调控为下级的政策制定具体的公共政策提供宏观背景，它将直接影响场所的开发和质量（见第11章）。尽管城市设计师、开发商和其他的开发人员不得不把宏观调控环境当作已知条件来接受，城市设计师通常通过专业团体和组织，提出改变宏观层面制度的主张。

4.1 政治和政府

"政治"和"政府"是相关的但也是不同的。政治本质上是讨论和争论的一种活动：当个人和团体试图把他们的意见加入到政府行动章程中时，对处理公共问题可能的行为方式的优缺点加以讨论，以作为决策的前提，正是这种政治活动确定"经济"和"环境"目标需要平衡。

政府是这样一个机构：它代表所有人做出决策并建立法律和政策框架。因此，政治活动先于并促使了正当的调控环境的产生。在一项政策颁布之前，它必须赢得政治辩论。然而政府的合法性会在某一特定领域采取行动时受到争论。一般的假设是，它代表了'一个民主合法化的力量因素，依照其权利采取行动，并对他们的权利负责（Bemelmans-Videc 2007）。'

在有代表性的民主政治中，由选举出来的政治家做出决策。原则上，他需要先考虑和协调公众的不同意见。选举出来的不同等级的政府成员在有限期限内任职，期满后，如果要连任，他们必须进行再次选举。短期的任期和相对频繁的选举对于民主制度是积极的，但是不能达到长期的政策目标。这对于城市设计和区域决策来说具有明显的意义。

城市环境获得重要改善，通常需要长期过程，而相对短期的政府和变动的经济周期，并没有为长期投资或者战略远见的实施提供稳定的环境。的确，当选市长和政客的短期主义——无论期望短期效益还是避免不受欢迎的决议——使得他们为了短期"竞选"因素而牺牲长期目标。

然而，有些政治家是优秀城市设计的有力倡导者，在提升城市开发方面他们具有影响力。世界上很多计划都在试图将曾经落后的设施转变成新的和具有活力的社会空间。这些包括：纽约高线公园，波士顿大开挖计划，伦敦麦尔安德公园工程和最具典型的首尔清溪川项目（见图3.8）。

政权更替同样能动摇某些政策的实施，因此有必要确保长期目标和策略的实施。长期目标的实现，常常需要有广泛基础的利益共同体的支持，这些组织横跨不同的管理和

图3.8 （图片：马修·卡莫纳）通过政治承诺复兴城市空间 韩国首尔的清溪川复兴计划主要归功于前任市长李明博。2002年，李明博宣布移走高速公路，复兴古老的河流，从此清溪川的水又流动起来。李明博随后当选为韩国总统，这个计划中移除了20世纪60年代来修建的高速公路，使5.6公里长的历史河流又重新回到了地面，延长了城市的自然要素。今天的清溪川作为首尔的心脏，提供了一个线性的空间，流动的水体和优美的景观柔化了城市边界。在开放空间少，被交通主宰的城市，该计划提供了一种摆脱恶劣的城市环境的手段。

政策时期（萨巴捷 Sabatier/1988）。还必须保证承诺的想法和策略的实现，研究享有城市设计质量良好声誉的城市的规划历史，证明要获取这样的城市质量，必须在地方关键人士的支持下为之做出长期努力（Abbott，1997，Punter，1999，2002,2003a，2003b）。

4.2 政府架构

规则（政府）范围内的一个关键因素是，政府各层架构之间每个层的关系以及相对自主性。很多政治科学调查及辩论的焦点是中央与地方的关系。由于地方政府发展当地，在回应当地问题、机会和环境的能力中，中央——地方的关系在有关城市设计领域有特别重大的作用的。

在单一政府中——如西班牙、法国、英国和日本——权利位于中央，所以分支形式的政府（地方政策和机构）服从中央的管理。在英国，中央政府的作用非常重要，当地政府无权确定他们自己的规则，这个结果为更统一的设计重点提供了可能。但是直到 20 世纪 90 年代中叶地方级政府的主动权被削弱了。在法国，强大的市级体系便于地方层面的创新，个别市长推动了有价值的城市设计，而国家层面上，示范工程成为设计的典范。

在联邦系统中——如美国，加拿大，澳大利亚和德国——权力被国家或联邦政府和州或省的若干政府之间共享。正式的宪法被有权限的联邦政府、州、地方政府设立。在国家、州范围内，所有分支机构（例如当地政府和机构）是唯一行使权利的机关。在美国，联邦政府在城市规划和城市设计中，很少或几乎不参与，个别州政府和市政府有更大的自主权和自由。产生了更多种类的方法和成果，也丰富了政策创新和开发这片领域。

4.2.1 网络治理

出现在过去 30～40 年来在大多数发达国家，政府不再是等级的、金字塔式的管理体系，而是更复杂的管理系统。由许多中央政府实体和其他相关的政府组织（半官方机构和非政府组织——民间组织）构成，扩大公共－私人伙伴关系作为补充，建立跨越不同功能和地理的区域的不同级别模式。权利分布广——一些人认为是碎片式的——这种政府的结构模式将适用于具有复杂性和挑战性的地区——特别有助于保持和维护良好的地方场所的独特性（图 3.9）。

各国政府不能在政权上垄断，也不能控制所有资源，依赖于其他角色的权利和资源。罗兹认为争论的内容是政府必须管理和引导政策网络去达到他们的政治目标。

当政府的管理被看作等级制时，权利从顶部向下或中心向外流动，这是一个"指挥和控制"的系统运行模式；当政府的管理被看作公－私相互作用的体系时，力量向外部扩散。因此，当代政府通过交易、谈判和资源交换等越来越多的交易性操作，而不是通过指挥和控制。当前政府通过与其他角色协商与交流，提高管理水平。在政府管理方式改变的时代，公私的角色各有侧重。正如萨拉蒙（Salamon,2001）指出,政府必须"……提出促进措施来达到所期望的成果,提高对参与权利的机构控制。"

网络管理将管理重点从管理转换为实施，萨拉蒙（2002）指出三种特定技能：

- 激活技能——需要激活国家的和非国家的机构之间的网络。
- 业务流程的技能——类似于获取一群技术熟练的被指挥的音乐家，执行给定的工作，在同步和提示后形成美妙的音乐，而不是嘈杂声音。
- 调制技能——从相互依存的行动者的合作行为中，得到可实施的奖励和惩罚措施。

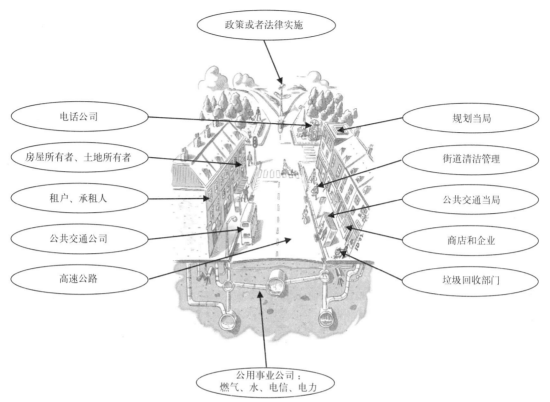

图 3.9　分散的主要街道责任　除了在建筑环境中的专业隔阂外，尤其存在着广泛和普遍的权力分散式机构，导致忽略整体，因此整合是必需的。这幅图体现了典型的英国主要街道存在的责任分散。这种现象将逐渐导致街道的质量下降。

政府需要提出一些促进措施，控制其他角色的工作，城市设计师面对着公共部门的工作责任，因此城市设计师的角色相当于公共管理者。

4.2.2　政府行动

政府决策的实施可以通过政府机构的直接行动，或者由政府机构影响和塑造的私人机构决定，或者通过创建政策法律框架的各种途径，或提出财政措施（征收的税）及提供减税和补贴的具体方法。

公共部门有时行为直接作用于私营部门行为者（如开发商、土地所有者等）。通常情况下，政府建立了政策框架，反过来，为私营部门的决策提供环境（例如私人机构的投资决定），从而提出一系列的促进和影响要素，

比其他部门更可能采取某些行动。阿尔门丁格（Allmendinger，2005）和亚当斯（2003）划分了政策行动的分类，通过分析影响决策环境的方式，以及相关的行为，与关键的开发角色的不同：

- 塑造行为——也就是说，通过塑造改变环境，设置市场决策和交易的规则。
- 调节行为——即通过定义决策环境的影响范围，管制和调节市场操作。
- 刺激行为——就是，通过重构决策环境，润滑市场操作和交易过程。
- 发展组织的能力——即增强行动者能力，提高在某一特定空间内有效的运作能力（见表3.4）

这些政策行动操作既不孤立，也不在真

工具类型	子类型
塑造工具	
塑造行为通过提供游戏的总则——为决策制度提供通则性的语境	市场结构工具——在行动建立的总体背景下，在市场操作和交易发生。例如包括法律框架，财产权利，国家税费等。 投资工具——行动涉及宏观层面（无特定场地）公共投资在公共和集体物品的规定，通过直接（如由公共机构）或间接（例如通过提供资金给第三方）提供。 提供信息和协调工具——提供信息，告知决策（如建筑档案）和／或增加，否则独立行动的协调。例如包括计划，政策声明，指导，咨询等由政府机构／部门（及其他人）
调整工具	
影响限制可用的选择集的决定	监管工具——强制的行动，消除和／或管理方面的活动。例如包括过度开发一般控制（控制规划和发展，公路，古迹保存等）和更具体的控制开发设计（设计策略／设计审查程序）。 强制工具——确保管理行动的执行。 监管程序——行动有关的事实和程序，规例，其中添加的时间，不确定性和其他费用。例如包括：开放／精简，如注册建筑师的快速跟踪应用程序，简化规划区等
刺激工具	
使更多或更少吸引力的行动，特别是发展和奖励他们的一些行动	国家直接行动——在行动的网站或特定地区的水平，通常是为了克服尤其是发展的障碍。例如包括提供公共基础设施（如道路，公共场所等），环境改善，土地分配／拆细等。 价格调节工具——调整活动中角色的价格。例如包括征收活动或特定地点的税收，税收抵免／奖励／休息，补贴／津贴等规定，包括设计要求的范围。 风险调节工具——调整行动中角色的风险。例如包括建立更可预测的投资环境，通过示范项目，政策稳定，投资行动，活动场所的管理等。 集资工具——行动促进发展资金的可用性，或交替，使选定的开发商获得资金来源，以前的其他方式无法对他们产生更有利的条件
建设容量工具	
促进其他政策工具的操作	开发人力资本——行动涉及发展中国家的开发行动者的技能和能力，无论是作为个人和组织，更有效地政策实施方法。例如包括在职培训，进修，专家讲座，接触良好或创新的做法，实地考察等。 加强体制和组织网络和能力——涉及建立交换信息和知识，并建立或扩大的角色网络和关系网的正式和非正式的领域或组织的行动。例如包括工作借调，建筑／设计中心等。 抵制文化模式——寻求挑战的思维方式和鼓励"观念转化"的行动。例如包括促进和鼓励创造性思维，拓展思维领域，提高创造力（例如，通过创意比赛）。这些也可能提高决策者的接受新想法的能力，挑战和改变他们的世界观

资料来源：亚当斯等人（2003）；蒂斯迪尔和阿尔门丁格（2005）

空中，在已经多样的政策中提出了新举措。另外，通常作为一系列的政策手段——例如总体规划设计中，将操作、塑造、调节和刺激手段捆绑在一起。

4.3　国家与市场的关系

政府方面的一个重要部分是国家与市场，以及公共和私营部门之间的平衡。几乎没有任何一个发展项目是发生在完全私营部门，且没有任何形式的公共管理和干预下，城市发展越来越成为公共和私营部门之间的合作过程。表现在公共——私人伙伴关系上，每一个部分取决于另一个以实现其目标，他们的角色往往是互补的而不是敌对的，但是由于公共与私人部门的角度不同，开发也是不同的，表 3.5 提出一些基本的差异。

公共部门的目标	私人机构的目标
● 增强地方税收基础的开发 ● 在它的管辖区域内增加长期投资机会 ● 改善现有环境，或者创造一个新的优质环境 ● 能创造和提供地方工作机会，产生社会效益的开发 ● 寻找机会以支持公共机构服务	● 丰厚的投资回报，同时考虑承担的风险和资金的流动性（利润空白点） ● 任何时候任何地方产生的投资机会 ● 支持某种开发的环境，一旦进行投资，环境因素不会降低它的资产价值 ● 基于地方购买力和市场成熟度的投资决策 ● 关注成本以及提供开发资金的可能性

许多城市设计的项目，特别是那些由公共部门启动的，（公共）干预措施涉及房地产市场。在城市设计中，主要的争论在于国家的干预，它会提高场所的质量，而不是创建另外的自由市场。但是，因为完善的政府是不存在的，国家干预不能保证目标的实现。因此，虽然国家干预的理由是"纠正"市场的失灵，这个想法冒着假设的风险，认为"完善的政府"是不完善的市场的替代品。范·多伦（Van Doren，2005）列举了一些经济学家的工作内容，他们常常反对规则的制定，认为在大多数情况下，没有市场失灵现象的存在，规则成为变革的主要障碍。然而最终是一个政治问题，不完善的组织形式将导致更好的结果（Wolf，1994）。政府机构必须认识到市场的影响，要求城市设计师了解在开发过程中市场推动和市场引导的本质（见第10章）。

在考虑市场与国家关系时，可以区分为"混合型"和"市场导向型"经济。两者的区别是在经济管理和介入私营部门决策中，前者政府承担的作用较大，后者承担的作用较少：

● 在混合经济中，国家通常必须承担更多的角色——一种更"直接"的方法，通过公共机构实施的直接行动。在这种情况下，城市设计政策和决策在原则上，会更充分地反映公众利益、联合设计、场所营造和当地的特色问题。

● 市场主导的经济体中，国家有更多的促进作用——更多的"不干预"的作用，伴随私人和非营利部门从事的直接行动。在这样的情况下，由于考虑经济和建造效率问题，设计决策根据市场分析，对更广泛的公众利益的考虑较少，除非公共法规的要求。同样，环境不是主要关注问题除非视为金融资产，建筑物的质量和属性作为单个对象优先考虑过他们的贡献成为个人的物品（或商品）。不过，关键的问题是私营部门的参与活动或被规定的程度——反过来——引发城市设计的目标和服务的利益群体的思考：是个人财富聚集还是考虑大众利益？

直接的国家干预往往涉及公共开支，和这种干预的程度往往是政治家或"政党"，对纳税人对公共基础设施纳税看法的认知。朗区分了城市设计项目中，纳税和非纳税部门之间的关系。无论在公共或私人部门，纳税方包括开发商、企业家和出资方。在公共部门，企业家是政府机构和政治家，出资方是纳税人（虽然私营部门越来越多地承担）。

传统上，公共部门在促进公共领域发展，保护公共或集体利益，大额资金的投入，开发重要的"资金网络"等方面发挥了重要作用（公共或集体的基础设施的分析请参阅第4章）。城市环境的元素受益整个社会，不会对使用者收费，而是通过公共税收筹集（例如公共物品）。

人们通常会期待国家提供的基础设施和服务，但不涉及税收征收。纳税人不愿意资助与他们没有直接（或明显的）关系的项目，当着重于个人利益时，他们只关心与他们利益相关的公共基础设施和建筑环境的设计（朗）。正如加尔布雷思（Galbraith，1992）认为的，政府开支和新的公共基础设施投资被"有力地和有效地抵制"，因为"……目前成本和税收的具体化，将来利益的分散化。后来人和不同的个人将受益：为什么要为不明身份的人支付呢？"他们也担心国家不会好好利用他们的钱。因此他们对于国家税收产生很大压力，反过来，对国家层面资金预算产生较大的影响。

虽然有时显示为自由地发挥市场力量或国家干预二者之间的选择，但是不存在着"一个自由的市场"，因此不是国家干预或不干预的问题，这个问题其实是国家为什么和怎么干预的问题。由于项目设计和执行按照现行和（预期）未来的市场条件和监管的环境中存在的，这些辩论只是学术界感兴趣的。它将随着时间而变化，不是永恒不变的。

5 新自由主义

了解当代城市设计运作的政府角色的变迁是有意义的。在过去 40 年里，更多的讨论和辩论停留在私营部门和公共部门和国家与市场之间的适当关系。20 世纪 70 年代，越来越多的批评体现在大政府和对"政府更大权力的争议"。政府是问题的制造者，解决的途径是自由市场的力量逐渐走向前台。

受公共选择理论影响的一些经济学家在 20 世纪 70 年代和 80 年代，提出新自由主义言论，逐渐获得关注，正如丹尼斯和厄里（2009）提出的，新自由主义认为：

"……私营企业权力的重要性、私人财产权利、自由市场和自由贸易，体现了减轻对私人活动和私人公司的规范限制，原有的'国家'或'集体'服务的私有化，工人集体利益的削弱，为私营部门寻找新的盈利活动创造条件。"

提升人与人之间的所有部门的市场交换，新自由主义的目的是尽量减少国家的作用，让亚当·斯密（Adam Smith）的看不见的手发挥作用。基于对政府的公共选择言论的批评，减少国家作用的原因是：

"……假定国家相对于市场，在'预测'方向的能力较差，因为国家相对于私人利益集团更容易腐化。"

因此，有了很多减弱政府力量的努力，导致转向市场主导的经济（Brenner & Theodore 2002）的现象。

最初发生在撒切尔时代的英国（1979～1990 年）和里根时代的美国（1980～1988 年），新自由主义随后出现在无论是政治左派还是右派的国家政府及管理机构里（Peck 2001）。哈维认为新自由主义已成为"……我们常态化思考的集合，融入对所居住和生活中的世界的理解。"

作为一种政治选择实现这些改变，导致各国政府失去塑造他们国家的经济和社会的权力，结果是全球化和跨国公司的权力的日益增长。很多评论家因此提出"空洞的国家政治"现象，各国政府的国家政府机构和组织失去的权力，下调至地方政府和相关机构，向外拓展到分支的政府机构以及社团组织。

5.1 竞争性城市

全球化的兴起、跨国公司的权力上升与国家政治的空洞化，将对国家政治的关注转向个别城市，将其与周边城市和其他地方的最赚钱的现代工业城市竞争作为重点。卡斯特莱斯和霍尔观察地区间的竞争从国家政权的竞争转换为经济的城市竞争：

"……最受关注的观点是，具备生产效率高的设施的世界经济是由信息流构成的。城市和地区政府逐渐成为经济发展的诟病……正是因为经济的全球化，造成国家政府对塑造经济和社会过程中的作用失灵。但是，地区和城市更灵活地适应不断变化的市场、技术和文化条件。诚然，他们的力量低于国家政府，但他们有更大的容量，有能力实施针对性的开发项目，与跨国公司谈判、促进小型和中型的内源性公司的发展，创造条件来吸引新的财富的资源、权力和威望。在此过程中形成新的增长，他们互相竞争。但是，这种竞争，往往成为一种创新，提高效率，创造更好的生活场所和一个更有效的商业运作的地方。"

市政府治理的重点从关注福利服务提供转向为促进外来投资，和为经济增长提供便利的物质和经济条件等主要问题上。哈维提出从"福利国家"转变为"企业"。经济竞争通常发生在地区和城市范围，而不是在一个国家范围内，有时但不总是由社会凝聚力和环境可持续性平衡，在当代城市规划和城市设计活动中仍具有一定的影响。

一个突出的新自由主义政策主题是"改造政府"，地方政府应该"引导"而不是"指挥"（Osbourne & Gaebler, 1992），更普遍而言，政府像私营机构运作。不是作为直接提供方，国家的作用转变为一个监管机构和战略的推动者，政治意识明显地转向私有化，结合市政府的财政限制，公共部门对私营机构投资者和开发人员产生依赖，目的是实现公共目标，提高地方场所质量。

但是，尽管提出减少政府的调控政策，也出现了政府引导性削弱的意向。目睹了许多国家在 80 年代和 90 年代国家在建造环境（除了高速公路旁建筑外）采取了主动撤离的做法。在这方面，哈维（1990 年）提出两种态度，常见的做法是高度适应市场的变化。第二，不常见的方法是，主动影响塑造市场转变和长期的城市规划发展。

但是，正如城市和城市政府变得越来越企业化，哈维认为"规划"日益减弱，来迎合"设计"，城市规划和城市设计的影响减少到仅仅是促进和管理（大多数的）私营部门房地产开发"项目：—旗舰办公项目、壮观的商业消费空间，标志性建筑项目，高档住宅发展项目——都贴有为富裕阶层服务的城市更新标签，将恢复到需要大量的国家开支的开发状态。

另一个是以个人主义为形式的各种形态的私有制，以及由私人机构提供以前的公共服务。格拉翰观察到城市公共空间要素和基础设施的私有化过程，并被出售给逐利公司或者各种类型的公私合作化企业。露卡杜·西德尼丝（Loukaitou-Sideris, 1991, Loukaitou-Sideris & Banerjee 1998）把美国市中心公共空间的私有化归咎于三个相关因素：

- 公共机构希望吸引私人投资和利用私人资源减轻政府财政负担。
- 私人机构响应开发活动，愿加入公私合作企业，并在私人开发项目中提供公共（或者类似的）空间。
- 现有市场需要在私人建造的开发空间中提供的设施和服务。

她注意到，办公室职员、游客和商务客人被从"受威胁"人群中分离，私人机构建设、维护和控制的空间为他们提供了市场机会（见第 6 章）。

自上而下实施的私营部门资本开发项目，创建半私密化项目，脱离有效的公众参与、审议和问责的环境，产生对远离民主的关切（见第 6 章）（图 3.10）。

图 3.10 墨尔本的滨水区（图片来源：斯蒂文·蒂斯迪尔）。探讨墨尔本的滨水区复兴，杜可斐（2002）提出对民主控制的城市意象和特征的关切。

图 3.11 伦敦的"Broadgate"／布罗德盖特地区（图片来源：史蒂文·蒂斯迪尔）
在伦敦港区开发的同时，伦敦城市中心区的布罗德盖特（"Broadgate"）地区的发展也快速完成。它整合了伦敦的城市背景，成功的创造了一个私人的"公共"空间。这就体现了私人部门潜在的创新，有能力提供高质量场所的能力。

针对原本积极的公共政策指导和直接公共机构投资弱化的情况，露卡杜·西德尼丝与班纳吉调查了美国西海岸城市由市场主导的城市设计的效果。他们注意到：

● 城市设计已经失去更大的公共目的或远见。

● 城市设计已经私有化，而且主要依靠私人机构的能动性。

● 为了投资回报的最大化，城市设计为将来的客户而不是为广泛的公众进行设计。

● 设计动机是机会主义的，对城市公共政策的反应是随意的、片断的和断裂的。

● 私有化加剧了衰败的公共中心区和富有魅力的私人郊区的两极分化。

英国城市也具有同样的现象。20 世纪 80 年代和 90 年代的多数时期，英国公共机构的特点是短期主义，缺乏战略远见和缺少对设计质量的兴趣，结果是放弃城市设计。在评论伦敦港口住宅区早期开发及缺乏城市设计框架指导的愚蠢行为时，威尔福德（Wilford，1984）认为：

> "对自由资本主义力量的神化和依赖，已经被时间再一次证明只是一个神话，而且怯懦地逃避设计我们城市的任务。"

20 世纪 80 年代的英国，公共部门明显忽视了设计和场地营造，伦敦码头区金丝雀码头是发展的转折。为保护其发展的长期活力，开发商打算长期地进行开发管理，坚持要求较高的设计和基础设施的标准，尽管仍存在着个人商业化和私有化的倾向。为此，开发商创建设计框架，克服缺乏公共部门介入带来的问题。这样做不仅能保证他们开发设计的一致性，而且有效地提出一种以设计引导的开发模式，公共部门恢复原有在设计中的地位，并迅速成为英国商业地产开发的典范（Carmona）。自那时以来，越来越多的其他项目证明，公共部门与私营部门是如何协作的，营造了高质量的场所（图 3.11 和图 3.12）。

图 3.12 千年村 格林尼治 伦敦（图片来源：马修·卡莫纳）一个公共和私人机构联合开发的高质量的发展项目

5.2 新自由主义外？

全球经济衰退，可能会引起更广泛的经济和政治的变化，不仅仅是简单的商业活动的改变；气候变化，石油峰值的到来和其他重大的事件表明了对盛行的新自由主义传统教义的挑战。丹尼斯和厄里举例说，"在当代资本主义核心内部和逐渐显露出来灾难中出现的矛盾，"这可能会"……关注政治和经济层面，远离正统新自由主义的一种尝试。"他们引用斯特恩所著的气候变化的经济学中后新自由主义的观点

"……为了减少气候变化带来的风险，需要公共和私营部门之间，以及市民社会和个人之间的合作。"

变化的根源与前身存在于主流社会的政府管理和城市设计实践中，在从 20 世纪 90 年代步入 21 世纪的过程中，人们试图提出超出简单的"好政府，坏市场"（或者反之）的理念，倾注于综合性地提出第三条道路的观点，更准确地说，是第三条途径（Giddens 2001）。第三条途径倡导超越根据对市场作用的不同态度而确立的"左"和"右"的传统分类方式。与第二条途径（新自由主义）相比，

第三条途径认为需要政府介入来调节市场力量的作用，同时，不同于"第一条途径"（社会民主主义）——承认限制政府行为的重要性。

虽然"第三条道路"一词与特定的政客和政府行政管理有关联，失去土地的公信力，（他们确实有被贴上"新自由主义生活"的标签—见派克 2001）。一般强调市场与国家的作用，没有相互间的意识形态偏见。国家与市场间的关系是互补的，而不是相互对抗的，例如地方政府和市政当局使用他们的权力确保统一的当地管理，并更广泛地将具有创造力的，能源和资源的民营经济和非营利部门统筹起来－总之，发挥领导作用，并能做到积极主动且富有成效。

20 世纪 90 年代直到 21 世纪，英国和其他国家，比如新西兰（http://www.mfe.govt.nz）——对管理的背景和文化进行了积极改变，认可城市设计的重要性及价值（Carmona，2001）。庞特提出趋向新的城市设计政策的几个新议程：

- 更多公众关注与保护，辨析世界全球化的地方和地方特色。
- 宏观和微观尺度的发展的可持续性。
- 在塑造城市范围下的城市形态中，城市设计的策略性视角。
- 对城市更新更大的关注（尤其改变大城市中人口流失的现象）。

这些目标促进英国政府在 1994 年至 1997 年期间"倡导城镇质量"的出台，城市发展力报告"向着城市复兴而发展"（UTF1999）的提出，导致有影响力的建筑及建造环境委员会的简历（CABE-www.cabe.org.uk）。

然而，英国只是认识到提高场所质量，进行主动设计的价值的一些国家和城市的一例，城市设计被当作是一个提升和确保开发质量的途径,在柏林的 IBA、巴塞罗那和哥本哈根——项目和城市已经被称为模范城市和样板。

6 城市设计的过程

城市设计作为过程的理念是本书中一个反复重申的主题。以上讨论的四种背景和第二部分讨论的六个维度，通过设计过程联系起来。城市设计中的"设计"不仅是一个"艺术"过程，也是一个研究和决策过程。设计是一个创造性的、探索性的、以及解决问题的活动，通过这个过程来权重和平衡设计目标和限制条件，研究存在的问题和解决的方法，最后得出最佳方案。

设计是整体的：重要的是整体（全部）的创造。因此，它涉及做调查设计和同时解决几个方面的设计问题，而不是先后解决。所有设计必须同时满足多种标准。维特鲁威（Vitruvius）提出的"坚固、实用和美观"能够作为产品设计角度中良好城市设计的标准：坚固是必需的技术标准的结果，实用与功能标准相关，而美观指具有美学意义上的吸引力。增加第四个"经济"标准。不仅仅是片面的反应预算的限制，而且还要在环境成本最小化的更广泛角度出发。这些标准（其他可能性）不分先后，良好的设计必须同时关注它们。

设计师通常被指责太关注表面的形式，在一些情况下这可能是真实的情况——虽然里卡德·巴克明斯特·福勒（Ricard Buckminster Fuller）给出了一个设计过程中对美的作用的解释。

> "当我在解决一个问题时，我从来不考虑它好不好看。我只去想怎么解决问题。但是当我完成时，如果我的解决方案是不美的，我知道这是错的。"

设计不仅只是涉及到美学和表面形式：例如，在汽车的设计中最关注的不仅是外部壳的形式，同样重要的是马力，表现，安全性和引擎的耗油量的经济性；它内部的舒适性和司机座位的人体工程学；耐久性和寿命；安全系统等等。这种"深度"的理解同样适用于环境的建设。艺术形式同样不能被低估——如果一些东西艺术形式对于我们更有吸引力，我们会更加关注他。

正如第一章讨论的，城市设计有两种不同的形式：

- 不自知或无意识的城市设计——这涉及一些相对规模较小的决策和循序渐进的干预过程，没有进行任何的总体构想或是塑造空间的全过程。这是一个"验证和错误"的循序渐进和提高的过程。很多城镇以这种方式缓慢地和渐进地发展，从来没有进行整体设计。这种情况所形成的环境受到今天的高度评价。由于城市变化的步伐相对缓慢和范围相对较小，因此这样也是可行的（见第9章）。目前还无法确定的是，许多当代城市环境也以这种特别和局部的方式发展，没有专门规划和设计的结果是好还是坏。

- 自知的或有意识的城市设计——通过开发和设计方案、计划和政策，不同的关系被有意识地整合、平衡和控制。

所有有意识的"设计"活动遵循一些相似的过程。有意识的设计一般具有四个关键阶段：简单定位、设计、实施和实施后评价。在四个关键开发阶段的每一部分——尤其设计阶段——城市设计师的思维过程能被分解为一系列的思考步骤：

- 目标定位：联合其他参与者（尤其是客户和股东）。考虑经济和政策的现状、时间限制、客户和股东的要求。

- 分析：收集并分析信息和那些有可能体现在设计方案中的概念。

- 设想：通常根据个人经验和设计哲学，经过一个反复想象和表达的过程，提出和发展各种可能的方案。

- 综合和预测：通过检验提出的方案来确定可行的方向。
- 决策：决定哪个方案被舍弃，以及哪些设计方案需要深化或作为建议，进一步完善。
- 评价（评判）：根据确定的目标检验最终成果及其优点。

每个阶段代表一系列复杂的活动，尽管这通常被概念化为一个线性的过程，事实上，它是循环的、反复的；而且各种设计过程图比显示出来的活动更灵活和直观。因此，在每个阶段，问题的改变和演化的特性作为一个新的信息影响结果，导致的结果是设计是一个反复的过程—包括设计政策和其他指引—被认为是一个新的目标、实施的部分、其变化将影响将来的结果。在这个层面上，城市设计和大范围的城市规划很相似，单个建筑和景观的设计跨越这些尺度的范围（图3.13）

另外必须要强调两个方面的城市设计过程—它的探索特性和它的不确定性。

第一，设计是一个随着时间探索和开展的过程。舍恩（Schon，1991）把它描述成一个在定义、理解问题和可能的反应或'解决'之间的一种对话或谈话。它的发生随理解问题、潜在的反应改变、发展或进化而改变，并且随着时间的推移变化。正如波普强调的，设计是一个探索的过程：

"我们从一个问题，一个困难开始……无论它是什么，当我们首次面对它时，显然我们知之甚少。至多，我们对这个问题的实际组成只有一个模糊的概念。那么，我们怎能提出合适的解决方案呢？显然，我们不能。我们必须首先更熟悉问题。但是，如何做到呢？"

"我的回答很简单：提出不完善的方案并对之进行批判。如果我们关注一个问题的时间足够长和集中，那我们就会开始熟知和理解它，而且在某种程度上，我们知道由于偏离关键问题的那种假设根本行不通，以及通过努力尝试要解决哪些要求，换句话说，我们开始关注问

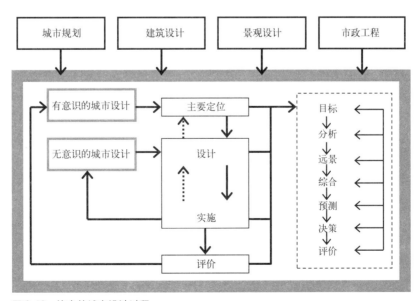

图3.13　综合的城市设计过程

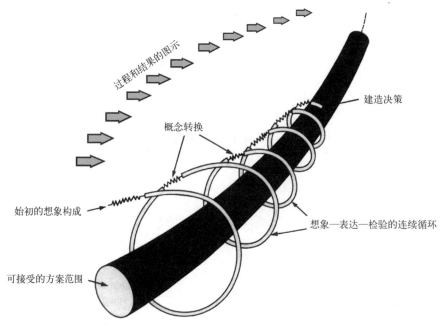

图 3.14 设计螺旋（图片：约翰蔡泽尔，1981）
当问题确定后，设计师形成了探索性的解决途径，或者是一系列的解决方式。根据最初的问题或设定的目标，通过测试、发现和寻找产生错误的原因等进行再确定、发展与提高。问题本身也可以再考虑。设计是一种持续性的、重复的意象－测试－评估的过程，涉及意象（解决方案的思考），展示，测试，以及再意象（考虑多方的解决方案）。过程趋于更好的解决方案，计划也将进一步调整，在执行过程中提升。

题的相关后果、次要问题和它与其他问题的联系。

蔡泽尔构想了一个'设计螺旋'，设计涉及三种基本活动—想象，展示和测试——依靠两种信息形式——想象的启发和催化，测试所用知识。他认为设计是一个循环和反复的过程：通过一系列创造性的飞跃或者"概念转换"，方案日趋完善（图3.14）。

第二，因为它随着时间展开，并且是持续性和机会性的，在设计过程中有一个不确定性：没有人会知道以什么结束。这些在设计过程之外——公众、政客、气候等等——通常无法理解设计的内在"不确定性"。凯尔博认为设计者是：

"常常用直觉来做权衡，通常没有参考已知的数据来权衡，事实上，不像科

学家那样，优秀设计师的标志在于他能在没有获得所有必要信息的基础上，做出好的决定。因为方案很少在所有的情况下都有效。(不是在所有情况下都有效，因为好的设计方案是几乎所有的答案基本上都是对的)。尽可能拿出多样的方案，并且最后尽可能把他们协同组合在一起，这是设计师必要的技能和天赋。"

7 结语

本章的内容是表达了城市设计行动的四种基本背景。有益的城市设计需要具备当地的、全球性的背景，理解市场性背景和规范性背景，强调城市设计的本质——像所有的设计过程那样——是循环的、重复的、创造

性的过程。

在开篇第1章城市设计概念中提到四种背景——城市设计是创造更好的场所的过程。这个定义强调了贯穿本书的四个主题：

- 城市设计以人为本，考虑平等、性别、收入阶层等因素，不从狭隘的个人主义出发，关注更广泛的、集体主义观念。
- 场所的固有价值和场所营造的清晰化解决途径，体现了对当地背景的尊重和全球性可持续化的关注。
- 城市设计面对现实问题，城市设计师受到一些不可控制的外部力量的限制（市场和规范）。但是城市设计师能够挑战和突破瓶颈，寻找解决的方案。
- 设计的重要性体现在它是过程中的设计。

第二部分的6个章节，每个部分将讨论城市设计的不同维度——"形态维度"、"认知维度"、"社会维度"、"视觉维度"、"功能维度"以及"时间维度"。这些维度是重复性的和交叉的，体现城市设计的"日常性内容"。城市设计必须是一个全面的合作式的活动，6种维度分离式的内容阐述只是为了清晰说明的目的。维度与背景是相互联系的，因为城市设计是一种过程中的概念设计——是尊重当地背景，在全球化视野下，基于对当代流行的经济（市场）和政治（规范）现实的条件，缺乏以上的理解，城市设计仅仅是一种"开发"，自我理想的沉醉和愿望，缺少成功实施的可能性。

第二部分 城市设计维度

第4章 形态维度

本章重点在城市设计的形态尺度——城市形态和空间构成，以及支撑它构成的基础设施空间模式。有两个最基本的城市空间体系划分——一个是建筑界定空间；另一个是建筑是空间中的物质（框图4.1）。前者典型地将建筑作为城市街区的组成部分，用城市街区定义围合的外部空间——简短而言，我们将这种体系看作是现代主义的城市空间。

框图4.1

这些图底关系显示了城市空间的传统模式和现代模式的不同。从帕尔玛的平面（左图）可见，建筑群作为统一的、充分联系的群体（"城市街区"）的组成要素，限定了街道、广场和小尺度的、良好组织的街道网格。建筑通常是低矮的，而且有着相近的高度。较高的建筑是例外，而且通常会由宗教建筑或者主要的公共建筑作为城市的形象标志。这样的街道模式由一个网格组成，它的单元相对较小。圣迪耶的规划（右图）代表着现代建筑群，它们是一个更普遍的"空间"类型和粗糙组合的"道路"网格里竖立的一些独立的亭子式建筑，这些建筑群被设置于一个"超级街区"系统里，每个单元都相对较大（面积可能有2～3平方公里），这些超级街区常被承担着所有非慢速交通的主要道路环绕着。当建于一片新地之上时，现代城市空间通常呈现出它的纯净形式。

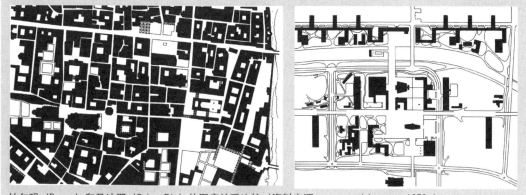

帕尔玛（Parma）和圣迪耶（Saint-Die）的图底关系比较（资料来源：rowe and koetter，1978.）

	小型街区	超级街区
建筑定义并围合空间	A	B
建筑作为空间的物体	C	D

每一个空间系统都是由两个部分组成：一个二维的模式（"小型街区"或者"超级街区"）和一个三维的形式（"围合空间的建筑"或者"在空间中的建筑"），在被认为是"理想的"系统里，它们以一个特定的组合方式出现：小街区与围合空间的建筑（例如帕尔玛传统城市形态—A类型），和超级街区与空间中的建筑（例如圣迪耶传统城市形态—D类型），它们很少被看作理想的系统。其他的组合也是有可能的，这些是理想系统混杂或者折衷后的版本（例如B和C类型）。高层建筑会在小街区模式里雨后春笋般生长起来（正如伦敦和香港的中心），C类型表示独立建筑位于小街区街道模式的情形。

在 20 世纪的下半叶，公共空间的形态结构体系有两个重要改变：

- 从建筑植入城市街区来定义街道和广场转变为建筑作为分离的自由"建筑物体"矗立在一个无定形的"空间"中。
- 从交叉联系、小尺度、精细街道网格转变为由超大街区非连续道路布局环绕的大尺度道路网络。

这一章有四个主要部分。形态转变在第二部分讨论。第三和第四部分讨论当代社会反映的几个方面问题。但是首先，城市形态的讨论是有必要的。

1 城市形态

城市形态——研究一段时间聚居地的物质形式和形状的变化——关注的重点是聚居地变化成长的模式和过程。穆东（Moudon，1994）定义了三种典型的学院派形态思想，并这样总结到：

- 通过建造结构以及与结构关联的公共空间的容量特性来定义一种景观建造类型。
- 一种是包括土地和它的附属物作为类型的构成元素，使土地和建筑尺度及城市尺度联系在一起。
- 一种是认为建筑景观类型是一种形态单元，因为它是由形态产生、使用和转变的时间来定义的。

形态学者表示：聚居地可拆分为一系列关键要素。例如，科曾（Conzen，1960）就将之区分为街道（cadastral）模式、地块模式、建筑结构和土地使用（见下图）。他还强调这些要素有不同的稳定性。建筑，特别是它们所属土地的使用，是弹性最小的元素。即使持久使用，地块模式也将随时间而改变，正如独立地块会被再次分割或合并。街道规划容易成为最持久的要素。它的稳定性源自于资产评估、所有权结构、特别是城市结构与实现大尺度改变难度等多样因素的结果。然而，由于战争破坏、自然灾害以及 20 世纪各种综合性再开发项目等因素，这些变化总会发生。

街区模式的不同、地块模式的不同、街区内建筑布局和建筑体型的不同产生了不同的环境——通常被认为是"城市结构"的不同模式（Caniggia & Maffel，1979,1984）。利用借喻研究的方式（见第 7 章），结构式研究描述了形式模式特征的重大不同，例如，伦敦乔治时代一个中世纪小镇，或者美国钢铁网计划——每个例子都可与一个现代景观进行比较（图 4.1a–c）。一个非常宝贵的城市结构研究是詹金斯（2008）的"尺度趋向"。它通过对世界各地 100 多个城市片段的研究总结出了一个相同的尺度。詹金斯（2008）认为仅通过比较城市结构的不同，我们就能够在设计或在确定一个地段的特殊尺寸时建立一种尺度概念。他进一步认为，城市先例

(a)

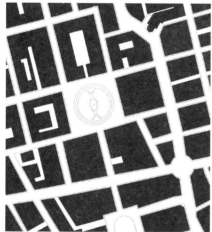

(b)

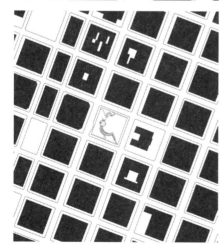

(c)

图 4.1 形态结构 (a) Raehoja Plats, Tallinn; (b) Cavendish and Hanover Square, London; (c) Pioneer Courthouse Square, Portland) (图片：Jenkins 2008)

有助于建立过去与未来的对话，联系已知与未知的内容。

城市结构理念不仅指静止的形式，应被更好地理解为一种动态系统。正如沛纳海 (Panerai) 等的解释：

> "城市结构理念……伴随着因各部分相互交织、联系观念而导致的双层结构及生物联系，以及容量适应。它不是完整而固定的工作，而是暗示了一种转换的过程。"

1.1 形式元素

谈及科曾提到的四种形式元素，可以看到的是结构形式被如何组织到相互交叉的层中：

（1）土地使用

相对于建筑、地块分割和街道模式而言，土地使用是相对最暂时的。土地使用变化包括新的使用方式以及已有使用如何转换为其他使用方式。新的使用常常通过再开发项目带来新建建筑的产生、地块的合并与分割、以及在某些情况下，街道模式的改变。反之，置换的土地使用常常在旧的区域中重新安排建筑而不是重新开发它们，以适应场所并转换它们的功能。

（2）建筑结构

对每个地块的建筑开发是重新认识该地块的一个循环过程。在英格兰，这个过程被描述并解释为租地地块的转换，也就是由一个垂直布置的狭长地块转换成一个街区或环形线状地块（Conzen，1960）（见图 4.2）。科曾的调研重点在英格兰中世纪的城镇，罗伊尔（Loyer，1988）描述了巴黎在 18 和 19 世纪类似的城市开发过程。这种循环同样存在于 19 世纪的工业化城镇和 20 世纪的郊区（Whitehead，1992）。

因为没有出租地权的传统，很多国家特别是新兴世界国家见证了早期对城市网格的

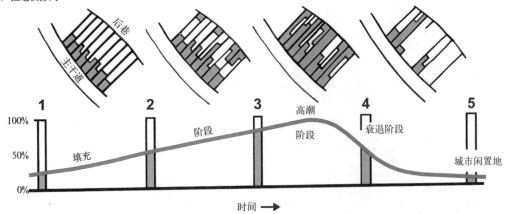

图 4.2　土地所有权周期（图片：Larkham，1996）

为发掘接近步行交通及其到达商贸场所的机会，第一栋建筑——"地块的统领"——会布置在街道的正面或者地块的顶端。随着时间推移，地块上和建筑中的土地使用的变化，逐渐形成了建筑向上或者向地块背面延展的趋势。另外，随着地块背面的开发，地块尾部也开始被建造，中间的空间——可能是空地或者花园——会被发展成独立的建筑群，或者，更为典型的附加到最初的那些开发建筑上。一段时间后，随着持续的发展，地块中的开放空间会被缩减成为小庭院。当密度随房屋的不断建造而增大，街道之间需要足够的阳光和空气，地块的开发就处于它的"瓶颈"点上了。当所有的地块都被开发后，就到达了循环的高点或者"高潮阶段"，然后，在完全再开发前，将会有一次部分的或者完全的清除。在发展的压力下，地块的模式可能会变化，把地块合并起来为更大型建筑的开发创造基地，或者用连续的街区中间的通道把地块分割成几个独立的地块。

关注。例如，穆东（1986）对旧金山阿拉莫（Alamo）广场邻里街道的综合性研究，详细描述了街区、地块及建筑模式的进化。由于地块拥有者是由周边街区临街面开始开发，许多网格地块开发起始于地块外部周边的发展及其后的增量开发延伸到地块的中心部位。

图 4.3　这是布拉格中心的建筑，展示了它们面对公共空间时最初的长而窄的地块痕迹。（图：史蒂文·蒂斯迪尔）

一些建筑——礼拜堂、大教堂、公共建筑——将因为各种各样原因继续保留，在设计、建造和装修上进行更大投资，并成为对当地居民具有特殊含义、对城市有象征意义的标志。在主要建筑的特殊保护和整体环境缺乏保护控制的情况下，其他建筑只有在适应新的使用或新的现代需求——生命力（见第9章）时才能得以幸存。经历岁月考验的建筑在它们的全生命周期中，常常容纳了不同的土地使用功能和不同的土地开发强度的要求。例如，同一幢建筑可以被成功地改造为高级独户住宅、随后是办公室、然后是学生宿舍。

（3）地块模式

地籍单位（城市街区）被典型地划分或绘制成一块块的场地或地块（图4.3）。这些可能是"背对背"的地块，每个都有一个沿

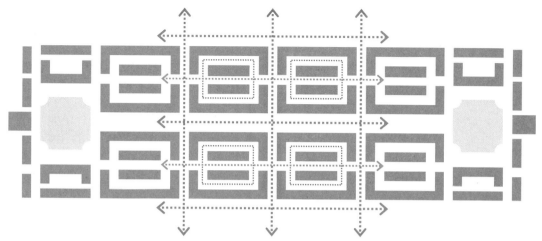

图 4.4 爱丁堡的新镇。这种程式化规划显示了在詹姆斯·克雷格的爱丁堡新市镇规划中的三个流通网格。红色的网格是最主要的流动网格，绿色的网格由服务性的车行道和人行道组成，贯穿街区的中心。这些网格等同于 A—B 形式的网格。蓝色的网格是第三级的网格，主要为街区内的流通。在爱丁堡，第二级网格已经变成连接小商店、酒吧和餐馆之间重要的步行道。

街面或者环路或者共同的背面边界。地块也可能是正面面对主街，背面是服务通道。这些布置来自于一种可替换的 A-B-A-B-A-B 街道模式，在此 A 是有着严格的空间定义、步行趣味和积极性活动的主街道（见第 8 章），而 B 是服务通道（图 4.4）（Duany *et al* 2000）。比较少见的是每一地块的前面都连接到主要街道。

作为一种权属单元定义，最早的模式在地块演进过程中是起作用的（Panerai，2004）。地块经过一段时间的买卖，地块边界可能发生变化。随着早期地块所有者保留一部分而卖掉或租掉其他部分的行为，大的地块可能被拆分。同样，为开发大的场所并使大型建筑建造成为可能，几个地块也可能被合并使地块的尺度变大。在极个别的例子中，如中心区的购物中心建造，不仅地块甚至城市的街区都能够被合并，在两个街区之间的公共街道被私有化并完全重建。虽然这种自然的地块及街区合并在许多城市，特别是欧洲，抹掉了早期地块与建筑的证据，源自于

早期的地块模式证据，但是作为拥有那个时代少量建筑的那些地块，同样证明了建筑如何比地块模式更容易发生改变。

（4）地籍（街道）模式

街道模式是城市街区以及在那些城市街区之间的公共空间／活动通道之间的平面布局。在街区之间的空间被认为是公共空间网络（见下文）。街道与空间模式通常已发展了几百年，并在不断地变化与演进之中。因此，很多聚居区的基底平面可以被看作是不同年代信息的叠加，并有着不同时代证据的模式碎片与痕迹。例如，在佛罗伦萨的中央核心，罗马时期的街道模式依然清晰可辨（图 4.5）。在罗马，纳沃纳广场的形式源自于对基地上一个古罗马体育场的开发。在 20 世纪，新的道路常常割裂老区的街道模式，常常在这些老区的复苏过程中留下城镇景观"碎片"。

"重写本"一词是用来描述这样一个景观变化过程，就是在现在使用状况上添加或修改，而不是全部擦除的方法，来标记先前的使用痕迹。对不同历史时期的城市形态研究

图 4.5 佛罗伦萨中心的街道模式保留了最初罗马聚居地的布局（资料来源：布劳恩弗斯／Braunfels, 1988）

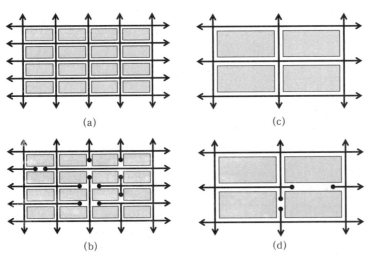

图 4.6a–d 渗透性

交织得很好的网格可以使人们在网格中以很多不同的方式到达另一个地方，而粗糙的网格只能提供很少的方式。如果网格因为连接被切断或者尽端路的形成而变得不连续，渗透性就会减弱，这在交织粗糙的网格里会有激烈的冲突。

能够明确并探索城市模式中的变化。

一个由地籍模式建立起来的重要地段品质是"渗透性"的——扩展到允许人们选择穿过或在其中的路线环境。普遍而言，它是一种运动机会的度量（系统的一个结构层面）（见第 8 章）。一个相关的品质——可达性——是在实践中可以获得的。由于视觉渗透性是指看到穿过一个环境路线的能力，实体渗透性是指通过一个环境的能力，因此可能有视觉渗透性存在，而实体渗透性不存在的可能（反之亦然）。

由许多小尺度街道街区组成的地籍模式有一种细致的城市肌理，而少量大尺度街区模式所形成的城市肌理比较粗糙。虽然城市街区在尺度上有着剧烈变化的可能，小尺度街区提供了更多的路线选择，并通常比大尺度街区能创造更具渗透性的环境（图 4.6a–d）。小尺度街区还能增加视觉通透性，因此增进了人们可能选择的意识——街区尺度越小，它越容易在所有方向上，被从一个节点看到下一个节点。

1.2 规则与变形网格

由几何规律构成的规则与"理想"网格与由表象上不规则原理构成的有机或"变形"网格形成了地籍模式的一个基本差异。工业社会以前的城市核心趋向于拥有变形网格（图4.7）。变形网格随着增量性的发展，常常被描述为"有机的"——它们的布局是自然产生的，或者，至少是有着自然产生的表象——而不是有意识的人造行为。一般是基于人的步行活动并强烈受地理形态的影响，它们是自然区域的组成部分，而不是通过线路，以及通过使用演化、发展而来的。

规则及理想网格是经过典型规划的——至少在某种程度上是通过几何定律来规划的。很多网格在首次被设置并经过有机发展以后，在一定时间内就有了特定的变化。由于对原有街道格局的消除，很多基本的规划格局普遍呈直线的，并出现了许多规则与半规则网格的聚居区。许多欧洲城市根植于希腊或罗马人规划的聚居区。在欧洲，规则网格模式常常被放置或被附加在更多的有机模式之上（例如，巴塞罗那的塞尔达；爱丁堡的新城）。在美国、澳大利亚、南美许多地方的新世界城市，在它们的中心区有着规则的、十字型网格。

随着时间流逝，美国许多城市的网格布置变得更为简单。组成早期街道模式重要特征的公共广场和斜向街道——例如在萨凡纳（Savannah）、费城、华盛顿——因为后来偏爱简单的无装饰系统的垂直街道和更易管理和售卖的方形街区，而被删除了。美国一些城市采用方格网，作为"体现公平的标志"，莫里斯（1994）认为萨凡纳是一个例外，并且认为城市中西部的几何形也许"没那么千篇一律"（图4.8）。

伴随着特定含义内容被写入总体规划，

图4.7 意大利罗滕堡规划（Rothenburg）。在一个"变形"的网格里，空间结构以两种方式变形。首先，建筑群体的形状和排列（即城市街区）意味着视线不会笔直的沿着网格从一边穿越到另一边，而是持续地受到建筑体块的遮挡，其次，沿着线路穿越时，空间也会由此产生宽度上的变化。希利尔（Hillier，1996）认为网格的"变形"影响了视觉的渗透性并因而对活动产生重要影响（资料来源：宾利，1998）（见第8章）

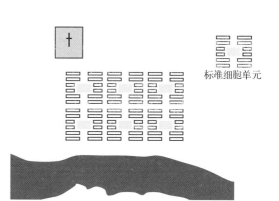

图4.8 萨凡纳，佐治亚州，美国（Savannah，Georgia，USA）萨凡纳在细胞式单元的基础上进行布局，它倾向于通过这些单元的复制而生长，每个单元有一个同样的布局：四组十栋房子的地形和四个"托管地块"（保留下来用作公共或更重要的建筑）环绕着一个公共广场，主要的穿越交通依靠细胞间的街道，将公共广场留作静态交通，每隔一段距离，沿途的林荫大道替代了普通的街道（资料来源：培根，1967）

某些规划的街道模式有着重要的象征功能。例如，中国传统的首都被规划成完美的方形，有着 12 座城门，每边 3 个，代表着一年的 12 个月。罗马新城镇有两条交叉的主街，代表着日轴和昼夜分界线。这样的布局不总是带有宗教含义的或只存在于古代时期。例如，在华盛顿特区，白宫和国会大厦的位置就象征着行政权与立法权的分立。

虽然变形网格常常有一种作为改变空间围合结果的图案化特征，规则网格通常因千篇一律而受到批评。例如，西特（1889）曾经谴责曼海姆"冷酷的彻底性"，那是无一例外的遵从"…所有街道垂直相交，并从两个方向笔直通往城外农村的沉闷规则。"

然而，雷布津斯基（Rybczynski，1995）认为明显的机械网格并非必然缺少诗意特征。例如，当网格碰到自然景观时，就会出现更多的意想不到的结果，正如洛杉矶的网格被峡谷打破那样。同样，网格不需要均匀和完全规则。1811 年曼哈顿中心规划，既有结合短边街区大型建筑的宽阔街道又有连接长边街区排屋的狭窄街道，而开阔的广场（如：华盛顿广场），宽大的林荫道（如：公园大道）和蜿蜒的百老汇大街将异化的、趣味性元素引入到城市中。

在 19 世纪末期和 20 世纪初期，直线模式的主导引发了对连续曲线布局的反思，在那里，宽而窄的地块（相较于深而狭长的地块）给人更深刻的空间印象。曲线布局源自于 19 世纪早期英国的图画式布局设计，正如约翰·纳什（John Nash）在 1823 年设计的位于摄政公园边的公园村。另一个早期的例子是奥姆斯特德（Olmsted）和沃克斯在 1868 年为芝加哥附近的河滨规划。后期的例子有昂温和帕克的新伊尔斯威克（New Earswick，1989），莱奇沃思（Letchworth）的花园城市（1905）和汉普斯特德（Hampstead）的花园郊区（1908）。当曲线阻挡视线并增加对新的邻里和郊区的视觉趣味性时，它们也减少了视觉的穿透性，不鼓励非居民的进入。

多数 19 世纪晚期到 20 世纪 20 ~ 30 年代发展起来的曲线模式都是网格的变异。在 20 世纪 50 年代的晚期，一种包含尽端路的精细设计（由昂温和帕克在新伊尔斯威克引入的）变得越来越普及。尽端路在寻求曲线布局美感的同时，消除了危险且令人厌恶的小汽车和其他交通工具。正如本章后面要讨论的，尽端路形式改变了公共空间网络体系的自然形态：使得道路变成了一种层级的、非连续树状的模式，而不仅只是一个网格。

1.3 公共空间网络

地籍模式建立了公共空间网络系统的主要元素，并且是广义资本网的关键因素（见下文）。在提供进入并展示进入私人地产的"公共面"的同时，公共空间网络支撑并容纳了"活动空间"和"社会空间"（即人们涉入经济、社会和文化各种交换的形式）的重叠领域（见第 6 章）。

步行活动与街道作为社会空间的概念是一致的。步行活动与经济、社会和文化的交流与转换间存在着一种符号关系。相反地，基于汽车的活动纯粹是流通性的，私家车也助长了在公共空间中的私密性控制。大多数社会互动和交流的机会只是发生在车停好了以后。长此以往，（汽车）流动空间就完全占据了社会空间。

当交通的主要形式是走路或骑马时，活动领域和社会空间有相当多的重叠。随着基于土地的交通新模式的发展，这些领域被分开并被逐步划分成车行空间和步行活动／社会空间（图 4.9）。与此同时，公共空间被汽车侵占，而街道的社会属性被压缩以满足交通活动的需要——城市的"街道"就这样变成了"马路"。仅仅因为受制于活动空间，马路分隔出了包含社会空间和活动空间的区域，步行街连接建筑和穿过空间的活动。这样一来，为汽车提供的服务往往将整个城市划分成片区，同时各片区的活动成为一种纯粹穿越式的活动（图4.10）

城市街区模式和公共空间网络，加上基础设施和任何一个城市区域相对持久的元素，组成了戴维·克兰（David Crane）所说的"基本网络"的上部地面元素。对布坎南来说，基本网络就是：

"构成城市结构，它的土地使用和土地价值，土地的发展密度和它们的使用强度，以及市民穿越、看到和记住城市以及遇见同伴的方式"。

在基本网络内的设计工作中，城市设计师需要意识到变化中的稳定模式，也就是，不改变或缓慢改变的要素（它给出了对一贯性特征和识别性的度量）与那些在较短时间内就改变的要素（见第9章）。布坎南认为，正是活动网络与隐藏背后的服务以及在其内或毗邻的标志性建造物和市政建筑，外加上头脑中的意象，构筑了城市中相对持久的部分。在这个更持久的框架内，单体建筑、土地使用和各种行为不断变迁着。

基本网络和公共空间网络可以被看作是一种生成性的框架或结构，这样的功能决定了发展模式和城市主义。许多设计师将这引喻为一个"骨架"，意思是一个动力或框架——就像雕塑家用来支撑石膏材料的模具。就像卡尔索普（2005）所观察的：

"城市主义骨架体现在它的街道模式上。从中世纪的驴车到一直到现代勘测员的网格，豪斯曼（Haussmann）的林荫道，超大地块，或者主干道和支路街的不协调联系。交通结构是基本的社区形式假

图4.9　流动和社会空间——韩国，首尔（图片来源：马修·卡莫纳）公共空间由一系列的流动空间和社会空间组成。一个重要的不同就是作为步行者的流动空间依然可以是社会空间，但是作为机动车交通的流动空间往往丧失了社会空间的作用。

图4.10　高速立交——美国芝加哥（图片来源：马修·卡莫纳）大量的道路阻隔了流动，造成了很多破碎的城市区域。列斐伏尔（Lefebvre，1991）观察到城市空间"切割、衰退，以及最终被扩张的快速路破坏"的现象。

定。例如，当假设的街道是由机动车组成的，导致的结果是低密度、美国式混合使用的形式，即车街郊区。同样，我们精细的历史网格变成了几乎所有城市在进化过程中的固定框架"。

由于城市结构常常与既为流通又为分配的交通通道一致，交通基础设施成为城市主义的强大动力，并受到新城市主义的争议。具有直接入口和联系的地段比没有直接入口和较远区的地段受到移动通道和交换枢纽的更多惠顾（因此可能得到更多发展）。移动通道可能是重要的新林荫道或者新通行路线，也可能是简单地增加通达性的新路——不过就像本章后面描述的，这些骨架会带来明显的不同结果。

2 形态转变

这部分内容探讨的是 20 世纪公共空间形式结构网络的转变，即建筑作为城市街区元素来界定街道和广场到建筑作为无组织空间中自由存在的独立建造物的转变。

实质性来看，需要容纳城市中快速移动交通的基础设施，因此 20 世纪另一个主要的城市形态变化是从相对小尺度、完整联系、精细的步行交通时代的道路网格转变为有层次的围绕超大街区和分隔的城市贫民窟的路网系统。

2.1 限定空间的建筑和空间中的建筑

在传统的城市空间中，城市结构是相对较密的，并且建筑通常是一个接一个如水泻般沿路而建。这样建筑立面就提供了公共空间的"墙面"。由于建筑立面是唯一暴露于视线的部分，它就被设计来传达建筑的识别性和个性。嵌入到城市的密集结构中，建筑的背面和侧面可以更普通些，因为不需要考虑它们对公共范畴的影响。建筑立面也对"街道"

和"城市街区"的大系统产生重要作用。

与传统相反的是现代主义设计的自由建筑个性。根据"功能主义"设计的理念，建筑内部空间的便利使用是其外部形态的主要决定因素。例如，勒·柯布西耶（1927）将建筑比喻成一个肥皂泡："如果内部的呼吸均匀且有规则，这个肥皂泡应是完美、和谐的。外部是内部的结果"。由内而外开展的设计，是为了响应功能的需要并考虑到光、空气、卫生、外形、景色、"活动"、"开放"等等，建筑变成了空间中的实体，而它们的外形——以及与空间的联系——仅仅成为了它们内部设计的副产品。这种方法尤其增加了新建筑技术和材料的潜在表现力。

在大的尺度上，自由蠹立建筑的理念受到提供健康生活条件、城市区域中容纳小汽车和美学偏好等理念的支持。现代主义城市空间也趋向建筑周围的自然流动而不是被建筑包围：例如，勒·柯布西耶（in Broadbent, 1990）把传统街道看作是："不仅是一条沟渠、一条深深的裂缝、一条狭窄的通道，虽然经过一千多年的相处早已习惯，我们的心总是被这些封闭墙体的限制压抑着。"公共健康和规划标准诸如密度分区、道路宽度、视线、地下服务空间需求和日照角度等强化了对建筑物分隔的愿望。

向自由蠹立建筑的转变对建筑开发商而言是阻力最小的路径，更是受到房地产开发追求标志性建筑愿望的推动。建筑可以以多种方式出类拔萃：在物质形体上不同于周边的建筑；或者是高一些，或者有独特的建筑风格。然而，重要的是，作为一种开发形式，自由蠹立建筑建造起来更容易，造价也更便宜。通过距离上的分离，自由蠹立建筑能从消极影响——噪声、气味、杂乱等中自我分离与保护起来，它们同样能从积极影响——如繁忙的人流中孤立出来。

在现代主义出现前，仅有少量的建筑运用隔离方法作为获得独特性的方式。这些是明显的公共而非私有建筑——礼拜堂、市政厅、宫殿等——它们的外在形态对城市和市民有着重要的意义。典型的传统城市由此拥有了一些"特殊"的建筑。它们通过建筑装饰或者通过自由矗立方式（如目标建筑），与大量的、"平凡的"、寻常的大众建筑脱离开来，普通建筑则被融入普遍的模式中（如结构或者肌理中）（图4.11）。在20世纪，更多的建筑被设计和建造成了自由矗立式的建筑。

对梅西（1990）而言，20世纪城市主义的基本问题是"建筑"的增加和对城市"结构"的忽视。他认为随着标志性建筑的大量出现，建筑的价值无一例外地丧失了，他抱怨现代的生产方式导致形成了"内容和意义都很平凡的建筑"。

当出现多样的建筑类型并应用在传统的城市空间系统中，自由矗立式建筑逐渐打破了城市街区系统。作为导致的直接结果，公共空间网络从明确的空间类型变成了一种不定形空间——除非特意的设计和随后的坚持——这种空间仅仅是被空间内建筑占据后的剩余的、偶然的空间（图4.12）。

由于这样的发展在20世纪下半叶变得非常普遍，城市失去了它们的一致性，变成了一系列不关联的、竞争的或者孤独的纪念性建筑物，以及被道路、停车场和无关联的景观包围起来的小型建筑综合体（Hebbert，2008）。列斐伏尔认为这样的结果是"被扯碎的空间"："……一种无序的、互相竞争的元素导致了城市结构本身—街道、城市—被撕裂成碎片。"一种新的由无定型空间组成的城市出现了，"被纪念碑式的建筑不停打断"和"专横不连贯的个人主义面貌"组成（Brand，1994）。

结合城市发展实践，解释现代主义理念

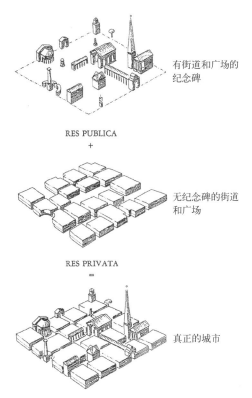

RES PUBLICA
+

RES PRIVATA
=

有街道和广场的纪念碑

无纪念碑的街道和广场

真正的城市

图4.11 里昂克里尔的理想城市（图片来源：Krier，1990）。里昂克里尔提出将传统城市的模型，即通常表现为古典风格的共和政体下的纪念性建筑，与通常表现为民居建筑的专制体制下的由街道与广场形成的街区融为一体。

图4.12 Building as object-in-space / 建筑作为空间的组成部分 小约翰街，阿伯丁（图片来源：斯蒂文·蒂斯迪尔）警察局——画面正中块状的建筑——被设计成空间中的中心，位于街道旁边的停车场后面，没有限定明确的街道空间。建筑周围的空间在规划后被遗留下来。

在城市空间设计中的应用，产生了一种被特兰西克（Trancik）恰当地描述为"丢失"的空间现象，特兰西克（1986）这样评述："对任何部分没有任何意识的企图——理想的自由流动空间和纯粹的建筑已经演化成了我们现在的个体建筑独立于停车场和高速公路的城市状况。"

缺乏对建筑之间空间的关注，很多环境变成了仅仅是个体建筑的扩大而不是建筑与空间的协调结合。标志建筑之间空间缺少重点设计。而且，修剪整齐的非自由流动的景观常常是规划后的剩余空间（Hebbert，2008）。令人奇怪的是，在建筑限定后的空间很少被设计的情况下——虽然围绕标志性建筑的空间设计是失败的，但街道空间的设计却很少失败。

2.2 道路层级结构

适应不同类型的交通需要是一个历史进化的过程。当步行与马车是交通的主导模式时，人群流动与社会空间需要之间的冲突相对较少。当运河和铁路出现后，形成分离的系统，马车货运、汽车与人行使用相同的空间，加剧了人群流动和社会空间需要的竞争性。这样，最初的机动交通就由侵占公共空间系统中的步行部分演变而来。

通过引入人行道的方式，在18和19世纪的许多城市，因各种原因出现了在传统街道中从机动车交通中分离出步行交通的现象。人行道也用来分离行人与新的边沟和带拱道路，通过有效处理污水与废水，这些边沟与拱面道路的设计有助于增强人们的健康（Taylor，2002）。人行道是为行人服务的，街道是为机动车服务的——行人在危险的时候进入人行道。

20世纪涌现了更多的激进思想。容纳不断增加的小汽车的最好方法是给它们提供专门的运行网络。为了提出解决厌恶"喧嚣混乱"街道的对策，巴迪（Boddy，1992）认为形成一个"更理性的替代选择"是勒·柯布西耶的城市主义思想的源泉。勒·柯布西耶的城市规划特点是交通模式的激进分离以及交通换乘枢纽之间的整合。

随着小汽车拥有量和小汽车速度与尺度的增加，在城市道路交通系统设计中出现一种变化。这种改变是趋向于通过引入层级系统将道路分层，而不仅是交通连接和入口的目的。这一意图是通过采用适合交通流量的层级线路来分散交通，它是在一端连接自由流通的道路（例如，快速路），另一端连接当地入口，每个层级与下一个层级道路通过枝状形式相连。

道路的层级概念是德国建筑师与规划师路德维希·希尔伯塞姆（Ludwig Hilberseimer）（1885～1967）首先建立的。希尔伯塞姆主要关注的是不断加快的交通速度以及小学生们如何能安全地步行去学校的问题。同样的理念构成了佩里的邻里理念（1929）（图4.13）（见第6章）。

不同层级的交通理念在20世纪20年代得到了进一步的发展。在20世纪30至40年代，通过特里普（Tripp）的著作《道路交通和控制》和《城镇规划和道路交通》，本顿·麦凯（Benton MacKaye）提出"无高速的城镇"和"无城镇的高速"的概念。

一个非常清晰的层级原则的论述来自于1963年布坎南的报告《市镇交通》：

"分散式网络布局的功能是分流两个地区之间的交通流量。所以网络之间的联系应为变化、有效的交通而设计。这就意味着它们既不能够用来直接通达建筑，亦不能够细小到服务每个建筑。这是因为过多的连接会增加交通的危险并减小道路的有效性。所以需要引入一个"层级"划

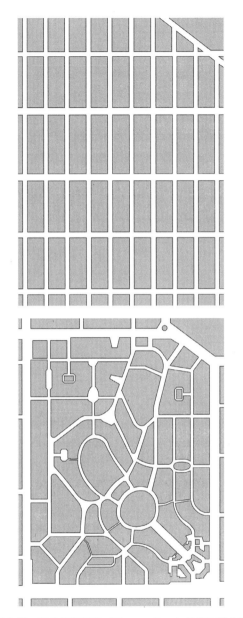

图 4.13　克拉伦斯佩里（Clarence Perry）的邻里单位和标准的格网街道系统。

他打算组织步行友好的空间，为居民提供适于社会生活的空间。佩里认为穿越式交通是形成完整社区的障碍，繁忙的交通路线作为居民区明显的边界，不同于场所作为传统聚落之间的边界。他建议主要道路应从旁边经过而不是穿过邻里单位，从而使邻里单位不受交通的干扰。在邻里单位内部形成等级的道路，每条道路都根据道路负荷进行设计，相对于格网式布局，减少车辆走小路绕行的机会。

分的理念，由此重要的层级连接次重要的层级再到连接建筑的细小道路。这样的系统就像树的主干、次干、分枝到细叉（对应于建筑入户道路）。基本上只存在两种道路——一类是服务于交通的，而另一类是服务于建筑的"（Buchanan，1963）。

就如下文讨论的那样，这种理念虽然受到了越来越多的挑战，直到今天它仍在沿用。例如，在英格兰，直到 2007 年出版的《街道手册》（DfT，2007），《设计篇 32：小区道路和步行路》（DoE/DoT，1992）依旧倡导一种四层级的道路网：主干道；小区级道路；组团级道路；宅前路。直接服务于建筑的道路仅适用于 300 幢以下的房屋。

最清晰的层级道路系统可见于早期未开发的地块（绿地）。在那里，层级系统的布置没有太多的限制。由于连接网络主道需要较大的空间间隙，网络中的每个单元规模相当大（如一个超级地块系统）。这样主要道路网就相当单一并只能承载对外交通，而允许在主要道路网上的每个单元间的街道／道路去承载地方交通。这样的道路基础设施成了一个非常重要的肌理来决定城市的发展形式，也就是通常所知的"地块"式发展。

在建立城市区域过程中，层级系统是以一种半层级系统的混合方式出现的。当有综合性的城市开发和更新项目时，新的开发往往是基于层级系统的模式并产生了超大街区——大于传统的城市街区，超大街区通常是与大空间、高速度、主干道交通而不是地方级道路联系在一起。在 20 世纪下半叶，超大街区而非传统的城市网格，常常是用来提供公共住房项目。

当综合性的开发不可能发生或没有发生时，道路工程师和规划师开始建造半道路层级模式，将现存道路网格改变成半细胞结构或通过扩建再开发形成的超大街区模式。这

图4.14 城市高速公路——格拉斯哥（Glasgow，Steve Tiesdell）城市的内环道路紧靠着商业中心区的核心建设，破坏了边缘地区，而且切断了和周边邻里地区的联系。

图4.15 单调的流动空间（图片来源：马修卡·莫纳）。社会空间为交流和互动提供机会，体现在社会活动上，相反地，流动空间很少能提供交流与互动的机会，因为没有激励机制，毗邻地块的社会空间的发展往往是被动的。

样，道路规划通过建成区的划分进行对出入口的限定。正如赫伯特（2005）提到的，这如同一个生物体组织，由主动脉和细胞组成。

2.2.1 中枢系统

市政与高速公路工程师对新建城市高速路的限制性入口寻找直接且有效的路径（图4.14）。随着高速路直通公共公园、衰落的工业码头和公共空间，一个基于路线的关键是土地获取的价值。许多城市失去了进入滨水的入口。有一些历史街区，如纽约的苏荷和新奥尔良的老卡雷（Vieux Carre），被反高

速路阵营成功地保存了下来，但是其他很多地方则没有这么幸运。

除了限定高速路入口以外，半层级道路模式的目的还可以通过设定特定街道作为主干道来获得。这种方式是采用拓宽道路、限定等待区域、设立单行线路以及限定路口等方式来满足自由且快速流动的交通需要。层级交通系统意味着需要强化设计，并且在现存的城市区域中，设置一些道路来解决高负荷交通问题。减少道路连接将有助于道路交通的流畅（例如限定其他道路与这些道路连接的数量，并禁止私家道路向这些道路开口）。通过细致的横跨点设计——隧道、人行天桥、红绿灯控制，来限定人行横路的数量。在允许横跨的地点，机动交通优先，并且行人移动被控制在障碍物和栏杆的后面。

为获得设计速度，城市道路被设计或者改造成提供更长远和更宽泛到角落的视距。建筑沿道路的立面被控制以避免影响司机的注意力，而栏杆和障碍物则被设计来阻止对交通的外来侵入（如：人）。在《为人和汽车设计》一书中，里特（Ritter，1964）认为只有让行人与汽车分离以及摩托车不再被"路缘石"上的商店、广告和漂亮女孩所吸引，才能确保安全。"…女孩越漂亮，则危险越大"（引自Hebbert，2005）。

如赫伯特所观察的那样，一个关键的结果是当传统城市主义用高度和建筑的重要性来衡量一个街道的重要性时，层级道路系统"转向它的反向，将交通容量与建筑容量对立起来，因此大多数重要的干道可能没有任何建筑。"

2.2.2 细胞

在现存的城市区域，综合性的再开发是不可能的，也没有发生过。准细胞模式是通过封闭街道间联系并扩大街区范围，使之拥有大尺度内部循环系统的大尺度街区来实现的。通过规划控制，新建筑不再朝向城市主

要大街。为与在克劳伦斯·佩里（Clarence Perry）的邻里单元首次提出的规划原则相一致，高速交通的吸引点，如商店和公寓也被布置在超大街区边界的交通干道边缘，而学校、教堂和公园则布置在地块的中心位置。在地块内，尽端路的设置阻止了穿过式交通。超大街区内的交通网被用来承载较轻的交通负荷。为防止或阻止人们走交通捷径（"走捷径"），地块内部的道路系统设计（或在已有的环境中重新设计）应使地块间的相对联系不连贯（如通过设置尽端路的方法）或至少减弱这种联系。

在超级街区内部采用宁静交通甚至不采取机动车的交通方式是一个常用的设计理念。例如，1929 年克劳伦斯·佩里的邻里单元就是一个被主干道环绕的超级街区。同样地，特里普（1942）倡导的拒绝外来交通的"区划原则"也是一个案例。根据他当时的理念，特里普把区划看成是专门的、单一土地使用的区域。相似的观念出现在布坎南（1964）的报告中——混合而不是专门的单一土地使用区划，布坎南的环境区域意于土地混合使用。（图 4.16）

波普（1996）描述这些过程是"网格侵蚀"，就是开放式的网格街区系统变成了"梯状"街区系统——一个是在不同方向通过不同路径的网格系统；一个是允许由 A 到 B，反之亦然的"梯度"系统（图 4.17a–c）。在

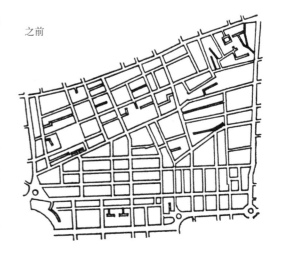

之前

之后

图 4.16 布坎南的"环境区域"概念
（图片：司考夫汉提供，1984）。布坎南提出将城市划分为若干"环境区"，被主要道路四面围绕，形成穿越式交通。

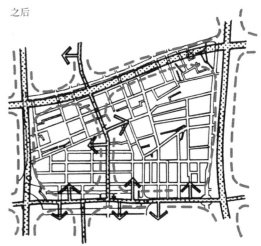

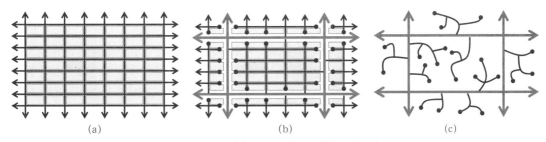

| (a) | (b) | (c) |

图 4.17 a 阶段 1：网格街道系统；b 阶段 2：网格侵蚀；c 阶段 3：梯状街道系统；
为了解释这个问题，波普用"网格侵蚀"来描述这个现象，这个过程就是传统的网格进化成超级街区，甚至是"块状"系统。很多当代项目的开发，特别是在绿色基地上开发，都是在梯状系统而不是网状系统上发展的。

大多数以小汽车为主的美国城市中，正如格雷厄姆和马文（2001）所注意到的那样，已有的公共基础设施网格正在被"梯状"的基础设施"分解"，也就是说"除了那些服务于单一空间的部分，每个连接的终点都相互铰接。"

这样，层级道路网将城市区域分离成独立的地块。这样的地块模式需要调整。清晰地界定地块范围，帮助在那些地方生活的人们建立认知感、社区感和安全感，但这与门禁社区不同，门禁社区是通过社区的公共出入口与街道公共空间相联系（见第6章）。例如，波普（1996）论述到，梯状系统导致更广泛的排他、孤立和分离现象，而实现他所定义的"内向的贫民窟"的概念。有趣的是，

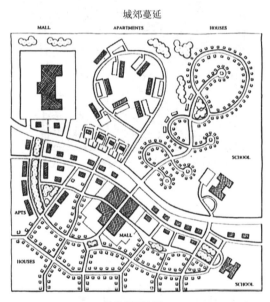

城郊蔓延

传统邻里社区

图4.18 网格和树形的街区模式（图片：杜埃尼等2000）在本章前面部分讲到，每次开发都是一个自成体系的地块，地块之间没有联系，和主干道有单独的联系。这种道路模式叫作树状。在接下来的章节中，有一个传统的网格，建筑和空间有着协调的联系。此外，不是集中于主干道的交通，而是街道通过网络组织起来。在上一等级的道路网络上产生的一次意外交通事故将会导致塞车，但如果相似的意外发生在较低等级的交通网络上，将会选择其他的道路线路通行。

现代设计实践将公共性住房项目结合到当地的街道／交通系统中，这样就打破了这些地方社会和物质空间的隔离。在法国，这样的项目被称为"去贫民窟化"。

2.2.3 地块开发

有关城市区域在形态结构上的进一步改变是从外向的城市街区变成内聚的建筑综合体。这些建筑综合体由外部的道路连接－常作为"地块"被提及（Ford, 2000）。在"地块"开发过程中，每种用途——购物中心、快餐店、红灯区、写字楼停车场、综合公寓、医疗中心、酒店以及会议中心等等——都被看成一个独立的元素，停车场相互连接，有独立的与主干道连接的出入口（图4.18）。

单个的"地块"可能被设计得很好，但他们往往是封闭并且与周围的开发不关联在一起——即便不是被完全分开。它们可能在地理上很靠近但是其他方面几乎没有联系。除了道路以外停车场也是将它们分隔开的因素。除了道路联系以外，很少有将它们联系起来的必要，因为几乎人人都在其间开车行驶。正如福特所评述的："这一理念是分离——形成地块的边界——土地使用越来越具有明显的社会性和功能性。"

在只有车行没有步行路线的情况下，"地块"的开发通常不能正对主要交通干道。开发变成了封闭式的，重点关注超级街区内的道路或街道网路，以及人们能停车的地点。作为一种选择，存在着"大块地"的开发——购物中心、综合性办公楼、多银幕电影院、酒店综合体——能在街区中心提供一些步行形式的大块开发地，并由停车场环绕但不连接外面更宽阔的区域。这样的步行导向空间常常是私人空间，个人的进出和行为都受到密切的控制和规范（见第6章）。宾利（1999）注意到城市如何"……转变成一系列位于"被遗留下来"的海洋中，有着辉煌内部景观的岛屿。"

受狭小地块和开发商逻辑规范的驱使，"地块"开发也具有新郊区开发的特性。地块分割了一座城市：由于地块，人对城市区域的理解是通过交通和道路路线所界定的矗立单体建筑（注重内部的建筑综合体）的空间细胞，有时是景观设施但经常是在停车场中间，而不是城市地块之间的空间联系。虽然注重不同空间的用途，但却没有一种协作关系，整体是各部分的总和。事实上，因为道路结构决定了一切，它成了城市主义的一个缺陷：这不是我们期望的，也不是我们想要的；如果我们不积极地采取行动去阻止它，并做一些既简单又好的改变时，这样的情况还会发生（图4.19）。

2.2.4　居住区块

居住区内的尽端路是一种特殊的形式。在典型的郊区意象中，尽端路相对较短，在街道尽端有一个锤形或圆形的回车场，为20～30个住宅服务。就像它名字所提示的那样，它是一个"不可能碰巧进入的地方，因为除了私人住宅以外，它不引领人到其他地方"（Panerai，2004）。

昂温和帕克早在19世纪末的新伊尔斯威克项目中，就提出了尽端式道路的设计模式。在那个时代，他们采用这一方法的原因还有节省道路成本的考虑：交通负荷轻的道路，其建设的特殊性较小。由于交通工程师开始关注住区道路的穿越问题，从20世纪50年代开始，尽端道路的使用变得越来越频繁（Southworth & Ben-Joseph，1995）。许多当代住区被布置成枝状的（像树一样）道路模式。这种模式是从一条主要的交通公路上分出弯曲的回形路，再从这些道路上分支出许多尽端路。在这种理想模式中，所有的建筑均位于尽端路上，而没有位于繁忙和嘈杂的回形路上。由于它们的平面形式，这样的系统有时被称为"圈圈和棒棒糖"。

图4.19　地块开发—布莱海德零售公园（Braehead），佩斯利，苏格兰（Paisley，Scotland）（图片：斯蒂文·蒂斯迪尔）。很多地块开发都是完全标准化和重复的开发，杜埃尼等人称之为"切饼干"的开发，本质就是通过房地产资金需求确定的（leinberger 2005，2008）（见第10章），而没有考虑当地的地形、景观的状况。地块开发的典型特征包括以功能布局为依据的单一性开发，大量的地面停车，目标缺乏弹性，防御性空间，与公共空间的分离，步行空间的非友好性，缺乏风格的建筑形态，缺少场所性，较少的景观等（Punter，2007b）。

对许多建筑师和设计师而言，尽端路这个术语成了一种蔑称，它体现了：

"…当今郊区的本质：隔离、孤立、私人的领地，处于无序蔓延的相似的地块开发中，在社会与物质形态上与广大的世界脱离，并依赖于汽车而生存。"
（Southworth & Ben-Joseph，1997）

虽然如此，尽端路却受到郊区居民和开发商的喜爱（见表4.1）。需要一个更好的设计解决办法：如索思沃思和本－约瑟夫所认同的那样，要获得既能相互联系的步行网络又能限制进入的机动车系统，设计新的住区可能比改造旧的住区要容易。

道路的层级结构和地块开发间的相互影响具有三个关联性因素：一个是回归相互连接的街道模式；一个是回归城市街区；还

提倡尽端路的观点：

- 提供更安静和更安全的街道：对于居民来说，这种形式提供安静和安全的街道，在此玩耍的儿童很少担心快速行驶的车辆；
- 促进居民的沟通：不同于网格，不连续的短小的街道系统可以促进邻里关系、家庭氛围和相互交往；
- 提供当地可识别感：尽端路的尺度使得附近的地区产生识别感；
- 减少犯罪机会：相对于传统的街道布局，分等级的不连续的布局可阻止入室行窃的行为。因为罪犯们会避免在这种可能被抓获的街道上活动。

反对尽端路的观点：

- 缺乏相互连接：远离穿越交通的同时也会导致几乎远离其他一切，无论到哪个地方，你必须总是首先离开尽端路再到其他道路上行进。此外，由于是为汽车进入而设计，使得尽端路布局经常没有一个良好的人行路线，行人只能沿着车行道路行走，所以通常会觉得路途遥远和不方便。
- 造成对汽车的依赖：去尽端路以外的几乎任何地方都意味着要到主干道上，需要开车前往、这样就孤立和排斥了那些不能驾驶的小孩、老人或者穷人，并导致人们陷入搭载自己和家人的生活方式。
- 产生交通拥堵：因为每次从一个地方到另一个地方的行程必须经过支路，整个地区的交通依赖一条道路。因此产生的结果通常在一天中的多数时候交通非常拥挤，当支路上发生的任何较大的事故时整个道路系统势必瘫痪。
- 提高了犯罪的机率：尽端路模式打断行人的穿行，从而减弱了人群在场的治安影响（见第 6 章）
- 缺少可识别性和特征：作为邻里或市镇一部分的，具有清晰的结构和特征的感觉经常会因为缺少穿越街道的连接场所而丧失。在尽端路之内有可识别感，但之外就没有了。

资料来源：索思沃思与本－约瑟夫提供（1997）。

有就是将道路作为场所来设计（如协调它们作为流通和城市空间的角色）。这些因素结合在一起代表了向更具自我意识和标准化的城市化方向转变，而不是采取道路优先的城市化方法。这些将在本章的后三节中重点探讨。

3　街道的连接方式

重回连通式道路系统的愿望来自于各种各样的需求。在美国，新城市主义者反对采用尽端路而提倡采用道路连接系统（Duany，2000）。在英国，1973 年版的《艾塞克斯设计指南》拒绝接受"道路工程师"的"树状街道网络"概念，1997 年的第二版是这样描述的"…城市规划者与工程师在注重道路网络和城市地块的关注点是非常不同的…"。（Panerai，2004）。到 2001 年，政府工作指南也提到了道路连接模式，认为：

> "几个世纪以来由道路连接网络所确定的街区结构一直主导着住区布局模式。直到最近才产生了因汽车而出现的'圈圈和棒棒'形尽端系统的自由式住区环境。"

（DETR/CABE 2000）。

连接式道路模式并不一定意味着方格网形式。例如，马歇尔（2005）区分了城市街道模式中联系性与复杂性的特征。树状结构有较低的联系性，而网络结构有较高的联系性。但是复杂性包含了其他品质——甚至与联系性一样重要；如扭曲的网格比常规网格更为复杂。马歇尔依据联系性与复杂性不同分析了 60 种街道网格模式（图 4.20）。

马歇尔在联系性色带上分了 4 种地带：

- 枝杈带—有着尽端或环形路的长枝杈系统，常常与 20 世纪下半叶郊区层级式的发展联系到一起。

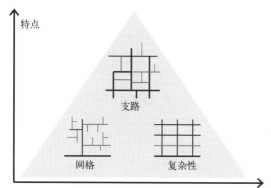

图 4.20 街道结构（图片：由马歇尔提供）。根据相对连接性和相对复杂性来分析树形网络结构，马歇尔发现了三角分布。支流模式的连接性略差，也略简单；网格模式连接性最强，但是同样不复杂。但是很多街道模式有种"特征性的"结构：即中等水平的连接性和高度的复杂性。

- 半枝权带——设置有一定的尽端路，但是主要街道和次要街道没有太大差别，并使用 T 形连接，如在较老的郊区邻里能见到的那样。
- 半网格状——参照典型的有各种 T 和 X 节点的变形系统，有着传统住区和内部小区的系统。
- 网格系统——由高比例的 X 节点构成并反映了方格网状规则布局的城市扩展区或新城。

马歇尔发现很多的街道结构既非网格状的也非枝权状的，而是两者的结合，展示了一种复杂且关联的综合体。在网格与分支相交的位置上没有主从关系，相反地，它们都有着自己重要的特性（如复杂性），并且这些特性可能是街道所需的模式。

从可持续发展的基本理念来看，街道联接模式是能够被调整的——如果早期能够提供较高的通透性的，后期的隔离是能够达到的——如果可能的话，通过设计与管理使得道路布局具有更普遍的使用性。相反地，让分隔的地块适应整体的环境是困难的，甚至是不可能的。为确保通透性，所有街道应该相互联接，并成为其他街道的终端。这样的原则造成了连接且相互通透的街道模式。

3.1 城市地块

从建筑自身和地块开发的关系中看到，存在着建筑之间的空间设计和创造界定清晰的积极空间的兴趣点。这导致了将各部分建构成一个整体而非简单的各部分（单体建筑与相关的开发部分）之和的努力和尝试。

街道模式和街区结构常常是连接在一起的，而许多当代开发项目采用了连接式的街道和城市地块的方法（图 4.21）。正如克鲁夫（Kroof，2006）所说："街区是街道连接的结果。当街道连接在一起时，街区才能够出现。当街道连接在一起并由建筑很好地界定时，街区的周边形态才会形成。"同样，沛纳海等认为："…街区不是建筑形式，而是一组由独立建筑形成的地块。仅仅当街区与道路系统有一种对话关系时，街区才具有一定的意义。"

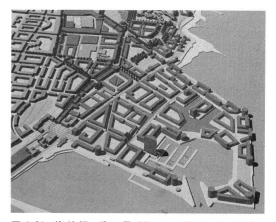

图 4.21 格兰顿 爱丁堡（Granton, Edinburgh，图片：Llewelyn-Davies 2000）。是许多目前的城市开发计划采用的城市街区结构。它的含义是"设计城市而非设计建筑"（Barnett，1974），允许一些设计决定在开发过程中"自下而上"。虽然街区结构是一种实用的布局方式，但是在特殊情况下，其他类型和结构或许更有效。

当现代主义城市空间设计和发展实践被极大地限制在城市街区时，一个从 20 世纪 80 年代起就以街区发展而著名的案例出现在纽约州的巴特里公园（Battery Park）。库伯-埃克斯塔克（Cooper-Eckstut）为一个 37 公顷（92 英亩）的地段设计了一个街道与区域布置总图，体现了城市长期以来的道路网格并采用大量建筑形成沿街立面。作为一个冒险地产项目的巨大成功案例，菲什曼认为案例的成功在于"与它取代的现代主义的开发模式相比，它是吸引人的，"虽然"它没有超越的想法"（见框图 4.2）。

对场所连续性的关注，这种方法常常显示了一种对过去的学习和探索，并常常参考传统的城市空间。这种方法中的一个重要特征是被标注了程式化的形态。

框图 4.2　炮台公园的城市方法

总体规划由库珀与埃克斯卡特（1979 年实施）负责，炮台公园已经成为北美地区持久发展的大规模城市房地产开发的范例，在曼哈顿街道网格扩展的基础上，沛纳海等人认为：

不同于超大街区和巨型结构，由一名设计师和单一开发商负责开发一个非常庞大的和投资很高的项目，这些街道界定中等尺度大小的城市街区，可容纳各种建筑师的设计方案，采取不同的开发商开发。

洛夫（Love, 2009）认为，它具有持久力。因为根据房地产开发的逻辑，将大地块分为独立的"城市街区"，具有两种主要益处：第一，它分为几个灵活的阶段，很容易适应不断变化的房地产市场。其次，采取符合居住或商业开发的最佳尺寸的街区，保证对外开放和街区四边的自由出入（例如没有分隔的墙体）。这种开发既能进行增量建设，又能吸引后续的资金。

很显然，初始的（短期的）的房地产开发（融资）是迫切需要的，但是，往往模式单一，削弱了大部分的建筑视觉、社会活力和多样性。正如洛夫认为，炮台公园的成功不仅来自建筑设计，也源于城市框架。本质上，这种做法变得程式化，为了高效率的盈利和减少风险，剥夺了生活的细节和质量。典型的缺点是：

● 统一的和标准化的街块大小，此外，正如洛夫认为，"……长期的商业规划需要灵活的分阶段实施……对每个城市街区，进行从规划再到规划的设计。"提出对许多街区尺寸的解决方案。同时，也要允许更多的开发公司参与开发。

● 街块被单一的建筑群占据，往往只有一个入口。可能的解决方法是街区内部的划分、地块开发，以及多个开发商对每个地块的共同开发。

炮台公园（Battery Park City）（图片：马修·卡莫纳）

● 重复性开发、规模过大，只能开发一定规模的城市开发。正如洛夫认为："需要多样化的建筑，单一的建筑尺度是根本问题……对单一建筑类型复制的成功，存在于波士顿的后湾，或英国，但不适合占地面积达到 35000 平方米的设计地块。"

● 零售单位规模太大，洛夫认为建筑平面布局经常是一大问题，只有"城市版本的美国大型零售商"才能填补"用于出租的空隙"，一个解决方案是制定一系列的零售单元尺寸，结合零售出租政策，为小型的零售业保留空间。

3.2 程式化形态方法

柯林·罗（Colin Rowe）是重新评价城市空间设计的一个重要人物。在罗的影响下，康奈尔大学早在20世纪60年代起就开始研究通过参照城市的历史结构和城市空间的传统模式来研究城市新区的开发（图4.22）。在专著"大学城"里，罗描述了作为"物质"和"肌理"的现代主义城市的"空间状况"：物质是在空间中自由耸立的雕塑性建筑，而肌理是背景，是建立和定义空间的连续性阵列。

运用图底关系，罗和克特（Koetter）展示了传统城市是如何与现代城市相反的：一个几乎是全白的，在大范围无法控制的空地中的实体的集聚，而另一个是几乎全黑的，在大范围无法处理的实体中的空地的聚集。然而，这并不是说给予积极性空间（"以空间限定"）或积极性建筑（"以实体限定"）的特权，而是他们认识到这两者分别适合的情形。因此，那种被期望的情形是"建筑和空间在一个持续的、没有失败者的冲突中平等共存（Rowe & Koetter, 1978）。换句话说，这就

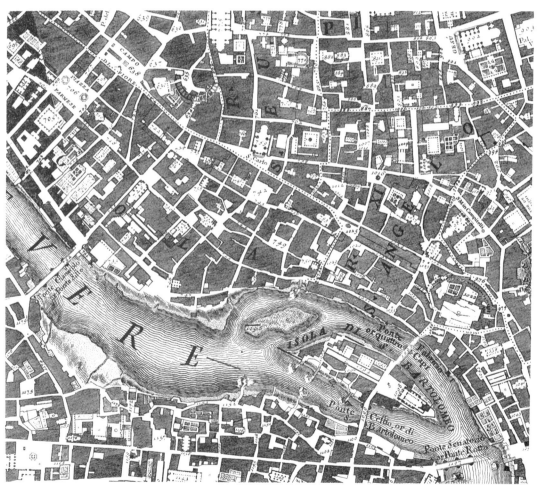

图4.22 摘自罗马诺利规划（Nolli）。柯林罗在帮助恢复使用"图底关系"的方法起了关键作用，在著名的罗马诺利地图分析中采用结构研究。图底关系的方法被教授给学生，不仅仅让他们考虑建筑，更要考虑建筑周围的背景关系。

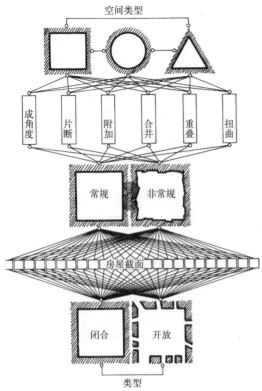

图 4.23　罗伯·克里尔的城市广场类型学。在克里尔的分析中欧洲城市空间通常可以归纳为三种主要的平面形状：方形、圆形或者三角形。这些基本的形态能够以很多方式进行改动或者调整：可以发生于自身或者与其他形状结合；可以是规则的或者不规则的；可以通过改变角度、尺度和在基本形状基础上增减而调整；可以被扭曲、切分、插入或者交叠；可以通过四周街道的墙、拱廊或者柱廊来围合，或者向环境开敞。建筑的立面形成了空间的框架而且可以有很多的形式：从实体、无开洞的砖石建筑到开口的砖石建筑：窗、门、拱廊、柱廊和完全是玻璃的立面。这些基本的形状也可以通过持续改变空间品质的各种片断来调整，每一个片段都可以在立面上进行不同的处理，这些反过来影响空间的品质。最后，相交的街道的数量和位置决定了广场"封闭"或"开敞"的性质。

是图底反转的状态（见第 7 章）。

　　另一个城市空间设计的形态学方法则来自阿尔多·罗西（Aldo Rossi）和 20 世纪 60 年代中叶的意大利理性主义学派的观念，还有随后的其他人如罗布（Rob）和里昂克里尔兄弟，罗西的著作《城市建筑学》

（1966,1982）复兴了建筑学的类型和类型学的思想。对比于通常指向功能的建筑类型，建筑学上的类型是形态学的和指向形态的，建筑学上的类型是基本原理、观念或者形态，以及在某种意义上能够以无穷变化再三复制的优秀三维样板的抽象。

　　讨论设计中的限制和局限，例如场地和项目限制常常使设计过程变得更容易，凯尔博（2002）认为对建筑学与形态学上的类型研究很有效地形式化和系统化了从经验和先例中学习的过程。类型学家声称，当设计一栋建筑或一个城市空间时，经过长期演化而来的建筑学形式相对于现代功能主义提供了一个更好的起点，目的是发现隐藏于"程序"或"技术"中的新形式。

　　历史性城市是持久型发展的源头：正如高斯林（Gosling）和梅特兰（Maitland，1984）所说的："直到被 20 世纪的灾难性的创新摧毁时，人们还以为城市已经产生了某些"类型"元素……一种极为简洁和整体的普遍解决方案，在一段时间后通过选择的无名压力作用而形成。"

　　城市类型的主要因素是"城市地块"和更多形式的变化性元素，如"街道"、"林荫道"、"拱廊"、"柱廊"等等。

　　在《城市空间》一书中，罗伯·克里尔（Rob Krier）发展了一种城市广场的形式（图4.23）。不同于西特（Sitte, 1889）和朱克（Zucker,1959）强调美学的影响（见第 7 章），克里尔将重点放在元素的几何性上。克里尔的哥哥里昂同样提出现代主义城市空间设计应根植于对传统城市空间形态和类型的偏爱上（Krier,1978a, 1978b, 1979）（图 4.24）。建筑类型也是 DPZ 的海滨开发的以形态为基础的起点（图 4.25）。

　　运用类型和类型学方法在城市设计中比在建筑群体中更容易接受。这主要与许多城

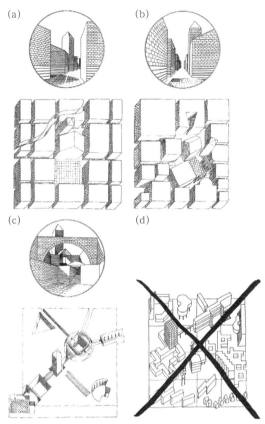

图 4.24 里昂·克里尔区分的四种城市空间类型 三种是传统城市空间,第四种是现代主义城市空间的形式。(a) 城市街区是街道和广场布置形式的结果:这一形式是可以进行类型学分类的;(b) 街道和广场的形式是街区布置的结果:这些街区是可以进行类型学分类的;(c) 街道和广场是明确的形式类型;这些公共"房间"可以进行类型学分类;(d) 建筑是明确的形式类型;位在空间中的建筑随机分布。

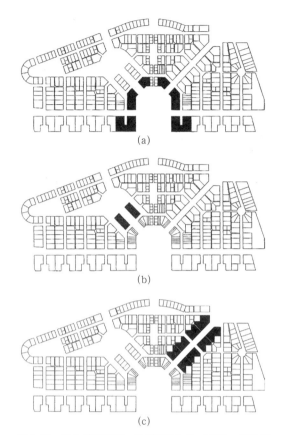

图 4.25 形态类型区划—佛罗里达海滨 (图片:摩赫尼与伊斯特林 1991)。海滨的发展是经过形态类型区划的。一个城市代码定义了九个发展类型,规划分配了每个地块一个特定的发展类型,当一个地块被开发的时候,公共空间网络形成三维的实体空间。这个图显示了三种类型。提供城市模式的预测,这个方法允许建筑细节上的多样性。

市设计被看作是间接的或"二类订单"的设计活动（见第 1 章），和在建筑设计中具有原始创新价值这两方面的考虑有关（Lawson，1980；Bentley，1999）。当在时代精神驱使下的现代主义信仰建立了一个革新与标新的思想精神时，必须要明确标新与革新的重要差别：标新意味着有新的东西出现，革新涵盖的是替代存在的更好的东西。由此，原创、创意和无尽标新的思想法则常常是混淆，而

没有达到它们各自最佳的利用价值。它们的意义在于建造更好的建筑与场所空间。

虽然很多当代的城市空间设计受到现代主义在历史和传统问题上的姿态的反作用的激发，并有着强烈的历史维度，但许多人对这种方法是持怀疑态度的。例如，雷丁（Reading，1982）就警告过工业城市的问题是真正的问题，而且：

"也许现在是应该拒绝那些现代主义

图 4.26　裙房开发——芝加哥（图片：史蒂文·蒂斯迪尔）。通常在大多数的北美城市，特别是温哥华和多伦多，还有照片所示的芝加哥，裙房塔楼的系统是能够提供诸多优点的混合城市形态。裙房的元素形成了街区周边的边界，而和底层相关，一般是 3～8 层。在温哥华，裙房开发通常达到建筑的 8 层；在多伦多，裙房要矮一些，因为规划当局不喜欢它比街道的宽度更宽。典型的裙房元素包括具有街道导向性住宅和一些商业设施，一般是用家庭的尺度和特征提供连续的街道墙，俯视街道的活动。在裙房的下面是地下停车库，上面是景观很好的私人花园。上面的塔楼建筑直接从地面或者从裙房上直接升起。

者为应对工业城市问题而演化出来的形式的时候了，仅仅通过追忆前工业城市是不能消除那些问题的。"

3.3　城市街区尺度

作为一种公共空间网络，城市街区结构带有多种可能性，与形态要素基本的类型或规范或准则相关联，并且能够提供一致的和"良好"的城市形态，而不需要有确定的建筑形式或内容，这类似于设计城市而不是设计建筑（Barnett，1974），城市街区也为其后在开发过程中的建筑细部设计留有余地。

街区模式、结构在决定交通模式发展方向、设定持续发展的参数上有着重要的作用。作为基础网络的关键要素，街区的模式和结构应该基于不同形态因素变化的不同等级的

评定。街区的尺度和形状也是重要的。在开发城市发展的新模式，或"治疗"已建立的模式时，需要建立一种介于提供充足的发展区域（如使得它具有商业活力）和有效、便利的社会循环空间之间的平衡。

微气候环境以及风和太阳辐射也是需要考虑的。例如，北方或者南方气候中的长而窄的街道在一年中的大部分时间只能获得有限的阳光渗透（见第 8 章），因此，这样一个介于环境表现和城市形式的平衡是在设计过程中必须考虑的。典型街区一般由 2～7 层的建筑构成，一般不会超过 10～12 层（这取决于街区的尺度和宽度）。在这些限制下的建筑形态可能会产生更好的结果。一个城市街区和街区周边构成的形态一致性有时阻碍其他类型的出现。例如，在特别强调朝向太阳方向的布局并限制其阴影的区域范围的情况下，一个常见的城市综合组成形式是低矮建筑与塔式建筑的组合（图 4.26）。

基于人行空间通透性和社会使用空间可达性等因素的小尺度街区和那些基于公共空间优化分布的大尺度街区之间应取得平衡（见下文）。一定变化范围而不是单个重复的街区尺度可能更有助于形成多样的建筑形式和土地利用模式。

街区尺度可以由当地的环境决定。在已建成的环境或者被污染过的土地上进行开发时，街区尺寸可以通过"城市复原"的途径推断出来——即依照现有的肌理和先前城市化残留下来的模式操作，重整孤立的碎片，以及重建（新建）与更广泛环境的联系，使交通更加便利，推动新开发与周围环境的协调（图 4.27）。

未被开发过的土地上通常很少有环境上的线索来提示合适的街区尺度。街区尺度可以通过以下方法来决定：分析具体的土地使用的要求（例如办公、居住、购物、工业）

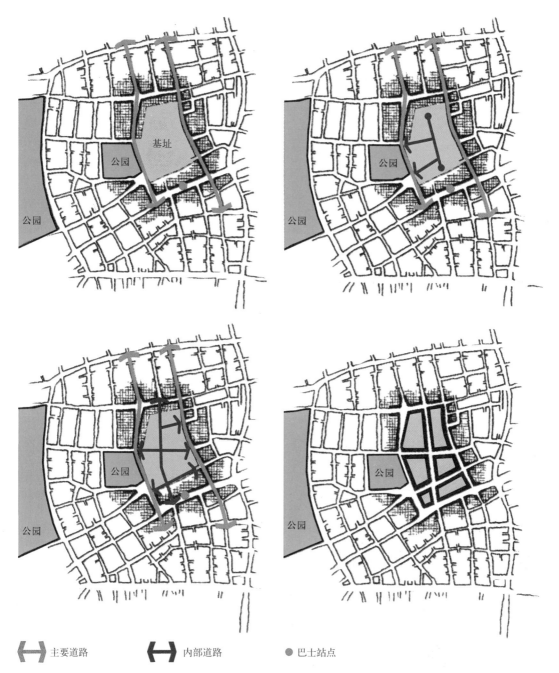

⊢┤ 主要道路　　⊢┤ 内部道路　　● 巴士站点

图 4.27　街区尺度（图片：卢埃林·戴维斯，2000）。建立街区尺度可以参照现有的交通和联系，在当地环境的肌理中进行。第一幅图考虑对基地如何与附近的主要路线和公共运输设施连接起来；第二个图说明了尽端路设计如何产生一个闭塞的、难以与周围环境结合的布局；第三幅图显示了结合周围环境，与现有和规划街道连接的对行人友好的方式。街道模式接着形成城市街区的基础——如第四幅图所示。这种方式可以被看作是"城市康复"或者"城市编织"。

或者通过以前的先例——即已经经受时间的考验发展变化而来的模式。

克里尔（1990）意识到不可能建立起比人体的理想高度更合适的理想街区尺度，他提出通过"比较与体验"的方式，可以演绎出"更易于"形成一个"复杂的城市模式"的街区尺度。他还注意到，在大多数有机发展的欧洲城市，最小的和类型上最复杂的街区通常在城市中心，越靠城市外围，街区趋向于变得越大、越简单，最后逐渐变成单一、独立的块体。

3.3.1 小型街区

小型街区经常因为其活力性、通透性、视觉趣味性和可识别性等各种原因而被提倡。因为它提供活力和提供选择，雅柯布斯（1961）

在《美国大城市的生与死》中专辟一章讨论了"对小型街区的需要"。由于小型街区能增强都市的典雅风格，克里尔（1990）同样偏爱小型街区：

> "如果选择小型街区和密集模式的初衷是经济因素，那么同样地，它们产生了一个高度城市化环境的亲切性。这样的环境是城市文明的基础，也是密集型社会、文化和经济交流的基础。"

小型街区常常既可能是一栋单体建筑，又可能是有着中庭和采光井的围合庭院式建筑。沛纳海等（2004）将这些建筑称为"纪念碑式块体"。这种街区类似独立的建筑，存在"正面"和"背面"的问题（见框图4.3）。这些街区同样有着另一种形式——设施型街

框图 4.3　巴黎的围合街区

在"连续体量"或限定空间的城市街区和自由式建筑之间的显而易见的抉择不仅仅是美学偏好问题。它们所导致的空间有不同的社会特征。正如本特利（1999：125）所言，将建筑作为雕塑式实体的观念

忽视了正面与背面的社会性区别，这一区别对于建立私密条件以及公共与私密的关系是至关重要的（见第8章）。

开发通常会因有一个面向公共空间的用作入口、社会展示和公共行为的正面以及一个用于更私密行为的背面而获益。背面应该面对私密空间和其他的背面，而公共的正面应面对公共空间和其他的正面："在这种情形下设置的私有屏障给公共空间造成了更高比例缺少活动的、空白的边缘－没有门窗等入口－形成从围合街区向独立式建筑的转变。"

（Bentley 1999）。

虽然其他开发类型的存在是可能的，围合街区会对周边街区的开发带来影响，同时，围合街区的开发有诸多显著的特色或特征：清晰的公众和私人边界，适应不同发展密度的包容性，以及既能从形态上限定又能从"社会角度"陈述城市空间的公共性立面。更为重要的是，它产生（或者导致）一种连续的街道类型。

巴黎的围合街区（图片来源：马修·卡莫纳）

区——它们是一组形成功能综合体的街道建筑群（在实际中可能是一种超级街区）。

3.3.2 大型街区

大型街区是由周边式的块体建筑围合而成。建筑的外面围绕地块的周界，并提供整个地块发展的公共前面，而私密和半私密的空间则位于地块内部。由于围合带的深度受到建筑自然采光和通风的深度的限制，这样当地块的尺寸增加时，地块中心的空间也需要增加。根据尺寸的不同，地块中心空间可被用来作各种用途——居民停车、私人花园、公共花园，以及为社区提供活动设施的场所等等。

随着地块空间的变大，地块周边提供生物多样性的机会也越大。例如，卢埃林戴维斯（2000）推荐的地块外部尺度为 90m×90m，包含有私人或者公共花园，提供有生物多样性和其他考虑方面的良好平衡。然而，克里尔（1990）质疑这些大型街区，因为它们与街道和个性化的公共生活之间有矛盾（图4.28）。

3.3.3 比较街区尺度

相较于小型街区模式，大型街区结构在建筑形式和公共空间的分配方面更为有效。这是因为在大型街区中有较少的交通空间。马丁和马奇（1972）的调查研究了不同开发模式的密度和土地使用强度，为大型街区尺度和周边式而非独立式的开发提供了精确的论证。在观察房屋的布局尤其是在服从特定的环境标准时，他们发现了围合街区比其他形式，如独立式或塔式街区有更高的土地使用密度。

通过研究位于公园和第八大道，以及位于第42和57街之间的曼哈顿中心区，马丁演示了同样容量的开发如何通过完全不同的方式来组织。设想整个街区要发展成36层高"西格拉姆"式的建筑群，他计算出了建筑面积达到的总数，然后把"西格拉姆"式建筑

图4.28　庞德巴里街区通过实践，里昂克里尔已经实施了一个新的城市街区结构，这个结构在庞德巴里开发之后被比达尔夫（Biddulph，2007）称为"庞德巴里街区"。体现原有的历史街区结构，包含马厩，中等尺度的街区，建筑都分布在周边，面对一个风景如画的街道环境。在街区的后边有停车场以提供附加的步行路线。院子里布置建筑，停车库上边是居住空间，面对内部，确保有良好的俯视效果。形成了一个渗透性很强的步行网络－即使比达尔夫（Biddulph，2007）质疑提供附加性步行系统的必要性，因为存在的街区尺寸较小，同时布局也混淆了前后原则。

换成街区，并且省略掉一些交叉的街道来扩大街区，展示了相同数量的建筑面积如何能容纳于八层建筑之中。在这样的周边式街区中可以容纳28个像华盛顿广场那样大的空间。

在马丁看来，这带来了建筑形式和公共空间之间关系的"更深远研究的问题"。例如，在西格拉姆建筑布局中的公共空间呈现出一系列交通廊道的形式，而在周边式街区布局中，这些公共空间变成了自由行走的庭院。这个例子支持了更大、更粗糙、较少渗透性的街区结构（如超大街区）的同时，也论证了必须要用三维而不是二维的方式来考虑城市结构的布局（如城市形态的可能结构）。

为调查城市模式的发展和可持续性，特别是街区尺度和交通网格，塞克斯那（Siksna，1998）研究了四个美国城市和四个澳大利亚城市的商业中心区（图4.29～4.30）。每个城市

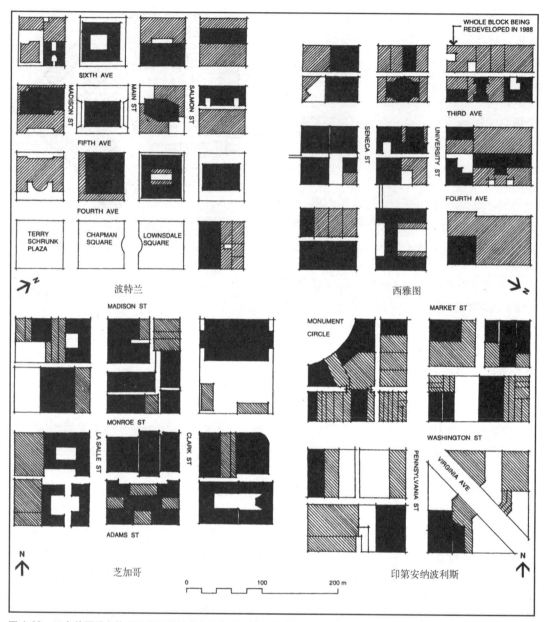

图 4.29 四个美国城市的 CBD 街区的结构和尺度（图片：塞克斯那，1998）。波兰特和西雅图（小型方形和矩形街区城市）以及芝加哥和印第安纳波利斯（中型矩形街区城市）

的规划都始于 19 世纪上半叶、汽车时代开始之前，都经过了一个半世纪的发展和演变过程。

街区和街道模式演化的两个具有内在联系的特征具有特别的影响：街区和街道模式

的持续性和交通网络的尺度。

● 街区和街道模式的持续性——通过证明它们在变化环境中的持久性，小型街区城市（波特兰和西雅图）最初的

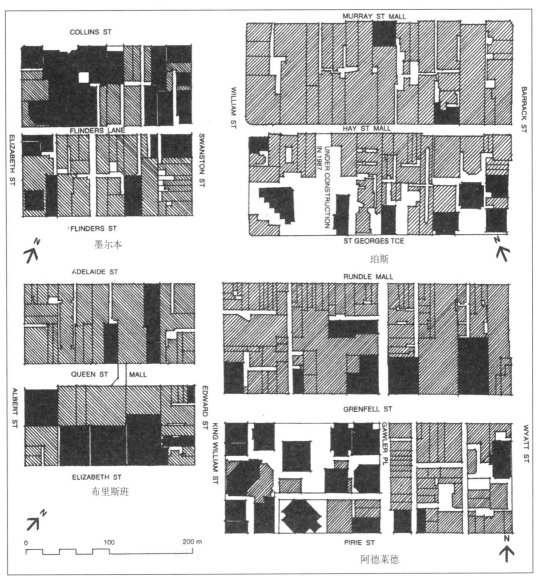

图 4.30　四个澳大利亚城市的 CBD 街区的结构和尺度（图片：塞克斯那，1998）。墨尔本和布里斯班（中等矩形街区城市）以及珀斯和阿德莱德（大型矩形街区城市）

街区和街道模式是十分完整的。中等街区城市（芝加哥、印第安纳波利斯、墨尔本、布里斯班）最初的地块和街道模式大部分保持完好，虽然有插入或删减一些小路和拱廊，如在墨尔本和布里斯班常发生的那样。尽管大型街区城市（珀斯和阿德莱德）最初的地块和街道模式也大部分保持完好，但是地块和街道模式的改变已相当明显，最初的地块被分割成小的街区，这些地块的街道模式也因为小路和拱廊的插入而被明显改变了。在阿德莱德，所有的地块被分割成了含有四到五个小型地块或亚地块的典型街区。在珀斯，它们被细分成两到三个地块街区。在这两个城市里，最初的大型地块街区尺度已经接近于其他城市的街区尺度了。

- 交通网络——关于可用于交通的面积，塞克斯那总结出占地区总面积的30%～40%是一个良好比例。所有的美国城市在它们最初的布局中已经达到或超过了这一比例，因此几乎不需要其他附加的街道和小巷。只有那些街道和小巷最初所占的比例还没有达到30%的地区需要增加额外交通空间。那些街道和小巷最初所占的比例超过40%的中小型街区被认为是过大了。通过插入更多的街道、小巷、拱廊和其他的路线方式，很多商业中心区在它们的零售节点之间都发展了细致的步行网络。塞克斯那总结出80～110米之间的交通网格是最优的选择，虽然在某些例子中，更细的步行网络（从50～70米间隔）被更密地应用到零售地块之间。虽然很多城市的机动交通网络很粗糙，但主要归因于单行道系统，小街区地块的城市（波特兰和西雅图）保留一个便利的网格尺寸（小于200米），而中、大型城市的网格尺寸通常超过300米，被认为是不适应局部交通的运行。

尽管塞克斯那的研究指出街区应朝着最适宜的尺寸演变，他认为渐进式街区变化的过程通常会克服，或者至少会减少最初规划的不足。这些变化常常通过个人或者邻近业主的积极推动而出现，而不是通过公众参与的方式。无论如何，最初的模式仍然起着指导性的作用，并伴随着某些地块街区形式和尺度随时间流逝所表现的灵活性和可变性。

4　作为场所的街道

本章最后部分讨论的是日益增强的将街道设计成场所的愿望。街道、林荫大道、林荫道等名词暗示的是在缺少"马路"这一名词时的设计要素。它们不是孤立的，而是在可持续的同一物理空间中，建议容纳和协调交通与社会空间的需要。

当需要建设"马路"时，许多评论者倡议将"街道"作为社会和衔接空间来重新使用，而不是作为分割城市的元素，强调街道与公共空间生活品质的联系性（Appleyard，1981；Moudon，1987；Hass-Klau，1990；Jacobs，1995；Loukaiton-Sideris & Banerjee，1998；Hass-Klau *et al*,1999；Banerjee，2001；Jacobs *et al*,2002）。同样地，许多机构考虑所有使用者的马路／道路设计议案。例如，反对针对高速汽车设计的街道，基于美国的完全街道运动（见 www.completestreets.org）提倡交通规划以及有工程师在考虑所有用户——包括自行车者、公共交通乘客、所有年龄和各种能力的步行者的情况下设计和运作所有道路（见 www.livingstreets.org.uk）。

注意到许多加利福尼亚城市中心如何被分割成一系列互不相关和空间受限的领域，路凯敦·斯德瑞斯（Loukaitou-Sideris）和班纳吉（Banerjee，1998）指出不是要将街道当成一个"效率交通的街道"（正如在现代主义时代那样），亦不要将之当作"视觉美观要素"（正如在城市美化时代那样），现代城市设计"应该重新发现街道作为连接体将分散市区领域缝合在一起的社会作用，或者在市中心区范围内的穿透和渗透作用。"来自于这些的多样性和选择反映了传统城市的复杂性，并且与简单的树状结构相反，它是可持续城市设计的重要理念（见可持续性插入 1）。

可持续性插入 1——多样性和选择性

环境多样性是可持续发展的原则。在自然语境中等同于生物多样性。在建筑语境中则体现为物理环境、社会现实以及空间体验的多样性。在亚历山大的经典著作"城市不是一棵树"中，他喜欢这种"半格状"独立的元素相互影响的一系列复杂的重叠关系。他认为传统的城镇随时间演变为多层的复杂性（见第 9 章）。与树状的有机结构相比，现代主义建筑仅仅采取了秩序性高、简单的形式。

选择性是城市设计的关键原则，是多样性的副产品，这意味着自由选择在流动、设施和可利用的市容设施，人们如何才能利用公共环境（Bentley，1985）。

在可持续发展方面，这需要解决建成环境破坏和减少多样化的选择，包括以牺牲行人为代价由车主导的建成区和无车的区域；市区环境将相应减少单一功能区内用户的多样性，有效排除这些公共领域的"私有化"。这些问题随着忽视老年人和残疾人的社会需求而不断加剧（见第 6 章）。

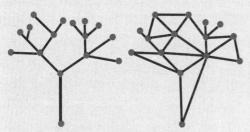

亚历山大（Alexander）的树形和半格状结构

重新引入设计的多样性和建成环境中可供选择的机会，体现关键的可持续发展目标：提倡混合使用、消除通行障碍和增加步行设计，支持多样性设计（Lang 2005：368—74）。也许最关键的是形成多样化的形态类型，将不同的空间与网络组合起来形成公共空间，城市形态将为多样性的产生与选择奠定基础，没有适当的形态，采用半格状结构，而不是树的结构—这将阻碍多样性的产生。

可持续城市设计发展模式需要能够容纳并整合各种需求以及各种交通系统的需要，从而支撑社会交往和交流。尽管城市公共空间网络作为交通网络和社会空间网络之间有矛盾性和紧张性存在，也存在一种对多用途城市公共空间网络的需要，社会与交通空间是分开的，但也可能被考虑成重叠的（见第 8 章）。

亚历山大（1965）以人车分流作为他所说的"树形"有机结构的例子以说明建造环境的过度秩序性。他认为虽然这可能是一个好办法，但是存在着"位置生态学"有相反需求的时候。为了说明这一问题，他以出租车作为例子，只有当人行和车行没有严格地分开的时候才会有效："巡回的士"需要快速交通流以便在一个相对大的区域寻找乘客，同时行人需要在任何地点招到的士，从而被载到"步行世界"的任何地点。这样出租车系统需要同时涵盖机动车和步行交通系统。

4.1 为车或人的设计

关于居住区，恩格维特（Engwicht，1999）论证到：

> "一个城市将更多的空间赋予交通，则其交换空间将变得更加稀疏和分散。交流的机会越稀少，那么使城市成其为城市的特征，即交流机会的集中，就丧失的越多。"

他建议将道路与房屋相比较：后者需要减少交通空间（廊道）以获得最大的交流空间（房间）。但是，在同一物质空间下的机动车交通空间和社会空间的结合容易引起各种各样的问题。第一个是城市主要街道阻碍了人行交通，产生了隔断和减少连接的问题。虽然地下通道和人行天桥常用来连接区域的两边，但这样的方法给行人造成了极大的不便。许多城市现在取消了地下通道，取代以

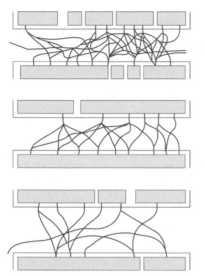

图 4.31 社会生活和交通负荷。阿普尔亚德和林特尔比较了旧金山的三条街道，它们很多情形相似，但交通量不同。在通行车辆较多的街道，人们倾向于将人行道仅仅作为家和目的地之间的路径。在通行量较小的街道，则通常有积极的社会生活，人们将人行道和街角小店当成碰头和交流的场所，与通行量较小的街道相比，大容量的街道被看成是不太适宜生活的场所。

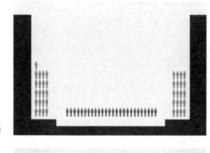

(a)

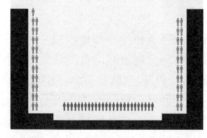

(b)

图 4.32 威廉·怀特研究了纽约中心区步行流、机动车流的流速和流动空间。在图（a）中，26000 人在 50 英尺宽的马路中坐小汽车，41000 人在路两侧 13 英尺宽的人行道上行走。对于步行者，道路两侧每侧 6 英尺有效宽度用来步行。如图(b)所示，41000 人在仅有 6 英尺宽度的步行道上行走。

地面人行横道。更戏剧性的是，在波士顿，通过将八条高速路埋入大开挖之下来解决人行隔断问题。

另一个问题是繁忙的交通阻碍了街道的社会使用性。在阿普尔亚德（Appleyard）和林特尔（Lintell，1972）的著名研究中，比较了三条旧金山街道，它们有着许多的相似点，但在机动车流量和社会使用量上有所不同(图 4.31)。

和上述这些相关的是如何惠顾机动车交通，这样考虑所导致的结果是小汽车占据了大量空间。谢勒和厄里（2000）指出汽车行驶"粗鲁地打断"了其他人对城市空间的使用，而"他们这些人的日常路线被从小径和住所之间穿过的高速交通给切断了。"（图 4.32a 和 4.32b）。同样地，布坎南（1988）抱怨公共空间经常为交通考虑而失去了它的社会功能：

> "即使形成的是街道空间，但缺乏公共空间……它们仅仅提供入口并在各种功能的区域间（甚至商店）形成边界。使得这些功能区域在某种程度上远离街道，形成明显而分散的目标。"

但是，这些问题不是不可避免的，不同的设计方法和优化方案可以达到不同的结果。但是，在提出那些不同设计方法之前，需要在行动主要方和决定制定者，特别是高速公路工程师和政治家之间改变对设计方法的态度。道路工程师有时就像宗教的原教旨主义者，如果它不被记入到手册上，那它就将不被执行。因此，道路工程师的安全性宣告应是不断地提出问题（Noland，2000；Jones，2003）。

面临的一个挑战是改变固有模式和机构部门的设计实践（Hess，2009）和鼓励高速公路工程师打破书本的条条框框，将普遍性的原则与特殊环境语境结合起来，并重点考虑整体而非局部关系。重视道路／街道设计的目标会产生好的场所。在赫伯特

(2005) 看来，这是一个"街道设计面对的矛盾"，而雅柯布斯等人提出一个很悲观的论调：

> "许多设计和规划师以及社会理论家认为现在是时候重新思考人车分行的概念了……但考虑到为迎合分离式使用者、分离式小径、分离式功能和各类因素需要的道路尺度和设计，人车分离的设计还将持续下去。"

近年来街道的场所营造的呼吁逐渐获得政府或权威部门的关注。例如，赫伯特 (2005) 描述了1985年德国的联邦政府指南的内容：

> "工程师可以舍弃部分或全部因可视扇面、几何角度和标牌等常规需要，通过表面材料、建筑围和度、街面停车、树丛、艺术和装饰等建构的环境与司机产生心灵对话……这些方法的目的是为了降低车速并且通过增强场所感来加强司机开车过程中的注意力。"

同样地，在美国，联邦高速公路管理局的敏锐设计创新部（在CNU的协助下发展起来的组织）倡议，鼓励工程师在满足他们需求的可能情况下展开用途更全面的设计。

在英国，《场所、街道和交通》(DETR，1998) 一书是基于艾伦·巴克斯特 (Alan Baxter) 在庞德巴里进行的街道模式更新的创新工作而成的。它通过对环境调研公众咨询的专业解读来寻求改变常规层级模型的方法。就像赫伯特解释到的那样，它 "…要求工程师作为城市设计的部分并且用道路来填补建筑前面的空间，而不需要一个事先已预订好的、受道路模式规范的填补性建设。" 在英格兰，新《街道手册》的出版就是新一代指南的最好例证 (DfT，2007)。重新认识到街道包含了更多的街道功能，同时具有场所性，该指南鼓励高速公路工程师开展圆桌设计并且要 "……打破以前将街道仅作交通考虑的层级式设计方法。"（图4.33）。

4.2 从交通干道到街道和林荫大道

世界范围内的城市已经在考虑改变城市道路的特征，即重新发现它们作为"街道"、"林荫道"、"林荫大道"的需要，以及重新认识它们作为城市连接体而不是分隔体的需求。就如前面所论述的，交通基础设施是城市形

图4.33 街道上的社会和运动节点（图片：DfT 2007）。《街道手册》(Manual for streets) 促进街道运动矩阵的形成，在不同的情形下，承担相关重要的功能：高速公路有高的流动作用和低的场所作用；街道相反，主要是场所作用，流动是附属的作用，主要的街道位于中度流动作用和高质量的场所功能之间。

态形成的强大发动机。但是，以道路为基础框架和以街道或林荫道为基础框架的最大不同是：道路通过注重提供停车点，是不连续的城市化，而行人友好型街道提供了更连续的城市化。

博纳莫尼（Bonamoni，1990，2005）倡导将主路改变为林荫道的工程性改变：

> "在城镇中，道路不是路线，它是多用途的空间。城镇不得不沿着高速路的边缘展开。任何物体都与驾驶者有着交流。沥青路、白色标记、常用标识都在与汽车对话。但是树木、人行道、横排停车、非沥青材料的路面和诸如此类的城市语言元素都在诉说着城镇生活和行人的理念。驾驶者不再有主宰领地的感受，他会慢下来并且融入城市生活中去。"

在这方面的一个重要先例是由艾伦·雅各布斯（Allen Jacobs）撰写的书籍。在《大街道》（1995）中，它的重要观察和论述的观点是，许多广受爱戴的城市街道可以做到既能容纳高速的车流又能容纳高量的行人流，而不需要将它们完全分离，同时还能保持场所的强烈特性。罗马的 Via del Guibbonari 大街，伦敦的摄政大街、巴黎的香榭丽舍大道和纽约的第五大街都是在高速公路设计法规下导致今日的这些街道的建筑不容易接近的例子。

在《林荫大道》一书中（Jacobs，2002），作者挑战层级模式并提出了一种替代模式："一种保持可达并在所有街道尺度上都有多功能作用的模式。"他们关注一种特殊的大街道——多方位的通道。它们强调一个伟大街道的特殊形式——多方向大道。随着平行道路服务于各种完全不同类型的交通功能，多方向大道带来了由已存在的交通连接到土地使用的主要城市街道的功能问题。中间道通行过境汽车，并被两边通行本地的汽车道

路分开。行道树既能调节道路尺度、明显减小它的宽度，又能为人行道提供更多的面积。很多道路表面可能与美国典型的商用通行带一样，不同于处在道路边缘的当地车辆通行道、人行道和树，它使得道路形成了多车道的林荫大道。建筑外立面、建筑与道路中间地带以及绿化使得它的功能不仅仅是交通穿越线，同时也提供了坐、开车、停车和运输、自行车以及公共交通的空间，为当地地产增加了巨大的价值。

世界范围内的许多城市正在探索改变城市道路特征的方法。例如，多伦多有一个"通向林荫道的主干道"项目（Hess，2009）。在纽约，西街和西边高速路被地面城市林荫道替代。在旧金山，海斯峡谷断面带受地震破坏的中央快速路被地面多车道的奥克塔维亚（Octavia）林荫道替代。曾经由简单栅栏分隔的位于美国101干道下的土地，现变成由4条车道组成的林荫大道，每个方向两条道路，由中间的绿树和矮丛分隔。在中央绿带的两旁是为地方级道路，并朝向它们的房屋和商业网点的方向。另一个在城市中将快速路移走的项目是受地震破坏后重建的内河码头（Embarcadero）快速路。它被改建成由树阵形成的可达性林荫道，包括有轻轨、人行道和自行车道，并在市场街尾端的渡口建筑前面形成了一个新的公共空间。彼得·卡尔索普也调查了这些多车道林荫道在城市新发展中的作用（Dunham-Jones & Williamson，2009）。

英国伯明翰，第一个完成每小时50英里放射形高速路的城市，也是第一个拆除它的天桥和地下通道，改为由红绿灯控制的人行横道和恢复道路人行道的城市之一（Hebbert，2005）（图4.34a和4.34b）。同样的行动在欧洲许多城市都在进行着（图4.35）。

4.3 共享空间

在更多地方的层面，要有更精细的设计来融合各种不同流动形式的需要：保护社会空间不受小汽车的危害，以及建造以人行为主且汽车可行的空间（Moudon 1987；HassKlau，1990；Southworth & Ben-Joseph，1997）。这些想法都是"共享空间"的缩影。基于咨询使用者的基础上，共享空间的目的是在同一个表面上容纳人行活动和机动车交通。这个概念同样是基于汉斯·蒙德曼（Hans Monderman）的论证，即交通的行为更容易受到建造环境的设计影响，而不是传统的交通控制设备和法规。这样，通过设计，共享空间鼓励在共享区域内商定适宜的速度以考虑其他使用者的需求。

共享空间主要包括取代传统道路优先的管理系统和设施（路缘石、线、标识、信号等等），以及车辆组成、行人、骑自行车者和其他道路使用者，并带有一个整体性的、以人为主的公共空间，这样可以将人行、自行车和小汽车的活动整合为一体。这样的例子包括"生活性街道（woonerfs）"和家庭区（Home Zones，Biddulph，2001）。在20世纪60年代末期，内科德波尔（Niek De Boer），一位代尔夫特理工学院的教授，设计街道时这样描述："驾驶者应该感觉到他们是在花园内驾驶，从而迫使司机考虑道路其他使用者。"（Southworth & Ben-Joseph，1997）。德波尔（De Boer）命名他的革新为"woonerfs"（生活的街道）。

共享空间设计的关键是降低汽车的驾驶速度，就像杜埃尼等（2000）论证的那样"解决的方法不是将小汽车从城市中移走，或是使之远离城市。美国许多具有活力的公共空间是充满汽车的。但是根据不同的道路设计，这些汽车移动得很慢。"依据规范条例设计的现代道路从某种矛盾的意义上来看是鼓励高速度和

(a)

(b)

图4.34 英国伯明翰（图片：史蒂文·蒂斯迪尔）。作为"打破内环路的混凝土箍"和营造对步行者更友好的环境的明确策略，伯明翰内环路的一段被降低，一座宽阔的步行桥被建成来连接现在的城市中心与新的公共空间"百年广场"。

图4.35 巴黎香榭丽舍大街（Champs Élysée，Paris）（图片：马修·卡莫纳）。步行道被拓宽到12～24米，报亭等被移走以确保步行者有一个干净的视线，公共领域焕然一新。

粗心的驾驶者。正如赫伯特（2005）所论证的那样："线性安全设施如白线、防撞护栏和人行安全栏杆等被结合到驾驶者的视线范围内形成一个快速轨道。……标准的由几何形体构造成的车载路增强了驾驶者的舒适感并减少了他们的谨慎意识。"共享街道则建立了行人优先的理念。它赋予行人优先权、拥有较低的车行设计速度（特别是拓宽司机的最新视野并减短刹车距离），通过设计使驾驶者感觉像是一个入侵者——感觉他们是入侵到人行道中，从而使他们更仔细和小心地驾驶（图4.36）。

共享空间计划是近几年发展起来的。就如弗楼（Pharoah，2008）所观察的，在最初的阶段，可能有90%的城市街道设置两侧的步行道，行人和道路使用者是由路缘石和篱笆即"硬质分割"分隔开，改进的设计是由明显的路面（可能是颜色）而不通过高度的变化，即"软质分隔"来分开。在更复杂的设计层面上，共享空间是机动车和行人共享同一个表面而没有明显的标注边界。

共享空间的概念不再局限于低速交通的社区街道，而是被应用到高速交通的商业区中。例如，在弗里斯兰岛(荷兰)和尚贝里岛(法

国)，这一概念被应用到一天超过2万辆机动车的交通节点上和"所有红绿灯交通优先的地方，白线和标记被去掉，取而代之的是行人与司机经过目光交流后的优先行使方式。"（Pharoah，2008）。在以上所有案例中，关键是通过道路设计来减小机动车速度从而使司机意识到小心的必要和认真驾驶的重要。视力障碍的使用者需要特别考虑，一些保护步行道的形式正被结合到共享空间的计划之中。由此其他的一些矛盾也产生了，例如老人听不到单车通过的声音。

还需要注意的是共享空间计划在一些国家的发展比在另一些国家要快许多，这是由于法律体系的原因。例如，许多说英语的国家采用过失责任系统操作，在这个系统中，过失人必须为其在交通事故中造成的损失进行赔付。相反地,其他国家采用风险责任系统。在这一系统中，汽车驾驶者和行人常常发生争执，无论是否是汽车驾驶者的过失，他都要对骑单车和行人的人身伤害和财产损失负责。

5 结语

本章讨论了城市设计的形态维度，重点在城市形态和城市布局以及强调城市地块设计的当代倾向和相互连接的道路模式。基本上，它的重点在公共空间网络和物质性的公共领域——物理设施或公共生活的舞台。这章讨论的重点是现代城市设计中的主要评判点：矛盾的、复杂的、日常社会与经济交换所需空间与交通流通的和谐性。正如扬·盖尔长时间思考的那样，城市设计首先是"生活"第一，然后是"建筑"。物理空间将由空间中可能发生的各种活动来决定。一旦设计完成，它就将限制活动的开展。最初形成的城市形态形状和结构最具决定性。如果空间被建造成全面的且适应性强的，它将能应对交通与活动的需要。

图4.36 共享空间——伦敦（图片：马修·卡莫纳）在司机需要一个完整的可预测性行为环境的假设下，一定程度的不确定性被用来刺激司机警觉；无优先的标志和边缘石以及表面图案的信号促使司机慢速行驶——就像斯特门特（Stemment，2002）所倡导的那样，在历史城市的设计中，工程师成为"关键推动者"。

第 5 章　认知维度

对环境认知的认识和评价，特别是对"场所"的认知和体验，是城市设计的一个基本维度。从 20 世纪 60 年代早期开始，关于环境认知的跨学科领域得到了发展，目前已经形成丰富的有关城市环境认知的研究。对环境意象的最初关注已经因对建成环境中的象征和意义的研究得到了补充。通过着重于有关城市环境的"场所感"和"亲临"体验的诸多研究，对环境认知的兴趣已经得到了强化。

本章主要分三个部分，探索人们怎样认知环境和怎样体验场所，首先讨论环境认知，然后从场所感、无场所和"虚构"场所的现象讨论场所的建构。第三部分讨论场所的不同和特征。

1　环境认知

我们影响环境且被环境影响着。因为这种交互影响的发生，我们必然察觉到视觉、听觉、嗅觉或触觉的刺激带给我们的有关周围世界的线索（Bell，1990）。认知包括收集、组织以及明确有关环境的信息。通常会区别收集和转译环境刺激的两个过程——"感知"和"认知"。它们并不是分离的过程：实际上，在感知结束和认知开始之间并没有明显的界限。

感知是指人们的感觉系统对环境刺激的反应（例如人类感官系统对个体声音或光线的反应）。转译和感知环境的四个最重要的功能是视觉、听觉、嗅觉和触觉，但是这些不是唯一的，我们也能感受热、平衡和疼痛感，例如：

- 视觉：支配性的感觉，视觉提供的信息比其他三种感觉的总和还要多。空间定位就是靠视觉实现的。波蒂厄斯（Porteous，1996）观察到，视觉积极而敏锐："我们看，气味和声音就随之出现"。视觉认知非常复杂，依赖于距离、色彩、形状、质地和对比度等。

- 听觉：视觉空间包括位于我们面前的东西并涉及空间中的物体。相对而言，"声音的"空间是环绕的，没有明显的边界，与视觉相反，听觉强调空间本身而不是空间内的事物视觉信息丰富，听觉缺少信息却充满感情。例如，我们会被尖叫、音乐、雷鸣强烈感染，也会因听到流水或者风吹树叶的声音而感到平静。

- 嗅觉：和听觉一样，人类的嗅觉并不很发达。然而，尽管嗅觉获得信息甚至比听觉还少，但在情感上可能更丰富。
- 触觉：在城市语境中，正如波蒂厄斯所说，我们的许多有关肌理的体验都来源于脚，以及臀部（坐下时），而不是通过手。

这些感官刺激通常是作为一个相互关联的整体被察觉和意识。只有在故意动作（闭上眼睛、堵住耳朵或鼻子）或者选择性注意的时候，某个方面才会被分离出来。虽然视觉是主导感觉，但城市环境并不只是通过视觉被认知。例如，培根（Bacon，1974）认为"变化的视觉画面"：

"仅仅是感官体验的开始；就累加的效果而言，光影变换、冷热交替、喧闹到安静的转变、开敞空间中的气味的流动，以及脚下地面的触觉特性都很重要。"

尽管非视觉的感知和认知丰富了体验，但它们始终是不发达和有待开发的。出现的文学作品多涉及多感觉环境的设计。

朗（1994）认为"声环境"的关注应该——在特殊的场合——聚焦在增加积极因素上，比如，鸟鸣声、童声、踏过秋天落叶的声音。他还认为环境的"声景""可以被编成管弦乐曲，就好像通过环境的表面材料和其中物体的种类形成的视觉品质一样"（Lang 1994）。积极的声音——瀑布、泉水等——可以掩盖诸如交通噪声之类的不和谐音。

认知（有时候与"认识"混淆）关注的远不只是观看或者感知城市环境。它还涉及对刺激更复杂的处理或理解。伊特尔森（Ittelson）区分了有关认知的四个方面，它们是同时起作用的：

- 认识性的：包括思考、组织和保留信息。本质上，它使我们理解环境。

- 情感性的：包括我们的情绪，它可以影响我们对环境的认知——同样，对环境的认知也影响我们的情绪。
- 解释性的：包含源自环境的意义和联想。在理解信息的时候，我们把记忆作为与新刺激进行比较的出发点。
- 判断性的：包含了价值和偏爱以及对"好、坏"的判断。

不同于简单的生物过程，认知还与社会和文化的"习得"有关。尽管每个人的感知可能是相似的，但是人们怎样过滤、反应、组织和评价这些感知却不相同。对于环境认知的差异取决于诸如此类的因素：年龄、性别、种族、生活方式、在某个地区居住时间的长短，以及个人生活和成长所处的物质、社会和文化环境。不论每个人如何有效生活在他们"自己的世界"里，社会的相似性、过往的体验和当前的城市环境意味着大量的人群会认同意象的某些方面（Knox and Pinch）。场所和环境的心智"地图"与意象，尤其是共同的意象，是城市设计中环境认知研究的中心。

1.1 场所意向

"环境"可以被看作是一种精神建构，一种环境意象，由每个人各自不同地创造和评价。意象是个人经验和价值观过滤环境刺激因素这一过程的结果。对于凯文·林奇来说，环境意象是一个双向过程的结果，在这一过程中，环境表达区别和联系，观察者则从其中选择、组织、赋予所见以意义。同样地，蒙哥马利（Montgomery，1998）区分了"特征"和"意象"，前者是场所的真实面目，而后者则是这一"特征"和"意象"，更明确地，后者是这一特征和每个人的环境感受和环境印象的结合。场所意向与特征通常是矛盾的，取决于占据主导地位的意向，场所较少只具备一种场所特征，相反地，它们是多元的，可能是相互冲突的特征。

为了使周边环境具有意义，将"现实"简化为精炼的表达，即产生场所意向。这些意向是局部的（不覆盖整个城市）；简化的（省略了大量的信息）；特殊的（每个人的城市意象都是独一无二的）；歪曲的（主观机遇的印象，而不是真实的距离和方向）（Pocock & Hudson，1978）。意向是场所特征与场所如何被个人所感受的组合（例如包括个人感受与场所表达）。

物质的和视觉的差异有助于产生场所意向与特征。例如，凯文·林奇讨论"可意向性"，即场所产生强烈意向的可能性。虽然场所意向形成于人脑中，它们不是凭空产生的，相反是通过外部刺激的提炼和刺激产生的。总之，它们是基于真实的场所，尽管是以部分的或简化的方式。场所本身不是唯一的刺激源，但是场所意向的形成受到场所收集的信息的影响（例如名声、媒体覆盖、故事与传说中的轶事。而且，拉夫（1976）认为环境意象"不仅仅是对客观事实的选择性提取，而且是对何者被认为是、何者被认为不是的意向性解释"。正如接下来讨论的，这是"意向性"和"现象学"的基础。

城市意象领域的重要著作是凯文·林奇的《城市意象》（The image of city，1960），这本书以认知（心智）绘图技术和对波士顿、新泽西城和洛杉矶居民的访谈为基础。林奇最初对可识别性（人们在城市中如何确定方向和自己所在的位置）感兴趣，他认为我们在脑海中把环境组织成一个相关联的模式或是"意象"的难易程度，关系到我们穿行环境的"导航"能力。一个清晰的意象使得人们"轻松而快速地四处走动"，一个"有序的环境"可以"作为广泛的参照系，行为、信仰和知识的组织者"。

通过研究，林奇发现城市定位的次旋律变成城市心理意象的主旋律。对由易于识别和易于组成完整图式的区域、地标和路径组成的城市的观察，产生了被林奇称为"可意象性"（imageability）的定义："有形物体蕴含的、对于任何观察者都很可能唤起强烈意象的特性"。尽管意识到不同的观察者有着明显不同的意象，林奇仍试图识别城市公共的、群体的意象，或者它的关键组成。

林奇认为"有效的"环境意象需要三个特征：

● 个性：物体与其他事物的区别，作为一个独立的实体（例如一扇门）；

● 结构：物体与观察者及其他物体的空间关联（例如门的位置）；

● 意义：物体对于观察者的意义（实用的或情感的）（例如门作为出入的洞口）。

鉴于意义不太可能在城市层面上以及不同人群间达成一致，林奇把意义与形式分开，根据与个性和结构相关的形态质量来研究可意象性。

通过认知地图（认知地理学）的实验，他旨在找出环境给观察者留下鲜明意象的方面，个人意象的集合将会说明公众或城市意象。经过研究，林奇总结出五个关键的形态要素－路径、边界、区域、节点、地标（见表5.1）。没有孤立存在的要素，结合起来共同形成场所的整个意向。"区域由节点构成、被边界限制、被路径穿越、被地标所突出……各元素通常是相互重叠的。"

林奇的研究也表明不存在整个环境的单一的意向，成组的意象常常在映射地区尺度的一系列层面上重叠和相互关联。因此，在必要时，观察者可以从街道层面的意象转到邻里、城市乃至更高的层面。

1. 路径：路径是观察者的行动通道（街道、公交线、运河等）。林奇认识到路径通常是意象的主导因素，其他的因素都沿着它分布、和它相关联。当主要路径缺少特征或者容易相互混淆时，整个意象会不太清晰。路径在城市意象中的重要性源于几点，包括经常使用、特殊用途的聚集、有特点的空间品质、立面特征、与城市特色近似、引人注目，或是由于它们在全部路径结构或地形学里的位置。

Champs Élysées/ 巴黎香榭丽舍大街某些路径对构建城市或者部分地区的清晰的心智地图意义重大（图片：史蒂文·蒂斯迪尔）

2. 边界：边界是线性要素，它们不被当作路径使用也不被认为是路径，它通常是两个区域间的界限或者联系部分的线性中断（如海岸线、铁路切口、开发用地边界、围墙）。林奇写道："边界也许是一些可穿过的围栏，将不同区域分隔开来；边界也可能是接缝，将沿着它的两个区域关联和衔接在一起。"最明显的边界在视觉上引人注目，在形式上连续而且通常难以穿越。边界是重要的组织性特征，特别是当它们将全部区域连接起来时，例如水边或者城墙边的城市轮廓。大多数城市都有非常清晰的边界。例如，伊斯坦布尔的意象由博斯普鲁斯河构成，这条河同时形成了城市的欧洲部分和亚洲部分的边界。对于许多沿海城市来说（例如芝加哥、香港、斯德哥尔摩），水形成了重要的边界。

英格兰韦茅斯（Weymouth）（图片：马修·卡莫纳），滨海界面是滨海城镇和城市的有效组织因素。

曼彻斯特的同志村（Gay village）（图片：马修·卡莫纳）已经形成不同于周边地区的清晰的特征。

3. 区域：区域是城市里中大型的部分，观察者在心理上有"进入"其中的感觉，和（或）在"主题上连续"的肌理、空间、形式、细节、象征、用途、居民、维护、地形等方面，有明确的形态特征。假定有一些特别的要素，但不足以形成"充分的主题单元"，则该区域只对熟悉这个城市的人来说是可辨认的，或许需要强化一些线索来创造更强烈的意象。区域的边界有可能是硬而精确的，也可能是软而不确定的，逐渐溶入周围地区。

纽约的时代广场（图片：马修·卡莫纳）。通过广场的交叉路线和集中性的活动使该地区成为城市的节点。

4. 节点：节点是参照点："是观察者能够进入的关键性地点，以及观察者来来往往的集中焦点"（Lynch，1960）。节点也许首先是连接点，或仅仅是特定用途或形态特征的"主题的集中"。作为作出选择和集中注意力之处，行动模式的连接和变化使得节点更加重要。支配的节点往往既是"集结点"又是"连接点"，既有功能也有形态意义，例如公共广场。明显的形式虽然不是本质因素，但更可能使节点格外令人难忘（Lynch，1960）。

5. 地标：地标是观察者的外部参照点。一些地标如塔、尖顶、小山等是远方的，从不同的角度和距离都可以看到，它们高高在上。另一些如雕塑、标牌、树木等是局部的，只有在有限的地点，以特定的途径才能可见。同它们的背景相比，地标有着清楚的形式和显著的空间位置，对观察者来说更容易辨认，也更可能有重要意义。林奇认为地标的重要物理特征是"独特性"："具有独特性和记忆性"。他也指出地标是形成"空间重要性"的若干要素之一，例如使该元素在许多地点可见与与周边元素对比强烈，环境的使用特点也会加强地标的重要性，例如在道路交叉口或者场所所举行的特殊活动。

1.2 城市意象之外

林奇最初基于一小部分人的抽样研究，已经被复制到不同的环境关系中。林奇认为在"每个案例"中，基本的理念是不变的，"虽然带有重要的限制条件：意象因文化和对环境的熟悉程度而大为改变"。他写道，城市意象的基本元素"在一些完全不同的文化和场所中，看起来惊人地相似，我们是幸运的"。

在按照林奇方法进行的不同研究中，关于在不同地区不同人群构建城市意象的方式，已经有了许多丰富的资料。例如，德·扬（De Jonge, 1962）发现，比起鹿特丹和海牙，阿姆斯特丹对它们的居民来说更加容易辨认。在比较米兰和罗马时，弗朗塞斯卡特（Francesscato）和梅班（Mebane, 1973）发现两个城市都非常清晰易读，但却有着不同的方式。米兰人的心智地图是由联系着城市放射性街道布局的一系列清晰连接路径构成的，而罗马人的心智则显示了内容上的更大差异性，由与城市的历史建筑、山丘和台伯河相关的地标和边界所建立。

对于林奇的发现和方法也存在着相当程度的批评。从某种程度上讲这是不公平的，因为林奇明确指出它只是一个"初步的原始框架"。有三个方面的批评特别受到关注：

1.2.1 观察者的多样性

集合具有不同背景和不同经历的人们的环境意象，其有效性受到了质疑。在发现共同城市意象可以确定，并从共同的人类认知策略、文化、经验和城市形式中显现的同时，林奇（1984）承认，在他最初研究中"故意而明确"地忽略观察者的多样性。弗朗塞斯卡特和梅班对米兰和罗马（1973）的研究以及阿普尔亚德对圭亚那城（Ciudad Guyana,1976）的研究表明，作为社会阶层和习惯使用的结果，人们的城市意象是如何不一致的。

1.2.2 可识别性和可意象性

在《何为好的城市形态》（Good City Form）一书中，林奇（1981）减少了对可识别性的强调。认为它只是种有关单维度城市体验的"感受"。在《再思城市意象》（Reconsidering the Images of the City）一文中进一步降低了它的重要性，他承认觅路对多数人来说是"次要的问题"，"如果在城市中迷路了，人们总是可以问路或者看地图"（Lynch, 1984）。他质疑可识别性环境的价值："如果人们对他们所处的位置有一个鲜明的意象，他们还会在乎什么呢？他们难道不会因为惊讶和神秘而感到兴奋吗？"。这就引出了可意象的环境和人们喜欢的环境之间的区别这一问题（接下来会讨论）。DeJonge（1962）在荷兰的研究显示，人们喜欢"混沌的"环境，而开普伦（Kaplen, 1982）则强调对环境中的"惊讶"和"神秘"的需要。基于时间维度上的与场所含义（秩序）与"参与"或从事（复杂性）的环境偏好框架（图5.1），他们认为

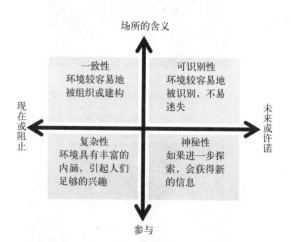

图 5.1 环境偏好框架（图片：摘自开普伦与开普伦1982）。他们表明"一致性"，"可识别性"，以及"神秘性"作为环境的信息元素，有助于人们对特殊的物理环境的偏好。环境的一致性（场所的含义）与复杂性（鼓励参与）有助于获得客观的评价。长远地，可识别性与神秘性将有助于进一步地探索。

环境的场所感是不充分的，我们将寻求时机扩展水平轴，即寻求与培育参与的潜力。

1.2.3　意义和象征

也有观点认为应更加注重城市环境对人们意味着什么，以及人们如何感受它（情感维度），如同心理意象的建构一样，林奇的认知地图技术往往忽略了这些问题。通过鉴别在城市环境中建筑和其他元素被感知的四种方式，阿普尔亚德（1980）扩展了林奇的工作：

- 通过它们的可意象性或者形式特征；
- 通过人们在城市周围活动时的可见性；
- 通过作为活动场景的角色；
- 通过建筑的社会意义。

戈特德伊纳（Gottdiener）和拉戈波罗斯（Lagopoulos, 1986）认为在林奇的研究中，"表意"——地点，人和事物被赋予代表性意义的过程——被简化成对物质形式的感性认识，损失了很多重要的元素，例如环境的"意义"以及人们是否喜欢它。尽管林奇（1984）将意义放到了一边，他承认它们"总是"悄悄潜入，因为"人们会不由自主地把身处的环境同他们生活中的其他部分联系起来"，由此得到这样的结论：与城市环境联系紧密或由其引起的社会和情感"意义"，至少和——经常是更甚——人们意象中的结构和形态方面一样重要。

1.3　环境意义和象征

所有的城市环境都包含符号、意义和价值。对"符号"及其意义的研究以"符号语言学"或"符号学"为人所知。艾可解释道，符号学"研究所有的文化现象，将它们看作符号的系统"。世界充满了"符号"，被解释和理解为社会功能、文化和意识形态。在费迪南·索绪尔（Ferdinand de Saussure）之后，创造意义的过程被称作"表意"："signified"是所指，"signifier"是能指，而"符号"则

建立它们之间的连接。一个符号代表着其他的东西；例如在一种语言中，一个单词代表着一个概念。符号被区分为不同的种类：

- 图像符号：与对象有着直接的相似性（例如一幅绘画作品）。
- 索引符号：与对象有着材质上的联系（例如烟预示火）。
- 象征特号：与对象的关系更加任意，本质上经社会和文化系统建立（例如古典柱式表示"庄严"）。

正如在规范化语言中单词具有约定的意义，非言语符号的意义同样产生于社会和文化传统，但在解释后者时会有更大的灵活性。意义随着社会的改变而改变。建成环境的意义随着社会价值观的发展而改变，以适应变化中的社会经济组织模式和生活方式（Knox, 1984）。

符号学的一个关键概念是意义的分层。第一层或者"第一级"的符号是外延的，意谓物体的"首要功能"，或者可能的功能（Eco, 1968）。"第二级"的符号，或者"次要功能"是内涵的，其本质是象征的。我们能够区分物体直接功能的使用和以社会方式对它们的持续理解。因此，结构或者建筑元素具有第二级的、内在的意义：例如，一个用意大利大理石建造的多立克式门廊（首要功能是遮风避雨）与用粗糙的锯木建造的门廊相比，有着不同的"象征功能"或者意义（图5.2）。

艾可（1968）指出次要功能可能比首要功能更重要。例如，一张椅子的外在功能是可以坐在上面。然而，如果它是王位，就必须使之显得高贵。内涵在功能上可以变得如此重要以至扭曲了基本功能因为意味着"君王"，王位"通常要求坐在上面的人笔直而不舒适地坐着……因而坐着一个几乎不尊重首要功能的人"（Eco, 1968）。

第二级意义使物体间产生分异，正如戈

图 5.2 美国马里兰州湖地 (Lakelands, Maryland, USA, 图片：史蒂文·蒂斯迪尔)。除了提供庇护的主要功能外，门廊能界定"社区"与"社会"的界限。新城市主义的发展是基于"过去历史上的社区理想"。胡达伟(Huxtable, 1997) 认为通过"将社区的定义简化为一种浪漫的社会美学的符号 − 前廊……它们能避免成为城市化中的部分问题。"但是，虽然门廊作为"社区"的符号，它们也具有实用的功能（使用价值），可以帮助促成邻里的联系。

特德伊纳（2001）指出："消费者商品的制造者都非常相似地使用符号或标识来获取产品的差异性。"商品的成分不止于材料性质，我们同样消费它们的"理念"及其对我们的导向。"理念"变得比商品本身更重要——例如，开

发商出售令人向往的"生活方式"意象而不是房子（Dovey，1999）。所以说，经济和商业力量极大影响了对建成环境象征意义的营造。

因为环境、景观的意义都是被诠释和生产出来的。所以关于物体中或者观看者意识中的意义的程度存在着争论。很明显，对多数人来说，特定元素的意义是相对固定的。诺克斯和平奇（2000）记录了由所有者或生产者经过建筑师、规划师等传达的"意向"信息和"环境消费者""接收"的信息之间的差异。有关建筑的意向性和被感知意义与其象征性意义之间的差异，涉及巴尔泰斯（Barthes，1968）所讨论的"作者的死亡"，即基于"拟态"——图像、文字或者实体（或者建筑作品）被创作者（建筑师、赞助商）赋予确定讯息——提出意义系统的那些作者的象征性死亡。对巴尔泰斯而言，读者在阅读过程中不可避免地建构了新文本。因此，阅读一处环境包括理解它对不同的人如何有不同的意味，以及意义是如何变化的。相应地，建成环境的许多社会意义取决于观众，以及建成环境的发展商、建筑师和管理者所持的"观众"概念（Knox，1984）（见图5.3）。

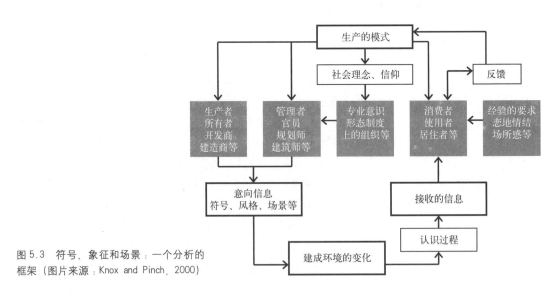

图 5.3 符号、象征和场景：一个分析的框架（图片来源：Knox and Pinch，2000）

建筑与环境的象征性角色是社会和环境之间关系的关键部分。许多注意力聚焦于环境如何表示、传递和体现权力与统治的模式。根据莱斯威尔（1979，Knox，1987）的分析，"权力的信号"表现于两种方式：通过"敬畏策略"，即用"权力的庄严""胁迫"观众；和"仰慕策略"，即用"壮观的"设计感染力来"取悦"观众。如诺克斯（1984）所言，这种象征化的来源是随时间而变化的——从王权和贵族，到工业资本，到如今的"大政府"和"大公司"——目的总是一样的："借助某个可以凝聚情感的实体，为某种意识形态或权力体系提供理由"。

尽管如此，对一些人来说，大的办公街区象征财政力量和影响；对另外一些人来说，则象征"集体贪婪"。政治和经济权力并非唯一被传达的信息，因为反意识形态的因素产生它们自己的象征体系和环境。

诺克斯（1984）认为建成环境并非只是不同时代的个人、群体和政府权力的表现，也表现了维持主导权力系统的方式。事实上，权力的表达通常是公开的，许多极权主义者或者帝国或殖民政权利用建成环境来象征政治权力（Saoud，1995）。

但是权利的表达不总是这么直接的，象征主义可能"涉及'谦虚'或'卑微'的建筑主题，或者采用故意误导的信息，达到用于维护社会和谐的目的"（Knox，1987）。杜可斐（1999）认为"权利的结构与表达与日常生活框架结合得越多，它们被质疑有效性的可能越少"。他认为："权利行使是多变的，具有弹性，权利善于隐藏自己，如变色龙般，权利的尺度决定面具的选择"（1999）。

但是，这种做法是危险的，因为它将导致一维的设计观，将产生仅仅是符号的创造，符号价值远远超过使用和设计的价值，即主要关注表面意义而忽视功能（Evans，2003）。

1.4　符号与现代主义建筑

在承认建成环境的象征意义的同时，建筑中的现代主义者抛弃了其在装饰形式中的展现。如瓦德（Ward，1997）所说，现代主义建筑不承载比自身"现代性的宏伟宣言"更多的联想。普遍应用的"现代式"超越了国家和地方文化，适宜在任何地点复制——希契科克（Hitchcock）和约翰逊（Johnson，1922）将之以"国际风格"介绍到美国。

虽然现代主义者抛弃了象征的一种形式，他们还是不能完全消除它。建成环境的所有元素不可避免地是象征符号。在罗伯特文丘里影响深远的著作《建筑的复杂性和矛盾性》（1966）一书中，他挑战了国际风格的极少主义和精英主义，以及现代主义建筑中象征和意义充当的角色。在随后的著作《向拉斯维加斯学习》（1972）中，罗伯特文丘里等确立了三种外在表达建筑的功能和意义的方式：

- "拉斯维加斯式"：在"小建筑"前放上"大符号"。
- "装饰过的车间"：设计有效率的建筑，然后用标志物把外立面全部包上；
- "鸭子"：让一个建筑的整体形象表达或象征其功能（意即，一个肖像的符号）。

罗伯特·文丘里等人指出，大多数 20 世纪前的建筑都是"装饰过的车间"，而设计来表达内部功能的现代主义建筑则是"鸭子"（见第 4 章）。受罗伯特文丘里观点的影响，新的"后现代主义"建筑观念浮出水面，通过建筑师探索人们从环境中获取意义的途径的多样性，强调文体多元论以及布景的、装饰的和背景的属性。从 20 世纪 70 年代以来对建筑象征有了更大的兴趣和更多的应用。因此，许多后现代建筑成为不同视觉风格、语言或代码的拼贴，暗示了大众文化、技术、地方传统和背景。

与理性主义通用的意义相对比，杰奈科斯（Jencks，1977）认为后现代主义是"多价值的"，向许多不同的意义和阐释开放。这一改变在建筑文献中引起了很大争论。

因为它使用具有明确象征意义的已有形式，许多后现代建筑被划为"历史主义"建筑。詹姆士（Jameson，1984）提出将这一分类再分为两种：一是"戏拟"，就是对古老风格的模仿，对此，瓦德（1997）指出，它还是具有一定的批判性的，带有"嘲笑的成分而不是简单地窃取传统"，另外一种是"炒杂烩"，一种"中立活动"，没有"戏拟"的隐蔽动机，而代之以"用一种死语言言说"（Jameson,1984）。杰奈科斯（Jencks，1977）区别了"纯粹复兴"和"激进折中主义"，前者因为只是简单重复而非挑战传统而有疑问，后者是对多种风格和参考反讽式的混合，对传统和建筑表现出更多的批评姿态（Ward，1997）。虽然历史主义的影响既可以是反讽的也可以是诚恳的，戴维斯（1987，Ellin，1999）认为，因为忽略所引用时期的意识形态含意和宗教含意，可以认为历史主义的建筑师和规划师事实上是反历史主义的："他们喜欢田园牧歌象征的历史，而不喜欢真实的历史"。

2 场所的社会建构

在讨论了环境认知（认识）以及城市环境中意义的产生之后，本章的第二部分将会讨论在城市设计中一种特别重要的意义—"场所感"。场所感一词通常以拉丁概念"genius loci"成来讨论，意为人们能够超越场所的物质或感官属性来体验事物，能够感受其赋予场所的精神（Jackon，1994）。无论有多少深远的变革，"genius loci"或场所精神常常得

以留存。许多城市和国家在重大的社会、文化和技术变革面前都始终保留着它们自身的特性（Dubos，1972，Relph，1976），因此，虽然受制于经常性的变化，场所的基本特征仍延续着。随着时间的进化，场所的管理与控制方式将影响场所的意义。

在拉夫看来，经历这种变化而依然保存的场所精神是"微妙的"、"模糊的"，不能简单地用"表面和概念性的术语"进行分析，但仍然是"非常明显的"。从更商业化的角度看，西尔库斯（Sircus，2001）把场所意识或场所精神比作商标，意味着对质量、连续性和可靠性的期望：

> "每个场所都潜在地是一个牌子。完全与迪士尼乐园和拉斯韦加斯一样。巴黎、爱丁堡和纽约这些城市本身就是它们自己的品牌，因为每个场所从视觉上、感受上和城市所传承的传说或历史中都显露出一个清晰统一的意象。"

道路形态和用地边界形成重要的持续性的物理特征。在变化中认识和辨别稳定元素的特征，区分出稳定性和非稳定性元素－前者是特征和特性一致性的衡量手段（见第9章）。虽然场所和城市空间的特定类型通常比单体建筑更具持久性，一些建筑物－尤其是非常重要的建筑历史悠久，有助于在场所内部感受时间感（见第4章）。

为了体现和表达"社会"和"公共"的记忆，场所的物理特征和物质性能既提供可触及的时代变迁的轨迹，又能有助于了解场所意向与特性。场所的物理特征使场所的含义有形化，使经历了时间进化的场所提升了特性。正如布兰德（1994）表明的："老建筑体现历史……我们可以瞥见前几代人的世界。"虽然建造环境是非触及的，但是对场所意向和特征表达很重要。途安（Tuan，1975）认为过去的公共含义不能代表如今的想法，"除非这

些事物是能看到的或触摸到的，即能够直接感受的"。

2.1 场所感

蒙哥马利（1998）着重指出城市设计师们面临的难题：想象一个成功的场所并感受它的成功是相对直接的；但是要辨识其为何成功以及类似的成功是否可以在别的地方产生则要困难得多。接下来将讨论场所感，在一个更广泛的理论框架参考下，最后的段落将论述非场所的概念和"虚构"场所的现象。

从 20 世纪 70 年代开始，人们对人与场所的联系的分析以及对场所概念的兴趣日益增长。这常被归为"现象学"，根据埃德蒙·胡塞尔的"意向"观，"现象学"旨在将现象描述和理解为人类意识接受"信息"和反馈于"世界"的经验（Pepper，1984）。因而，场所意义根植于其形态背景和活动。它们并非场所的属性，而是"人类的意向和经验"（Relph，1976）。因此，"环境"所体现的是我们对其主观建构的功能。

杜可斐（1999）把现象学看成是理解场所的一种"必要但有局限性的"途径，这是由于对长期生活经验的关注包含了对日常生活经验的社会结构效用及其理想性，有"一定的盲目性"。哈贝马斯（Jurgen Habermas）有效地区分了"生活世界"、场所经验、社会融合和"社区行为"的日常世界及"体系"：国家和市场的社会及经济结构（Dovey，1999）。现象学倾向于关注前者而排斥后者。

爱德华·拉夫的书《场所与无场所》（Place and Placelessness，1976）是最早导向现象学和关注心理和经验"场所感"的著作之一。拉夫指出，不管如何"无定形"和"难以感觉"，无论我们何时感受或认识空间，都会产生与"场所"概念的联系。拉夫认为，场所是从生活经验中提炼出来的意义的本质中心。通过意义的渗透，个体、群体或者社会把"空间"变成"场所"：例如，作为天鹅绒革命（Velvet Rovolution）的中心地带，文西斯劳斯广场（Wenceslas Square）对布拉格的市民来说具有特殊的意义。

"场所"概念常强调"归属"感和与场地的情感联系（见第6章）。场所可以用"根植"和对特定场地的联系或特性的有意识感知来理解。植根是指对场所的一般无意识感知：阿蕾菲（1999）指出这是"人和场所最自然、最质朴和最直接的一种联系"。在拉夫看来，这意味着拥有"一个安全的放眼世界的起点，一种对自己在事物秩序中所处位置的清晰把握，尤其是与某个地方的重要情结"。

一般而言，人们需要身份感，以及归属于一个特定的区域和(或)团体。克朗（1998）揭示"场地为人们的共同经验和时间的连续性提供了支撑点"。每个个体都要通过物理分离或差异性所获得的个体特性，以及（或）进入某个特定场所的感觉，表达对集体或场所的归属感。设计策略可以强调这些主题（见第6章）。诺伯格－舒（1971）认为"进入内部"是"在场所概念之后的首要目的"。与此相似，拉夫（1976）提及"场所的本质"存在于"内部"区别于"外部"的偶然的无意识经验。他用"自己人"(insider)和"外人"(outsiders)的概念区分场所特性的种类（见表5.2）。

2.2 领域性和个性化

内部——外部的概念最易用"领域性"一词来理解。人们通过创建一个有排他性边界的领域在形态上和心理上来界定和保护自己（Ardrey，1967）。由于人们通过区分"内部人士"和"外人"来构成群体和彼此，领域性时常成为"塑造当地居民行为和态度"

经验的内部	有生命力和动态的场所，充满已知的意义和无需反思的经验。
感性的内部	记录着和表达着创造和生活于其中的群体的文化价值和经验的场所。
行为的内部	周边环境支配着建立该地区公共或一致性认知基础的自然景观和城市景观质量的场所。
偶发的外部	选择性功能最为重要并且其特性比其背景更为重要的场所。
客观的内部	
场所的大众特性	特性或多或少都预先由大众媒介产生并且远离直接经验。这种特性是肤浅的、受操纵的，它同时破坏了个体经验和场所特性的象征意义。
经验的外部	表达着一种已失去了并且现仍无法获取的复杂情况的场所性；场所永远是偶发事件，即使本身存在也是偶发性的。

（资料来源：拉夫，1976）

的"特殊社会环境发展"的基础（Knox & Pinch，2000）。

个体认同是和在其在环境中盖上特殊印章的"个性化"联系起来的。它通常发生于公共（群体）领域和私密（个体）领域的临界点或者过渡区域，并且使之清晰。在此，小尺度的细部设计有助于空间的象征意义或划界。私密空间的个性化体现着品味和价值取向，并且几乎不受外来的冲击。公共领域的可视元素的个性化向更广泛的团体传达着这些品味。一般说来，环境是由他人设计和建造的，但每个人通过布置家具、改变装饰、绿化庭园，适应并改变着既有的环境。

梅西（1999）确立了三个有助于人们和群体认同的设计策略：

- 环境的营造反映并基于设计者对人们和群体的价值观及行为的深层认识，并且，环境特征对于他们的认同是至关重要的。这需要认识由设计者和使用者的隔阂产生的困难（见第12章）。

- 未来使用者参与环境的设计。这同样需要认识到设计者和使用者之间的隔阂（见第12章）。

- 环境设计能够被使用者所修改和适应赫尔曼·赫茨伯格（Von Meiss，1990：162）提倡"建筑的宜人性"，使大规模生产适应我们对个性的需要。这又

涉及了耐用性，以及为相对持久和短期城市环境元素变化的不同时间范围的问题（见第9章）。这也需要在设计的过程中考虑到群体和个体个性化的潜能（Bentley，1985）。

2.3 场所的维度

"场所"这一含义区别于其他场地的外延含义，是由个人或群体与空间的相互关系产生的。然而，场所感却不止于此，林奇（1960）把"场所特性"简单定义为提供"个性或者区别于其他场所的差异性……被确认为可分的实体的基础"。拉夫却认为这仅仅承认了每个场所都有自己的"唯一地址"，但没有解释它是如何产生特性的。他认为"物理环境"、"行为"和"意义"组成了场所特性的三个基本要素，场所感并非存在于这些要素中，而来自于人与它们的互动（例如现象学的因素）。

荷兰建筑师凡·艾克（Aldo Van Eyck）在他著名的场所描述中强调："不管空间和时间的意义是什么，场所和事件只会有更多意义。这是因为在人的意念中，空间表现为场所，时间表现为事件。"事件对场所的冲击可以很明显地从同一个体育馆空座时和因有体育盛事而满座时的强烈对比看出来。

坎特（Canter，1977）曾经从拉夫的工作得出这样的结论：场所是"活动"加上"物

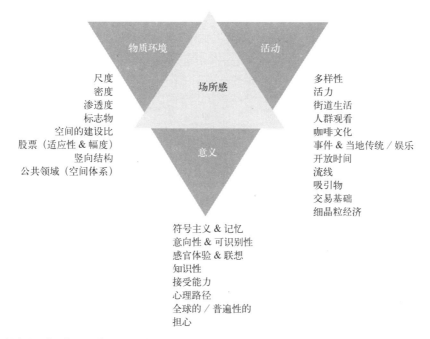

图 5.4　场所感（图片：蒙哥马利 1998）。蒙哥马利的图表表明了城市设计活动如何能够创造和增强潜在的场所感。

质属性"加上"概念"共同作用的结果。在坎特和拉夫的理论基础上，庞特（1991）和蒙哥马利（1998）把场所感的构成放到城市设计思想里面（见图 5.4）。这些图表说明了城市设计活动是怎样建立和增强场所感的。虽然简化和组织场所的概念和场所感是有用的，我们必须很仔细地不能简化或减少场所概念的含义——真实的场所是复杂的和散乱的。

任何人的场所概念都可以和拉夫提出的组成要素有所不同。场所的形态意义常常被过分渲染，而活动、意义对营造场所感同等重要甚至更为重要。

特征密切地与记忆相关，海登（1995）将城市景观看做社会记忆的"仓库"。在Edward S. Casey 的逻辑中，"场所记忆"是：

"作为经验的容器，构建场所的一致性，有助于加强内部记忆的影响力"

（Hayden，1995）。

对于海登，场所记忆：

"概括人类能力将人工与自然环境结合起来，交织形成文化景观。它是历史场所，有助于市民反思过去，场所引发记忆。对于内部人，他们分享着共同的历史记忆，与此同时，场所将过去也展示给目前对他们感兴趣的外部人。"

从时间的角度，场所的物理尺度短期内是最突出的，长期以来会被活动和事件所替代，这些改变如何随着时间而变化（例如场所的社会文化尺度）。途安（1975）认为，场所经验与时间有关：

"想了解一个地方，需要长期居住和深入参与。可能通过一次短暂的访问感受场所的视觉质量，但不理解在一个严寒的清晨空气中的气味，穿越狭窄的街道，在宽阔广场上回响的声音，或是在八月，运动鞋走在灼热的马路上，以及炎热天气下被炙烤而变软的自行车轮胎。"

虽然某些特殊部分或元素可能是极具影

响的，场所特征（场所感）是该场所整体的塑造，而不是特定片段或元素。场所感不是任何特定的一部分，而是将元素组合成更大的整体。例如建筑是场所的一部分——但也只是场所感的一部分。杜可斐（2010）将场所描述为"组合体"，认为：

"场所感或场所的意义不存在于实质的城市形态中，也不是直接添加到场所上的，而是整合到组合体中的……将场所作为组合体来看待，可以避免使场所流于文字、物质性或主观体验。我们能够称之为"场所感"实际上是一种连接或跨越这种物质性／表达维度的现象"。

对他而言，整个场所体验由各个部分之间的相互作用构成，包括活动、形式和含义。

同样地，场所特性跨越地界线存在。事实上，地界线往往与体验性的场所感完全无关——我们以整体的方式体验城市场所，场所特性来自于拥有不同利益的独立所有者开发、拥有和管理的各种物业（以及它们之间的空间）。建筑物本身委托具有各种不同动机的建筑师设计，并且在范围广泛的各个时期设计和开发。因此，场所感可以被视为一种共同的或集体的财产资源，而且像所有此类资源一样，很容易受到"公地悲剧"的影响（见第6章）。

尽管城市设计师无法以简单化的或决定性的方式制造场所，但他们可以提高"场所潜力"——人们把一个空间视为一个重要的和有意义的场所的可能性。第6章和第8章将讨论场所的社会性和功能性的维度。

可持续性插入 2- 独特性

具有支持作用的本地独特性将全局可持续性日程和城市设计的本地场所营造环境紧密地联结在一起（见第3章）。它还与实现其他可持续目标密切相关：细致的管理工作，因为现有建筑物的保存是一项随时间推进的管理和维护流程；满足人类需求，因为对场所的感知与熟悉的和被珍视的局部景密切相连；以及弹性，因为独特性不可避免地要求人造景观与自然景观的长期价值（见第9章）。它还代表了通过涵盖重要建筑物、城市景观以及自然景观的保护和提升的立法进行的渐进型规划系统的一个关键的目标。

从根本上而言，独特性就是关于保护和提升与场所有关的特点（Clifford & King, 1993），因为（如菲利普斯 2003 所述）场所往往可以看作具有独特的地理、物理和环境特征的构建物，同时结合了社区的原始形式和目的中体现出来的独特的文化氛围以及此后随着时间的推移，人类在相互关联的各个部分中的干预。

其结果就是，在建筑设计、空间组成、用途混合以及空间布局方面具有独特特征的环境，就像生态系统一样，一旦被破坏，就很难再修复。以上说法的含义并不是指任何改变都是不适当的，并且应当抵制的——环境的独特性可能存在于负面和正面两方面——而是指为保持可持续性，应当采用预警原则（Biddulph, 2007），同时认真考虑确定特殊部分在哪里、抵制均质化的压力并且确保跨越所有尺度进行新的开发，尊重和提升已经存在的最好的和有效的部分，而不是持续白费力气做重复的工作。

2.4 无场所

场所感的建立往往和某种内在价值联系在一起，而无场所则常常相反。斯特恩对奥克兰的否定："这里没有那里"（There's no there here），恰如其分地把握了这一点。然而，对"无场所"概念的评价能够为城市设计提供一个参考的框架。拉夫（1976）在研究场所的"不真实性"时并没有包含"无场所"，他将其定义为"不经意地彻底消除有特点的场所"，和"标准景观的建造"。

"无场所"似乎表达了意义的缺席或遗失。深植于"遗失的陈述"（Arefi，1999；Banerjee，2001），对无场所的结果产生了越来越多的关注。当前无场所现象的产生被认为有许多原因，包括市场和管理途径（见第3章、第10章、第11章）这里将会谈及三个相关的过程：全球化，大众文化的出现，根植于特定场所（或地域）的社会、文化联系的迷失。

（1）全球化

许多关于场所意义的同质化和遗失的趋势都和全球化以及因改进了信息手段（物理上和电子上的）而产生的全球性空间相关。全球化是一个多方面的进程，在这个进程当中，随着规模和标准化的集中决策的经济开发，整个世界的联系日益紧密。地方与全球之间变动而问题丛生的关系对场所意义的产生隐含着重要作用。卡斯特尔（1989）曾在"主宰着场所的历史性空间"的"空间流动"的产生中提到信息产业的影响，对Zukin（1991）而言，能够转移的"全球资本"和不能够转移的"地方性社区"有着基本的对立平衡关系。而哈维（1997）认为资本不再与场所有关："资本需要更少的工人，且大部分能够在世界范围流动，并可随意遗弃有问题的场所以及人口"。地方的命运逐渐地由遥远

的、莫名和客观的经济力量所决定。诺克斯（2005）认为，在创造"快餐式世界"后，全球化使世界变得一样。"一个不断变化的世界，更多的场所产生比看上去更多的改变，场所感越弱的空间，越难维持公共社会空间"。

全球化有着不同的作用。恩特里金（1991）提出两个可能的设想："汇聚"、由景观的标准化产生的一致性；"发散"，不同的元素保持文化和场所特性的差异性。

但情况也许更为复杂。金（2000）提出由于植根于地方背景，城市设计"在全球化的表达与地方性的提升与促进之间是断裂的"。他更进一步指出全球化贸易如何依赖"导致地方文化的丰富性倒退甚至毁灭的商业化"，但是，杜可斐（1999）却反驳道，因为城市文化的地方差异对全球市场策略有吸引力，全球化"不是简单地消除城市之间的差异，同时也鼓励着这些差异"。

（2）大众文化

伴随着全球化而来的是"大众"文化，它出现于大规模生产、交易和消费的过程。"大众"文化使文化与场所同质、标准化，凌驾、驭逐甚至毁灭地方文化。根据克朗（Crang，1998）的看法，许多对于无场所的忧虑能够阐释为对地方性——假定它是来源于并产生地方特性的文化的"真实"形式——正被强加于地方的大规模生产的商业形式所取代的担心。在拉夫看来：

> 这些都是"由厂商、政府和职业设计师们制订，通过大众传媒引导和传播的。它们并非由公众所开发和制订的。统一的产品和场所为假设有着统一需要和品位的人们而产生，或许，反之亦然。有时，这个过程就是刻意制造同一性，复制在其他地方行之有效的模式——例如，公式化的唐人街在世界各地许多城市纷纷出现，或者通过相同的国内和国际品牌克隆主

要街道的经营模式（《新经济基础》，2004）。

（3）领域（联系的）迷失

无场所也是对我们所关心环境的遗失或缺失的一种反应。像这样排斥领域的场所促进了拉夫所定义的"有关存在的外部"的产生：由于没有归属感，人们不再关心他们所处的环境（Crang，1998）。奥格（1995）比较了由"约定性唯一"支配的"非场所"——个体或小团体通过特殊的、有限的相互作用与更广泛的社会相联系——和有着"有机的社会性"的"场所"，在此人们有着不仅仅为当前功能目的服务的长期关系和相互作用。

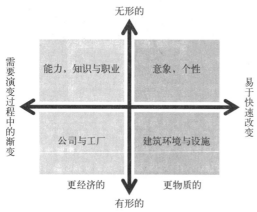

图 5.5 空间区分的经济的与物质的方式（图片：Turok，2009）。

图 5.6 内港，巴尔的摩内港（图片：Doshik Yang）。自从 20 世纪 70 年代和 80 年代以来，巴尔的摩的内港已经逐渐发展为闻名世界的休闲性空间。（Yang，2006）

在考虑到"无场所"社会的发展，梅罗维茨（1985）强调从栖于特定地区的文化向一个更流动社会的转变。由于"兴趣"社区取代了基于场所的社区（见第 6 章），流动和信息技术对"场所"和"社区"概念有着史无前例的意蕴。克朗提出今天几乎没有什么文化还保留着"场所界线"，过去的地理上的联系可能更应归因于通信和交通的局限性而非其他基本关联。如果是在这种情况下，他总结道，"场所的遗失"无关紧要。

3　场所的差异化

对场所和无场所标准化的一个响应就是通过设计精心打造（或发明）场所特殊性和差异化。这与提升局部特殊性相关，但又与之有细微的差别：局部特殊性应当来自于内部；而场所差异化则通常来自于外部。保护应当能够实现场所差异化和局部特殊性，然而，正如滕布里奇（Tunbridge，1998）和阿什沃思（1998）等评论人员所争辩的，其悖论在于当代的保护行为往往会导致历史场所的均质化（Gospodini 2002，2004）。

与城市经济结构相比，实体景观往往对于变化更具响应性，而且也可及时修正。活动在一定程度上解释了城市当局和利益相关方对形象塑造运动以及实际改变进行投入的意愿，并以此作为场所差异化、创造竞争性优势甚至是刺激更多根本性经济变化的途径（图 5.5）。因此，场所营销和城市品牌塑造已被视为城市发展的两个重要维度。

城市设计往往与此共通，形象性的建筑物和如出一辙的城市设计项目的不断重复成为场所营销策略的关键要素（Harvey，1989a）——巴尔的摩的内港就是一个典型的例子（图 5.6）。城市实际改造和翻新的一个典型"公式"包括废弃的工业场所成为遗迹公园、旧运河和滨水区成为高档住宅或餐饮区、废弃的仓库成为时尚的阁楼，另外还有由数量有限的"明星建筑师"精心设计的一栋或两栋（或者更多）标志性的建筑物。

这个公式的传播产生了一些有关能够取得的竞争优势的怀疑。如果最终所有城市看起来都十分相似，那么其结果就是城市特性的丧失，而且追求特殊性作为竞争优势的战略最终也将无功而返（Sklair，2006b）。具体就标志性建筑物而言，斯卡莱尔（2006a）提到了供应过剩（因而减少了回报）和供应不足的问题：

> "……在满足标志性建筑物、空间和建筑师的努力中需要一个平衡，标志性建筑太少就意味着利润的损失，而太多则意味着标志性建筑价格的贬值。"

3.1 场所市场化

幻想场所—小黄早场所特性—涉及精心使用符号／主题（往往从现有场所提取）提升场所特殊性。如果规模更大，它就可以被称为场所营销，即试图通过向确定的本地和非本地受众呈现经过细致挑选的场所形象来改变场所特性。自20世纪80年代以来，场所（尤其是城市）纷纷试图挑战负面的看法并且／或者为投资者、访问者以及居住者构建全新的形象（Kearns & Philo，1993）。因此，场所形象成为一个以特定的方式形成场所看法的工具。

尽管场所形象的形成不受外来控制，但场所营销则涉及为进一步的目的促进这些形象的出现—这些目的包括复兴、旅游、经济发展等。由于供应（场所）能够经过量身定制以更好地贴合需求，因此场所营销就产生了有关为商业目的和场所商品化处理场所关联和含义的问题（见下文）。

在场所营销中使用形象带来了许多公认的问题，包括形象和现实之间的不匹配；由于仅吸引年轻人才、高收入家庭和高附加值商业而显得过于追求精英主义；以及过于简单化和追求形象改善（Turok，2009）。

首先，场所营销试图通过广告和场所推广活动改变目标受众印象感知的场所形象。其次，作为达成上述目的的一种途径，通过公共领域改善、房地产开发、外部复原以及新景点、活动和事件的树立对场所进行实际的改造。这些改变是相互关联的——场所经过改造加强场所营销形象，而经过改造的场所能够提供额外的资源，构建并加强场所营销形象。尽管实际的城市形象再造所服务的目标要广泛得多，但正如埃文斯（2003）在"硬品牌塑造"中所述的，它显示了城市设计如何为场所营销提供支持（Hannigan 1998；Gospodini，2002，2004）（图5.7）。

3.1.1 标志和标志性

标志性建筑物在近年产生了许多争论（Sklair 2006a，2006b；Silber 2007；Jencks 2005）。一个建筑标志可以是建筑物或空间——而且有时也可以是一位建筑师——不仅与众不同并独树一帜，而且还负有盛名；不仅在建筑专家中负有盛名，在一般公众中也是如此。

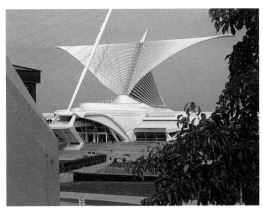

图5.7　密尔沃基艺术博物馆（Milwaukee Art Museum），密尔沃基（建筑师：Santiago Calatrva）（图片：史蒂文·蒂斯迪尔）。

图 5.8 悉尼歌剧院（图片：史蒂文·蒂斯迪尔）。悉尼歌剧院是悉尼的象征，也是 Circular Quay and Port Jackson 的独具魅力的视觉景点。

图 5.9 CCTV 大楼，北京（建筑师：雷姆·库哈斯）（图片：马修·卡莫纳）

从外观的独特性和在城市景观中的可识别性的角度而言，大部分建筑标志都是地标性建筑；但是，它们并非仅仅是地标，因为他们具有一种"……特殊的含义，对于某种文化或者某个时期具有象征意义，而且拥有美学成分。"

独特的建筑物能够象征它们的城市——

埃菲尔铁塔和悉尼歌剧院就是很好的例子（图5.8）——因此，新的标志性建筑物的吸引力在于它们能够迅速产生类似的独特性。此外，除了建筑物的核心功能以外，其物理上的独特性也被视为一项经济资产（图5.9）。

在过去，建筑物和其他结构的标志性身份随时间的推移，通过物理上的独特性和经过时间积淀的社会重要性获得。而在这个更为全球化的时代，各个城市参与全球竞争，某些建筑物在设计时越来越以立即成为标志性建筑为目标。国际性的建筑设计竞赛产生标志性的建筑物已经变得如同例行公事般稀松平常。

这就产生了两个有关标志性基本特征的问题（Sklair，2006a）。首先，它主要存在于建筑物／空间中，或者通过社会创造，主要存在于该建筑物／空间的形象中。如为后者，则我们必须审视创造这种标志性的机构。其次，它存在于建筑物／空间中，还是存在于该建筑物／空间的设计师（建筑师）（即设计师给建筑物或空间赋予了标志性，而非反之）。因此，除了考虑某些建筑物如何成为标志性建筑以外，我们还必须考虑某些建筑师如何成为标志性建筑师（以及他们的每一件建筑设计作品如何因事实使然而具备标志性）。

对于标志性的狂热追求在很大程度上归咎于建筑和流行媒体。在这些媒体中，有关建筑物和设计的讨论和知识以建筑设计和开发的高度选择性的形象和描述为依据，尤其是被偶像化的建筑物。同时，它们还受到对于新奇和感觉的不断追求的推动。在这样的环境中，建筑物和空间作为形象被消费，而不是作为场所被体验。因此，存在一种标志性现象，以一个或两个已完成的项目，或者通过赢得竞赛——甚至是在竞赛中获得好名次——但往往没有真正建造项目而附着于设计师身上。正因为如此，当代建筑师可能依据"纸上建筑"而成为标志性的建筑师，但这些建筑往往是未付诸建造的（甚至是不可建造的），却通过建筑和流行媒体的频繁复制而变得人尽皆知。

这还与"招牌建筑师"和"明星建筑师"相关联。招牌建筑师是指在可识别的特征方面为他们的建筑物添加独特识别标志的建筑师（Sklair，2006a）。尽管设计的场所和环境各不相同，但招牌建筑师的设计却极为明显地相似，并且具有一致的可辨识特征——事实上，设计一座对环境形成高度响应的建筑物可能会有损于它们的识别标志，而这在一定程度上正是他们获得委任的原因所在。明星建筑师是"明星"和"建筑师"的结合体，是指其名望和获得的好评已经超越建筑设计领域并且在一般公众中也享有一定程度的声望的建筑师。由于名人身份通常与"叫好率"紧密相连，因此明星建筑师的设计几乎总是为成为标志性建筑而生。

3.1.2 标志性建筑物和市民振兴主义

经过精心创建的标志性建筑的基本原理是市民振兴主义，在其中，标志性被尊崇为场所特性的源泉和贡献因素，而且更为重要的是，它被作为特定场所特性的贡献因素。正如斯卡莱尔（2006a）所解释的："从分析上而言，建筑中的标志性不仅可以被视为卓越性或独特性的判断依据，而且，就像大众文化中的名流一样，还可以作为追求意义和意义所隐含的权利的动力来源。"因此，标志性建筑物通常被用于彰显一座城市的文化意义、经济活力、可能实现的生活质量以及其他为人期待的特性。

这种现象被称为"毕尔巴鄂效应"——其所表达的概念是一座单一的建筑物可能转变整个地区的命运。在设计古根海姆博物馆时，弗兰克·盖里并非单纯地使其具有象征意义，而是将博物馆本身作为促进毕尔巴鄂地区经济复兴的工具。它使这种城市成为世

界关注的焦点，而后，来自世界各地的访客纷至沓来。因此，城市复兴被简化为获得一座标志性建筑物的需求——尽管仔细的考量才能给出城市复兴一个完满的答案（Del Cerro Santamaria，2007）。

斯卡莱尔（2006a）对专业（建筑）标志和公众（大众）标志进行了区分。简言之，这是在建筑圈内闻名的建筑物和知名度超出建筑圈的建筑物之间的区分。为有效成为经济发动机，即提升并转变城市的外在形象，抱负远大的标志性建筑物必须首先在建筑标志方面具有足够的地位和好评。但是，这是一个必需的但并非足够的条件：它们还必须成为公众标志，而这才是这些建筑师被委以重任的真正原因。

许多按照推测应当具备标志性的建筑物所面临的一个主要问题是，尽管它们在形象上充满吸引力和魅力，它们并没有产生良好的场所——说来也奇怪，产生人们所希望的形象似乎总与创造良好的场所格格不入（图5.10）。这些建筑物的设计目的是改变主办城市的形象和印象，并且吸引人们来访（或者

图 5.10 蓬皮杜中心，巴黎（图片：史蒂文·蒂斯迪尔）。标志性的建筑通常在场所中标识性较强，但形成的场所感较弱。一个关键性指标是标志性建筑周边形成较差的空间质量的场所。由伦佐·皮亚诺与理查德·罗杰斯设计的蓬皮杜中心是个例外——作为一个受大众欢迎的地标，它在很多层面，尤其是周边的公共空间设计得很成功。

图5.11 在"新"的旧城开发中的宫殿，迪拜（图片：马修·卡莫纳）

仅仅是对这座城市有更为积极的想法）。相比之下，履行形象中所隐含的承诺则显得不那么重要。

3.2 主题场所

场所主题化是指围绕一个特定的主题精心构建和包装场所和场所形象。例如，克朗（1998）指出场所主题化是一个"……着手于"对场所"发挥想象"，创造出"独特性"，"从而吸引注意、访客以及——最终——资金"的行业。对于海登（2004）而言，主题化就是"……设计和装饰餐厅、酒店、购物中心、赌场甚至是小镇，以强调旧有的形式并重新创造出失落的场所。"

场所主题化用于进一步深化消费的目的，往往发生于各种环境中，包括购物中心、历史街区、城市娱乐区、中心城市再开发项目以及旅游目的地（Relph 1976；Zukin 1991；Hannigan 1998；Gottdiener 2001）。根据现有资源的可用程度，场所主题化可能包括场所的再造和发明。再造的场所以现实为出发点，但涉及重大的改变、变形和真实性的丧失。设计的场所则源自于作者、艺术家、建筑师、设计师和幻想家富有创意的思维。作为一种试图引导的行为，设计具有种种问题，但真正的问题是诱导（也许是误导）成为操控（也可能是欺诈）——不过，真正重要的可能是创造的程度，而不仅仅是创造这一事实（图5.11）。

3.2.1 设计的场所

在广泛传播的工业化之前，通过对本地建筑材料和范围有限的建筑方法的使用，场所的物理特殊性已经大幅提升。工业化，以及后来的全球化，促使出现了一种通用的或"国际化"的风格，能够更好地利用工业化的生产方法和新的建筑材料（而且不容忽视的是，大大降低其成本），尤其是促使所有场所具有相似的特性。正如戈特迪纳（2001）所指出的，在20世纪60年代之前，建筑物"……使用最少的象征性标识体现它们的功能……象征性标记的痕迹少之又少。"

随着建筑方法和建筑材料的进一步发展，越来越多的选择使得建筑物－进而场所－变得（至少在外观上）与众不同。现代主义有限的色彩搭配和美学观念被扩展为后现代主义，使更大范围的风格和审美观以及历史主题的使用合法化。施特恩贝格（2000）指出了对于现代主义，新一代思想家们如何强调"……城市另一个综合面：其展示历史传统、自然、民族或其他能够升华意义并巩固特性的主题的能力。"

向后现代主义的转变正好与向一个明显象征化和商业化城市环境的转变不谋而合："对符号和主题的使用越来越频繁，已成为城市和郊区日常生活的特征。"（Gottdiener，2001）。同样，施特恩贝格（2000）评论道，在专业设计行为中，"……有目的的主题化现在已经十分普遍，从购物中心到节日市场再到城市滨水区"。

尽管后现代主义并没有设计场所——例如，罗伯特就提出了在历史的长河中，大部分建筑物都是"经过装饰的小屋"（Venturi，1972），但它展示了如何通过各种不同的方式对标准的盒子般的小屋进行包装或"贴壁纸",从而使其具有意义。其基本前提是内容和形象的分离,使象征化得以应用并因而使场所特性变得表面化,而非深层的或固有的。它虽涉及的是人工状态,但同时也提供多种选择。

应用的象征化可以表现为本地的或全球的。优先选择通常是强调本地性的象征化,因为许多评论家更乐于将本地的或固有的视为象征化的唯一合法形式 – 内在的被作为真实的受到称赞;外在的则被作为异类而受到排斥。然而,"本地的"不过只是一个选择——而且,它不能被视为一种自发的创造,而是一个被应用的主题(它的一点一滴都和其他应用主题一样都是人造的)。施特恩贝格指出"……大部分有关这个话题的作家都鄙视纯粹的主题化,并且主张为意义而进行的设计应当根植于本地固有的特性"。他认为除了内在的正确性以外,还存在其他选择:

> "在一个场所中,我们希望清晰表达的本地特性可能完全源自于本地历史的标准;而在另一个场所中,这种特性则可能从当今的生活文化中进化而来。与历史中挖掘出来的琐碎传说相比,新创造的或从远方带来的事物可以更好地表达场所要表达的(历史)含义。"

无论其有怎样的功与过,主题化至少确认了场所和场所价值的重要性。例如,在承认对为"创造历史"而进行历史遗迹保护表示批评的同时,艾琳(2000)还指出它代表了"……一种受欢迎的对现代主义困扰进行纠正的措施,它帮助我们遗忘过去并从崭新的一页重新开始。"

主题公园也许就是设计的场所的一个缩影。对于西尔库斯(2001)而言,迪士尼乐园就是一个典型的设计的场所:

> "它往往以象征性的和潜意识的方式从想象中创造出现实:深入挖掘使用者的精神,将跨文化的形象和跨越多个时代的根深蒂固的记忆连接在一起。它之所以成功是因为它遵守了某些连续体验和讲故事的原则,创造了一种适当的和有意义的场所感;在这样的场所中,活动和记忆既独立又共享。"

在其最纯粹的形式中,设计的场所取决于高度的控制——尤其是环境的控制,但往往也包括行为的控制(见第6章),以及一定规模的运作。格雷厄姆和马文(2001)提到了"捆绑的"城市环境的现象——在购物中心、主题公园和城市度假村中存在设计的街道系统,通常与领先的运动、传媒和娱乐跨国公司(迪士尼、时代华纳、索尼和耐克等)具有联合促销的关系,从而促进衍生产品的销售。这种开发模式覆盖的范围越来越广,因为开发商试图将最大数量的"协同作用"用途捆绑到一个综合设施中——零售、电影院、IMAX 屏幕、运动设施、餐厅、酒店、娱乐设施、赌场、模拟历史场景、虚拟现实综合设施、博物馆、动物园、保龄球、人造滑雪坡等。

汉尼根(Hannigan,1998)讨论了一类特殊特性的发明的场所——城市娱乐目的地(UED)或"梦幻之城"。依照汉尼根的观点,典型的城市娱乐目的地应当是:

- 以主题为中心:"……从各个娱乐场所到城市形象本身,一切都与一个脚本化的主题相符,通常都源自于运动、历史或流行娱乐。"
- 不仅主题化,而且"积极地塑造品牌":"城市娱乐目的地不仅仅依据其提供高度消费者满意度和乐趣的能力获得资金并进行营销,而且还以其在现场销售受许可商品的潜力为依据。"

- 昼夜开放，体现出"……其目标市场是寻找休闲、社交和娱乐的'婴儿潮一代'和'X 一代'人。"
- 模块化："……在各种配置中组合和匹配一系列越来越标准化的组件。"
- 唯我论："……在物理上、经济上和社会上与周围的邻里社区隔离。"
- 后现代："……围绕模拟技术、虚拟现实以及精彩场景所带来的惊喜而建造。"

3.2.2　场所主体化和创造场所的批评

创造的场所和场所主题化为城市设计和场所营造提供了机会，但是，这些行为也产生了大量场所营造问题，带来了许多批评意见：

（1）表面性

尽管当代许多城市开发项目对场所给予高度的重视，但批评人士仍然对于明显主题化的场所缺乏深层意义表示痛惜。他们表示，正是那种表面化的关注损害甚至破坏了，而不是加强了真正的场所特性。例如，Dovey（1999）指出了场所感的无形性如何被"广泛地利用"，为设计项目提供合法理由，而且在这样做的同时，"……沦为布景和修辞的效果，如同为破坏场所提供掩饰。"同样的，哈克塔布尔（1997）批评称"……主题化的低劣模仿被当作场所……甚至真实场所来对待，它们所包含的所有艺术和记忆均丧失了价值并被破坏。"

某些人将这种"表面性"视为后现代主义的一个典型的特征（Jameson 1984）。哈维（1990）指出，建筑"盲目崇拜"的一种形式涉及"……直接处理表象，但掩盖了根本的意义。"在《主题公园变奏曲》一书中，索金（1992）认为城市设计的职业"几乎已经完全被制造的城市假面所占据"：

"无论是在迪士尼乐园人造主街上的主要具体表现中，洛兹市场（Rouse market）的虚拟历史中，还是在'重生的'

下东区修复建筑中，这一经过精心构建的工具正努力在破坏的过程中彰显其与城市生活类型的关联。……这种城市的文化几乎是纯粹符号化的，通过主题公园的建造玩着嫁接标志性的游戏。"

戈特德纳指出了主题环境扩散的积极面和消极面。它们"在人类文明的历史中提供了性质上全新的娱乐来源"，但它们"销售商品和盈利的根本目的、由私人商业利益而非公共利益控制的特性以及将所有意义削减为表面形象的行为，产生了有关我们日常生活质量的严重问题。"

(Gottdiener, 2001：75)。

这种不切实际的批评往往含有精英主义的因素。法因斯坦（1994）指出了许多远离中心的购物综合设施和重建区的受欢迎程度使"……文化批评家在试图表明人们继续在较低深度体验生活的现实时感受到苦恼。"戈特迪纳表示，对于主题环境持批评态度的人士采用了"……一种批评的精英论的观点，认为主题化的表面背后只有消费者操控，主题环境扩散的背后只有企业的贪婪。"尽管他认识到这个观点是正确的，但他认为这种简化论是部分正确的，因为许多元素"……聚集后才创造出对日常生活中有意义的环境的强调。这些因素产生了多层次的体验和象征性的环境。"

同样的，艾琳（2000）认为，尽管被批评为不自然的和"人造的"，但人们可能喜欢这些品质：

"主题环境被指将人们的注意力从他们生活中的不公正和丑恶现象上转移，对他们进行怀疑并且成为充满'精彩表演和监控'的场所，但值得称道的是它们所提供的消遣。它们直接提供了场所，使人们能够与家人和朋友一起在其中放松身心，享受乐趣。"

（2）场所的商品化

由于创造场所的象征主义更倾向于"来自外部"而不是"来自内部"，按照拉夫的说法，它们是"受人支配的"——即"外部的发明"，而不是对本地文化的表达。在这里，"经济空间"侵入到"生活空间"中，生活世界本身越来越不是一个终点，而是越来越成为一个达到系统终点的途径。如杜可斐（1999）所述，"……日常生活中的场所越来越遵从于系统中的市场规则以及其中被扭曲的意义的传达、广告和构建。"

通过追求场所的销售或营销，场所主题化措施和场所营销形象必然将使场所商品化和扭曲，使其交换价值成为主要属性。这些措施往往以场所的商业开发（通常为外部人员进行）为目的，而不是以为本地人们和商业的利益进行的"真实"开发为目的。对于旅游的情况，科恩（1988）如此解释商品化的后果："……'丰富多彩的'本地服装、习俗、仪式和宴会以及民间和民族艺术成为旅游服务或商品，因为它们越来越多地为旅游消费而服务或生产。"

在主题公园化和遗产化方面，有时商品化更多地被称为（甚至被蔑称为）迪士尼化。迪士尼化是指以鼓励旅游但不鼓励体验实际历史（甚至可能使其平凡化）的方式呈现现有的场所（也许也是具有历史意义的场所）。一般而言，罗耶克（2001，Hedges，2009）提到了"对娱乐消遣的崇拜"，它"……限定了表面的、华而不实的和主导的元素……限定了商品文化的肤浅性。"但是，首要的问题是场所的商品化是否真的重要，如果重要的话，有多重要。

（3）幻象和真实

在评论哈克塔布尔的《不真实的美国》（1997）时，雷布琴斯基（1997）指出她的分析假设公众无法区分哪些是真实的，哪些不是真实的。但是，他认为，在拉斯维加斯观看岩浆从海市蜃楼中喷涌而出的人们并不会错把它当作真正的火山；使用老宾夕法尼亚车站的新古典广场的通勤者们知道他们并未身处古罗马。他由此得出结论认为，"……显示和幻象之间的关系始终是模糊不清的：宾夕法尼亚车站同时是卡拉卡拉浴场的替代品和一个真实的场所。"（1997）

随着模拟变得越来越复杂和成熟，在现实和模拟之间进行区分也变得越来越困难。鲍德里亚（Baudrillard，1983，Lane，2000）在讨论"真实"和"模拟"时——或者更准确地说是幻影，因为模拟可能意味着为欺骗目的而进行的复制，提出了模拟的三个层次：一级模拟是对现实的明显复制；二级模拟是使现实和表现之间的界限变得模糊的复制；而三级模拟——"幻象"——则是对从未真正存在过的事物进行模仿。在一级和二级模拟中，真实仍然存在，而模拟可以与之区分。而在三级模拟中，真实并不存在。例如，如果真实是一个地域或景观，则一级模拟可能是对地域或景观的描绘，二级模拟是该地域的地图，而三级模拟——鲍德里亚称之为"超现实"——则是一个不存在真实根源的世界。

尽管如此，虽然美国的迪士尼主街可能被错当作一条"真正的"主街，但真正的危险是人们并没有一条真正的主街，或事实上真正的场所，尤其是当区分真实和模拟的能力随着时间的推移逐渐萎缩时。在《幻觉帝国：读写能力的终止和奇观的胜利》一书中，赫奇斯（2009）指出不再具备"区分真实和虚构"能力的公众必须"通过幻觉解读现实"，并且痛惜于当代美国已经成为"……一种已经被否定的文化，或者已经消极地放弃采用语言学的和智慧的工具处理复杂性，将幻觉和现实分离。"因此，他深刻思考了琼·鲍德里亚的论点，即我们生活在一个迪士尼化的世界中。在这个世界中，我们的理解由媒体驱动的信号以及历史可理解性的工具成形——没有这些工具，我们无法再区分哪些是真实的，如果还有什么真实的事物的话。

(4) 真实性

拉夫 (1976) 承认场所感可能是"真实的"和"真正的"，也可能是"不真实的"、"不自然的"或"人造的"。许多批评家将复制历史前驱者或从中提取参考的开发项目视为"虚假的"和缺乏真实性的。对玻意耳 (Boyer, 1992) 而言，涉及了"……在陈词滥调中重申和回收已经为人所知的象征性代码和历史形式的"纽约联合广场、时代广场以及炮台公园城是对过去的毫无夸张的表达——"复古的城市设计"——专为"粗心的观众"而设计。这并不是一个新现象：早在 50 年前，在撰写《形象：美国虚假事件指引》(1961) 一书时，布尔斯坦就指出，在当代文化中，"虚构的、不真实的和戏剧化的"已经取代了"自然的、真实的和自发的"，因而使现实已经被转变为舞台艺术。

术语"真实的"和"不真实的"的使用往往是视情况而定的——而真实性通常是批评家尤为喜爱评价的。在评论"真实性的提升"时，费恩斯坦 (1994) 指出了分析真实性的"引申含义"中存在的难度："……批评文学中充满了对于造假的指控，(但是) 20 世纪后期的设计中很少具备真实的性质。"

在评价"更深层次的批判"时应当精确证明这些景观如何未能满足重要的人类需求时，费恩斯坦 (1994) 指出了批评家们似乎不愿意做这件事，因为这样将会把自己置于"必须准确说明什么样的活动才能符合真实性而非迎合虚假需要的困境。"对于费恩斯坦 (1994) 而言，迪士尼世界"……是隐藏的经济和社会进程的一个真实反映……这就是真实。"因此，她认为真实性并非一个合适的评价标准，因为"对城市环境的解构揭示了对隐藏其下的社会力量的合理而准确的描绘。" (1994)。

因此，对于在城市设计环境中真实性到底意味着什么，争论不断出现。例如，玻意耳 (2004) 提出了真实性的 10 个要素，这些要素传达了其一部分特性——"道德的"、"自然的"、"诚实的"、"简单的"、"非人造的"、"可持续的"、"美丽的"、"根深蒂固的"、"深层的"以及"人类的"。相关的类比能够带给我们很多启示。在一篇有关麦芽威士忌酒指南的文章中，杰克逊 (2004) 将"……不知来自何处，品尝起来没有太大特点和采用标志用作名称"的饮品和那些"……来自某处，拥有复合的芳香和口味，并且可能拥有一个很难发音的名称"的饮品进行对比。他继续写道：

> "这些饮品反映出了它们的产地。它们不断进化。它们向人们诉说故事。它们是您良好的伴侣，而且它们要求饮用者投以回报：即他或她能够体会到学习饮酒的乐趣。真实、进化而来的饮品……产生于自己的风土条件：地理、土壤植被、地势、天气、水分和空气。它们在多大程度上受到上述各个因素的影响仍然留待人们去争论，而且往往会引起激烈的争论。因为人们关心真正的饮品。"
>
> (2004：37)。

佛罗里达 (2002) 将对真实性的理解分为两个相对的类别——即相互区分的或同类的。他所采访的人"……将真实的等同于'真正的'，即在一个场所中存在真正的建筑物、真正的人们和真正的历史。一个真实的场所提供独特的和原始的体验。因此，一个充满了连锁店、连锁餐厅和夜总会的场所就不是真实的。这些场所不仅在每一处都看起来极为相似，而且也提供了你在任何地方均可获得的相同体验。"

(2002：228)

与为特定目的建造的建筑物相比，一揽子的体验活动以实现消费以及游客／访客花费的最大化为目标。佛罗里达（2002）强调真正的场所如何允许、促进并回报参与："您所能做的远多于一个旁观者；您可以成为场景的一部分。"这种体验也可以进行调整："……选择组合，按照需要上调或下调密集程度，并且可以着手创造体验，而不是仅仅进行消费。"

因此，在这样的环境下，真正的和真实的场所允许并促进双向互动，吸引知识和情绪的参与并为之提供回报。可以论证的是，真实场所中所能够发现的等同于"真相"、"深度"和"艺术"，而不是（相对轻松获得的）"娱乐"和肤浅的或表面的"美丽"。然而，专注于后者可能排斥、扭曲前者并使人的注意力从前者分散，最终减少或损害了真正的体验。这通常就是批评家们在提到缺乏真实性时的真正所指。

与专家们相比，人们可能对于真实性没有那么关心。他们可能受到愚弄或误导，但这也许对他们而言并不（十分）重要。真正重要的可能是他们是否喜欢这个场所——在此情况下，他们所关心的是"体验"的真实性，而不是"文件"的真实性（Jiven & Larkham 2003）。人们的感知非常重要：例如，纳萨（1998）认为："历史性的内容可能真实，也可能不真实。如果观察者认为一个场所具有历史意义，那么它就能够向他们提供历史性的内容。"如西尔库斯（Sircus，2001）所论述的：

"场所不是仅仅因为真正的和替代的，真实的和模仿之间的差异而产生好坏之分。人们从两者中均可享受到乐趣，无论它是一个经过数个世纪才创建的场所还是一个即时创造的场所。一个成功的场所，就像一部小说或电影一样，能够使我们积极地参与到某种情感体验中，这种体验经过精心的协调和组织，传达目的和故事。"

但真正令批评家感到担心的恰恰是这种编写、协调和组织——或者说是操控和诱惑：我们可以选择是否和如何阅读一本书；但对于我们日常的场所体验，我们拥有的控制权却少得多（见第6章）。

4 结语

城市设计认知维度的价值在于对人的强调和他们如何认知、评价城市环境以及如何从中抽取意义和赋予其意义。场所对人们来说是"真实的"，欢迎和赞赏理性上的和感性上的关联性，并提供心理上的联系。虽然城市设计作为一个过程客观的用或多或少的技巧、策略、真实性来虚构和再虚构场所，但真实却是人们自己创造场所和赋予其意义。因而，正如信息是被"发出的"，它们也同样地被"接收"和重新阐释：由个体使用者来决定场所的真实性、质量和他们从中体验的意义。应该考虑真实性的程度而不是做出"真实"和"不真实"的二元判断。大部分场所都是可自由决定的环境，而且它们的成功可以通过自由选择使用它们的人数来衡量。因此，城市设计师需要学习如何通过观察现有人性空间（见第8章）和与场所的使用者和利益相关者的对话（见第12章），营造更好的场所。

第6章 社会维度

本章要讨论的是城市设计的社会维度。显然，空间和社会是相互关联的：很难想象一处没有社会内容的"空间"，同样，也很难想象一个没有空间要素的社会。本章聚焦于城市设计社会维度的六个关键点。一是人与空间的关系；二是"公共领域"的概念；邻里关系；关注安全和治安问题；公共空间的控制；平等的环境。

1 人与空间

理解人（"社会"）与环境（"空间"）的关系，对于城市设计来说，是至关重要的。这里，首先要考察的就是建筑或环境决定论中的理解。建筑或环境决定论者认为，物质环境对人类行为的影响是决定性的。由于否定了人的能动性和社会影响，这种观念以为环境与人的交互作用是一个单向的过程。相似地，卡西夫（Kashef，2008）描述社会学界对待空间的态度"作为经济和社会活动的背景和中立的容器（例如城市空间可以被社会的以及文化改变重组或重构，但不能相反）"。

然而，人不是被动的，相反，他们影响着、改变着环境，正如环境影响和改变人一样。

这是一个双向的过程。社会进程的发生既不是在真空环境下，也不是"中立的背景"，建造环境既是社会进程和改变的媒介，也是一种结果。

通过对建成环境的塑造，城市设计师影响人类活动的模式，并进而影响社会生活。例如，迪尔和沃而奇（1989）认为社会关系可以：

- 通过空间构成——其中场所特征影响到聚居的形式。
- 受到空间的束缚——其中物质环境促进或阻碍人类活动。
- 通过空间进行调节——其中路程阻力促进或抑制各种社会行为的发展。

因此，物质因素既不是唯一的也不是必然对行为产生主导影响，尽管人们所能够做的受到他们可利用的环境机会的制约。一个房间的物质形式显然会影响到使用者能够做的和不能做的：实心墙壁上开出一扇窗口使房间内的人能够向外看，而没有窗口的墙壁则不会提供这样的机会。因此，人类的行为在本质上是遵循形势而为的，嵌入在物质的——同时也是"社会的"、"文化的"和"感知的"——情境和环境中。

对于环境影响人们行为的程度，存在不同的看法。物质决定论存在于所有有关城市设计的讨论中。弗兰克（1984）提出了外观设计决定论观点的四个主要弱点和限制：低估了其他因素的影响，从而夸大了物质环境的影响；假定物质环境对于行为只会产生直接影响；忽略了人类选择和目标的积极作用；并且忽视了创造和改变环境的主动流程。因此，这种关系并非决定性的：环境的创造或改变仅仅产生了可能性；实际发生的取决于人们的选择。拉娜（Lana，1987）从环境能够为行动提供的机会或功能可见性的角度讨论了这一点。

"强"决定论存在两个分支，即"环境可能论"和"环境或然论"（Porteous，1977；Bell，1990）。在前者中，人们在他们获得的环境机会中进行选择。而后者则表示，在一个特定的物质环境中，某些选择比其他选择更有可能，而且可以使用简单的例子证明。当一个由少量人参加的讲座在一个巨大的房间内举行，并且桌椅按很正式的方式排列时，进行的讨论十分少。当桌椅以不同的方式排列时，进行的讨论稍多一些。因此，当环境改变时，行为也会改变。后者的结果并非不可避免的：如果该讲座安排在当天稍晚的时候或者召集人未能发动人们参加讲座，那么重新安排时可能不会比原来的安排更加成功。这个例子表明，设计确实能产生影响，但不是绝对的。在一个特定的环境中所发生的取决于使用该环境的人（见第8章）。

甘斯（Gans，1968）在"潜在的"和"有效的"环境之间提供有价值的划分，依照该区分，物质环境就是一个潜在的环境，为人们的活动提供各种环境机会。在任何时候，真正实现的就是"必然发生的"或有效的环境。因此，尽管设计师创造了潜在的环境，人们创造了有效的环境。因而在最佳情况下，

人们和他们的环境之间的关系被设想为一个持续的双向流程。在这个流程中，人们创造并改变空间，同时又受到这些空间的影响。城市设计并不是确定人类行动或行为，而是可以被视为一种操控某些行动或行为发生概率的途径。因此，可以确定地认为，与以堡垒般的结构和没有门窗的墙壁为特征的环境相比，拥有更高密度的临街大门等的环境更有利于社会互动；同样的，如果一个邻里中的房屋拥有正面的门廊，那么与房屋采用三面车库门面向公共空间的社区相比，这些邻里能够展现出更有利于社交的环境（Ford，2000）。

人在具体环境中所做的抉择，部分取决于人的个人境遇和特点（他们的自我、性格、目标和价值观、可获得的资源、过去的经验以及所处的人生阶段等）。虽然人的价值观、人生观和追求是那样的复杂和个性化，有些学者还是提出有关人的需求存在着一个共同的级差。这些人通常都是受了马斯洛（Maslow，1968）有关人类动机研究的影响，马斯洛将人的基本需求分为五个阶段：

- 生理需求：对温暖和舒适的需求；
- 安全需求：感觉安全，远离伤害；
- 归属需求：举例来说，属于一个社区；
- 受尊敬的需求：感觉受他人尊敬；
- 自我实现的需求：对艺术表现和实现的需求（图6.1）。

在能够继续满足更高层次的需求之前，必须首先满足最基本的生理需求。尽管存在某种层级关系，但不同的需求通过一系列复杂的相互关联的关系连接在一起（图6.2）。因此，如果个人最基本的人类需求尚未获得满足，他们，或者整个社会，就很难专注于更高层次的集体需求，例如可持续性（见可持续性插入3）。

"社会"和"文化"也影响到人们在任何

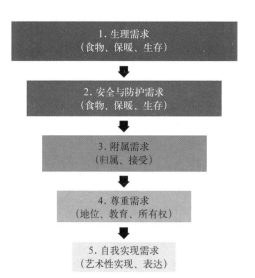

1. 生理需求
（食物、保暖、生存）

↓

2. 安全与防护需求
（食物、保暖、生存）

↓

3. 附属需求
（归属、接受）

↓

4. 尊重需求
（地位、教育、所有权）

↓

5. 自我实现需求
（艺术性实现、表达）

图 6.1　人类需求的金字塔

特定环境下的选择。社会可以被理解为任何能够自我延续并占据了有相对界限的地域的人类群体，他们以一种系统化的方式进行互动，并且拥有自己的文化和制度。对于文化最好的理解方式可能是人类学上的意义，它被理解为"……一种特定的生活方式，表达了特定的意义和价值；这种意义和价值不仅在于艺术和学习，而且还在于制度和普通行为。"（Williams 1961）。

　　劳森（2001）认为，当我们发现人们集体聚集在一起并在世界某个部分居住时，我们也往往会发现有规则管辖他们对空间的使用。例如，队列就是一种由环境信号触发的传统化的行为形式：

可持续性插入 3– 人类需求

　　在认识到如果人类需求被忽视，就不可能满足环境需求之后，可持续性的概念化就越来越得到社会和经济可持续性概念的支持。人类需求将这些广泛的关注和可持续的城市设计联系起来，包含了本章和上一章讨论的许多感知的和社会的需求，包括对各种经济机会的本地获取，以及创造具有人文尺度的，并且在视觉上具有吸引力的舒适的环境：这些环境允许人类之间安全和无犯罪的接触，实现轻松的移动和导航（可识别性）；在社会意义上具有混合的特征；并且通过其设计和用途布置，可以向所有人提供。

　　伦敦南岸地区可因街区社区建造者所做的工作，代表了一次成功的建造在所有意义上的可持续社区的尝试，从有形的环境目标，例如从可持续角度采用建筑材料，到更为无形的和具有挑战性的提供社会混合和参与的社区，提供本地就业机会；后者的实现采用了一个独特的组合，即随时间推移渐进的总体规划（与单一的"大爆炸"愿景不同），通过合作型架构提供经济住房，以及通过商店和餐厅等商业元素实现的住房、轻工业空间、公共空间以及社区计划的跨域结合（Haworth，2009）。

　　在更大规模的街区和住宅区设计中，人类需求可以通过积极的形象塑造来满足，培养对环境树立承诺和主人翁意识的场所的认同（Chaplin，2007）。在此规模下，我们越来越感觉到楼宇密集区比周围的绿色空间更易存储热量并在更长时间内保留热量。这些城市热岛效应（环境污染的一种形式）会使城市中心的温度比周围郊区的温度高10%，而且还据称在2003年8月造成了欧洲各地35000人的死亡。然而，只需简单的设计措施就可以帮助纠正这种状况：例如，将树木覆盖率提高10%就可以降低这种普遍的效应，这显示出环境也如何直接影响到人类的福利、健康和舒适度。随着全球变暖，城市区域的居民越来越多地感觉到城市的温度高3～4℃（CABE 2009）。与此同时，街道树木改善生物多样性，提供日常的树荫和遮蔽，过滤粉尘和污染，在心理上产生安静和吸引的效果，并且大大减少二氧化碳的排放。

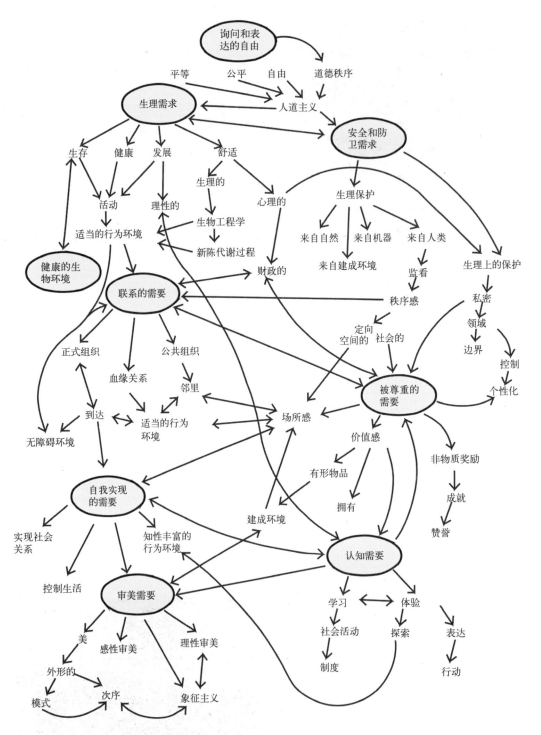

图 6.2　人的需求层次（图片：Lang，1987）

"当有人在排队时插队到你的前面时，你感觉受到冒犯，这不仅是因为你的位置往后退了一位，而且还因为他们未能尊重我们在大部分排队的情况下应当遵守的规则。在物质环境也存在一些标记符号，表明我们应当以这种高度人为化的方式约束自己的行为。有时，绳索护栏被用于在公共场合形成队列，但它们很难从实际上控制拥挤的人群；然而，如果没有它们，人群更可能越发拥挤推搡，混乱甚至野蛮。由于我们的文明和文化，即使当我们真的为剧院有限的门票争抢时或在商店讨价还价时，我们仍然能够达成很好的配合。"

(2001：7～8)。

在公共空间里的行为往往通过礼貌和不礼貌来讨论。礼貌是指意识到并尊重其他人员对于公共空间的使用。如布雷恩（2005）所解释的：

"礼貌就是一种以社会距离和谨慎的形式表达的尊重，是对适用于分享（或加以个人看法）的事物和最好保持私密的事物之间区别的认可。它不仅仅是对差异的容忍，而且也是对占用共享世界的认可和容许，同时并不是消除或忽视差异。"

然而，近年来我们看到公共场合的公共礼仪以及对他人的尊重出现退化。一方面，公共秩序越来越受到推崇，我们这个时代可以说是个公共秩序的"黄金时代"；另一方面，常礼的退化也的确是一个非常普遍的事实（Lofland，1973；Milgram，1977；Davis，1990；Carter，1998；Fyfe，1998）。

尽管设计师能够操控功能性和认知性的提示，以增加在公共空间出现（更）礼貌行为的概率，但通过设计所能实现的不可避免地存在限制。尽管如此，许多城市设计人员仍然对某些环境中特定行为的出现概率保持乐观，并且提供将良好的设计作为达成特定的预期效

果的途径。正如福特（2000）所论述的，简·雅柯布斯和威廉怀特（William Hwhyte）等作家相信："良好的街道、走道、公园以及其他公共空间能够激发人类本性中最好的一面，并且为文明有礼的社会提供环境。如果我们能够保持正确的设计，一切都将受益。"

那些观点较为悲观的人士则认为，公园将不可避免地吸引不良分子；前门廊将引来好事的邻居；网格式的街道模式将使陌生人轻易进入社区；公共空间中的长椅将鼓励流浪汉，诸如此类。这些态度往往会转变为高度风险规避的手法，通过这些手法，通常就转化为强烈反对冒险的态度，结果是抑制了所有活动，甚至会出现反社会交往的苗头。这些态度经常会产生敌对的和反社会的环境，事与愿违，这种环境似乎更会培养出反社会的行为。

尽管需要寻找论据反驳悲观的观点和态度，但城市设计师过度乐观和夸大的主张则会招致有关环境决定论的指控。他们的主张可能是，如果房屋拥有前门廊，那么居住者将更为友善和睦，并及时形成社区。但现实是，他们可能会，同样也可能不会。如果提供了长椅，流浪汉就可能在上面睡觉；但是如果不提供长椅，流浪汉固然不能在长椅上睡觉，但人们也无法坐在上面休息。城市设计应当提供而非否定选择。因此,最好能够提供机会,然后在适当的情况下,管理或调整其使用。

2 公共领域

所谓"公共"必须与"私密"来相对地理解：公共生活包括相对开放和普遍的社会语境，相比之下私密生活是隐私的、亲密的、被庇护的，由个人控制，只与家庭或者朋友分享。它经常被用于仅指物质的公共空间，但实际上它并非仅仅是一个物质环境——它还包括在环境中发生的活动。

公共领域具有"物质的"(即空间)和"社会的"(即活动)维度。在本书中,物质的公共领域表示一系列空间和环境——可能是公共拥有的或私人拥有的——支持或促进公共生活和社会互动。在其中发生的活动和事件可以被称为社会文化公共领域。

公共的概念还应当相对于私有来理解。从广义上而言,如路凯敦·斯德瑞斯(Loukaitou-Sideris)和班纳吉(1998)所述:"公共生活是指相对开放和普遍的社会环境,与私人生活相对,后者是指私人的、亲近的、有遮蔽的、由个人控制的并且只与家人和朋友分享的。"尽管如此,虽然私人的往往与公共的相对立,但在某种意义上,公共的也可以表示集体,而其对立面则是个人。因此,我们必须注意集体与个人以及公共与私人间的关系。

2.1 公共空间的定义

公共空间是公共领域的一个不可分割的部分,并且在整个社会科学和人文学科领域获得越来越多的关注。各学术学科通过不同的角度分析公共空间,纷纷提出了特定的兴趣和关注点。例如,政治科学家通常专注于民主化和权利(Arendt,1963;Mitchell,1995;Mensch,2007);地理学家关注场所感和"无场所"(Massey,2005;Amin & Graham,1997);人类学家和社会学家关注历史性建筑和场所的主观价值(Sorkin,1992;Zukin,1995);法律学者则关注公共场所中的通达和管理(Biffault,1999)。

尽管公共场所往往被认为是一个想当然的术语,但实际上是一个非常复杂的概念,很难为其界定一个十分确定的定义。本节将讨论对于公共空间的理解以及公共生活的相关概念,然后再回头讨论公共领域。

英国政府认同的公共空间定义如下:

"公共空间是指与建成的和自然的环境中所有公众能够自由进入的部分相关的空间。它包括:所有街道、广场和其他通行权,无论主要用于居住、商业还是社区／民事用途;开放式空间和公园;以及公众进入不受限制(至少在日间)的'公共／私人'空间。它还包括与公众通常可以自由进入的主要内部和私人空间之间的接口。"

(Carmona,2004:10)。

另外一个定义公共空间的方法是将其视为图形－背景关系图中所有以"白色"显示的空间。在诺利(Nolli)绘制的罗马地图中(见图4.22),这一定义包括主要公共建筑物的内部,例如教堂等。这些是能够轻易理解的简单而直接的定义,第一个关注于空间是否能够自由且不受限制地进入,而第二个则是关注于空间的物质(开放)性质。

然而,对于许多人而言,正如萨默(2009)的观点,这表现为一种"……虚假的和太过于简单建筑形象和私人空间以及城市地面和公共空间之间的合并。"争论因此而产生,讨论公共空间在多大程度上还包括更大范围的"伪公共"空间,这些空间构成了整个公共领域,其中有一部分是"室内"空间,或者在进入时需要支付费用(例如运动场)。

空间的相对"公共性"可以通过三个方面的特征来考虑:

● 所有权——空间是公共拥有还是私人拥有,其是否——以及在何种意义上——构成"中性"场所。

● 进入——公众是否可以进入空间。这个因素提出了一个问题,当收取入场费用时,场所是否变为私有:例如,考虑收取入场费和不收取入场费的博物馆之间的差异:是后者为公共的,前者不是公共的,还是两者都不是公共的?尽管如本章要讨论的,在城市设计领域中,"可达性"是指进入和使用一个空间的能力,但并非所有公共空间都是向所有人"开放的"和所有人都可进入的。

- 使用——空间是否由不同的个人和群体积极地使用和分享。

如果公共的和私人的之间有清晰界定和明显的区别，那么公共的和私人的就是清晰定义的领域，不能混淆。如果没有明显的区分且难以定义，那么公共的／私人的将是一种持续的品质，存在各种不同程度的公开性（图6.3）。

迄今为止，我们已经采纳一个客观的观点，其中公共空间是某种"外在的"，存在于特定人们之外的东西。另外一种观点是阐释主义或构成主义的观点，其中"现实"是以社会化的方式构成的——即在思维中构成并持续重建。举例而言，从这个角度来看，并不存在像真正的公共空间这样的东西，能够像蝴蝶一样捕捉在网中，并且钉到板上作为一件理想的标本。相反的，在有关事物是什么以及它们的意义方面存在不同的和相互矛盾的观点。因此，如果人们认为它是一个公共空间，那么它就是一个公共空间。我们始终需要思考，一个空间可能"对谁"更公共（对谁更不公共）。

阐释主义方法存在的问题是，它阻止我们获得空间概念化的结论。从这个角度而言，也许我们能够希望发现的最好的情况就是对什么构成公共空间达成暂时的和部分的共识。但是，由于公共空间对于不同的人们将具有不同的意义，这种共识可能往往比较薄弱或根本不存在。为此，公共领域和公共生活这些更为广义的概念就显得尤为重要。

2.2　公共生活

班纳吉（2001）推荐城市设计师专注于公共生活这一更为广义的概念，而不仅仅专注于公共空间（图6.4~6.6）。公共生活在传统上与公共空间密切相关。但是，正如班

图6.3　公共空间的政治活动，首尔（图片：马修·卡莫纳）。公共空间应该提供政治展示的机会。在准公共空间很少允许出现这样的公共性的活动——在首尔，单一的政治示威是被允许的。公共性的另一个标志是能否拍照。作为城市设计师，建筑师和其他人意识到，财产所有者逐渐对拍照变得敏感。

图6.4　作为非正式公共生活的街头咖啡馆，巴塞罗那（图片：马修·卡莫纳）

纳吉（2001）所提出的，它越来越"……在私人场所……在小型业务场所，例如咖啡店、书店以及其他中间场所，变得盛行起来。"公共生活发生所在的空间可以称之为社会空间。这是用于社会互动的空间，无论是公共拥有的还是私人拥有的空间，但必须是公众可以访问和进入的。奥尔登堡（Oldenburg）的"第三场所"概念提供了一个有用的方法，帮助我们理解非正式的公共生活及其与公共领域的关系（见框图6.1）。

图6.5 非正式公共生活:巴黎左岸 (图片:马修·卡莫纳)　　图6.6 非正式公共生活:芝加哥的密歇根大街 (图片:斯蒂文·蒂斯迪尔)

框图6.1　奥尔登堡的第三场所

　　奥尔登堡 (1999) 的中心论题是,为使日常生活"放松和充实",我们必须在体验的三个领域之间找到平衡——"家庭"、"工作"和"社会"。奥尔登堡谈到了当代美国社会,其中家庭生活可能由孤立的核心家庭或单独居住的单身人群组成,而工作环境从根本上而言也是孤立的。奥尔登堡论述道,人们需要在较为友善的领域里进行一些释放,得到一些刺激。

　　奥尔登堡认为,尽管非正式的公共生活看起来似乎"没有固定的形式并且分散",但它们实际上高度专注于"核心环境"并从中产生。因此,他所使用的术语"第三场所"表示"……在家庭和工作领域之外的,以定期的、自愿的、非正式的以及具有愉快预期的方式聚集大量人群的各种公共场所。"(Oldenburg, 1999)。

　　第三场所往往特定于文化和历史时期:巴黎拥有路边咖啡馆、佛罗伦萨拥有披萨饼、维也纳拥有咖啡厅而德国则拥有啤酒花园。这些场所涌现和衰退,获得持续支持或被忽略,并且被新的"第三"场所替代或占据。如班纳吉 (2001) 所提出的,在许多美国城市中,星巴克咖啡店、鲍德斯书店以及健康俱乐部已经成为第三场所的"主要标志"。

　　第三场所的核心品质,同时也是公共领域的核心品质,包括:

- 它们作为中立的场所存在,人们可以按照其意愿自由进出;
- 具有高度的包容性和可达性,没有正式的成员标准,因而具备能够扩展的可能性;
- 它们的随意性和低姿态;
- 在工作时间内外均开放;
- 它们具有"心情轻松"的特点;
- 提供心理上的舒适和满足;
- 它们的"基本的和持续的"活动就是交流,因而它们"是重要的政治沙龙"。

最后一项特征强调了第三场所和民主公共领域之间的重叠。正如奥尔登堡 (1999) 所认为的,不难理解为何在历史上各个不同的时期,咖啡馆"……都成为政府领导人攻击的对象"。

公共生活可以大致划分为两个相互关联的类型——"正式的"和"非正式的"。在城市设计中，最令人感兴趣的是非正式的公共生活，它们发生于正式的制度、必需品选择以及唯意志论之外。公共领域的许多部分都是可自由决定的环境——人们并非必须使用它们，而是可以选择是否使用它们：例如，从 A 到 B 可能存在各种不同的道路，而在选择走哪一条道路时需要考虑许多相互关联的依据——方便、兴趣、愉快、安全，还包括进入权。

2.3 公共领域

公共领域可以被视为正式的和非正式的公共生活的场所和环境。这个定义包括一些公共空间的概念，无论是实质的还是虚拟的。它包括媒体和互联网等，但这里尤其令人感兴趣的是物质的和实质的环境，而不是虚拟的环境。

广义上讲，公共领域包括所有公众可到达和使用的空间：

- 外部公共空间：在私人所有的土地之间的土地（例如公共广场、街道、公路、公园、停车场、绵延的海岸线、森林、湖泊、河流等。所有的人都可到达，这些空间用最纯粹的形式构成了公共空间。

- 内部公共空间：诸如图书馆、博物馆、市政厅等公共机构，以及公共交通设施如火车站、汽车站、机场等。

- 外部和内部的准"公共"空间：这些空间虽然在法律上是私有的，但像大学校园、运动场地、餐馆、电影院、购物中心也形成了公共领域的一部分。这一类包括那些常被描述为"私有化了"的外部公共空间。因为这些空间的所有者和管理者持有规定其进入和行为的权利，它们只在名义上是公共的。

公共领域具有许多关键的功能。根据各种文献，路凯敦·斯德瑞斯和班纳吉（1998）提出了三项主要的功能：(a) 一个政治舞台论坛－用于政治表现、展示和行动；(b) 中立的或共同的场所－用于社会互动、混合和沟通；以及 (c) 一个信息交流、个人发展和社会学习的舞台－即用于宽容的发展。

同样的，蒂斯迪尔和欧克（1998）指出了公共领域最为公众所期待的四项品质：(a) 普遍进入（对所有人开放）；(b) 中立地域（没有任何强制力量）；(c) 包容和多元化（接受和包容差异）；以及 (d) 对于集体和社会性（而不是个性或隐私性）具有象征性或代表性。他们认为，在实践中只有在极少的情况下，这些品质应当被视为一种分析典范，提供一种衡量方法，使"真正的"公共领域显得不合标准。在这个意义上，他们与完美市场的品质相似（见第 3 章）。因此而产生的相关讨论是，上述的分析典范是否也是一个规范性的典范，并且因此而成为我们应当追求的。

2.3.1 进入公共空间

普遍进入（向所有人开放）的标准表示一个单一的或统一的公共领域。然而，一种构成主义的解释认为，并不存在单一的或统一的公共领域，因为某个对公民 A 公开的空间可能对于公民 B 并不公开。因此，许多评论人士认为可能并不存在任何统一的公共领域，而是只存在一系列交叠的公共领域，并且强调"多重公共性"这一概念（Young，1989；Iveson，1998）——这个概念与许多有关当代城市开发的批评意见中的一个关键主题相互呼应，即公共空间的"私有化"。

因此，在当代社会中，我们不能认为存在一个"统一的"城市或公共范畴，而更为适当的想法是认为存在一系列独立的但又相互交叠的公共范畴，例如，这些公共范畴涉及不同的社会经济、性别和种族群体（Calhoun，1992；Boyer，1993；Sandercock，1997；Featherstone，1998）。例如，布瓦耶（1993）论述道：

> "在当代，任何提及'公众'时在本质上是一个普遍化的概念，将集体假设为一个整体；而在现实中，公众被分裂为多个边缘化的群体，其中许多人在公共范畴内没有话语地位或表现权利。"

同样的，依照其他评论人士的看法，我们当前所目睹的是一种"不断发展的生活方式和文化的多样化，它将公共空间分裂成为一系列纷繁芜杂的单文化聚合。"（Mean & Tims，2005）。更具相关性并且更困难的问题是，这个是否重要以及有多重要。

2.3.2 民主的公共空间

公共领域的关键功能和品质与公共领域的"民主"（以及政治）概念相关——这个概念拥有一个物质的或实质的基础，但显然促进和象征了被认为对于民主公民权十分重要的社会政治活动。

公共空间的民主性质可以在城市设计文献中找到根源。例如，弗雷德里克·奥姆斯特德（Frederick J Olmstead）将公共公园视为一种允许不同的社会阶层相互交融的途径；而在早期文章中，林奇（1965）则论述认为"开放的"空间（请注意是开放的而不是公共的）向"……人们自由选择的和自发的行为"开放。他后来指出，开放空间的免费使用可能"……对我们造成冒犯，使我们承担风险，甚至威胁到我们的权力地位"，但它也是我们"必不可少的价值"之一（Lynch，1972a）。

作为一个政治舞台，公共领域可能被视为涉及或象征被认为对于"公民权"和公民社会的存在十分重要的社会政治活动——即相对于国家或市场在更窄范围内的运作，发展更广泛的社会关系和公共参与。尽管"政治"公共领域的概念不是以实质的公共空间的存在为依据，但这一概念还是令许多作家（Arendt，1958；Habermas，1962，1979）倍感兴趣。例如，阿伦特（1958）将城市设想为一个"城邦"—— 一个自我管辖的政治社区，其公民在其中考虑、讨论和解决问题。她认为公共领域应当满足三个标准：通过超越凡人的生命，它能够记忆并以此向个人传递一种历史感和社会感；它是一个场所，使各种不同的人群能够参与对话、讨论和对立的斗争；并且它应当是可供所有人进入和使用的（Ellin，1996：126）。

于尔根·哈贝马斯（Jurgen Habermas）的"公共范畴"存在于国家领域和个人及家庭的私人领域之间，与公共事务获得讨论和争论的范畴相关（Habermas，1962）。他的想法以欧洲18世纪各种空间的发展为基础——咖啡馆、沙龙等等，以及报纸、杂志、期刊和评论——这些发展促进各种交流新形式的出现。

哈贝马斯并没有使用公共领域一词，而是使用术语"公共范畴"。公共领域的概念（相比较而言）可能被认为可以搭建公共空间和公共范畴之间的桥梁，这一点也许太过于简单。也许更为准确的说法是，公共领域包括公共范畴和公共空间的一些元素。洛和史密斯（2006）探讨了被视为一个本质上属于政治概念的公共范畴（"公众的政治"）和被视为一个本质上属于物质概念的公共空间之间的关系。他们提出了大量由哲学家、政治理论学家以及文学和法律学者开发的与公共范畴相关的文献，这些文献"……强调了为我们可以称之为公众、公众性或公共意见的一代事物做出贡献的所有想法、媒体、制度和行为；而且这些工作通常存在于一个更大的与国家和中产阶级社会关系的转变相关的历史框架以及有关政治和道德有效性的标准搜索中……由此看来，公共范畴在极少情况下被空间化。"

他们随后指出，建筑师、地理学家、规划师、人类学家、城市学家以及其他人士同时也对公共空间进行了讨论：

"这项工作显然是空间性的，试图理解社会和政治以及经济和文化流程及关系营造特定公共场所和景观的方式，以及这些地理因素反过来再确认、否定或转变其构成社会和政治关系的方式。"

(Low & Smith, 2006: 5)。

他们得出结论认为，尽管这些公共空间和公共范畴文献相互交叠，它们通常会占据独立的领域："公共范畴基本上仍然没有充分的依据，而公共空间的讨论与有关公共范畴的思考联系不足。"洛和史密斯后来主张认为"……公共范畴的空间性潜移默化地转变着我们对于公众政治的理解。对于公共空间的理解是我们理解公共范畴必不可少的。"

2.4 公共领域的衰败

不少评论者已经注意到了公共领域重要性的衰败，他们将原因部分地归于公共空间和公共生活的减少，以及对其意义的忽视。艾琳（1996）观察到许多过去发生在公共空间的社会和市政功能已经转到了私密领域——休息、娱乐、资讯获取，以及消费正在转移到家中由电视和互联网来完成。曾经只能以集体和公共形式出现的活动也在转化成为更加个人和私密的形式。而公共空间的使用已经受到各种发展和变化的挑战，例如个人机动性的增加——先是通过汽车，接着是通过互联网（见第 2 章），如第 4 章所讨论的那样，今天的社会交往依然处于社会空间的需求与机动需求之间的争夺。小汽车交通也促成了对公共空间控制的私人化（见第

4 章）。

一般而言，已经出现了公共空间和公共设施的撤退和分离——作为面向私有化的导因和后果（见第 3 章）。例如，在《公共人的衰落》一书中，桑内特（Sennett, 1977）以文件形式说明了导致人们生活的私有化以及"公共文化终结"的社会、政治和经济因素。同样的，艾琳指出了有多少在传统上发生于公共空间中的社会和公民功能已经被摒弃或被更为私人领域的活动所替代，因为休闲、娱乐、获取信息以及消费等活动可以越来越多地在家中通过电视或互联网满足。曾经只能通过集体和公共的形式获得的活动现在已经可以以个人化和私人化的形式获得。例如，通过收音机、电视机、高保真音响、录像机和计算机等的大量拥有，休闲活动的家庭化也意味着公共空间以及公众集会的其他领域在人们的生活中作为焦点领域的重要性逐渐降低。

艾琳还指出，随着公共领域越来越贫瘠，"……有意义的空间也相应地出现衰落，并且出现了控制个人空间或私人化的愿望。"她认为公共空间通过私人代理的占用象征了这种"私人化的冲动"："……内旋式的购物中心已经抛弃了城市中心而走向郊区，并且采用了向护城河一般的停车场在外部紧紧围绕，就像一座堡垒，与其周围的环境完全隔离。"（Ellin, 1999）。

在评论标准化基础设施系统的私人化和出售进程时，格拉汉姆（2001）指出这种现象在公共街道领域最为常见和普遍："由多方控制的街道系统，曾经在许多城市作为对公共领域的有效垄断，现在正在涌现一系列隐蔽的和私人化的街道空间。"

露卡杜·西德尼丝（Loukaitou-Sideris, 1991, 1998）指出了写字楼工作人员、游客以及参加会议的人员对于与"危险"人群相

图 6.7 巴黎的菩提树大街（图片：马修·卡莫纳）。
巴黎的铁路高架桥作为绿色通道，形成城市的桥梁，提供人们意想不到的空间之间的联系。

图 6.8 纽约的麦迪逊广场（图片：马修·卡莫纳）。在这座公园里，狗只能在指定的区域内活动，这种规定产生了因狗形成的特定的会面方式。

隔离的愿望，如何为由私人领域创造、维护和控制的空间提供了市场机会。

尽管如此，一些评论人士（Brill，1989；Krieger，1995）认为对于公共领域明显衰落的感知是基于一种错误的观念，而事实上，公共领域从未"……像现在所想象的这么多样化、密集、不分阶层或民主。"（Loukaitou-Sideris & Banerjee 1998：182）。其他评论人士指出了公共空间使用的复苏，将其视为一种社会文化转变的进程。对于凯尔等人（1992）而言，公共空间和公共生活之间的关系是动态的和相互的，新的公共生活形式要求有新的空间（图 6.7 ～ 6.8）。

但是，发生恶性循环的可能性同样存在：如果人们越少使用公共空间，那么提供新空间和维护现有空间的动机就越少。随着维护和品质的下滑，公共空间可能更少获得使用，因而使衰落的循环进一步恶化。正如第 8 章所讨论的，公共空间的使用也取决于空间的品质以及其提供一个支持的和有利的环境的程度。

3 邻里

如今，邻里设计的传统已经很成熟了。最重要的理念是科劳伦斯·佩里（Clarence Perry）在 20 世纪 20 年代美国所缔造的邻里单位（见框图 6.2）。它是一种系统组织和开发城区的方法。夹杂在邻里布局和物质形态设计中的，是诸如邻里交往、创造社区感、创造邻里识别性和社会平衡之类的社会目标。在美国，新城市主义将新传统社区（NTD）和传统社区开发（TND）结合在一起，展现出一个来自佩里概念的清晰渊源（见框图 6.3）。在欧洲，受到里昂·克里尔（Leon Krier）等人的刺激，产生了对于城市居住区的理念和概念的兴趣。在 20 世纪 90 年代，英国的城市村庄运动就体现了这种复兴。城市村庄论坛（后来被融合到王子基金会中）被建立以倡导和促进这些开发（Aldous，1992；Biddulph，2000）。

位于在社区物理的和空间的设计之上的是更为社会化的想法和目标，例如社会平衡（混合社区）、邻里互动以及特性和社区感的创建。因此，三条相互关联的思维线路为社区设计提供信息：

首先，社区已被提议并（或）设计成为

框图6.2 科拉伦斯·佩里的邻里单位

佩里提出每个邻里单位应包括四个基本要素:
(1) 一所小学;
(2) 一些小公园和运动场;
(3) 小商店;
(4) 合适的建筑和街道布局,以保证所有的公共设施能够安全地步行到达。同时他也提出了六种形态属性:

- 规模——支持一所小学所需的人口;
- 边界——主要道路从旁边经过而不是穿越邻里单位;
- 开放空间;
- 机构用地位于邻里中央,这样保证机构设施等服务整个邻里;
- 小单元中的商店应位于小单位的边界,以便组成更大的单位;
- 一个与预期交通相称的内部街道系统。

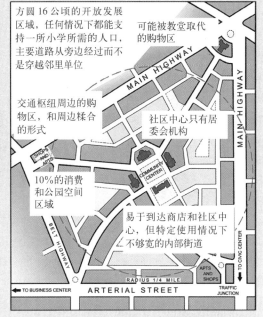

科拉伦斯·佩里的邻里单位(资料来源:Leccese & McCormick,2000)。

一项规划装置——即作为一种相对实际和有用的构建和组织城市地区的方式(具有或不具有相关的社会目标)。这些是对更大范围的事物做出贡献的尝试。"全部"大于各个部分的总和:例如,试图创建混合用途的或"平衡的"社区,而不是单功能的住房。对于更具可持续性的开发模式的追求越来越多地成为这些方法的合理理由。例如,经过设计,邻里可以通过鼓励步行在减少旅行需求方面变得更加自给自足——即适于步行的邻里——并且提供离家更近的工作和休闲机会。

其次,邻里还被提议并(或)设计为具有特性和特征的区域,创造或提升场所感。尽管与地区的物理特性相比,这可能是相对比较表面化的身份认同感,但它可能也是更

深,而且也许是更具意义的认同感,具备了场所的社会文化特征(即通过经实践积淀的体验)。

再者,邻里被提议并(或)设计成为创建具有更高社会/居民互动的区域并提升邻里和睦性的一种途径。邻里设计中经常出现的一个主题就是"社区",因此,邻里的设计往往与特定的布局以及特定形式的配置和土地使用相关联,协助"社区"的形成。尽管如此,"物质"邻里(按照地域或界限等物理属性定义)和"社会"社区(按照特性、声誉和关联性等社会属性定义)的合并越来越多地受到挑战。

布洛尔斯(1973)指出了物种类型的邻里。尽管每一种均可被认为是一个邻里,但只有最后一类才具有社区的属性:

框图6.3 城市"村庄"和新城市主义邻里的特征

城市村庄

- 规模——足够小，使所有地点相互之间都在步行距离之内，人们能够相互结识。
- 规模——足够大，能够支持各种活动和设施，并且在遭遇威胁时能够自我支撑。
- 各种用途——以整体的形式在街区以及村庄内混合。
- 房屋、公寓和工作空间的平衡——使工作和能够及愿意工作的居民之间在理论上实现一比一的比例。
- 对行人友好的环境——为汽车的使用提供设施，但不鼓励其使用。
- 不同建筑类型和规模的混合，包括一些建筑物在一定程度上的混合用途。
- 健全的建筑类型。
- 所有权、使用权的混合——既包括居住建筑也包括工作场所。
- 紧凑的、对行人友好的、混合用途的并且可识别的地区，鼓励市民承担维护和发展的职责。
- 日常生活活动具备独立性，在步行距离之内进行，允许不用驾车。
- 适当的建筑密度和土地使用，公交站点在步行距离之内，从而使公共交通能够成为私人汽车的有效替代。
- 相互联系的街道网络，鼓励步行，减少使用机动车的数量和交通距离，节省能源。
- 多样化的住房类型和价格水平，引导不同年龄、种族和收入的人们相互接触。
- 市民、机构、商业活动的集聚。
- 学校的尺度和区位使孩子能够在步行范围内到达。
- 公园、开放空间的体系。

方圆16公顷的开放发展区域，任何情况下都能支持一所小学所需的人口，主要道路从旁边经过而不是穿越邻里单位

- 以共同的地域为基础的任意邻里，其中唯一的共通点是空间上的邻近性。
- 拥有共同环境和特性的生态学的和人类种族学的邻里。
- 由特定社会经济或种族群体聚居的同质邻里。

- 功能性邻里，源自于服务提供的地理区划。
- 社区：紧密交织的社会性同质群体在其中相互间直接接触的邻里。

尽管一些批评人士假定所有设计更好邻里的尝试事实上也是创建社区的尝试，但邻里规划的倡导者由于主张某些设计策略将（必然地）创造出一种更为强大的社区感而饱受批评。例如，在提出有关创建社区的主张时，一些新城市主义者走得有点过头了（Brain，2005）。

塔伦（Talen，2000）建议在进行物质设计时避开社区这个术语，他建议采用更为具体的社区元素－例如居民互动－在城市设计的环境中更清晰地表达含义。居民互动可能受到设计策略的影响，例如，设计策略提供机会，增加视觉接触的频率，从而通过不断重复的视觉接触，可以激发更多有意义的接触。视觉接触刺激一种相对表面形式的社会互动。对于更为深层的、有意义的和持续的或持久的互动，这些交互必须拥有一些共同的东西。正如甘斯（1961）在其有关居住环境的研究中所指出的，邻近关系可能产生许多社会关系并且保持一些密切程度并不是很高的关系，但是（物理的）友谊则要求具有社会同质性。

有关邻里设计概念的核心问题可以按照四个标题来审视——规模、边界、社会关联性和混合社区。

(1)规模

对于最佳邻里规模，已经发生了相当多的争论。邻里的规模通常以面积或人口来表达，有时两者同时采用。首选的面积往往仅限于被视为能够提供舒适步行距离的面积——即 5 ～ 10 分钟或 300 ～ 800 米（1000 ～ 2000 英尺）（见第 8 章）。首选规模有时源自于一所小学的覆盖人口，或者，如果是公交导向式发展（TOD），则为公交可行所需的人口。

然而，简·雅各布斯（1961）指出了以人口规模作门槛的谬误：例如，在大城市中10000 人之间的关系绝没有一个小镇上 10000人之间来的亲密。她认为只有三种邻里类型才有实际意义：一种是城市作为一个整体；一种是100000 人左右的城市地区（即，在政治上能够形成气候）；一种是街坊——邻里。

研究表明，空间上的邻里关系不一定与人们的社会联系吻合，其中的居民也不一定就能感受到自己的邻里是个完整独立的单元。邻里和社区的概念通常是"自上而下"的建构，自下往上看几乎没有意义。例如，甘斯（1962）在波士顿西端邻里研究中发现那里的居民行为是如此多样，只有外来人才认为它是一个独立的社区。李（1965）提出了三类居民自己感知到的邻里："熟人"邻里，"均质"邻里（即人们待在和我们的一样的家里），和"社会管理型"或单位性邻里。只有"熟人"邻里，才与人们的社会联系吻合：

> "实际的情形往往是这样：在一片小的地块，几条街，若干小房子，夹杂着几个街角小店、酒吧。仅仅是因为长久的毗邻，家庭之间最终变得彼此熟悉"。
>
> (Lee，1965)

(2)边界

另外一个曾经流行的观点是认为邻里边界的明确将增强功能性和社会性交往，增强社区感和归属感。然而，雅柯布斯（1961）认为邻里之间没什么明显的边界——最好就是彼此重叠、交叉。

克里斯托弗·亚历山大（1965）在他的名篇《城市不是一棵树》中同样不赞成在城市中划出一个个独立的邻里单元来。他的出发点来自它对由小到大、由简到繁的系统组织中"树"状结构与"半网状"结构的研究。在树状结构的级差中，系统间是相互分离的，而在半网状结构中——亚历山大喜欢的结构——系统间是交错和重叠的。因此，亚历山大反对在城市规划中划出一个个有界的邻里以及功能分区。同样，林奇（1981）也认为将城市规划为一个个邻里要么是"徒劳的"，要么是在"支持社会隔离"，认为"任何一个好的城市都需要连续的肌理，而不是细胞"。

(3)社会关联性与社会意义

自给自足的邻里观念因其与当下社会的脱节已经受到了批评，特别是在（基于小汽车的）机动性和电子通信不断增强的时代。尽管那些具有具体场所的社区仍然存在，更多地，如今已经出现了大量不再依附于任何地理位置的"以兴趣来划分的社区"。因此，共同的空间场所已不再是社区和社会交往的先决条件。

在一个高度流动的时代，可以说，人们已不再期望或需要先前的社区感和邻里感了：他们现在可以在城市的任何一处（甚至超越此限）选择工作、消遣、交友、购物和娱乐等，并在这个过程中形成自愿选择的社区。由机动性带来的个人关系在空间上的扩散，与此前紧凑的个人网络之间的矛盾，如今已不再是矛盾，人们完全可以自己找到一种平衡。

(4)混合社区

邻里设计的倡导者不断强调混合用途。例如，混合用途邻里设计概念被认为对于环境和社会可持续性目的（即混合业权和提供离家更近的设施和活动）具有极高的价值（图6.9）。克里尔（1990）认为分区导致城市功能的机械分离，而不是实现有机整合（见

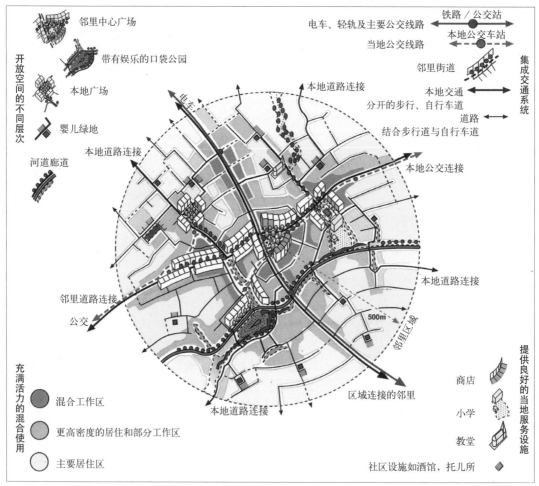

图6.9　混合使用的邻里（图片：城市工作队，1999）

第8章),建议将欧洲城市重新架构为混合用途的城市居住区,而不是单功能的分区。在克里尔看来,一座城市应当被视为一个居住区组成的"大家庭",每个居住区都是一座"城中之城",融合了城市生活的所有日常功能(居住、工作、休闲),所占地域面积不超过35公顷,居民不超过15000人。

可以说,一起创造邻里/社区的做法都曾受到广泛的批评,其中,挨骂最多的当属那种以创造"混合"邻里(社区)为己任的所谓"社会工程"(Banerjee and Baer,1984)。不过,社会融合的某些内容还是不错的,融合和多阶层的邻里还是有许多好处的。"城市村落论坛"和新城市主义者都强调住宅价格和土地权属的多样性。英国规划指导手册(DTER/CABE,2001)就列出了融合性邻里的若干优点:

- 能够更好地平衡各种对社区服务和社区设施(例如学校、消遣设施、敬老院)的不同需求;
- 为实现"终生化"社区提供条件,也就是说,人们可以在一个邻里内,在不同的人生阶段选择到适合自己的不同居所,一辈子都住在邻里之内;
- 通过避免过多单一住宅类型,使社区更加健全;
- 让社区能够自助(如能够在邻里内解决带小孩、购物、园艺或处理冬季防冻等问题);
- 因为日夜都有人来往,提供安全性。

混合邻里还为建筑形式和尺度提供了多元性,使得整个区域(可能)在视觉上更有趣味、更有地方特色和个性。

要实现"社会融合"通常是有许多困难的。在一个相对自由的地产市场机制下,人们常希望"物以类聚、人以群分",对于敌对的社会阶层来说,要他们融合并维持下去,实在很难:即便那些开始可能很多元的邻里经过演化也会

图 6.10 科罗拉州丹佛市斯台普顿(图片:史蒂文·蒂斯迪尔)。辅助性单元使在邻里内住房多样化成为可能

变得在阶层上越来越均质。而且,某些开发模式和设计策略更是加速了社会均质化的过程。住宅开发上,为了把市场做细,项目常常被分化成一个个"块",每个"块"只有指定的某类住宅类型,面向某类居住者和价格等级(见第4章)。现在的郊区住宅区就是这么一块一块的东西。鉴于此,杜埃尼等人(2000)针对"将收入如此细分的无情隔离"评价道:"历史上是有好邻里或差邻里之分,富人们也总想远离穷人,但从未如此精确过。"

反过来说,还是有些开发模式既能够提供一定的排他性,又不造成严格的隔离感。如在传统邻里中,房价和房子的类型常常会因街道而异,街区的中部——也就是后院和花园交接的地段——往往是价格的过渡区。近来对英国混合权属开发的调查(Jupp,1999)表明,权属混合最好不要出现在同一街道上或街区上,而是出现在不同的街道间(即每条街是均质的,不同的街是差异的),权属混合下的社会网络优点才会显现。这就提示我们,街道才是最稳定的社会单位。

- 通过显示多户住宅街区在曾经的独户住宅街区内将如何体现。
- 通过设计房屋类型、单元以及土地用途之间的关联。

- 通过创建穿越终端连续性的边缘的途径。
- 通过提高附近公共交通的密度。
- 通过证明非标准单位类型的价值，例如带庭院的房屋、围院和马厩改成的居住房屋等。
- 通过在住宅邻里中设置小型的商业和生活／工作单位。
- 通过开发能够成功迎合土地使用多样性的条例。
- 通过削弱投资不足的商业带中大型零售开发带来的影响。
- 通过设计具有集体空间功能的街道。
- 通过将制度与其周围的居住肌理连接在一起。

她解释道：

"这些就是城市设计采用的'常用'方法，人类整合的基本要求，因不舒适的接近性产生的担忧以及大范围的用途往往具有争议的相互结合……设计的目的不是顺利排除一切错误的东西，而是帮助实现多样化的生活，甚至使其变得更加受欢迎。"

(Talen, 2009a：185)。

然而，在英国进行的有关混合业权发展的研究（Jupp, 1999）表明，只有将街道中的占有权混合（而不是按街道或按街区划分），建造跨业权社会网络才能发挥优势——这尤其表明街道是最强有力的社会单元。因此，该研究推荐街道采用混合业权。

这些批评并不是要否定邻里社会模式的价值，而是批评其应用中的问题。邻里设计的大多数原则（诸如由城市设计论坛和新城市主义者提倡的）还是支持可持续设计的。无论邻里是否真的具有其所允诺的社会特点，它们毕竟都还是视觉上特征明显的场所，都还提供了归属感。问题常常出现在教条的应用上。林奇（1981）就说，正是那种"大尺度、

独立的、清晰界定的、刻板的、具有标准规模的、所有空间关系和社会关系都被标上去的邻里单元本身，与我们的社会格格不入"。其实，邻里设计不是圣旨，不过是一套针对具体地方环境和当下社会、经济与政治现实而制定的一些泛泛的优化设计原则罢了。

4 安全与防卫

如今的人们面临着城市环境中的各种威胁：犯罪、"街道粗暴行为"、恐怖主义、车流、自然灾害／现象；以及一些看不见的问题，例如空气污染和水污染。在一些地区，自然灾害的威胁——地震、水灾、火山爆发，是建筑设计和住区设计中每日关心的话题。在一定程度上，建筑技术与技艺可以控制这些问题，使相关的威胁减少。但是其他威胁——真实的或想象的——似乎不断地涌现。本节将主要探讨犯罪、安全和防卫及其与公共领域的关系。街道／步行安全的讨论见第8章。

防卫这里指的是对自己、家庭和朋友，以及个人和公共财产的"保护"。安全感的缺失，对危险的感知，对受侵犯可能性的担心，既影响着公共领域的使用也影响着城市环境的成功营造。因此，安全感是一个城市设计成功的基本先决条件。

4.1 对受害的担心

需要辨别"担心"和"风险"，以及感知"安全"与真实"安全"。总的来说，女性比男性更加担心受到伤害（虽然随着年龄的增长，二者之间的差距会缩小）。对受伤害的担心也许与风险不成比例。举例来说，在英国，如果用统计数字来衡量，青年男性这个群体受到侵害的机率最高，然而表现出最多担心的是女性、老年人和少数民族。这或许说明，较多担心自己的人常常会采取一定的防范措

施,而较少担心自己的人才更有可能受到伤害。因此,直接导致的结果是较少的女性和老年人使自己处在危险中,他们较少受到伤害。

至于犯罪所造成的影响,感受到它(既担心)与真实面临它(既统计学上的风险)是一样重要的。感觉有诸多来源:例如关于犯罪的报道可以在公众头脑中制造错误或半真半假的感觉。为此,许多人采取防范措施以避免风险,或起码是尽量降低接触风险的机会。因此,对受侵害的担忧所带来的,不仅是人们会远离某些场所,也意味着远离诸多公共领域(Ellin,1997;Oc & Tiesdell,1997)。

如果人们由于感觉不舒适(最好的情况)或者感到担心或感觉不安全(最坏的情况)而选择不使用特定的场所或环境,那么公共领域就出现了使用减少的状况。这种回避是对特定的环境以及特定的事件的害怕所导致的后果。例如,许多人对于城市的某些地区感到担心或害怕,例如地下人行通道、黑暗的小巷以及被遗弃的地区或与"不同类的人群"拥挤在一起。许多人都受到限制选择或无法提供选择的状况的困扰——例如,地下通道作为跨越繁忙公路的唯一途径或者狭窄的人行道和局限的入口,尤其是当被"社会

不安定因素的人"所占据时——酒鬼、乞丐、流氓或喝醉的年轻人等。同样的,环境的和社会的混乱,例如涂鸦、乱扔杂物、破碎的窗户、破坏的公共财物、在商店门口呕吐和小便等都表现出一个没有控制和无法预知的环境。

担心成为受害者(往往实际发生的犯罪率不高)往往让人们更倾向于使公共领域中的一些部分私有化,在此过程中使社区隔离(Minton,2006)。这种私有化通常转变为对特定地域或空间的明确控制——通过使用的隔离和孤立途径,例如物理的距离、围墙、大门和围栏或其他不太明显的障碍物隔离和排除外部世界及其感知的威胁和挑战——同时也采用警方战略和监视摄像头等措施。

私有化与"自愿排除"的现象十分相似,在自愿排除中,某些——通常是较为富裕的群体选择独立居住。如前美国劳动部部长罗伯特·里奇(Lasch,1995)所描述的广义社会中公民生活的"成功延续",它通过各种方式体现,包括决定不参加公共教育和公共卫生系统以及选择不对公共空间进行私有化。在城市设计领域,最明显的表现就是带大门的社区(见框图6.4)。

框图6.4 门禁社区

门禁社区被看作是表明社会内部分裂、两极化和阶级分化的明显标志,Blakely & Snyder 在他们的著作《保卫美国》(Fortress America, 1997)中,回顾了为寻找价值观相似的邻居,使地产保值和远离犯罪,美国社区是如何建立起围墙和大门来控制谁可以进入——更重要的是,谁不可以进入的过程。公寓建筑的入口控制系统只是用来阻止公众进入街道、公园、沙滩和小径等本来应该供市民享用的地方。

这些本应属于公共的或者"准公共的"场所,现在成了"俱乐部",并用详细的会员资格标准(常常是支付能力)来决定着它们的使用(Webster,2001,2002)。

门禁社区——南非 (图片:史蒂文·蒂斯迪尔)

　　然而，安装大门的做法治标不治本：大门背后的邻里还是一个大社会中的一分子，不可能完全逃脱或独立。这种举措的所谓安全优势是以牺牲外部世界为代价的："门内居住那些相对有影响力和守法公民，他们不再情愿甚至不再能够对外部世界治安状况及安全感做出任何贡献"（Bentley 1999）。安装大门的措施是一种具有极高公共及社会成本的私人化举措，布莱克利 & 斯奈德（1997）认为在安装大门的时候，应该考虑整个社会领域。

　　门禁社区的影响是可以削弱的，不用拆除，通过限制门禁设施的尺寸；弱化边界的设计（例如景观设计，设施与设备的安装位于围合墙体外部，非居住人口可自由通行等（见Miao，2003；Xu & Yang，2009）。门禁系统在世界的许多城市普遍存在着。例如在中国，超过80%的新建住房采取这种形式。大门是中国建筑的传统形式，出现在四合院建筑群、社会主义时期的工人住宅中，今天门口设立保安，非居住居民被禁止入内。

4.2　犯罪、混乱与粗野

　　对于安全的考虑与对于犯罪的担忧相关，但又与之区别。犯罪是关于罪犯和犯罪行为；安全则是关于受害和担心受害。在公共空间中，真正产生问题的往往是扰乱治安而不一定是犯罪行为。因此，在犯罪和扰乱治安行为之间区分非常重要。尽管犯罪的一般定义是指对正式的成文法的违反（并因此可以犯罪行为起诉），但大部分与公共空间相关的扰乱治安行为和反社会行为则是不礼貌行为，而非犯罪（但已有一些说法，将某些不礼貌行为判定为犯罪行为）。

　　公共空间中常见的问题包括扰乱治安和不礼貌行为：

- 扰乱治安行为：凯琳（1987）将"扰乱治安"定义为一种"……根据地点、时间和当地传统因违反有关社区中规范行为和安宁的预期而具有冒犯性的行为所导致的状态"。因此，扰乱治安通常也指扰乱治安行为。
- 不礼貌行为：拉格兰奇（La Grange）等人（1992）将不礼貌行为视为产生不安和焦虑的行为，并将其定义为"……对社区标准较低程度的违反行为，标志着

对传统上接受的规范和价值观的侵犯。"有时它也被称为"生活质量"犯罪。雅柯布斯（1961：39）适当地将其称为"街头野蛮行为"。存在社会不礼貌行为：例如，流浪汉和社会渣滓的存在就是一种实际的不礼貌行为；"攻击性的乞讨"也是一种社会不礼貌行为（也可能成为犯罪）。女性往往不成比例地成为不礼貌行为的受害者，由于这些行为而遭受更大的不幸（见Fyfe，2006；Boyd，2006；Philips & Smith，2006；Banister，2006）。

　　无论是何原因，当今社会总体上似乎比过去更不遵守法律，而且也更容易发生扰乱治安的行为（Field，2003）。市民社会的衰退也涉及对功能良好的社会中的所必需的好的或尊重传统行为的摒弃或忽视。无论人们在何处集体聚居并共享一个空间或地域，规则——有时是正式的，但通常都是非正式的——管辖着空间的使用（Lawson，2001）。

　　与反社会街头活动相关的容忍水平也是问题的促成因素之一。现实主义犯罪学家认为犯罪率是两种作用力的产物——行为的改变和定义的改变。扬（1992）认为这两个要素并非是存在必然的联系：故意破坏公物的行为可能增加，但人们对于涂鸦行为变得越

来越容忍；暴力行为可能减少，但人们对其越来越敏感。

作为夜间外出时不可避免的一个部分，年轻人往往会比较容易接受一定程度的吵闹，而且一些他们可能经常容忍的行为在年纪较大的人们看来可能具有冒犯性，并且损害到他们对于特定场所的使用，尤其是在晚间或夜间。例如，对晚间／夜间场景较为熟悉的人能够更好地理解信息，并且能够判断它们是否造成威胁并决定需要采取哪些行为。如果丧失或从未具备这样的技能，那些对此较不熟悉的人们可能会将一般的吵闹视为直接的人身威胁。

4.3 预防犯罪的途径

预防犯罪主要有两个途径，一个是"教化性途径"，既通过教育（道德说教）、禁令和惩罚、以及（或者）通过社会与经济发展来消除或减少个人犯罪的动机；另一个是"境遇性"途径，即当犯罪者企图犯罪的时候，现场就有某些技术手段能够挫败犯罪。

"境遇性"途径主要是由罗恩克拉克（Ron Clarke，1992，1997）发展和成文的。"境遇性"途径将注意力集中在研究犯罪的机遇上。正如克拉克解释的那样："通过对具体环境类型与犯罪类型的关联分析，境遇性预防犯罪需要的只是在管理手段和环境上的某些有针对性的调整，以减少犯罪机会。它的关注点在于犯罪的场合，而不在于那些犯罪的人。"因此，不必去搞清人们犯罪的动机，只要识别谁有犯罪可能就行了。境遇性措施旨在掌控犯罪的物质、社会和心理条件，它削减犯罪机会的四大策略是：

- 加强对犯罪企图的识别；
- 加强对犯罪风险的认识；
- 减少犯罪能够带来的收益；
- 减少犯罪的借口。

关于哪种途径更有效的争论仍在继续。

理论上讲，减少犯罪动机理论上是更高明的，但很难实现，而减少犯罪机会的措施在实践中更为有效。在某种程度上，设计是可以影响到犯罪实施和（或）人们对安全的感觉的，但设计能做的，也只是为营造一个安全环境创造一些条件，它不可能根本改变犯罪行为或动机。

情操教化和境遇性的途径可能产生根本不同的环境。博顿斯（Bottoms，1990）用培养儿童进行类比："有些父母为了防止孩子取走现金、巧克力等（机会减少）可能会锁上橱柜或抽屉，而另一些父母则宁愿不锁上家里任何东西而教育小孩，让他们知道即使在机会很好的时候也不应该偷取东西。"

然而，"教化性"途径通常不在城市设计行为的范围之内，因此在本书考虑之外。

4.4 境遇性预防犯罪的方法

境遇性预防犯罪的方法在城市设计的主流文献中得到发展，并派生出几个主题，包括了行为。监看和领域界定与控制（见表6.1）。这些理念最初来自简·雅柯布斯（1961），后来通过纽曼的"可防御空间"及CPTED途径得以发展。而比尔·希利尔（Bill Hillier）新近提出的一个关于犯罪和安全的视角，重新拓展了雅柯布斯的观点。

雅各布斯强调监督行动的必要性，以及界定"私密"与"公共"空间的必要。对于雅各布斯（1961）而言，成功邻里的一个先决条件是在那里"一个人必须能在街上、在一群陌生人中间，自我感觉到安全"。她说，"公共空间"的维持不能靠警察，而是靠一个复杂的自愿的控制及规范网络。人行道、邻近的空间，以及它们的使用者都应成为"用文明反对野蛮的戏剧"中的"主动参与者"。雅柯布斯认为"一个城市的街道必须完成接待陌生人的主要任务，因为只有街道才是陌生

	Jane Jacobs 简·雅各布斯	Oscar Newman 奥斯卡·纽曼	CPTED 通过环境设计阻止犯罪	Space syntax 空间网络
对空间／领域的控制	公共空间和私密空间的划分	领域性－物质环境创造有领域感的区域（包括象征边界和界定不断增加的私密空间层级的机制）的能力。	自然的可达控制通过阻止接近犯罪目标而减少犯罪机会。领域强化－创造或者扩展影响范围从而使地产使用者产生基于所有权基础上的空间形态设计。	与其他空间相结合，从而鼓励步行者观看或者穿越。
监督	对"街道眼"的需要来自街道的"自然所有者"（居民和使用者）。多种活动和多样功能自然地产生人性空间。	监督－为居民及其代表提供监督机会而进行实体设计的能力。	自然监督作为物业常规使用的结果。	由穿越空间的人提供的监督。
活动	人行道需要"相当连续的使用者，既能增加有效街道眼的数量，也能大幅度减少沿街建筑里看护街道的人数。	反对街道上更多的活动和必要的商业会减少街道犯罪的观点。	赞成减少穿越活动从而减少活动的等级。	人们是否感到安全取决于地段是否被连续地占据和使用，因此应将地段设计成这样（例如通过活动系统将它们更好地结合起来）。

人来来往往的地方。街道不仅必须帮助城市抵御恶劣的陌生人，也必须保护许许多多平和和善的陌生人，让他们在街上路过时同样感到安全。

奥斯卡·纽曼发展了雅各布斯的一些观点，强调了监督和领域界定的必要。基于对纽约住宅项目中的犯罪地点研究，纽曼在《可防御空间：暴力城市中的人与设计》(Defensible Space : People and Design in the Violent City, 1973) 一书中提出重建城市环境，"使得它们重新变得适于居住，由一群享有公共领域的人而不是警察来控制它"。纽曼列出与居住街区犯罪增长率相关的三种因素：匿名性（人们不认识他们的邻居）；建筑内部监视系统的普遍缺失，使得犯罪活动很难被发现；易逃性，使得犯罪分子能从现场消失。由此，他提出"可防御空间"的措施："设置真实或象征性的隔障，明确限定的影响区域，提高监视水平——它们结合起来就会让环境处于居民的控制之下"(Newman, 1973)。

"通过环境设计阻止犯罪"（CPTED）的方法与纽曼的概念有许多相似之处。主要的想法是通过改造物质环境来减少对犯罪行为的支持，以此来减少犯罪事件与不安全感（Crowe/ 克罗，1991）。在全球范围内被警察广泛采用的"设计安全感"的方式与 CPTED 相似。例如，在英国，大多数警察机构确保类似的原则在新的开发项目中被采纳。对这些英国（BRE, 1999）和美国（Sherman, 2001）案例的分析，为我们能够针对具体场所，包括可防御空间原则，提供了一个坚实的基础。

纽曼和 CPTED 的方式对领域界定的强调倾向于支持使用极差化的（既隔离化）和非连续性路网，比如使用尽端路模式。这样可以阻止行窃，因为（据说）犯罪分子会避开可能被逮捕住的街道（May, 1979）。隔离化住区则包括两大组：隔离方式比较含蓄的（即"陌生人"被动的被阻隔在外，因为他们或许觉得自己很显眼）和隔离方式比较直接、物质的（即陌生人主动地被隔离在外，如前所说的那些设门的住区）。

希勒（1988，1996a）批评可防御性的空间围合阻止了人们的自然交流，它排斥了所有陌生人，不管他们是侵略性的还是友好的。他认为公共空间中人群的在场提高了安全感，并且提供了人们对空间自然管辖的主要方式。人群的自然到场消失的越多，危险就越大。通过他对空间格局与人员流动之间关系的研究，希勒认为某些空间特征将增加人群到场的可能性，并因此提高安全感（见第 8 章）。研究也表明"隔离性强"的地区发生入室行窃的机率要比"整体性强"的地区发生入室行窃的机率更高（Chih-Feng Shu，2000）。

在这些思想范围内，不同的设计策略之间存在着根本的矛盾。一些策略倡导人们亲身到场和目睹街道，以确保人员和财物的安全（"开放式方案"）；另有一些策略则限制访问和进入，并且提供利益的地域范畴，以防止人们使用特定的区域（"封闭式方案"），从而确保人员和财产在这些区域中的安全(Town & O'Toole，2005)。尽管两种想法各有其优点和应用，但主要的问题是关于行人移动的密度。

为提供安全感并提供足够的监视作为一种威慑，综合布局需要达到行人移动密度的阈值。高密度混合用途的城市区域可以提供所需的密度。如果不可能实现必要的行人移动密度（例如，在低密度的，主要用作居住的区域，实际上是宿舍社区），那么防卫型空间类型的设计策略可能更加适当。

这两种思想并非必定是相互排斥的——事实上，在审视了伦敦一个覆盖了 10 万多个住所的区域的犯罪模式之后，希勒改变了最初的立场，承认两者均各有利弊：

> "封闭式方案的倡导者似乎太过于保守，他们夸大并过分简单化封闭区域死胡同的情况，坚持采用小型的而非较大的居民分组，并且低估了死胡同和封闭区域以

外的生活的潜力和重要性。开放式方案的倡导者则对于将住所暴露在公共领域中太过于乐观，他们没有将渗透性和对于移动模式的现实理解连接在一起，而且，他们也许也没有考虑住宅数量和混合用途区域安全性之间相互依赖的关系。"

(Hillier & Sahbaz，2009)

他得出结论认为：

- 不同住所类型的相对安全性受该住所面向公共领域的面的数量的影响（围院式的住所最安全；分离的住所最不安全）。
- 居住在较高密度的区域能够降低风险，周围地面的密度（相对于脱离地面的密度）尤其与更为安全的生活具有强大的相互关联。
- 良好的局部移动是有益的，但跨越多个区域的大规模移动则不然。
- 当存在大规模移动时，综合性的街道系统提供的更大的移动潜力，能够降低风险。
- 相对富裕的社区以及邻居的数量比布局类型具有更大的影响，无论是网格型的还是死胡同型的街道。
- 每个街道分区中更多住所数量能够降低网格型、死胡同型和混合用途型区域中的风险。
- 更高的富裕程度在公寓中能提高安全性，但在独立房屋中则会降低安全性，尤其是在低密度的死胡同型布局中。
- 在较大型的居住街区中，住所应当沿街道两侧按线性布局，能够实现良好的局部移动但不会产生过高的渗透性。

启用监视和限制访问之间也存在相关联的冲突。尽管在许多住宅区，高高的无法穿越的围栏被视为是对邻居不友好的，但这些围栏可以防止"罪犯"进入——或者至少使他们更难进入。围绕这些私人空间的围栏在欧洲更为常见。通常住所正前方的围栏——

如果有围栏的话——具有中等的高度,方便住所和街道之间的互动,从住所中可以看到街道上的一切。住所背部的围栏则通常较高。尽管如此,由于警官或安保人员无法轻易地确定可疑活动,围栏可能使监视住宅区域变得更加困难。如果私人空间是开放的,并且没有围栏——美国很多地区常见的一种方法——那些试图闯入屋内的人员,或者只是可疑徘徊的人员,都在查看和监视之下。但是,这种方法降低了后院的隐私性,并且将住所的所有外立面都暴露在外人的观察之下。除了安全问题,可能还有不同的安排所带来的审美选择的问题。

4.5 境遇性预防犯罪方法的批评

机会减少法因两个主要原因而受到批评——它们的形象以及发生取代的可能性。

(1)形象

机会减少技巧的使用往往产生有关展现的形象以及因此而产生的环境临场感的担忧。例如,对于安全的明确担忧、对于犯罪的防护以及更高的安全感导致了高度防卫性城市主义的出现。索金(Sorkin,1992)指出一种"……'安全'的迷局,越来越多的操控和监视凌驾于公民权之上,新的隔离模式不断蔓延。"

索哈(Soja)称为"监狱式城市"(见第2章)的特点在戴维斯的《石英城市》(1990)一书中得以阐释,包括采用先进的空间监视的像全景监狱一般的购物中心;外部人员无法穿越的"智能"办公室大楼;"地堡"和"禁室"建筑;以带武装的家庭业主为支撑的邻里守望;使用先进军用技术武装的警察部队;布满使用高压电保护的垃圾箱的"虐待狂式"街道环境以及经过巧妙设计,防止流浪汉在上面睡觉的公园长椅。尽管如此,城市区域和公共空间变得安全但不再具有吸引力,或者使潜在的使用者产生恐惧和威胁感,摧毁

它们存在的价值。明显受到监控的环境可能会使某些人感到安心,但同时也会使其他人倍感压抑。

机会减少法在应用时可能更加复杂。在此方面,考虑主题公园中采用的控制措施具有指导意义。例如,迪士尼乐园以井然有序的方式应付大量的访客人群——每天10万人。发生扰乱治安行为的机会通过各种方式降至最低:通过持续的指引和指导;通过实际的障碍物限制某些可用行为的选择;以及通过"……无处不在的员工的监视。他们探测并纠正最轻微的偏差。"(Shearing & Stenning,1985)。控制策略嵌入到环境设计和管理中,其他功能往往掩盖住了控制功能;因此,每一位迪士尼生产员工"……尽管在表面上并且主要从事其他职能,但同时也从事秩序的维护。"(Shearing & Stenning,1987),其整体效果就是将控制职能嵌入到"隐蔽的角落"。希林和斯丹宁认为迪士尼公司的成功之处在于两个方面:在有需要的时候,迪士尼公司能够让游客既乖乖地掏钱又乖乖地合作。结果,控制成为大家都情愿的事情。

(2)转移

第二种对遭遇性预防犯罪方法的批评是转移。他们认为限制某个地点的犯罪机会可能只会造成简单的空间再分配,转移可能有不同的形式:

● 地理位置上的转移:犯罪地点从甲地改到乙地;

● 时间上的转移:犯罪从一个时间段转移到另一个时间段;

● 目标的转移:犯罪目标由甲变成了乙;

● 手段的转移:一种犯罪的方式被另一方式代替;

● 犯罪类型的转移:一种犯罪类型被另一种类型代替(Felson & Clarke,1998)。

因为犯罪会以不同的方式发生转移,所

以，针对某处犯罪案件的消失也就很难给出肯定性判断，谁也不敢说是否出现了犯罪转移。同样，犯罪转移也存在自身的阻力（来自犯罪行为的懒惰型），而且转移的程度与新目标的容易性以及犯罪的个人决心程度有关。所以，也不能仅以犯罪转移现象来批评减少犯罪机会的措施。巴尔（Barr）和皮斯（Pease）（1992）有效地区分了所谓"温和型"犯罪转移，即转移后的犯罪性质呈温和化，与恶性犯罪转移，即转移后的犯罪性质更加恶劣。虽然减少犯罪目标是消除犯罪，但比较起来，温和性犯罪总比恶性犯罪好点儿。有证据表明通过设计防止犯罪的整体途径能够减少犯罪向居住区转移的势头，并能够增进居民对他们区域的认知（Ekblom et al，1996）。

把各种减少犯罪机会的途径与一般的城市设计理念结合起来，欧克和蒂斯迪尔提出有四种城市设计的方法可以创造更安全的环境：

- 堡垒化：包括墙、栅栏、门、物质性隔离、领地私有化和领地控制，以及隔绝策略；
- 全方位监视化（或"警察型国家"）：包括对公共空间实施明确控制和（或）对公共空间的私人化，警察（保安）的在场，作为控制工具的 CCTV 系统，隐藏性监视系统，以及隔绝。
- 管理或规范化（或"国家警察化"）：包括公共空间的管理，明确的规章制度，时间和空间的规范，作为管理工具的 CCTV，以及强调市中心在公共空间中的象征地位。
- 活力或人气化：包括人的到场、吸引人的元素、各种活动、亲切的氛围、可达性和包容性。

这些都不是排他性的途径：在任何具体的场合中，采用何种途径要看当地背景而定，而且某种方法还可能与所有四种方法中的不同因素相结合。堡垒式和全景式途径的好处在于它们都是积极地行动，是可以看得见的

措施。但是，他们本质上是自私的，其结果是增强了某些人的安全，但可能减弱了其他人的安全。实际上，此类基于个人的方式压抑了基于集体的方案，可能带来的是对所有人都不太好的结果。尽管这些策略中的某些因子可能有一定用处，在使公共空间感觉上更安全的问题上，还有更积极的办法。例如，以管理性和人气化的办法，会对城市区域和公共空间更有实用性和积极意义。

5　控制空间：可达性与隔离

如上所述，任何有关公共领域的讨论中的一个关键要素就是可达性。虽然在定义上，公共领域应当是所有人均是可达的，但无论有意还是无意，某些环境是独享的，对于社会的某些阶层具有较低的可达性。隔离通常制造了或强化了"排他"或"安全"的外延。隔离在本质上是通过对空间和对该空间访问的控制进行的一种权力。社会中的各种力量有目的地通过削减可达性以控制某类环境，通常是为了保护投资。尽管如此，如果访问控制和排除明确并广泛地执行，公共领域的公共性就会受到损害。虽然可以使用设计策略启用和提升排除的目标或者——至少可以部分——促进并启用包容，但环境应当增加选择并具有包容性仍然是许多城市设计思维的中心主旨。

公共空间是一项集体资产或资源。该资产很容易产生通常被称为公地悲剧的问题。在撰写有关公共空间的文章时，科恩（2004）提到了集会地的悲剧。这个悲剧因两个原因而产生。第一，在使用资源时，我们没有自我约束的动因，因为其他人也不会以相同的方式限制他们自己。第二，没有进行投资以改善资源的动因，因为投资者无法享用该投资所带来的利益。解决的办法通常是为社区

的利益要求采用某种形式的资源管理以及（或者）分配（各项）产权（即进行资源的私有化，这尤其意味着该财产不再是一项公共的财产资源）。

管理公共空间必然会涉及平衡集体和个人的利益以及平衡自由和控制。反过来，这往往要求在该空间内具有管辖哪些是可接受的和不可接受的"规则"——"可接受的"应当与构成公众的"社区"相关，但如以下所讨论的，情况却往往并非如此。

林奇和卡尔（1979）指出了四项关键的公共空间管理任务：

● 如何区别"有害"行为和"无害"行为，以及对前者的控制和对后者的包容。

● 如何增加对自由使用的一般性容忍，同时又要对可容许行为形成一种稳定的共识。

● 在时空上如何把相互之间容忍较差的人群活动分开。

● 提供"边缘化场所"，使极端自由的行为能够在几乎不造成损害的情况下进行。

他们支持公共空间中的自由原则，认为：

"我们奖励按照我们的意愿言论和行动的权利。当其他人以更自由的方式行动时，我们了解他们，并因此而了解我们自己。城市空间得以自由使用的乐趣在于这些特殊的方式所带来的奇特现象以及出现有趣接触的机会。"

（林奇和卡尔 1979）

尽管如此，在公共空间中的行动自由必然是一种"负责任的自由"。据卡尔等人（1992：152）所言，它是指"……按照个人的意愿以自己希望使用场所的方式执行活动，但同时承认公共空间是一个共享空间的能力。"

公共空间的管理可能涉及某些形式的隔离。例如，明顿（2006）将社会排除的潜力描述为汇聚的"热点"和隔离的"冷点"。"热点"——例如城市再造区或商业改善区（BIDS）（见第11章）——特征是拥有"清洁而安全"的政策，往往能够替代社会问题。另一方面，"冷点"的特征则是社会性的排除在热点中不受欢迎的人士。依照本分析，公共空间管理将主动创建社会方面极化的城市公共空间。

隔离可以从以下方面来考虑：（a）隔离行为；（b）通过设计隔离；以及（c）人员的隔离。

（a）隔离行为

管理公共空间可以从防止或排除某些不受欢迎的社会行为的方面来讨论。准公共空间的管理人和拥有人具有各种动机寻求控制活动，例如，由于他们的维护职责，他们对于空间内可能发生的事件的责任以及他们对于市场性的关注。从城市空间中隔离某些行为或活动可能是现行管理或控制体制的一种职能——甚至是一个目标。墨菲（2001）强调了"隔离"区（即设计时没有某些不受欢迎的社会特征的区域）的扩散。这是一个广泛的现象。例如，我们可以看到无烟区、无运动和政治区、禁止使用滑板区、禁止使用移动或蜂窝电话区、禁酒区以及禁止汽车通行区（图6.11）。

尽管公共空间可能通过一系列规章和其他法规进行管理，但对于行为和活动存在明确的控制措施在准公共空间中的实施更为

图6.11　宾夕法尼亚 恋爱广场（Love square）（图片：史蒂文·蒂斯迪尔）。滑板运动者占据的地方，当局部进行改造后，滑板运动者不得不离开了。

显著和明显。在这样的空间中，趋势就是面向控制发展。尽管公共和私人拥有的公共空间促进并鼓励使用和使用者，但内梅特（Nemeth）和施密特（Schmiclt, 2007）认为，一般情况下，私人拥有的空间采取更多措施"控制"使用和行为。不同的管理体制也发挥作用，公共拥有的空间更关注法律／规则以及设计／形象，而私人拥有的空间关注于这些，但同时也关注监视／监控以及访问／地域控制（Nemeth & Schmidt, 2007）。

艾琳（1999）阐述了法规和控制措施的密集度。他引用了悬挂于洛杉矶环球影城城市漫步街入口处的一个路标，该路标警告访客不可出现：

> "……淫秽的语言或手势、嘈杂或吵闹的行为、唱歌、弹奏乐器、不必要的凝视、奔跑、滑板、滚轮溜冰、携带宠物、'非商业表演活动'、派发商业广告、'未能完整着装'或'坐在地面上超过五分钟'。"（图6.12）。

路凯敦·斯德瑞斯和班纳吉（1998）提出了两类控制措施：

- 硬性（主动的）控制采用警惕的私人安全人员、监视摄像头以及明确的规章，禁止某些活动发生或允许这些行为在获得许可证、规划、时间安排或租赁后方可发生。在过去10年中，监视摄像头成为城市场景中越来越常见的一个特色。例如，英国共有两百多万个摄像头在正常工作中，而且每年还以当前总量20%的速度增长，因而成为世界上受监视程度最高的国家，而且平均每个人每天受到30个摄像头的观察。
- 软性（被动的）控制专注于"象征性的限制"，以被动的方式阻止不受欢迎的活动，并且专注于提供某些设施（例如公共厕所）。

无论采用何种控制策略，如果公共场所要成为成功的人性空间，它们必须仍然保持吸引力——但同样地，"控制"感可能也是吸

图6.12 公共空间的"规则"（图片：马修·卡莫纳）

图6.13 英国谢菲尔德和平公园（图片：设菲尔德市政厅）。它是最近再开发的项目，提供人们一个具有活力的场所。在开放后的第一个阳光灿烂的周末，当地人把它当作海滩而不是一个传统的欧洲广场。管理委员会想纠正这种趋势，但很快认识到，提供这样的广场没有任何损失，自由的行为表明一种所有权和对空间的亲和力。

引力的一部分（图 6.13）。虽然许多人更希望为促进更好的公共秩序和公共安全采用更多的公共领域规章，但也存在一种危险，即为更广泛的公众利益颁布的规则发展成为因更狭隘的原因（盈利能力或适销性）禁止某些让特定的（主导的）群体反感的行为而颁布规则。后者为公共空间中的排除和可达性降低提供了大量合理阐释。

（b）通过设计隔离

卡尔等人（1992）提出了视觉的、物理的和象征性的等不同的访问形式。为使人们能够随时随意进入一个空间，视觉可达性非常重要。如果人们能够在进入之前先看到空间，他们可以判断他们在其中是否将感觉舒适、受欢迎和安全。

物质通达所涉及的问题是空间是否在物质上可供公众使用，而物质隔离则代表无法访问或使用该环境，无论该空间是否能够被看见。因此，隔离能够通过物质设计策略直接形成。在观察洛杉矶后，弗拉斯提（Flusty, 1997）指出了五种在设计时需要隔离的空间：

- 无法找到隐蔽的空间；被遮挡物或者标高变化掩盖的空间。
- 由于扭曲、拖延或缺乏接近的路径而无法到达迷失的空间。
- 由于围墙、大门和检查点的阻挡而无法进入"壳体"的空间。
- 地形条件复杂的空间无法被舒适地占用（例如岩层斜坡阻止了人坐下）。
- 由于巡逻和／或监视技术的主动监控，而难以享受片刻私密的"不安"空间。

同样的，在评估洛杉矶市中心的"公共"广场时，路凯敦·斯德瑞斯和班纳吉（1998）发现了公共领域的"内向性"和"分散化"，广场的设计在视觉上很隐蔽，因此具有了隔离性。建筑外观几乎没有为内部空间提供任何线

索，通过与街道隔离、弱化街道标高入口、把主要入口连向停车层等这类设计策略，实现了一种空间上的内向性，将其与外部环境隔绝开来，并因此而使其断开与周围城市的联系（Lou-kaitou-Sideris & Banerjee, 1998）。

象征性的进入是指采用视觉提示或符号，表明谁是这个空间中欢迎和不欢迎的人。例如，被视为具有威胁性，或令人舒适或有魅力的个人和群体可能会影响对公共空间的进入情况。同样的，某些设计元素也可能在哪些人士受欢迎方面发挥象征性提示的作用：例如，特定类型的商店明确指明店内欢迎的人士。艾琳（2006）指出"……如果我们认为权力在很大程度上就是关于警卫或大门或认为它通过监视技术表现出来，这还是情有可原的……"，他强调了"环境权力"在公共空间中的作用。以柏林的波茨坦广场为例，他描述了一种"引诱的魔力"，其中：

> "……布局和设计……代表了一种具有诱惑力的存在，它有效地诱导访客以他们在其他情况下可能不会选择的方式进行沟通和互动……在这个实例中，权力通过空间的环境品质发挥作用，其中体验本身就是权力的表现。"（2006）。

另外一种进入形式就是经济进入。例如，一种直接形式的排除通过收取入场费来执行。其中，入场券包含了对于遵守规则的承诺，否则将收到从场所中被驱逐的惩罚。尽管这在准公共空间的某些部分（例如电影院、剧场等）十分常见，但在其他部分则不是这么常见，例如公共公园和市民空间。一种微妙形式的排除通过视觉提示来执行，这些提示象征并传达了支付的能力——或者，也许更精确地说，消费的能力——而这些能力反过来又确保了对空间的进入。缺乏支付能力的表现可能会遭来猜疑、冷落或者禁入，而体现富有的外在表现则确保了准入。

(c) 人员的隔离

通过设计进行的隔离通常是一种被动的排除方式；其他的隔离方式更为主动。因此，某些隔离策略并不是排除特定的行为，而是主动地隔离——或者更准确地说，阻止特定人员或社会群体的进入。私人所有权的一个基本权利是能够隔离并/或阻止进入。大部分法律体系允许根据行为进行隔离（即人们在原则上可以选择的行为），但很少根据身份地位进行隔离（即人们没有选择余地的因素——肤色、性别、年龄等）。

一种被称为蚊子的装置在英国引起争论。它释放出一种刺激的和令人不适的高频噪声，但由于听力随着年龄衰退，这种声音智能被较为年轻的人们所听到。目前英国已经在商店门外和其他公共空间安装了 3000 多台这种装置，以此作为威慑并阻止青少年在这些地方聚集。该装置并没有做出区分：所有年轻人（包括婴儿）都因这种噪声感到不适，他们受到这种区别对待仅仅是因为他们作为年轻人的身份。

在公共空间中，除非制定了某项特定的法律，原则上，是不能将个人合法地拒绝在真正的公共空间之外的。但是，公共领域中包括了那些公众可达却为私人所有的空间；例如，那些以具有公众进入为前提、贡献给公众的空间（如"建筑密度奖励机制"下或直接财政补贴的空间。在评论这些空间的设计时，班纳吉观察到所谓受欢迎的公众往往就是商店或餐厅的主顾，或是工作人员及顾客，进入和使用这些空间其实还不能被称为一种特权，而只是一种优待。这样，那些"不受欢迎"的人和群体，例如那些被认为了是讨厌的人出现的时候，空间的所有者或使用者借着为了其他人安宁和安全的托词，其实更多的是为了利润，而将这些人排斥在外。

这种性质的进入控制往往是宁愿"矫枉过正"的，因为被排斥的不是少数几个人而是很多人。积极地看，这些策略是以"特性描述"为依据的（即确定被认为有可能违反预期行为的群体或个人的特征，从而可以对这些群体严加防范）；消极地看，这就是恪守陈规和歧视对待。

5.1 公共空间的"政策化"

更强的公共领域管理和监管可能由于更好的公共秩序和公共安全而受到欢迎，但如上文所述的，其危险是为更广泛的公共利益颁布的规则可能转变为为禁止某些令主导群体反感的行为而颁布的规则。

关键的问题不是权力的合法性，而是规则制定者的合理性——前者可以在舆论法庭上判定；而后者则在法院法庭上判定（Hague & Harrop，2004）。合法性是一个技术性的问题——它表明了规则是否正确制定。合理性法则是一个政治问题："一个合理的政府管辖体系是以权限为基础的：即受规则约束的人们认可其决策的权利。"（Hague & Harrop，2004）。在这里需要考虑的另一个问题是保护权力或私人利益的警察国家——专制政府——和保护公民自由的警察国家——全民政府之间的区别。

管理和"监控"公共空间所涉及的往往远不止于公共警察。大约 50 年前，雅各布斯（1961）认为，"警察固然必要，"但公共安宁并非主要由他们来维持，相反，

> "……是由人们自身之间错综复杂的和近乎无意识的自愿控制和标准网络来维持……如果一个文明正常的执法体系已经崩溃，无论有多少警察都无法执行文明。"

因此，治安监控必须从"社会控制"和公共及私人警察的角度来考虑。

约翰和纽布（2002）对各种不同类型的或不同层级的社会控制进行了区分：

● 主要（正式）社会控制——这些是直

接的社会控制措施；对于执行者而言，预防犯罪、维持和平以及调查和相关的治安维持活动是他们的主要和决定性部分的职责。典型的示例包括公共警察、其他治安维持（监管）机构以及商业安保领域。

- 第二（非正式）社会控制——这些是较为间接的控制措施；对于执行者而言，社会控制活动是其职责中一个重要方面。典型的示例包括教师、公园管理员、护理人员、铁路警卫、公交车售票员等。
- 第三（非正式）社会控制——这些也是间接的控制措施，其执行者是当地社区中的"中间"群体。典型的示例包括工作组、教堂、行业工会、俱乐部和协会以及社区团体。

约翰和纽布（2002）论述道，治安监控的当前趋势与社会控制的间接来源的衰退相关联，各种提供间接社会控制的职业中雇用的人数大幅下降就可以对此有所证明。这些职业的主要职能被自然监视和其他低层级的控制措施所替代。这在一定程度上是劳动节

图 6.14 公共空间的安全（图片：马修·卡莫纳）。在公共空间里，越来越多地出现私人保安，唯一功能是安全防卫。但是，这种间接的社会控制职责首要提供服务和接待功能，安全成为次要功能。在伦敦的金丝雀码头，私人警卫模仿警察的样子统一着装。

约技术的结果（例如自动售票机和自动屏障、有线电视以及自动化的门禁等）。

约翰和纽布指出，私人安保的增长往往归因于公共治安监控的减少，或者说，至少是其增长受到限制。他们认为，第二社会控制职业——公交车售票员、火车站站长、列车警卫、检票员、公园管理员等的衰退更为严重。更具体而言，他们认为这些职业可见性的下滑促进了社会控制主要形式的增长。

"私人警察"在公共场所的出现频率越来越高，最常见的形式就是安保警卫和酒吧、酒廊和夜总会的门卫。这种状况饱受批评。霍布斯等人（2000）认为，由于缺乏足够的国家控制机制，门卫和保镖成为事实上的"……限定区域的监管人，将暴力和胁迫作为一种商业资源"，他们因此倡议国家（以公共警察的形式）从商业力量手中重新夺回治安监控和监管的主动权："……虽然警察继续面对日复一日的日常管理和工作轮换，好的、坏的以及身有纹身的不负责任的安保行业仍将继续蓬勃发展。"

除了公共责任性以外，另外一个问题是，私人安保的唯一职能是保障（图 6.14）。相比之下，以上所讨论的间接社会控制职业提供的主要职能是服务或接待，"秩序维护"只是处于第二位。为对公共警察进行补充，现在许多城市雇用公共安全代表或大使在公共空间工作——其职责的一部分是接待，但另一部分则包括安全和保障。

"人工"治安监控和监视也逐渐被通过闭路电视系统进行的"电子"治安监控所取代。闭路电视（CCTV）摄像头和系统已经成为英国和许多其他城市中心的一个普遍和常见的特点。然而，有关这些措施所造成的影响的系统性研究表明，尽管这些系统的普及程度似乎按指数速度增长，但其对于降低犯罪的作用却微乎其微（Yvelsh & Farrington, 2002）。

6 平等的环境

如果城市设计就是为人们营造更好的场所，那么这里的"人们"是指建造环境的所有潜在的使用者，包括年老的和年轻的、男性和女性、身体健全的和身有残疾的、多数民族和少数民族。就如同一个良好的城市设计是可持续的一样，它是平等的，因而也是包容的。然而，对于社会的大部分而言，日常的现实却往往大不相同。

6.1 残障、老龄化和隔离

对于残疾人、老人、推着婴儿车的人和孕妇等来说，各种物理障碍会限制他们对公共领域的使用。霍尔和伊姆里（1999）观察到残疾人士对于建成环境的体验往往是一条充满障碍的历程：

> 大多数建筑轮椅是不能进入的。很少建筑有足够的触觉色彩或者色差去为色弱人群导向。建筑特殊部位例如门、把手、盥洗室的设计，也多是标准化的，以至于某些存在生理和（或）精神缺陷的人会发现他们很难使用这些东西。

在发达国家，随着人们寿命的延长，残疾不再是一种例外情况，而是越来越多地出现，因为即使是最健康的人，随着年龄的老化，他们的身体和精神能力都将受到影响。对于大部分而言，在他们生命中的某一点，年老将使他们无法使用现有的建成环境，这通常是由于听力、视力、灵敏性、活动性、膀胱控制以及记忆力问题等轻微损害的综合所导致。截至 2020 年，将近一半的英国成人将达到 50 岁以上，而 20% 的美国人口以及 25% 的日本人口将达到 65 岁以上（Burton & Mitchell，2006）。

残疾有两种主要的形式。"医疗型"残疾是指在医疗状况方面的残疾（比如"关节炎"

或"癫痫"等症状），致残的因素在于个人而无需考虑社会中的致残因素。"社会型"残疾则专注于社会限制因素。致残因素是社会施加的障碍，而不是个人损伤——因此，损伤并非障碍，需要进行调整的是由失调性的致残性社会强加的障碍。在社会型障碍中，强调的重点是致残的社会和／或环境，而不是具有残疾的个人。

伊姆里和霍尔（2001）认为设计和开发流程既是致残的又是歧视残疾人的。他们主张包容性的设计应当同时关注态度、流程以及产品。他们认为，大部分建成环境的专业人士极少注意到残疾人士的需求，而且只有在受到法律要求时才会这么做。在此情况下，为社会中身体能力受限的人群提供功能被视为"额外的"部分，并且被视为需要抵制的额外成本。不足为奇，身有残疾的人们往往被排除在建成环境以及产生这些建成环境的更为广泛的社会和开发流程之外。然而，如果当地政策框架支持提供更高的可达性标准，往往开发商很少会抵制。

在城市设计的环境下，解决环境残疾问题包括理解社会残疾和环境致残的方式；为包容而设计，而不是为排除或隔离而设计；以及确保前瞻性的和综合的考虑，而不是进行被动的"追加式"的提供。然而，对残疾的关注将分散对一个事实的注意力，即普遍的可达性和设计特点使所有人都更容易使用建成环境。因此，首要的问题是，那些身有残疾的人士的需求应当作为设计流程的一个不可分割的部分来考虑，并且，通过满足这些需求，建筑物和环境将为所有使用者更好地发挥其功能。

因此，对于城市设计者而言，提供无障碍环境应当成为首要目标，最好能够遵循通用化设计的原则（Nasar & Evans-Cowley，2007）。位于美国的通用设计中心（Sawyer

& Bright, 2007) 将这些原则定义如下:

- 平等——设计应当可由具有各种不同能力的人使用, 并且应当对所有使用者具有吸引力。
- 灵活——设计应当迎合广泛的个人喜好和能力。
- 简单和直观——设计的使用应当易于理解, 无论使用者的经验、知识、语言技能或当前的集中力水平。
- 可感知——设计向使用者有效传达必要的信息, 无论环境条件或使用者的感知能力。
- 容忍错误——设计将意外或非故意行为导致的危险和负面后果降至最低。
- 低体力消耗——设计可以在产生最低的疲劳度的情况下有效和舒适使用。
- 利于接近和使用的规模和空间——为接近、到达、操控和使用提供适当的规模和空间, 无论使用者的体型大小、姿势或活动能力。

在实践中, 对残疾以及残障人士需求的狭隘理解往往意味着"残疾人设施"只是迎合轮椅使用者的需求, 但极少考虑其他形式的残疾。在英国, 1995 年《残疾歧视法案》包含了一条更为广泛的定义:"……一种身体的或精神的损害, 对人员执行日常活动的能力造成严重的和长期的不良影响。"依照该法案被视为残疾人的人士必须受到以下至少一个方面的影响:活动能力;动手能力;身体协调性;自制能力、抬、提或以其他方式移动日常物品的能力;语言、听力或视力;记忆力或集中注意力、学习或理解的能力;以及(或者)感知身体危险的能力。对残疾和损伤范围的理解能够扩展我们对于建成环境没有充分考虑残障人士需求的理解:例如, 在英国, 只有 4% 的残疾人是轮椅使用者, 这与人们头脑中所有残疾人都是轮椅使用者的概念化认识相去甚远 (Imrie & Hall, 2001)。

残疾往往是看不见的。例如, 在老年人群中, 痴呆已经成为一个越来越严重的问题。对于 70 ~ 80 岁的人群, 每 20 个人中就有一个受到其影响;而对于年龄更大的人群, 每五个人就有一个受到影响 (Burton & Mitchell, 2006)。这个群体在如何读取和解释有关建筑的使用、入口位置、不同场所的预期行为以及周围人们的意图等的提示方面尤其存在问题。对于这些建成环境的使用者, 建成环境中对功能的澄清以及明显的功能标示有助于他们进行导向 (Burton & Mitchell, 2006)。因此, 设计可以帮助克服许多老年人遭遇的问题, 不被拘禁和孤立在室内。

伯顿和米切尔 (2006) 认为在建成环境对残障人士的关注主要缘于许多有影响力的人开始体会到随着年龄加大, 活动能力受到的障碍和困难。作为拥有相当多财富和影响力的一代, 并且对于充实、主动和独立的生活拥有极高的预期, 这一代人将通过要求更好的设施提供产生深远的影响。伯顿和米切尔 (2006) 论述认为这将要求创建"生活之街", 展示各种设计特点 (见表 6.2) 并且帮助实现六个设计属性:

- 熟悉性——可识别的街道, 采用长期存在的为老年人所熟知的形式、特点和设计。
- 可辨性——街道帮助老年人理解他们所处的位置并确定需要走哪一条路。
- 独特性——街道在建筑形式和用途上体现当地特色, 并因此提供一个清晰的场所形象。
- 可达性——街道使老年能够到达、进入、使用和漫步于他们需要或希望访问的场所, 无论他们是否具有任何身体的、感知的或精神的损伤。
- 舒适性——街道使人们能够在不受身体限制或精神不安的情况下访问他们选择的场所, 并且享受户外的愉快体验。

"街道生活"的17项设计特征　表 6.2

按照重要性排名：

1. 混合使用，包括大量的服务、设施和开放空间
2. 宽阔的、平坦的、防滑的步行路（没有自行车道）
3. 带有听觉和视觉暗示的交叉路口，便于老人使用
4. 清晰的信号标识
5. 木质座椅，带有把手和靠背
6. 在非规则路网上布置的小型街区（带有较少交叉口）
7. 在地面标高变化处有明确的标识，并带有扶手
8. 多等级标准的卫生间
9. 封闭的大巴停靠站，带有座椅
10. 多样的城市形态和建筑
11. 在繁忙的道路与步行道之间有隔离带（例如树木和草丛）
12. 标志物，独特的结构和活动场所
13. 从主干道到次干道的道路等级
14. 在连接处存在特殊的、独特的特征
15. 带有明确入口的建筑
16. 反映功能的建筑
17. 微风拂面的街道

来源：伯顿和米切尔（2006）.

● 安全性——街道使人们能够使用、享受和移动于户外环境中，无须担心绊倒或摔倒，遭到碾压或攻击。

这些空间专门针对老年人群的需求特别构建，但同样也与那些认为建成环境不够完善的使用者密切相关。

6.2 机动车、财富和隔离

活动能力也可以从基于汽车的和非基于汽车的可达性来考虑。如果环境使用者在到达环境时必须依赖于私有的旅行方式，这样的环境就是具有较低可达性的。依赖于汽车的开发项目降低了许多人到达这些场所的能力（见第 2 章）。包容性的城市设计在一定程度上依赖于不同土地用途在空间上的集中性，使场所和设施便于访问，并且使公共交通成为一种可行的措施。具有较低活动能力的群体往往也具有较低的可达性。

在当代，"机动性"这一术语表示以汽车为基础的活动能力，但更普遍地指各种支持和促进基于汽车的社会的利益的经济和政治体系。它尤其获得了特殊的权利，并且经常导致基于汽车的环境的盛行。从积极的角度开看，如谢勒和厄里（2000）所论述的，机动性是"自由的源泉"，它所带来的灵活性使汽车驾驶员能够随时按任何方向快速旅行。汽车还提供一种安全保障的途径。谢勒和厄里指出了女性的"解放"被认为与小汽车有关："小汽车为许多妇女提供了个人的自由感和相对安全运送家庭成员和物资的出行方式，并把妇女不规则的作息时间成功地穿插起来。"

尽管如此，这种灵活性本身是机动性所必需的：如果没有汽车的灵活性和 24 小时可用性，许多人可能都无法实现其工作、社会和家庭生活。厄里指出汽车是一种"强制的灵活性"，因为机动性支持了土地使用在空间上的不断分离。进而，就需要更多地使用小汽车才能穿行于分散的设施之间。因此，尽管如厄里所指出的，"广告和媒体广泛地将汽车描述为毫无缺点的解放先驱者，但广泛的机动性并未带来广泛的可达性。

尽管汽车尤为突出的一个优势是能够提供（几乎）"无缝"的旅程，同时在原则上能够提供高度的个人安全性，但汽车的提供往往同时中断或隔断了促成其他交通形式的联结。无缝的汽车旅程也使其他旅行模式看起来更加分散和不方便。例如，在公共交通的使用中往往发生各种各样的"隔阂"：步行到公交车站；在公交车站等待；走过公交车站前往火车站；在车站月台等待等（Sheller & Urry, 2000）。每一项隔阂都会产生不确定性，不方便，甚至是危险。汽车驾驶员也遇到隔阂（例如使用多层停车场），与其他出行模式相比，这些间隙出现的机会要少得多。

这些隔阂尤其对于较低收入人群（以及女性）产生严重的影响，因为他们对于公共交通具有更高的依赖性。但这只是经济上处于劣势的群体在建成环境中面临的众多劣势之一。CABE（2008）指出了其中的一些劣势，包括最贫穷的人往往生活在最不安全和卫生的环境中（见第8章），承担最大的发生洪水和污染等环境危险的可能性。这些群体面临的是可达性较低的设施、管理较差的公园以及公共空间（如果确实存在的话）、年久失修的住房、在高交通流量的地区生活以及干扰、污染、噪音和这些因素导致的潜在危害的产物。此外，随着气候变化越来越为人所关注，这些群体将更无法使其家园适应极端天气条件，例如热浪。

对于CABE而言，挑战是"……找到适当的方法，使建成环境的设计和管理能够缓解并且不再加剧收入的不平等……"，尤其是需要意识到公共和私人投资决策的公平性影响。这种认知可能超越特定开发决定的短期影响，成为长期的社会影响，试图改善城市结构，例如城市空间中的中产阶级化倾向（见第9章）。

6.3 年轻人的隔离

公共空间的某些经常使用者对空间或部分空间的通达经常被拒绝，其中主要是贫穷的、无家可归的和年轻的人员。由于恐惧或没有能力消费所导致的排除已在上文有所讨论——年轻人同时由于这两种原因而被排除。另外，由于公共空间越来越为私人所拥有并且受企业而非公共利益思维的约束，年轻人更是因此而承担被排除的风险。在调查布里斯班的购物中心对青少年的排斥情况时，克兰（Crane，2000）发现青少年经常在群组大于三个人时被强迫分开，根据外表（例如发型）而被排除，以相片和书面档案记录，并且在

场所入口处或当在公共区域聚集时被驱赶。他们还由于他们的消遣方式而被排除，大部分人都写到滑板被某些人视为"反社会"行为，因为它产生了与其他群体的冲突，而且对街道设施造成了破坏（Johns，2001）。

较为常见的策略并不是针对这些活动进行积极的设计和管理，而是将这些用途限制在专门的空间内，并且在设计或监控时将它们隔离在共享空间之外。但是，如马隆（Ivialone，2002）所指出的，"研究已经明确地表明，位于市中心边缘地区的滑板坡道和其他专供年轻人使用的空间对于年轻人（尤其是对于年轻女性）而言并没有什么吸引力。"在这些场所，青少年遭遇到安全、保障以及排斥感等问题，而他们在公共空间中所追求的是"……社会融合，安全以及移动自由"。这些都表示未能适当地管理共享公共空间，在允许所有群体平等使用的同时不损害其他人的利益。在马隆（2002）看来，需要对差异进行认可和接受，并且将街道作为表达一个社区所有组成部分的集体文化的适当场所。

布德曼等人（2007）认为公共领域的健康可以通过其以共享资源的形式提供使用权限的程度来判断。对它们，

> "……儿童和年轻人同时遭遇了不可见性、隔离和排除。例如，他们在强调商业利益和以经济为主导的城市中心再造策略中被忽视；他们在空间上、时间上并且按年龄隔离到指定的游玩区和受监视的活动中；并且，他们通过成人的恐惧和投诉、法律控制措施以及驱散命令等的组合从公共空间和场所中被排除。"

年龄较小的儿童——在传统上也是公共空间的经常使用者——已越来越多地从这个领域中被排除。在英格兰，尽管有四分之三的成人在儿童时期曾在户外街道上或靠近住所的地区玩耍，但他们的子女中只有五分之

一的人有类似的机会（Beunderman，2007）。尽管专门的玩耍空间是为年幼儿童建造的环境中的一个重要部分（见第8章），但有些人认为，浪费在这些空间上的资源更多是归咎于现在四处建立的游乐场设备的产业进行的游说以及成人们不再愿意让他们的子女自由地在较宽阔的建成环境中玩耍。如Cunningham和琼斯（1999）指出：

> "在我们改善游乐场的环境并使其成为一个适当的、令人兴奋的、美丽的、甚至是具有挑战性的儿童场所的愿望中，我们是否正在遗忘游乐环境其实超越游乐场的界限，包括整个城市和乡村？对于由小型的、局部的和一般情况下受到限制的空间构成的游乐场，其中进行的丰富活动是否能够真如所愿弥补在构成儿童更广泛的活动和玩耍范畴的环境所产生的匮乏？"

儿童的玩耍范围越来越受到限制和约束，女孩尤其在本地邻里中遭遇更大的限制。有关针对儿童的暴力行为新闻报道耸人听闻，而上班的父母为自己的子女寻找的职业看护人害怕承担责任，这些因素都产生了巨大的不安（见框图6.5）。除此以外，限制还来自于道路上机动车交通流量不断增加，以及儿童在安全使用街道的能力方面仍有不足——对于后者，尽管因交通事故导致的儿童死亡持续实现真正的下降（Cunningham & Jones，1999）。例如，在英格兰，卫生部数据表明在2002/2003学年，仅有52%的儿童步行上学，而在10年前，这个比例达到61%（Beunderman，2007）。"接送子女"的增长

框图6.5　风险与责任的限制

风险和随之而来的担心越来越对公共空间的设计与管理产生影响。健康与安全法规和安全审计是现在公共管理当局保护自己免于被在公共空间受到伤害的当事人起诉的必不可少的内容。这些工具通常是不敏感的，被不知情的城市设计师采取技术的方式简单进行（见第1章）。其结果是缺乏创新，导致缺少趣味空间的标准式设计。

这是对政府当局试图在公共空间设计中为避免出现的事故和风险采取的管理手段，也是对"文化补偿"现象的一个具体体现（Beck，1992）。在英国的研究表明（CABE，2007），文化补偿有点夸大，事实上，伤害个人的声明在下降。而且，这些声明主要集中在维护上的问题，而不是来自设计上的纰漏。研究表明，尽管存在着一些专业人士的观点，相比完全不能预测到的风险，市民更关心与个人安全有关的风险（如抢劫），准确预测个体在空间中的行为几乎是不可能的。

因此，将风险作为创造性地管理（而不是试图消除）的机会。这涉及区分小伤害和主要风险；质疑缺乏论据的观点，避免由此产生的简化式设计；避免为寻求平稳，拒绝"勾选框"的解决方案，可能会导致相反的行为。风险是建造环境和人的重要组成元素，甚至儿童，都很容易理解和沟通，益处也是显而易见的，例如在享受精心设计的、宜居的公共空间的过程中。

在栏杆外（图片：马修·卡莫纳）

也进一步增加了街道上的机动车数量，提高了对危险的感知，同时减少了锻炼的机会；对于儿童而言，减少了学习如何与社会文化公共领域中的其他人士互动的机会。

这些趋势导致指定的"安全"玩耍空间遭受更大的压力，甚至还导致了私有化玩耍空间的蔓延——包括室内探险游乐场以及零售点和家庭酒廊／餐厅中的玩耍区。尽管有证据表明这个新兴的儿童游玩市场并没有减少对公共游乐场的使用，但有担心认为玩耍空间商业化的趋势可能将活动能力或经济能力受到限制的家庭中的儿童排除在外（McKendrick，1999）。因此，这些儿童可能遭受到双重的排除：首先，这些儿童最可能生活在条件不利，并且存在潜在危险的邻里中（例如在主要公路附近）；其次，他们也从新的私有空间中被排除。

在年轻人群体的另一端，年轻人的活动也已被视为问题的一部分，并且由于通过他们在城市中心地区的集聚而排除他人的行为受到批评。罗伯特（Roberts & Turner，2005）认为，对夜生活经济越来越多的强调和对 24 小时城市政策的支持等因素带来了新的行为形式。这些行为如果发生在行为人自己的邻里内，可能他们自己都会感觉无法接受。在这些场所，冲突往往围绕本地居民的需求、纵酒狂欢者的需求以及服务于夜生活经济的本地商业的需求产生。休闲和娱乐目的地，例如伦敦的苏荷区，就属于这一类场所。

在英国，24 小时城市和夜生活经济概念在整个 20 世纪 90 年代成为城镇和城市更新的主要组成部分。后来由政府主导的取消酒类许可管制以及酒类行业管制，更助长了这个令人醉酒的组合，将许多城市中心区转变为"年轻人乐园"的场所（Chatterton & Hollands，2002）。并让位于市场力量和拥有大量可支付收入的年轻客户群（Worpole，1999），同时将这些原本是共享空间的其他使用者阻止在外并延续了一种排除形式。在罗伯茨和特纳（2005）看来，必须进行更为主动的管理和更为完善的规划控制。他们认为，如果没有适当的控制措施，倍受 24 小时城市的原倡议者推崇的欧洲"大陆环境"的理想将无法实现。很明显地，建成环境的年轻使用者可能向儿童、青少年和年轻成人一样遇到问题——在他们生命周期的关键阶段，当他们正在学习健康的和适当社会化的行为时，这种情况也同样会发生。

6.4 文化差异与公共空间

在总结对于年轻文化和街道生活的调查时，马隆（2002）提出了替换的多元文化论，它将具有虚假平等性的地域内的差异连接在一起，提出了一种激进的文化差异观点。该观点认可社区中年轻文化相互竞争的特点——文化差异也应当被赞颂而不是被消除。由于社区已变得越来越种族多样化，这些不同文化概念在公共空间的大熔炉中的相互碰撞也可能扩展到不同的种族群体如何使用空间，以及有关这些不同的使用模式在城市设计流程中未能获得充分认可的担忧。

与一个社会中的其余部分一样，少数民族由多样化的人员群体组成，他们拥有各不相同的抱负、社会地位以及在本地特色中的参与程度。此外，在许多大都市中，许多（通常是相互差异很大的）少数民族群体构成了外来人口。因而很难对有关城市设计的少数民族观点作一般化的定义，尤其是因为研究已经表明这些观点更多的是根据一个人的成长方式而不是其种族构成而成形，人们通常对于他们在儿时认识的环境类型表现出偏好；第二代移民对于外来人口有着相似的偏好（Rishbeth，2001）。

例如，在分析伦敦东部的公共空间时，

丹斯（Dines）和卡特尔（Cattell，2006）发现特定的空间在支持第一代亚洲人之间的种族网络时发挥着重要的作用，而第二或第三代亚洲人则没有将同样的空间视为重要的社交场所。因此，如果城市设计需要对本地人口的需求做出适当的响应，则必须理解少数群体以及多数人口中观点和看法的多样性（见第12章）——但是，出于各种宗教和文化原因，某些少数群体难以参与一些参与性的流程。

分析表明，不同的群体以不同的方式使用城市空间。路凯敦·斯德瑞斯（1995）专注于洛杉矶公共公园的使用，发现西班牙裔人主要将公园视为社会集会的场所，通常涉及共同用餐；而美国黑人则更多地将公园用于运动目的。华人群体对公园的使用少得多，只有老年人会在公园里练习太极。白人通常将公园用于独处目的，例如步行或慢跑，并且高度重视他们的美学品质。尽管如此，丹斯和卡特尔（2006）认为，城市公共领域作为种族间互动和社会交流的场所，发挥了重要的作用，并因此而鼓励包容。某些空间为不同的人群相互混合提供了机会：

- 邻里和半家庭空间，例如共享的前庭、学校大堂以及住宅区街道等，是不同种族群体邻居间的第一接触点。
- 邻里公园是年轻人产生更多互动的场所。
- 本地市场鼓励以其他方式无法相互接触的群体间进行随意的交流。

里斯伯斯（Rishbeth，2001）质疑现有环境是否能够对许多城市中常见的多元文化社会更具包容性，并且以此为依据，区分"象征性参照"、"经验性参照"和"设施提供"之间的设计反应。

- 象征性参照是指将代表（往往是以简单化的方式）另一种文化的元素插入到公共领域中。例如，大部分唐人街使用以夸张的或理想化的方式导入的旧式视觉

提示为使用者提供一种中国文化的感觉（图6.15）。然而，在通常情况下，由于极少考虑外来环境和导入元素之间不断发展的关系，后者往往发展成为"异质性"的漫画。

- 经验型参照并不依赖于视觉提示，而是尝试分享整个环境，因此它反映了使用者对于其他文化的体验。这在自然景观中最容易且最令人信服地实现。例如在公园中，外来的植物能够唤起对海外景观的回忆——尽管它也能在城市街道的尺度、肌理和密度中找到（Rishbeth，2001）。然而，在使用这两种方法时，始终存在一种风险，即一种文化的视觉表现将同时产生排除和包容的效果——例如，当长期在此居住的居民感觉到这种干预代表了新来者的文化，而不是他们自己的文化时。这就产生了有关谁决定什么是可接受的以及什么在不同的建成环境中属于外来的；不同的品位和敏感性如何获得迎合；以及这些目的地应当具有怎样的民主程度等问题。

- 设施提供也不依赖于视觉提示，而是尝试理解不同的文化如何使用环境以及提供适合于该用途的设施。例如，里斯伯

图6.15　华盛顿特区中国城（图片：史蒂文·蒂斯迪尔）

斯（2001）指出了某些文化拥有长久的自行种植粮食的传统，并且通过分配提供，他们能够以与本地视觉敏感性相关的方式继续这些在文化上具有重要意义的行为。或者，适当的社会、运动、住房和其他休闲设施的提供可以满足特定的少数人群需求，同时不会影响其他人的感知利益。这种提供具有包容性，因为它既没有区分不同的使用者，也没有为少数人群指定特殊的空间。

这种设计响应与积极鼓励空间共享的管理响应相兼容，例如，通过庆祝场所内文化多样性的活动和节日，或者对文化规范和惯例敏感并且了解任何存在的种族紧张关系的治安监控。盖恩斯伯勒和伯德曼（Beunderman，2007）认为公共空间作为实用的解决场所，能够发挥重要的作用，提高社会感和不同种族群体间的共通性，而如果忽视"他人"，这种社会感和共通性可能也会被分离。对他们而言，"……这就意味着相聚在一起，而且更明确地说，在一起共事。"（Lownsbrough & Beunderman，2007）。他们认为，对于少数人群而言，可以被描述为"公共但非民用的"空间的数量高于其他群体，因为不熟悉和对于敌意或歧视行为的担忧可能产生额外的阻碍因素。事实上，他们引用证据表明，糟糕的物理环境可能代表了暴力的激进攻击的起源因素。他们的案例研究并没有在强化安全措施方面寻求答案，而是建议了下列要素的解决方案：

- 理解人们日常生活的点点滴滴，采取细微的步骤鼓励互动，例如，改善学校大门或公交车站的物理条件，或者调整本地市场的营业时间。
- 创建"受信任的"空间，人们在其中感觉安全并且能够参与不熟悉的互动，例如，经过良好管理和维护，没有犯

罪或故意破坏行为迹象的空间。

- 培养积极的互动，但不明确推广，使用建成环境和该环境内的活动作为打破障碍的途径，但不专注于障碍本身。
- 欢迎能够转变人们间互动的创新的空间用途，谨记由社区占用的空间远超过城市中正式的硬性公共空间。

6.5　性别角度

也许最多的文献提到了环境设计——无论是有目的性地还是因其他原因——如何隔离女性（Day，1999）。该文献在开头就对一个本质上属于隔离性的概念提出了质疑，即女性的正确位置应当是在家庭中。文献的高潮部分提出了一个具有独立范畴的城市，男性化的城市和女性化的郊区（Saegert，1980）。在桑德科克（Sandercock）和福赛斯（1992）看来，这总结了20世纪处于主导地位的大都市空间形式，并且为女权主义者的政治斗争提供支持。这种斗争在建成环境的各个领域逐步涌现，并且这些运动的目的是使女性在城市的公共领域成为完完全全的参与者。

女性构成了人口的一半以上，而且就像男性一样，构成了一个几乎无限多样化的群体，很难进行一般化的定义。尽管如此，卡瓦纳（Cavanagh，1998）认为，女性往往拥有比男性更加困难的生活方式和移动模式，这与传统的劳动分工以及女性在照顾子女和老人以及家务方面继续承担更大的职责这一事实相关。因此，与男性相比，许多女性将更大部分的时间用于家庭环境，她们跨越城镇的旅程远低于前往市中心的旅程（例如送子女上学），而且一般情况下，她们对汽车的使用程度更低。此外，她们的需求在建成环境中未被充分体现，因而使得女性的需求在有关设计的讨论中很少被提及。因此，

"……女性在设计的环境中经常遭遇到不便和障碍，她们未能获得充分的解决方案，而且她们在专业人士中缺乏如何使用空间的知识和理解已经成为一种广泛的现象。"

(Cavanagh，1998)。

通过对英国公共厕所的提供情况的研究，格里德（Greed，2003）证明了这种性别的盲目性。她论述认为，公共厕所的提供普遍不足，使得公共环境的舒适度和健康性大为降低。往往在受到当地政府部门成本削减的推波助澜之下，厕所提供的缺乏和低劣的标准对老年人和女性产生了尤为不公平的影响。这些人群由于生物原因需要更经常和更长时间地使用厕所，但平均而言，女性获得的厕所供应量却只有男性的一半。她建议：

"尽管大部分使用者人群为女性，但大部分提供者以及政策制定人群是男性；而且，正如女性厕所运动人士所说的，这并没有发生在他们身上，这对他们并不重要，而且他们并不认为这是一个问题。"

(Greed，2003)。

卡斯伯特（Cuthbert，2006）认为：

"整个城市架构以家长制的资本主义为基础而形成：土地使用分区模式，包括住宅区的形式、位置和类型、交通网络、公共开放空间以及因男性主导的预期和价值观中所产生的工作和家庭之间的关系……"

尽管现在人们可能不会占用依照相同的传统和限制创建的空间，但在卡斯伯特看来，住房的位置以及住宅单位内空间安排和占用的方式都是对一个按性别区分的社会的表达。在这个社会中，男性和女性对于空间的感知大不相同。他指出，这主要与西方资本主义社会中经济生产活动从家庭环境中的脱离，以及因此产生的独立的生产和消费／再生产环境相关。这反过来又导致了对因此产生的空间（尤其是低密度郊区空间）的女权主义批评。这些批评意见指出，这样的空间使女性从社交网络和中心地区的设施脱离，因而对她们不利。

经验证据为这些批评意见提供了支持。例如，惠特曼（2007）已经指出对于受到伤害的恐惧，尤其是在夜间，对女性产生了巨大的影响。麦古金（McGuckin）和穆拉卡米（Murakami）（1999）证明女性的行程远比男性的复杂，她们往来于托儿所、学校、工作和商店之间，形成一系列复杂的行程链；然而，格里德（2007）表示，在英国，只有35%的女性在日间使用私人汽车，而日间公交车的75%行程是女性在乘坐。

当然，并非所有女性都生活在郊区，而且上述批评意见也由于过度地专注于白人中产阶级的女性，但忽略了其他群体的独特问题和需求而受到批评。卡瓦纳（Cavanagh，1998）认识到这一点，并提出了各种通用的方案用于设计以女性为中心的环境。她认为，良好的居住环境应当在住所内提供适当的空间安排（例如，完善的内部空间标准，满足家庭活动的需求，如坐下来共同用餐；并且能足够灵活地应对家庭大小和环境的变化），而在外部则应当具备良好的本地便利设施，例如公共交通、学校、健康和休闲设施、商店以及本地就业机会——后者使女性能够管理她们复杂的同时担任看护人和谋生人的交叠生活。在市中心，女性同样寻求良好的和方便的公共服务组合，尤其是出于社交目的；不受烟气和交通拥堵困扰的地区；以及照明良好，并且具有良好的自然监视并因此不会被认为存在危险的场所。就本质而言，他们需求的正是本书由始至终讨论的良好的城市设计成果。

然而，对于其他人而言，需要采取更为

激进的措施解决私人和公共空间在传统上的划分。他们认为，这种划分从物质空间上给建成的建筑物打上了性别不平等的烙印。例如，海登（1980）认为，如果需要建造一个能够"……支持而非限制就业女性及其家人的活动的"无性别歧视的城市，就至少需要建立一个"全新的家庭、邻里和城市范例"。在她看来，要实现这一点，就必须打破在西方城市中已经成为规范的家庭和工作场所之间的空间隔离。例如，通过全体家庭成员汇聚资源以解放女性的方式共同分担家庭负担，包括照顾子女。这种措施的实际表现就是由私人家庭围绕的公共空间内设立的合作单位以及诸如日间看护中心、洗衣房、共用厨房、共用机动车辆等设施。出于不同的原因——即社会互动以及后来的环境可持续性等原因——这种模式体现了自20世纪60年代以来逐渐流行的合作家务结构，而且有些人认为它提供了更为公平的家务模式（Williams，2005）。

在卡特（2006）看来，帮助专业人士为女性推广更加公平的环境的最佳措施是确保她们充分了解过去的决定如何（出于故意或疏忽）产生了性别化的环境。通过这种方式，可以为将来的设计提供更多有关其性别后果的信息，使其牢记"……性别差异可能存在某些方面是完全具有建设性意义的，任何性别人士均同意的部分应当予以维持。"（Cuthbert，2006）。尽管如此，对女性有利的也将对男性有利，尤其是当性别角色（至少在西方）已经远不如过去那么明确划分。同样地，通过为一个更加满足和和谐的社会做出贡献，针对不同群体（年轻人、残疾人和老年人）的需求做出相应的城市设计也将对社会有利——这就是包容性设计的目标。

6.6　包容性设计

设计模式从隔离性向包容性的转变要求负责设计和管理建成环境的人员改变其思维方式。基茨和克拉克森（2004）认为，无论是什么产品，包容性设计并非面向小众的活动，也不是解决"特殊需求"的活动。相反，它的目标是确保设计成果对于尽可能大范围的使用者产生最高的价值："……它不能从主设计进程中分离，并在设计流程结束时才解决……它应当成为一项核心活动，像质量一样紧密地整合到设计流程中。"

他们随后列出了许多论据，为包容性设计提供支持（Keates & Clarkson，2004）。在根据建成环境进行调整后，这些论据包括：

- 社会论据——体现了迎合许多社会不断变化的性质的需求，例如，在人口不断老化的西欧，残疾人现在已经完全融合到社会中，并且被鼓励过充实而积极的生活，而这种生活所需的技术也变得比以往更加完善（例如，本地银行被"墙上开孔"的ATM机所替代，而电话亭也被移动电话所替代）。

- 社会学论据——来自于提出更高要求并且不愿接受低于标准的状态作为规范的人群：例如，投资不足的本地公园或管理不善的公共领域。

- 自身利益论据——大部分人（包括设计师）在其人生中的某一点将经历身体机能的衰退。

- 法律论据——世界各地的政府通过制定努力对抗提倡隔离的监管体制，并对这些道德论据做出响应。这种性质的立法最常针对建筑设计（例如《英国建筑法规》第M部分）开发，但对于公共空间则较少。

- 财务论据——建成环境的设计方式对于

公司可以获得的客户群和员工群，以及在整个生命周期内保留住他们的程度具有重要的影响。对于公共行业，包容性的建成环境将减少为在其他环境下被排斥的群体进行特殊提供时产生的开支。

● 良好设计论据——包容性设计的本质在于以使用者为中心，并且这种对使用者需求的响应性是良好城市设计的一个标志。

在追求包容性设计时，城市设计和场所营造通常应当从它如何增加或减少不同社会群体的选择方面考虑。然而设计者的意图和获得的结果之间的差异可能往往比较大，仅仅是因为可能的空间使用者以及他们的需求没有获得透彻的思考——例如，缺少具有吸引力的新公共空间且没有活力，因为它们未能提供足够的景点、便利设施或与现有经济和社会网络的连接（Worpole & Knox，2007）。

CABE（2006）认为，包容性设计就是营造每个人都能使用的场所；它还应当具备这样的目标："……清除不必要的障碍和隔离……使每个人都能平等、自信和独立地参与日常活动……"，确保场所能够安全使用，并且提供尊严、舒适和方便。它认为，良好设计在本质上就是包容性的，并且是所有建成环境专业人士以及土地和物业拥有人的职责。因此，包容性设计的目标是：

● 将人放在设计的中心；
● 承认多元化和差异；
● 当单一设计无法满足所有使用者需求时，可以提供选择；
● 提供使用时的灵活性；
● 创造每个人都乐于使用的环境。

7 结语

与任何其他维度相比，城市设计的社会维度牵涉到价值观，涉及关于社会、个人和群体影响的设计决策中的艰难选择。在1995年的一篇文章中，唐·米切尔（Don Mitchell）质疑我们是否正目睹公共空间的衰亡："我们是否创造了一个只期望和需要私人互动、私人沟通和私人政治的社会，公共空间得以保留的目的仅仅是进行商品化的休闲和观赏！"同样的，格雷厄姆和马文（2001）指出了许多城市的公共空间网络正在让位于：

"……机构化的准公共空间已经与消费以及付费消遣挂钩，进行消费和付费休闲的人只是那些具有经济能力的以及那些获得无限制使用的人群……在许多情况下，'公共空间'现在已在企业、房地产集团或零售集团直接或间接的控制之下，他们与私人和公共警察以及安保力量合作管理并排除任何被视为造成威胁的群体或行为。"

在这里不言自明的是，对于独享性和隔离性的明确需求以及城市设计和城市设计师对这些需求做出响应。在实践中，对于更具包容性的公共领域的需求可能以各种不同的方式被挫败——尤其是对根据一定程度的排除性设定的空间的需求。在讨论南加州的公共空间时，路凯敦·斯德瑞斯和班纳吉（1998）认为这些空间的特性体现了对于创造一个更具包容性的公共领域的"集体冷漠和不情愿"。

因此，社会维度涉及对于城市设计师具有挑战性的问题。尽管城市设计的目标应当是为所有人创建一个可达的、安全和有保障的以及平等的公共领域，但经济和社会趋势可能使得这个目标越来越难以实现。这就是当代城市设计师必须面对的工作环境，但是，对于应当默许还是对抗的不合理使用也同样存在问题，因此提出了重要的道德性问题，并要求城市设计师在设计和创造公共空间时考虑其价值和行为。

第7章 视觉维度

本章讨论城市设计和场所营造的视觉审美维度。"城市美化"和"城镇景观"等运动为开发项目的设计树立了占主导地位的视觉观点，该观点一致占据主导地位，直至林奇、雅各布斯和其他人士拓宽这个学科的范围，将其核心从市民转变到城市设计。

城市环境的视觉审美特征源自于其空间（体积）和视觉品质的结合、这些空间中的人工制品以及所有各方之间的关系。相应地，本章分为三个主要部分。第一部分讨论审美的偏好。第二部分讨论城市空间和城镇景观的视觉审美品质。第三部分讨论定义和占据城市空间的元素的设计——建筑围墙、地面环境、街道设施以及景观规划。

1 审美欣赏与偏好

建筑和城市设计是极少数的且公共的艺术形式。如纳萨尔（1998）所指出的，尽管观察者可以选择是否体验艺术、文学和音乐，但城市设计和城市建筑却无法进行这种选择：在他们的日常活动中，人们必须穿过并体验城市环境的公共部分。因此，尽管我们可能"……承认'高'视觉艺术对于选择参观博物馆的小范围受众具有吸引力，但城市形式和外观必须满足经常体验它们的更广范围的公众的需求。"（1998）。同样地，查尔德斯（Childs，2009）评论道：

"在许多艺术中，受众成员可以选择参与和不参与到艺术作品中，不会因此产生严重的后果。我们可以购买然后丢下一本书，或者去看电影但又走出电影院。艺术拥有自愿的观众。同样地，建成场所的拥有者也是自愿观众。然而，建筑物、景观以及公共工程却拥有在很大程度上不自愿的观众。"

城市环境的美学评价主要是视觉的和运动知觉的（即包括全身所有部位的运动的知觉）。尽管体验城市环境包括了我们所有的感觉，但在一些情况下，听觉、嗅觉和触觉会比视觉更重要。正如梅西（1990）激发设计师时说的那样："让我们试着想象我们正在设计的空间中的回音，那些材料将散发出的气味或将在那里发生的活动，以及它们将引起的触觉体验。"

城市环境的视觉评价也是理解和认识的产物——也就是说，我们所感知的是什么刺激，如何感知，我们是怎样处理、翻译和判断所收集的信息，以及它是如何吸引我们的思想和感情的（见第5章）。这样的信息是与我们如何感觉特定的环境（不管我们是否在意它），以及它对我们的意义（我们如何评价它）是不可分割的，并且明显被其所影响。美学评价不仅作为重要的个人成分，还具有社会的和文化的认识成分，它们超越了简单的个人品位的表达。正如"美"的概念构成是社会性的和文化性的（至少在总体中），美必须——至少是部分地——存在于对象之中，而不仅仅存在于观者的脑海里。

尽管本章重点在于城市设计的视觉维度，但很重要的一点是，应认识到普通大众对某些环境的喜爱要比美学标准宽泛。杰克·纳萨尔（Jack Nasar，1998）定义了"受人喜爱的"环境的五个特征，不受人喜爱的环境往往具有相反的特点。在每个案例中，观察者对这些特征的感知是非常重要的。这些特征转化为一系列普遍的偏好：

- 自然：自然的环境或是自然因素比建筑因素更优越。
- 维护／教养：看上去被照料和关心的环境。
- 开放和被限定的空间：被限定的开放空间，融合了有悦目元素的视野和景深。
- 历史意义／情境：激发美好联想的环境。
- 秩序：有组织协调性、一致性、易识别性和清晰性（Nasar，1998）。

1.1 模式与美学秩序

因为我们总是体验"整体"而不是孤立的任何一部分，所以我们把环境看作合奏。为了使它们更加有秩序，视觉上更加连贯、和谐，我们挑出并选定了一些特征。格式塔心理学家（Gestalt Psychologists）已经提出美学的秩序与和谐来自于模式的分类和识别，并且为了让环境在视觉上更和谐，我们运用组织或分组的原理从局部开始创造"好"的

形式（Arnheim，1977；Von Meiss，1990）。基于格式塔理论，冯·梅西提到："我们在建成环境中所体验的愉悦和困难可以用精神上将视野中的不同元素分组为概略单元的难易程度来解释。"

一些基本的"协调因素"或者分组的原则已经确立（见表7.1）。由于纯粹的情况非常少见，尽管有时某个原则处于主导地位，大多数的环境下几个原则会同时起作用。史密斯（1980）认为，我们对美学评价的直觉能力具有四个明显的成分，它们超越了时间和文化。

在格式塔心理学家的著作和史密斯所说的四个组成部分里，最重要的论点之一是存在着对环境中的秩序和纷杂之间的平衡的明显需求——一种随着时间和熟悉程度而变化的平衡。然而，在丰富的变化和纷乱的迷惑之间，存在一条精妙的界限。正如科德（2000）评述的那样。我们渴望"一个比我们的瞬间处理能力大的、细部丰富的环境"。同样的，纳萨尔（1998）注意到，趣味随环境的复杂而增长，而我们的喜好增长到某一点之后就开始减退了。

在讨论环境中的"惊奇"和"神秘"时，卡普兰（1982）设计了一个"环境偏好框架"，它用时间的维度将"营造感受"(即秩序)和"内涵"(即复杂)的问题联系起来（见框图7.1）。他们认为营造环境的感受是不够的；随着时间的流逝，我们也寻求拓宽视野，欣赏内涵和接合的潜力。同样，反映在他对易识别性概念的界定，并注意到我们是"模式制造者"而不是"模式崇拜者"。凯文·林奇（1984）提出"有价值"的城市不是一个已经秩序化了的城市，而是一个可以被秩序化的城市："一些完全的、显著的秩序"对于"迷惑的新来者"来说是必要的，同时存在一种"展开的秩序"：

"一个被人们逐渐把握、产生更深刻更丰富联系的模式。因此，我们的喜悦……在含糊、神秘和惊奇中，只要它们包含于

（1）相似——形式或共同特点的重复，以区别相似或相同的元素。	
（2）接近——空间上更近的被认作是一组并区别于空间上较远的其他元素。	
（3）同背景／同附属，通过相同的背景或附属物来定义地域或群组。地域或群组内的元素区别于其外的元素。	
（4）方向，通过方向的一致性，排比或合流来分类。	
（5）围合——使不完整的部分元素能够被识别为一个整体。	
（6）连续性——使无意识的图形能被识别。	

来源：由梅西提供并发展（1990）

框图7.2 审美直觉能力的组成部分

韵律和图案感：韵律包括元素中的一些相似性，并预示复合体（也就是视觉细节和信息的混合）和图案的同时存在。随着时间的流逝，当人的思维去"组织"和理解这些信息时，图案就以微妙的方式变得更具主导性。

博洛尼亚中心区（图片：蒂姆汉斯）立面提供韵律和图案，有助于特征的形成。

对节奏的理解：节奏产生于创造强音、间隔、重音和（或者）指引等元素的分组。和韵律不同，节奏依赖于更严格的自身重复的效果。例如，视觉愉悦来自于从简单的二元区别到更复杂的重复子系统的节奏元素（Smith，1980）。

爱丁堡和芝加哥的立面节奏（图片：史蒂文和马修·卡莫纳）。一致的韵律是单一的，对比与多样性将产生趣味。

框图 7.2　审美直觉能力的组成部分——续

对平衡的识别：尽管我们普遍能相像视觉"平衡"，但很难精确地定义它。平衡是秩序的一种形式，通常与视觉场景或环境中各部分的"和谐"相关。它也可以在复杂和看似混乱的场景中获得——在一些情况下，它很少即刻显现，只是随着时间的流逝才显得明显。史密斯（Smith，1980）认为历史城镇主要的吸引力在于景色的发现，一切突然看起来凝结成完美的平衡——一个重要的方面是出于惊奇。里昂克里尔（Leon Krier）表明视觉平衡与该建筑与地平面的相对旋转角度——仅仅当它与地面正常的位置时才能达到视觉平衡。

英国格雷夫森德（图片：马修·卡莫纳），整体均衡的不对称立面

尽管对称是获得平衡的一个有力的工具，对称的构图却会显得机械和沉闷。不对称的构图也可以用对称的元素来达到视觉的平衡，但是要用更复杂和潜在有趣的方式。平衡也可以在色彩、肌理和形状的高度复杂组织中被感知，以其和谐而达到平衡。对非均衡的理解被许多人当作高层次思维的表现。平衡是内在的均衡的组合，但是非对称组合可能是均衡的，也可能不是均衡的（Frederick，2007）。

均衡具有多种形式：例如，在乔治时期的新古典主义城市，由多种元素组成，达到大范围的"稳定的"平衡，而在维多利亚时期的新哥特主义风格的建筑，元素相互间竞争，形成"动态的"均衡。

对和谐关系的敏感度：和谐指的是不同部分之间的关系，组合起来形成一个联系的整体，例如与黄金分割的关系，有助于和谐关系的形成。有资质的设计师善于处理局部，获得更和谐的效果，例如透视效果可以被用于使建筑达到更高、更纤细、更精致的效果。同样地，故意的变形使注意力集中在某个局部。

佛罗伦萨的 Founding 医院（图片：马修·卡莫纳），设计基于简单的和谐比例。

来源：摘自斯密斯（1980）

一种基本秩序中，只要我们能确信将迷惑编织进某些新的、更复杂的模式之中。"

1.2 动感体验

城市环境不是作为一个静态的构成被体验的，而随时间推移在空间中移动时获得的动态体验是城市设计视觉审美维度的一个重要部分。因此，城市环境以某种动态的、不断浮现的、不断进化和临时序列的形式被体验。

为描述城镇景观的视觉体验，卡伦（1961）设想出"连续视觉"的概念(图7.1)。卡伦认为，体验是一系列反射或发现中典型的一种，伴随着对比、戏剧性的激发的愉悦

图 7.1 戈登·卡伦 (Gordon Cullen) 的序列场景分析（图片：卡伦，1961）

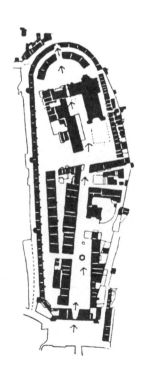

和趣味。除了当场呈现的景象（"现存景象"）以外，还存在有关不同景象的提示（"显露景象"）。尽管人们意识到存在于一个特定场所中的感觉（在"这里"），但可能还存在一种同样强烈的在该场所周围和外部还有其他场所的感觉，即在"那里"（图7.2）。相似地，弗雷德里克（2007）指出了我们对于一个空间的体验如何受到我们抵达该空间的方式的强烈影响——如果通过狭窄、两侧高墙耸立并且较为黑暗的街道到达，宽阔明亮的城市广场在对比之下将会感觉更加宽阔和明亮。

卡伦认为，愉悦和兴趣是通过对比（"并置的戏剧效果"）和隐藏与揭示刺激产生的：一座城市的景象首先被简单一瞥，然后被隐藏，但在后来又通过一个新的角度或突出有趣细节的方式再次揭示。这个"否定再奖励"的过程是对穿越建成环境的通道进行充实的方法。因此，他认为城市环境应当从移动人员的角度来考虑和设计，此时"……整座城市成为一个弹性的体验，一场穿越压力和真空的旅行，一个暴露和封闭以及限制和释放的序列。"新的旅行模式提供了观看、参与和形成城市环境新精神形象的额外途径。司机在高速移动中透过挡风玻璃观看城市环境，而注意力则集中在道路、其他交通以及任何路标或方向上。尽管同样在高速移动中，并且通常也是透过玻璃观看城市环境，但与司机相比，乘客可以在更大范围内观察环境，不过同样无法完全参与到其中。相比之下，行人（和骑行者）能够以不同的方式观看城市环境，并且有更大的自由停下来并参与到其中（见第4章和第8章）。

通过在影片中慢速观察过程，唐纳德·阿普尔亚德（Donald Appleyard），凯文·林奇和理查德·梅尔在他们的书《路上的风景》（The View From the Road，1964）中探究和描述了乘车者的视觉体验。在较快播放

图7.2 罗兹岛——卡伦 认识到张力中"这里"与"那里"之间的特殊重要性（图片：马修·卡莫纳）

速度下，影片中的一些片断凸现出来，展示了桥和天桥的一种有节奏的间隔。基于沿着由广告牌和霓虹灯形成的"拉斯维加斯地带"开车的经验，罗伯特·文丘里等人在《向拉斯维加斯学习》（1972）一书中，揭示了环境是如何被设计成适合车行为主的观察者的（如快速阅读符号）。然而，首要的课程是当环境只能被从车里看出去的时候——可能应该是——被设计成适合司机和乘客观看。而当司机和步行者都能看见时，环境应该被设计成更能吸引步行者的注意力。

注意到卡伦（1961）和培根（1974）的工作展示运动如何像连环画一样被阅读，博塞尔曼（1998）描述了一个丰富和多样的步行经历——350米路程用了将近4分钟——从威尼斯的 Calle Lunga de Barnaba 到 Rio de la Frescada。他展示了我们对时间流逝和行进距离的感知如何与实际不同，而且这种感知部分是视觉机能和对我们正在穿越的环境质量的体验。注意到在威尼斯步行似乎比实际的长并且花费更多的时间，他在14个其他的城市中评定了相同距离的步行的美学体验（见图7.3～7.5）。大多数情况下，同样的距离显示只需花费较少的时间，而某些则

显示几乎花费相同的时间。

博塞尔曼提出人们以和视觉及空间体验相关的"有节奏的间隔"测量他们的步行。在威尼斯，步行具有规律的、不同类型的、有节奏的间隔，然而其他环境则拥有较少的类型，并且他们的视觉信息不能经常抓住步行者的注力。在威尼斯步行需要 39 幅表示不同间隔的画面来解释它，其他大部分城市的步行所需的远远少于这个数字。

尽管如此，仍然存在的一个结论是，与其他城市中的步行相比，在威尼斯的步行似乎在距离和时间方面都更加漫长。詹姆斯（1892）指出了一个相似的结论："……一段充满各种有趣体验的时间在经历时似乎非常短暂，但当我们回顾时则显得漫长。（同样地）……一段没有任何体验的时间在经历时显得十分漫长，但在回顾时则很短暂。"艾萨克

斯（2001）解释道：当走过一个需要我们从精神上参与的环境时，我们往往不太注意时间的流逝，但当我们回想这段经历时，发现其中包

图 7.3 ~ 7.5（续）

图 7.3 ~ 7.5 三种不同的步行系统：1）意大利罗马；2）丹麦哥本哈根，以及 3）日本京都（图片：Bosselmann，1998）。这些步行图显示了在距离上同样的长度但是所用时间的感受和步行经历的不同。同一比例的绘图如同一系列的阅读，这些图表是关于组织的研究，显示了不同的肌理、街区的规模和不同城市的背景（见第 4 章）。

图 7.3 ~ 7.5（续）

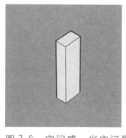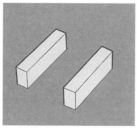

图 7.6 空间感。当空间具有明显的边界时，更容易想象空间。考虑到以上的图表，当被问到左图时，回答是一栋建筑塔楼，对于右图，大多数人回答是两栋板楼，但一些人会说两座板楼形成了中部的空间，很少人会描述对页图为被空间包围的塔楼。

图 7.7 图底反转。取决于何者为图何者为底，图像看起来会是花瓶或者两张面孔。空间的"积极的"和"消极的"类型可以根据图底反转进行区分。在户外空间消极的地方，建筑物是图，户外的空间是底，此时不可能将户外的空间看作图，建筑物看作底。在户外空间积极的地方，图底反转是可能的，建筑物既可以被认为是图，也可以是底。

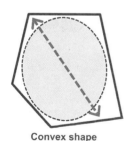

Convex shape
（单个虚拟体）

Non-convex shape

图 7.8 凸出性。当一条线将同一空间里的任意二点连接在一起时，空间是"凸出的"。不规则的矩形空间（左图）是凸出的，因此是积极的。右图不是凸出的，因为两点的连线穿过了一个角并因此跑到空间外去了。依照亚历山大等的看法（1977）"积极的"空间是封闭的，至少它们是有边界的（例如，"虚拟的"区域是凸出的）。"L"形的空间时常被界定得如此简单，以至于无法识别它们的边界。

含了各种各样的情绪，我们会认为一定已经经过了更长的时间。相反，当走过一个不需要精神参与的环境时，我们更能注意到时间的流逝，但在回顾时，感情的缺乏使我们认为经过的时间更短。

2 空间的视觉质量

城市空间可以从其类型（街道或广场）、关系（城镇景观）和空间品质方面进行分析。首先讨论后者，外部（室外）空间可以从"消极"和"积极"空间两方面来考虑（图 7.6）（亚历山大等人 1977）：

- 积极的空间拥有特殊的和确定的形状。按照帕特森的说法，它是"可想象的"，能够测量，并且具有确定的和可感知的界限，表明一种界限感或"内部"和"外部"之间的门槛（Paterson，1984，摘自 Trancik，1986）。界限按照建筑物、树木、柱子、墙壁、楼层变化等来确定，不一定是连续的，而且可能具有极强的隐含性。空间的形状与周围建筑物的形状同样重要。

- 消极的空间则是没有形状的。按照帕特森的说法，它是"不可想象的"——它缺乏可感知的边缘（即很难想象一个充满液体的空间，因为道理十分简单，很难想象其形状）（图 7.7）。

"积极的"和"消极的"室外空间之间的区别还可以从"凸面性"的角度来考虑（图 7.8）。

2.1 创造积极空间

存在三个主要的空间定义或围合元素——周围的结构（面向空间的墙壁）；地面；以及天顶的想象范围。朱克（1959）认为后者被感知为最高建筑物高度的三至四倍。围合和空间容量必须从平面和垂直两个角度来考虑，围合的数量以及因此产生的空间容量取决于空间的宽度和围墙高度之间的比例。并非所有建筑物都——或应当都——设计成可以从单一视角看到。以不同方式限制周围

结构视角的空间能够产生变化更大的视觉体验。如框图 7.1 所示，在创造空间容量感时，平面布局是一个重要的决定性因素。框图 7.1 所示的理念仅是示意性的，真正的广场具有

框图 7.1　空间容量与围合的原理

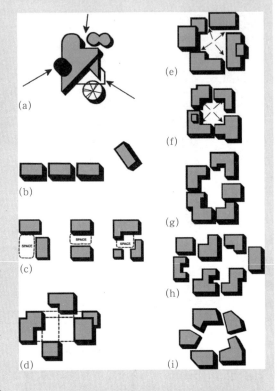

　　布思（1983）通过一系列简单图表分析了围合的质量。一栋具有相对简单形式的单栋建筑不能界定或创造空间，它只是空间中的一个实体（a）。

　　当建筑物排成一长排或不能使相互关系融洽的杂乱布置时，空间的限定最弱（b）。在这些情况下，建筑物是分离的，是被一些没有包容性或中心的"消极"空间所包围的孤立元素。

　　获取布局秩序的最简单和最常见的方式之一，是让建筑之间保持合适的角度（c）。不过，如果使用过度，就容易变得单调。建筑之间的关系可以通过联系建筑形式和线条而得到加强：例如，通过延长建筑边界的相像线，与相邻建筑的边界对齐（d）。虽然这有可能显得做作。当建筑群之间有不同的角度时，可以引入不同的变化程度来改变僵硬的直线型规划。当一些建筑物或城市街区以一种更有组织的方式聚集在一起时，就可以创造出"积极的"空间。

　　创造空间包容感的最直接方法就是将建筑组织在一个中心空间的周围，以建筑的正面组成一道墙围合中心空间。在角落的开敞处，在两栋建筑物之间形成内部道路或间隔，空间经此处溢出。为了更好地包容它，正面可能被叠加，避免或限制视野进入或离开这个空间（e）。在建筑物的墙面转角处，将视野保持在中心空间内，如此就创造了更加强烈的空间围合感（f）。

　　如果很容易就能看到整个空间，它就不再具有更深远的涵义，也会缺乏子空间和潜在的活动。如果建筑有更多变和更复杂的边界，加上立面中的凹凸和投影，就可能产生品质更好的空间。带有许多隐藏或部分伪造的潜在子空间，营造着"神秘"或"阴谋"的感受（g）。然而，当简单的城市空间变得复杂，它可能在感觉上分裂成一系列杂乱的离散空间（h）。主导的空间体积有助于为构图建立一个焦点，较小的子空间不能和主要的空间竞争。换言之，空间可以用轴线或者一幢占主导地位的建筑组织。

　　创造更强烈的围合感的关键之一是空间开口的设计。布思提及"风车"或"旋转"，西特（Sitte，1889）则提及一个"涡轮式"平面，描述它作为"最受欢迎的适用条件"（见图 7.12）。因为街道不直接穿过平面，空间会有一种强烈的包容感。这种组织不仅有助于加强空间的围合感，而且迫使行人进入并体验这一空间，因为他们被鼓励从中穿过——而不是从边上经过（i）。

　　这里描述的有机的、理性的原则被强调、加强——或在平面设计中被忽略。

高度的复杂性和微妙性——有关威尼斯的圣马可广场和锡耶纳的坎普广场空间品质的透彻分析，请参阅贝克（1996）。

在探究人们为何在至少部分围合的空间中感觉舒适时，亚历山大等人指出事实并非始终如此。例如，人们在开放的海滩就感觉非常舒适。尽管如此，他们承认在较小的室外空间——花园、公园、走道、广场等——围合似乎能够产生一种安全感：

> "……当某个人在室外寻找一个地方坐下时，他很少会选择坐在一个开放式空间的中间——他通常会寻找一棵树来倚靠；地面上的一处能够部分围合并遮蔽他的凹陷或一处天然的裂缝。"

> （Alexander，1977：520）。

在指出人们对于开放性的明显环境偏好时，纳萨尔（1998）引用了一些研究结果，表明了对于"限定开放性"的偏好，或者换个说法，"开放但有界限的空间"。

西特（1889；Collins & Collins，1965）认为："理想的街道必须形成一个完全封闭的单元！一个人在其中的印象越受到限制，其提供的画面就越完美；当视线消失在无限远处时，我们才能够感到悠然自得。"根据他对大量欧洲广场的分析，西特指出，获得良好利用的广场往往是部分围合但同时也相互开放的，这样一个广场才能顺利通往下一个广场。但是，宾利（1998）则认为，西特对"前资本主义城市进行了高度选择性的解读"。他认为，虽然西特将围合感视为公共空间最重要的品质，并且强调了中世纪街道系统的空间围合，但其更宝贵的品质实际上是其"综合延续性"。

在此方面，卡伦（1961）在"围合"和"封闭"之间进行了极有价值的区分。他认为，围合提供了一个完整的"私人世界"，它是内向的、静态的和自给自足的。相比之下，封

闭则是指将城市环境划分成一系列视觉上可消化的和连贯的"片段"，同时保留了一种进步感。各个片段有效（有时甚至令人吃惊地）连接到其他片段，从而使步行的进程由于这些片段而变得更加有趣。

由此得出的一个结论是，不需要进行全面的或完全的围合，而是需要进行一定程度的围合。此外，还必须在实现围合和其他考虑事项之间达成平衡，例如连接性和通透性，这些因素对空间获得有效使用的程度也具有重要的影响（见第8章）。

在为这些观察提供一些经验性的实证时，尤英等人（2006）将各种公共空间大体上属于视觉性质的品质与专家组感知的该空间的可步行性关联在一起。他们发现，对于各种空间而言，五项关键的品质占据了可步行性变化的95%。"人体尺度"在重要性方面居于第一位，成为总体可步行性的决定性因素，紧随其后的是"形象性"（见第5章）、"围合"、"透明度"（活动通过窗户、门和其他开口超越建筑边界被感知的程度——见第8章）和"整洁度"。它表明视觉上具有人文尺度，拥有鲜明的形象，表现出围合感，整洁并且具有各种积极用途场所外观的空间将被感觉更具可步行性。

虽然城市空间具有各种不同的大小和形状，但主要有两种类型的积极空间——"街道"（道路、小径、大道、小巷、林荫大道、过道、林荫道等）和"广场"（广场、圆形广场、小广场、场所、庭院等）。街道是"动态的"空间（存在一种移动感），而广场是静态的空间（存在较少的移动感）。将潜在发生移动的一条轴作为主轴，平面上宽度和长度比例大于3：1的表明动态移动——这个比例定义了广场比例的上限，并且根据推断，构成了街道的下限（图7.9）。街道和广场也可以按照"正式"或"非正式"来定性（图7.10）。

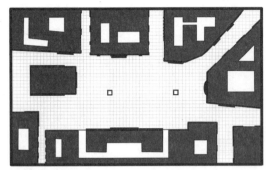

Ratio approx. 1:3

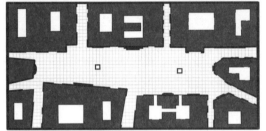

Ratio approx. 1:5

图 7.9 宽与长的比例（宽长比）有助于区别"街道"空间和"广场"空间。宽长比是 2∶3 时没有主导的坐标轴。如果比例大约是 1∶3，"街道"和"广场"之间开始形成过渡，就像有一个坐标轴开始居于主导地位。在宽长比是 1∶5 的地方，就明显的有一个主导坐标轴，运动就暗示沿着轴向进行。宽长比超过 1∶5 时就表明是一条街道了——一个动态的空间。

2.2 广场

"广场"通常是指由建筑物围合而成的区域。但是，我们应当区分来展示独特建筑的广场，和那些被设计为"人性空间"的广场——即作为非正式公共生活的环境（见第 8 章）。这种区分不是绝对的，而且许多公共场所兼具两种功能。尽管如此，如果我们从另一方的角度来判断某一种类型，就会发生困难：例如，为展示特定的建筑或特定的公民职能而设计的空间从人类场所的角度来看可能被判定为不成功的。

卡米洛·西特和保罗·朱克的想法对于广场的视觉审美欣赏具有尤为突出的价值。罗伯·克里尔的城市空间类型学也同样有用，但是，西特和朱克专注于视觉审美效果，而他的观点则是以几何模式为基础的形态学架构（见第 4 章）。

卡米洛·西特的原理

西特（1889）提倡在城市空间设计中采用一种看起来"如画般的"方法。柯林斯（Collins & Collins, 1965）认为西特所指的

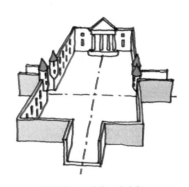

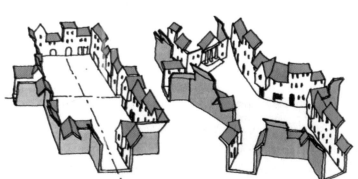

正式建筑围合成的正式空间   正式空间与非正式建筑的对比   非正式的空间和建筑

图 7.10 正式的和非正式的空间（图片：EPOA 1997）。
正式空间具有强烈的封闭性空间特征；形成一种正式的地面景观的秩序感和街道家具的安排；周边建筑的布局强化了这种正式感；通常是一种几何形体的布局。非正式广场具有一种松弛的场所感；周边建筑风格的多样化；以及非规则形体布局。克里尔（2009）提出现代建筑不适合形成正式的公共广场空间："规则的与矩形的公共空间要求高度一致的建筑秩序和设计质量。非规则形的道路与广场能更容易接受现代建筑的风格，较少强制的成分。"但是，几何规则形的边界在更新改造中要得到充分的尊重。

如画般的方法是一种形象化的方法而不具备浪漫的感觉，即，"……在结构上就像一幅画，并且具有和一张用心经营的油画一样的形式价值。"根据对广场视觉和审美特性以及一系列欧洲小镇的分析，尤其是——但不是唯一的——从递增的和有机的增长中产生的，西特得出了一系列艺术原理：

（1）围合

西特认为，围合就是城市性的主要感觉，而其首要原理就是"……公共广场应当是围合的实体"（图7.11）。侧边街道和广场之间的交叉口设计是围合广场最重要的元素之一，而且西特认为，站在广场向外看一次所看到的东西，不可能多过沿着街道看到的。实现这一点的一种方法就是"涡轮式"平面设计（图7.12）。

（2）积极的空间

西特拒绝建筑物是独立的和雕塑般的物体这一概念。他还认为，要创造一种更好的围合感，建筑物不应当独立，而应当相互结合。在西特看来，建筑物的主要审美点是其外立面定义空间的方式以及从该空间内部看待其外立面的方式。在大部分广场中，观察者可以向后站足够远的距离以整体的方式欣赏外立面，并且欣赏其与相邻建筑物的关联，或缺乏关联。

（3）形状

西特认为广场应当与其主建筑物成比例，并且根据建筑物长且矮或高且窄指出了"深"和"宽"两种类型（图7.13）。广场的深度最好与欣赏主建筑物的需求相关联（即深度应当在主建筑物高度的一倍到两倍之间），而对应的宽度则取决于视角效果。在平面形状方面，西特建议任何比例都不应当超过3:1，并且最好采用不规则的布局。

西特在这里的建议与冯·梅西（Von Meiss）的辐射概念相关，该概念是指某些建筑的外立面如何控制其正面的空间，创造出一种空间感："一座独立的雕塑或建筑物发挥

图7.11　意大利罗马Navona广场（图片：马修·卡莫纳）。封闭性较强的空间通常提供视觉中强烈的对称感，体现"室外客厅"的特征。

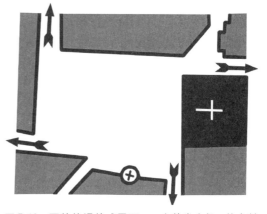

图7.12　西特的涡轮式平面——大教堂广场，拉文纳Pizza del Duomo,Ravenna（图片：Collins & Collins, 1965）

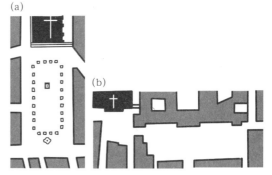

（a）

（b）

图7.13（a and b）　西特的"深"（Pizza santa Croce）和"宽"的广场类型（Pizza Reale, 摩德纳）（图片：Collins & Collins, 1965）

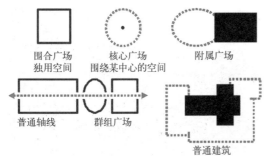

围合广场
独用空间

核心广场
围绕某中心的空间

附属广场

普通轴线

群组广场

普通建筑

图7.14 朱克的城市广场类型学。显示不可能用简单的草图来说明朱克无组织广场的关键特征，而且核心和主导型广场的周边围合表现为一根不连续的边界线。虽然围合元素的连续性有可能较弱，朱克仍认为，当"空间"被视为艺术作品的时候，它的边界是真实的还是有部分想象的并不重要。

图7.15 朱克的封闭式广场—孚日广场，巴黎，法国 place des Vosges，Paris，France（图片：史蒂文·蒂斯迪尔）

辐射作用，定义周围大概准确的影响范围。进入一个物体的影响范围就是空间体验的开始。"（Meiss，1990）。辐射概念可以参照人类的头部来理解：面部控制正面的形状，而我们头部的背部和侧部则不会。一般情况下，较为正式的建筑（即对称的和规则的）将具有较强的控制感。

（4）纪念碑

西特的一般原理是广场的中央应当保持空旷。他还建议在广场中放入一些标志以提供一个焦点，但最好能够沿广场的边缘或非中心位置放置。事实上，柯林斯（1965）指出了西特书中提出公共雕像和纪念碑的妥善放置。在详细的放置方面，他将其与孩子们建造的雪人相类比——在穿越雪地的小径留下的小岛上。他将穿过雪地的小径比作穿过广场的道路，建议当我们的广场中放置纪念碑时，我们应当避免自然路径穿越空间。尽管这些纪念碑的定位还有功能方面的考虑，但他认为其还应当在审美上令人愉快。

保罗朱克的城市广场类型学

在《城镇和广场》（1959）一书中，朱克讨论了"艺术型"广场，这一概念表示"有组织的"和有内容的空间。他认为，如罗马的圣彼得广场和威尼斯的圣马可广场等广场都"毫无疑问地具备艺术特色"，因为"……广场的开放区域、周围的建筑物以及上方的天空之剑的独特关系产生了一种真正的情感体验，可与任何其他艺术作品的影响相比拟。"（Zucker，1959）。朱克列出了五种基本的"艺术型"城市广场类型（图7.14）。广场很少仅代表一种纯粹的类型，而是经常带有两种或多种类型的特征。例如，威尼斯的圣马可广场可以被视为一个封闭的广场，或者也可以被视为一整套成组的广场。他还指出，一个广场的具体功能并不会自动产生一种确定的空间形式，而各个特定的功能可以以许多不同的形状来表达。

1）封闭式广场：独立的空间

一个封闭式广场就是一个完整的围合，唯一对其造成中断的仅仅是通往广场的街道。展现了规则的几何形状和外围的建筑元素的重复（例如巴黎的孚日广场）。朱克认为，封闭的广场代表了"……人类对迷失在胶状世界和杂乱无章的城市居住区中的抗争，是其最纯粹的和最直接的表达。"封闭式广场的外观中重要的元素包括平面的布局和相似建筑物或建筑物外立面类型的重复（图7.15）。通常采用两种或多种类型有节奏的交替，更丰富的处理集中在角落或每一侧的中间部分（巴黎旺多姆广场）或者通往广场的街道（巴黎胜利广场）。

2）主导式广场：定向的空间

朱克承认某些建筑物能够在其正面产生一种空间感（冯·梅西的辐射理论）。他所说的主导式广场所具备的特征是空间面向一座或一组建筑物，空间周围的所有构筑物都是相关的。虽然具有主导特点的通常是一座建筑物，但情况并非必须如此；例如，广场的主导特点可以是一种景观——只要能够创建一种足够强烈的空间感（罗马卡比托利欧广场）。

3）核心式广场：围绕一个中心形成的空间

核心式广场拥有一个中心特点——一个垂直的核心——其足够强大，能够在自身周围创造一种空间感，并且为空间充入一种张力，将整个空间结合在一起。来自核心的力量统治着此类空间的有效范围。

4）分组式广场：组合的广场单位

朱克将一组审美上相关联的广场带来的视觉冲击和巴洛克宫廷内部一连串房间带来的效果进行对比。在巴洛克宫廷中，第一个房间为第二个房间做好铺垫，第二个为第三个做好铺垫，以此类推；每一个房间在整个链条中都是一个有意义的环节，并且因此而具有额外的重要性。只要能够将这些连续的精神形象融合到一个更大的整体中，各个广场就能够有机地和美观地结合在一起。广场也可以通过轴或轴向关系来连接（皇家广场、卡里埃广场和南希半圆广场）或者具有一种非轴向的关系，例如，围绕一个主导建筑物组合而成（威尼斯圣马可广场）。

5）无组织广场：无限制的空间

无组织广场是指不属于以上任何一类的广场。朱克认为，无组织广场至少与其他类型分享部分必需的品质，即使——根据进一步分析——它看起来可能没有条理或没有确定的外形。例如，在伦敦的特拉法加广场，纳尔逊纪念柱所表现出来的核心特征不足以创建一种与广场规模相匹配的空间感。同样地，国家美术馆显而易见的主导影响也不足以创建一种与广场规模相匹配的空间感。而且，整个广场在整体上缺乏由空间周围建筑物的外立面形成的围合。

2.3 街道

街道是建筑在相对的两侧围合而成的线性三维空间。如第 4 章所讨论的，"街道"区别于"公路"——后者的主要是指供机动车辆交通使用的大道。街道的形式可以通过以下多组两两相对的品质来分析，这些品质的组合能够提供巨大的多样性：视觉上动态的或视觉上静态的；封闭的或开放的；长的或短的；宽的或窄的；直的或弯曲的；以及建筑处理的正式性或非正式性。在此以外，还可以增加其他的一些考虑，例如街道建筑的尺度、比例和节奏以及街道与其他街道和广场的连接。此外，其他相反或相对的品质——粗糙的／平滑的、水平的／垂直的；大型的／小型的等，往往可以提升原有的品质。

与城市广场不同，大部分情况下，城市广场围合的程度和性质产生一种视觉上静态的特征——大部分街道在视觉上是动态的，并且存在一种移动感。由于水平线条在视觉上移动速度比垂直线条快，因此街道的特征——以及广场的视觉特征——可以经过修改以使他们更具（或更不具）视觉动态，例如，可以通过在街道墙壁上加强垂直表达，阻止空间的水平流动（水平强调往往可以加快这种流动）；利用不规则的天际线减缓目光移动；凹凸削弱透视感，可能会使空间变换为一些离散的片段或"情节"（卡伦的片段和博塞尔曼的有节奏间距）或打断空间流动的特定因素（例如街道尽端特色）。

（1）与广场不同，一条街道只有两面墙来界定空间。如果墙壁相对于街道的宽度过矮，向外的视野就不足以提供空间的围合感。在一条比例为 1：4 的街道中，在视野中天空大约是墙的三倍，产生的围合感较弱。

（2）如果比例是 1：2，在向外一瞥的视野中天空将与街墙相当。对着天空的视野在外向视景中居于次要地位，因此增加了三维空间的围合感。1：2 和 1：2.5 之间的比例为街道提供较好的围合感。

（3）街道墙壁的高度如果等于街道的宽度，会严重限制天空视野而且产生一种很强的围合感。1：1 通常被认为是舒适的城市街道的下限。

（4）如果周围建筑物的高度超过空间的宽度，那么不向上看得话就看不见建筑物的顶部。这样的比例可能导致幽闭阴森的感觉，而且减弱空间里的光线。然而，在和其他街道的其他侧面组合时，能产生戏剧性的对比。

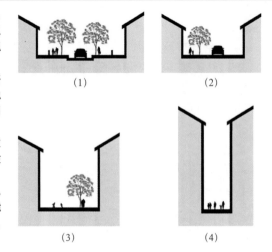

在具有强烈形态特征的街道中，街道体积通常采取积极的形式并且拥有强烈的围合感。街道墙壁的延续性和高宽比例决定了街道中的空间围合感，而其宽度则决定了周围的建筑如何被看见（表 7.3）。在狭窄的街道中，垂直特点变得更加突出；突出部分被夸大；而且视线水平面上的细节变得更加重要。当面向街道方向时，观察者按锐角角度观看外立面，并且只看到部分外立面。宽阔的对称外立面可能不太合适，因为观看者无法向后站立足够远来欣赏整个对称外形。建筑物最舒适的观看距离大约是其高度的两倍。在宽阔的街道上，观察者有足够的移动空间来观赏整体外立面，而它们之间的关联——或缺乏关联——也变得不言自明。地景和天际线成为街道特征中更加重要的元素。

蜿蜒崎岖的街道和带有不规则临界建筑立面的街道提升了围合感，并且为移动的观察者提供了一个不断变化的视角。许多评论人士（Sitte，1889；Cullen，1961）偏好这种街道，他们认为，尽管笔直的公路确实有它们的可取之处，但它们的选择往往没有充分考虑到地形、当地环境、城镇景观效果以及产生视觉愉快和兴趣的潜力（即没有艺术敏感性）。

勒·柯布西耶（1929）认为笔直的道路是"人的道路"，因为人拥有明确的目标，会选择走最短的路线。相比之下，曲折的道路则是"驮包裹的驴走的道路"，它们"……呈之字形行走以避开较大的石块，使攀爬更加轻松，或者获得一点阴凉；它选择了阻力最小的线路。"因此，勒·柯布西耶否定了卡米洛·西特的城市规划理论。但是，正如布罗德本特（1990）带有讽刺意味的言论所述，依照"固执的工作"、"对弯曲线路的赞颂"以及"对其无与伦比的美丽似是而非的展现"等艺术原则，人可以清晰地"……避开石块，无论怎样的坡度都按直线向上攀登，同时也不会躲到遮阳处以减轻体力消耗！"

笔直街道的成功设计——至少在视觉上——通常取决于长度和宽度间良好的比例、街道沿线外立面的质量和统一性以及以焦点或使目光休息的其他特点作为视觉尽端等因素。街道作为一个连贯整体的设计是一项技能，在整个 20 世纪不断萎缩，而仅在现在才被重新发现。

2.4 城镇景观

除了街道和广场的空间属性和品质以外，城市设计师还关注它们应当如何连接起来形成街道、社会空间以及最重要的交通系统。公共空间网络（见第 4 章）创造出一系列城镇景观效果，例如，设计不断变化的景象和远景。地标、视觉事件以及设计特点和围合的变化和对比之间产生相互影响和不断变化的关系。从广义上而言，城镇景观由建筑物和城市构建及街道场景中所有其他元素（树木、自然、水、交通、广告等）交织在一起形成，因此——按照戈登·卡伦的说法——释放出戏剧化的视觉效果。虽然这个术语首先用于托马斯（Thomas Sharpe）1948 年对牛津的研究中，但一种自发形成的"图画式的"城镇景观方法已经在 19 世纪早期约翰·纳什在伦敦的工作中以及 20 世纪末期卡米洛·西特的观点中有所体现。西特的观点后来发展成为巴里·派克，雷·昂温，克拉夫·威廉斯·艾里斯（Clough Williams-Ellis）和其他人士在 20 世纪早期的工作基础。

尽管许多学者对当代城镇景观理论做出了重要的贡献（Gibberd，1953b；Tugnutt & Robertson，1987），但现代"城镇景观"哲学与 Gordon Cullen/戈登卡伦密切相关。他所撰写并配有绝美插图的有关该主题的论文最初在 20 世纪 50 年代中后期在《建筑评论》上以系列文章的形式发布，后来以名为《城镇景观》（1962）的书籍的形式出现，最后在经过修订后又以《简明城镇景观》（1971）的形式重新出版（Gosling，1996）。

卡伦的主要论点是将建筑物集合在一起提供了一种"……视觉上的愉快，分开时不可能获得的视觉愉悦。"一座独立在乡村的建筑物作为一件建筑作品被人所体验，但如果有六座建筑物被安排在一起，就可能产生一种"艺术而非建筑"的感觉——一种"关系艺术"。卡伦的论点在本质上是一个语境主义的观点，其中整体大于各个部分的总和，并且各座建筑物应当被视为一个更大整体的一分子。卡伦还提出了一个术语词汇表，用于描述城镇景观的特定方面（图 7.16 ~ 7.19 和 7.2）。

卡伦认为城镇景观不可以从技术的角度来欣赏，而是应当通过审美敏感性来欣赏。他认为虽然城镇景观主要是视觉性的，它同时能够激发记忆、体验和情感响应。

图 7.16 封闭的视景——维也纳（图片：马修·卡莫纳）。卡伦的封闭的视景："坐落的一座建筑，使你走向它的背后欣赏它。"

图 7.17 偏离——牛津（图片：马修·卡莫纳）。卡伦的"偏离"："该建筑偏离常规的角度，从而引起人们的好奇，探求这么做的目的。"

虽然卡伦的城镇景观概念是一个有用的分析和评价途径，但要将其转变为一种设计方法则困难得多。事实上，最好不要尝试这种转变。城镇景观主要由于在一定程度上过分强调城市设计的视觉审美维度而受到批评。在《简明城镇景观》一书的"引言"中，卡伦（1971）本人也哀叹城镇景观已导致了"……一种以护栏和鹅卵石铺路构成的肤浅的城市风格。"卡伦的论点的要旨在于，除了有助于评价已建成的城镇景观的同时，他的理念也可以用于为新的城镇景观和对现有城镇景观的激活和干预的设计提供信息。不幸的是，当卡伦尽力如此做时，尽管产生的提议往往得到很好的呈现，但它们很少被作为可靠的、功能性可开发的城市结构获得认真对待（Carmona 2009）。

3 空间的视觉要素

城市场所的视觉审美特征并不仅仅来自于它们的空间质量。定义城市空间的表面的色彩、肌理和细节对其特征产生重要的影响。由于暖色看起来产生进入空间的感觉，而冷色则产生退却的感觉，使用暖色外立面围绕

图 7.18 凸起与凹进——Savora，意大利（图片：马修·卡莫纳）。卡伦的"凸起与凹进"："眼睛对街道的一瞥，会被蜿蜒复杂而非完全笔直的正面所吸引。"

图 7.19 狭窄——Shad Thames，伦敦（图片：史蒂文·蒂斯迪尔）。卡伦的"狭窄"："建筑物挤在一起形成一种压力，一种相似的细节的靠近，这与宽阔的广场截然相反。"

的空间往往感觉更小，而使用冷色外立面围绕的相似空间则感觉更大。同样，如果一个空间的表面缺乏精细的细节处理和视觉兴趣点，它可能会给人粗糙和冰冷的感觉；然而，如果具有精细的细节，则可能感觉精致、轻快和吸引人。在空间内部和周围发生的活动也对空间的特征和场所感产生影响（见第6章）。

3.1　城市建筑

在本节讨论中，"城市"建筑可以被视为对其环境和公共领域的物理定义做出积极响应和贡献的建筑。有关"实体建筑"和"肌理／结构"（即建筑群）的问题已经在第4章讨论。

一个视觉上连贯的城镇景观被视为结合了有限数量的"特殊的"或标志性的对象建筑物——通常是宗教建筑、政府建筑、突出的住宅、市政纪念碑——往往，但并非总是，轻微地或显著地与其环境分离，并通过更多数量的"普通"或平凡的（"肌理"）建筑物进行平衡。凯尔博（2002）将后者称为"背景"或"附属"建筑物，它们"……从它们界定的公共空间中获得力量。"标志性的／平凡的之间的区分并非一项设计品质——两者都应当获得良好的设计。但是，许多城市都有过多的设计低劣的标志性／特殊建筑物以及过多设计低劣的平凡／普通建筑物，两者均违反了良好城市建筑设计的基本原则。

如前文所述，梅西（1990）使用辐射的概念来描述外立面的空间影响。他指出，尽管建成的建筑式样提供了一种"连续、广阔的形象，无限伸展的意象"，但对象是"……一个封闭的元素，像一个实体一样有限且可理解。"在背景的衬托下，它显得尤为突出，集中了视觉注意。他还指出，即使当建筑物嵌入到城市街区中时，正外立面可能发挥对象的角色，形成一个带有辐射作用的对象外

立面，控制该外立面正面的空间。虽然外立面对于公共空间具有辐射作用，建筑物的其他（三）面则嵌入到一般建筑式样中。辐射的范围取决于对象或外立面的性质和规模以及环境，但它也可能通过周围空间的设计获得表现或加强。对象建筑也不可能在所有方向都具有相同程度的辐射，而且，由于审美效果通过与建筑式样的对比发挥作用（对象需要一个能够为其提供映衬的"背景"），作为空间中的独立对象，建筑物的设计有时成为例外。

仅仅关注建筑物的外立面可能被认为将建筑物的设计转变为一种类似于二维场景布置设计的流程。梅西认为，场景布置是建筑设计的一种，但建筑设计并不止于场景布置。与嵌入到一个城市街区中，并且仅向公共空间展示其主外立面的建筑物相比，成功设计独立建筑物更加困难。独立建筑可以从许多观察点来看，并因而更容易遭受审美批评——这是一个要求更加苛刻的任务，也是其设计师更可能在此失败的任务。此外，装饰和精心设计四个（或更多）外墙的成本也不可避免地高于仅仅精心设计一个正外立面。

卡米洛·西特在十九世纪末撰文时指出，独立建筑物将像一个"菜盘上的蛋糕"，遭遇过多的暴露。此外，他认为由于在处理冗长的外立面时涉及额外的费用，这对于客户将产生极大的不利，因为，如果建筑物嵌入到一个城市街区中，其主外立面"……可以从上到下都使用大理石打造。"（Sitte，1889，Collins & Colliris 1965：28）。

3.2　立面设计

本节将集中讨论外立面设计和新建筑物在已建成城市环境中的融合。从本质上而言，外立面是为私人利益设计的，它实际的利益可能与良好的场所营造这一公共利益有所不

同。成功的外立面设计是当代的一个设计问题。在外立面的视觉审美作用之外，布坎南认为外立面应当：

- 产生一种场所感。
- 在内部和外部、私人和公共空间之间协调，并且在两者之间提供过渡。
- 有窗户暗示可能在场的人以及展现被"围起"空间的内部生活。
- 具有入乡随俗以及与邻近建筑物呼应的特征。
- 含有制造节奏和停顿的成分，能吸引视线。
- 具有能够很好地表现建筑物形式的体量感和材料感。
- 坚固、有触感和装饰性的天然材料，能够经受风吹雨打日晒。
- 有能转移注意力，使人愉悦以及激起人们兴趣的装饰。

在定义什么是一座"良好的建筑"时，皇家美术协会（RFAC）指出了六条标准：

- 秩序和统一——"令人满意的和不可分割的统一性"，通过"对秩序的追求"而创造（1994）。在建筑元素和外立面设计方面，秩序通过对称、平衡、重复、网格、开间、结构框架等方式表现。
- 表达——"……建筑物功能的恰当表达使我们能够认识到一座建筑物的本质。"尽管在争论中，适当的象征经常被认为是好建筑的关键要素。例如，一座房屋应当传达自身作为一座房屋的功能，一座教堂应当传达作为教堂的功能，等等。建筑类型象征性的区别也产生建筑类型的一个层级体系，增加了城市区域的可辨性。
- 完整性——"……严格遵守设计的原则，其意义不在于可能决定古典立面设计的原则，而在于哥特建筑体现的

与古典建筑完全不同的建造原则。"换言之，建筑物应当通过其形式和构建表达自身以及各个部分承载的功能。
- 平面和剖面——为确保其作为一座三维建筑的完整性，在建筑物的外立面和平面及剖面之间应当存在一个积极的关系（即在内部和外部之间）（见第9章）。
- 细节——细节就是吸引人注意力的部分，因此缺乏细节"……将使我们丧失了这个层面的"体验。这层体验可以带我们近距离接触建筑物，能欣赏材料的美和工匠或工程师的技巧。
- 整合——前五项品质是各座建筑物应当具备的，但城市设计中真正重要的是建筑物如何与一个更大的整体相关联。因此，第六条准则就是一座建筑是否与其环境和谐共存，以及其与这些环境整合所需的品质。如弗雷德里克（2007）所指出的，整合主要是指关系；此外，"美感"更多的是产生于一个组合中各项元素间的和谐关系，而不是元素本身——因此，真正重要的是整体，包括在各建筑物内部的整体和建筑物与其邻居构成的整体。

在这个领域，也许最重要的是需要避免将总体上可取的原则转变为教条式的命令：严格遵守"规则"往往会导致平庸和均质。例如，RFAC强调称，一座建筑物可能体现了每一项准则，但不是一座"良好的"建筑；相反的，也可能是一座"良好的"建筑物但没有遵守任何准则。此外，"优秀的"设计师成功地打破规则，并且非常清楚准则是什么，或者，至少对于准则有直观的理解。出于这些原因，RFAC的准则并非设计处方，而最好是作为为城市建筑的欣赏提供结构和信息的途径来理解。它们在设计过程中获得明示的或直观的理解也十分重要。

3.3　整合

　　RFAC 的第六项准则——整合——是城市建筑设计中一个容易发生问题的领域。例如，在 20 世纪 80 年代末期，威尔士王子殿下（1989）曾将位于伦敦特拉法加广场的国家美术馆扩建工程的设计描述为一个"深受喜爱的朋友"脸上的"丑恶的脓包"。蒂贝尔兹（1992）在强调他的基本原则"场所最重要"时，他认为在大部分情况下，各座建筑物应当屈从于场所整体的需求和特征："如果每一座建筑物都哗众取宠，那么结果可能是变成一场无序的混乱。少数建筑物能够非常合理地成为独唱者，但大部分只需要成为稳固可靠的合唱团成员。"他还指出，虽然偶尔会需要不同寻常的"主角"作品，"……但更大的需求是更多经过良好设计的有趣的'背景'建筑物。"（Tibbalds，1992）。

　　整合——或者如其有时被蔑称（也是不正确的称呼）的"配合"——并不要求盲从于某种建筑风格。"风格性的"维度只是"配合"的一个方面；其他视觉标准——尺度、节奏等——往往更为重要，而且过度重视将导致否定创新和激动人心的机会。许多成功的建筑群体采用的材料和风格大相径庭（图 7.20）。相应地，RFAC 为新建筑到现有环境中的和谐整合提出了六条准则：选址、体量、规模、比例、节奏和材料（Cantacuzino，1994）。这些将在下文继续讨论。

　　我们可以采用不同的方法创建与现有环境的和谐，每一种方法代表并体现了特定的设计哲学。它们不是离散的方法，而是沿着一个连续的统一体存在。在一个极端，（风格的）统一或匹配是指模仿或复制本地空间和视觉特征。但是，这种方法能够稀释并弱化它所尽力保留的品质。

　　在另一个极端，并置或对比则是指设计一座新的建筑物，对现有的空间和视觉特征几乎没有任何明显的让步（图 7.21 ~ 7.24）。尽管可能产生鲜明的对比，但这种方法显然将"……以自大的自我宣传的形式产生一种灾难性的结果"（YVells-Thorpe，1998）。

　　介于在匹配和并置之间的是连续。这种方法是指整合——而不仅仅是模仿——本地空间和视觉特征，体现了新开发体现和发展现有场所感的愿望。空间和视觉特征可以被分离，从而使设计可以与地区的空间特征匹配，但又与其视觉特征并置。

图 7.20　威尼斯圣马可广场（图片：马修·卡莫纳）。每个建筑采取不同的建筑材料，体现不同风格，但很少人质疑它的和谐。每个建筑都界定空间。

图 7.21　背景的并置——玻璃金字塔，卢浮宫，巴黎（图片：史蒂文·蒂斯迪尔）

图7.22 背景的并置——'ginger Rogers and fred Astaire building'，布拉格（图片：马修·卡莫纳）

图7.23 背景的并置——代尔夫特（图片：马修·卡莫纳）

图7.24 背景的并置——代尔夫特（图片：马修·卡莫纳）

一种讨论新开发整合的方法是与人类特征以及他们之间的对话或争论相类比。此外，许多相同的语言和惯例（包括对礼貌的参考，其就本质而言是指对他人以及集体的尊重）可以获得采用。建筑物可以粗犷、自信、傲慢、谦逊、保守、害羞、机智和顽皮等等。对特征的欣赏也可以存在于旁观者的意识中，对于一个旁观者而言，某个人可能显得非常自信；而对于另一个旁观者而言，他们可能显得粗鲁或专横，同时也是应情境和环境而变的：例如，在体育比赛中适当的行为在正式的餐会上可能就不适当。在这个环境中经常进行语言学的类比——对话、语法／语义、语言——其理由是因为这是关于沟通的问题。尽管如此，这些类比可能因其使用的环境而变得一无是处。

但是，一座建筑物是否与其环境相协调最终还是一个个人判断的问题。皮尔斯(1989)将这一问题简述如下："要将一座全新的建筑物完善地添加到一个现有的环境中，我们所需要做的就是借助建筑师的天才补足场所的特质。"但是天才是很稀有的，我们往往需要的实际上是设计得当的城市建筑。然而，值得注意的是，尽管大部分传统建筑物都设计得体，但在1945年以后建造的建筑物中这些品质却罕见得多。

具有同质化建筑特征的地区相对比较罕见，大部分环境中固有的变化提供了进行对比设计的机会。维尔斯·索普(1998)建议，在评估某种较为依赖于环境的方法是否适当时，应当考虑"旧环境"的下列品质：(1)其范围；(2)其价值（即其质量）；(3)其一致性和同质性；(4)其独特性；以及(5)其接近性（即一眼扫过后是否可被看到）。

尽管多样性是创建视觉上有趣的街道景观时应当具备的一个特定的价值，但得当的城市建筑设计中秉承的某些原则使得新建筑物能够更好地与现有环境相协调。这些原则不是绝对的或不可违逆的规则，而是通常可取的原则，而且偶尔需要一点调整。但是，真正重要的是输赢比例，正如安德烈斯·杜埃尼所论述的：

> "如果不是为了其具有吸引力的输赢比例，我对现代主义的建筑不会有任何异议。我还没有做好准备，接受以摧毁世界各地城市的 3000 万现代主义建筑来交换 3000（或者 300？）不可否认的现代主义建筑杰作。"

（Kelbaugh，2002：94）。

这些原则可从体积（空间）、视觉、社会以及功能特征等方面来考虑。

整合——体积（空间）特征

体积／空间整合与新建筑物整体三维形式和相对于其环境或背景的布局相关。

（1）街道模式和街区及基址大小

对现有街道模式和街区／基址大小的尊重有助于实现协调的整合。例如，基址合并能够改变城市建筑物的尺度，并且打破城市区域传统的纹理。

（2）选址

选址是指一座建筑物如何坐落于其位址上以及如何与其他建筑物、街道或其他城市空间相关联。为确保外部空间的连续性和清晰界定，对已建成建筑轮廓线和临街面的尊重十分重要：对街道沿线的中断应当是经过精心设计的——而不是随意的或偶然的，并且应当创造出积极的空间或事件。具有高度雕塑感的建筑物——空间中的物体——通常应当成为城镇景观中的特例和主要事件，它们的相对稀缺应当使得其影响变得更为重要。弗雷德里克（2007）认为，在设计一座填空式建筑物时，一条城市黄金原则是该建筑物的正面应当位于街道主要的建筑线上，除非存在极有说服力的理由要求做其他安排。如

果使建筑物远离街道，将会降低这些建筑物对过路人的可达性，降低地面层商业活动的经济可行性并且弱化街道的空间定义。

（3）大小／体量

体量是建筑物体积的三维布局。通过观察传统城市环境得出的一条有用的城市规则表明建筑物的高度（事实上也包括其使用）在各个空间上存在对称性，而在各个街区上存在不对称性（见第 8 章），如前文所述的，视觉锥面内充分的对称性能够提供一种围合感并表明其为室外空间。新开发建筑物的影响还需要从各种观看点和观看角度来考虑。虽然容积率（总建筑面积除以地面总面积）和建筑容积率（FAR）有时被用于控制特定地块上可接受的开发体积，但它们实际上是一种相当拙劣的工具，因为相同的开发体积可以按各种不同的方式来组织（见第 8 章）。容积率通常应该伴有一些指示性的体量形式。

（4）建筑尺度

尺度不同于大小：尺寸表示的是一个物体的真实大小；尺度则代表该物体相对于周围其他物体的感知以及我们对这些物体的感知。尺度的核心要素首先在于相对于人体尺寸建筑物尺寸及其所有部分（即人体尺度），其次在于相对于其环境的建筑尺寸（即一般尺度）（图 7.25）。因此，一座建筑物可以被理解为与其环境成或不成比例，而且还可以另外被理解为与人体成或不成比例。建筑尺度与周围建筑物的大小相关——即一座建筑与周边建筑存在某些设计元素，在建筑物大小方面形成一种（视觉的）桥梁或过渡。

整合——视觉特征

视觉整合主要与建筑物外立面的设计相关。

（1）比例和关系

比例是指一座建筑物不同部分之间的关

图7.25 视觉尺度——府邸,伦敦,英国（图片:马修·卡莫纳）。这是一幢尺度难以琢磨的建筑。起初被看作是三层高，但通过交通标志和车的提示——意识到它是规模更大的建筑，试图将大型建筑尺度变小了。

系，也可指任何个别部分和整体之间的关系。它可能与一座建筑物的外立面上的实心和空心部分之间的比率或窗户开口相对于实心墙壁元素的安排方式相关。传统的采用承重砌体建成并且包含一系列不同建筑物的街道场景往往具有相对一致的窗墙面积比率。在街道立面图的图形背景研究中，各外立面被简化为实心（白色）和空心（黑色），并以此作为研究开窗法比例和节奏的一种方式。通过清除一些没有关联的细节，这种技术使我们能够更清晰地专注于沿街道的建筑和外部空间的比例和节奏。

（2）相对视觉尺度

如果新建筑物与相邻的建筑物之间存在互补的比例，即拥有相似的视觉尺度，它们能够更协调地整合到已建成的环境中。

（3）精心构思和丰富性

浅浮雕等"表面"纹理细节是吸引注意力并提供兴趣点的部分。外立面可以通过其"丰富性"和"优雅性"两方面来欣赏。丰富性与吸引人们注意的视觉兴趣点和复杂性相关。优雅性则与欣赏者的目光寻找到令人愉快和谐的比例相关。某些外立面将同时具备优雅性和丰富性；当外立面优雅时，细节的使用通常非常保守。但是，一个优雅的外立面并非必然会吸引眼球，而且可能被解释为缺乏视觉兴趣点，甚至显得十分枯燥。细节和视觉兴趣点能够帮助与环境达成协调。由于建筑物按不同的方式被欣赏——近和远（以及在其中的所有阶段）、平视或倾斜——通常要求根据建筑物在城镇景观中的位置在外立面上采用不同尺度的细节处理。例如，小规模细节对于地面层尤为重要，它们可以为行人提供视觉兴趣点；而较大规模的细节对于从较远距离观看就显得比较重要（图7.26a～c）。通常情况下，在窗户位置的细节密度会增加，尤其是在门口和建筑物角落的位置。适当强调入口点也可以帮助使用者"阅读"外立面，并且促进从公共领域到私人领域的移动（图7.27）。

（4）样式和韵律

韵律是指建筑物及其相邻建筑物元素的（某种）相似性，并且以复杂性（即大量视觉细节和信息）和样式的同时存在为先决条件。史密斯（1980）认为，韵律样式并非指简单的重复，就像织物和墙纸一样，而更应当被视为一个系统，其中尽管可能不存在"点对点的对应"，但仍然存在"相当密切的关联"。在街道层面，某些街道通过特定建筑"风格"

(a)   (b)   (c)

图 7.26 (a ~ c) 巴塞罗那立面上的视觉细部（图片：马修·卡莫纳）。此建筑立面表现富有变化。距离远时，立面的主要元素是明显的，走得越近，其他元素也变得明显了。随后，材质和建造细节等基层的附加细节也出现了。

图 7.27 立面三分式——格但斯克（图片：马修·卡莫纳）。许多传统的城市立面被组织成三种元素（即底部、中间和顶部）。首层的装饰通常丰富得多，因为这是行人最易看见和最多评价的部分。中间在视觉上经常受比较多的限制，而顶部和天际线再次在视觉上变得复杂以留住人们的视线。尽管这种做法在当代开发中很少被沿用，这座建筑的设计还是采用了传统方式。

的重复获得统一，而其他街道则表现出巨大的多样性，但仍然通过共同的基本设计样式或主题而获得统一。例如，统一的元素以建筑物轮廓、一致的地基宽度、开窗样式、比例、体量、入口处理、材料、细节、尺度、风格

等表现。

（5）节奏

与韵律不同，节奏依赖于对更为严格的重复的影响。节奏是指一座建筑物的外立面中通常重复的构成部分（即其窗户或开间）的排列和大小。对于节奏而言，尤为重要的是外立面的墙窗比率（即墙体和窗户的比例）、开窗法的水平或垂直重点以及结构的表达。将一个外立面划分为一系列开间是将一座大型建筑物整合到一个街道场景的途径之一。

（6）水平性和垂直性

虽然大部分外立面都拥有垂直和水平元素，其中往往会有一类元素处于主导位置，从而使外立面具有一个垂直或水平的侧重（图 7.28）。由于建筑物外立面的构成部分在传统上具有垂直侧重，因此具有水平侧重的建筑物往往会打乱传统街道的视觉节奏。此外，由于具有水平侧重的建筑物与街道的水平性相结合时可能产生额外的水平性，因此常用的一个原则是城市建筑物具有垂直侧重，

图7.28　垂直与水平——南岸,迈阿密(图片:马修·卡莫纳)。尽管多数立面都有垂直和水平元素,但会有一种倾向占主导。在上下看或沿着表面看的趋势下这种强调会变得明显。这两座建筑很好地说明了这一原理。单独的窗户或开窗形式整体上经常是决定方向感的关键元素。基于结构的原因,砖石承重的建筑物往往强调垂直方向。框架结构的建筑物的立面仅仅是一层覆层或外壳,这种外壳上的开洞可以是任意的形状或形式。为了强调这种新的结构方法的潜力,许多现代主义建筑师喜欢把建筑设计得强调水平感。

图7.29　公共艺术作品——罗马(图片:马修·卡莫纳)

而街道则提供平衡的水平性。有关垂直性的另一个论点是水平线在视觉上比垂直线更快(眼睛沿它们移动的速度更快)。由于眼睛停留的时间更短,强烈的水平线往往在兴趣度上稍低。

(7) 材料

材料的选择为建筑物提供了色彩和纹理,同时也影响到各种距离和外立面样式下的防风雨性能、细节处理和视觉兴趣点。材料明智的使用能够加剧或弱化建筑物各个部分之间的差异以及建筑物和相邻建筑物之间的关系。通过适当的建模,外立面上遮蔽和阴影等事件提供一种视觉深度感和坚固感,并且能够大幅改变材料的感知。材料还能够帮助体现本地特色。例如,英国独特的地理多样性导致了多样化的本地建筑传统,并因此产生了重要的本地特色。本地建筑材料的一致使用或有限的色彩搭配能够使一座城镇或城市具备强烈的场所感,而这些元素在新开发建筑物中的使用有助于其实现视觉上的整合(Porter, 1982; Lange, 1997; Moughtin, 1995)。

整合——社会和功能特征

"功能性"和"社会性"方面的考虑在成功的整合中尤为重要,即一座建筑物如何与社会环境整合以及如何经过设计以实现其功能性计划。例如,出租车如何在酒店入口处到达、排队和上客。

(1) 人体尺度

虽然建筑物的高度在实现人体尺度方面并不具有必然的重要性,但正如前文所提到的,外立面在行人层面的精心构思和视觉兴趣点在于一座建筑物能否被理解为符合人体尺度,并且还可另外被理解为是否与其环境成比例(图7.29)。某些能够提供尺度衡量标准的元素,例如窗户、门和建筑材料等,尤其重要,因为我们对于它们相对于我们自身的大小比例有着清晰的感知。尺度不仅来自于建筑物或外立面的元素，而且还来自于建筑材料的内在大小。过去，人体的限制限定了建筑中使用材料的大小。在各个单元可为人所见的情况下，这些元素给建筑物赋予了尺度。在使用机械化的建筑技术后，对能够轻易搬运的建筑单元的需求变得不再那么重要，而且许多建筑物和城市空间也不再具有这些能否赋予尺度的元素带来的优势（图7.30）。

（2）主动的临街面

临街面——建筑物面对街道的方式——是街道和公共空间质量的一个关键决定因素。主动的临街面具有强烈的"人类存在"感。从本质上而言，它与地面层是否存在活动感（例如与街道的互动）以及／或者建筑物内部的上层是否存在活化街道空间的活动感（如对街道的视野）相关，它与主动临街面的概念相关（见第8章）。

（3）功能性的象征和视觉提示

社会整合要求视觉线索帮助实现建筑物的功能性（例如，在其主入口的定位方面）。在许多已建成的位置，存在一个经过良好设计的与入口相关的象征和符号，作为公共和私人空间等之间的过渡，同时采用渐变和区别等定义不同的公共性程度。

（4）从公共领域到私人领域的过渡

从公共到私人领域的过渡的设计应当尊重并保护公共领域和私人领域（图7.31）。关键的设计元素往往是入口的组织、穿过梯级和斜坡发生的层级变化以及进出建筑物角度楼层视野的处理。为保持隐私和控制的程度，建筑物内部应当稍稍高于外部街道。此外，还可以采用一些使行人远离建筑物墙壁和窗口的设计特点（例如围栏或具有较深纹理的人行道等），阻止他们窥视建筑物较为私密的部分（图7.32～7.33）。

图7.30　尺度元素——波士顿（图片：马修·卡莫纳）。存在着明显的建筑物之间尺度的对比，不仅仅是绝对尺度，也在于位于前面的老议会厅与后面的建筑之间缺少相似的尺度元素。

图7.31　从公共向私密的转变——Blythswood Hill，格拉斯哥（Glasgow）（图片：史蒂文·蒂斯迪尔）。为了应对功能的要求，人们面对位于山上建筑面对的审美等问题和挑战，乔治时期，将建筑后退道路红线设置，并设置一个到达地下室的入口。这种设置是功能性的，产生一些结果：建筑的主要房间位于街道标高上，与街道空间相分离，这样能提供私密性；底部空间用作服务，容纳煤炭运输，作为避难所，废物堆放。在维多利亚时期，这种设计是设计类型之一（结合街道类型与地块尺寸），是当地地区的守护神。地下室目前容纳了一系列的小企业、酒吧和餐馆。出现了更多的大型现代建筑，但这种设计方式仍作为主要方式，试图解决山上建筑的设计问题。

图 7.32 与图 7.33 酸黄瓜,伦敦(图片:史蒂文·蒂斯迪尔与马修·卡莫纳)。成功的建筑应体现多个层面,作为伦敦重要的天际线建筑,该建筑在与地面空间的联系方面欠缺。

图 7.34 材料的统一——Castlegate, Aberdeen(图片:史蒂文·蒂斯迪尔)。材料和设计风格的统一使建筑与周边的建筑产生和谐的视觉景观。

3.4 地景

在营造一个协调的和整合的整体时,地景是一个重要的部分。一般而言,在城市区域内存在两类主要的地景——"硬质"路面和"软质"景观区。这里所讨论的焦点是硬质路面。使用的材料——砖块、石板、鹅卵石、混凝土以及碎石等等——决定了一个地景的基本特征,但它们如何使用、如何安排以及如何与其他材料和景观特点相关联也同样重要(图 7.34)。边缘细节对于视觉连接也很重要,因而对于帮助从水平到垂直平面的过渡同样重要,这种过渡往往表明了路面铺设设计的质量。

地景样式产生于功能性的考虑,这些考虑尤其具有审美方面的影响,另外/或者地景样式还可能产生于以美观的方式组织空间的尝试。我们首先考虑前者,任何铺设区域的主要功能是提供一个坚硬的、干燥的和防滑的表面,能够承载交通负荷。不同的交通负荷可能从不同的地面材料和建造方法中得以体现,同时也可能表明不同类型的交通流量应当去往何处。不同材料间的接合往往经过精细的构思。机动车和行人交通间最常见的边缘是到处可见的花岗岩或混凝土路缘,人行道与马路之间有一个浅沟边界。使用材料增加平行线能够更清晰地定义功能的转变,同时也能提供装饰效果。

地面材料的变化可以表明所有权的变化(例如在公共空间和私人空间之间)、潜在的危险或提供一个警告。例如,在道路交叉点带纹理的路面铺设能够协助视力受损的人士。道路铺设还可以设计用于引导行人或车辆通过某个具有少量其他路线指示的区域:例如,跨越整体表面的线条能够提供强烈的方向性。同样的,带方向性的道路铺设可能具有纯粹的审美功能,也可能仅在某个空间内使用以加强线性形式并提升运动感。

地景也可以经过有意识的设计，通过引进尺度（包括人体的和一般的）、调节空间（组织其成为一系列有层级的元素）、加强空间和视觉特征以及在美学上组织和统一空间等方式提升场所的特征。城市空间地景中的尺度感可以来自于材料的内在尺度、不同材料的样式或两者的组合。石质的铺路板可以调整大小以便搬运处理，通常能够为城市空间提供一种人体尺度。较小的空间往往不要求额外的样式制定来提供尺度感；而较大的空间则通常要求一定形式的额外样式制定。

地景样式往往对较大的坚硬表面进行调整，将它们分解成更多视觉上可管理的以及／或者人性化的部分。地景可以按照与建筑物外立面设计类似的方式通过重复和呼应特定的主题、强调材料的改变以及／或者为铺设区域的边缘提供戏剧化效果等得以丰富。例如，在威尼斯圣马可广场，空间的尺度通过简单的白色石灰岩和黑色玄武岩的网格进行调节和协调。地景样式还可以用于调节空间的表观大小：添加细节和调节往往可以使大空间显得较小，而简单和相对朴素的处理可以使小空间显得较大。

在街道中，地景样式可以通过强调其作为"路径"的特征、提供一种方向感、阻止空间的流动或提供一种尽端感来加强空间的线性特征（图7.35）。沿街道的平行线能够加强移动感。相反地，没有沿街道线性特征铺设的路面往往可以减缓视觉的步伐，并且加强其作为一个可以驻足或徘徊的场所的质量。地面样式在移动和尽端之间的交替变化为城市场景带来了节奏和尺度等品质。

设计用于提供响应感的地景往往与人们驻足和休息的区域相关（即与城市广场相关）。广场的地景样式可以发挥许多功能：提供尺度感、通过连接和关联中心和边缘实现空间统一；以及／或者使空间具备秩序，避免其

图7.35　街道上动感的地面图案—伊兹密尔，土耳其（图片：马修·卡莫纳）。

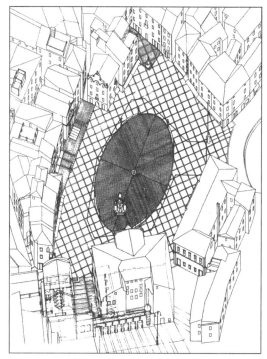

图7.36　地面景观——Giuseppe Tartini，Pirano，斯洛文尼亚（图片：Favole 1997）。简单的几何形地面景观统一和组织不规则的梯形空间。

成为一组互不相干的建筑物集合。就后者而言，强烈和简洁的几何图形（矩形、圆形或椭圆形）可以组织空间的中心部分，提供焦点和准则，并且使周围建筑物较不规则的线条能够形成与几何图形边缘更多局部化的关系（图7.36）。通过建立地面和墙面与空间之

图 7.37　地面景观——卡比托利欧广场，罗马（图片：马修·卡莫纳）。卡比托利欧广场的地面式样由一个从骑马雕像向四周延展的图案构成。带有图案的下沉橄榄形强化了空间的中心感，而中央图案的线纹则强调了边界的动感。因为图案不停地、反复地联系中心和边界，它使空间和围合元素成为一个整体。

图 7.38　公共艺术，匹茨堡（图片：史蒂文·蒂斯迪尔）。

图 7.39　公共艺术，代尔夫特（图片：马修·卡莫纳）。

间的关系以及以空间为核心，几何图形将空间组织成为一个单一的美观的整体。米开朗琪罗（Michelangelo）为罗马卡比托利奥广场设计的地景实现了所有这些功能（图 7.37）。通过对其几何形状的延续或其特点在地景中的体现，关键的建筑物可以获得强调——地景成为统一整个空间构成的工具。

3.5　街道家具

街道家具包括地景以外的所有硬质景观元素：电线杆、灯柱、电话亭、长椅、花草、交通信号灯、方向标识、闭路电视摄像头、报警亭、矮桩、围墙、护栏、喷泉、公交车候车亭、雕塑、墙基石等以及各种其他物品。所有形式的公共艺术也是一类街道家具（图 7.38 ~ 7.39）。

除了为特性和特征做出贡献以外，街道家具的质量、组织以及分布也是城市空间质量的一个主要指标，而且还可以为后续的开发确立质量标准和预期。此外，不同于建筑物，街道家具和其他相关设备的杂乱无章往往会破坏视觉景观的质量。然而，在某些情况下，"杂乱"提供了一种必要的街道特征（图 7.40）。

街道家具可以通过各种方式获取。最基本的方式是"标准成品"系统。在该系统中，只需从制造商的产品目录中挑选物品即可。或者，可以定制标准物品，提供一定程度的本地特性。这种方式还可以通过设计一整套物品来开发，仅供特定的场所和局部使用。在需要特别强烈的设计特性的位置，可以邀请艺术家为该空间或区域设计家具（Gillespies, 1995）。

虽然各种街道家具物品是公共领域不可缺少的和必需的部分，但它们往往在布局时很少考虑整体效果，因此产生视觉上和功能上杂乱无章的城市景观。在 2004 年，英国遗产署在意识到英格兰的城镇和村庄拥有过多的标志、危险路面和有障碍的步道后，推出了一项"拯救我们的街道"的运动，其目的是清除过多的家具，使它们对于行人和骑行者更加友好，并且从整体上使它们回归到"……人们希望它们存在的场所，所有街道使用者的需求都能获得满足，并且所有社区都能因此而繁荣。"通过与交通部的合作，该署出版了《所有人的街道》，规定了街道管理中的良好实践原则（www.english-heritage.org.uk）。

在荷兰交通工程师和城市学家汉斯·蒙德里安（Hans Monderman）眼中，过度的和不必要的街道标识是一种令人厌恶的东西。他认为不断加强的国家控制和规管减少了个人和集体的职责，并据此率先提出了一种方法。该方法不是依赖于交通标志和物理障碍，而是尊重司机的常识和智慧（图7.41～7.43；见第4和第8章）。在蒙德里安之后，许多欧洲城市逐渐开始清除交通灯、人行道、路缘、标志、油漆标记和其他过多的街道家具（图7.44）。纳萨尔（1999）对街道标志的分析为这些专业和政治主张提供了支持。他的分析表明公众对于减少标志障碍性和街道标志的复杂性具有极强的主张。

图7.40 日本的城市街道形成有别于欧洲城市的景观——东京（图片：史蒂文·蒂斯迪尔）。

吉莱斯皮（1995）承认某些街道家具物品是必需的，并且提供了六条基本的设计原则：

- 设计时需要并融合最少的街道家具。
- 在可能的情况下，将元素融合和组合到一个单元中。
- 清除所有过多的街道家具物品。
- 将街道家具作为一系列物品来考虑，保持与环境质量的匹配并且协助实现城市区域的统一，以提供一种连贯的特性。
- 街道家具的放置有助于界定空间。

图7.41-7.43 护栏——Leith，爱丁堡，设菲尔德与切尔西（图片:史蒂文·蒂斯迪尔与马修·卡莫纳）。为了规避风险，英国的城市环境要求设置大量的护栏、围杆等设施，为了避免人们受到周围快速行驶的汽车的干扰。在许多国家的实践中，试图让人们去体验风险，从而学会规避风险，帮助人们当面对风险时变得自信。这里展示的是将车与行人分离的三种方法。

图 7.44 街道家具—肯辛通快速路，伦敦（图片：史蒂文·蒂斯迪尔）。

受到汉斯·蒙德曼（Hans Monderman）的最低限度做法的启发，在伦敦的肯辛通快速路上的大量行人保护栏杆被拆除，交通信号、路灯与标志成为常态化。第一次遇到这种情况，街道行人感觉缺少了什么，但不能判定具体原因。人们逐渐认识到缺少的是"通常的"高速公路的混乱。人们逐渐适应这种改变：需要当地政治家挑战常规的高速公路设计实践，规避改变带来的风险。这些变化产生显著的和持续的减少对行人的伤害。

图 7.45 街道家具的分区——爱丁堡（图片：史蒂文·蒂斯迪尔）。这里的步行路被分为步行的路面，粗糙的路面和为信号灯、巴士雨棚、停靠站等设置的带有图案的地区——虽然表面上缺少地方当局要求的垃圾箱。

● 街道家具的放置不能妨碍行人、交通工具和交通路线（图 7.45）。

3.6 景观与造景

在本节中，"景观"具备的含义比景观更为狭义，并且由于其有限的视觉审美含义而成为本节的主要焦点。在城市设计中，造景往往是一个后来添加的东西，在主要决定已经确定后添加的东西（在资金允许的情况下），用于隐藏／掩盖质量较差的建筑／建筑物或用于填充剩余的空间。如果一座已经竣工的建筑物需要（补救性的）造景——一种被称为亡羊补牢的行为（Hayden，2004）——其作为一项设计已经失败。虽然设计良好的造景能够增加开发项目的质量、视觉兴趣点和色彩，但设计不良的造景却会使人的注意力从原本设计良好的开发上转移。

如尼尔·霍普金斯（2005）所述，景观设计拥有四个关键推动因素：

● 在土地上工作 - 艺术；
● 与土地共同工作 - 生态；
● 通过土地工作 - 社会；
● 为土地工作 - 可持续性。

因此，广义的景观——根据推理，还有景观设计——不仅与视觉审美问题相关，而且还与本书中讨论的所有设计维度相关。作为追求可持续设计的一部分，城市设计师应当关心根本的自然流程和潜在的新开发，用于支持本地生态、水文和地质，同时还应当关心特定场所提供的问题和机会。因此，城镇和城市的"绿化"代表了一个关键的可持续性目标（见可持续性插入 4）。树木和其他植被在减少二氧化碳堆积和恢复氧气、降低城市空间中的风速、发挥防风带作用以及过滤粉尘和污染等方面尤为有效（见第 8 章）。因此，有必要采取一种积极的造景方法，其中应当考虑其对城市环境整体的贡献。景观设计策略应当在建筑物设计流程之前开发，或至少与其平行开发，而且应当成为任何总体开发框架不可分割的一部分。

软造景

在强化场所特征、个性和特性时，软造景可以成为一项决定性的元素。例如，橡树街不同于松树街。树木和其他植被还增加了一种人体尺度的感觉，提供与硬质城市景观的对比和衬托（图 7.46）。它们还表达了不断变化的季节并提升了当时的可辨性。在为原本离散的环境增加连贯性和结构方面，造景往往发挥着重要的美学作用。在某些街道上，树木加强了围合感和连续性；或者，如果建筑物本身缺乏这种感觉，则可以提供这种感觉。许多成熟的"花园式"郊区的吸引力源自景观结构的连续性，它能够协调不同的建筑处理。在此，景观设计扮演"缝合"环境的重要角色。

树木种植可以加强并提升大部分地景样式，包括城市空间的整个三维效果。城市环境中的树木需要积极选址。当某些街道需要一定程度的系统化（例如，按直线或正式的几何图形种植树木），而不是按风景的分组（Robinson，1992）。树木还可以用于加强或完整城市空间中的空间内容感，或者用于创造"空间中的空间"。当使用落叶树木时，景观和特性随季节变化。

图 7.46　软质景观相比硬质景观能更容易地带来色彩和愉悦——首尔（图片：马修·卡莫纳）。

可持续性插入 4——生态支持

在所有的设计尺度中，绿色景观是保持环境多样性的基础。景观设计在城市环境中经常是被遗忘的一个维度，经常只是作为视觉因素而置于最后考虑，例如减弱不好的建筑设计的影响，或作为公园的外延，亦或是过分注重概念，而失去了与人联系的过程（Denton—Thompson，2005：126）。还有一些久盛不衰的设计思想：把城市作为具有实际作用的生态系统的一部分；生物环境是并列存在的，甚至主宰人工环境（McHarg，1969）。因此正如减排和使用自然资源需要并行，支持生物生存需要与人类居住地及周边持续的自然过程并存。如建筑及建成委员会曾指出，在一个比被农田包围的农村物种更丰富的城市花园中，植物群落与动物们应被精心安置，以最大限度加强该地区在支撑这些物种时所起到的作用（Llewelyn—davies，2007：58）。

在建筑和空间的尺度上，这可能要包括乔木和软质景观的结合，以及在新的环境中进行物种栖息地的培育。景观设计概要中曾提到：90m×90m 大小的城市街区能在提供生物多样性支持的同时保持其渗透性。

在城市区域的尺度上，要考虑尊重现状，提供新的开放空间和廊道，并注重栖息地的培育（Woolley，2003：36—44）。

在乡镇范围层面上，要考虑设计开放空间网络来连接城市与乡镇，并在城市边缘小心地过渡。

绿色建筑，巴黎（图：马修·卡莫纳）

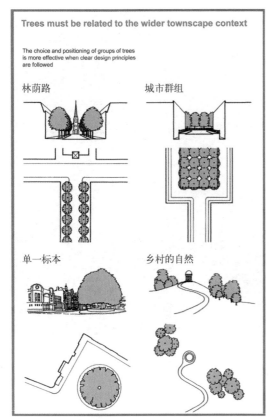

图 7.47 街道树木的设计策略（图片：英国遗产 2000a）。在城市区域中树木并不总是适合的，应联系城市景观的整体效果来进行选择和定位。

但是，街道树木的主题可能被滥用。例如，为更好地强调景观化的花园广场，乔治亚的街道很少包含街道树木。同样地，卡密洛·西特（Collins & Collins, 1965）经过计算认为 19 世纪维也纳林荫大道上种植的树木足以形成一整片森林，而且他还认为这些树木最好能够部署为两座或三座公园。在《所有人的街道》一书中，英国遗产署（2000）以引导伦敦街道管理为目标，认为城市区域的软造景（包括树木）并非始终得当，而且在使用时，应当相对于整体城镇景观效果进行选择和定位（图 7.47）。对于所有景观方案而言，无论是硬质的还是软质的，它都表明了八项考虑事宜：

- 外观——尊重历史背景和本地特殊性。
- 考虑材料的耐久性和与所担当任务的结合。
- 耐久性——关于长期维护。
- 清洁——垃圾收集、清扫和清洗，有专人清理涂鸦和口香糖。
- 避免杂乱——保持各种标志数量为最低，并且使用现有的柱子或墙面安装。
- 关注行人——友好的氛围，清晰的方向标志。
- 关注残疾人士——安全、方便和清除障碍。
- 交通和相关事宜——例如公共交通、自行车手和对穿越车道的行人的舒适度和安全性的关注（英国遗产署 2000）。

4 结语

本章强调了考虑城市环境中添加物的视觉审美效果的必要性，同时也强调了考虑整体的必要性。因此，建筑物、街道和空间、硬质和软质造景以及街道家具应当共同考虑以加强并提升场所感，并且创造出戏剧化的和视觉的兴趣点。在考虑任何新的干预（更一般而言，任何新增的开发）时，关键的问题是将要创建哪一类的场所。此外，还强调了在创建成功的城市场所时需要避免夸大建筑物（建筑）设计的重要性。例如，城市设计师必须避免将城市设计的视觉维度和建筑（建筑物）设计混合在一起：良好的场所并不需要在建筑设计上具有"特殊性"，而且往往是建筑上很"普通的"。建筑设计上受到好评的建筑物并非一定为营造良好的场所。不过，如蒙哥马利（1998）所指出的，建筑风格的问题并非不重要，因为它们还传达着意义、形成特性并创建形象。建筑设计的审美维度影响着我们认为富有吸引力并且在视觉上充满感染力的环境的程度——富有吸引力的环境因而更具活力且是可持续性的（见第 9 章）。

第8章 功能维度

城市设计的功能维度与场所运作的方式以及城市设计师营造"更好"场所的方式相关，或者更准确地说，与提高他们的开发潜力相关。尽管视觉审美和社会使用传统各自拥有功能性的视角，但它们的解释却完全不同。在视觉审美传统中，人体尺度被吸引到物理科学上，往往被抽取出来并简化为技术或审美准则，而功能往往从日光照明、阴影遮蔽、交通流量、进入和循环等方面来考虑。在社会使用传统中，关注的焦点在于社会科学，即环境的设计如何支持人们对其的使用。

本章分为五个部分。第一部分讨论运动；第二部分讨论"人性空间"；第三部分讨论环境设计；第四部分讨论为更健康的环境进行设计；而第五部分则讨论支持当代生活所必需的基础设施方面的问题。

1 移动

移动是理解场所如何发挥功能所必须了解的基本原理。穿过公共空间的行人既处于城市体验的中心位置，又对生活和活动的形成十分重要（图8.1）。人们选择在公共空间中坐下或徘徊的位置往往以人们获得的观察

图8.1 Harajuka——东京（图片：史蒂文·蒂斯迪尔）。生活与活动的聚集，在公共空间的步行者的移动在于对城市的体验。不仅仅是移入或移出，成功的场所在于鼓励人们停留或在场所中消磨时间。

机会为依据，而后者又反过来与空间中的生活和活动以及人们如何穿越空间相关。同样地，城市区域中主要的零售点（相对于城外

的零售点）以行人的人流量为依据，而后者又是场所间行人移动产生的副产品。例如，在确定零售空间的价值时，惯例是以 A 区租金为依据——（通常）从街道边缘向后最初 6 米的地面面积。A 区租金以行人流量为依据。

1.1 交通与步行移动

机动车和行人移动之间可以进行基本的区分。如第 4 章所讨论的，以汽车为基础的移动是纯粹流通性的；行人移动也是流通性的，但也可以实现经济、社会和文化的交流。

汽车的一个巨大优势是他们能够提供从出发点到目的地的无缝旅行，但是，如第 6 章中所指出的，为机动车交通进行的设计往往会在行人移动体验中产生隔阂。但是，在城市设计中，汽车旅行的体验在本质上是不连续的，而且主要涉及到达特定的目的地，而非在目的地之间的旅行体验。大部分形式的社会互动和交流机会只在汽车停放后才会发生。因此，机动车移动所涉及的就是空间上隔离和分散的出发点和目的地，而且城市空间的质量和连续性对于汽车司机的重要性稍低；而中断旅程既不方便又耗费时间，因而司机们更偏好直接到达单一目的的旅程（即"停车一次"策略）。如列斐伏尔（1991）所论述的，在移动时，司机仅仅关心自己目的地的导向，并且：

> "……在四处寻找时，仅看到他在驾驶时需要看到的东西；因此，他仅感知到他的路线，该路线已经被实质化、机械化并且技术化。而且他只从一个角度来看——即它的功能性：速度、可读性以及便利性。"

汽车旅行本身包括在自家的车库上车和在最终目的地安全的停车场下车。从为个人的私人领域寻求庇护的角度来看，人们往往会驾车前往私人的和独立的城市设施——购物中心、主题公园、影院综合设施、运动场馆等。相比之下，对于行人而言，城市空间的连续性——目的地之间的连接——非常重要。成功的人性空间必须（并且已经）整合并融入本地交通系统中。

行人的旅行很少是单一目的地：在从一个地点前往另一个地点时，我们会停下来购买一份报纸或一瓶牛奶；与邻居、同事或朋友交谈；观看商店橱窗；在路边咖啡馆饮用一杯饮料；或者仅仅是观看或观赏"从眼前经过的世界"。简·雅各布斯（1961）特别强调将步行视为一种可以将马路转变为街道的机制，社会互动和经济交流可以在此繁荣发展。因此，行人旅行既是流通性的，也是交流性的：如盖尔（2000）所述，"……在步行时，我们可做的远不止于步行。"

因此，尽管出发点–目的地研究在用于跟踪机动车移动时往往十分有用，但在用于研究行人移动时却忽略了移动体验的一个关键组成部分。希利尔（1996a，1996b）将此称为移动的"副产品"——除了从出发点旅行到目的地的基本活动以外，实现其他（可选）活动的潜力。通过确保出发点——目的地旅行能够带人们穿过沿途外向的建筑街区，他认为传统的城市网格代表了一种"生成接触的机制"，使副产品的效果能够实现最大化（Hillier，1996b）。移动副产品的影响和价值可通过其在购物中心设计中的利用得以阐释（图 8.2）。

成功的人性空间自身就是目的地（前往的场所），但也是前往许多其他场所的道路上的场所（即途径场所）。现实状况是，极少成功的人性化场所能够单独凭自身的实力成为目的地。几乎全部都是在更广的策略性移动网络内拥有有利位置的场所，而且如后文所讨论的，它们在这些网络中拥有中心性的优势。这一点通过考虑网格中的两点进行简洁的阐述——

图8.2 商业中心的设计。行业指导零售业环境设计认为：
"如果能够产生利润，证明零售业的开发是成功的，因此，
城市设计不能被看作是一种固定的对空间形态的设计，
它赋予一种动态的方法，认识和了解行人在城市或城市
中心区移动的过程——理解步行人流（零售价值的关键）、
步行距离、步行范围和不同的购物方式（带有示范性的
购物者）。这些行为作为购物全过程的核心，因此成为城
市设计过程的核心（建筑设计联盟2002）。零售开发商
和设计者擅长利用购物者的心态，操纵购物者在购物中
心的行进。在形式最简单的购物中心里，也就是由小店
铺线状排列形成的商业街里，位于任一尽端的商场都是
具有"磁性"的。这些磁性商场吸引了购物者来到商业街。
当购物者进入商业街，他们被吸引到这些磁性商场，在
这个过程中经过一些小的店铺，于是为这些小店铺带来
人气与潜在的交易。如果购物者进入磁性商场中的一个，
那么，其他的磁性商场则为沿着商业街的运动提供了刺
激。大家都认可这种对于移动的简化说明。磁性商场吸
引的是人群，也许对于某个特定的个人没有这种吸引效
果。同样，真正的吸引力可能来自商业街"公共"空间
的氛围和特色。

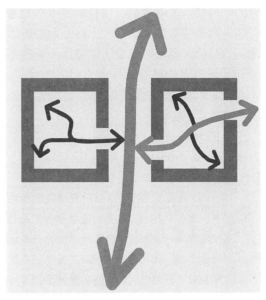

图8.4 生活的庭院。在克里斯托弗·亚历山大所著的模
式语言中，生活的庭院是通过式的路径（例如它们不是
死胡同）。这样，它们既是终点，也是通往其他场所的路径。

一点位于边缘，另一点则位于更中心的位置（图
8.3），同时还按照克里斯托弗·亚力山大的"生
活的庭院"模式来阐释（图8.4）。

如下文继续讨论的，这还解释了我们为何
往往会高估"磁体"（或目的地）吸引人的力量。
大部分商店并没有足够的吸引力，必须相对于
现有的移动模式获得良好的定位。土地使用活
动仅仅加强／增强基本的移动方式。

1.2 空间结构

比尔·希利尔（Hillier & Hanson, 1984；
Hillier, 1988, 1996；Hillier, 1993）
与伦敦大学学院空间句法实验室（www.
spacesyntax.com）的同事一起对移动（主
要但非仅指行人）和城市空间的配置之间的
关系进行了广泛的研究和理论化，并在此后
研究了行人密度和土地使用之间的关系。希
利尔的经验主义研究为他的理念提供了支持，
即移动密度可以通过分析空间配置和城市网

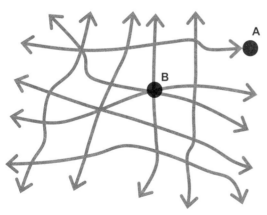

图8.3 移入与移出。A点仅仅是终点。B点是一个终点，
但也是通往其他地点的中间点。所有成功的商者都知道，
如果顾客已经在店外，相对于从A点将他们吸引过来更
为容易。同样地，让已经进入场所的顾客停留相比让他
们回到A点更容易。

格的结构进行准确预测。该分析流程涉及希利尔所称的"自然移动"——移动中由城市网格的结构而非特定吸引区或磁体土地使用的存在所确定的部分。他认为空间的配置，尤其是其对视觉渗透性的影响，是确定移动密度时最重要的部分。

他的理论被称为空间句法，以定量的方式衡量城市空间的关系属性（Hillier & Hanson，1984；Hillier，1996）：

"这些关系属性所依据的假设是更长的视线、更少的转向、更高的连接性和更高的从空间中每一点到达其他各点的能力正是我们所需要的。证据已经表明活动发生和展现这些积极属性的空间之间的积极关系。"

（Baran，2008：8）。

希利尔使用复杂的地图绘制和数学技巧，

图 8.5 罗滕堡的轴线图。在轴线图中，研究区域的平面是用轴线表示的，确保了所有凸空间都被联系在一起（也就是被"整合"）。对希利尔来说，直的或轴向的线是重要的，因为人们沿着线移动，并且，人们需要沿着直线看见自己能够到达什么地方。希利尔提醒到，长的线条趋向于以一个开阔的视角来看街道立面（即，暗示了更远的移动），而短的线条则趋向以接近直角的视角来看街道立面，于是降低了向该方向移动的潜在可能性。他指出，一般说来，土地使用模式沿着一条交通线路的改变较慢，但随着以大的角度转入其他线路时急剧改变。

其分析以城市区域空间配置的某些关键几何属性为基础。空间配置以一个轴向平面图表示，其中包括一系列通过"轴向"线条连接的"凸面"空间——最长的和最少的实现组合穿过区域内所有凸面（开放）空间（图 8.5）。这些线条可以被视为街道，但它们并非必须是街道。

在线条的网络中，需要为每条线计算两个句法属性：

● 其连接性——直接与其相连接的线路的数量。控制是连接性的一种变形，它衡量线路对其直接相邻线路的进入的控制程度，同时考虑到每一个此类相邻线路拥有的其他连接点的数量。一个高控制值表示该线路对于进入相邻线路十分重要（Baran，2008）。

● 其整合性——当我们需要从轴向地图上的每一条线路（街道）移动到每一条其他线条（街道）上时必须穿越的线路的数量。换言之，它表示我们可以更轻易地到达特定的线路。一条线路的整合值越高，到达它所需穿越的轴向线路的数量就越低。整合性往往通过"全局整合"（即从所有其他线路进入）和"局部整合"（即可由特定数量的线路进入）两方面来考虑。

整合值被视为自然移动的一个很好的预测因素——线路整合的程度越高，沿该线路的移动就越多；线路的整合程度越低，沿途的移动就越少（图 8.6a 和 b）。

迄今为止的研究主要集中于街道上活动的存在，研究发现高整合度的街道拥有较高数量的行人和汽车移动（Hillier & Hanson，1984；Peponis，1989；Hillier，1993；Hillier，1996b；Penn，1998；Read，1999）。如巴兰等人所述，空间的语法属性也用于解释犯罪发生、行人安全和空间认知的场所。

希利尔认为，由于自然移动对于城市样

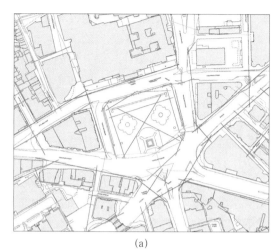
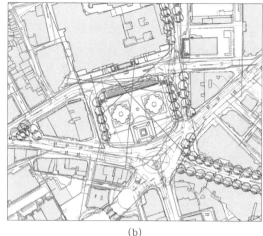

(a)   (b)

图 8.6a 和 b　空间句法（图片：空间句法实验室）。空间句法地图通过色彩显示空间使用频率的程度，红色代表使用频率最高，绿色代表使用频率最低。因此，红线体现最密集活动的路径，绿线代表最弱的路径。这两张图片显示了伦敦的 Trafalgar 广场在改进前后的空间句法分析。分析表明，经过改进，在空间的中心区域产生了更多的活动。

式演化和土地使用分布的影响，他的分析提供了移动密度的"逼真的功能性图画"。副产品概念也使希利尔能够解释土地使用的模式如何从自然移动的模式中产生，而不是如我们可能直观预期的，从其他方式中产生。希利尔认为，城市系统中的每一个行程都拥有三个要素：一个出发点、一个目的地和一系列沿途逐个穿越的空间（"副产品"）。无论所有出发点和目的地的具体位置，某些位置拥有产生比其他位置更多接触的潜力，因为它们拥有更多的副产品。因此，这些空间因穿越其中的移动而在空间配置中获得优先考虑，并且被选择作为"路过商业"土地用途的最佳位置。

希利尔承认空间配置工作和有关移动的特定土地用途之间可能发生混淆。他承认特定的土地用途可能吸引人们，但认为这具有一种乘数效应——用途无法改变线路的整合值。换言之，由于（自然）移动的模式和空间的样式在土地使用之前就已产生，因此土地使用仅仅是加强基本的移动模式或系统。希利尔（1996a）认为：

"正是这种以网格结构和移动之间的关系为基础的积极的反馈提升了城市的活力，我们更希望它保持浪漫或神秘，但其实它是由大量人的行为在某些地点上的重叠形成的，这些活动涉及了以不同的方式忙碌的人们。"

希利尔通过伦敦南岸的反面例子阐述了这一点。该地区建于 20 世纪 70 年代，是一个由现代主义巨型结构和隔离的人行道组成的区域。尽管（在当时）同时存在许多具有各种主要功能的小型区域，但几乎没有"城市活力"。希利尔将此归咎于空间的配置，它未能将不同的空间使用者——音乐会听众、画廊顾客、居民、办公室工作者等——集中到将相同的空间置于优先地位的不同的移动模式中。人群在移动穿过该区域时就像"在黑夜中航行的船舶"，使该区域丧失了不同的空间使用者相互"激发"的乘数效应。从那时起，许多高层走道被拆除，从根本上改变了剩余基准面行人路线的本地整合值。这种改变连同泰晤士河沿线新的跨河连接点一起，使该区域更好地整合到一个更广泛的移动模式中，帮助将该区域重新带回到生活中来。

对于希利尔的工作的批评意见通常采用两种主要的形式。第一个是有关将空间句法作为一种方法的较为技术性的批评（Ratti，2004；Steadman，2004；Hillier & Penn，2004）。例如，有人认为空间句法能够测量一种形式的"中心性"，但由于还存在另外的几种形式，这种方法是片面的（Porta & Latora，2008）；另外有些人则质疑轴向线路和视觉穿透性之间的关联。

第二组有关空间句法的批评意见与其似乎未能考虑人类能动性的现象相关。例如，卡思伯特（Cuthbert，2007）认为：

> "……希利尔和赫森的方法在本质上是属于结构主义的，这使得其在原则上根本非常不关心任何人类品质……它是一种以人类关系模式为依据的抽象行为，如此远离社会，因而使其在任何人类发展范畴中的适用性都必须受到严肃的质疑。尽管许多工作都拥有广泛的内容，但人们最终沦为在城市空间中四处游离的原子，在特性方面也是如此。"

虽然在本质上，移动首先在希利尔的系统中提出，但移动与特定的目的地没有关联。在实践中，移动的目的地通常与土地使用相关，而特定点之间的移动更可能适用于特定的土地使用（例如一座公共建筑物），而非其他原因（例如一座私人房屋）。但是，希利尔的论点是：无论在最初还是随时间推移后，移动的副产品远比任何特定的出发点或目的地更重要。尽管如此，当土地使用和移动的目的地混杂在一起时，配置和自然移动所具备的指导性和决定性作用仍然存有疑问。土地使用位置的改变可以改变移动的模式，而移动模式的改变随时间的推移将改变土地使用的模式。因此，这是一个双向互动的过程。

再回到伦敦南岸的例子（上文所述）上来，虽然通过综合设施的重新架设无疑改善了局部的整合，但该地区更大的活力可能还归因于其公共空间内事件的综合规划以及各种沿泰晤士河南岸的加入的全新的主动型文化。当土地使用和路线的改变随时间逐渐涌现，这也许就成了一种"因果难定"的情况。

空间句法促使城市设计师认真考虑空间配置、移动和土地使用之间的关系。它作为一种分析和设计工具被广泛使用，而在其使用背后的理论则继续获得希利尔和其他人员的继续发展。虽然希利尔的理论以有关人类及其行为的相当机械的观点为基础，但其预测与已观察到的移动模式存在高度的相互关联。尤其是，它提醒城市设计师连接性的重要性以及在城市区域的设计中考虑移动的总体需求（尤其是行人移动）。关键的信息是，联系良好的场所更可能鼓励步行移动并支持一系列有活力与生存能力的用途。

2 设计（更好的）"人性空间"

如第6章中所讨论的，"公共空间"是一个极为微妙的术语。但在这里，我们使用的是"人性空间"这一术语，而非公共空间。人性空间是指那些计划供人们使用的空间，通常通过自发的、日常的和非正式的方式使用一些空间设计用于为建筑物提供衬托或作为大型的表演或展示空间，作为国家或其他控制空间的权力和能力的表达。

2.1 成功的人性空间

成功的公共空间的特征是人类的存在，而且往往是在一个自我强化的过程中存在。它们通常具有生机和活力，及"城市活力"。雅各布斯（1961）认为，将人们带到街道上能够创造出生机和活力，并且将街道生活和复杂的街道芭蕾活动联系在一起：

"……我们可以别出心裁地称之为来自城市的艺术，并且将其与舞蹈相关联——不是那种每个人同时踢腿、按统一的方式旋转和全体鞠躬的头脑简单的标准动作舞蹈，而是一种复杂的芭蕾舞，在其中每个舞者和整体都扮演着一个独特的部分，神奇地相互加强并共同组成一个有序的整体。"

史蒂文斯（2007）使用相同的引用来总结他有关城市中表演的讨论。在史蒂文斯看来，表演性的行为在条件适当的时候暗示着所有年龄的人们都会参与的自发和富有创造性的行为："为理解和乐观地看待空间芭蕾的丰富性，我们需要关注舞台、关注道具、关注进场和出场，并且关注各种发现并参与这些空间机会的行为。"

在此方面，公共空间是本质上可自由决定的环境：人们必须选择前往并使用它们，而且可想象到能够通往任何其他空间。如果它们需要聚集人群并具备生机，它们就必须提供人们所希望和渴望的东西，而且在一个富有吸引力和安全的环境中提供这些东西。换言之，人们需要在心理上感觉足够舒适或具有参与感后才会希望停留并参与其中的活动。

《公共空间计划》（2000）指出了成功的场所应当具备的四个关键属性：舒适和形象；进入和连接；使用和活动；以及社会性（见表8.1）。

在蒙哥马利（1998）看来，成功场所的关键是它们的交易基础，该基础应当"尽可能复杂：……没有一个由不同水平和层级的经济活动构成的交易基础，将不可能创建一个良好的城市场所。"由于并非所有交易都是经济性的，城市区域和城市还必须为社会和文化交易提供空间。蒙哥马利列出了活力的众多关键指标：

● 主要土地使用中多样性的程度，包括住宅用途。

良好的场所的属性　　　　　　　　　　　　　　　　　　　　　　表 8.1

主要属性	内部非触摸式的要素		外部可衡量的要素
舒适性和意向	● 安全 ● 魅力 ● 历史 ● 吸引力 ● 精神	● 可坐的 ● 可步行的 ● 绿色 ● 洁净	● 犯罪统计 ● 洁净率 ● 建筑条件 ● 环境指数
进入与联系	● 可读性 ● 可步行 ● 可信任 ● 持续性	● 毗邻 ● 联系 ● 便利 ● 通达	● 交通数据 ● 模式区分 ● 转换功能 ● 步行活动 ● 停车使用类型
使用与活动	● 真实性 ● 可持续性 ● 特殊性 ● 独特性 ● 可支付性 ● 娱乐	● 活动 ● 使用 ● 庆典 ● 活力 ● 天生本质 ● 与生俱来的品质	● 财产价值 ● 租金等级 ● 土地使用类型 ● 零售商业 ● 当地商业所有权
社会性	● 合作 ● 邻里 ● 管理 ● 自豪 ● 欢迎	● 闲话 ● 多样性 ● 讲述故事 ● 友好性 ● 相互作用	● 街道生活 ● 社会网络 ● 晚上使用 ● 自愿 ● 女性、孩子、老人的数量

- 本地拥有的或独立商业的比例，尤其是商店。
- 开放时间的模式，以及傍晚和夜间活动的存在情况。
- 街道市场存在的大小和专业性。
- 电影院、剧院、酒吧、咖啡馆、小酒吧、餐厅和其他提供不同类型、价格和质量的服务的文化和集会场所的可用性。
- 空间的可用性，包括花园、广场和街角，使人们能够观赏文化节目等活动。
- 混合土地使用的模式，实现自我改善和小规模的物业投资。
- 不同单位大小和费用的物业的可用性。
- 新建筑中的创新和自信程度，提供各种建筑物类型、风格和设计。
- 存在积极的街道生活和积极的临街面。

尽管如此，不同的场所通过不同的方式获得生机。某些场所较为吵闹、繁忙和充满活力，通过人流和交通获得生机；另一些场所则较为安静，可能通过自然获得生机——树木中穿过的风，变化的云的形式，等等。

移动和活动

依照空间句法理论，基本的移动模式体现了一个位置中潜在的移动和活动。然而，这种潜力可能最终无法实现，因为空间缺乏吸引力或缺乏积极的临街面。因此，空间的设计方式能够以基本移动模式乘数的方式影响使用的密度。

如果一个空间在本地移动模式中所处的位置不利（即"位于人迹罕至的地区"），良好的使用设计并不会产生很大的影响，因为根本不可能实现良好的使用，除非在更大范围内发生变化——出现更高的使用密度或者移动网络发生变化，提高连接性并且／后者降低隔离性（即通过质量更好的连接或通过新建的连接，例如新的跨河大桥或拆除移动到某个场所的障碍）。

相反，如果空间在本地移动系统中拥有良好的位置，那么空间的升级和环境的改善可能对其使用密度产生重要的影响。例如，在许多城市中，机动车交通干涉并降低了行人移动的自由度。但是在现在各种实例中，空间配置未发生改变，但街道对汽车交通关闭，而仅对行人开放：在此之后，新的空间将有更多数量的行人更密集地使用。

因此，如果一个空间拥有良好的位置，那么良好的设计可以使其实现其此前尚未开发的潜力。实际上，设计的行为可以比喻为向一扇开启的大门推进（发掘场所隐藏的潜力）。因此，质量将影响使用的密度。在扬·盖尔有关必要的、可选择的和社会的活动以及它们与公共环境设计质量的关系的讨论中也提出了这一点（见框图8.1）。盖尔的根本观点是，设计产生不同（图8.7）。

连接性和视觉穿透性

尽管对于公共空间适当的形状和配置存在各种不同的审美观点（见第7章），但考虑设计特点如何支持使用和活动相关的功能性问题尤为重要。如上文所讨论的，我们可以在空间的宏观设计——空间与其外围地区的关系，包括进入其周围环境的线路以及与环境的连接和微观设计－空间本身的设计－之间进行适当的区分。

在宏观设计方面，希利尔认为各种与移动相关的功能性问题需要纳入考虑范围。他论述道，各种试图解释非正式公共空间在伦敦市内获得良好和不良使用的尝试如果未能突出移动的作用"将会非常不成功"：

> "……一些被交通包围的空间使用密度是邻近的没有交通的空间的数倍，外向的空间发挥的作用往往优于良好围合的空间，在最成功的空间中，有一些处于高层建筑物的阴影中。"

(Hillier，1996b：52)。

框图8.1 活动与设计质量

在建筑间的生活中，盖尔（1996）采取概论的方法分析设计与活动之间的关系。他认为，通过在一定范围内的设计——地区的、气候的与社会的层面——影响使用公共空间的人群数量、个人活动的长短以及开展活动的类型，这是可能的。

他认为将公共空间的室外活动可以简化为三种类型：

● 必要活动或多或少是强制性的（例如上学、工作、购物、等车等），作为参与者，他们没有选择，他们的发生率只是轻微地受到自然环境的影响。

● 选择性活动是如果时间和场所合适，他们愿意去做，例如，在新鲜空气中散步，在街边咖啡屋喝杯咖啡，观察人等。这样的活动仅仅发生在外部条件适宜的情况下，例如气候适宜。

● 社会活动取决于公共场所中他人的出现，例如会客与交谈，各种各样的交流活动（例如简单地看或听）。这些活动是自发发生的，间接地受到必要活动与选择性活动的支持。

盖尔争论的焦点是，当公共空间环境较差时，仅仅必要活动可能发生，当公共空间环境较好时，必要活动的发生率没有太大增长，虽然人们选择停留的时间更长，但是，更重要地，更多类型的选择性活动将会发生。

扬·盖尔的质量与使用关系图表

	自然环境的质量	
	不好	好
必要活动	●	●
选择性活动	·	⬤
由此产生的活动（社会活动）	·	●

希利尔认为，唯一与使用程度始终相关的变量是他称为"策略价值"的概念——实际上是一种测量空间视觉穿透性的尺度——它在空间句法理论中是所有穿过空间本地的线路的整合值的总和。他认为这具备直观的意义，因为如果那些停下脚步在公共空间中驻足的人参与的主要活动是观赏，那么"……邻近但不是实际位于移动主线路上的策略空间就是最佳的空间。"（图8.8）

希利尔认为，许多当代公共空间中的主要失误是设计师将空间中的围合感置于优先于对空间的视觉穿透性的位置。他的关键原则是，城市空间不应当太过围合。此外，除了不应当过度围合以外，公共空间在行人使用方面的关键品质应当是其"连通性"，或按希利尔的说法，整合性。希利尔认为，如果设计太过于局部化，自然移动模式将受到破

图8.7 设计含义（图片：马修·卡莫纳）。在工作场所禁止吸烟，因此在办公楼外吸烟的现象比较普遍。如果场所中没有考虑这方面的设计，吸烟人群的聚集将会影响步行路上的通行。有时，吸烟者将成群结队地躲在幕后。如果该场所考虑这方面的设计，会促使人群使用公共空间并发生吸烟的行为。设计意味着满足主要活动需求，同时也促使了偶然活动的发生。

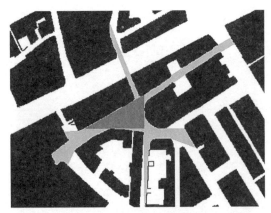

图8.8 视觉渗透性。如果一个形状所有的点可以被其他点在形状的内部看见，那么这个形状是凸的。连接内部任意两个点的线段都整个地包含在图形的里面。与此相关的是凸卵形，该形状由所有这样的点来定义，这些点可以被凸空间里的任意一点看见。由于视线被认为是影响移动的重要因素，凸卵形代表了一种机遇空间，身处其间的步行者能够看见并移动到那里。图表显示了格林——在阿伯丁市中心一个有历史意义但是没有被充分利用的空间——的凸元素（暗的底纹）和关键性的卵形（淡的底纹），虽然它和联合大街的主要人行大道很接近，却与之没有视觉的联系。

坏，而空间将出现使用不足的情况。

公共空间中的活动

由于成功的场所支持并促进人们的活动，因此它们的设计应当通过了解人们使用空间的方式获得更多的信息。培根（1992）认为，只有通过"无尽的行走"，设计师才能将真正的城市空间体验"吸收到他们的心中"；然而，如《公共空间计划》（PPS，2000）所提出的："当你观察一个空间时，你了解它实际的使用方式，而不是你认为它应当被使用的方式。"成功的设计师通常根据第一手的经验开发一套详细的有关人性空间的知识和敏感性。

在有关公共空间设计和使用的最佳评论意见中，有许多都是以第一手的观察为依据：雅柯布斯的《美国大城市的生与死》以对北美城市的观察为依据；盖尔的《建筑物之间的空间：使用公共空间》（1971）以对斯堪的纳维亚地区的观察为依据（见表8.2）；而怀

公共空间应提供 表8.2

保护	防止交通和避免事故的保护	预防暴力和犯罪的保护（安全感）	不良感受－经历的保护
舒适	交通事故 意外的担忧 其他意外	居住／使用 街道生活 街道观察 空间与时间的叠加功能	风／干旱 雨／雪 寒冷／酷热 污染 灰尘、光污染、噪声
愉悦	步行可能性	站立／停留可能性	就座的可能性
	可步行的空间 合理的街道布局 有趣的建筑立面 没有障碍 好的表面	具有吸引力的边界——"边界效应" 为停留设置的地点	就座分区 利益最大化——坐下休息的主要的和次要的可能性
	观看的可能性	听／说可能性	玩耍／活动可能性
	观看距离 不被遮挡的视线 有趣的视景 灯光（当夜黑时）	低噪声等级 座椅安排——"交流空间"	应邀参加体力活动，游戏，以及娱乐——白天与夜晚，夏季与冬季
欣赏	尺度	气候正面性的欣赏	美学质量／正面的感受体验
	建筑尺度 与感受、移动、尺寸和行为有关的重要的人体尺度	阳光—阴影 热／冷 微风／空气流通	好的设计与细节 景观／视景 树木、植物、水

来源：Adapted from Gehl（2008：108）

框图 8.2　小尺度城市空间的社会生活

威廉怀特的工作（怀特 1980,1988）对人们如何利用公共空间很感兴趣。使用纽约城市开放空间的照片，分析该城市刺激性分区政策的影响，怀特注意到许多人很少使用或对开发商建设的室外空间持否定态度。在 1980 年最先出版的专著《小尺度城市空间的社会生活》，作为基本性的书籍。在 1988 年出版了《城市：对中心区的再发现》，有关公共空间的项目从 1975 年开始研究（见 www.pps.org），采用录像的方式，分析空间演变的类型和过程。

Bryant Park，纽约（图片：马修·卡莫纳）。良好限定的空间和可移动的座椅。

怀特认为峰值低使用时间内更好地判定人们的喜好。当场所拥挤时，人们选择的场所更多出于非自愿。一些公共空间空置，但其他空间被持续使用。他也发现，大部分的公共空间都具备具有明显边界的附属空间——通常位于边缘——人们愿意在那里聚集或会面。他注意到，通常情况下，女性在空间使用上受到歧视。

扬·盖尔的空间质量与空间使用关系图表以及空间使用女性比例低通常表明一些事情受到忽视。女性相比男性更需要空间的私密性，倾向于更多的休息与停留空间。

社会友好性空间通常包括以下特征：

● 区位好，位于繁忙的交通路线旁，环境与视觉可达性好；
● 街道是社会空间的一部分——通过使用护栏和围墙将空间划分出来，将减少它的使用；
● 路面分层——较高或较低的路面将影响它的使用；
● 休憩空间——包括明确的座椅、座位以及附属物（台阶、矮墙等）；
● 移动性座位，获得多种选择、可交流的和个性的空间。
● 影响较弱的因素包括太阳光照射、美学元素（决定人们如何使用空间），空间的形态与尺寸。

特（Whyte）的《小型城市空间的社会生活》（1980）以对纽约的观察为依据（见框图 8.2）。该学说中更近期的文献包括马库斯和萨尔基相（Sarkissian）的《以人为重的住房》（1986）、《公共空间计划》中的《如何扭转一个场所：创建成功公共场所手册》（1999）以及史蒂文斯的《顽皮的城市》（2007）。

卡尔等人（1992）综合了各种有关公共空间使用和设计的研究和理念，认为除了具有意义——使人们能够在场所、他们的个人生活以及更大的世界之间建立强势的联系（见第 5 章）和民主——保护使用者群体的权利，可由所有群体进入并且提供行动的自由（见第 6 章）以外，公共空间还应当具有响应性——即经过设计和管理以满足其使用者的需求。

他们提出了人们希望在公共空间中获得满足的五项主要的需求：

（1）舒适

舒适是成功的公共空间的一个先决条件。人们在公共空间中停留的时间长短取决于舒适度，同时也是舒适度的指标。舒适感包括环境因素（对太阳和风雨等遮蔽）；身体舒适（舒适的和充分的座椅等）以及社会和心理的舒适（空间的特性和环境）（图 8.9）。卡尔等人认为这是"……一个深层次的普遍的需求，延伸到人们在公共场所中的体验中。它是一种安全感，一种我们的人身和拥有感不易受到伤害的感觉。"如果人们无法看到或进入一个空间，就可能产生有关安全的担忧，这种

图 8.9 Gradynia, 波兰 (图片: 马修·卡莫纳)。不是选择背向步行的人流, 而是选择面对着人流坐着。

图 8.10 和 8.11 被动的参与 (图片: 马修·卡莫纳与斯蒂文·蒂斯迪尔)。产生有利的位置 (例如台阶、阳台、较高的台阶上) 允许观察者观察行人且避免视线接触。

担忧进而将损害舒适度。舒适度还可以通过环境的设计或管理策略提升 (见第 6 章)。

(2) 放松

心理舒适感是放松的先决条件, 但放松是一种更为全面的状态, "身体和精神均保持放松" (Carr, 1992)。放松往往包括从直接环境中的暂时脱离或对比。在城市环境中, 自然元素——树木、绿色植物和水景, 以及与机动车交通的隔离有助于加强对比, 使人们更容易实现放松。但是, 帮助空间成为庇护所的特点也可能阻碍视觉的穿透性, 产生安全问题并阻碍人们对空间的使用。同样地, 在占用率偏低的时候, 交通流量的隔离可能增加有关安全和保证的担忧。但是, 如设计的所有方面一样, 必须实现一个平衡的整体。

(3) 被动参与

尽管对环境的被动参与可能产生放松感, 但它还涉及 "……对不期而遇的场景的需要, 虽然它不会转变成主动参与。" (Carr, 1992)。被动参与的主要形式是人们观望。例如, 怀特 (1980) 认为, 吸引人们的是其他的人员以及他们所带来的生活和活动。最常使用的座位场所通常靠近步行路线 (图 8.10 ~ 8.11)。例如, 街边咖啡馆为人群观望以及其他形式的被动参与提供机会和借口, 公共空间中的喷泉、公共艺术、居高临下的视角以及其中发生的活动都是如此, 从正式的午餐时间、户外音乐会到非正式的街道娱乐 (图 8.12 ~ 8.13)。

(4) 主动参与

主动参与代表了与场所和场所内的人们更为直接的体验。卡尔等人 (1992) 指出, 尽管有些人能够通过观察他人中获得足够的满意度, 但其他人则希望更为直接的接触, 无论是与朋友、家人还是陌生人。人们的简单接近并不意味着相互作用的自然产生 - 怀特（1980）认为公共空间并非理想的"结识生人"的场所，而且即使在最有利于社交的情况下，也"不会存在太多的交往"。尽管如此，人们在时间和空间上的相遇提供了接触和社会互动的机会（情境支持）。

在讨论设计如何为互动提供支持时，盖尔（1996）提出了独处和共处之间"多样化的过渡形式"，并且提议了一个"交往密度"的等级，从"亲密的友谊"到"朋友"、"相识"、"偶尔联系的人"和"被动联系人"。如果在空间中，建筑物之间缺乏活动，那么这种交往等级较低的一端也将消失："隔离和接触之间的界限变得更加明显——人们独处或者在一个严格的水平上与他人在一起。"

成功的人性空间为各种不同程度的参与提供了机会，并且也提供了脱离或退出接触的机会。设计可以创建或抑制这种接触的机会。公共空间中异常的特点或发生的事件，例如演艺人员或设计特点的配置，能够产生怀特（1980）所说的"三角测量"："……通过这个过程，一些外部刺激因素在人们之间提供一种联系，并且提示陌生人与其他陌生人交谈，如同他们相互认识。"不同的元素——长椅、电话、喷泉、雕塑、咖啡车——可以按照更有利于（或不利于）社会互动的方式排列（图8.14）。《公共空间计划》（2000）观察了当存在某些兴趣点时三角关系如何自发产生，例如由艺术家对实物大小的玻璃纤维奶牛（芝加哥，1999）或小猪（西雅图，2001）上色并设置在接头作为公共艺术："这些奶牛创造了一个借口，使原本相互不认识的人们能够开始相互交谈。"（图8.15）。

"游戏"拥有无数的形式，是主动参与的一个重要部分。史蒂文斯（2007）认为游戏行为的存在是场所质量的一个良好的指示，他指出，游戏可能要求环境"……对于场景更具吸引力，更无序并且更充满风险"。在史

图8.12和8.13　积极地参与（图片：马修·卡莫纳）。街道娱乐促进公共空间活力的产生。

图8.14　市政广场，波士顿，美国（图片：史蒂文·蒂斯迪尔）。一些公共空间的设计妨碍了市民的使用。

图8.15 Crown Funtain，千禧年公园，芝加哥（艺术家：Jaume Plesna）（图片：马修·卡莫纳）。公共艺术有助于三角形交往空间的形成——提供人们相互间的联系，促进陌生人之间的交流。

图8.16和8.17 公共空间里的娱乐（图片：马修·卡莫纳）。

蒂文斯看来，城市环境中更高的密度和更高的多样性、复杂性甚至无序性能够实现更高的游戏可能性，帮助通过对空间使用者提出情感上的挑战刺激这种行为。

在此方面，史蒂文斯（2007）对林奇的五个元素提供了一个有用的对应物（见第5章）。他认为，林奇的元素中有三个在寻找路径的实用认知和多元化的且无规划的游戏活动中具有双重作用——路径、节点（交叉点）和边缘（界限）。他指出这些元素在物理、感知和心理方面都是至关重要的，而林奇的其他元素——地区和路标——则在超出路径查找的空间体验中具有非常有限的作用。作为代替，他另外指出了两项对于游戏非常重要的元素：

- 道具包括一系列小型的设施组成部分，例如公共艺术作品、游戏设备和街道家具，放置于公共空间中，满足审美和功能需求，但同时还提供一种催化剂的作用，刺激游戏行为：与雕塑合影或爬上雕塑；躲闪从喷泉中喷出的水；或者在矮桩上蛙跳等（图8.16和8.17）。

- 门槛代表内部和外部之间的过渡点，一个聚集注意力和引导移动的场所：门口、柱廊、门廊和楼道等。它们都是人们集会和互动的场所，刺激各种游戏行为："通过对涉及道具和门槛的游戏行为的观察，可以揭示感知、记忆、意图、象征、人体、行为和空间形式间的各种相互关系。"（Stevens，2007）。

（5）发现

"发现"代表了对于新体验的期望，取决于多样性和变化。变化可能由于"时间的推移"和季节的轮回而发生（见第9章）。它还可能涉及那些负责管理和活化公共空间的人员做出的更为故意的跨越各种事件和场所的行为，例如，通过涉及午餐音乐会、艺术展览、街道剧场、现场音乐和节日、游行、市场、集市、社会活动、贸易促销等的文化活力计划。这些计划可以是年度活动，例如爱丁堡节日、伦敦诺丁山狂欢节或新奥尔良的狂欢节等，也可以是特殊的一次性活动和庆典。同样地，作为对于日常和预期事件的突破，对于发现的期望也可以通过对新地点的旅游和旅行获得满足。

鉴于公共空间中过度计划的事件可能出现内容匮乏的现象，可能要求一定程度的不可预测性，甚至是危险，无论是真实的还是想象的。如麦加尔（Hajer）和雷恩多普（2001）所指出的：

> "新的公共领域不仅出现于城市中通常的场所，而且还往往在各种空间之间或周围发展……这些场所往往具有"阈限空间"的特征：它们跨越边界，城市领域中不同的居民世界在此相互接触。"

他们为"阈限性"这一理念引用了大量的支持者（Sennett，1990；Shields，1991；Zukin，1991，1995；Lovatt & O'Connor，1995）。这一概念是指在日常生活和外部"一般"规则的间隙中形成的空间，不同的文化在此汇聚和互动——这些支持者以不同方式论述此类空间，将分散的活动、占用者和特征聚拢到一起，创造出宝贵的交流和连接。沃波尔（Worpole）和诺克斯（2007）将此类空间称为"宽松的"空间，认为它们应当采用较为轻松的手法进行监管。他们认为，城市区域中需要一些场所，某些在其他环境下可能被视为反社会的行为在此获得许可。

弗兰克和史蒂文斯（2007）围绕空间的"宽松性"和"紧密性"开发出一套类型学，他们认为是"……从空间的一系列形态的和社会的特点中涌现的相关条件。"宽松的空间是可调节的和没有限制的，并且可用于各种功能，无论是临时的还是有计划的。相比之

下，紧密的空间则是固定的、形态上受限制的或在其中可进行的活动类型方面受到控制的。他们认为，尽管这些品质是可调节的和相对的，从紧密的到宽松的空间类型连续存在，但新类型的公共空间（见第6章）往往在性质上比过去更具限制性，而且缺少将引起人们发现和再发现的宽松环境的未计划的活动类型。

（6）展示

公共空间还满足第六项需求，即展示。按照其定义，在任何公共空间中，我们都是处于展示中：我们在公共空间中的外表、着装和行为不仅代表了一种展示，而且还可能对于我们的认同感和归属感也十分重要。我们可以有目的地通过着装保持自己不为人注意或相对不引人注意，或者也可以以不同的姿态从人群中凸显出来，或者定义我们与特定群体的关联感（并且可能因此产生对那个群体的归属感）。青少年和其他年轻人在着装风格上有明显的不同，以表明他们属于特定的社会群体，或者仅仅表明他们与主流人群的不同。其他社会群体以其他可能稍显低调的方式发出他们的差异信号，例如，通过显示夸耀性消费的服装（如通过特定的服装标签或通过购物袋）。这些活动和行为形成了对公共空间其他使用者的展示。

公共空间的设计和管理往往需要迎合这些需求，同时还应当处理它们之间的任何冲突。与舒适的、有序的和受控制的空间不同，为了更好地支持主动参与、游戏和发现，空间可能需要允许自发性和无脚本的、未经计划的活动。虽然史蒂文斯承认行为不能始终被预测和设计，但他认为通过为全面场所营造的城市设计，能够产生机会、发现、多样化和风险的可能性，并因此能够更好地促成游戏。

弗兰克和史蒂文斯（2006）认为，此类

图 8.18 公共空间里的公共生活——Paddington，伦敦（图片：马修·卡莫纳）。

图 8.19 Post Office 广场，芝加哥（图片：马修·卡莫纳）。该雕塑提供空间里的焦点和空间的视觉完整性——想象如果没有它的空间效果，人们将很难参与。

空间应当以宽松的手法进行监管，并且应当允许各种未经计划的、未编制的、未调节的和即兴创作的使用。他们认为，城市区域需要一些场所，某些在其他环境下可能被视为反社会的行为在这些场所中能够获得许可。由于它们的"边缘"性质，这些活动往往被归入较为主流的活动回避的地点和空间，进而帮助证明了这些场所以及这些场所被发现的场所环境存在的理由。

此类公共空间糟糕的环境状态是未能就谁应当负责这些空间的管理进行澄清而导致的结果。因此，它们往往被忽视。海耶尔和

雷多普（2001）认为应当对它们给予更多的关注。在欧洲，此类空间提供的机会已经引发了一场专门通过临时和替换的用途为此类场所重新补充人口的移动。作为先驱者，《城市催化剂》认为欧洲各地的许多实例"……证明由于去工业化、基础设施的遗弃或政治错误等所导致的被遗弃的场所……代表了近期所有欧洲城市的城市结构中一个共有的部分。"（Oswalt，2007）。他们认为临时用途能够在这些地点获得繁荣发展，而传统的规划和设计流程则往往会遭遇失败。这种经验强调了一个关键的论点－环境仅仅是场所营造中的一个元素，即使在环境上最不具前途的空间内，也可能形成并孕育不同类型的社会场所（图 8.18）。

2.2 边界的设计

成功的人性空间的微观设计和使用可以从"中心"和"边缘"两方面来考虑。亚历山大等人（1977）认为，一个"……没有中间层的"公共场所"很可能将仍然保持空洞。"他们建议在

> "……跨越一个公共广场的自然路径之间……在中间选择一些可以大致供人立足的东西：喷泉、树木、雕塑、带座椅的钟楼、风车、音乐台……就将决定其落下的位置的去留，在路径之间；抵制将其放置于中间位置的冲动……"
>
> （Alexander，1977）。

除了提供一种认同感和特征以外，这些特点还可以为三角测量提供提示（见上文）。

尽管中间的某些事物可以提供一个焦点和一种视觉完整感（图 8.19～8.20），但这是次要的，对于一个成功的场所而言，真正重要的是边缘的设计。亚历山大等人（1977）认为，公共广场的生命围绕其边缘自然形成，人们被这些边缘所吸引，而不是徘徊在开放

的区域："如果边缘失败，那么空间永远都不会生动……空间成为一个步行穿越的场所，而不是一个可以令人停留的场所。"他们建议，空间的边缘不应当被视为"没有厚度的线条或界面"，而应当将其视为"……一件"事物"、一个"场所"、一个带有体积的区域。"

作为对人们观望的支持，空间的边缘可以通过提供正式的（座椅、长椅等）和非正式的（层拱、柱基、矮墙、梯级等）场所供人们坐下休息等方式来实现（图8.21）。如果边缘所处的水平位置稍稍高于空间本身，并且部分获得防风雨保护（例如通过拱廊），那么对于人们观望的前景和潜力均获得提升。亚历山大等人（1977）认为，最吸引人的位置应当足够高以提供一个有利位置，但又应当足够低以便使用。

主动的临街面

临街面是指建筑物面向街道的方式。外立面可以经过设计使建筑物以隐喻的方式"向外伸展"至街道，面向公共空间提供"主动的"临街面，增加兴趣点、生机和活力。由于窗口和门户表明人们的存在，面向公共空间的门窗越多，临街面就越主动。在对公共领域和私人领域之间的界限概念化时，马丹尼波尔（2003）指出其面临两个方向：一方面它保护公共范畴不受私人占用；另一方面，它保护私人范畴不受公众的注视。然而，除了隔离私人和公共范畴以及相互保护以外，界限还发挥两者之间界面和沟通的作用。有时存在促进互动的期望（例如一排面向街道的商店），而在其他时候，则有限制互动的需要（例如警察署）。马丹尼波尔认为：

> "……界限越模糊和清晰，一个场所就显得越文明。当两个领域通过网格墙壁隔离时，互动的线路就变得枯燥无味，沟通受到限制，并且其中的社会生活也越发的低劣。"

图8.20 云门，千禧年公园，芝加哥（艺术家：Anish Kapoor）（图片：Tim Health）。这个在千禧年公园安装的公共艺术设施带来了积极的参与活动。昵称为"蚕豆"，这件艺术作品提供空间活动的焦点，它附近的皇冠喷泉（Crown Fountain）也越来越受到人们的关注。

图8.21 主要的和次要的座椅选择（图片：马修·卡莫纳）。正式的座椅是那些为休憩的目的设计的空间。次要的座椅是提供休憩的可能但不是主要功能。非正式的休憩方式也经常被人们采用。

界面还需要经过设计以使各种室内的和"私密的"活动能够与各种室外的和"公共的"活动在紧密的环境接近中共存。例如，对建筑物内部的视角为经过的路人提供的兴趣点，而从建筑物内部向外的视角则可以"留意街道上的一举一动"，提高建筑物的安全性。通过门户／入口可以直接从公共空间看到正在进行的活动，而门户／入口的数量成为潜在街道生活和活动的一个很好的指标：密集程度越高，潜力就越大（见表8.3）。

实墙的临街面是活跃临街面的对立面。怀特（1988）对设计中存在的实墙壁表示指

	积极立面的尺度　　表 8.3	
等级 A	● 每 100 米中有超过 15 块房屋地基 ● 大范围的功能或土地用途 ● 每 100 米中有超过 25 道门和 25 扇窗 ● 没有实的立面，几乎没有消极的立面 ● 建筑表面有很多雕刻与浮雕 ● 高质量的建筑材料和精致的细部
等级 B	● 每 100 米有 10～15 块房屋地基 ● 每 100 米中超过 15 道门和 15 扇窗 ● 中等范围的功能或土地用途 ● 一面实的立面或者很少的消极立面 ● 建筑表面有一些雕刻和雕塑 ● 良好的建筑材料和精致的细部
等级 C	● 每 100 米有 6～10 座房屋地基 ● 一定范围的功能或土地用途 ● 少于一半的实墙面或消极的立面 ● 建筑表面几乎没有雕刻与雕塑 ● 标准的建筑材料，几乎没有细部
等级 D	● 每 100 米只有 3～5 块房屋地基 ● 几乎没有一个功能或土地用途的范围 ● 实的立面或消极的立面占主导地位 ● 平板的建筑表面 ● 几乎没有细部
等级 E	● 每 100 米 1～2 块房屋地基 ● 没有一个功能或土地用途的范围 ● 实墙立面或消极的立面占主导地位 ● 平板的建筑表面 ● 无细部，没有东西可看

来源：摘自卢埃林·戴维斯（2000）

图 8.22　第 16 街，丹佛，美国（图片：史蒂文·蒂斯迪尔）。虽然居住区带给市中心活力和人气，这种发展对周边公共空间的使用带来重要影响。在这个例子里，地面的停车区域提供街道的边界，由于提供街道一个实墙的立面，停车设置对城市中心区带来负面的影响。这种发展将削弱空间的活动、活力、安全感。

图 8.23　东伦敦，英国（图片：马修·卡莫纳）。在面向街道的一侧的墙体没有窗户，这座建筑成为涂鸦的主要目标。

责，他感觉这正在成为美国城市的一个主导性的城镇景观特点："它们宣告了对所处的城市街道和可能身处其中的不受欢迎者的不信任。"尽管有人可能会提供一个"技术性的解释"（例如，对一个协调的照度水平的需要），但这很少能够成为真正的原因——实墙壁本身就是一个终结："它们宣布了机构的权力，个人的渺小，她们对于个人来说如果说不是胁迫，那也是明显的压制。"实墙面的临街面不仅使街道的那个部分了无生机，而且还打破了对于街道其他部分至关重要的体验的连续性（图 8.22～8.23）。

有关活跃的和实墙的外立面的问题也成为住宅设计中的特点。在对美国的住宅设计分析时，索思沃思和欧文斯（1993）指出了车库如何在作用和位置上取代了门廊的地位，这种转变凸显了社会变革，并且体现了汽车在住宅环境设计中的主导地位。门廊为人体尺度的街道做出了功能性的贡献，标志了入口并行使入口的功能。相比之下，车库则是通向地块后部的一个小小的结构，逐渐转移到一个紧邻房屋的显著的位置。在这个过程中，它从单一车位逐渐扩展至两个甚至三个车位。随着地块变窄，车库移动到房屋的正前方，成为主要的进入位置和主要的街景元素，并且取代了屋前的门廊。后者已完全消失。行人通过沿车库的一条狭窄的通道到达一个侧门并进入房屋。讽刺的是，索思沃思和欧文斯（1993）指出了某些居民已经开始利用他们的车库作为社交空间，在车库内配上草坪躺椅、收音机和电视机，并且以对待以前的前门廊相似的方式对待车库。但是，与老式的前门廊不同的是，只有当车库门开启时，这些"人文"品质才得以传递；当关闭时，它就成为一个死气沉沉的外立面（图8.24a和b）。

对于更具有生机的人性空间，围绕空间的建筑物的公共边缘应当迎合各种活动的需要，这些活动既从与公共领域的互动中受益，又为空间的活力做出贡献。麦科马克（MacCormac，1983）如此讨论街道的"渗透性"属性——建筑物内部的活动透露出来并融入充满生活和活动的街道的方式。某些土地使用与街道上的人们几乎没有关系；而另一些则涉及这些人们并需要他们的参与。

麦科马克将不同土地使用所产生的活动定性为其"交互影响性的"品质，对"当地交互"和"外来交互"进行区分。当地交互是指针对场所，对变化敏感具有活跃的表现，对街道生活和主动的临街面产生重要影响。外来交互则可以在任何地方存在，因为它们以地区或全国的规模进行，而且对于街道生活几乎没有什么影响，因为这些活动在本质上已经内在化。

从这一点出发，麦科马克（1983）确立了一系列支持活跃的公共领域的使用谱系。

(a)

(b)

图8.24a和b 街道景观里的车库（图片：史蒂文·蒂斯迪尔）。车库大门成为许多住宅形成街道景观的主要特征，也是居民进入和离开住所的主要出口。新城市主义者在确定前面门廊重要的同时，也肯定了位于后面的车库的重要性。除了门廊在功能上形成主要入口，也是公共与私密空间的转换点外，门廊只是一种符号表达。

在存在较大互动的一端是街道市场；餐厅、咖啡馆、酒吧以及小酒吧；住房；小型办公室和商店；以及小型工业。在另一端则是停车场；仓库；大型工业；大型办公室；公寓楼；以及超级市场（图8.25）。这并非暗示某些用途是不必要的或在城市区域内没有适当的场所，而是仅仅指它们鲜有资格成为关键的街道和公共空间临街面。为确保更为繁忙和更有生机的空间，更具互动性的用途必须与它们相邻（图8.26a和b）。

图 8.25 街道市场提供一系列的密集的当地交往空间——Den Bosch，荷兰（图片：Willie Miller）

提供任何与外部公众相关的活动感。在传统的城市环境中，对街道生活几乎没有什么贡献的大型建筑物——例如法院、教堂、剧院等，往往嵌入到城市结构中，在临街面上的出现极为有限，从而让出空间给那些能够与街道更好地进行沟通的用途（MacCormac，1987）（图 8.27）。

这种传统的开发模式表明了把外来交互融入城市环境的方式，例如"仓储式"零售开发项目，往往孤立存在，并且采用"毫无生气的"临街面，不会给当地的街道生活带来死寂效果：把外来交互的东西放在内核，当地交互的则布置在外围（图 8.28）。对于办公大楼而言，把活跃的用途布置在地面层可以克服它们给街道带来的死寂效果。

在美国，已经开发出一整套实用的惯例，依照这些惯例，较大型的单一用途建筑物——

带有单一入口的大型建筑物可能对街道产生特别沉闷的影响。在许多城市环境中，大型公司和办公楼已经侵占了小商贩的地盘，占据了街面上显要的位置（或其他优质的空间如滨水位置），它们在这些位置上几乎不

图 8.26　内部的和外部交流的影响（图片：马修·卡莫纳）。同一街道两侧体现一侧受外部影响，另一侧受内部影响。

图 8.27 Coliseum 剧院,伦敦 (图片:史蒂文·蒂斯迪尔)。
尽管伦敦的大竞技场剧院是一个外来交互性的建筑,但
是它被镶嵌在街区的内部并部分地被当地交互性的建筑
在周边围绕,从而避免了给当地的街道生活带来死寂的
效果。外来交互性的建筑通过天际线来展示标志性的形
象,获得了当地的标志性外观。虽然剧院是外来的,但
是临街面、票房和吧台都是当地的,这对街道边界是有
利的。

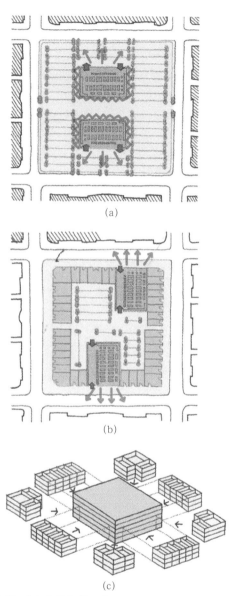

仓储式零售商场、百货商场、电影院等,完
全或部分包裹在成为"内衬"的建筑物中
(Mouzon),"……一座相对进深较浅的建筑
物隐藏了一座较大型的外观上缺乏兴趣点的
结构,例如停车场、电影院综合设施或仓储
式商场。"内衬建筑物在地面层包含零售和小
型商业,而在上层则包含办公室或住宅单位。
在进深方面具有较浅的占地面积(6～12米;
20～40英尺),而且往往是单一用途的,尽
管有时它们会从仓储式商场上分离,并且在
中间有一条维护通道,而仓储式单位可以从
后部进行维护。占地进深较浅通常就意味着
零售单位被独立的而非连锁的零售商所占用,
并因此而增加了零售项目的多样性(图8.29)。

图 8.28 "大盒子"的零售 (图片:Llewelyn-Davies,
2001)。这些图片显示设计大盒子式的零售建筑:(a) 如
果大盒子的顶棚下面都被停车区所包围,那么潜在活跃
的临街面就呈现给停泊的小汽车,后立面被暴露出来,
街景也被破坏了;(b) 通过把购物层旋转 90°,把建筑
插入一个周边式的街区,入口从两侧进入,这样同时可以
创造活跃的街面;(c) 为了创造活跃的临街面,大盒子可
以被更小的单位所围绕 (来源:Llewelyn-Davies,2000)。
难点在于大盒子式的零售建筑与小尺度的零售单位之间
的不和谐。因为存在着大盒子建筑带来的经济影响 (正
面的或负面的),这种设计将带来"城市伪装"。

图 8.29 与大盒子建筑开发的融合—宾夕法尼亚（图片：马修·卡莫纳）。在这个案例中，一座大型的方盒子停车场被周边的单一性住房所围绕，使街道景观变得生动。

2.3 社会性与私密性

公共空间网络的边界在公共领域和私人领域之间提供了一个界面，需要同时促进互动并保护隐私。迈达尼普尔（2003）认为这一角色在本质上是模棱两可的，因为边界同时是公共范畴和私人范畴的一部分，既由这两个范畴定形，又形成这两个范畴，而且帮助定义两者之间的权力关系：

> "……两个相邻物隔离的墙壁，无论是住所和街道还是城市和乡村，都存在于法律和社会概念的核心中。因此，城市建筑物在部分上是一种设定界限的行为，再次细分空间并创造新的功能和意义，在两者之间确立新的关系。"

（Madanipour, 2003）。

他指出，已经有各种机制——柱廊、门廊、半公共的门户、门厅、精致的外立面以及庭院等，被用于促进公共和私人之间的沟通，同时保持它们独特的作用（见第7章）。良好城市主义的一个核心挑战就是在两者之间寻找到平衡。

如第4章所讨论的，依据对于公共／私人界面的理解，公共"正面"应当面向其他正面或面向公共空间，而私人"背面"则应当面向私人空间和其他背面。如果一致采用这样的策略，可以减少对实墙面的需要（即私人用途正面面向公共空间的情况）——周边街区系统通常可以提供这种区分。

在城市设计方面，隐私通常通过对（个人或群体）进入的选择性控制和互动（尤其是不受欢迎的互动）两方面来定义。对于隐私和互动的需求根据个人而不同，并且与个性、生命阶段等等相关，而且跨越不同的文化和社会。在许多东方文化中，有关隐私的关注往往成为城市区域一个重要的结构因素。

尽管如此，隐私仍然是一个复杂且多面化的概念。例如，韦斯廷（Westin, 1967, Mazumdar, 2000）对四种类型做出了区分："独处"（单独存在）；"亲密"（只有少数人员本身才不受干扰）；"匿名"（能够在不被识别身份或无需负责的情况下与他人互动）；以及"保留"（能够限定有关本人的沟通）。马祖达另外还增加了三种类型："隐退"（避开并难以找到）；"不相邻"（即避免与邻居接触）；以及"隔离"（远离其他人）。在这些隐私类型中，有一些以物理上的距离为依据，而另一些则以对互动的控制为依据，但可能要求不同的设计响应。

隐私可以通过许多不同的方式实现，其中可能包括行为的／管理的机制，其中的策略可以涉及物理的距离或使用声音或视觉的"屏蔽"。建成形式通过两种方式对私密性产生影响："障碍物"或"过滤器"，它们可以控制私密或交往。在功能性方面，隐私通常可以从"听觉的"和"视觉的"隐私两方面来讨论。

视觉隐私

有关视觉隐私的问题通常与公共领域和私人领域之间的界面相关，尤其是与这两个领域之间的实体和视觉穿透性相关。其中存在的不仅仅是隐私／无隐私的二元性，而是一系列因素需求。例如，切尔马耶夫（Chermayeff）和亚历山大（1963）认为"……为了兼顾私密性和社区生活的好处，需要对城市生活进行全新剖析，它由只有明确预期领域的很多层次组成。"

设计师必须促成各个隐私领域的要求，同时实现这些要求和机会之间的平衡以实现互动。在室内空间，隐私等级通常决定了房间位置的结构，从最具可达性的公共空间，例如入口大厅，到最不具可达性的和最隐私的空间（如卧室和浴室）——这种顺序也与户外公共空间和进入住所的途径相关（图8.30）。事实上，迈达尼普尔（2003）将整个城市体验看成从个体的个人空间，到家庭和私有财产的专有隐私空间，到具有社会性的与邻居的人际和共同空间，再到共同世界的结构性和非个人空间。

公共领域和私人领域之间往往较受欢迎的界面不是一个硬邦邦的不可穿越的界面，而是一个较为柔软且更易渗透的界面。私人空间中的活动并非都是同等私密的，而较软质的可渗透界面可以创造重要的间隙性或过渡性空间（例如可以从外部看到内部活动的街边咖啡馆或带有走廊的住所）。视觉穿透性可以丰富公共领域，但也可能造成重要的公共／私人区分发生混淆。因此，公共／私人界面的渗透性应当由私人使用者控制。在实践中，往往缺失必要的控制程度。设计师并没有赋予使用者通过可调节的过滤器选择他们希望的隐私程度的能力，而是代替他们做出决定，采用永久的物理和视觉障碍。

从整个开发项目来看，在确保隐私时对"住宅间距"标准的不灵活使用可能导致受管制的和单调的布局以及相关土地占用率的低密度（Carmona，2001）。因此，设计师应当平衡距离和设计策略之间的关系。

图8.30　私密性梯度（图片：Bentley，1999）。保持积极的私密性梯度，尊重公共性／私密性区别。

听觉隐私

不受欢迎的声音－通常被称为"噪声"－可能妨碍并侵扰我们的隐私和活动。噪声是一种"不受欢迎的"声音，但它还产生了噪声不受谁欢迎的问题：不受某个人欢迎的声音可能是另一个人的音乐。"声音舒适度"不仅取决于其分贝，而且还取决于其音高、来源以及对其拥有控制权的聆听者对其的感知程度（Lang，1994）。噪声干扰还具有一个临时的维度：相同类型和水平的噪声在一天或一周的某些时候更容易为人所接受，而在其他时候则不容易为人接受。尽管人们适应于极其嘈杂的环境，声音污染仍然是个越来越受人关注的问题。

格拉斯和辛格（1972，Krupat，1985）发现决定噪声是否属于侵扰性质的因素并非噪声的物理特性，而是噪声发生所在的社会和认知环境。此外，心理的后遗症而非人们对噪声的难以适应才是噪声引发问题的主要来源。例如，研究表明持续暴露在背景噪声中，例如在一个相对嘈杂的邻里中，可能导致儿童血压升高、心率加快和压力增加等问题，不易成长，并且导致"学习能力低下症"（Evans，2001）。

设计策略可以抵抗噪声的滋扰。通常情况下，可以在产生噪声的活动——咖啡厅、酒吧、夜总会、交通、街道娱乐、扩音音乐等——和噪声敏感的使用（主要是家庭和其他住宅用途）之间进行广泛的区分（Tiesdell & Slater，2006）。我们可以采用各种措施，包括物理距离、隔声以及／或者通过屏蔽和障碍物，防止或减少噪声的"爆发"，并且／或者将其与噪声敏感的使用隔离。在建筑物内部，噪声敏感的用途和活动可以安排在远离噪声源的位置。由于变化可能无法预知并且不可能得到控制，应当采取必要的预防性原则以确保从一开始就为噪声敏感使用提供适当的隔离。因为在很多情况下，在物理上远离噪声源并不可行，因此其他主要的阻隔声音途径的方式是实体屏蔽（即实体围栏）或土堤。树木和绿化带的隔音效果几乎不起作用。

2.4 活力、混合与持续使用

在创造生动的和获得良好使用的公共领域时，一个关键的方面是不同土地使用和活动在空间上和时间上的集中。虽然曾作为现代主义规划的一个基本部分（见第2章），但功能性分区方法随着时间的推移已经使大量城市被单一功能区域所主导，而不是以前那个时期的那些更为精细的混合用途区域。这种方法因此而受到大量批评。

例如，雅各布斯（1961）认为城市邻里的活力取决于活动的交织重叠，要把多用途的结合与混杂看作是"本质现象"，才能理解城市。她还概述了在一座城市的街道和城区中产生"生机勃勃的多样性"必不可少的四个条件：

- 该地区必须具有一项以上的主要功能，最好是两项以上。
- 大部分街区长度必须短——街道多，转角频繁。
- 该地区必须混合了各种楼龄和状况的建筑物。

- 无论作为什么用途，必须有足够稠密的人口密度（Jacobs，1961）。

对于功能性分区政策以及许多战后规划和城市开发实践所产生的内容贫乏，一个主要的响应是有关土地混合使用的担心。但是该响应已经成为一个广为接受的，具备多重利益的城市设计目标。卢埃林·戴维斯（2000）指出了混合用途开发所具备的下列优势：

- 更方便进入设施；
- 将上班旅途的拥堵降至最低；
- 实现更多社会互动的机会；
- 社会多样化的社区；
- 更多目光关注街道获得更高的安全感；
- 更高的能源效率，对空间和建筑物更有效的利用；
- 消费者对于生活方式、地点和建筑物类型的更多选择；
- 更强的城市活力和街道生活；
- 更强的城市设施可行性和对小型商业的支持。

各区域可以采用以下任何一种或两种方式实现混合用途：通过拥有单一用途建筑物的混合或通过分别含有混合用途的建筑物（例如在店铺上层居住）（图8.31a和b以及8.32）。后者通常是首选方法。

存在问题的并非分区本身，而是分区的类型以及分区的应用方式。通过将"排他性"分区和"包容性"分区对比，克里尔（1990）阐述了对于分区的不同态度。在排他性分区中，"所有非必需的东西都被严格禁止"。这种类型的分区常常是为了分区而分区，成为例行的公式，除了满足一种被误导的秩序感之外，它没有真正的目的，在很大程度上只是一个区分不同土地用途与功能的没有疑问的机械过程。相比之下，在包容式分区中，"没有严格的禁止条件"，一切都是允许和鼓励的，对环境"有害的"或不相容的东西（坏邻居）

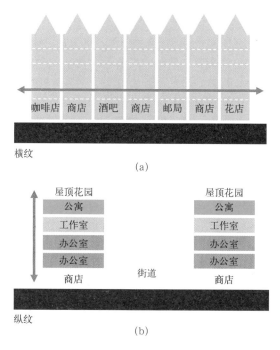

横纹

(a)

屋顶花园　　　　　屋顶花园

公寓		公寓
工作室		工作室
办公室		办公室
办公室		办公室

商店　　　　街道　　　　商店

纵纹

(b)

图 8.31 （a）水平的混合使用 （b）垂直的混合使用（来源：Montgomery 1998）。

才会被排除在外，原则上，不同的用途可以占据同一区域。

然而，对于功能性分区的批评意见并没有使分区机制失效，事实上，它可以通过不同的途径获得利用。克诺夫（Kropf，1996）认为，真正重要的不是定义由特定关系控制的区域的一般原则，而是分区条例的具体内容。一些评论人士建议将重心从用途转移到形式上（例如，从功能性分区转变为类型形态分区）。在过去的十年中，已经更明晰地采用了一种以形式为基础的准则（见第 4 章和第 11 章）。

在许多国家，虽然战后的功能性分区政策已经被摒弃，但思维模式则更为持久。此外，社会性的、制度性的、经济的和政治的保守主义以及种族歧视、市场分割、产品区分等利益矛盾形成了差别，再加上财产保护的需要，功能分区得到了支持和延续。在美

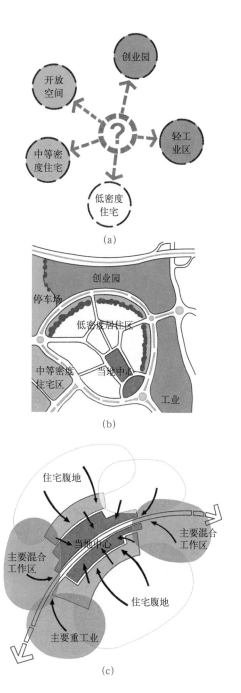

图 8.32 混合功能的设计（来源：摘自 Liewelyn，Davies，2000）。（a）如果所有潜在的"混合使用的元素"位于城市的边缘，它将削弱中心的地位。（b）地理上靠近，通过道路的划分，形成功能分区间的边界。（c）复杂的交织的功能，模糊功能使用上的界线会产生更生动的和可持续性的邻里。

国的许多地区,严格的隔离——曾经仅应用于不兼容的用途——现在被应用于每一种用途。典型的当代分区准则规定了 10 多种土地用途指标,产生了一个极端隔离的环境——无论在实体上还是社会意义上。这源自于许多当地业主的私利,以及对这种私利的迎合,但往往损害了场所的质量。

市场因素还可能导致单一功能的区域,因为所有开发商和业主都尽可能追求"最高和最好的"方式来开发利用他们的资产。当存在可以与主导用途共生的其他用途时,这种趋势就得以缓解,例如为一个社区提供服务的本地商店。在公共部门拥有足够权力的地方,公共部门可以进行干预,限制地块被开发成为一种用途,或者(并且)为其他用途保存一些地点(见第 11 章)。

尽管功能性分区策略和单一功能开发项目往往形成或加剧对汽车的依赖并且减少选择,混合用途开发项目通常能够提供步行机会,或者,至少提供旅行方式的选择,并因此更可持续。它们还提供更多生活方式选择。例如,杜埃尼等人(2000)认为,传统的邻里提供了一系列生活方式:我们可以居住在店铺的上层;在店铺的隔壁;距离店铺五分钟的路程;或者不靠近店铺的地方。相比之下,当代的城市郊区往往只提供一种生活方式:拥有一台小汽车并且买任何东西时都需要用到它。

尽管混合用途建筑物、开发项目和区域的原则获得了普遍的支持,但整个房地产行业、开发商以及一些业主直到最近才开始愿意在同一座建筑物内采用混合的用途。一些相互关联的因素可以为此提供解释:

- 开发原因——开发混合用途建筑物的额外资金(为了不同的消防需要)以及房地产业制度的结构,开发商往往更倾向于专门进行某个特定的开发类型(住宅或商业等)。
- 管理原因——出于不兼容或安全等原因,业主不希望同一座建筑物内存在其他使用者;在允许不同的使用者在相同的建筑物内存在时,由于不同的租赁要求或安全或环境健康要求而涉及额外的成本。
- 投资原因——不同的租赁期降低了开发项目的流动性和开发价值。

但是,市场的波动性为混合用途开发项目提供了一个合理的理由。主要办公场所的单位可能总是能够被完全出租,但在次要的办公物业地点,市场却具有较高的波动性,而且经济下滑带来的影响往往能够更强烈地被感觉到。这些地点内的建筑物中所有或部分单位可能定期发生空置,而且采用办公室和住宅的混合用途可以产生更好的整体回报,因为建筑物可以更方便地以住宅用途出租(尽管回报率较低)。因此,在不同的土地用途之间存在灵活性的混合用途建筑物能够分散空置的风险。

此外还可能存在物理的、法律的或财务的障碍,为了增加这种需求所需的成本,减少了在同一座建筑物内使用不同的土地用途。因此,我们所需要的是通过说服、监管或财务激励寻找适当的途径,提供或促成在建筑物内的混合用途。规划政策、总体规划或城市设计框架可能在开发项目中,甚至在建筑物中提出混合使用的要求。

虽然用途的混合可以通过市场行为自发产生,但是恰当地供给有活力的建筑与开发模式会在长时间内提升混合出现的可能性。如果没有供给,则不可能发生用途混合。因此,我们需要实现能够促进(而不是抑制)混合用途的设计(见第 9 章)。

在现有区域中创造用途混合往往涉及将住宅用途引进到非住宅区域(例如闹市区或市中心)或将非住宅用途引进到住宅区域(例

如郊区）。设计所面临的挑战是获得混合用途的协同效应和优势，同时又避免出现坏邻居状况。在对传统城市邻里的土地利用模式考察中，麦科马克（MacCormac，1987）指出了土地使用沿空间对称分布和沿街区不对称分布的趋势。这表明了一种将不同用途融合到一个区域内，同时降低负面或坏邻居效应的方法。例如，可以存在一个土地用途的梯度跨越一系列的街区，在直接相邻不兼容的用途之间则布置中间性的用途。

另一个有用的开发模式就是周边街区，它们可以通过许多不同的方式迎合混合用途的需求。例如，周边街区内的混合用途可以通过将受管理的工作空间或兼容的就业用途插入到腹地或街区内部，或者将小型住房引进到由办公室、车间或工作室组成的单一用途街区中，或者将住宅房屋引进到商业街区中等方式实现（《城市任务力量》1999；Llewelyn-Davies，2000；Komossa，2005）。

2.5 密度

足够的活动和人员密度往往被视为生机和活力以及创建可持续且可行的混合用途的先决条件。雅各布斯（1961）认为这种密度对于城市生活必不可少。她认为，纽约的格林威治村的密度为每公顷住宅土地拥有310～500家住户，这是最佳环境（1961）。英国的《城市任务力量》（1999）指出巴塞罗那——被称为"最紧凑和最具活力的欧洲城市"——拥有的平均密度为每公顷大约400家住户。

最近有关创建更可持续的和紧凑的城镇和城市的争论导致了对密度问题的重新关注，尤其是居住密度。提出的论点是紧凑型城市能够提供较高的生活质量，同时降低资源和能源的消耗。例如，在20世纪下半叶，实现比标准更高的密度在英国和美国被视为实现更可持续的环境的先决条件（见第2章）。卢埃林·戴维斯（2000）指出了更高开发密度的一系列优势：

- 社会的——通过鼓励积极的互动和多元化；改善社区服务的可行性和对其的使用；提供更多更好的综合社会住房。
- 经济的——通过提升开发项目的经济活力并提供基础设施的经济性（例如地下停车场）。
- 交通的——通过支持公共交通和减少私人汽车旅行和停车需求。
- 环境的——通过提高能源效率；减少资源消耗；创造更少污染；保护公共开放空间并帮助为其维护筹集资金；以及减少对开发土地的总体需求。

虽然目前鼓励更为紧凑和高密度的开发项目，但它往往与对于较低密度环境和基于汽车的机动性的社会文化偏好相冲突（Breheny，1995，1997）。因此，是否寻求更为集中的开发形式成为第3章所述的可持续城市设计原则所面临的最大挑战之一（见可持续性插入5）。

尽管对于低密度和更低密度的偏好和论证最初只是对于19世纪工业城市中存在条件的一个响应，但在20世纪期间，它成为一个独立的目标，并获得各种法规的支持。这些法规通过有效禁止较高密度的开发，实际上许可郊区的蔓延。在评论20世纪英国住房时，司考夫汉（1984）指出密度分区、道路宽度、视线、地下基础设施、街道规章以及日照角度等使建筑被建造得相隔越来越远。

尽管较高的密度有时被等同于质量低劣的环境，但原则上，高质量的城市设计可以以所有密度实现。但是，在较高的密度水平下，必须保护舒适度（尤其是隐私标准）并提供利于生活的环境。虽然有关高密度开发的预见可能引起担忧，但登比（Denby，1956）

可持续插入 5——集中

　　空间尺度上的集中(提高密度)被认为是可持续政策。但是,在提倡较高居住密度生活方式的同时,这种高密度开发将带来拥挤、污染以及可能的城市历史网格的破坏 (Hall, 1995)。同时,高密度的居住方式在短期内技术上是可持续的,但长期来说是不可持续的。家庭式的工作模式变得普遍,发展非污染性的交通系统,牺牲开放空间的代价以获得居住的高密度建设 (Davison, 1995)。

　　由零售产业发起的调查表明,一些新建成的零售中心将导致进入城镇中心的交通量减少,这样的开发越多,建设区相距越近,个人的交通量越少 (IMP 咨询公司, 1995)。

　　面对这些争论,布雷赫尼 (1992, 1992b) 认为城市容量政策应该被继续采纳,城市蔓延应放缓,共同振兴现有的市区,交通节点周围地区的密度加强,但是极端的紧凑型城市的建议是不合理的。关于紧凑城市的观点,杰克斯 (Jenks) 支持这一观点,认为可以支持城市生活和减少土地需要。现有城市紧缩现象广泛存在是没有说服力的。克拉克 (2009) 认为问题不在于密度本身,而是如何有效地使用土地。例如,减少让位于汽车停放的空间,可以增加街区容量50%,并将道路和停车场面积从40%减少到20%。这种观点在伦敦具有相当的影响力,城市住宅每公顷 35 ~ 40 栋建筑的最小密度值,可以通过公共交通可达性地图 (PTALs) 和相关的停车标准来确定。

　　紧凑的建筑形式,如梯田式在节能上更加明显,例如分离式的建筑(楼面面积与外部立面面积比值越高,能量的损失越低—Chalifoux in Farr 2008),而且所有的消费模式表明,住宅设计的形式越密集,由于家庭规模的差异、私人草坪和停车空间,能够减少住房的环境足迹 (Moos 2006)。

　　集中的城市形态的变化造成的影响可以通过 Newman 的研究表明,他的结论是,人口密度达到每公顷 100 人左右,中国城市将消耗交通能耗 2 亿焦耳。相比较,人口密度为每公顷 6 人,亚特兰大 (USA) 每人将消耗 103 焦耳。在 1996 ~ 2006 年期间,在中国有 200 百万人口迁入城市消耗的能源,相当于亚特兰大 400 万人口的消耗。

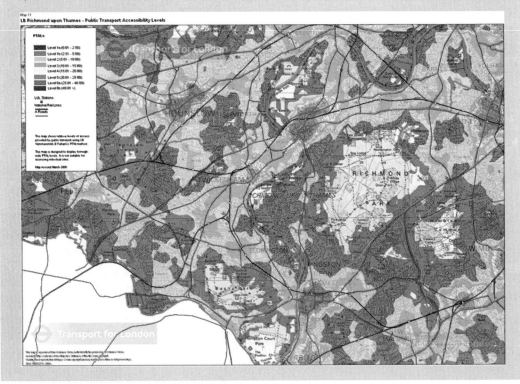

和其他人士的研究表明，受到高度欢迎的乔治亚和早期维多利亚高地的密度往往远高于那些被认为具有高密度的高层住房开发项目。马丁和马奇（1972,1967）的研究也推翻了以往有关密度的一些预想（见第4章）。这些研究表明，密度必须从城市形式的结构方面来考虑——即作为设计的产物或结果，而不是决定因素（见框图8.3）。例如，当孤立使用时，容积率或建筑容积率（FAR）在规定我们预期的城市形式时是非常笨重而无效的工具：在场所中心位置的一座10层建筑或一座3层的周边街区建筑可以获得相同的容积率。当使用容积率时，它们必须与其他控制措施整合使用。

尽管在总体上偏好于较高的密度，但雅各布斯（1961）认为"适当的"城市密度"关系到绩效"，不能以一定人口数所需土地的质量的抽象概念为依据。同样地，卢埃林·戴维斯（2000）指出目标应当是足以支持城市服务业的临界人口，例如本地商店、学校和

框图8.3　密度和城市形态（摘自城市特遣部队 1999）

本图显示三种城市形态，每种具有相同的密度（每公顷75幢建筑），但具有不同的公共与私密空间。

(a) 矗立于开敞空间中的高层开发

● 没有私人花园，居住者可直接获得的舒适感很差；
● 建筑和周边街道没有直接的联系；
● 大面积的开放空间需要管理和维护。

(b) 2~3层住宅楼的街道布局

● 前后有花园；
● 连续的临街面界定了公共空间；
● 街道形成了清晰的公共空间模式；
● 高的基地覆盖率使潜在的共有空间最小化。

(c) 城市周边式街区

● 周边的建筑可以有不同的高度和配置；
● 建筑围绕一个风景化的开放空间布置；
● 开放空间可以包含一个基于社区的服务设施；
● 商业和公共设施可以布置在地面层，以保持一个活跃的临街面；
● 能获得可供使用的空间，例如后花园、公共区域或停车区。

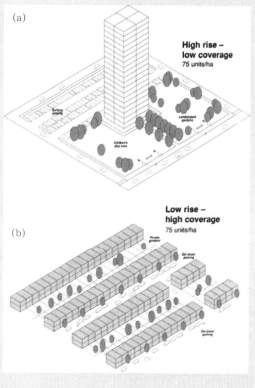

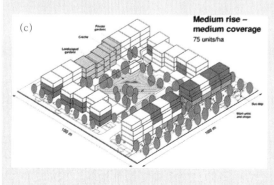

公共交通。欧文斯（Hall，1998）的研究也表明，获得非常高的密度是没有必要的。例如，每公顷 25 家住户，覆盖面积为 8000 人的设施将位于距离所有家庭 600 米之内的范围内；而 20000 ~ 30000 人的步行人群规模能够为许多设施提供足够的门槛而无需更高的密度。英国的《城市任务力量》（1999）提出 7500 人将支持一个可行的本地设施枢纽。假设每 400 家住户拥有 5 公顷的公共区域，每家住户有 2.2 个人（7500 人拥有 42 公顷公共空间），那么按照每公顷 100 人的总开发密度（假设在社会化混合的人口下支持良好的公交车服务所需的人口密度），这些人口应当位于一个半径为 610 米的区域内。同样根据计算，在上述条件下，31% 的人口将距离中心超过 500 米，而且往往需要驾车进行本地旅行。如果将总开发密度提高至每公顷 150 人，那么人口可以容纳在 540 米的范围内，且仅有 13% 的人口距离中心在 500 米以上。许多人怀疑本地步行购物区的经济可行性；例如，巴特利特（Bartlet，2003）的研究表明邻里零售区如果只依赖本地的步行购物者，将只有极低的生存机会。

有关密度的考虑，尤其是促使公共交通方案可行所需的密度，往往形成了公交导向式开发（TOD）（见 www.transitorienteddevelopment.

org）和为可持续性设计的邻里的基础（Calthorpe，1993；Dittmar & Ohland，2004；Loukaitou-Sideris，2010）（图 8.33）。英国的研究表明，每公顷 100 人（每公顷大约 45 个单位）的净密度是保持良好公交车服务所必需的，而在更为中心的位置，每公顷 240 人（或每公顷大约 60 个单位）的净密度将能够维持电车服务（Llewelyn-Davies，2000）。相反的，如果新的邻里按较低的密度建造，公共交通系统就变得不可行。这一点与乔恩·郎（Jon Lang）的城市设计实用原则相一致：如果从提供选择的方面考虑出行选择，那么应该把弹性融入建造中，因为相对的出行成本可能会在未来发生变化。

3 环境设计

城市设计中必不可少的一个部分是在公共空间内提供舒适的条件，舒适度是成功的人性空间的一个先决条件（见上文）。阳光、遮蔽、温度、湿度、雨、雪、风和噪声的水平对我们的体验和城市环境的使用都有影响。有许多设计措施都能够帮助使条件变得更容易接受，包括空间的配置以及建筑物、墙壁、树木、用于阴凉和遮蔽的顶棚和拱廊的使用。理想的条件将按照季节和发生的活动而变化。

以下章节将通过微气候、阳光和遮阳、建筑物周围的空气流动以及照明灯角度考虑公共空间和周围建筑物的环境条件。

3.1 微气候

微气候在城市设计中往往被忽略。设计师对于微气候状况几乎无能为力，除了在非常大的地点或者设计新的定居点外，对于在宏观尺度上影响气候的一些特征上，他们常常也只能起到非常有限的作用，这些特征包括周围的自然条件、地形地貌，例如影响风

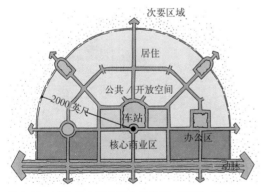

图 8.33　以公共交通为导向的发展（TOD）（Calthorpe，1993）。

的山丘、低谷等。不过，设计在调节微气候的作用使空间更加怡人方面有重要的影响，在这个尺度上有关因素包括：

- 建筑物配置及其对建筑物的影响和与建筑物的关系，以及对于地块边界的其他影响。
- 车道和行人小径、树木和其他植被、墙壁、围栏以及其他障碍物的位置。
- 与日照、阴影相关的内外部空间和立面的朝向。
- 建筑物的集聚和分组，包括建筑物之间的空间。
- 风环境。
- 作为内部和外部条件之间的过渡，主要入口和其他开口的位置。
- 提升自然冷却的景观、植物和水池/喷泉。
- 环境噪声和污染（Pitts, 1999）。

对应于局部和全局环境，我们需要的是"气候敏感设计"。传统的设计能够很好地适合局部气候，而且还往往是相对被动的系统。设计和气候之间的紧密关联被现代化建筑技术的使用、燃料与建筑服务系统的有效性来实现，以此抵抗任何不利的影响。追求国际化风格的建筑时尚也导致了建筑设计从一个气候区向另一个气候区的不适当的转变，而且在建筑物设计中未考虑到本地的气候。如孔斯特勒（2005）所说的：

"……前现代主义建筑在开发时利用阳光为建筑物供暖和提供照明，并且利用微风进行冷却，也通过日照产生。这些传统技术的发展是一个缓慢和通过的经验积累过程，经历了数个世纪。只有到我们这个时代当廉价的石油和天然气异常丰富时，建设者，尤其是专注于风格问题的建筑师，才得以摒弃利用被动太阳能的传统惯例。"

当代的需求是利用技术顺应气候而不是针对气候进行设计。

为日照和遮阳设计

阳光进入城市场所和建筑物中的穿透性帮助它们成为更令人愉快的场所。它还鼓励户外活动；抑制霉菌生长；通过为身体提供维他命E增进健康；促进植物生长；并且提供廉价的和方便的能源，可供被动和主动的收集。阳光穿透性的价值在各个季节内变化，而在一年中的某些时候，拥有阳光照射的场所是受人欢迎的，而在其他时候，人们则更希望拥有遮蔽。

有两个主要的问题需要我们考虑朝向和遮阳，例如，在北纬地区，朝南的立面接收到最大的日照，而朝北的立面则接受到最少的日照。就后者而言，应当考虑下面的问题：

- 太阳相对于公共空间和建筑物主外立面的位置（纬度和方位）。
- 基地的朝向和坡度。
- 基地上现有的障碍物。
- 基地边界外的障碍物提供潜在的遮阴。
- 相邻建筑物和空间提供遮蔽的潜力。

日光射入可以使用立体日光图表等图表以及定制的计算机程序等进行评估。除了图形的和计算机的预测技术以外，也可以使用日影仪测试物理模型。如果需要在冬季避免遮蔽（当日光获取最有利时），建筑物的间隔就显得非常重要。树木也将为日光射入提供阻挡，但是，如果是落叶树木，将提供在冬季允许日光穿透而在夏季实现一定程度遮蔽的双重功能。树木和建筑物之间的间隔同样十分重要。

设计必须在为视觉和社会原因进行的空间物理定义和为功能和环境原因留有的光照和空气出入口之间达成平衡。如第3章所讨论的，良好的设计能够同时满足所有标准。

空气移动——风环境

风的流动对于行人的舒适度、公共空间

风速与影响		表8.4
状态	风速（米／秒）	影响
平静的、微风	0 ～ 1.5	● 平静的 ● 不可觉察
轻风	1.6 ～ 3.3	● 微风拂面
和风	3.4 ～ 5.4	● 舒展轻旗 ● 吹动头发 ● 飘动衣服
缓风	5.5 ～ 7.9	● 扬起尘土，吹干泥土，吹散纸张 ● 吹乱头发
清风	8.0 ～ 10.7	● 身体可以感受到风力 ● 雪花飘舞 ● 地面上感受舒适的风的极限
劲风	10.8 ～ 13.8	● 打伞困难 ● 吹直头发 ● 行走困难 ● 风声刺耳 ● 雪在头顶上飞舞（暴风雪）
接近大风	13.9 ～ 17.1	● 行走不便
大风	17.2 ～ 20.7	● 阻止前进 ● 极难平衡
狂风	20.8 ～ 24.4	● 吹倒行人

资料来源：本特利等（1985, Penwarden & Wise 1975）。

中和建筑物入口周围的环境条件以及这些位置可能发生的活动具有很大的影响（表8.4）。在设计开发过程中的风道试验往往至关重要，尤其是当设计的建筑物大大高于其相邻建筑物时。在通常情况下，如果需要将风力影响降至最低，则应当考虑下列因素：

● 建筑物尺寸应当保持在最小，以降低风压。
● 尺寸较大的建筑物立面不应正对主导风向（即长轴应当与主导风向平行）。
● 建筑物布局应当避免产生风道效应（例如，应当避免表面相对光滑的建筑物呈相互平行的长条排列）。

● 由于高层建筑物几乎垂直的立面可能产生大量向下的气流，可能阻挡行人的进入通道并在地面层产生令人不适的条件，因此高层建筑物的外立面应当交错，并且随着高度的增高，应当正对主导风向向后缩进（即类似金字塔的形状）。
● 通过使用顶棚和裙楼为行人提供保护，在地面层减少从高空向下的气流。
● 建筑物应当按不规则的队列分组，但每一组内的高度应当接近，并且相互之间的间隔保持在最小。
● 隔离带（树木、树篱、围墙、围栏等）可以为建筑物和行人提供一定程度的保护。当它们朝向正确时，能够发挥最大的效果，此时的气流穿透率大约为40%。这使得风分散，而不是通过阻挡物强制阻挡并因此而产生过多的湍流（Pitts，1999；BRE，1990）。

在非常潮湿的气候下，需要外部空间的设计获得更高的冷却空气流通量。在较为干燥的气候下，在公共空间提供喷泉和水景等，通过水蒸气等进行冷却。

在城市区域中，空气质量日渐被重视。树木和其他植被往往可以过滤空气，而降雨可以对其进行冲洗，但高浓度的污染会危害自然植被。以悬铃木为例，这是一种美洲树种和欧洲树种的杂交品种，能够耐受大气的污染和根部土壤紧实。树干上的小孔可能阻塞，但树皮会剥落（片状剥落）。其光滑的树叶可由雨水清洗，新长出的树叶带有细毛，当脱落时能够帮助清洁树叶。为驱散空气污染，在建筑物周围和城市空间内部要求具有良好的空气流通，这可能与城市空间中围合感的美学期望相冲突（见第7章）（图8.34）。

建筑物内部的气流可以通过自然通风、机械通风或空调来形成。一般情况下，设计师应当尽量减少人造系统的需求。如果气流

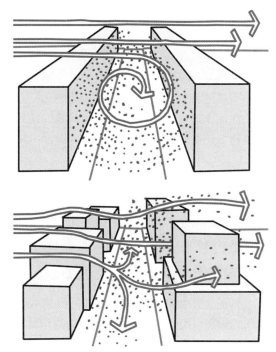

图 8.34　街道层的空气质量（图片：Spirn 1987，Vernez-Moudon，1987）。由高度相近、与风向垂直的建筑排列成的街道峡谷中的空气流通（上图）比由高度相异、并有开放的区域点缀其间的街道峡谷中的空气流通（下图）要差。

将用于提供自然通风和冷却，则建筑平面进深较浅。为获得成功的空气对流，进深最大不应超过地板到窗顶高度的 5 倍。

3.2　照明

　　自然照明为公共空间的特征和利用做出了重要的贡献。在城市空间中，照明还具有审美方面的作用。如路易斯·康（Louis Kahn）说写的："在日光照射到墙面之前，我们并不知道日光是什么。"（Meiss，1990）。弗雷德里克（2007）观察了日光的纬度、角度和颜色如何随着朝向和一天当中的时间改变。在北半球，日光：

- 来自向北窗户的日光在一天和一年中的大部分时间没有阴影，扩散并成中性或淡灰色的颜色。
- 来自东方的日光在早晨最强烈，处于较低的纬度，带有柔和的长长的阴影，并且呈黄灰色。
- 来自南方的日光从上午到中下午处于主导地位，准确地渲染颜色，并且投下轮廓分明的阴影。
- 来自西方的日光在下午稍晚和傍晚稍早时最强烈，呈金黄色，能够深深穿透到建筑物中，但偶尔会显得太过于强烈。

　　可见天空的面积，尤其是头顶的天空，其亮度高于接近水平面的天空——对于日光照明的质量至关重要。除了特别高或大的建筑物围绕空间以外，城市空间充足的日光照明，与阳光直射不同，很少会成为问题。一般情况下，建筑物应当尽可能充分利用自然可用的照明。在英国采用的一条黄金原则是，与水平方向所成角度小于 25°的阻挡物通常不会干涉到良好的日光照明，而角度大于 25°的阻挡物只要相对较窄，也无需干预（Littlefair，1991）。房间内的日光照明质量取决于开窗相对于房间深度和形状的设计和位置，同时也取决于周围的建筑物是否阻挡光线穿透进入建筑物。进深较浅的平面将比进深较深的平面具有更好的照明效果。

　　虽然人造照明可以为城市空间的特征和利用做出积极的贡献，但它常常是为考虑车辆交通而设计的，而且在能源使用方面可能具有较低的效率，并可能产生光污染。它具有两个主要功能：

- 法定的照明——提供基本的照明水平，帮助行人寻找道路和确保公共领域在夜间的使用，并且确保机动车辆的安全通行。
- 景观的照明——通过泛光、聚光和低照明度照明提升街道景观；通过信号、商店灯管和季节性照明灯提供色彩和活力。

在现实中，街道的夜间照明采用各种不

同的来源——街灯、借用来自建筑物的灯光、商店标牌灯光等，而且在整体上需要仔细考虑以满足法定的和景观的照明需求。为达成这一点并提升夜间经济性，许多城镇和城市如华盛顿特区、墨尔本和爱丁堡等均已采取综合的照明策略。例如，华盛顿特区柔和的灯光使泛光照明的建筑物在夜空中凸显出来，产生一个星光熠熠的夜空，使这座城市成为世界上最壮观的夜间步行观赏城市之一。在使用者感觉安全和有保障方面，照明良好的街道和空间也尤为重要（见第 6 章）。

4 健康的环境设计

即使有不断发展的研究和政策文献将公共健康与建成环境的设计联系在一起，但建筑行为一直以来仍然受到监管，以减少质量低劣的开发项目给人类健康带来的威胁。一个早期的例子是伦敦在 1666 年大火后的重建。如赫伯特（1998）所述，当时并没有巴洛克式的总体方案，但是，为了降低火灾风险，查尔斯二世颁布了伦敦城市重建法案（1667）：

> "……为城镇规划留下了同样具有决定性的遗产。该法案规定了街道和匹配建筑物的类型，禁止具有突出投影的建筑物，减少以木材为主材料的建筑，并且规定了材料、天花、高度、墙体厚度以及托梁位置等结构性要求"

（Hebbert, 1998: 28）。

现在，世界各地存在更为复杂和完善的建筑法规，解决火灾蔓延、结构稳定性以及材料安全性等问题（见第 11 章）。最终，这些法规保护建筑物居住者以及更广泛社区的健康和利益。

19 世纪末的规划体现对于健康的关注，尤其是对于解决工业城市中过度拥挤和卫生问题等的期望。这些因素，尤其是对于创造具有更好阳光穿透性、通风以及开放空间的环境的关注，成为现代主义在 20 世纪上半叶发展和蔓延的驱动力，而在下半叶，建成环境的形成越来越多地取决于对于健康和安全的关注。交通工程师在设计公路网络时使用的高速公路标准通常是一种误导的做法（见DFT 2007），将行人和机动车辆隔离，将降低发生事故的可能性（见第 4 章），通过不同的方式和出于不同的原因，有些人已经对此表示质疑，有关健康的问题始终处于城市设计的风口浪尖。

4.1 健康作为策略设计的关注点

目前，建成环境对于各种新的健康相关问题的影响再次受到关注，并且与为健康城市提供的更广泛的议事日程相结合（Hancock & Duhl, Barton & Tsourou, 2000），其中包括：

- 一个清洁安全的高质量物理环境（包括住房质量）。
- 一个当前稳定并且在长期内可持续的生态系统。
- 一个强大的、相互支持的、无隔离的社区。
- 公众对于影响其生活的决定拥有高度的参与权和控制权。
- 对于食物、水、庇护、收入、安全和工作等的基本需求获得满足。
- 可以获得各种不同的体验、资源、接触和互动。
- 一个多元的、有生命力的和创新的城市经济。
- 鼓励对过去的纠正。
- 一种与上述事宜兼容并对其进行提升的城市形式。
- 所有人均可获得最佳水平的公共健康服务。
- 高水平的积极健康和低疾病水平。

城市设计以及产生城市设计的各种流程，

在实现上述许多目标时发挥着至关重要的作用，对于世界卫生组织1946年章程中所提倡的目标具有核心的重要性。依照该章程，健康被视为一个包罗万象的完整的身体、精神和社会良好状态，而不仅仅是没有疾病或身体虚弱。

但是，在世界的某些地方，欧洲和美国早期规划者所面临的问题以及与质量低劣的建成环境相关联的问题仍然在导致流行性健康和社会问题。在中国，国家环境保护管理局在2007年的报告称有585座城市面临严重的空气和水污染问题（见 http://www.china.org.cn）。除了采用技术方案对工业进行清洁以及投资于新的基础设施（如水净化）以外，对这些问题的解决是把当地人口和重型及有毒工业（即大部分本地污染的来源）隔离。在南半球的大部分地区，对城市发展的追求带来了各种有害的挑战，例如，汽车拥有量的蔓延造成了严重的健康问题，因为公共交通基础设施不良的密集城区已经越来越难以承受交通污染造成的压力。

在发达国家，开展鼓励多样化的用途混合，而不是将它们隔离；此外开展通过安全和保障、可辨、舒适、刺激、包容等支持精神健康的利于生活的环境设计。尽管如此，一些身体健康问题仍然是人们关注的焦点，并且已经在近年被提上议事日程，包括那些与交通拥堵相关的问题。这些担忧与各种健康问题相关联：哮喘和支气管炎等呼吸疾病；儿童过敏问题增加；DNA损害；心脏疾病风险增加；以及儿童精神健康问题。例如，在波士顿，对200名儿童进行的研究表明，即使在控制社会经济因素后，那些暴露于更多交通烟气之下的儿童在文字推理、视觉学习和其他测试中获得的分数严重偏低（Suglia，2008）。与此同时，皇家学会（2008）发布的研究结果强调了地面层臭氧带来的危险，其

图8.35　迪拜（图片：马修·卡莫纳）。大量的室外建筑和景观的硬质地面能够很快地提高外部温度，导致热岛现象。

中大部分由于交通排放污染所导致，并且被认为是仅在英国每年就造成1500例死亡的罪魁祸首。

在这个尺度上，另一项重要的影响是由于硬质城市表面（公路和屋顶）的扩散使用以及城市区域内植被和遮蔽的大面积减少（图8.35）所导致的城市热岛效应越来越盛行。数据还表明城市区域内发生极端天气事件的趋势也越来越明显。可能其中一部分原因是气候变化，但加洛（Gallo）等人认为上述增长的速度远超过全球变暖的速度，表明城市发展模式应当承担主要责任。这些效应所产生的健康影响包括轻微不适（昏厥、肿胀、抽筋、换气过度等）和热虚脱及中暑等，后者在老年人和经济上处于劣势的人群中具有较高的死亡率。

土地用途的宏观定位、绿色空间以及交通基础设施的提供和管理都从战略角度提出了有关城市区域规划的问题。由于从这个角度作出的决定对于居民点在本地层面发挥作用的方式具有深远的影响，它们必然要求富有创造性的设计流程。当转变为地方特色时，这些设计流程将对创建可持续的和健康的场所的能力产生深远的影响（见框图8.4）。

由 Arup 设计，上海产业投资公司投资的项目，东滩位于崇明岛的东部，占地86平方公里，靠近上海，目标人群为500000人。

经历了长达20~30年的建设计划，该项目已经严重滞后于世界首个生态城市的称谓。

位于扬子江河口，该岛是鸟类的栖息地，包括罕见的黑脸琵鹭。只有40%的可建设用地，该项目将拥有大量的"可控制的"和"自然的"湿地，其他的特征有：

● 循环和足迹的持续性网络；
● 采取复合的燃料细胞巴士和太阳能为动力的水上的士的交通体系；
● 位于城市中心附近的焚烧稻壳的能源厂；
● 可再生资源的100%的再利用。

东滩项目首个阶段从3个村落开始，每个村落具有自己的特征，共同形成一个城镇。每个城镇具有两个中心，一个位于中心，一个位于外围。随着越来越多的村落加入，郊区的经济区将相互覆盖，形成东滩市的经济核心。将城镇通过几处交通站点联系起来，居民将在7分钟内到达市中心。

虽然，东滩项目仍然没有实现，但表明策略性规划设计在形成一个健康的、可持续性的和功能性城市的潜在的价值。

东滩东村和东湖（图片：Arup）

4.2 地方环境

在地方层面，各种详细的技术因素对本地建成环境的健康性产生影响。针对传染病的保护，要求安全的供水、卫生的污水排放和水处理、良好的地表水排放以及为个人卫生和安全的食品制备提供设施。针对伤害、中毒和慢性疾病的防护要求充足的结构性和消防安全防护、低空气污染、针对有害材料的安全性以及针对公路伤害的防护，并且可通过现成的通道获得适当的紧急服务。减少心理和社会压力，要求充足的生活空间、隐私和舒适度、个人和家庭保障、针对噪声的保护以及对休闲、社区和文化设施的使用（Barton & Tsourou，2000）。

在西方，健康生活的许多先决条件现在均已具备，形成了当代城市日常基础设施的一部分，并且已帮助大幅提高预期寿命。然而，尤其是在美国和英国，现在又有新的与当代生活方式相关的健康问题，包括肥胖、心血管疾病、糖尿病、哮喘、抑郁症、暴力和其他各种精神疾病，通过本地建成环境的设计方式产生影响，例如"致肥基因"环境的蔓延：在这些场所中，鼓励能量密集型食品（具有高脂肪和糖分含量的食品）的过度消费，同时减少步行等锻炼的机会，从而促使体重增加且不利于减肥（Booth，2005）。

如杰克逊所观察的，健康和建成环境的设计之间的关联毫不意外地来自于：

"希波克拉底、罗马人以及荣格知道我们的物理环境将影响我们的身体和精神健康。我们的医生非常关注我们的病人，并将其视为具有健康问题的人士，但我们有如此多的病人出现相同的问题时，例如心血管疾病、糖尿病和抑郁症等，我们必须意识到他们糟糕的健康状况并非仅仅由于缺乏纪律所导致，而可能是我们在其中生活的建成环境的结果。"

有许多城市设计文献倡导混合用途、连接的街道网络以及更高的住宅密度，以支持社会接触，并通过步行和骑车等促进身体锻炼，请参阅"宜居社区中心"（1999）健康街道指引。虽然杰克逊（2003）指出其中许多主张所具有的全面的健康利益还有待验证，但她引用了越来越多的证据支持这些主张。美国的调查证据表明，人行道、充满生机的街道以及怡人的景观等都能促进步行和锻炼，

虽然与街道和人类活动隔离的行人小径很少被使用，但蜿蜒穿过混合土地用途的小型地块的小径则获得很好的使用。她引用巴尔弗（Balfour）和卡普兰（Kaplan，2002）的论点表明，糟糕的照明、过度的噪声和交通以及公共交通的缺乏与年龄在55岁以上的成人的身体状况下降紧密关联。她认为，有害的环境条件阻止邻里内的短程徒步旅行，并损害到我们的健康。

在评论有关城市设计和人类健康的文献时，杰克逊指出了大部分与城市设计相关的医疗和社会研究如何以向室外的视觉和自然通道为焦点。她对现代主义的主张（但往往获得不完善的执行）表示支持，同时认为，最健康的建筑应当使居住者能够获得自然光和通风，可以欣赏绿色景观并且与室外绿色空间紧密相连。她引用的证据表明，公共住房附近树木的存在可以减少家庭暴力；绿色景观而非人行道可以提高低收入家庭儿童的认知能力；而绿色的窗口景观能够帮助加快医院病人的康复。相反的，如果对紫外照射的暴露不足，则将损害身体对于钙质的吸收；而来自电视机和荧光灯的辐射与神经功能障碍相关联，如果是荧光灯，甚至还与黑素瘤相关联。

在另一项关于500篇有关体育活动和城市设计行为的文章的评论中（Heath，2006），社区和街道层面的介入被证明能够有效促进体育活动。在社区层面，鼓励公交导向式开发的政策、富有吸引力的且相互连接的通道、更高的密度以及用途的混合都非常有效。在街道层面，有关创建／翻新游乐场、建设广场、交通减速、自行车道、改善的照明条件以及通过造景提高美学效果等政策和行为都为体育活动提供支持。

在英国收集的证据还揭示了各种将优质绿色空间融合到本地环境中以及为积极的

生活方式提供良好的机会所带来的健康利益（Woolley, 2004）。例如，在英国仅有7%的城市公园使用者来到公园进行体育活动。足球等运动是许多人每周例行项目的一部分，并且要求优质的开放空间，然而，随着人们逐渐变老，他们所享受的运动类型可能发生改变。对于年龄在六十岁以上的人而言，高尔夫、保龄球以及骑车成为更流行的运动。这些活动通过保护人们的心血管系统以及预防其他健康问题的出现帮助人们保持健康。如果经过适当的设计，许多硬质的城市公共空间也能够提供不正式的但同样有利的运动机会，例如滑板，大部分情况下都是吸引了较为年轻的男性。

证据表明活动和锻炼的模式在生命中的早期阶段确立，年轻时缺乏锻炼可能导致在成年出现各种问题（Kuh & Cooper, 1992）。对于儿童而言，经过良好的设计并配有树木和绿草的空间比没有这些景观元素的场所更能提供良好的游戏机会。例如，在芝加哥内城，我们观察到儿童们在公寓楼周围的区域玩耍；这些区域很相似，但并非全部拥有树木和绿草。与光秃秃的区域相比，在绿色空间内的游戏在创造性方面具有极高的水平。这些游戏改善了社会和人际间的技巧，并且促进了运动能力和认知开发（Taylor, 1998）。在此方面，为创造性游戏提供充足的空间被认为对于儿童的发育和未来的健康至关重要——最好能够实现 CABE 空间（2008）中列出的 10 条游戏设计原则（框图 8.5）。

如第 6 章所讨论的，建成环境的设计对

框图 8.5　设计娱乐空间的原则

设计良好的娱乐空间将对孩子的生活产生积极的影响，鼓励运动、体力发展、在娱乐中提高社会交往和学习。它们也作为成人的空间，提供会面场所和放松的空间（Mckendrick, 1999）。CABE Space (2008) 提出以健康引导的设计理念，基于 10 项原则，归纳出一条黄金规律：一个设计成功的娱乐空间是具备特色的、满足区位的设计，一个娱乐场所应该是：

1. 提升休息空间的设计
2. 位于儿童能自主游玩的最可能发生的场所
3. 靠近自然
4. 儿童能以多种方式游玩
5. 鼓励身体残疾的和健全的儿童一起娱乐
6. 社区成功地介入，受到社区的支持
7. 所有年龄的儿童在一起游玩
8. 使儿童能挑战自己
9. 可持续性材料作为建造材料
10. 具有发展和改变等设计灵活性

图片：创造性的娱乐环境，Norfolk，英格兰（图片：马修·卡莫纳）。

于支持社会关系具有至关重要的作用。在此领域一个主要的贡献是帕特南（Putnam）的《独自打保龄》（2000）。该书探讨了许多当代美国郊区的设计如何导致社会资本的孤立和丧失，损害了原本可以支持健康幸福的生活方式的家庭、宗教和其他社会关联。帕特南认为，这种现象和吸烟、肥胖以及高血压一样对于人类的健康有害。其中一部分问题是由于在越来越拥挤的道路上长途通勤所带来的压力，这种压力进而导致交通暴躁情绪等问题，并且对工作和家庭关系带来负面的影响（Frumkin，2001）。帕特南认为，通勤者的驾驶时间每增加10分钟，相当于市民参与下降10%以及因此而产生的社会资本损失。

美国的证据表明，这些环境的孤立性质对于儿童、老年人和残疾人而言尤为突出，他们还尤其受到机动车辆危险的影响。例如，劳拉·杰克逊引用证据证明，在美国城市扩张成为主导形式的地区，行人死亡最为常见——尽管步行在这些地区并不十分流行，由此还伴随着肥胖症和高血压的增加（Ewing，2008）。更长远地看，尽管较高的社会关系质量和数量与健康利益相关联，但社会阶层化和收入的不平等则与死亡率的提高相关。由于城市扩张与社会资本的缺失以及社会中更高的阶层化程度密切相关，它还越来越被视为最终导致更高死亡率的各种不良健康影响的一个主要因素（Frumkin，2001）。

4.3　健康促进环境

公共健康文献明确地指出，公共健康的大幅改善能够通过提高适度体育活动的水平来实现。在一项研究中，每天在汽车上多待一个小时，将与6%的肥胖症增加相关，而步行距离每增加一公里，就与4.8%的肥胖症下降相关（Frank，2004）。

弗兰克和恩格尔克（Engelke，2001）认为健康利益可以通过创建"健康推动型"环境最有效地实现。在该环境中，作为城市形式的一个副产品，身体获得得到鼓励。他们认为，所有旅行模式在此方面都不是完全相等的——非机动化的模式能够产生明确的健康后果，而机动化的模式则会产生负面的关联效果。他们认为，尽管这种关联已经为人所熟知，但在公共健康专业人士和负责设计建成环境的人士之间却存在根本性的脱节，而且往往因职责的分离和机构性的障碍而得到进一步的加剧。因此，规划继续为依赖于汽车的而不是对行人或自行车友好的开发项目提供支持，因为这些开发项目的公共健康成本未获得充分的考虑。

他们的研究结果表明，如果体育活动属于适度类型，采用步行而不是采用费力或竞争性的形式，能够随时间推移鼓励体育活动就变得更加容易。在中年人和老年人中情况尤其如此（Frank & Engelke，2001）。步行是大部分成年人喜爱的锻炼形式，能够融合到日常生活中。因此，对他们而言，鼓励步行的环境设计所带来的公共健康利益就显而易见。步行已经成为英国健康推广活动的核心元素——正如托利（2008）所述，这是因为"……它易于融合到日常生活中，并且分割成'一个个片断'，实际上更可能由人们所采用和保持，因为它'感觉并不像锻炼'。"

实现这一点的根本要素是在本地提供一个相互连接的路线网络和广泛的设施和便利（Frank，2004）。城市设计无法强迫那些不愿意锻炼的人进行锻炼，但它可以提供选择，并且使锻炼拥有更多可能的选择（图8.36）。

图 8.36　可步行的空间——巴塞罗那（图片：马修·卡莫纳与史蒂文·蒂斯迪尔）。

5　基础网络

如此前在第 4 章中所讨论的，基础网络由地上和地下的城市基础设施构成。这种基础设施主要是水平的，但杜埃尼等人（2000）也称之为"垂直基础设施"，包括社区中心、教堂、清真寺、图书馆、运动场等。在城市设计中，主要的基础网络考虑事项是公共开放空间的提供、公路和步道设计、停车场和维护以及其他基础设施。

5.1　外部公共开放空间

外部公共开放空间提供休闲的机会；野生动物栖息地；特殊活动的场所；以及给城市呼吸的机会。在更大的尺度上，公共开放

空间的地区应当连接成为一个网络，在区域之间为人类和野生动物提供活动的机会。在较小的尺度上，标准往往由公共部门制定，确保最低提供标准：在英国，常见标准是全国运动场地协会的每千人 2.4 公顷（6 英亩）（1.6 ~ 1.8 公顷的室外运动空间加 0.6 ~ 0.8 公顷的儿童游乐空间）。这些提供使所有家庭处于方便的步行距离之内，此外 NPFA（1992）还建议在游乐设施距离所有家庭在 100 米之内的本地地区和游乐设施在 400 米之内的本地地区之间进行划分。在某些场所，设施的提供是充分的，但这些设施由于其他原因而未被使用，例如担心伤害等（见第 6 章）。

开放空间的提供在较高密度的环境中尤为重要。在所有新的开发项目中，应当制定适当的标准，对于目前没有提供此类场所的区域更应该设定要到达的目标。开放空间通常应该作为公共生活的关键点——不是作为规划后的剩余空间（SLOAP）——而是应当整合并成为一个场所的城市设计愿景的重要部分。许多城镇和城市已经开发出完善的开放空间框架和绿色空间网络，以连接开放空间并创造穿越城市区域的"绿色"走廊，用于休闲目的和供野生动物使用。自然和建成环境的整合是可持续开发的一个主要目标（见第 7 章插入 4 可持续性——生态支持）。

5.2　道路与路径设计

主导城市环境设计的往往是车行的要求而不是人行的。如果机动车辆的速度能够降低——通过减速坡或其他障碍物，或更为巧妙的，通过操控和配置视线——那么以汽车为导向的街道标准就可以相应降低。正如第 4 章中所讨论的，在战后有关行人和机动车交通隔离的关注中，其初衷是为了保证人的安全，行人只能通过地下通道或人行天桥穿越繁忙的马路。禁止车辆通行的人行区域的成

效参差不齐：有些在上班时间比较冷清，而另一些则非常成功。我们必须进行详细的分析才能确定成功与否的原因，用途的混合以及它们在一天中不同时间段为活动提供的机会都发挥着重要的作用。

一般情况下，当代的社会思潮是设计以行人为主导而非以汽车为主导的环境：这些方法将行人置于首位，但并未摒弃汽车。这种趋势已经导致了许多城市中心广泛的行人化；人行道加宽／马路变窄方案；地下行人通道的关闭和阻塞；以及重新引进地面交叉口。许多住宅区街道已经实现交通静化。例如，荷兰已经采用无车生活化道路概念（见第4章），而从更大的尺度来看，已经有公路收费方案推出（例如在伦敦，自其于2003年推出该方案以来，交通量平均下降16%），而且在某些城市——通常是欧洲历史名城——全面禁止所有汽车进入城市中心。

如第4章所讨论的，在环境中将不可避免地存在以汽车为主导的部分以及以行人为主导的部分。在解决空间竞争问题时，目标应当是避免依赖于汽车的环境，因为这样将降低其成为可持续环境的潜力；此外还应当提高步行的可能性。汽车可以服从于在设计时以行人、自行车骑行以及公共交通优先的系统，但对于其他旅行模式，要融合到为汽车设计的系统中则相对困难。因此，交通优先顺序应当是：首先为步行或自行车，然后是公共交通，最后才是汽车。这要求从一开始就要为行人和自行车骑行者设计路线，因为在后期融合它们会非常困难。

因此，公路和步道设计需要满足一系列基本的要求：

- 通过降低机动车速度、阻止公路和步道分离以及增加被动监视来保持安全性和人身保障。
- 通过所有旅行模式，尤其是步行方式，提供穿透性和可达性。
- 通过获知与强调"期望路径"（就是到达目的地的最便捷路线），在开发中鼓励直达性以及良好联系周边环境的车道。
- 在设计时顺应本地环境，以确保实现富有吸引力的开发，在其中以清晰定义的空间、景观和建筑物为主导，而非以公路或汽车为主导。
- 通过具有清晰的整体结构和局部视觉参考物的布局设计提高可辨性。

虽然这些要求必须顺应公路网络的需求和效率，但高速公路（交通）工程师对于保持公路安全和效率的关注往往会与整体环境质量更广泛的目标相抵触。

当地的市政部门往往会采用层级式的高速公路标准，这些标准依照交通的设计速度和容量提供，并且明确规定了宽度和转角半径等要素。这种方法导致了许多环境（尤其是住宅环境）的额外工作量，以及在设计新的公路系统时过度依赖于简单标准（见第4章）。当在这些层级的较低端减缓机动车辆速度和提供行人安全性时，交通静化方法获得越来越多的使用。此外，更加完善的设计指引帮助有关部门在设计公路布局时逐步摒弃层级式方法。

新的设计指引提议高速公路考虑内容应当超出安全和机动车流动效率的范畴，并且包括对环境质量、行人穿透性以及三维空间设计等因素的关注（Carmona，2001）。在英国，《街道手册》（DfT 2007）就是新一代政策和设计指引的一个代表（见第4章），在早期指引（DETR 1998）的基础上更进一步，它建议：

- 空间应当处于第一位，建筑物适当安排以配合环境，而公路应当"下移"在最后（见图8.37～8.39）。
- 在住宅区制定20mph区域。
- 采用一个空间网络而不是一个公路层级。

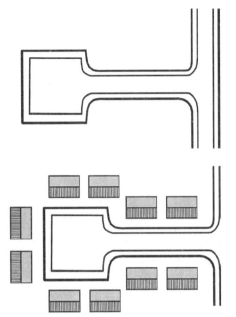

图 8.39 创造性的街道设计——庞德伯里镇, Dorchester (图片:马修·卡莫纳)。庞德伯里镇最重要的特征是街道设计先行。

图 8.37 "道路先行,住宅跟进"(图片:摘自 DETR 1998)。很多住宅开发围绕道路布置,没有考虑单个住宅单元(通常是标准的)之间形成的空间。这可以被称作"道路先行,住宅跟进"的方式,是一种道路主导的设计,忽略了居住区环境中其他的重要因素。事实上,这是一种错误的城市主义思想(见第 4 章)。

- 采用一个与公共交通和综合性的用途混合紧密关联的可持续交通框架。
- 使用"连接"而非死胡同式的公路布局。

为步行而设计

步行和可步行性已吸引了近期许多城市设计学者和研究的关注。人们往往在"必要的"或实用性步行和"可选的"或休闲性步

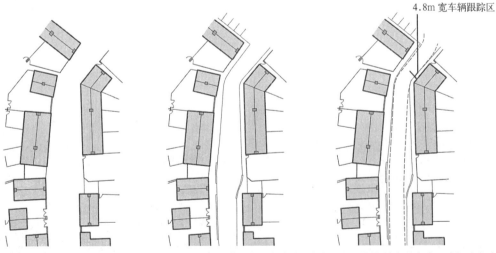

图 8.38 轨迹(图片:摘自 DETR 1998)。"轨迹"是在整体街道宽度中为车辆通行而保留的车道宽度。该想法尝试给"道路先行、住宅跟进"的居住区设计方法一个替代选择。与把道路的工程要求作为设计的起点(即"道路先行"的方法)不同,建筑和围合被首先考虑,道路则后来加入(即"空间先行"的方法)。在第一张图中,建筑布局形成对街道的围合。在第二张图中,人行道布置在建筑的前面以加强空间和围合。在第三张图中,再用确定的车行轨迹线来检验车道宽度。

行之间进行区分。温德里希（Wunderlich，2008）将这两种步行标记为"有目的的"和"随意的"，并且增加了第三种类型——概念性的步行（例如以精心构思的方式步行，如为体验以及／或者熟悉某个场所而计划步行）。一方面，必要的和可选的步行与物理环境之间的关系与盖尔有关必要的和可选的活动在公共空间的发生率的讨论相似。另一方面，这个问题将那些鼓励和支持交通形态转换的设计措施与更多步行关联在一起。除了专注于步行本身，这种获得英国的《街道手册》（DfT 2007）等文献支持的方法还在于创建优质的行人友好的环境，在这些环境中，步行成为一种自然的和令人愉快的活动（Tolley 2008：132）。

许多交通静化措施提高了可步行性，包括加宽人行道并因此缩小街道宽度——作为一条黄金准则，丹伯登（Dan Burden，Steuteville，2009）推荐将任何街道的右半侧平均划分为步行和行车通道。在街道上增加停车位以及／或者增加隔离带也将有助于静化交通——隔离带也能够缩小街道的视觉宽度。另外一种方法是"灯泡式"方法——在街区的端头或中间加宽人行道或种植带（Steuteville，2009）。这些方法同样缩窄了街道的一部分，并且减少了行人的穿越距离。街道转角的窄半径路缘也有助于减少行人的穿越距离和降低车速。

可步行性也要求步行距离内的目的地吸引人们步行前往。在对此进行评估的一个设计工具是"行人范围"概念——这是一

个（通常）在主要目的地五分钟步行／四分之一英里半径范围内的区域，用于确定主要目的地的位置和实现覆盖区域内家庭数量的最大化。另外一项分析工具是"便利设施距离轮"（Barton，1995），它以图形的方式显示了主要便利设施与起始点之间的距离——轮子越紧凑，可行走距离内的目的地就越多（图 8.40）。一个基于网络的工具（www.walkscore.com）使用类似的方法评估地点的可行走性。

插入一个地址或邮编，就能提供一个按 0 ~ 100 分为该地点评定的步行分数，其中：

- 0 ~ 24 分是指依赖于汽车的(仅可驾车)，在步行范围内几乎没有任何目的地。
- 25 ~ 49 分是指依赖于汽车的，在轻松步行范围内仅有少量目的地，而驾车或公共交通几乎是必需的。

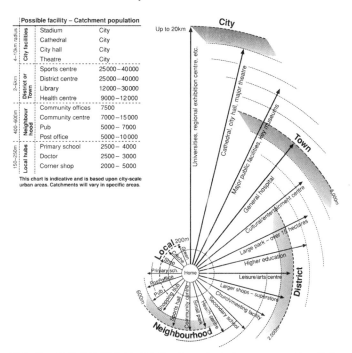

图 8.40　便利设施距离轮（图片：Urban Task Force 1999，最早摘自 Barton 等 1995）。车轮距离越短，在步行距离内将到达更多的目的地。同时，设施的多样性，依赖于大量的足够多的人口的使用。

- 50～69分是指具有一定程度的可步行性。
- 70～89分是指具有很高的可步行性。
- 90～100分代表一个步行者的天堂，其中大部分事情都可以通过步行完成，而且许多经过的人士都没有汽车。

但是，上述的算法似乎是按直线方式测量距离，而不是按照人们步行前往的路径测量，因此在计算时并没有考虑到行人移动时的连通性和阻挡物（Steuteville，2009）。

为自行车骑行设计

自行车骑行带来的个人健康利益大于步行。骑行是一种有氧运动，使用主要的肌肉群，扩展大量能量，并且提高心率使其有利于心血管健康（Tolley，2008）。

当代设计面临的一个挑战是鼓励更多骑行的环境。如托利指出的，使骑行环境受到更少威胁，例如，通过降低交通速度和建造更多自行车道——将意味着现在的自行车手将有更低的与汽车进行致命接触的可能性，但是更重要的是，将有助于释放已知的对于自行车骑行的潜在需求。然而，琼斯（2001）报告称，从业人士不断指出英国的自行车骑行水平如何受到质量低劣的骑行设施的压制，包括在共享用途道路上与行人的冲突、缺乏路线的连续性、危险的道路路口设计以及目的地的糟糕的自行车设施。

与整体城市设计一样，为自行车骑行进行的设计也必须获得全面考虑。如托利所述，在追求安全时，往往以四条标准自行车路线设计为准则——连贯性、直接性、吸引力以及舒适性。例如，安装障碍物、错列的交叉口和穿越地下通道的路线等使路线更加安全，但它同时也使它们在连贯性和直接性上有所欠缺，而且更不舒适和更不吸引人，此外还存在在影响城市环境质量的风险，尤其是对于行人而言。

自行车骑行的一个重要的限制因素是在私人家庭和公寓中缺乏存放自行车的空间——尤其是因为当自行车停放在典型的房屋或公寓中的门厅时，将占用宝贵的空间。为促进更多自行车骑行，必须在家中或附近为自行车的停放提供足够的空间。共用的室内或有顶自行车存放处可以使拥有和使用自行车变得更加轻松和更具吸引力，尤其是在高密度区域（Llewelyn-Davies，2000）。

5.3 停车与服务

尽管有关减少对私人汽车的依赖的论述获得广泛的支持，但停车要求依然是当代生活中必不可少的，而且在可预见的未来仍将如此。事实上，用于停车的空间在所有环境中都是必需的，无论是在市区、郊区还是农村地区。但是，一个特别的问题是如何将停车成功地整合到街道场景和附近的开发中。停车场需要：

- 足以满足当代的需求。
- 方便（即位于目的地附近）所有使用者，包括残疾人士。
- 富有吸引力（即通过限制其视觉侵扰——使用造景和优质材料能够成功整合街道上和非街道上的停车场所）。
- 安全和有保障。

当目的地拥有良好的公共交通服务时，所需的停车标准可以降低。对停车收费是一种管理停车空间需求的方法。例如，舒普（Shoup，2005）以文件证明了免费停车的高成本和"隐藏"成本（见框图8.6）。《每日城市主义者》（见第2章）也阐述了在宝贵的地产开发上提供停车空间的一些机会成本（Chase，2008）。自2005年开始，雷巴尔（Rebar）——一家位于旧金山的跨学科工作室，经营内容跨越艺术、设计和行动主义（www.rebargroup.org/）——发起了一系列停车日——一个年度的一日活动，志愿者们给停车咪表投币并占用一个停车位，将其变为一个临时的公共停车位。在同一天内完成安装、占用和拆除，每个停车日活动都强调了城市空间中一个细小单元的机会成本。如蔡斯（2008）所解释的："这种对公共停车位的未经授权的占用是对汽车在城市公共空间中的主导地位提出质疑。"（见图8.41）。

在一些拥有良好公共交通服务的场所，无车住房已获得开发，其中的居住者立约不拥有汽车。而在某些开发项目中，住所在出售时没有停车位，购买者必须为停车位支付额外的费用。一些城市和开发项目拥有汽车俱乐部和汽车会计划，其中各种汽车——从载人汽车和四轮驱动车辆到小型城市"通勤车"，由会员集体拥有和使用。汽车俱乐部已经在多个北欧国家中拥有稳固的地位。例如，在德国，一个名为城市汽车（StattAuto）的俱乐部拥有20000名会员，通过1000辆各种大小的汽车为18座城市提供服务（Richards，2001）。在一些国家，可以获得针对特定地点的抵押。在公共运输服务良好的地方，一项房产被买进时，基于购买者不需要支出拥有与使用小汽车的花费，他们获得的抵押贷款可能会比通常情况下更高。

图8.41　停车空间被征用为咖啡馆的台阶——伯明翰，密歇根（图片来源：Robin Boyle）。

当代开发项目还要求用于服务的空间，包括商业递送；垃圾处理、存放和收集；回收点；紧急通道；清除；清洁和维护；以及公用设施通道。但是，由于它们的规模，许多元素可能破坏街道景观。例如，服务车辆要求更宽阔的街道、更大的缩进、开放式服务庭院和开口的服务站。在住宅区，街道景观的亲密性和多变性可能被服务车辆的要求所破坏，包括为紧急车辆提供充足进入通道的法定要求。服务安排应当细致整合，并且不得控制一个地区的整体布局或特征。

5.4 基础设施

一个地区的基础设施，包括地面上的和地下的，往往是经历几个世纪建造起来的。随着每一次城市改造，这些基础设施被改造或扩建。在地面上，基础网络将公共空间网络和景观框架；任何的公共交通网络和基础设施；以及公共设施（如商店）和服务（如学校）等组织起来。在地下，它组织了供水网络；污水处理系统；电力网络；供气网络；电话网络；电缆网络；综合供热和照明系统；以及地下交通系统。

这些基础设施网络正变得越来越重要，而且也成为城市区域开发中的一个关键的生成元素（Mitchell，1999；Horan，2000；Graham & Marvin，2001；Allen）。除非是处处供应充足，否则这个网络必将使一些地方比另一些地方更有利，对于开发会在哪里出现，基础设施模式是一个重要影响因素（见第4章）。

直到近期，传统的街道系统还能很好地适应地下基础设施的要求。但是，增加的和临时的设施提供已使许多街道超负荷运作，并导致冲突——正如许多根部系统受到破坏的街道树木糟糕的濒死状态所显示的。一般而言，在设计过程中，需要考虑可见的和不可见的资本网络；为灵活性以及未来的变化做出规划；并且以可持续的方式整合开发项目，从而将对新基础设施的需求最小化，并且减少对现有基础设施的中断（Graham & Marvin，1996，2001）。新的基础设施元素，尤其是公共交通，也是一种全面改善公共领域的方法（Richards，2001）；它们并不是简单地重新设计项目，而是一种重要的场所形成的基础设施（图8.42）。例如，在铁路和交通站点周围提高密集程度能够在此前利用不足的地盘上引进新的住宅和商业用途，从而提高一个地区的活力，并允许周围（未改变的）郊区街道的居民在本地满足更多日常需求。

6 结语

在讨论城市设计的功能性维度时，本章重申了将城市设计理解为一个设计流程的重要性。如第3章所讨论的，良好设计的准则——"稳固"、"商品"、"快乐"和"经济"——必须同时获得满足。在任何设计流程中，都存在对特定的维度进行狭义的优先排列的危险——审美的、功能的、技术的或经济的，同时也存在将其与其背景和对更大整体的贡献隔离的危险。设计必须获得整体和全面的考虑。

当从工程师和城市设计师的角度讨论减速坡的设计时，阿普尔亚德（1991）认为：

"工程师往往会单独为以安全和廉价的方式降低交通速度设计减速坡。这些减速坡可能非常丑陋——沥青制成的减速坡往往给司机传达一种负面的控制印象。城市设计师则更喜欢更令人愉快的减速坡，也许使用砖块制成，同时也可用作抬高的行人走道。"

后者是一个全盘的方案。因此，阿普尔亚德（1991）认为，经济学家也许可以辨别"妥协"与"变通"之间的差异，但城市设计师则提供了富有创意的精巧设计，在解决差异的同时增加了价值。在以上例子中，将功能性和视觉及设计目标结合在一起。

图8.42 交通站点周边的开发密度较高——Salford Quays，曼彻斯特（图片：马修·卡莫纳）。

第9章 时间维度

本章讨论城市设计的"时间"维度。城市设计有时被认为是一项三个维度的工作，但实际上拥有四个维度，第四个维度就是时间。随着时间的流逝，空间成为居住的场所，并经过时间的积淀具有更多的意义。在《场所中的时间》一书中，林奇关注"时间证据"如何在城市的空间形式中体现。他认为我们通过两种方式在城市环境中体验时间的流逝。第一种方式是通过"节奏性重复"："……心跳、呼吸、睡眠和工作、饥饿、日月循环、季节、波浪、潮汐、时钟。"第二种方式是通过"进步性的和不可逆转的改变"："……成长和衰退，不是重复发生，而是变化的。"

时间和空间紧密相连。在《场所中的时间》一书有关时间和建成环境之间关系的概述中，林奇（1972）认为空间和时间"是一个巨大的框架，我们在其中体验环境。我们生活在时间场所内。"城市规划先驱者之一帕特里克·格迪斯（Pat-rick Geddes）认为，一座城市"不仅仅是一个空间上的场所，还是在时间中上演的戏剧。"（Cowan，1995）。

本章讨论城市设计的时间维度的三个方面。首先，由于人们的活动在空间和时间中是动态的，环境在不同的时间获得不同的使用。因此，城市设计师需要理解空间中的时间周期以及不同活动的时间组织。其次，虽然环境随时间无情变化，保持某种程度的延续性和稳定性还是很重要。因此，城市设计师需要理解环境如何变化，什么保持不变以及什么随时间改变。他们还需要能够设计和组织这样的环境，它允许不可避免的时间流逝。最后，环境将随时间变化，同样地，城市设计项目、政策等也将随时间逐步实施。

1 时间周期

我们最先通过节奏性的重复现象意识到时间的流逝。主要的时间周期以自然周期为基础，主导周期是因地球自转所产生的生理周期或 24 小时周期。这是一个日和夜的持续周期，涉及睡眠和工作以及各种身体周期。其他周期——包括工作和休闲时间、用餐周期等，都建立在这个基本周期上。年度和季节变化的周期也以自然规律为基础：地球绕太阳旋转的周期。地球轴线的倾斜改变了太阳相对于地球表面的角度，从而改变了全年中日照时间的长度，并产生季节的循环。从赤道开始，不同季节的影响和日照施加的变化周期变得越来越明显：纬度越高，冬季白天就越短，而夏天白天则长得多。

为促进和鼓励对城市空间的使用，城市设计师需要理解光照和黑暗、白天和黑夜以及季节的周期，这些促进了活动的相关周期。在白天和夜晚的不同时间，城市环境以不同的方式被感知和使用。各种因素，例如对于安全的感知等，也在一天过程中发生改变，而后者又进而影响空间被感知和使用的方式。对于城市设计师而言，一种富有成果的且具有启发性的体验是观察一个公共空间中的"一日生活"或在季节更替中观察同一个空间：即研究它的社会人类学并见证其变化节奏和脉搏——一时繁忙，一时安静——以及使用空间的不同人们——有时更多女性，有时更多男性。

列菲伏尔（1991）观察了场所往往如何通过特定的韵律特性确定自身特性，包括各种日常和交叠的时空韵律，步行的人们、社会接触、休息、特定的使用者（例如购物者、游客、剧院观众等）。这些社会韵律受到空间环境中固有韵律类型的影响（见第7章），这些韵律进而表明一个快速的或慢速的场所。翁德里希（Wunderlich，2008）将这些描述为"场所节奏"，她认为：

> "它们包括我们生活世界中的日常功能事件，被相同时空框架内同步的声音和气味、光照和黑暗、热和冷、移动和静止等模式所覆盖，并且定义了一个场所的时间背景。"

因此，她认为，城市和场所经常被感知为快速的或慢速的：

> "快速的城市表现为复杂的、繁忙的和不安的，而且它们的日常社会生活往往被描述为重复性的、加快的和同质的。相比之下，慢速的城市则被视为相对易于理解、安静和有序的，而且它们的日常社会生活是模式化的，并且相当缓慢和独特。"

（Wunderlich，2010：135）。

此外，在所有城市中，某些场所将被感知为快速的，是活动的狂热中心；而另外一些场所则被感知为缓慢的、放松的，也是更为社会化的场所。

活动的周期也受到季节变化的影响。例如，在北方温带气候地区，日光照射时间简短，雪可以在地面上堆积，树木上没有树叶，而且即使在中午，太阳在天空中的位置仍然很低。冬天的天空通常是灰色的，潮湿、多风且寒冷。当外出时，人们裹上厚厚的衣物以保暖，并且仅在必要时才使用外部空间。在春季，树叶开始在树木上出现，而人们也开始在城市空间中徘徊，享受太阳的温暖。在夏季，树木枝叶茂盛，太阳高高挂在天空，日间漫长而光照充足，人们在城市空间中逗留的时间较长。在秋季，树叶变为各种红色和褐色，并最终从树上掉落。人们可以在城市空间中逗留，在冬季到来之前享受太阳最后的温暖。

城市设计师可以精心利用不断变化的季节，给城市空间带来更大的多变性和兴趣点。设计用于体现和提升一天中时间变化和一年中季节变化的环境为城市体验增添了丰富性。例如，建筑物的窗户不仅提供了光照和通风，而且使用者可以保持与外部世界的接触，并且可以通过太阳的移动感知天气和一天中的时间。一些利用季节交替的特点增加了城市空间的时间可辨性。例如，在一年中，落叶性树木长出新的枝桠，长出新的树叶，开花并结果，然后它们的树叶改变颜色并最终从树上掉落。

在讨论"冬季哥本哈根"和"夏季哥本哈根"时，盖尔和吉姆松（1996）观察了人们在冬季可能步行，但他们的步伐通常是快捷而且目的明确的；他们很少会停下来，如果停下来也只是短暂停留，而且只在必要时才停留。在夏季，人们仍然会步行，但次数大大增加；步伐更为缓慢和休闲。更令人吃惊的是，人们会更经常地停下来，开始坐下来并且通常会在城市中度过一段时间。虽然夏季在城市中心步行的人数只有冬季的两倍，但平均而言，每个人花费的时间则达到了四倍之多。因此，夏季人们的密度是冬季的八倍，这就解释了为何冬季街道安静，而在夏季广场上则挤满了人（Gehl & Gemzoe，1996）。在其他地区，温度的变化幅度可能更为明显，使得外部生活会在最短的情况下都显得非常困难（图9.1）。在这些场所，利用外部生活较为舒适的时段就变得非常重要。

我们据以架构并组织我们生活的某些时间周期与自然周期没有什么关系。例如，吉拉德（Zeubavel，1981，Jackson，1994）认为我们日常生活中很大一部分时间是依照"机械时间"架构的。例如，我们不再日出而作，日落而息。无论其具有怎样的历史渊源——但在宗教和经济方面具有越来越薄弱的相关性，一个星期的节律很大程度上是人为制定的。吉拉德认为我们"……越来越使我们自己和由自然控制的"有机的和功能性的定期性"脱离，并被由时间表、日程表和时钟控制的"机械性定期性"代替。"

克赖茨曼（Kreitzman，1999）认为，"旧的时间制造者"——夜晚和白天、早晨、中午和夜晚、周日和周末——所处的主导地位正在弱化，而旧的时间规律和时间限制因素也在弱化。虽然这是一个历史进程，例如从蜡烛、汽油灯到电灯，所有都在延长一天中的可用时间，但这种变化的步伐正在加快。克赖茨曼认为术语"24小时社会"对于正在发生的变化而言是一个有用的概括，也隐喻了一个"不同类型的世界"。这种趋势在某些城市中更为明显，克赖茨曼表明了英国正在如何成为一个24小时社会。自20世纪80年代末以来，电子公司已经记录到晚间6～10点之间电力使用量的增长，其主要原因是商店保持营业到很晚并保持照明，同时电话公司也记录了夜间电话流量的增长。

24小时社会随着时间结构的弱化和解体而出现——工作日从上午八点或九点开始并在下午五点左右结束，这一传统结构在过去限制并严格地控制着我们的生活。因此，时间的使用和活动的模式发生了各种变化。克赖茨曼（1999）认为"……我们不能创造时间，但我们可以提供更有效使用可用时间的途径，从而摆脱时间的束缚。"

与互联网和电子通信帮助我们摆脱空间的限制一样，我们可以从时间的限制中争取到更大的自由。如果夜晚／白天以及周末／周日之间的区别被持续弱化，这对于人们使用时间的方式意味着什么呢？简言之，它至少产生更大的自由和多样性，至少在最初将

图9.1 哈尔滨冰雪节（图片：马修·卡莫纳）。在北方城市——哈尔滨，室外温度冬季 −25℃，夏季 +25℃。每年一度庆祝冰雪节，整座城市成为冰雕的世界。

产生更大的不确定性。在一个 24 小时社会中，使用和活动的模式受到更少的控制，可以满足个人的需求和偏爱，并更具有不可预见性。尤其值得一提的是，它提供了机会，使人们能够避开高峰时间，因此减少拥堵。但是，尽管这些时间结构的分解提供了新的自由和机会，但其成本和利益分属于不同的社会群体：处于顶层的人们拥有更多的自由和灵活性；处于底层的人们则需要工作更长的时间，往往按非社会的时间工作。

1.1 公共空间的时间管理

由于混合用途能够在一个地方创造出更多的生活和活动，它们往往得到提倡。尽管创造一个生动的和获得良好使用的公共场所的关键是不同土地用途在空间上的集聚（见第 6 章和第 8 章），但必须从时间方面考虑人的活动。单一功能地区——无论由于功能分区还是市场进程所导致——往往只在有限时间内被专门使用。虽然居住往往被视为一种提供 24 小时生活和活动的土地用途，但更确切地说，这只是一种占据行为。当大部分的退休人员和家庭人员，白天在住宅中有频率较高的活动；但是对有工作的人来说，住宅在白天不过是功能性的占据，只是在傍晚和晚上住宅中才有更多的活动。

24 小时社会的一个缺点是它降低了人们在时间和空间上偶遇的可能性。随着社会凝聚力的缺失，人们对社会日益分裂现象产生了忧虑。这种社会凝聚力通过在特定时间发生的事件发挥作用，不仅将人们聚拢在一起，而且还赋予他们一些共同的东西。杰克逊（1994）提出北美大平原地区的城镇在火车开通后产生的"周期性"现象。吉拉德（1981，Jackson，1994）描述了人们共享时间表、日程表和日常事务的社会后果："社会团体共同遵循一个而且是唯一的一个时间规则……有

助于建立一个社会团体内部的心理边界，并在团体内构成一个有力的团结基础。"但更新的支配时间的自由是由服务设施的效率与经济效益所确定的，因为商店、咖啡馆等设施可以 24 小时营业，而社会共同遵守的时间秩序却不能追随它们。

城市设计师需要理解活动模式，如何鼓励在所有时间段内实现更高的使用水平以及如何实现相同空间和相同时间内发生的活动之间的协同效应。林奇认为，虽然"活动时间安排"和"活动空间安排"同样重要，但它往往不是"自发操控的"：

> "我们倾向于一个更准确的活动时间安排和更专门化的时间利用：周末、办公时间、高峰旅行等等。许多空间在特定的时段获得密集使用，然后在更长的时间内被空置。"

时间安排并未被完全忽视。雅各布斯认为产生"生机勃勃的多样性"的四个条件之一是确保存在按不同的时间表外出活动的人们（Jacobs，1961）。但是，必须要有组织地安排活动时间。林奇认为活动可以在某些时间内被禁止以防止冲突；在某些时间内被隔离以缓解拥堵；或者在某些时间内被集合以实现连接和足够的使用密度（例如交易日）。挤满人群的城市空间能使附加活动在空间上重叠并产生复杂联系，从而抵制了狭隘的专门化时间对活动的割裂和分割。

在描述特定的时间内被占用并且其他时间被空置的单一用途的建筑物和单一目的的空间（被称为"单一时间利用"）时，克赖茨曼（1999）认为在一个 24 小时社会中，建筑物和空间需要实现长期多样的使用。虽然公共空间往往由每日来来往往的人群自然形成，这些人群穿过空间，忙碌于各自的日常事务，但蒙哥马利（1995b）认为，它通过有计划的"文化活力"的节目刺激空间的活力。规划在

各种事件和场所内发生的一系列有计划的事件，鼓励人们访问、使用和逗留于城市空间。这些计划通常涉及一系列多样化的事件和活动，例如午餐音乐会、艺术展览、街道剧场、现场音乐和节日，跨越各种事件和场所。因此，当人们访问一个地区并观看正在发生些什么时，城市活力进一步获得刺激，由于更多人使用街道、咖啡馆等，公共空间也充满了活力。蒙哥马利强调对于成功的城市复兴而言，"软质的"事件、计划和活动等基础设施和"硬质的"基础设施——建筑物、空间、街道设计等同样重要。

对选择使用公共空间的人而言，公共空间不仅必须满足他们的使用需求，而且是吸引人和安全的。如第6章中所讨论的，安全是一个成功的城市场所的先决条件。人性空间往往是更为安全的场所，而人们最担心的地区则是被废弃的或挤满"不良"人群的地区。

虽然在许多城市和城市区域中，公共空间在日间和工作时间内获得良好的利用，但一个广泛发生的问题是在晚间和夜间缺少活动，缺乏吸引广泛社会阶层的用途和活动。其中尤为突出的一个问题是所谓的城市中心的"死气沉沉的"时段，一般从通常的工作日结束到夜间经济的开始，此后人们陆续回到城市中心，寻找休闲和娱乐。"24小时城市"概念和"夜间经济"的发展和开发是促使城市中心复苏的方法，并尝试解决上述的问题（Bianchini，1994；Montgomery，1994）。它们还形成了对功能性分区政策以及城市中心地区"空心化"的回应。

夜间经济和24小时社会概念（见第6章）受到两方面因素的影响。一个是在其本质上已经属于24小时性质的欧洲大陆城市；另一个则是为城市夜生活的复苏而开发相关政策的城市，一般地说，是为了重建和创造更安全的城市中心（Heath & Stickland，1997）。

除非晚间经济和24小时城市策略拥有广泛的依据，否则它们将被怀疑为以男性为主导并导致酗酒。

"……这里的内容不适合担负有"照顾者"职责的工作人士，他们没有时间在市中心逗留并整晚饮酒，因为他们必须回家并开始"第二班"煮饭、家务和照看子女的工作。"

（Greed，1999：203）。

对于夜间经济的需求以鼓励"娱乐"而不是酒精为基础，同时鼓励适合更广范围社会和年老群体的活动。另外还有一系列与产生噪音的活动（咖啡馆、酒吧和音乐场所）和噪声敏感的活动（城市中心住宅用途）之间冲突相关的微观层面的管理问题。

2 时间进程

通过时间的重复韵律和渐进的、不可逆转的变化。我们能够意识到时间的流逝。从本质上讲，过去是确定的，而未来则是开放性的。尽管我们可能渴望时间倒转，回到我们孩提时所认识的城市，或者重新经历一段美好的时光，但我们无法这样做。这就是无情的"时间进程"或者——按天体物理学家亚瑟·爱丁顿（Arthur Eddington，1927，Coveney & Highfield，1990）形象再现的说法——"时间之箭"。城市空间中有关审美的体验在第7章中有所讨论。此处将讨论场所内的长期体验和时间的流逝。

城市环境正在持续和无情地变化。从最初的设计草图到最终的拆毁，环境和建筑物通过技术、经济、社会和文化的变化成形和重塑。布兰德（1994）认为，商业建筑物必须迅速地调整："大部分商业发展或失败。如果它们发展，它们将进步；如果它们失败，它们将消失……商业建筑物永远都在变化。"

此外，在所有时间内，任何对一个场所

图 9.2 萨克拉门托旧城，萨克拉门托，加利福尼亚，美国（图片：马修·卡莫纳）。除了作为博物馆—以及逐渐成为过去的幻影，这类场所的未来会怎样呢？

空间结构的干预都将不可逆转地改变其历史，并成为该历史的一部分。因此，所有城市设计行为都为更广泛的、开放的和不断进化的系统做出贡献，同时也为一个更大的整体做出贡献。虽然从未静止，但建成环境的存在是对连续性过程、变化以及特定场所内时间流逝的证明。例如，诺克斯和奥佐林斯（2000）认为：

> "……在一个特定的时期内，某种特定类型的建筑物或建成环境的其他元素往往会成为时代思潮或其时代"精神"的载体。因此，每一座城市都可作为一段多层次的"文字"、一段标记和符号的叙述被"阅读"……建成环境记载了城市的变迁。"

芒福德（1938）认为，正是通过"其时间结构的多样性"，"……城市才在某种程度上摆脱了现在单一的和千篇一律的专制，不必重复过去已经听过的单一节奏。"（图9.2）

在工业革命之前，除非是自然力量或战争造成大规模的破坏，城市结构中的变化在本质上都是循序渐进和相对小规模的。城市通过看似"自然"的程序随时间进化：即它们有机地成长，后续的世世代代可以从它们的空间环境中获得一种连续感和稳定感。自

工业革命开始，变化的步伐和规模都开始加大，随着变化的过程，这些过程产生的影响都发生了巨大的改变。现代主义者认为，控制和指导这些变化过程的方式也需要进行彻底反思的重新思考：社会需要大规模的、社会和经济的组织，来发挥社会、技术和理性主义的优势。

现代主义对于时代思潮的热情所产生的一个后果是强调差异，而不是承认与过去的连续性。从过去获得的遗产被视为是对未来的障碍。例如，现代主义先驱者想象着扫除当时拥挤和不健康的城市，并被全新的并且完全不同的环境取代。在这样的环境中，摩天大楼高耸于树木和植被间。这种彻底扫除的心态和对理想画面的追求导致了对全面重新开发计划的偏爱，而不是采用更循序递增的——也是对环境更具敏感性的开发方式。此外，有说服力的论证是，全面的重新开发将促进物质环境的重要改善，并通过宣扬它的进步性和现代性来进一步说明。

这种理念获得发展的机会在1945年后的欧洲战争摧毁城市的重建中出现，并且在此后通过贫民区拆除计划和公路建造方案进一步提升。因此，发达国家中的许多城市在战后时期拆除和重建的步伐和环境规模上经历了大幅增速。阿什沃斯（Ashworth）和滕布里奇（Tunbridge, 1990）指出这个时期：

> "……突然导致了对城市空间结构历经多个世纪的进化成果的打断。过去及其价值因"勇敢新世界"的追求而被否决，而后者的创建则威胁将摧毁以往建筑成就的所有痕迹。"

在最初战后时期的大部分时间内，中心和内部城市区域物质、社会和文化机构的大面积摧毁被广泛接受，并没有受到严重的质疑。但是，到20世纪60年代中期，这种摧毁的社会影响开始显现出来。随着对于保护

的关注以及后来成为一种广泛的共识，经常性的和越来越广泛的公众抗议开始涌现，希望保留现有和熟悉的环境。最初，这种共识只是反应性的：公众已经受够了野蛮无情的改变，并且希望他们熟悉的环境得到改善，但在实质上仍然保持不变。在20世纪60年代和70年代初期，发达国家中广泛推出保护历史遗迹的政策。与此同时，保护成为城市规划开发中一个不可分割的而不是附属的部分。保护的出现还激发了对建筑、规划和城市开发中各种理念的根本性的质疑和重新评估，并且对于有关城市设计和场所营造的思考至关重要。

2.1 保护

林奇概述了有关保护的目的和行为的一系列问题：

"我们是否在寻找辉煌时代的证据或我们能够找到的任何传统的蛛丝马迹，还是在判断并评估过去，去芜存菁，保留我们认为最好的东西？

"事物是否应当因为与重要的人物或事件存在关联而被保存？因为它们独特或者完全相反，因为它们是它们的时代最典型的？由于它们作为一个群体符号的重要性？由于它们在当代的内在价值？由于它们作为历史信息资源而具有的特殊用途？

"或者我们是否应当（正如我们最经常做的）让随机性来替我们拣选，为下一个世纪保存这个世纪碰巧留存下来的一切？"

蒂斯迪尔等人（1995）认为保护历史建筑和环境的理由有很多，而且往往是与文化、背景和建筑相关的。他们列出了更为常见的理由：

- 审美价值——历史建筑物和环境的价值来源于内在美或者稀缺性。

- 建筑多样性和差异的价值——现有环境由于建筑多样而得到重视，这种多样性源自于许多不同时代的建筑物拼接与并存。

- 环境多样性和差异的价值——在许多城市中，历史区域人文尺度的环境和中心商务区的纪念尺度之间往往存在强烈的对比。

- 功能多样性的价值——不同年代的建筑中存在着各种类型的空间，促成用途的混合。较旧的建筑物和地区可以提供较低的租金，使经济上无法获利但具有社会意义的活动在城市中拥有一席之地。

- 资源价值——由于建筑物是已利用的资源，它们的重新使用是对稀缺资源的保护，减少了建设和良好资源配置过程中的能量和材料消耗。

- 文化记忆和遗产连续性的价值——可视的历史实物有助于一个人或地方的文化认知和记忆，通过理解过去给当前赋予意义。

- 经济和商业价值——历史的环境提供一种独特的场所感，为经济发展和旅游提供机会。

在大部分国家，保存和保护作为一种广泛的和连贯的行为是近期才出现的。列菲伏尔（1991）描述了对于保护的态度如何随时间发生变化：

"……在为获得快速发展而苦苦挣扎的过程中，许多国家轻率地摧毁历史空间——房屋、宫殿、军事或民事结构。只要摧毁能够带来优势或利润，旧的空间就会被清扫一空。然而，后来……同样是这些国家最终发现这些空间已经通过几乎无限的前景被融入文化消费服务、"文化本身"以及旅游和休闲行业中。当发生这种情况时，他们曾在城市美化运动期间如此轻率拆除的一切又以更大的代价重新建造。在城市历史还未被彻底破坏的那些地方,"翻新"就成为最主要的任务,或者模仿、复制、新添这个或新添那个。"

保护政策和策略的发展有四个高潮(见表9.1)。第一个高潮涉及各建筑物和历史／古代纪念物的保护。虽然在许多国家中,这种情况在19世纪开始出现,但更为一致和全面的行为则在1945年以后才开始发展。

在人们意识到历史建筑物的环境也需要保护后,第二个高潮在20世纪60年代和70年代之间开始出现。这些基于地区的政策以建筑物之间的历史建筑物、城镇景观以及空间为关注焦点。这些政策也是对于清除和全面重建政策以及道路建造方案所导致的显而易见的社会、文化和物质空间破坏的一个反应。这些政策并非"保存"政策,而是"保护"政策:保存是关于停止或限制改变;而保护则是对不可避免的变化进行调控的"保护"政策。例如,林奇认为保护的关键是"……将其与保存历史的概念相分离。"

在大部分国家,从保护个别的建筑物到保护地区的转变,迅速地从直接地和限制性地关注保护发展到关注改变的管理和关注复兴。因此,第三个高潮——也是最断断续续的高潮,就是本地复苏政策的发展,这种发展在本质上源自于人们意识到,一旦历史建筑物和地区获得保护,它们还需要获得积极的和可行的使用。虽然最初的保存政策在很大程度上是关于"过去的历史",但后来的保护和复兴政策则越来越多地关注"过去的未来"(Fawcett,1976)。

虽然它们已经从破坏中被保存下来,但接下来的一个问题是考虑它们被保存下来的原因。与此同时,专业关注的圈子也从建筑师和艺术历史学家扩展到规划师、城市设计师、经济开发专家和其他人士,包括著名的文化人类学家、历史学家和地理学家。第四个高潮是对获得保护和复兴地区的管理和持续的维护。

2.2 场所的持续性——持续性的对话

保护的出现导致了对场所独特性及其历史的更多关注和尊重,而且在很大程度上有助于当代城市设计思想的发展。当前许多城市设计方法与现有的场所感相呼应,强调与过去"连续"而不是强调与过去"剥离"。在一个快速变化的世界中,有关过去的视觉和有形的证据因其传递的场所感和连续性而受到尊重。由于城市的各种元素按不同的速度变化,尽管变化持续发生,城市特性的一些"本质"仍然得以保留。例如,在许多城市,街道和布局模式都能适应渐进的变化。如第4章所讨论的,布坎南(1988a)认为交通网络、网络内部和附近的纪念物和公民建筑物,都是城市相对永恒的部分。在这个较为永久

历史保护政策和策略的发展的四个高潮　　　　　　　　　　　　　表9.1

	保存	保护	复兴	管理
理性	对单体建筑和结构的保护	对改变的管理	经济开发能确保建筑在积极的使用中得到保护	土地管理,保护和提升场所感和质量
挑战	对精英建筑的保护	对许多建筑的保护—但是数量过多,不可能所有的博物馆都以公共成本给予保护	经济开发对场所感和历史建筑是敏感的	在不同的土地利用、社会特征、物质改变中的管理冲突
主要参与人	艺术历史学家	更新保护的规划师	更新保护的规划师,经济开发的专家	更新保护的规划师,经济开发的专家。城市管理者与基地管理组织

的框架内，各个建筑物出现和消失，但正是那些历时久远的组成部分，包括能够保存下来的建筑物——为连续感做出了贡献，并且为时间在该场所内的进程提供了证据。因此，"有生命力的"开发模式能够提供场所稳定性和连续性。

一个城市空间的相对永恒性有助于确立其作为一个有意义的场所的品质，而其物理性为时间的流逝提供了有形记录，并且体现了"社会记忆"。罗西（Rossi，1982）以时间对于城市不断变化的结构所产生的影响为核心，讨论了城市的"集体记忆"概念。在这个概念中，城市形式是来自过去并服务于未来的文化宝库。罗西认为城市的结构包含两个元素：由建筑物围合的街道和广场所具备的一般的城市"肌理"，它将随着时间改变；另外还有"纪念物"——大型建筑物，其存在给每一座城市赋予了其特有的特征并体现了城市的"记忆"。

但是，对于场所的连续性和归属于场所感的价值存在其他观点。除了对过去的大部分建成遗产的藐视，现代主义者还信奉建筑物"暂时性"的理念——这些理念以工业生产的潜力为依据。建筑物就像汽车一样，是一种可能批量生产的产品，具有内在的"过时性"。它们在设计时就注定了在直接效用耗尽时被抛弃（MacCormac，1983）。此类态度与建筑的传统场所营造和场所定义品质以及考虑环境可持续性所具有的重要性是完全对立的。

尽管如此，从极端的角度来看，广泛的保存和保护可能阻碍、阻挠甚至停止一座城市的进化和发展。在强调环境可适应的必要性时，林奇认为那些不可改变的环境"迎来了自身的毁灭"：

"……我们期待这样一个世界，它能在有价值的历史环境中渐进地改变，在这样一个世界，每个人都能在历史的遗迹旁留下自己的印记。……为了现在和未来，控制环境变化和积极利用历史遗存，是对神圣历史的更好尊重。"

为保存城市环境适应变化的能力，环境必须能够进化，能够"适应现在和面向未来，同时无需割断与过去的连续性。"（Burtenshaw，1991）（图9.3）。

事情不是非黑即白——对历史环境的整体保存很少是完全正确的，而对历史环境的全面再开发也不是彻底错误的。相反，它通常都关系到平衡的问题。例如林奇提倡体现"历史的延续性"，并通过插入新建筑产生的"暗示和对比"来强调历史，其目的是产生"一个随着时间流逝而越来越聚集的，而不是从来不变的城市环境。"这些方法强调有必要通过新的开发来体现城市的时代精神。

彭德尔伯里（Pendlebury，1999）指出了三种保护主义范例——保存主义者；视觉管理者（遗产）和形态保护主义者（见图9.4和表9.2）。这些范例可以通过它们对于立面主义的不同观点来阐释（见框图9.1）。在保

图9.3　伦敦城市（图片：马修·卡莫纳）。旧建筑对地区产生景观和符号的稳定性。新加入的元素通常反映这种过程与变化。伦敦圣保罗教堂的保护被用来维护该座城市的历史感。克里斯托弗爵士的屋顶成为城市的标志。这与时代广场上高层办公建筑的开发形成对比，时代广场作为世界金融中心的标志。

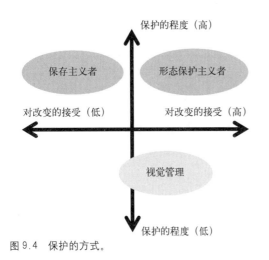

图 9.4 保护的方式。

存主义者范例中，立面主义是不可接受的；视觉管理者对于现实几乎没有任何意义；而形式保护主义者响应则是矛盾而微妙的。

一般而言，为在建成环境中工作，城市设计师需要理解环境如何适应改变，更重要的是，为何某些环境能够比其他环境更好地适应。有价值场所的视觉和物质连续性与建筑物以及环境的"废弃"、改变的时间框架以及该场所的建成结构和其他物质属性的"稳定性"和"活力"相关。这些相互关联的概念超出了"保护"的狭义范围，代表了时间和变化对建筑物和环境造成的影响的所有方面。

保护图表 表 9.2

	保存主义者	形态保护主义者	视觉管理者
基本原理与价值观	"纯粹主义者"—对真实的"历史性"网格的单一性关注	过去、现在和未来的场所精神的演变过程—一种"持续性的叙事的"，场所精神是一种随时间变迁的产品。	务实的整体性关心，包括可行性元素（但是危险的权宜之计）。对塑造历史性的场所具有轻微的影响。
发源、演变	对维多利亚时期过多保存的反应。对尤其重要的历史场所和纪念物正确地对待的争论	基于聚落的历史发展过程的研究—城镇的发展被看作是社会发展的物质表达，被赋予文化的含义，成为场所的精神（场所精神）。	对历史区的保护—通过旅游开发和场所、遗产的商业化，提供经济发展的机会。
干预性哲学	最小干预——顺其自然。更改可见性，偏好可逆性	关注变化的过程—虽然外来干预在不影响场所感的限度内（例如这对维持场所感是重要的）。变化是可容纳的，成为持续叙事的一部分。	重视保留的外部空间和视觉特征。强调遗产主题，与历史场所感的一致性。
历史网格的重要性（对恢复和立面主义的态度）	保留历史性结构是至关重要的，真实性是反映高价值的一种标准。历史结构作为整体是完整的—因为建筑整体性的缺失，立面主义是不可接受的。	历史性结构的保留是重要的一虽然不是必要的首要因素。外来因素必须基于对城市形态，尤其类型、形式和主题的演变过程的详细的和复杂的理解。对立体主义的接受依赖于个体案例（例如是否在原有地块内保留）。	不太重要。对历史网格关注少—更多关注美学的和城市设计的考虑。门面主义看起来是合法的。
新开发：空间特征	中立的	尊重现存的形态学、尺度、人群等，有助于场所感的形成。设计应该尊重历史形态（例如建筑边线）	需要尊重尺度、人群等，在主要的场所。
新开发：视觉特征	建筑应该是时代的建筑	中立的	通常的历史主义者的方法—新开发必须符合历史性的场所感。
公共空间设计	设计应是当代的。	中立的	通常的历史主义者的方法—新的街道家具应该匹配历史性的场所感—例如"该时期式样"的街道家具。

来源：摘自 Pendlebury（1999）。

框图9.1 立面主义

　　一个不言自明的建筑常常被认为应该在平面、立面和剖面之间存在一个"一致"的关系（见第7章）。在这种关系是虚假的或虚弱的情况下通常称为立面主义。立面主义指的是两种不同的情况。最一般的情况是建筑的内部与外部的功能与结构的"不一致性"。但是，这个原则没有很好地被体现（见沃特金的道德与建筑1984）。布罗林（1980），例如，认为：

　　"'真实'地将内部空间反映在外部立面上不应被看作是美德或更高的道德。现代主义建筑道德观认为，建筑的外观和建筑的内容之间的视觉关系是同样重要的。"

　　虽然一个立面将独立的建筑整合起来，但是由于一些带有开放式办公楼层的大型办公建筑向外延伸，从外面看起来是分隔的墙体。

由于新建的建筑是位于保留的立面后面，立面主义经常被质疑老建筑保留立面的这种做法。Richmond Riverside, London 伦敦（图片：马修·卡莫纳）。

在宾夕法尼亚的立面主义（图片：马修·卡莫纳），虽然是四层建筑，保留的立面被看作像是一座玩具店。

Facadism in salt lake city, Utah（图片：史蒂文·蒂斯迪尔）。新建筑位于保留的立面后面，新建筑的高度通常与保留的立面相似。

剑桥（图片：马修·卡莫纳）。立面主义不是新事物，这里古典复兴的立面被设置在哥特式建筑的立面上。

废弃

废弃是指一项资本商品使用寿命的减少。它存在多个相互关联的维度：其中一些是建筑物和其功能的属性，而另一些则与整个地区相关（见表9.3）。废弃是"固定的"城市结构和地点无法适应于改变所导致的一个主要结果，无论是技术的、经济的、社会的还是文化的改变。一座建筑物典型的生命周期可以描述如下：当启用时，它将是依照建筑施工的当代标准建造的，通常拥有"最先进的"功能，并且为该功能获得适当的定位。随着建筑物老化，而其周围的世界变化，与其盈

废弃的类型 表 9.3

类型	发生／原因	结果
自然的 建筑的废弃	● 由于时间、气候、地面沉降、交通产生的震动，或者缺少维护的影响。	● 建筑需要维护，以及常规的、持续性的维修。 ● 缺乏维护，建筑的物理条件将受到承受的荷载影响—提高破坏或废弃的可能性。
结构的 建筑的废弃	● 由于时间、气候、地面沉降、交通产生的震动，或者缺少维护的影响。	● 建筑需要维护，以及常规的、持续性的维修。 ● 缺乏维护，建筑的物理条件将受到承受的荷载影响—提高破坏或废弃的可能性。
功能的 建筑的废弃 土地利用的废弃 地方性的废弃	● 以当时的标准来衡量，建筑的构成不再适合当前的使用功能。 ● 功能废弃同样可能是因为建筑使用依赖的外部因素的变化（如狭窄的街道或者交通堵塞造成建筑的可达性差）。	● 因土地利用的变化而调整。 ● 新的技术可以"恢复"建筑／地方。
形象／风格 建筑的废弃 土地利用的废弃	● 建筑或地方性的观念上的产物。 ● 能够应用在建筑上所有可能的使用，或满足某一特定的功能（目前的功能）。	● 作为价值观的体现，或许缺少深层次的内涵。 ● 因土地利用的变化而调整。
合法的 建筑的废弃 土地利用的废弃 地方性的废弃	● 当一个公共机构确定了某种建筑功能的最低标准，而那个建筑没有或者不能达到。另一种情形，地区的分区规划允许更大规模的建筑出现在场地上。	● 建筑无法满足目前的功能要求或其他功能—提高破坏或废弃的可能性。 ● 新的技术可以"恢复"建筑／地方。
官方的 建筑的废弃 地方性的废弃	● 当地方当局规定某一地区将被用来征收或清理，用作道路设施、道路拓展或再开发。	● 提高破坏或废弃的可能性。 ● 原有设计可能被推翻。
区位 土地利用的废弃 地方性的废弃	● 在土地位置相对不变的情况下，其他因素，如到达用地的交通方式，劳动力成本等发生了变化。	● 因土地利用的变化而调整。
财务的 建筑的废弃	● 在财务和债务分析后，将建筑看作是资本投入和财政赤字生活的一部分—建筑被当作废弃的资本。	● 财政赤字的生活使建筑实体不再出现经济平衡表中（例如财政赤字生活结束）—虽然建筑仍具有内在价值，但不再具有税收价值。
相关的 建筑的废弃 土地利用的废弃 地方性的废弃	● 建筑和环境的废弃是相对的。	● 建筑的废弃很少是绝对的。

建筑的废弃意味着仅仅对地区上特定建筑的影响。
地方性的废弃意味着影响该地区所有的建筑。
来源：摘自和引申为 Lichfield（1988；Tiesdell，1996）。

利能力相关的因素也发生变化，该建筑物相对于更新的建筑物变得越来越过时。最终，它不再被使用并被抛弃和／或拆除，它所在的场地被重新开发。

由于废弃很少是绝对的，一个重要的考虑内容是废弃是绝对的还是相对的——这与可以选择的机会成本相关，其中包括来自其他建筑物和地区的竞争、在该场地上进行替代开发的成本以及在其他场地上进行开发的成本。

当建筑物被视为废弃时，必须区分它只是丧失当时的功能，还是已经丧失任何功能。一座位于城市中心内部或附近的仓库可能在其当前用途上已经过时，但可以被转变为住宅用途（即过时性通过用途的改变而消除）。此外，还应当在"可挽救的"废弃（成本效率上值得再利用）和不可挽救的废弃（目前成本效率上不值得再利用）之间进行区分。

保护控制措施为历史建筑物提供了一个"行政层面上的保护"，它延长了建筑物正常的生命周期，但增加了废弃的可能性（Larkham，1996）。尽管保护控制措施可能限制或抑制，甚至阻止复原和新开发，但它们这样做是为了确保建筑物或环境的生存或保护。历史地区和建筑物的保护经常意味着必须使它们获得有效利用，这样可以为历史结构的维护提供必要的资金。从经济活动的角度而言，通过新用途取代以前的用途或活动，造成建筑物功能的改变能够使建筑物获得新生。建筑结构可以通过各种形式的介入调整以适应当代的要求，菲奇（Fitch，1990）将其列出如下：

- 保存是指使建筑物保持在当前的物理状态。
- 复原是指将人工制品恢复到其生命周期中早前阶段中的物理状态的过程。
- 复原（保护和整合）是指在建筑物的结构中进行物理干预，确保其连续的性能。

- 重构是指逐件重新组装建筑物，可以在原址，也可以在新的位址。
- 转换（调整型重新使用）是指对一座建筑物进行调整以适应新的用途。
- 重建是指在原址上重新创建消失的建筑物。
- 复制是指准确建造一座现有建筑物的复制品。
- 立面主义是指保存历史建筑物的外立面，并在该保留的外立面后建造一座新的建筑物。
- 拆除是指拆除建筑物，清理场地并进行新的开发。

尽管以上列出了选择的范围，但在具体环境下，各个措施的适宜度和可行性是不同的，如同洛温塔尔（Lowenthal，1981）所述，"……如果被保存的内容质量低劣或其改变已无法识别，那么"保存"就没有什么意义了。"此外，在处理现有的或历史的建筑物和环境时，已不再是"新的好过旧的"或"旧的好过新的"的问题了，而是要处理好两者之间的关系（Powell，1999）。在考虑现有建筑物和环境的特性时，我们还有更多的可能选择，而不只是日益消退的、有限的尊重，或者是轻蔑地完全不予考虑。此外，如第5章所讨论的，还存在有关真实性和"再造场所"的问题。

变化的时间框架

城市设计的时间维度中一个必不可少的元素是城市设计师需要理解随着时间推移，什么保持不变，什么发生变化。如第4章所讨论的，康泽恩（Conzen，1960）强调了主要形态元素稳定性的差异。虽然街道和布局模式可以保留较长的时间，但建筑物，尤其是土地用途的适应能力则较低。然而，在许多场所中，建筑物已延续了数百年的时间，从而帮助保持了场所的历史感。虽然建筑物内的土地用途经常改变，但它们的外观和形式在很大程度上保持不变。这些建筑物具有生命力。

现在历史性建筑物和环境的存续在很大程度上在国家广泛介入房地产市场以保护这些建筑物和环境之前就已开始：来自过去的建筑物"……在很大程度上因其自身的特点幸运地得以存续，而且主要是由于它们能够继续满足使用目的。"（Burke，1976）。虽然这可能是由于简单的经济必然性所导致的，但它也是某些审美和文化价值的表达——城市景观在文化上和经济上或两方面共同被视为应当被保留而不是拆除。

达菲认为，一座建筑物可以被想象为一系列的生命期限：建筑的"壳"或结构维持建筑的整个生命周期；"服务设施"（即线缆、水管、空调、电梯等）必须每15年左右更换一次；"布置"（即隔离物布局、吊顶等）每五至七年改变一次；而"配置"（即家具的布局）可以数周或数月改变一次。布兰德（1994）对达菲的系列寿命层理论做进一步扩充和延展，发展出六个系统（见表9.4）。

这些系统变化是不同步的——"场地"和"结构"的更替是最缓慢的；而"物品"和"空间布局"是最迅速的。对于有生命力的建筑物——那些能够适应变化的建筑物而言，能够在保持较慢变化系统不变的情况下，允许较快变化系统的变化（在结构不变的情况下改造服务设施）。关键问题是，有生命力的建筑物中，结构不得束缚或限制那些变化较快的系统的自由。同样地，建筑特征也可能来自变化较慢的系统。

弹性和生命力

"弹性"和"生命力"有时在使用时可以互换。其区别在于，弹性是指在不产生不当变形的情况下抵御变化的能力（即它抵御时间和变化的磨损，即物质的和结构的疲劳），而生命力则是指在物理形式不发生重大改变的情况下适应变化的能力（即它抵御功能性的衰退）。但是，生命力并非仅仅是关于形式和功能，它还包括一些其他的重要意义，这些意义来自与形式相关并蕴含其中的价值、意义和象征。因此，有生命力的建筑物还需要具备一种难以捉摸的品质，即"魅力"：在一座有魅力的建筑物中，细微的（甚至有时是严重的）不便会得到宽容；而同样的不便如果发生在缺乏魅力的建筑物中，则往往是致命的（图9.5）。

最早有关建筑生命力的讨论是由安德森（Anderson），在他的书作《论街道》中提出的。安德森吸收了甘斯的论点，即物质环境可以解释为提供各种环境可能性和机会的"潜在的"环境，并且在任何时候，所实现的是"综合的"或"有效的"环境（见第6章）。安德森认为，"潜在的"环境是当前还未被挖掘的环境可能性构成（无论这些可能性是否已经

布兰德提出的六个系统　　　　　　　　　　　　　　表9.4

地点	法律确定的地块，其边界和环境比几代建筑都存在得更久。
结构	建筑的基础和承受负荷的要素，它的生命周期可以是30～300年，甚至更久。
表皮	建筑的外表面—紧跟建筑风格和技术的变化，或者整体修复大约每20年进行一次。（注意，在石头承重结构中，表皮也是结构，如果此外还有一层覆盖物，表皮可以与内层结构无关，而且相对容易改变。）
服务设施	通讯线路、电力线路、管道设施、自动喷水灭火系统、供热系统、通风系统、空调系统和其他可以移动的部分，如电梯和自动扶梯，这些设施7～15年需要更换一次。
空间布局	室内空间布局（即墙、天花、地面和门的位置）根据土地用途的改变而变化，商业建筑空间比居住建筑空间变化得更频繁。
物品	椅子、桌子、电话、挂画等（即那些可以每天或者每周更换的东西）。

来源：摘自布兰德（1994）

被认可）。例如，当工业阁楼首次被建造时，人们并没有预期它们后来可以用作居住用途。因此，建筑的生命力是一个有关建筑物的形式和它能够适应的用途之间的关系的问题。许多土地用途具有相对较高的适应能力，可以容纳于各种建筑形式之中。相比之下，建筑物的灵活性较少，而且过度专门化的建筑物更是削弱了适应不断变化的土地用途的潜力。布兰德（1994）提出的总体观点是，由于技术变化快于建筑物变化，而且通常比建筑物更加灵活，最好让技术适应于建筑物而不是让建筑物适应于技术。

图 9.5　仓库转换，Milwaukee（图片：史蒂文·蒂斯迪尔）。因为工厂阁楼和仓库转变为居住公寓后，具有"艺术的"和"波希米亚的"风格，所以这类建筑的转变是出于功能和形态特点两个原因。

虽然现代主义功能主义教条信奉"形式遵循功能"的概念，但活动／土地用途和空间／形式之间的关系非常复杂。林奇认为：

"行为在相对不变的空间容器内周期性和渐进性地转换。因此，这些空间的形式不能追随功能，除非空间的使用简化为某些单一的和不变的行为类型。"

屈米（Tschumi，1983）提出了形式和功能之间关系的三种类型：无差异——"空间"和"事件"在功能上相互独立；互惠性——空间和事件完全相互依赖并且完全以对方的存在为条件；以及冲突性——空间明确为某个特定的功能设计而（后来）容纳一个完全不同的功能。后者通常具有某些附加的意义：一座河边的电站改造为一座美术馆，可以为展示的艺术作品增加新的意义（图 9.6）。

虽然建筑生命力是指防止、延迟或避免因出现功能性废弃时发生的建筑活力丧失，但功能因素并非仅仅是建筑物废弃的唯一原因，它还可能与外部因素相关。这些因素可能在不改变这些建筑物的情况下恢复建筑物的使用或使建筑荒废。伦敦市的办公室提供了一个非常有趣的例子。20 世纪 80 年代初期，办公室大楼需要处理日益增长的使用个人电脑产生的额外热量，以及工作站越来越多的

图 9.6　位于英国伦敦河边的发电站改为泰特现代艺术馆（图片：史蒂文·蒂斯迪尔）。

电子和电力服务设施所需的电缆。因为新的大楼可以通过设计更高的层高，以便安装额外的冷却设备，并且方便地面抬高以安装线

缆。所以，现有的存量办公楼面临废弃的危险。因此，开发商们看到了在伦敦市内重新开发场地或在其他地区进行新开发的机会，例如在金丝雀码头。但是，在现实中，新一代的个人电脑配备了内置的风扇，再加上光缆的引进，延长了伦敦市大部分存量办公楼的使用寿命，而预期的功能性废弃并没有实际发生。

建筑生命力体现了"长寿命／宽松配置"的概念——顺应改变的能力在设计时就已融合在其中，因此建筑物能够适应，减轻了对于重新开发的需要或需求。林奇认为，"环境适应性"可以通过在一开始就考虑额外容量；提供充分的通讯设施；将可能改变的和不可能改变的元素分离；并且在各个部分的端头、侧面或内部留有成长空间等方式实现。布兰德（1994）认为，组织和建筑物的进化"始终并且必然是令人吃惊的"；适应性无法预测或控制，因此，事实上："我们所能做的就是为它留出空间——在最底层留出空间。"

建筑物的生命周期是无法预知的：计划供短期使用的建筑物往往存续并成为长期建筑物；计划用于长期用途的建筑物有时则变为短期的建筑物。设计包括短期或长期使用的建筑和环境的设计——其中，短期是指被劳森（2001）称为"非委托的"设计方式进行设计，往往产生平庸的、平淡的结果，或只考虑当前使用的"一次性设计"，由于过时，原设计对象往往被迅速地丢弃并被更新的版本替代。短期设计暗示了地方责任感的基本丧失，全球资本往往快速和轻轻地在一个地方着陆，同时不断在其他地区寻找更好的机会。可持续的设计是建造具有魅力和个性的有活力的建筑物，这些建筑物在设计时就是有活力的（见可持续性插入6）。

考虑到预测在一座建筑物的预期寿命中可能发生的变化时存在的困难，从已经成功应对用途变化的建筑物中学习经验就显得尤为宝贵。达菲（1990），宾利等人（1985），穆东（1987）和布兰德（1994）进行的研究指出了三个影响建筑物长期生命力的关键要素——进深、入口和空间形状（见表9.5）。在布兰德的层级体系中，这些就是"建筑构成"的基本方面。生命力的建筑平面往往进深小，层数低，并且拥有许多入口，而且通常具有

影响建筑生命力的物质因素   表 9.5

（1）进深	存在着对人工照明和通风的批评，因为它们影响建筑兼容各种使用功能。绝大多数的功能使用需要自然采光和通风。如果建筑的进深太大，就不容易改变其用途。卢埃林·戴维斯（2000）概述了不同建筑进深的使用情况： ● 小于9米的进深可以提供良好的日光和通风，但是对于有中间走廊的建筑来说通常太小了，限制了内部布局的灵活性。 ● 9～13米之间的进深，提供了自然采光和通风的空间，并为设置中间走廊提供了可能性（因此，最具有生命力）。 ● 14～15米之间的进深允许空间的进一步细分，但是通常需要一些人工通风和照明。 ● 大于16米的进深耗费更多，需要越来越大量的人工通风和照明。
（2）入口	由于所有建筑需要与外界建立联系，因此入口和出口（防火）的数目，决定了一个建筑如何能够轻松地适应各种用途。建筑高度也是这方面的特殊限制，从而限制了它们的用途。
（3）空间形状和尺寸	为了建筑的生命力，空间的尺寸要达到能够开展广泛的活动，以及能够细分（这可能与窗户位置有关）或者能够合并成更大的空间。例如，在居住建筑中，10～13平方米的空间能够用作卧室、厨房、起居室或者餐厅。拥有这种空间尺寸的住宅，被证明是有相当兼容性的，如从家庭住宅改变为许多较小型的公寓（Moudon，1987）。布兰德同样主张，长方形是唯一可以很好地延伸、划分及有效利用的空间形状。

来源：摘自 Duffy（1990）；Bentley（1985）；Moudon（1987）；Brand（1994）；Llewelyn-Davies（2000）。

可持续性插入 6- 灵活性与持久性

建筑场所的持久性与适应变化的能力（灵活性）是可持续的，因为一旦建造起来，建筑环境在能源和资源上是很大的投资。体现在典型的城镇和城市的建设中，例如，城市开发和城市更新在多年将消耗大量的能量。对它们来说，一旦建成，建筑将持续地使用能源——通过对典型新建筑的研究表明，五年内，在使用上消耗的能量超过能源基础设施的建设成本（Barton，1995）——但是，随着越来越多的建筑节能技术的应用，在施工过程中能源的消耗变得更加重要。减少来自建筑材料上的压力，减少废物产生，并能用"拆迁"处理或回收能量，需要建设更具弹性的公共空间、城市格局和基础设施。最后一点是重要的，因为在长期的过程中，发展模式应具有适应性（灵活性），在城市规模以及建筑单体的规模上：公共空间需要兼容许多相似的和不相容的功能；解决方式需要能够适应随时间变化的技术、生活方式和工作方式（Barton，2000）。

英国政府的研究表明公共空间在未来在能源持久性方面将发挥重要的作用——通过采用生态技术（风、太阳能与热泵）为国家寻找方法，减少依赖高碳燃料的来源（GOS 2008）。采取措施减少气候变化，延迟温室气体排放量。在西欧，出现了更极端的天气条件，包括夏季炎热干燥、冬季温暖湿润，海平面上升、淹没等。这就要求建筑和空间的设计能够适应环境的变化。对于 CABE（2009），这些要求研究城市的自然发展过程：

"质地柔软的、绿色的、更有机的、自然的空间将储存水，对调整城市温度将是至关重要的。绿色空间与茂密的树林连接起来将形成一个网络，提供凉爽、清新的空气。适应我们提出的城镇和城市自然运行的要求。例如城市的水系统是如何运行的，以及如何管理的"（见可持续性插入 4）。

规则形状的房间或空间。但一个地区的大部分建筑还是可以做到的，土地的使用很少有高度专业化的要求，而且即使如此，也很少有专业化的组成部分。

城市空间应该具有生命力和弹性，可以定义一套城市空间的关键属性：

- 开放的——没有过多的"繁琐设备"和不可移动的硬质和软质景观，或对小型的单一使用空间进行不必要的细分。
- 灵活的——能够进行细分，但也提供作为大型空间使用的可能性，以满足各种用途／事件。
- 多变的——不受某种单一的交通模式（即通过公路）、基础设施要求或单一功能的限制。例如，许多市场广场在某一天是市场需求，而在另一天是举办特别活动的场地，有时候被空置用作停车场。
- 舒适的——能够适应不同的微气候和天气变化，提供太阳和风雨遮蔽，但在需要时也可以接触到阳光（见第 8 章）。
- 社会的——能够支持不同类型和模式的社会活动（例如公共展示、私人和集体个人空间）。

可持续的环境设计不仅必须具有生命力，而且同样应该便于维护。尽管有高质量的材料，但这些材料的细节以及维护机制也同样重要。在物质结构方面，最佳的策略是通过"预防性维护"——在建筑物中的材料和系统出现故障之前对它们进行例行维护，以及／或者在设计和建造建筑物时减少维护需求来防止建筑物进入维护的漩涡（Brand，1994）。建筑物和环境预期存续的时间越长，维护和其他运行成本超出最初建设资本成本就越多，因此，业主就越有动机投资于更好的建筑以减少未来的维护成本。这与开发商、最初的投资人以及后续的业主、占用者、租户和使用者之间的成本分配有关（见第 10 章）。如蒂贝尔兹（1992）所警告的："……景观可以随着时间而发展成熟，建筑不同，除非经过良好的护理，否则建筑物的表现将恰恰相反——它的状况将恶化。"对此，城市设计师可以向景观设计师学习，后者认为设计是一个指导持续变化过程的问题，其中的成功取决于对已经创建的事物进行细致的管理。

世界上大部分伟大的城市都证明是能够熟练适应变化的。在这些场所中，城市结构允许发生一些根本的变化，同时保留其本质的特征和功能性。这通常与它们的基本形态（基址、街区和公共空间结构）以及基础设施如何支持城市扩张和交通相关（见第 4 章）。经验表明，拥有精细细部和混合用途、建筑物类型以及共享公共空间的城市和邻里更可能适应改变，无需采用激进的干预措施拆除和翻新不便使用的建筑物、空间和基础设施。

尽管如此，邓纳姆·琼斯和威廉姆森（2009）已经通过其对于美国郊区的研究证明，当环境被证明是不灵活的时，可以回顾性地采用激进的翻新以插入更可持续的城市结构类型。他们认为，通过对低密度住宅郊区以及具有更高密度的、更可步行的和混合用途协同作用的郊区办公室、工业和零售公园进行城市化，"……可以实现大幅减少二氧化碳的排放，社会资本的大幅增加以及对系统性增长模式的改变。"（Dunham-Jones & Williamson，2009）。此外，美国的郊区市场已经推动了这种变化——但当这些开发的位置不当时，几乎没有完成什么实质性的东西（当气候和对食物和水的需求只能通过能量密集型的技术方式解决时）。

2.3 社会改变与绅士化

场所稳定性在城市设计中不仅仅包含空间结构。第 6 章讨论了城市设计的社会维度，但在这里还应当提及另一个社会问题—即绅士化的问题。以上的讨论在很大程度上关注于随时间发生的变化如何对城市的建筑存量和空间结构产生影响。这些变化中有许多都源自于深远的社会和经济转变，这些转变使得城市中特定的建筑物对于使用者和投资者更（和更不）可取，有时会导致它们废弃。

对于可能发生变化的社区，这些持续发生的变化过程具有暗示意义。有时这种暗示意义是积极的，例如，一个荒废的住宅区被重新装修，或者有缺陷的住房被拆除并重建，以改善现有居民的条件。有时这些过程是消极的（至少对于现有居民而言），例如，当社区被拆散并在其他地方重建，以便为综合再开发让道时，或者当环境变化中的定价过高使特定地区的现有居民无法承受时。

在前一种情况下，综合变化和递增变化之间的平衡和相对缺点讨论如下——这通常涉及不同的开发形式和速度之间的选择，这些过程是对公共政策和法规的呼应（见第 11 章）。

在后一种情况下，二手住房市场中的趋势以及土地使用中（从出租到业主自用）的相关趋势所引发的社会变化将更加微妙、复杂（在其涉及的范围方面）和长期，因此往往被政策制定者所忽视。

绅士化趋势首次由鲁思·格拉斯（Ruth Glass）在 20 世纪 60 年代在观察伦敦的上班族邻里后提出。在这些邻里中，从朴实的连栋房屋到巨大但破旧的维多利亚式房屋，一切都由一个不断壮大的中产阶级逐渐形成，并且转变为优雅的和不断扩大的住宅区。她认为："当这种"绅士化"的过程在一个地区开始后，它迅速发展，直到所有或大部分原来的上班族居住者被取代，而这个地区的整个社会特性被改变。"

对于被取代的社区而言，其隐含的意义非常深远。这些趋势是城市设计师尤其关注的问题，因为在近年来，城市设计已经被指控通过在建成环境中的空间干预促进绅士化——许多评论人士将这些趋势视为引起社会不和及不适当结果的原因。

绅士化是一个带有政治含义的术语。政治右翼通常偏好使用一些不太具有意识形态意味的词语，例如重建、复苏和复兴，这些都被视为是"自然的"城市发展过程，其中某些取代是无法避免的。对于政治左翼而言，这些术语不过是代表了"绅士化"的隐语。例如，哈克沃思（Hackworth，2002）将其定义为"……为满足不断变得更加丰富的功能创造的空间。"因此，在绅士化过程中，不太富裕的人们和更为边缘的用途不可避免地被取代，而且社会问题往往发生转移而不是获得解决。

在讨论城市设计的角色和挑战时，马达尼波尔（2006）将绅士化视为城市设计可能出现的一个副产品，可能导致社会的分化。他认为，公共部门应当考虑使用价值，并且应当考虑城市设计的社会后果。

史密斯（2002）认为正是从 20 世纪 90 年代末开始的国家行为导致了绅士化从"一种新潮的富裕阶层风雅的城市运动"发展成为城市政策的中心目标，受保障城市复兴的期望所驱动，这项运动至少在英国使设计质量成为其议事日程的核心（《城市任务力量》1999；Punter，2009）。他认为，这些过程现在是普遍存在的，其产生的效果已经远远超过破败的内城和早期的郊区邻里的逐渐转型，并且扩展到"……整个地区向新的景观综合体的转型，这种转型引领了全面阶层的传染性的城市再造。"在这些过程中，城市设计已经具有核心的意义。

安德烈斯·杜埃尼提出了一个对立的论点。他认为，我们应当"给绅士化三声欢呼"，因为对于一座城市而言，没有什么比其内城邻里中的单一性贫穷更"不健康"的了。他认为，无论是由公共政策引发的还是自发的，一旦绅士化开始，就很难停止："其推动力量是伟大的城市主义：拥有良好比例的街道，在功能性的建筑物中进行良好的功能混合，以及具有一定的建筑质量。"（Duany，2001）。相比之下，一项经验证明能够避免绅士化并降低住房价格的手法是向人们提供糟糕的设计，因为绅士化在本质上是房地产寻求其适当价值的过程。因此，经过再生的场所拥有足够的内在吸引力，被富裕的人们所追求，而抵制绅士化的场所则是住房设计拙劣或城市空间质量平平的场所："因此，为永久防止绅士化，最有效的方法是提供沉闷的建筑和城市设计"。

杜埃尼认为，绅士化的解决办法是建造更多新传统邻里，从而使较旧的邻里不会由于稀缺而被高估。这种能够抵消绅士化的影响的方法仍然存有疑问，因为这些过程通常的驱动因素是非常破败的旧房屋最初的低价值以及这种状况对于推动这个过程的城市先驱者存在的吸引力。

其他的选择是什么？一个选择可能就是不要投资于经常进行改造的（或者至少鼓励绅士化过程的）公共领域类型。但这将迫使弱势的本地社区继续生活在质量低劣的本地环境中。另外一个选择可以是确认正在或可能被绅士化的地区，并且进行"预防"，从而使它们能够获得绅士化带来的利益，并且更好地抵御负面的副作用。这其中包括由公共部门选择性地购买住房作为永久的经济住房，提供激励措施引导开发商投资于这些地区（例如在公有场地上）以及启动股权分享计划和其他金融产品，使建成社区能够从邻里不断上升的价值中获益。

3 管理变化

城市设计跨越各种不同的时间框架运行——从长期的角度来看，几乎所有这些时间框架都是必需的。虽然设计师可能相对短期地参与特定的开发项目，但建成的环境将长期存在，并且设计决定将具有长期的意义和影响。此外，鉴于市场和市场行为的短期性，城市设计师必须考虑长期性问题，例如与环境可持续性相关的问题。

一个关键的问题是城市变化是如何发生的：变化可能以灾难性的方式突然降临某个场所；它可能逐渐发生，允许进行递增式的适应和调整。雅各布斯（1961）撰写了关于灾难性的和逐渐的变化的文章。灾难性的变化是破坏性的，并且"其行为就像超出人类控制的恶劣气候一样——带来灼热的干旱或猛烈的洪水。"相比之下，逐渐的变化就像"灌溉系统，带来支撑生命的细流，为稳定的持续增长提供养分。"

由于我们十分看重与我们所处环境的个人关联，并且我们对于这个环境的稳定性感到舒适与周边环境的个人联系是宝贵的，并且我们能从这种联系的稳定性中获得心理安慰，因此丧失我们熟悉的环境可能使我们感到悲伤，尤其是当这种丧失是在短时间内并且以大规模发生时。但是，当改变的过程在较长的时间内发生，并且按递增的方式通过新的和不熟悉的与旧的和熟悉的相混合发生时，改变可能会被视为激动人心的，但同时也是舒适和可接受的：例如，洛文塔尔（Lowenthal，1981）乐于将其称为将"未来的激动""锚定"在"过去的安全"中。因此，真正产生问题的并不是改变本身——人们期望、预期而且往往欢迎改变，而是改变的步伐和规模以及改变不服从本地控制造成的感受。

因此，许多城市设计评论人士提倡递增式的和小规模的改变。例如，林奇认为，"如

果改变不可避免，那么它应当得到调节和控制，以防止造成暴力混乱，并且应当最大限度地保持与过去的连续性。"同样地，蒂贝尔兹（1992）推荐递增式的开发以改善"改变的痛苦"："我们需要输血，而不是器官移植。这种方法的特点是在思考和设计时更能根据环境采取有机的、递增的和积极的方法。"

3.1 机械的与有机的观点

在看待城市开发的"控制"时，两种方法在文献中不断重复出现——机械师观点（将城市看作机器）和有机体观点（将城市看作自然过程）。在机械师观点中，社会经过或可以经过人类有意识的规划、设计或其他方式的创造：它是一台机器，为我们所知，因此也可以为我们所控制。在这个观点中，市场主要是一台相对静态的进行资源分配的机器。机械师观点在很大程度上是 20 世纪的产物，与现代化和现代主义平行。

有机体观点在 20 世纪之前盛行。它将社会看成一个自我组织的过程——即作为一个动态的和适应性的过程，系统通过这个过程获得并保持结构，并且没有外部的机构进行控制。它否定了人类的控制，在最佳情况下，是可以适当驯服的。亚当·斯密（Adam Smith）的无形之手的暗喻本身就源自一个有机的概念，依照该概念，各种个人行为的结果在本质上都是善意的：

> "……个人和"无形之手"建立的整体之间存在一种和谐的关系，这个无形之手是看似混乱的和不协调的个别行为背后深层的相互关联结构的代名词。"
>
> (Desai, 2002)

在这个观点中，受对利润的不断追求的驱动，市场是一个搜寻和传递信息的过程，涉及动态的不确定性、创新和发现。

在 20 世纪上半叶的一些伟大的规划预

言家的著作中，有机体观点得到充分的证明，其中值得注意的是格迪斯（1915），著名的植物学家，以及芒福德（1934，1938，1961）。这一传统得到雅柯布斯以及亚历山大等人的延续。例如，在《美国大城市的生与死》一书的最后一章中，简·雅各布斯在城市设计领域首次提出有组织的综合结构，而在《城市不是一棵树》（1965）中，亚历山大的出发点是，"人造的"城市没有"自然的"城市所具备的复杂性、生命和活力。

在当代有机体观点中，认为在自然系统和这些系统成长和变化的过程中存在许多兴趣点。例如，复杂系统理论表明自然（以及一些其他）系统包含大量互动元素，并且表现出不属于个别元素，而是从元素间的互动中"涌现"的属性。

在那些强调自然系统的关键属性和有组织复杂性的作品中，有机体观点得到进一步发展。在自然系统方面，一个主要的理念是，自然系统展示出消极的反馈，对系统进行压制并使其保持在一种长期稳定的状态，而人造（人为制造）系统则表现出积极的反馈，放大并且往往耗尽系统。例如，孔斯特勒解释道：

　　"……我们通过自然确定的一切都具有低效系统的形式。具有生物源的或有生命的系统能够实现自我稳定。它们能够自我缓冲。细微的差异被压制。信息量停滞其中。它们表现出消极的反馈，往往有利于长期的稳定性。……我们通过人造的事物确定的一切取代了自然的生物经济，即技术。它往往提供积极的反馈，是自我放大、自我强化和不稳定的。它能够消除信息流的限制因素，并导致该系统最终的摧毁。"

在表明复杂性理论能够如何同时包含互相连接性的深层结构，对此我们永远无法真正理解，更不用说控制，以及组合到有机整体中的各种流程和元素时，巴蒂（2005）认为，总是产生不确定结果的由下而上的流程可能

与新的几何形式相结合，这些几何形式与分形图和混沌动态相关联，提供可随时应用于城市等高度复杂的系统的理论。

递增式变化

有机体观点的本质是递增式变化。哈布瑞肯（Habraken，2000）从多重创作的变化的角度讨论有机变化，这是递增式行为随时间推移产生的累积结果，往往带有随时间变迁的特定作者的特性。一项早期行为的作者为后续的行为创造了潜力和机会，但无法指导或以其他方式控制它们可能做的任何事情。在《城市设计》中，培根（1992）将此称为"第二人规则"："……第二人决定第一人创造的东西是被传承还是被摧毁。"这种模式总是会自然发生，但它将如何发展却是未知的。同样地，罗（Rowe）和克特（Koetter，1978）传递的一个核心信息是，城市不可能被单个设计师重新塑造。相反，设计城市更像是拼贴："……发明一些事物，但大部分工作是对手上已经拥有的元素进行安排和重新排序"。

小规模递增式的变化与进化性的变化相关。在解释进化的递增性质时，道金斯（Dawkins，1996）使用了攀登高山的比喻："高山笔直高耸的峭壁似乎永远都无法攀爬，它使登山者遭遇挫败……晃动他们微小的感到困惑的脑袋并且宣布高高在上的顶峰永远都无法攀登。"但是，"这些登山者太过于留意峭壁的垂直特征，却没有转过去看一下高山的另一面，在那里，他们将发现的不是垂直的峭壁和充满回音的峡谷，而是缓缓倾斜的草甸，稳步逐级抬升，一直通往远处的顶点。"因此，通过递增式的变化同样可以产生激进的变化，因为这一点在哥本哈根行人化的有记录的经验中也得以体现。哥本哈根的大部分地区已经实现行人化和无车化，但这是递进式发生的，其渐进的步伐使人们能够适应改变并对改变做出响应（框图9.2）。

框图 9.2　哥本哈根的街道和广场的步行化

在过去的 40 年中，哥本哈根步行街和广场的面积已经大大增加了，从 1962 年的 15800 平方米增长到 1996 年的约 10 万平方米。

这个项目始于 1962 年，从城市主要街道 Stroget 的步行化开始，是一个引进许多公共争议的先锋实验。到 1973 年，街道步行化已经完成，之后的工作是发展城市广场。

城市公共空间利用的主要研究在 1968 年、1986 年和 1995 年开展。1968 年的研究显示，新建的步行街和商业街一样受欢迎。1986 年的研究发现了一个新的和更积极的城市文化和非正式公共生活正在发展。1995 年的研究表明这种发展趋势仍在延续。产生非正式公共生活的一个重要有利因素是咖啡文化的诞生——当第一条街道步行化时，这一现象还不是广为人知。现在，城市提供大约 5000 个室外咖啡椅。此外，虽然通常认为气候会很大程度上限制丹麦公共生活的潜力，但是在室外坐饮咖啡的时间已经大大延长了：从一个夏季的 3～4 个月，延长到四月份到十一月份的 7 个月。

普遍扩展城市完全或近乎完全的步行系统，有三个主要优点：

● 城市居民有可能创造一个新的城市文化，并探索和发现这样的机会。

● 人们有可能改变他们的交通方式。城市中心区的停车量以 2%～3% 的幅度逐年减少，小汽车拥有者逐渐习惯：在城市中心区开车和停车更困难，而骑自行车和使用公共交通反倒更方便一些。

● 有了前面措施的成功作为基础，城市政治家更容易对街道步行化计划做出更渐进的决策。城市中心区从"汽车文化"向"步行文化"的逐渐转变，使得城市生活和城市文化相应的逐步发展成为可能：在公众的同意和认可下，根本性的城市变化已经逐渐产生了。

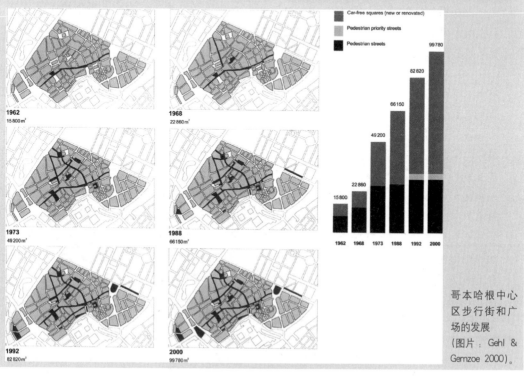

哥本哈根中心区步行街和广场的发展

（图片：Gehl & Gemzoe 2000）。

在小规模的递增式变化中，"错误"是细微的，并且能够相对轻松地纠正——系统可以被认为是自我纠正的（体内平衡）。在本质上，这就是较老的城市环境开发的方式。格瑞奥描述了开发如何遵循一些基本的（进化）模式：

> "首先，存在一轮疯狂的充满热情的增长。然后出现决堤。在决堤过程中，人们发现哪些是他们犯下的可怕的错误，并承诺如果堤岸再次开放，他们将纠正这些错误。上帝迟早会变得宽容，而堤岸重新开放，因此又出现以受到新进启发的方式进行的第二轮增长。此后又是另一次决堤，在这次决堤中，人们又获得新的智慧。在经过七次左右的循环，这个过程进行了数个世纪之后，我们最终创造出了巴黎和曼哈顿。老城市看起来如此完美的原因是我们看到很少以前的错误。它们已经被消除或被常春藤或大理石所掩盖。"

相比之下，在大规模的开发中，"错误"必须被清除，因为它们在以后会变得更难纠正。然而，错误在所难免，而且我们往往不得不与错误共存。在《俄勒冈实验》中，亚历山大认为，"大体量"开发项目以替换的理念为基础，而逐渐增长则是以修复为基础。由于替换就意味着资源的消耗，他认为，修复在生态学上是更好的选择。然而，在现实中存在更多困难：

> "大体量开发以一个谬误为依据，即其可能建造出完美的建筑物。逐渐增长则是以更加健康和现实的观点为依据，即错误是不可避免的……逐渐增长作为依据的一个假设是，建筑物及其使用者之间的适应必然是一个缓慢而持续的过程。在任何情况下，它都不可能通过一个步骤实现"。

亚历山大和同事们认为城市开发应当是一个顺序适应的过程，并且概述了一整套规则来复制有机增长的过程。在《城市设计新理论》中，他们认为旧城镇和城市的有机品质在当代开发中不存在也不可能存在，因为，尽管其可能是逐个开发的，但不同的元素仍然保持分立和没有关联，无法形成一个整体。因此，我们需要的是一个"在城市开发中创造整体性"的流程：

> "……负责整体性的最重要的因素是流程……而不仅仅是形式。如果我们创造出一个合适的流程，那么城市就有希望再次成为一个整体。如果我们不能改变流程，就根本没有希望。"

（Alexander，1987）。

他们认为，在任何有机增长的过程中，都存在某些基本规则：

- 整体的增长是小尺度渐进的。
- 整体是不可预测的（当其开始形成时，人们不清楚它将如何发展或它将在何处终止）。
- 整体是连贯的（它是一个真正的整体，不是分裂的，而且所有部分都是完整的）。
- 整体激发情感（它拥有感染我们的力量）。

从上述规则中可以总结出一条最重要的规则："每一个新的建设都必须有助于形成城市的整体性"。为执行这条规则，开发了七条中间规则或原则（表9.6）。亚历山大后来在其四卷《自然的秩序》（The Order of Nature）中对这些理念作进一步发展。在这些著作中，他提出一套有关事物如何聚集并形成紧凑结构的综合理论。

马歇尔也提供了四条基本的见解，对城市的成长形成了一个进化的观点：

- 第一，城市是复杂的、动态的、集体的实体，其中的各个部分一部分是合作的，一部分是竞争的。
- 第二，随着时间的推移，本地组成部分之间的互动产生更大规模的并且未被预知的结果。这种"涌现"的概念

原则 I	小块发展保证了项目不会过大，应该有大约同等数量的大、中、小型开发项目，并混合不同的功能。
原则 II	较大整体的生长应该是一个缓慢渐进的过程，每个建筑必须有助于在城市中形成一个较大的整体，它比建筑自身更大更重要。最初的单个建设应该为创造一个较大的整体提供线索，以后的增建将确定和完善这个整体。
原则 III	构想是所有增长的源泉，每一个项目首先被体验，然后才表达为一种构想。
原则 IV	每个建筑都应该以这样的方式创造连贯和积极的城市空间：人们主要的关注点是空间而不是建筑。为达到这个目的，应该划分城市要素的等级秩序，首先是步行空间，然后是建筑，再是道路，最后是停车场。
原则 V	大型建筑应该如此布局：入口、主要流线、主要空间划分、内部开放空间、采光和建筑内部的活动都应与建筑在街道和街区中的位置协调一致。
原则 VI	每栋建筑的结构应通过开间、柱子、墙、窗户、建筑基础等形成形式结构的整体性。
原则 VII	中心的形成是创造"整体性"的最终结果。因此，每个整体必须有一个自己的中心，而且必须在周边产生出一个中心系统。在这样的环境中，中心可能是一栋建筑、一处空间、一座花园、一堵墙、一条路、一扇窗，同时也可以是这些要素中的几个形成的复合体。

来源：摘自亚历山大等（1987）。

意味着，当人们对本地条件作出反应并优化他们自己的位置时，即使在未进行有意识计划的情况下，这种涌现也可能导致一个连贯的结构。

- 第三，环境随时间推移持续变化，并且不断适应于本地的条件和要求——换言之，环境对涌现的实体，即城市，提供了反馈。
- 第四，虽然涌现的长期影响可能尚未知，但这并不表示各个递增变化不可设计，因此，

"城市规划和设计可以成为城市进化的一部分……它也意味着城市进化不仅局限于某些"未计划的"城市主义的原始历史阶段，这种城市主义被现代规划所替代和取代。"

(Marshall, 2009)。

他认为，今天的规划环境——至少是留存的哪些部分——将在某个时间点成为明天的"传统"环境的一部分。

前现代时期的看似有机的连续性和递增式变化可以与现代主义的历史断层感相对比。通过从城市基本功能的最初原则从头设计，

一些人认为现代主义的理性规划打乱了城市的自然进化。因此，从整体上而言，1945年以后的大体积大规模创新和试验计划是一种"大试验和大错误"的情况，夸大了与"寒武纪爆发"以及"假想的可见畸形组织"相似的以城市形式进行的进化过程（Marshall，2009）。对于城市主义，一种进化性的观点确保只有最合适的才得以存续。这种观点将此视为一个意料之中的过程。鉴于（如上文中格瑞奥所指出的）所有未能良好适应的传统开发已经被遗失，马歇尔认为，当现代规划环境与传统环境中留存下来的部分进行不利的对比时，真正被比较的是适应良好的传统环境和适应（最）不良的现代开发。

就像自然进化一样，城市的持续开发如果要持续适应新的环境的话，就要求创新，有时也要求新颖。马歇尔认为规划者和设计师应当负责"……通过敏感的、生成性的和选择性的介入管理这种变化。"他为城市设计的进化论方法提供了下列建议：

- *确保每一步在当前都可行－新的介入应当从第一天开始就立即适应于它们的环境，随着它们的前行，愈合它们的边缘。*

- 通过细微的步骤进行－避免"畸形"。
- 避免压制"不请自来的新奇性"－鼓励为功能性问题提供创新的解决方案，但不为追求新奇而创新。
- 丢弃不活动的模式－避免在人类要求已经进步时仍拘泥于陈旧的形式和过程。
- 转移决策－向人们赋予权力，鼓励更合适的，更贴合目标的解决方案。

部分和整体

尽管递增变化是可取的，但我们需要确保递增的步骤累加能够获得一个更大的整体：自然系统能够做到这一点，因为它们（大部分）是自我纠正的系统。但递增式方法的一个潜在的劣势和限制是，可能没有固有的／内在的能够协调跨越各种所有权或基址界限的行为，并创造出亚历山大提出的完美的但相当朦胧的"整体性"。

城市形式产生于许多设计师随时间推移进行的互动，因此，我们不仅设计建筑物、景观或基础设施，而且还为街道、邻里、城镇和中心出现的特征做出贡献。利用拉丁术语"concinnus"（意即"巧妙地结合"），提倡"公民和谐"并强调城市或环境的各个部分的独立设计师也应当考虑这些部分如何结合为一个更大的整体："健康的草地所具有的美和经典的主街所带来的愉快是独立参与者共同适应所产生的产物。"

查尔德斯认为"公民和谐"在三种状况间提供了路线：

- "个别建成形式的过分独立"，其中个别建成场所未能相互配合以形成一个引人瞩目的更大的形式并创造出独特的协同效应："过度的独立性导致低效率，例如重复的停车场、相互不连接的人行道以及定义不良的空隙空间。"
- "累计顺序"，"单人设计的没有生机的顺序"，在地区性住宅和主题区内可以看到，在这些地区，单一重复替代了多重设计的活力——在单个设计师设计的大型项目中也可以看到。
- 虚假的或肤浅的背景主义的"空洞方式"，其中监管控制和手法战胜了内容，导致深度和神韵的匮乏："对背景的狭窄定义错失或回避了与场所的复杂性、多重历史以及细微差别进行斗争。"

就本质而言，公民和谐是呼吁设计敏感性认可并重视背景以及考虑整体（"城市"）和部分（"建筑物"）的需求。与象棋相似——其中"每一步棋的意义都取决于其他棋子的位置以及当前棋子的特征"——它要求"各个产品在设计时应当能够使它们参与建成的和自然的环境，从而能够巧妙地创造出更大的形式。"

公民试图解决一个集体行动问题，其中个别的、独立的和有益的行为能够产生一个累积的结果，对整体起到决定性的作用（即一个囚犯的版本，进退两难，但同时与公众悲剧相关，其中个人没有激励因素促使他们考虑他们的行为对于整体的影响）。例如，查尔德斯承认"公民观点"和"建筑观点"之间紧张状况的不可避免性："草地以及其他生态系统不是仅由愉快的共生关系构成的。捕食者、猎物和寄生虫之间的平衡是自然生态系统的组成部分，并且类似的关系可能也是公民完全形态的一部分。"

对特定设计敏感性的自愿采纳可能不足以解决这些核心的紧张状态，而且，如第10章所讨论的，集体行动问题可以通过更高权威（国家，或在某些情况下为土地拥有者）的强制权力或通过合作行为解决，但是，在实际运用中，一定会发生的情况是，自然系统中存在的限制或规则必须在人造（人为的）系统中创建。因此，我们面临的挑战是寻找到适当的方法，使各个部分与"一直在浮现的"

整体协调，但不会阻止其涌现，即实现某种形式的保护系统完整性的"控制"，但不会压制由下而上的活力和适应。

两个层级的控制也许是必需的，第一个是在较为战略性的层级，涉及框架或"支架"（"整体"）的设计；第二个是在较为具体的层级，涉及"部分"的设计。整体／部分的关系将随着空间规模变化：在城市层面，城市是整体，而各个邻里可能是部分；在邻里层面，邻里是整体，而各个街区可能是部分；在城市街区层面，街区是整体，而各个地块划分则是部分。如伊利尔·萨里南（Eliel Saarinen, Frederick, 2007）所提倡的："在设计时，始终将设计对象放在一个更大的背景中考虑——椅子放在房间中，房间放在房屋中，房屋放在环境中，环境放在城市规划中。"

这也表明了城市设计的执行可以作为一个引导或导向递增论的流程。例如，艾琳论述了"大型和小型介入的结合，包括系统性的和偶然性的。"她认为：

> "和好的父母一样，一个好的计划能够培养健康的成长和改变，但不会"过度参与"，不会决定一切，使城市能够繁荣发展并给自己提供定义。在提供某些整体定义指引的同时，这些框架不应规定每一项土地用途和每一个建筑细节，"

> (2006)。

一个场所愿景或设计框架能够提供战略性的协调（见第 10 章），但它必须同时保持充分的灵活性，以迎合根本的和不断进化的变化过程，而且还应当允许（尚未知的）"更佳理念"的融合。因此，在"框架"和"蓝图"之间存在一个重要的区别——蓝图指导，而框架指引（见表 9.7）（见第 11 章）。例如，艾琳 的综合城市主义具备的特点是：

> "放弃控制的意愿，促使事情发生，并且参与游戏——一种自愿性。这可以

大纲与框架　　　　表 9.7

大纲	框架
完整的或整体的设计	密码、规则、原则
刚性的	弹性的
设计每件事 ——"从城市到勺子"	设计足够 ——"起主要作用的元素"
单一结论	结论多元
单一作者	多元作者
单一建造（或完成）	持续建造
直接设计、一手设计	间接设计、二手设计
人工化的多元性	真实的多元性
指定的对话	开放式的交流

解释为从包含一起的总体规划……向更加以项目为导向的，更以地盘和客户为核心的、递增的、催化式的和触手式的介入转变。"（2006：121）。

这种城市主义和城市开发的观点强调了过程而不是产物；如布雷恩所解释的：

> "城市主义并非仅仅被定义为设计师实现的布景效果，而是许多方面共同执行的协同工作，各个参与方独立为一个累积的效果做出贡献，而这个效果由于其组合了各种元素而产生：这是各种抱负的合奏，并且具备某种历史偶然性。"

3.2　大跨越的发展

虽然增长和衰退的周期仍然标志着投资和萧条的时期，但改变的步伐已经加快到 20 世纪 60 年代和 70 年代建造的许多建筑物已经被重新开发，在 20 世纪 90 年代和 21 世纪初的大部分成功的开发项目中，有许多代表了对 20 世纪 60 年代许多记录在案的错误的明确反应。尽管全面重新开发的时代已经过去，但经济和政治现实似乎使得大规模开发不可避免。在某些地方，面向大规模增长和远离较小规模递增式增长的历史趋势也导致了城市结构越来越受控制并且单一化——缺

乏通过递增方式开发的场所所具备的多样性、特性和体验深度。

杜可斐（1990）主张逐个发生的变化正在消失，认为经济环境往往钟爱带来巨大一次性投资、工作和政治利益的"巨型项目"。跨国公司资本投资的灵活性使它们能够从城市间的竞争中受益。政府受到引诱，以"孤注一掷"的方式为这些项目进行角逐。而且往往是影响和损害监管和设计过程以确保投资（见第11章）。

"大爆炸式的"和"高价的"开发往往从根本上改变一个地方的自然和经济环境，而这是渐进式开发做不到的。在分析伦敦摩地大楼（低层深基址办公大楼）的扩张时，卡莫纳和费里曼（2005）指出这些"巨型"的开发形式代表了市场和公共部门对开发环境的理性响应。对于这些开发项目的投资者而言，它们为增加寻求将其不相干的劳动力集中到更少几个场所的"蓝筹"跨国使用者数量提供了必要的空间，并且，在恐怖主义威胁和对于深基址贸易楼层和其他工作空间需求的背景下，摩地大楼对于这些公司而言是一个可行且适当的选择。在公共部门方面，他们帮助避免建筑物在历史城市中心出现太高的高度，并且提供实现公共利益的潜力却无需牺牲公众的钱包，例如，融合新的伪公共城市空间。但是，这些利益往往以本地穿透性、历史纹理和混合以及创造出潜在隔离性的环境为代价。

所有形式的大体量开发都可能以连贯和联合的方式解决场所营造的问题，至少在最初时是如此，尤其是为基础网络中重要新元素的提供筹集资金，包括新的城市空间（见第10章）（图9.7）。由于较大的场地使开发者及其设计师能够将许多外部效应内部化，相关的问题是项目是否与其更广的环境重复连接和联合，以及它们是否能够在一开始就以递增的方式发生并在此后以递增的方式进化。例如，蒂贝尔兹认为需要"鼓励更小场地的开发，对现场装配的范围设定限制，并且将较大的场地分解为更多可管理的组成部分。"

较大的开发项目往往被组织成一系列较小的开发项目，以便在不同的时间框架内执行（即短期、中期和长期），且分别由不同的建筑开发商执行，甚至还可能由不同的设计师设计，从而实现一系列输入和贡献，而且在建造之后能够实现拥有者的多样化。例如，传统的城市街区结构和基址划分表明了对较大的开发项目进行细分的方法（见第4章）。

此类开发往往涉及在主导／主要开发商和一系列地块开发商和设计师之间分隔土地和建筑开发，也可能包括设计和开发任务。该主导／主要开发商主要执行土地开发并雇用主导或主要设计师（即总设计师）。主导开发商通常安装基础设施并将场地细分成开发地块。因此，还存在许多地块开发商和设计师。这样就产生了协调其他（地块）开发商及其设计师的工作同时也允许这些设计师（可能也包括开发商）贡献其自身的一些东西的

图9.7 Liverpool One，利物浦（图片：马修·卡莫纳）。面临着大规模的开发，但场所感的塑造的重要性体现在整体规划中。最终的开发偏商业性，但一个新建的屋顶公共公园再次将城市中心区与水岸联系起来。

图 9.8 Brindleyplace，伯明翰（图片：史蒂文·蒂斯迪尔）。由不同的设计公司和设计师设计，依据里昂克里尔的类型学，该地区的开发像个小型舰队，而不是单一的舰船。

挑战。原则上，所需的控制可以委托给共同的对设计和开发的公共控制。更典型的情况是，主导开发商对设计和开发执行私人控制，尤其是当他们拥有后续的开发和销售阶段（并因此而计划从一项升级的资产中获益）或计划在更长期限内持有开发项目作为一项投资时（见第 11 章）。

例如，洛夫指出了成功的单一作者的"协调的城市主义"的一些例子——路易·康的索尔克研究所、米开朗琪罗的坎皮多里奥广场以及联合国大楼。但是，他认为这些"非常大型的建筑工程"——即大型建筑，不是城市设计，而是要求它们最初的作者执行以实现所需的"总体艺术作品"。单个作者独特的（建筑）设计还往往会加强一个地区作为被独特界限包围的飞地身份，而不是城市整合的和无缝的部分：综合设施拥有独特的特性，但是是一个强调其分离性的特性。

洛夫假定了一个"临界点"，到达该临界点，开发项目将太大而无法成功由单个设计师设计和执行，此时需要各种多样化的响应加入进来："一旦单个作者的控制超出这个尺度……控制就接近于夸大自狂了。"一条大致的黄金准则可能就是将上限设定为三至四个

典型的城市街区。

洛夫建议，目标不应当是"被创作努力笼罩的人工引发的多样性"，而应当是"一个由许多人共同设计的分阶段项目将产生真正的多样性。"同样地，布雷恩提倡不要通过"按条令设计布景效果的"单个设计师实现多样性，而是"真正的个人建筑表达的累积效果，如同一次开放的交谈，而不仅仅是照本宣科的对话。"（图 9.8）。

3.3　持续进化

一旦竣工后，大型开发项目必须能够以递增的方式变化；雅柯布斯预见性地警告称："所有保持耐久力的城市建筑……均要求其本地性能够适应、保持更新、保持有趣、保持方便并且进而要求各种逐渐的、持续的和紧密贴合的变化。"大体量开发项目中持续的单一控制体制可能是极其单调乏味的，而且缺乏实现创造、创新和发展的内在能力和刺激因素，可能只能出现（缓慢的）受管理的下滑。尽管大体量开发项目往往需要土地所有权获得整合，以便进行开发，但为实现后续的递增式变化，土地所有权可能需要被分解。

在《城市形式：城市街区的死亡和生命》中，一个有意识呼应简·雅柯布斯的第一本书的标题－沛纳海等人强调了城市街区系统提供稳定性和适应成长和变化的能力：

> "街道和建成基址之间的辩证关系创造了组织，正是这种关系的延续，能够实现建筑物的修改、扩展和替代，使城市有能力适应于促进城市进化的民主的、经济的和文化的变化。"

同样地，在研究旧金山邻里的变化和稳定性时，穆东强调了土地所有权形式在促成递增式变化时的重要性。细微的点点滴滴促成了持续的调整，而不是在大型地块上突然发生的而且可能是全盘的变化。细微的点点

滴滴还提供了更高的个别控制和更大的多样性——更多拥有者，更多逐渐的和适应性的持续变化："……场所每年看起来都有一点不同，但从一个世纪到下一个世纪，整体感觉不变。"这也可以被阐述为城市的可持续性需要有机发展的能力，而不是不必要的扫除式大开发。

4 结语

城市设计的时间维度集中于理解时间对于场所的意义和影响。如林奇所述，"有效行为"和"内部利益"取决于"一个很强的时间意识：一个强烈的时代感，与未来和过去良好连接，感知变化，（并且）能够利用和欣赏这些变化。"

时间涉及变化——包括周期发生的变化和按渐进的、演变的和不可逆转的方式发生的变化。变化本身响应并形成进一步的变化。城市设计师需要认识到潜在的变化；理解场所如何随时间变化，并且能够预期行动的影响，开发将如何及为何发生，甚至材料将如何防风雨侵袭；可能出现的一系列机会和限制；以及变化可以如何管理。如本文所讨论的，宝贵场所的视觉和物理连续性与建筑物和环境的"过时性"、变化的时间框架以及建成结构的"生命力"和"弹性"和场所的其他物理属性相关。因此，在确定的环境中工作要求理解环境如何适应变化，而且更重要的是，为何某些环境能够比其他环境更好地适应。

本章的最后部分认为，为实现生命力和可持续，环境需要能够实现进化和递增式的变化。因此，这就提出了第三部分的讨论内容，即城市设计中的开发、控制和沟通过程。

第三部分 城市设计实施

第10章 开发过程

　　城市设计师往往不熟悉房地产开发过程。然而，认识开发过程，尤其是了解风险与回报之间的平衡关系，无疑能够让城市设计师更深刻地理解工作环境，明白他们的设计策略、方案与计划在实施过程中是如何被改变或没被改变的。缺乏这方面的认识，城市设计师会在地产开发面前束手无措。此外，当城市设计师需要为项目的发展与场所质量来与他人争辩的时候，如果从地产开发的角度切入，无疑能更有效地说服对方。

　　本章分为三小节。第一节引入开发管线模型来描述地产开发的过程。第二节讨论开发过程中的主要角色与相互关系，第三节讨论开发质量的问题。尽管主要关注城市开发项目的设计，但相关讨论必然会涉及设计指引与控制方面的内容，这些内容将在下一章讨论。

1 房地产开发

　　房地产开发汇集了多样的资源投入——土地、劳动力、原材料与资金（资本）——以求获得一个产品或产出。一般的做法是，"企业家"将这些生产要素组织起来并赋予其价值。在房地产开发中，有些企业家们是投机者——他们仅关注短期利益，而另一些企业家则将目标瞄准长期的发展与运营——他们常常被称为开发商。根据安布罗斯（Ambrose，1986）的研究，地产开发过程可以被看作是一系列的转化：（1）在市场中，资本转换成为原材料与劳动力；（2）它们继而转化为可销售的商品（即建筑）；（3）通过市场交易，商品又转换为金钱（如资本）回笼。

　　成功的地产开发有赖于对已完成地产项目的顺利销售或盈利转让。实际上，在资本积累策略中盈利的价值已经远远大于生产。正如戈特迪纳（Gottdiener，2001）所解释的，制造过程通过创造产品价值确定了商品的价格。资本家为了获得额外的价值，必须销售这些产品——他们只有在销售过程中成功获利，才能继续生存以展开下一轮的资本积累。由于获取资本比生产物品更加困难，因此当代经济学更加注重市场经营与销售。

　　为了使地产开发过程有利可图，销售获得的收入必须远远大于生产投入。通过承担风险而形成的回报推动了整个开发过程。其中的回报很容易被理解，但是对风险的思考同样重要。如雷恩博格所述：

虽然在唐纳德·特朗普（Donald Trump）的描述中，许多开发商都如同赌徒一般，但他们还是非常谨慎的。他们试图在承担财富风险之前将其最小化。比如，拥有国家信用（高信用等级的）承租人、利用其他人的资金、在没有准备好退路之前决不启动开发项目、只开发合格产品、不做先行者、与合作的建筑公司签订工程贷款担保等等。

对于绝大多数开发商来说，开发过程是一个周而复始的循环，而不是一次性的。其对时间的安排非常重要：资金在开发项目中快速的回笼可以加速循环过程，使开发商更快地获取效益，并降低开发风险。蒂斯迪尔与亚当斯认为，房地产开发的关键并不是"区位、区位、区位"，而是"区位、产品、时机"——即在对的地点与对的时间开发对的产品。

房地产开发的过程涉及一系列的参与者或决策者，他们的目标与行动各不相同。因此，在任何一个案例中，建成环境都是将一系列拥有不同目标、行动、资源与限制的参与者用各种方式相关联的结果。正如鲍尔等人所述，房地产开发不是一个匿名的、与人无关的经济过程，而是在特定地点特定时间中的社会关系运作体系，其中包含了许多重要的参与者——土地所有人、投资者、金融家、开发商、建造者、各种专家、政客、购买者等等。政府——无论是国家还是地方——也因其自身的权利及其对参与者的监管职能而在房地产开发过程中扮演着重要的角色。这一系列的关系代表了鲍尔所提出的"建设约束体系"，其需要结合政治经济学中在经济与制度方面更为广泛的结构性要素，从功能、历史、政治、社会与文化等各种特定的关系出发进行建构。

为了便于学习与理解房地产开发过程，学者们建构了一些与之相关的模型，归类如下：

- 事件序列模型——来源于房地产管理，其关注开发过程中各个阶段的管理行为。
- 代理模型——其尝试从行动或机构的角度解释开发过程，关注开发过程中的各种参与者，以及他们之间的关系。
- 结构主义模型——以政治经济学为基础，关注市场的结构化路径；开发过程中资本、劳动力与土地的作用；以及组织相关要素与推动开发过程的动力所在。
- 制度模型——其同时描述开发事件与其中的代理行为，并试图应用更宏观的结构性动因来解释其间的关系。

如下对于房地产开发过程的概述主要基于事件序列模型。虽然这个模型能够很好地介绍开发过程，但它并没有过多涉及其他模型所强调的重点，比如不同的参与者与机构所拥有的不同能力。此外，他们也没有解释城市开发项目采取某种形式的原因。

1.1 管线模型的开发

巴雷特、斯图尔特与安德伍德（Barret, Stewart and Underwood）所提出的"开发管线"模型是一个事件序列模型，如图10.1所示。模型将开发过程分为三个阶段的事件集合，每个集合占据三角形"管线"的一个边。下文将详述这三个阶段。

虽然我们主要讨论私人部门的开发行为，但这些阶段的划分与其中的规则无论对私营、公共还是非营利组织均为适用。其中涉及两种城市设计从业者——一类由开发商雇佣（依托开发项目设计），另一类则由公共部门委托（依托设计政策、导则与控规）。表10.1总结了各个环节中他们的作用——为公共部门工作的城市设计师往往在初始阶段较为活跃，具有非常强的影响力，而为私人部门工作的设计师则更多地参与贴近现实的开发环节。

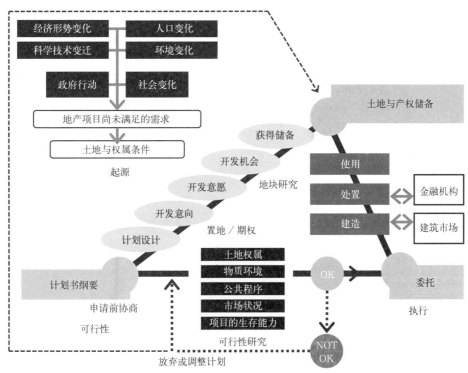

图 10.1　开发管线模型（资料来源：巴雷特等，1978）。这一模型将开发过程分为三个事件集合——开发压力与前景，开发可行性与执行部署——每个集合占据三角形"管线"的一个边。外在的因素沿第一个边线作用形成了开发压力与前景，在确定了具体的开发地块后到达了左下角的顶端。开发可行性沿第二条边展开论证。执行与处置——第三条边——不仅包括建造过程，还包括完成项目投入运营的环节。地块以不同的速度在开发管线中流转，在任一时间点，地块和开发项目的潜力都不尽相同。其如同螺旋线般运行，在每一轮循环之后都会生产出一个新的土地利用形式，这个模型充分表达出地产开发过程的动态与循环特征。

开发过程与城市设计师　　　　　　　　　　　　　　　　　　　　表 10.1

阶段	城市设计师的活动	
	为开发商服务	为公共部门服务
开发压力与前景评估	捕捉机遇 确定适合的地块 描绘愿景 为地块进行总体规划	预判项目开发的压力／机会 捕捉并发掘发展机遇 准备规划政策框架 描绘愿景 拟定开发框架／开发规则 拟定地块开发纲要／总体规划 引导／吸引开发活动到适合的地块 影响开发商的地块开发计划
开发可行性研究	进行可行性研究 提供开发建议 准备设计方案 与规划部门协商 准备并提交规划／开发申请	与开发商谈判 提供开发建议 对设计方案进行评价 对规划／开发申请做出决策或提供建议
实施执行阶段	保证方案质量以与投资者确定权责关系 保证开发质量 对开发管理施加影响	确保开发质量 对开发管理施加影响

1.1.1　开发动力与前景

外部的影响——经济增长、财税政策、社会与人口发展趋势所带来的长期影响，科技发展、市场重组等——形成了地产开发的压力与前景，其引发了开发管线中的各种活动。当开发的机遇来临时，人们开始寻找合适的地块，开发管线中的活动也启动运行，比如地产开发的参与者将开发计划与合适的地块相联系，或为地块寻找适合的开发计划。

地产开发可能由一名地产商或者一个第三方团体（包括公共部门）发起，他们常常为某类开发项目预测相关需求，并为此寻找适合的发展空间。当土地所有者（或第三方团体）期望土地有更高的使用价值时，他们也有可能是地产开发的发起者。在这两种类型的开发中，城市设计师有可能涉及评价、发掘与论证地块的开发潜力等环节。为引导或吸引开发项目进驻具体的地块或区域（或引导其远离其他区域），规划权威部门会建立或应用已建立的规划政策框架对其进行控制。为了鼓励（并随之塑造与协调）开发项目，规划部门还会为特定区域编制规划纲要、总体规划或发展框架（见第11章）。这些前摄的规划框架通过呼应开发商的兴趣，或者出于加速发展过程的目的交由开发商编制，均可以激发开发商对特定发展区域的开发意愿。

除了确定地块与开发项目计划之外，这个阶段的工作还包括对开发形式的初步设想与对项目经费的大体估算。从本质上说，这是一种非常粗略的计算，其主要依靠一些基于开发经验与市场感觉的主观判断，大致估算成本与收益。如果开发计划值得继续，可行性阶段——开发管线的第二个边——就会将这个初步的计划进行细化，以决定开发项目是否可以推进。

1.1.2　开发可行性

在开发管线模型中，可行性通过五方面内容进行论证，每一方面都与一系列的影响与限制因素相关联。对于准备开展的项目，这五个方面内容必须得到完满的讨论。而如果项目计划不具备可行性，则应修改或放弃计划。不过，成功的开发商总是有能力面对与克服这些限制。

（1）权属限制

在开发的最早期，开发商必须知道所选地块以及地块上的各种权利是否允许开发计划。可用的土地经常被规划、自然环境、价格或权属所约束，它们构成了地产开发的诸多障碍（Adams，1999）。举例来说，一块土地中经常存在多个权属，开发商必须获得或尊重所有的权利。多重权属的土地一般需要通过土地整备或组建合股公司的方式落实地产开发项目。公共部门强制性地购买所有权可以减轻土地整备的负担。

（2）自然环境

为了判断一个地块是否适应开发计划，需要评估地块的自然环境条件（如地面高程，土壤结构，受污染等级等）。同时还需要评估地块的容量，以确定项目是否符合良好城市形态与环境性能方面的标准，由此确定的开发容量可以较好地适应地方物质环境。具体的设计方案从概念草图开始，逐步细化，使开发计划变得足够确定与具体，从而为项目建设做好准备。为了保证良好的城市形态，设计方案会限制开发强度、体块与建筑高度。这些内容最终由开发商决定（比如，其由地产项目的预期品质所支配）。大多数的项目计划中都会包含委托意图或项目大纲，其为具体设计规定了一系列的限制，如不同功能的建筑面积，经费预算等。这些限制也有可能来源于规划政策、区划条例、发展纲要、城市设计框架或者总体规划。虽然物质环境的限制往往会增加额外成本（如额外的准备工作、设计与建造成本），但他们并不必然阻碍地产开发。

在地产开发的早期，设计方案改变与调整的成本较小。随着地产开发的推进，调整成本逐步增加，直至其大于调整所带来的收益。因此，政府影响设计方案的时机需要远远早于这一时间点。

(3)公共程序

所有与地块、与开发活动相关的法规与公共程序都需要被预先评估，需要时还应评估得到规划／开发许可的可能性（详见第11章）。评估开发许可需要包括诸多方面——如土地与所有权、历史街区保护许可、道路、灯与其他支撑设施的分割与封闭权、连接所有公共服务与基础设施供应方的必要行动等——所有的这些都会提升成本，并延长开发进程。法规、规划与公共政策虽然并不总是影响开发活动的规则，但它们经常影响具体的设计方案与空间布局。

在应用区划系统的国家（如美国与欧洲的很多国家），如果计划好的地产项目与区划相协调，规划许可会自动形成——虽然有些时候"开发许可"是必需的流程。设计评审组织出于对设计质量的考虑也可以对区划系统进行增补。

英国所运行的是一种酌情行事的规划系统，在其中，包括所谓功能重大改变在内的地产开发行为都需要经过规划部门的正式审批。开发项目中的每栋建筑也需要获得审批。

(4)市场状况

开发商需要预先评估市场形势，以判断项目建成后是否有充足的市场需求。对未来需求的预测包含着许多风险与不确定性。由于在项目开发过程中市场环境瞬息万变，很大的风险就在于，项目建成后是否还会有足够的市场需求来推进其正常运转。为了减小风险，开发商经常在开发初期采取预租或预售的方式，提前确定未来的供需关系。在脆弱的市场环境中，为了保障地产开发的资金，开发商经常使用预租或预售的方式。但如果市场需求较大，发展商则不会过多考虑这种方式，因为这样会减少他们的收益。开发商总是以这种方式求得风险与收益之间的平衡。

对市场状况的监控会贯穿整个开发过程，其便于开发商在可能的情况下做适当的开发调整，以获得最大化回报。在不景气的经济环境中，开发商会尽力削减预算，而设计质量总是这一过程中的牺牲品。但在这种环境下，一些开发商反而会故意在设计方面投入专门资金以使其产品与众不同。与买方市场相反，在卖方市场，租户与购买者（投资者）在决策时往往关注实用性而不会过多地在意设计问题。

(5)项目的生存能力

对市场状况的评估关注是否有尚未满足的市场需求，而项目的生存能力则评估是否能够获取预期利润。对于私营开发商来说，项目生存能力的评估包括对计划项目的市场分析（即可能的需求），以及与成本、风险相关联的潜在回报。公共部门主要评估成本回收的形式是否合适，开发项目是否恰当利用了公共资金（与其他资金使用计划相比），是否实现了资金的价值，以及是否与相似开发项目的成本指标相一致。

项目评估有一些现成的方法，概括来说，评估一般考虑如下四个相关因素：

● 开发项目的预期价值（开发收入）；
● 土地收购成本；
● 生产成本（如建造成本、立法与代理费、借贷成本、开发商的收益）；
● 开发商的收益或需要的利润水平。

四个因素中，最后一个最为重要，因为如果开发商不能获得理想的收益水平，他们会转而开发其他项目，或者寻找其他投资机会。要使开发项目具有生存能力，其预期价值必须远大于土地收购成本与生产成本（至少达到开发商所需要的收益水平）。

项目评估中一个常用的方法是"余值法"。简单地说，其从开发项目的总体收入中扣除预期开发成本与开发商的收益，所得到的余值——其代表开发商可以负担何种土地价格以保证足够的收益。如果土地价格恒定，这一方法还可用来判断是否可以获得预期的回报。

除了削减利润率，开发商没有其他途径承担附加的或意外的成本。如果额外的成本会创造产品附加值，开发商会将这部分成本转嫁给购买者或使用者（假如他们愿意为商品附加值支付更多费用）；如果额外成本不能产生附加值，开发商则必须压低购买土地的价格。由于土地所有者在面对较低价格或已经协定价格的时候常常会拒绝贱卖土地，因此开发商一般会寻找一种开发方案以实现更高的末端销售价值（比如功能的混合或者更高的开发强度）；如果做不到这一点，这个项目就难以实施。

出于各种各样的原因，开发商经常会高价收购土地（其意味着他们试图高强度开发这一地块），我们经常会认为其中的土地所有者是"幸运"的，而不会认为开发商是"贪婪"的。但是，正如西姆斯（Syms, 2002）所述，虽然土地所有者在最高价卖出土地这一问题上采取强硬态度，但他们有可能被历史估价所诱骗，因为他们的土地已经被用于银行借贷的资产抵押。"期望价值"一旦建立即很难改变。

余值法有两个根本的弱点：

- 这一方法假设成本在开发过程中均匀分布，其对支出与收益的时间特征并不敏感。现金流动评估可以解决这一问题。
- 这一方法依托单一的"最佳估计值"思路，忽略了不确定性与风险。敏感度分析可以对此进行修正，其考察一定范围内可能的收益，并将他们缩小至概率较大的收益范围。

地产开发方案的设计与成本计算是并行的，并且随着项目推进不断细化。对项目生存能力的研究会突显设计修改的必要性，比如为了创造更大的价值而增加土地利用的种类。为了在经济上可行，一个地块可能会承载比看起来高得多的开发量。城市设计技术主要负责将高强度的地产开发布局于地段中，并保证开发项目的质量。但不管怎样，设计在本质上还是受限制的：地产开发项目在区位或者市场需求方面的劣势是无法通过设计手段而得到彻底解决的。

开发商很少动用自有资金来全额或持续资助地产开发项目，同时，如果项目是可行的，资金就必须到位。因此，项目生存能力的评估还要考虑开发商是否持有足够的资金，以及在什么样的条件下获取的资金。这些条件涉及一定的风险——比如当借贷利息发生变化时，利率的陡增会导致项目的延期或中断。

开发商通常有两种资金安排方式：短期资金，即项目开发资金——负担项目开发过程中的各种成本，与长期资金，即投资资金——将开发项目作为投资品，负担整个项目投资（开发商由此成为投资者）或用于购买（或投资）已完成项目。

为了减少风险，促进现金流动，并在操作上获得更大的灵活度，大型开发项目常常被分为若干次，以实现在整体项目完成前，即可从完成部分中获得收益。开发项目还经常将不能产生收益的部分放在后期开发阶段。比如在居住区开发项目中，开发商往往先期建设住房，而将社区公共设施与开放空间延后建设。而如果这些非营利设施能够有效促进房地产的销售或租赁，这一逻辑也会被颠倒过来，即先期或同期建设非营利设施（图10.2）。

如果一个房地产项目的前期不够成功，相关决策会修改下一阶段的设计，甚至暂停或中止开发项目。而如果前期阶段较为成功，后续计划同样有可能调整，其目的在于强化成功要素与弱化消极因素。阶段性的考虑也会对设计构成影响：如果项目是分阶段租售，每一阶段的设计都需要保证其自身的完整性。

1.1.3 建造，营销与买卖

如果能够通过如上五方面的可行性检验，开发项目即可启动，开发商（与相关团体）开始执行计划。开发行为进入建设与销售阶段——即流线中的第三条边。开发商的终极目标在于建造一个销路好的房地产项目——即使用者与购买者乐于支付高于开发成本的价格，来租赁或购买地产。因此实施阶段是地产开发过程的最后一个阶段，包括项目的建设、营销与租售活动。如果地产项目仅用于出租，开发商的角色便转换成了投资者（见下文所述）。

一旦进入了项目的实施阶段，开发商便失去了他们行动上的灵活性。他们的主要任务在于确保开发项目按照适合的进度、成本与质量推进。开发商特别依赖他们的建造商，并期望他们的专业团队能够监控建造商的行动，同时关注项目的时间进度、成本与质量。就短期利益而言，对时间进度与成本的追求有可能忽视质量；但从长远来看，项目的质量无疑更为重要。

2 开发中的各种角色

为了更加全面地理解开发过程，非常有必要认识关键的参与者以及他们之间的相互关系，了解他们为什么会参与到开发过程之中，以及他们为什么会坚持，或甘于提供更高的品质。因此在以下的部分中，会加入"机构"与"结构"等要素以扩展事件序列模型。机构所指的是地产开发参与者们确定与推进战略、追求与行动的方式。地产开发参与者的行为是由宏观环境所设定——其经常被称

图10.2　布林德利地区，伯明翰（图片来源：马修·卡莫纳）
在那些非营利设施能够有效促进房地产销售或租赁的地方，可能先期或同期建设非营利设施有。在布林德利地区，中央公共空间即先于周边办公街区建成。

为"结构"——由经济、政治活动以及规范个体决策的主流价值体系组成。

在地产开发过程中，不同的参与者扮演不同的角色。为了方便分析，这些角色会被单独考虑，但是在实践中，一个行动者往往扮演很多角色。比如英国的批量住宅地产商就是开发商、投资者与建造商的典型集合。除了认识这些参与者以及他们所扮演的角色之外，理解他们参与其中的原因也非常必要。地产开发中的每一个角色都可以从五个普适的标准来考量：

- 经济目标——参与者是否关注于成本最小化与利益最大化。
- 时间跨度——参与者的参与行为以及相关利益是短期的还是长期的。
- 设计：实用性——参与者是否特别关注开发项目在实现功能目标方面的效能（如作为一个办公楼所具备的功能）。
- 设计：外观——参与者是否关注开发项目的外观。
- 设计：与环境之间的关系——参与者是否考虑开发项目与周边环境之间的关系（详见表10.2）。

角色	动机的影响因素				
	成本		设计		
	时间	金融策略	功能	外观	与环境的关系
供应方——"生产"开发项目／场所或促进生产的群体					
（最初的）土地所有者	短期	利润最大化	无	无	无
土地开发商	短期；直到项目竣工	利润最大化	有，但指向经济目的	有，但指向经济目的	有，如果外在环境有积极或消极影响的情况下
地产／建筑开发商	短期；直到项目竣工	利润最大化	有，但指向经济目的	有，但指向经济目的	有，如果外在环境有积极或消极影响的情况下
开发投资者	短期；直到项目竣工	寻求利润	无	无	无
股东	长期	寻求利润	有	有	有
建造商	短期	利润最大化	无	有	无
设计师	短期	利润最大化或寻求利润	有	有，如果外观设计能够影响到他们及其职业生涯	无
需求方——项目／场所的消费群体					
投资者	长期	利润最大化	有，其主要用于实现经济目的	有，但其主要用于实现经济目的	有，如果与外界的积极联系能带来收益
使用者	长期	平衡空间消费与环境质量、地产交易回报之间的关系	有	有，如果外观能够表现／象征他们的身份	有，如果与外界的积极联系能带来收益
相邻土地所有者	长期	保护地产价值	无	有，如果新项目对外在环境有积极或消极的影响	有，如果新项目对外在环境有积极或消极的影响
地方社群	长期	基本中立行为多样	有，如果建筑群有公共用途	有，如果新项目是公共领域的组成部分	有
监管方——监督规范项目／场所营造过程的群体					
公共部门	长期	基本中立行为多样	有	有，如果项目是一个大型整体项目的组成部分	是，如果项目是一个大型整体项目的组成部分

每一个参与者都会在这些标准之间进行内在的权衡，同时，他们之间的相互影响及其不同的权力也意味着这些标准在参与者之间的均衡。形成一个高质量的城市设计有可能不是开发过程中所有参与者都认同的目标——而且，在任何一个案例中，对质量的理解也因人而异。项目目标还受制于多种因素，其中很多都超出了设计师或者开发商的影响范围，比如：

- 客户／顾客的需求和喜好，他们很有可能与地方社群需求相冲突。
- 市场状况。
- 基地条件所带来的开发局限与成本。
- 对多种许可的需求（法律、规划、开发、公路建设等方面），以及符合公共部门规范与法令的要求。
- 特定地区对租金／房价的限制。
- 投资决策中先天的短期盈利主义（长期的开发行为会增加开发风险）。

下文将开发过程中主要的参与者划分为生产者、消费者与监管者三个类型，并进行探讨。

2.1 生产者

2.1.1 开发商

开发商多种多样。他们包括了很多种类的代理机构，从批量住宅建造商到小型的地方住宅建造商与自建者；同时，他们还受到不同层次利益的驱动，从利益至上的私营部门到中央、地方政府与公共组织，再到慈善机构与非政府组织。一些开发商专攻市场中的特定领域，如零售商业、办公楼、工业地产或住房地产，另一些则跨领域经营更大的范围。还有一些开发商有确定的经营类型，比如对历史街区更新。一些开发商根植于特定的地区，关注一个特定城镇内部或周边的项目，而另一些则没有明显的地域性，在区域、

国家甚至全球范围内经营项目。

基于他们经营的方式，洛干与莫罗奇将开发商分为三个类型：

- "机遇型企业家"，他们通过不同的方式获得地产（也许通过遗产或者副业），并发现改变用途并进行租售可以获取更大的价值。
- "主动型企业家"，他们预判土地功能与土地价值的变化趋势，并以此为依据来买卖土地。
- "结构型投机商"，他们运用更加策略性的手段进行运营，他们除了对变化趋势进行预判之外，还会寻求影响或改变这些变化的途径，使之符合其利益（比如修改区划条例或开发计划；影响道路的走向或者公共交通站点的位置；鼓励某个地区的公共支出等）。

为了实现某些特殊的社会需求，持有慈善基金或者公共基金的社会开发商也会参与到开发过程中，例如社会保障性住房。虽然从逐利的角度讲，他们不能被称为商人，但从开发的角度来说这些参与者仍然是开发商，为完成项目他们同样需要在市场上购买土地、劳动力、建材，并经常需要资金来保障其社会服务目标。英国住房协会就是这样的机构，由于他们在产品经营中持有长期股份（他们既是开发商又使投资者），因此他们经常特别关注设计的质量问题。

一些开发商的运作方式类似于土地开发商——他们购买土地，进行必要的平整，获得必需的许可，铺设基础设施，并将这些土地划分成为多块熟地，售卖给其他（建筑）开发商（或建造商）。他们还有可能通过契约、设计纲要或设计法规的形式管控建筑开发商（见第 11 章）。在一些国家，土地开发商与建筑开发商之间的分工要比其他国家更为明显。比如在北欧国家，国家在土地开发过程中经

常扮演很重要的角色，而北美的地产开发中，土地开发与建筑开发经常有明显的区别。在英国，批量住宅建造商既是土地开发商，又是建筑开发商。

开发商（与投资者）之间的运营模式也有所不同——或者更正规地讲，出于对回报、项目规模、经营范围、对风险的态度等方面的考虑而会设定不同的商业策略。这些行为上的差异可能反映出结构上或制度上的差异（比如开发商的慈善行为通常会有更优惠的税率，大型的开发商更容易以更低的利率借贷），但他们并不由这些差异所决定。

一些开发商看似较他人而言更加关注设计质量，在承担项目时注重因地制宜，而且非常尊重并乐于提升地方的场所感。另一些开发商则并不过多考虑质量问题。这些开发商被区分为"场所感"企业家与"无场所感"企业家（见表10.3）。这种分类最好被理解为一个连续的群体，连续体的两端分别是对场所本质与特征保持敏感的企业家与对此不敏感的企业家。

由于私营部门注重生产具有市场价值的产品，开发商（供应方）必须考虑与预期投资者与使用者（需求方）的需求与偏好。一般来说，使用者向建筑所有者（投资者）提出要求，建筑所有者向开发商提出要求，开发商继而向建筑设计师提出设计要求。生产者与消费者之间可能出现的分歧将会在下文中讨论。在回应与平衡投资者与使用者需求的过程中，开发商趋向于将"设计"视为实现经济目标的必需手段，而非以设计为目标。因此，他们主要从如下方面考虑设计问题：

- 投资者与使用者的需求、偏好与品味，尤其是他们为得到满意的产品所愿意支付的价钱；
- 为适应迅速变化的环境，而在建筑与场地布局方面所具有的灵活性；
- 可建造性（包括对建筑成本的控制）；
- 成本效益与性价比；
- 视觉效果（包括有助于销售与租赁的项目形象）；
- 对管理的影响（包括运作成本）。

马达尼波尔指出，随着地产开发企业在规模与复杂程度上的递增，与地方决策者密

"场所感"企业家与"无场所感"企业家的典型特征　　　　表10.3

"场所感"企业家
● 独立的（无合作的）运营商——与特定的地区关联密切，根植地方
● 基于对未来发展的预判来进行金融评估
● 依靠直觉与经验开展工作（即接受风险）
● 多样价值观——"所有的地方都是不同的"
● 运用差异化设计策略（应对风险）
● 从投资／开发中获得重要的无形财富（即项目中值得珍惜的事物）——强大的人际关系网
● （主要）具备地方性的知识与专业技能

"无场所感"企业家
● 非地方（全球），联合的（机构化的）运营商——与特定的地区关联较弱
● 基于以往的经验来进行金融评估（即寻求稳定性）
● 依靠过往的"证据"开展工作（即规避风险）
● 同质价值观——"所有的地方都是一样的"
● 运用标准化设计策略（即减小风险）
● 从投资／开发中很少获得无形财富（即地产项目只是一个商业产品）——与独立企业的人际关系较弱
● （主要）具备全球性的知识与专业技能

切关联的地方小型公司越来越多地让位于那些运营中心在外地的（大）企业。与之相似，项目融资与商业财产的权属也更多地倾向于国内与跨国的大企业。其后果是地产开发与地方性之间的断裂越来越明显："对于开发商来说，如果一些开发项目在过去具有标志性，那么其在当今市场中的交换价值就会更高，这决定了他们的收益。"因此，地产开发成了一件简单的商品。在这样的氛围中，对使用者需求的响应往往可以保证稳定的回报（投资者所关注的），即使那些大型的开发项目在地方并没有什么优先权。虽然在开发项目中投资者与使用者是利益相关群体，但他们并不是唯一的利益相关者，相邻的土地所有者与公众的利益都需要予以考虑。

开发商的思路总是比一些既定的模式更为宽泛。独立的开发商经常关注开发质量，大力地支持设计准则，因为这些设计准则可以保证场所质量，继而提升地产价值，由此形成的收益非常可观（见框图 10.1）。一些开发商并没有把视野局限于市场压力，而关注更为广泛的公民责任与义务。还有许多开发商通过参与多种建筑与开发项目而收获了精神层面的收益。此外，由于遵循市场经济的运营规则，开发商往往比设计师更关注消费者的需求与喜好。

尽管如此，所有的开发商都受到获取特定地块开发价值的机遇所驱动。这是现有地产和（或）土地价值（基于现有功能）与未来价值（基于更优功能与更少土地并购与建造成本）之间差距所带来的效应。开发价值并不局限于一个特定的区域或地块，其经常

框图 10.1　金丝雀码头，伦敦

　　金丝雀码头是一个非常特别的节点，因为它树立了一种设计导向型（或起码具有设计意识）的地产开发模式。在 1980 年代早期，由于道格斯岛企业区的定位，以及伦敦道克兰地区开发公司（LDDC）的建立，该地区的地产开发项目迅速增加。随之而来的地产开发浪潮由自由竞争的设计与开发项目构成，其间 LDDC 抱着"万事皆空"的态度几乎没有参与任何具体设计方案的讨论。

　　随着金丝雀码头（1 千万平方英尺的商业办公楼与辅助设施）的建成，从 1980 年代中期开始，情况有所改观。设计不再被认为是创新的障碍与投资的浪费，而成为营造具有市场吸引力的场所的手段。但城市还是全然呈现出

金丝雀码头，伦敦（图片来源：马修·卡莫纳）

一副私营的模样，其源于一个详细的总体规划以及一系列设计规章，它们被设计的与周边环境形成了鲜明的对比——无论在经济、物质环境还是社会特征方面。

　　历史资料显示，由于奥林匹亚与约克地产商过度透支，在 1990 年代早期的经济大萧条时期已经没有足够的可租赁土地来偿还他们急剧上升的负债。不过，一个之后被证明是非常重要（在一定程度上）的计划，以及一个清晰的城市设计框架在当时紧锣密鼓的展开——由于缺乏相关规划，市场试图创造一个全新的规划。从 1990 年代直到今天，这个总体规划还在持续地为金丝雀码头提供具有强烈场所特征的发展框架，以确保地产所有者（金丝雀码头集团）在这一区域大规模持续投资的安全。

在更大的范围内浮动，并有可能从一个地块转换到另一个地块。如同里德所提到的，如果一个逐步扩张的城市四周都是农业用地，那么所有的土地所有者都希望以高于农业用地的价格出售土地（即期望价值）。然而，在现实中，只有很少比例的土地所有者能够（在这一时间段内）出售土地以用于房地产开发。因此，虽然地产价值可以在很大的范围内上浮，但往往只在很小的范围内实现。相似地，虽然在特定的城市中心将会建设多个拥有多屏电影院的复合功能区，但第一个建成项目，以及随之完成的第一片城市综合体往往会获得最可观的收益。新的基础设施与地产项目也有助于将开发价值向其他区域转换。在强制性的规划体系中，凭借城市规划中的各种决策，规划控制同样也可以通过特定的区域定位（例如居住或农业用地）来转换其价值（见框图10.2）。

框图10.2　土地价值的来源

土地价值来源与两种资源——土地本身与地面资产。前者的价值决定于特定地理环境中土地的属性，其与基础设施网络（道路、供水与供电设施、排水设施等）、物质设施（学校、商店、医院、住房等）与自然设施（海滨、森林、开敞的乡村地带等）相关。而后者的价值则由地面上的建筑群、街道与防御设施等要素决定。需要指出的是，土地所有者的单方行动只能改变地面资产价值；而土地价值的改变则有赖于社区整体的行动。

由此，房地产中的经济价值由两部分组成——社会或"社区创造的"价值，其内含于土地之中，以及"所有者创造的"价值，其内含于地面资产之中。前者一般会非常昂贵以至于赖克玛（2001）说房地产开发中价值就是"使开发尽量靠近红线"。这同时意味着建筑的价值来源于周边环境的实体建设，其反过来也解释了为什么房地产的所有者那么在意相邻地块所发生的事情。

一般来说，开发商通过迎合未满足需求，以获取开发价值。举个例子，对于那些商务办公开发项目来说，其很有可能源于某一区域内特定规格办公房间或办公用地的短缺，或者出于对使用者更先进办公需求的适应。因此，开发商精心投入了一系列的资源（场地、资金、专业咨询、构筑物等），并以高于建造成本的价格出售来获取收益。对项目获得回报与为此承担风险的计算驱动着开发过程，因此从大体上来说，开发商的目标是短期经济利益。

2.1.2　开发商

在地产开发过程中，土地就是权力：如果没有土地开发项目无法进行，同时，对土地开发的控制远比对规划的控制有效。土地（与权属）同时也是多样的。虽然地块的划分方式较为类似，但地块之间完全不同，每一块土地都具有唯一性——至少其区位特征是不可替代的。当一片土地的区位得以确定，其所有权就成了权力的来源，尤其在空间垄断能够形成的地方。如住房开发商经常为获得特定区位的土地而相互竞争。在可开发土地供应短缺的区域，一旦开发商得到了土地或购买了"使用权"——一定时间范围内或特殊事件发生之前的土地购买合约——以及随之获得的开发许可，它们就有效实现了对一个地方的空间垄断。任何想在此置业的人都必须从这一开发商手中购买，因此开发商在设定质量标准与价格的时候便拥有了更多的自主权。

由于房地产的不可动性与权属的属地性，影响了房地产所有者的行为。如果他们能将投资从一处地产移到另一处（或者将地产转移到其他资产类别），他们趋同的决策与交易行为在空间上的集聚有可能达到价格的临界点，而导致大规模的弃售。与之相反，如果所有者不能——或不愿意——转移资产，他们大多会在重塑需求方面开展行动。正如博勒加德所观察到的：

地产所有者不能方便地转移他们的投资，同时他们也不愿意这么做。因此，任何地产价值或功能需求的衰减都会引发所有者为扭转这一局面而采取的各种行动。为了克服空间流动的阻力，许多小型的中心区商业联盟已经开始形成。

在地产开发之前土地所有者拥有土地；在开发过程中开发商控制土地。由于土地所有者不被包括在掌控开发计划的群体中（比如建造者、开发商与土地银行），因此他们在开发过程中并不起到什么作用，只是在达成满意的价格后将土地出让给开发商而已。因此，他们的目标是短期经济利益。

土地所有者（与掌控土地的开发商）主要从四个途径影响开发过程：

- 通过是否出让土地：亚当斯（1994）区分了"积极"与"消极"两类土地所有者。积极土地所有者是那些开发自属土地（即他们变身为开发商）、进入联合商业开发组织或主动向市场供应待开发土地的土地所有者。他们会努力克服土地的开发限制，以提升土地的市场开发潜力与开发条件。与之相反，消极的土地所有者并不进入市场、没有开发土地的确定计划，很少尝试削减土地的开发限制，只会——或者不会——对于潜在开发商的开发申请做出回应。在公共部门涉足或坚持开发规则的地方，政府会使用强制买卖的权力或"特定的保护权"以集合土地，即使这样的行为非常浪费时间与金钱。当用于开发的土地不能得到充分供应的时候，开发项目就会呈现"分散化"的发展状态——其不会经历从单中心逐步向外扩展的过程，而呈现出蛙跳式发展或环绕不可开发土地进行

开发建设的特征。舒普提出了一个激励土地供应的方法。分等级的密度分区允许在更大范围内提升容积率并以此提高激励力度，使土地所有者在土地供应方面开展合作，以创造更高的土地价值。这一方法虽然不能完全消除抵制激励政策的可能性，但能够引发一种怕被忽略的恐惧，因为如果坚持与其他地块脱钩，某一地块就无法加入到提升容积率的地产集合中，进而丧失了珍贵的盈利机会。一个集合化的土地资产也可以应用更好的管理与控制手段。

- 通过出让土地的面积与划分方式：举例来说，诺克斯与奥索林斯将洛杉矶与东海岸城市进行了对比，洛杉矶周边的牧场工棚与军事用地为大规模的土地利用与清一色的郊区发展模式奠定了基础；而东海岸城市早期的土地管理是碎片化的，这也就导致了这一地区在后期更加零碎的发展。土地还可以被进一步划分后向地产项目出让。以售卖或开发为目的的土地划分，会对之后的地产开发带来很重要的影响。较为简单的土地划分／出让策略或将整个街区视为开发地块，或将街区划分为多个开发地块（图10.3）。而更加复杂的策略则涉及跨街相向地块的合并，或含有街道的独立地块（图10.4～10.5）。
- 通过为地产开发设定强制条件：土地所有者可以在土地交换过程中附带契约条款或限制性协议，以约束地产开发。土地所有者在总体规划（二维）或设计框架（三维）的制定环节中也起到重要作用，用以控制后续的开发项目。
- 通过租赁土地而非售卖土地：考虑到他们在土地中的长期利益，土地所有者通过土地租赁协议规定项目建设质

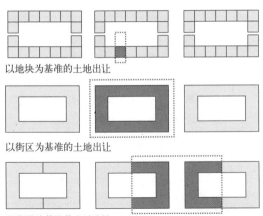

以地块为基准的土地出让

以街区为基准的土地出让

以街道为基准的土地出让

图 10.3　土地出让策略。最上方的图示所表达的是以地块为基准的土地出让。这种方式在一些国家的商品房开发项目中经常出现，即土地开发商向住房建造商提供可直接开发的地块。住房建造商或者委托专业设计师对这些地块进行专属设计，或者购买标准的规划设计图纸。这些地块也可以卖给一些投资商，由他们来聘请设计师与建造者。为了确保街道景观的多样性，一个街区中地块的总数以及连续地块的总数会受到限制，并据此划分成若干地块以供独立式住宅开发商购买。中间的图示所表达的是逐个街区的土地出让类型——每一个开发地块都由一个完整的街区组成。最下方的部分所示意的是以街道为基准的地块划分，每一个开发地块都包括两个相邻街区的部分土地，以及其间的街道空间。这种划分方式可以让设计师同时设计街道两侧，有助于增强景观在视觉上的连续性，并能将街道视为积极的中心场所而非开发项目的边界。

量。正如萨蒂奇所述，在这个意义上，地产开发更类似于农事而非交易。为了获取规律性的收入，这种方式不通过售卖土地积累资产，而持有一种长期的运营观念，其包括对地产经济健康状况的考量，对承租人以及他们预设土地用途的细致管理。这种意向还可以建构一个持续的运作体系，而不是一次性交易。例如乔治亚与维多利亚时代的伦敦、爱丁堡与格拉斯哥大部分地区的形态都受到了土地租赁契约条款的决定性影响。

2.1.3　地产开发投资商（金融资本）

开发商很少用自己的资金来推进项目，出于对成本与灵活性的考虑，他们总是通过最有利的贷款条件来筹措资金。贷款时，开发商必须从贷方的角度来考虑——或者说，资金的获取是有附加条件的。投资城市地产开发的目的在于获取利润。如果无法达到预期的收益，它们就会将资金转投他处。开发商常常考虑短期资金（开发资金），其将会在此讨论，但在开发的后续过程，它们会追求长期资金（投资资金）（见下文对投资者的论述）。

图 10.4　逐个街区的地块细分——哈姆（Hulme），曼彻斯特（图片来源：史蒂文·蒂斯迪尔）

图 10.5　以地块为基准的项目开发——婆罗洲（Borneo），阿姆斯特丹（图片来源：史蒂文·蒂斯迪尔）

短期资金——开发资金——需要涵盖地产开发阶段的所有支出（即获取土地、房屋建设与专业服务等成本）。主要的短期资金来源于清算银行与商业银行。项目完工后，长期资金开始投入，用以偿还开发资金。具体项目一般受到股权资本与债权资本的联合支撑。

债权资本包括借款、抵押贷款或红利。债券资本的借方有权利连本带利收回资金，但通常并不会获得来自于项目的合法收益（除非地产成为违约的抵押品），也没有权利分享地产收益。债权资本是一个项目或公司需要最先偿还的资金；由于其处于优先偿还的位置，其所承担的风险最小，因此投资所获得的相对利率最低。

股权资本是投资于项目中的现金、土地与已有建筑、专业咨询费用、股份等资本。其在债券资本之后以年为单位进行偿还，由于股权资本会承担更大的风险，因此比债券资本有更多的预期回报。债券资本的借方参与地产项目的风险与收益，具有分享项目开发利润、获得合法收益的权利。

耐心股权（资本）是长期资金的另一种名称——开发资本结构中不确定偿还期限的一部分。依托耐心股权，投资者愿意投资项目但不期盼快速得到利润，反而乐于延长获取回报的时间段。与其他快速回报类型相比，此类投资者预期未来的回报会更为可观（图10.6）。

筹措开发资金的条件反映了地产项目特征（即如果投资者认为开发项目具有较高风险，资金的筹措条件就会很严格）与债方的特征（即有成功经营地产项目记录的开发商更容易以优惠的条件获得资金）。正如雷恩博格所解释的，为了更易于筹措资金与经营地产项目，华尔街将美国的房地产商品化为很少数量的标准化产品（见框图10.3与表10.4）。凯尔博描述说，这种"消灭多样性的

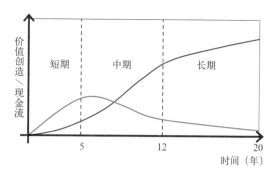

图10.6　步行主导地产项目（蓝）与车行主导地产项目（红）的经济发展特征假设（图片来源：根据雷恩博格2005，重新绘制）。此图展现了车行主导地产项目与步行主导地产项目在每5～7年之间赚取回报的差距。雷恩博格认为，解决这一问题、提升车行主导项目？可行性的途径是在项目中增加股权资金的比例。他估算，在传统的地产开发项目投资中，股权资金仅占到总体投资的20%左右，而债券资金则达到80%。在长期的时间段上车行主导的郊区化逐步贬值与步行主导城市化逐步增值的原因之一就是，对于前者，项目越多越糟糕（即其形成了拥挤，降低了私密性与排他性），而对于后者，则是项目越多越好（即期创造了更多的需求与更大的客流，并能够在步行范围内形成更多的娱乐设施与基础设施）。如，作为查尔斯顿（I'on）与波弗特（New Point）的开发商，文斯·格雷厄姆所述，在人们渴望"排他－与－私密"的地方，项目投资越多收益越差，但在人们需要"社区－与－社交"的地方，则投资越多收益越好。

强制力"与"盲目追求5～7年内经济回报"的短期投资心态密切相关，其结果是建成环境的"建筑简单化／失声"。

为了辅助他们的资金计划，开发商有些时候会寻求——或者接受——公共补贴。公共性的开发项目与更新项目机构可以向地产开发项目提供低息贷款、基金、津贴或（不太常见的）合资等方式的金融支持。由于基金与津贴一般用于具有社会需求但不具有经济可行性的项目，因此划拨资金往往优先考虑社会目标而非经济目标。津贴的提供也使代理机构具有了提升设计水平的干预能力。

框图10.3 资金的力量

雷恩博格断言说："即使是再好的设计思想也是无用的，除非有人愿意为此投资。他根据决策制定规则解释了美国的——乃至世界的——房地产经济体系的运转；这一规则曾经催生了老旧的郊区，现在正在引发城市边缘区的低密度住宅建设。埃林将其描述为"形式追随金钱"。正如雷恩博格指出的："了解这个系统的运作方式，及其如何被影响以形成不同的模式，应该是改变这一现象需要最先考虑的问题"。

对于投资者来说，总是存在一个难题，即房地产是一个无流动的资产类别，其买卖过程既费时又费力。房地产投资信用组织（REITs）与商业住房抵押贷款证券公司（CMBS）的出现解决了这一难题。房地产投资信用组织持有房地产的大量股份，但他们并不买卖独立的产权，投资商在信用组织中（如纽约证券交易所）通过交换公共债券来买卖股份。

雷恩博格发现，公共市场偏爱"同比销售"的交易，为了交易效率，地产被商品化（即同质化）。工厂建造了这些商品，并熟练掌握其建设方式：车行导向的郊区产品。房地产的商品化归因于众所周知的、华尔街熟悉并认同的"19个标准化房地产建造类型"，其可用于批量交易。任何背离标准化的生产均会导致"不合格"产品——其被雷恩博格称为华尔街的专用术语。不合格产品的建造既得不到金融贷款，也得不到有力的开发条件，由此，发展商、交易商与金融师越来越专注于一种产品类型，而对其他类型的产品或对多个独立产品的组合失去兴趣。

下文是19个标准化房地产产品中，标准化邻里零售中心的产品特征：

● 12～15亩土地，临4～8车道的主干道，回家必经之所，配置每日至少可停放25000辆小汽车的停车场。

● 在三英里半径范围内至少有25000人可以受到市场吸引，消费人群收入最好高于一般水平。

● 一层建筑占总用地的20%，后退道路红线150英尺。

● 用地的其他部分作为停车场，沥青铺装，位于商场前方，并有道路通往建筑的后门，方便货物运输与垃圾清理。

● 选择全国与区域层面的连锁店或专营店，并增加一些连锁快餐店或银行。

● 药店、银行与快餐店都必须有车行售贷窗口。

● 几乎所有人都需要开车到达。

19个标准化房地产建造类型（2006）   表10.4

办公建筑	公寓
● 定制建设（Built to suit）	● 郊区花园式
● 功能混合	● 中心区高密度混杂地
● 医用的（Medical）工业建筑	● 仓库
● 定制建设	● 房车停车场
● 仓库	住宅
零售商业	● 入住门槛
● 邻里中心	● 升级
● 以生活为中心	● 奢侈
● 固定的超级商店（Big-box anchored）	● 生活／退休养老协助
酒店	● 度假房／二套房
● 商务与奢侈性酒店	

资料来源：改编自雷恩博格（2008）

虽然开发商总是狡猾的宣称他们的项目是社会所亟需的，如果缺乏资金支持，项目就无法实施，但是补贴设立的目的仅仅在于为实施项目提供适当的资金，而非补贴开发商的利益。不过，补贴很有可能资本化为更高的土地价格，而不会降低生产的成本。

地产开发投资商的目标是典型的短期经济利益。他们主要出于经济目的关注设计问题。不过，股权资金的贷方会比债权资金的贷方更加关注包括设计环节在内的开发项目的整体情况。耐心股权的提供者会长期关注开发项目，并对其设计质量抱有极大的兴趣。

2.1.4 开发代理机构

同样活跃在地产开发过程中的是各种公共部门或更新机构，其包括政府与独立企业（由政府或企业设立的代理机构，与国家、中央或州／区域政府设立的代理机构）。他们还有可能成为各种公私合作的执行机构。这些机构或者通过横跨政府部门，或者在一个指定的目标领域中寻求对地产项目的辅助与支撑。其中的一些是执行性的部门，负责诸如建造房屋、工厂与道路之类的建设项目。另一些则是促进性的机构，其通过整备土地、准备开发框架与总体规划、运作宽松的企业化规划与开发控制、提供资金与建议等方式推进地产项目。

2.1.5 地产开发顾问

地产开发顾问负责向开发商与其他地产开发代理机构提供专业服务人员，包括市场顾问、地产中介、律师、规划师、建筑景观设计师、工程师、设备管理者、地块主管、估算师、成本顾问等。鉴于大部分的专业人员均一次性收取专项服务费用，他们的目标是短期经济效益。有些专业人员——比如投资地产的经营代理商——会从中持续获取收益，因此他们的目标是长

期的、经济的与功能性的。而另一些专家——建筑师、其他设计师、城市设计从业者——他们通过提供专业服务获取一次性的利润，但可以利用已完成项目来宣传他们的服务，并通过参与项目获得重要的精神收益。因此他们的目标一般是长期的、经济的、与设计相关的。一些设计师还从事地产开发，他们兼顾设计师与开发商的角色，运用他们的设计经验提升地产项目附加值，而不会受到开发商的阻碍。

2.1.6 建造商（产业资本）

建造商——或承包商（与次级承包商）——花费少于开发商所支付的劳动与材料成本来建造地产项目以获取利润。他们的首要目标是短期经济利益。由于建造商经常利用项目宣传他们的服务，因此他们也非常关注其结构与设计质量。许多建造商也参与地产开发，以建造商与开发商的双重身份运营项目。

2.2 消费者

2.2.1 投资者

与短期地产开发投资相反，投资者长期投入资金，其将地产作为一个投资项目，资金涵盖一个建成地产项目中所有的控制与管理费用。投资者因此是建成项目的购买者（与随后的销售者）。因为这类投资必需发生在项目投入使用之前，以提升后期的利润，房地产投资商主要关注来源于使用者租金的（潜在的）收入，其继而被资本化以用于产权交易或转化为投资价值。对商业与工业地产项目来说，最主要的投资者是保险公司与养老基金组织。对于住房地产来说，主要的投资者包括自主业主、私人与社会业主。

投资者一般依据如下标准寻找投资机会：

● 资本与收益的安全性（低风险）——

一般来说，一个投资越安全，其亏本或无收益的风险越低。投资者还有可能组合投资地产项目，多样化投资种类，以均衡投资风险。

- 收益与资本的潜在增长（高回报）——虽然高回报的获得有可能源于收入或（与）资本的增长，但资本增长与所有的回报最终还是取决于收益提升的前景（即来源于使用者的租金）。
- 灵活性（高流动性）——商业地产投资者（与极少的一部分住房投资者）会寻找转换投资的能力以获得更多回报。流动性取决于一些影响因素，比如潜在购买者、交易成本、投资的总体规模与能够细分的地产容量。无论是整个地产项目还是其中的局部，其流动性越强，就越容易被出售。

在实践中，没有一个投资是完全安全、高流动性并保障收益的。每一个投资项目都表现为这些特性的不同组合，伴随着投资者在这些特征之间的权衡，与（或）在地产项目／投资项目间进行的投资组合。更高的预期回报来源于更高的风险投资——投资者通过牺牲安全性以追求更高的回报。很多机构在产权投资中保守地采取风险规避的方法，并将投资集中于那些最安全、具有流动性、获利最多的地产类型上，其经常被称为"一流投资地产"——即占据最好区位的、可以长期租赁的、具有"无懈可击"合约的地产投资项目。

作为一种投资机会，房地产具有与其他形式投资项目（如股票、股份与政府债券）绝然不同的独特特征。举例来说，房地产投资是固定地点的（不可移动）、多样化的、一般不可再分的、具有内在管理责任的（如收取租金、负责维修与更新、租约谈判等）。土地（与产权）的总体供应量也是一定的，

虽然特定功能的用地供应量可能变化，但其在短时期内仍然相对稳定。购买一小片房地产不仅需要花费大量的资金，还涉及高额的交易成本。尽管如此，房地产投资还是普遍持久的、非常典型的投资回报方式。

投资者经常运用收益来度量投资的成效，平衡风险与回报。当市场呈现出明显不确定性的时候，投资者一般会选择能够实现高回报与资本快速回笼的地产项目。在上扬的市场中，为争取投资机会，投资者会进行激烈竞争，投资收益会相应下降。因此，一个较低的收益率即表示一个较为健康的投资市场与较高的资本价值，在不远的将来，这些收益会持续上升，与此租金也会上涨，并反映在新的资本评估结果中。

由于他们的回报表现为当前与未来的租金收入与资本增值，投资者的目标是典型的远期经济利益，他们重视设计并将其作为实现经济目的的途径。举例来说，大型地产投资公司的收购政策会试图规避风险——他们关注大量相似机构对地产的接受程度，并由此选择风险最小的地产（即不能按价出售地产或租赁房屋的风险）。因此，他们选择的地产项目需要在长时段内产生持续增长的租金收益；具有灵活性，能够适应各种各样的使用者；能够被信用记录良好的租客所接受；以及能够被其他投资机构所接受。

2.2.2 临近土地所有者

在一个开发项目周边或临近地区的土地所有者会设法保证项目不会贬值，并希望其能够带动自身地产增值。相似的，因为土地所有者常常只会出售其所持地产的一部分，而保留相邻的土地，所以他们往往对于卖出地块上的建设项目持有浓厚的兴趣。一栋建筑与周边环境的关系——及其外观——具有溢出效应。由于一个地块上潜在的功能与价

值直接受到相邻地块的影响，建筑因此成为相互依赖的资产：它们的价值是邻里街区价值的一部分，同时，邻里街区总体价值也部分来自于特定建筑的价值。所有的地产项目构成了一个邻里街区的综合价值。由于有可能存在积极邻里影响（即相邻建筑提升地产价值）与消极邻里影响（即相邻建筑削减地产价值），新的地产项目或者提升，或者降低邻里街区的综合价值。因此，相邻土地所有者的目标是长期的、经济的，并且在外观与环境关系方面与设计相关。

2.2.3 使用者

使用者——在客户市场中租赁或购买空间的人——其直接从建筑中得到使用权与利益。他们主要关心房屋的使用价值，尤其是房屋对商业生产力与运营成本方面的影响，如外观、舒适性、便捷性与效率。它们的目标是长期的、经济的，其不仅在功能方面，也有可能在外观方面与设计相关联（见下文）。

由于建筑的功能取决于价格与物质环境质量，使用者在经济（租金水平）与物质环境（空间质量、空间特征、区位等）两方面之间进行权衡。虽然使用者把租到的空间视为生产、传送物品或服务的必要因素，并在这一泛泛目标下评估其功能，但他们同时还会考虑建筑对于消费者与普通大众所具有的象征性特征（即地位、可靠性、质量等）。为了传达一定的信息，公司可以委托设计"纪念碑"或符号化的建筑。一些公司还会出于对公司形象、员工形象的考虑而选择适合的建成建筑与（或）区位。尽管地产项目的形象（主要蕴含于外观之中）对于特定的使用者或投资者来说有可能非常重要，但是其价值是无形的，很难确定价格。此外，虽然一个公司的建筑有可能一度成为市场营销策略的构成要素，但随着市场范围的扩大，这一要素的重要性会逐步减弱。

虽然普遍认为一个公司建筑的重要性要小于公司网站的重要性，但诸多大型公司还是陆续投资建造高质量的建筑，它们委托专业公司建造自己的建筑，能够在地产开发过程中起到更多的控制作用（见框图10.4）。在某种程度上，这是提升品牌特征的一种策略，同时通过营造创新、积极的优质工作环境，成为吸引与巩固核心工作人员的手段。其建议将建筑质量视为对雇员满意程度与工作表现的回报，以及对旷工病退情况的削减——这需要深入考虑建筑的实用性。这些考虑还可延伸到建筑周边的空间。如卡莫纳等人在研究中即发现了使用者对高质量环境的强烈需求。

2.2.4 公众——社区

公众——如家庭、经营者、售货员等——在地产开发过程中直接或间接地消费开发产品（当开发项目对公众可见，或者是公共领域的一部分）。公众由此是地产开发过程中需求方中关系较为间接的群体。由于他们消费若干地产项目构成的整体环境（即跨越产权界限），因此他们总是考虑单个地产项目对总体环境的贡献。由此，公众的目标是长期的、与设计相关的，他们关注项目外观及其对环境的贡献。

除了作为地产开发产品的（被动）接受者，公众还会通过诸多行动主动地影响地产开发过程，这些行动包括反对特殊类型开发项目，参与商讨一些特定的项目（见第12章），加入公益或保护团体、促进或抵制增长的社会组织等。通过这些民主的过程，他们间接地、整体地、有原则地控制与规范地产开发过程。

框图10.4　地产开发过程中消费者－生产者之间的分歧

案例1

一个公司动用其自身资源建造了一栋自用办公楼。这一单独的行动者同时扮演了发展商、投资者、土地所有者与使用者等角色。因此，高质量特性／高质量设计所引发的成本与收益都属于此行动者。所以，由于一个行动者合并了多个地产开发角色——发展商、投资者、土地所有者与使用者——不同角色所持目标与动机之间的冲突被内化与均衡化，从而生产出成本限制条件下的最优成果。

案例2

一个发展商建造办公楼，由一开发投资商投资并进行预售（即开发投资商与投资者），其计划将办公楼租给一个并不明确的租户（即使用者）。这样的资金／销售安排降低了发展上的风险，同时投资商对远期的展望／偏好也影响着建筑设计。虽然成本与收益分摊于发展商、投资者与预期使用者，但预期使用者并不确定，不能对建筑设计与标准产生直接的影响。虽然发展商与投资者／所有者必须对此进行预测以呼应使用者需求，但将诸多高成本、对使用者有益的特征纳入计划的可能性并不大。因此，当一个独立的行动者承担地产投资者与所有者／投资者的双重角色，即产生了其与发展商、使用者之间的分歧，以及发展商与使用者之间的分歧。由于这些分歧，地产项目的质量有所下降。

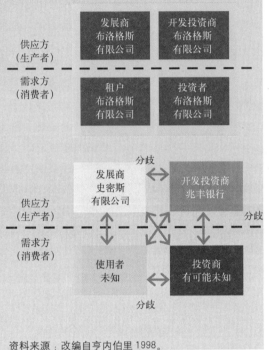

资料来源：改编自亨内伯里1998。

2.3　管理者

2.3.1　公共部门

公共部门（如政府、管理机构与规划部门等）通过规划与区划系统，以及其他种类的规章来管理地产项目。管理的职能是对上述开发职能的补充——尽管如此，因为管理与开发激励功能可以由不同的公共代理机构或政府部门所承担，所以开发商有可能通过挑拨离间而获取利益。

一般来说，公共部门不直接作用于私营部门：比如，在更多情况下，公共部门不能强制私营部门的开发商承担地产开发项目。不过，公共部门通过建立公共政策与管理框架，为私人部门的决策，尤其是投资决策提供宏观环境（即决策环境）。

除了匹配规划部门的基本要求（即无谈判可能的要求）以外，仍然会存在一些谈判与商讨的余地。规划部门会要求一定的"规划收益"（公共开放空间、基础设施的贡献等——虽然不能严格称之为收益，但其将公共设施与地产开发相捆绑，由此抵消或补偿了公共开支）。开发商同时也会主动使用一些激励措施使规划部门与地方社区易于接受项目计划。在一些国家，此类规划收益是法定要求（如通过强制收费），其用意在于向地方社区补偿地产开发可能带来的消极溢出效应，补贴使地产受益的公共基础设施成本，有时候还向可能为地产项目与／或社区带来收益的规划基础设施提供资金。

由于规划／开发项目的拒批与上诉环节会花费开发商大量的时间与金钱，因此这是他们非常不愿意看到的事情。如果体制允许（详见第11章），开发商会因此与规划部门进行谈判，以确保项目获批。与之相似，规划部门也鼓励开发商修改规划以减小拒准的风险——谈判过程赋予了规划部门开发调控者与城市设计师以权力。因此，谈判过程为城市设计师提供了站在地产开发过程两端来影响地产项目设计质量的机会——比如，其鼓励与／或要求开发商投入更多的时间或金钱以提升项目质量。

规划与设计控制经常被视为对地产开发多余的限制——比如遵循规则总是会导致的成本增加与收益的减少：成本往往是即时的、确定的，需要开发商直接负担的；而收益并不那么明显，其在未来才能显现，并施惠于更大范围内的群体。不过，虽然控制与限制会降低任意地点开发项目的收益，但管理者往往还是会保护一个区域或邻里街区范围内的综合地产价值与设施，从而提供一个更加安全的投资环境。一般而言，开发商赞同规划控制，但为了降低开发成本，他们往往在项目运营过程中希望获得更强的确定性与清晰性。正如巴奈特所解释的：

> "房地产市场远非一个不可控制的力量，其由许多保守的机构组成，他们总是寻求尽可能多的确定性。开发商们往往会反对限制单独项目的特殊规则，但可以接受约束所有项目的规章体系。"

对于开发商来说，总体规划、框架、法规等文件可以保证与提升一定区域内所有投资项目的综合价值，并减少开发风险，营造更为安全的投资环境。他们同时还提供一些激励措施，以使开发商接受一些必须的限制。然而，这些文件是必要但非充分条件："好的"城市设计框架，在如下方面的共识——构成"好的"场所与"积极环境"的要素，与实现这些所需承担的义务同样很重要。这同时也给公众涉足私人地产开发过程提供了正当的理由。公共部门的作用将在第11章展开讨论，与其他特定项目相比，公共部门的目标是长期的、实用的、与设计相关联的。

3　地产开发与场所质量

当代地产项目的质量，及其带给开发商的挑战，是一个非常重要的政策议题。但"更高的质量"与"更好的设计"总是很难定义。在此确定三个设计质量中的相关概念，尽管其有可能导控对设计质量的批评，但为了方便分析，仍需要将他们在概念上进行区分：

● 物质环境／建造质量——其有赖于选用材料的质量，及其组合方式。高质量的建设往往直接增加建造成本，但其会通过日益增长的地产收益而得到补偿。

● 内在的建造／建筑设计——在本质上，其与熟知的"坚固、实用、美观"三要素（外加经济）相关（详见第7章）。在短期内，其包含对"买房冲动行为／路缘石吸引力"的考虑，而在长期，则主要考虑地产的总体实用性与吸引力。提升建筑的设计质量会提升设计成本（至少在专业咨询费用方面），但其会被日益增长的地产收益或者削减的产品成本所抵消。

● 场所质量——是在更大环境范围内地产开发项目的总体质量。除了包括上述质量，其还涉及公共领域的设计质量与公益设施的供给与质量。更为重要的是，其还涉及地产项目的协同关系，以及个体在促成更大范围、更为整体的区域过程中的作用。提升整体场所质量有可能不会增加生产成本，但即使成本增加，其仍然会被地产收益的增值所抵消。

开发商是一个多少都会关注各方面质量

的行动者，在考虑地产项目质量的同时，认识不同参与者之间的关系也非常重要。在大部分的经济体系中，参与者通过市场规程与结构相关联。基于市场经济规则，只有当地产项目满足参与者基本目标的前提下，他们才会介入地产开发过程。由此产生了两个议题：（1）人们会基于地产项目满足参与者目标的程度对其特性进行评估；（2）对于同一地产项目，由于不同参与者的目标不同，不可避免地会产生冲突与谈判。其继而引发了三个关键问题：（1）生产者与消费者在地产开发过程中的分歧；（2）城市设计师在生产者一方的作用；（3）在建造与建筑设计质量基础上，对场所质量的考虑。

3.1 生产者与消费者之间的分歧

对各异的地产开发参与者来说，地产项目中任何特性或要素的成本与收益所带来的影响都不是中性的。因此，举例来说，虽然高质量、耐久的建筑材料提升了初始的开发成本，但减少了远期的使用成本并增强了实用性，即成本由开发商承担，但使用者从中获益。如果将增加的成本转移到销售价格中，投资者就需要承担更高的费用，其主要通过较高的租金收回投资。较低的使用成本与较高的实用性均能提升租金与资产价值，并获得较高的回报。表10.2即表明了供应方趋向于短期经济目标（地产开发项目只是一个商品）（除去耐心股权投资者），而需求方则趋向于长期设计目标（地产项目是一个有用的环境）。

如果一个项目中，不同角色之间的目标与动机主要由一个行动者或机构（即行动者是开发商、开发投资者、投资者与使用者的集合）来协调，冲突就能够得到内化与均衡，并生产出成本限制前提下最理想的产品。如果项目中，不同的目标与动机必须经过外部协调（通过市场流程），供应方与需求方之间就会存在一系列的失配或分歧（生产者与消费者之间的分歧）（见框图10.4）。

由于使用者／所有者是不可知的，他们不能直接参与到设计与地产开发过程，生产者与消费者之间的分歧是投机性地产项目的结构性特征。直接消费者的缺乏，以及一个地区消费者对待售房屋的实际需求（如供大于求），意味着生产者有可能生产"劣质"的地产产品，以实现狭隘的经济目标。因此，虽然供应方（开发商）需要预测需求方的要求与条件（消费者与使用者的需求），但他们还是尽可能趋向于生产符合自身目标的地产产品。一般来说，如果当地产开发巧妙处理了生产者与消费者之间的分歧，则更易于达成优质的地产开发项目。虽然房地产中介等专业人士经常会代表使用者的利益，但这还是会存在问题，因为这些代理人所关注的永远都不会与现实中使用者的真正需求完全一致。

当生产者与消费者之间的分歧产生时，所有参与者之间成本与收益的平衡主要取决于供应方的决策——以及在此基础上的行动——其带来的好处会形成更高的价格／价值，或至少能够平衡成本。如果使用者并不认同这些内含于建筑特色之中的好处，也不准备为此支付更高的价格／租金（这些特性会比无特性建筑售价更高），那么（尤其是）开发商与（大部分）开发投资者／投资者都不会建造或投资这些项目。此外，开发商从追求降低生产成本的"确定性"，趋向于追求更高——但不确定的（因此具有风险的）——地产项目后期回报"预期"。

这一问题还可以从"恰当的质量"与"可持续的质量"两方面来考虑。理论上，"好的"设计应该能够提升房地产的附加值，但是，正如罗利所述，至少在英国，"更好的建筑意味着更好的生意"这一论断值得商榷：

"在私人地产项目决策制定过程中，

主流的态度仍然是'适度的'质量:其认为,只要市场需要低水平的地产项目,高质量的地产项目就不是必需品;这种观点很容易得到认同,至少在短期阶段;其不需要丰富的经验,不需要过多关注生产;而且能够花费更少的成本……与之相反的观点是高质量可以帮助地产开发实现长期的、商业上的成功:其被称为'可持续'质量。

如果开发商建造了一个超出使用者与投资者需求的更高质量的建筑——更为重要的是准备为此买单——那么额外的成本(即为达到一定生产标准而超出消费者愿意支付水平的额外成本)需要由开发商来承担。简单来说,这是一个超前计划、有先见之明的(利益最大化)开发商,其通过提升产品质量尝试更为准确地匹配消费者的需求;换言之,他们基于"充分"或"适度"的质量水平建造地产项目,而其中的对"充分"与"适度"的判断并不基于短期标准。超前的地产建筑——以及相应的高成本——增加了的开发的风险,即有可能找不到适合的购买者为此支付高价,负担额外的成本。因此,当地产市场较为低迷的时候,"恰当质量"的目标认为无需提供高质量的开发项目。

无论怎样,这个争论假设更高质量的地产项目必然产生额外成本。当更好的"设计"被认为是标准更高的功能或质量更好的建材时(见插入 7),这个假设也许成立,但当更

可持续插入 7——资源的效能

对有限资源的精明利用是环境可持续发展中所有观念的基础,其关注能源、不可再生资源或毁灭性资源的利用。对城市设计来说,建成环境的肌理同时涉及对能源与资源的利用,在更大的尺度上,通过避免不可持续的空间模式(建筑及相应的出行需求对能源消耗的影响)来提升能源利用率的探讨也逐年增多。

降低当前资源浪费的主流技术方法是——应用更加可持续的建筑材料,在设计中尽量利用自然光、阳光与自然通风,充分利用太阳能;建立高效的取暖与动力系统;有效利用现有设施。许多技术都可以在不同的设计尺度中直接应用,以改造建成环境与建筑,使其成为资源利用效率更高的新环境。

许多实效技术(如利用风涡轮机与光电池的微型能源站)的成本效益逐步提高,并日益得到推广,将这些技术合并应用,能够节省80%的能源消耗。甚至应用于隔音墙与家用烧水壶上的技术都可以减少50%的消耗。

然而,通过回顾美国住宅区建设中能源效益技术的应用,萨塔耶与莫蒂肖(Sathaye & Murtishaw, 2004)指出了限制技术应用的决定性因素,即市场失灵与消费者偏好。后者(消费者偏好)来源于消费者对他们所选资源的无知,如他们所使用资源与为此支付的费用并不匹配(GOS, 2009)。基于消费者的偏好,前者(市场失灵)显露出其作为市场行动者对设计创新的抵制,因为这些设计创新往往意味着较高的生产成本,同时并不会带来地产升值,由此形成潜在的市场弱势。

在这一领域,无论通过市场、财政还是制度手段,只有当经济目标与可持续发展的目标达成一致,才能够减少降低短期成本的行为(即不可持续的建设与生活方式,以及对资源的破坏性利用,尤其是高能源消耗),并转而追求长期的利益,减少消耗资源。城市设计师的任务在于说服他们的业主——作为消费者与监管者——长期的收益远大于短期成本。

街道遮阳,伊兹密尔,土耳其(图片来源:马修·卡莫纳)
原始的街道遮阳减少了环境对空调的需求

好的设计与场所质量相关时，这一假设就不一定成立了——举例来说，建筑与空间的不同布局与形式能够使其与周边环境更好地关联。在这一点上，好的城市设计并不必然增加额外成本。

可以通过强制性手段（即通过法规，开发商必须提供更高质量的地产项目）、奖励性手段（即让开发商认为提供更高质量的地产项目是值得的／有经济奖励的）与规范性手段（即开发商愿意提供更高质量的地产项目），来消除或减小生产者与消费者之间的分歧。

3.2　开发商与设计师之间的分歧

在给出生产者与消费者之间分歧的普遍性，以及开发商（生产者）与使用者（消费者）之间的结构性失调之后，有必要更加细致地考察生产者一方，尤其是设计师的职能。生产者一般包括各种持有不同目标的参与者。

表10.2 ～ 10.3总结了参与者的动机为何有所不同，苏·麦格莱恩（Sue McGlynn）的权力力度图（Powergram）描绘了不同参与者的权力（见图10.7）。麦格莱恩给出了参与者的基本分类，即运用权力启动或控制地产项目的群体、对地产项目的某些方面具有法律或契约责任的群体，以及那些在地产开发过程中牵扯利益或具有影响力的群体。

权力强度图非常形象地说明了在这些参与者之中，权力是如何在矩阵左侧形成集聚的（即开发商与开发投资者），以及权力如何能够以非常直接的方式启动与控制地产项目。图示还展示了设计师广泛的兴趣（这也表明了他们没有真正的权力去启动或控制设计），以及地产项目使用者权力的匮乏（包括地方社区）。在右手边的参与者（即设计师与使用者）主要依托讨论、联盟与参与等方式影响地产开发项目。

参与者 / 建成环境要素	供应者		生产者					消费者
	土地所有者	开发投资者	开发商	规划师	交通工程师	建筑师	城市设计师	所有使用者
街道模式	-	-	○	○	●	○	○	○
街区	-	-	○	○	-	-	○	-
地块——地块细分与合并	●	●	●	○	-	-	○	-
土地／建筑利用	●	●	●	●	-	◐	○	○
建筑形态——高度／体量	-	●	●	○	-	◐	○	○
建筑形态——公共空间的方位	-	○	○	●	-	◐	○	○
建筑形态——立面	-	○	○	●	-	◐	○	○
建筑形态——建筑结构要素	-	○	○	●	-	◐	○	○

图例
● 权力——启动与控制项目的权力　　○ 权益／影响——只能通过研讨与参与
◐ 责任——法定的或约定的　　- 无明显的权益关联

图10.7　权力强度图（图像来源：McGlynn & Murrain，1994）

权力强度图也体现了设计师目标与使用者目标之间明显的一致性。因此，在地产开发过程中的生产者群体中，设计师间接地成了使用者与普通大众的代言人。宾利概念化了不同地产项目参与者的相互关系，尤其是开发商与设计师之间的关系，并提出了一系列的隐喻——"英雄主义的形态赋予者"、"主人与仆人"、"市场信号"与"战场"（见表10.5）。由于主要执行权力的问题，宾利喜欢用战场的隐喻来形容参与者为实现他们所希望的设计／建造形式，而进行的协商、策划与计划等过程，在其中，不同参与者的特征、个性与技能都是至关重要的。

谈判的机会空间（策划与计划）由多样的地产项目参与者出于不同的考虑与限制条件（或"规则"）而设定。应用吉登斯的结构图，宾利指出所有的地产开发参与者均掌握很多其他参与者所需要的"资源"（资本、专业技能、思想、社交技巧等），以及他们运营的"规则"。对于私营部门开发商来说，这一规则与成本控制、适当的回报、所承担风险相关。受到类似于破产制裁的外部制度约束，这些规则并不是随意制定或可选择的。诸多

规则所组成的网络构成了"机会区域"——或机会空间——所有的参与者都在其中开展必要的行动。

蒂斯迪尔与亚当斯（2004）为发展机会空间这一概念建立了一个潜力模型，以提升设计质量。开发商的机会空间是创造切实可行地产项目的区间——机会空间越大，地产项目越易于实施。开发商在机会空间之中制定策略，以实现他们的目标。蒂斯迪尔与亚当斯指出，开发商的机会空间由三个结构或环境建构而成——地产项目场地及其周边环境；市场环境与制度环境（图10.8）。

机会空间的边界最好是含混不清，而不是轮廓鲜明的——他们最终取决于地产开发参与者的谈判能力，以及社会关系的动态变化。此外，由于机会空间的边界总是被相对固定于某个时间点之上，因此他们是动态的，向各种历时的变化（比如政策环境与产权市场的变化）开放。因此，除了机会空间之外，还存在一个变化的"机会窗口"。确定的公共政策与行动可以扩大开发商的机会空间——比如，财政津贴与补助给开发商提供了更大的余地来适应特定的市场环境；较少限制的

开发商与设计师之间关系的隐喻　　　　　　　　　　　　　　　　　　表 10.5

隐喻	主题	评注
英雄主义的形态赋予者	地产项目的形态形成于特定参与者（如建筑师）的创造性工作。更为普遍地，物质环境的设计专家是塑造城市空间的主要执行者。	宾利指出，这是一个过于夸大设计师作用的"强大的神话"。
主人与仆人	地产项目的形态由多样参与者之间的权力游戏所决定，其中权力较大的参与者命令权力小的群体——即，开发商做出主要决策，设计师仅仅负责包装这些决策。	保守地表达了设计师与其他物质环境设计专家的作用。宾利建议，这种观点的普遍性有可能因为其允许权力较小的参与者服从他人，而他们仅简单地完成开发商的命令即可，不需要为取得更好的成果而努力奋斗。
市场信号	不需要强制的秩序，掌握较少资源的行动者被动顺应市场信号——即，他们有可能不认同市场信号，但他们都喜欢能够付给他们薪水的人。	客户／开发商并没有独立设计建筑的能力，而他们的专业顾问往往难以驾驭。
战场	为实现预期的地产项目形态，参与者所开展的谈判、计划与策划。	对于宾利来说，这是一个最令人信服的隐喻。

资料来源：改编于（Bentley，1999）

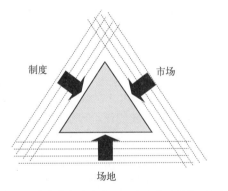

图 10.8 开发商的机会空间。三大动力（结构／环境）
建构了开发商的机会空间，使地产项目得以执行：
- 场地／环境——向中心移动代表场地／环境开发困难
  与限制的增多。
- 市场环境（如生产畅销产品的需求）——向中心移动
  代表市场需求与竞争的增大（即更少的生产者主导权）。
- 制度环境（如对规划／地产项目许可的需求）——向
  中心移动代表制度环境确定性的增加。

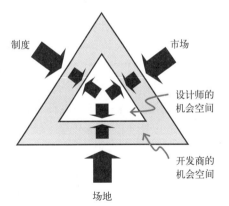

图 10.9 设计师的机会空间。设计师的机会空间存在于
开发商的机会空间之内，被同样的动力所约束，但也决
定于开发商过滤这些动力的方式（开发商的行动构成了
设计的外在结构），以及其他地产项目参与者的行动。

法规制度环境可以鼓励地产开发；同时提升
开发项目内部或周边的基础设施也易于推进
开发项目（如通过降低风险）。

在开发商的机会空间之中，其他多样的
参与者（通常是开发商顾问团成员，如统计
分析师、建筑师、工程师等）也在为他们的

机会空间而竞争，制定战略已实现他们的目
标。为了实现这些待处理目标，开发商与设
计师之间的关系最为重要(图10.9)。"设计师"
代表着具有设计经验的参与者。

在内部，开发商对项目的概述为设计
设定了初始的议程与宽泛的特征。在对开
发商"行话"现象的讨论中，拉比诺维茨
发现重要的设计决策往往在项目委托设计
师之前就决定了。然而，他进一步指出，
在客户的项目概述中出现的许多约定俗成
的特征"既非独断专横也不变幻莫测"，因
为这些特征已经经过实践检验，并基于现
实的市场需求。

这些项目纲要并非一成不变，而经常会
作为讨论与谈判的起点。尽管如此，其中仍
有一些要素是无法协商的。在一些环境中，
设计师拥有很大的设计空间以阐释项目。而
在另一些环境中，设计的机会空间则会被严
格限制，设计师的工作仅仅是包装或装饰项
目——比如设计实践只是由一系列的标准单
元组成，或者基于预先设定的设计规则或设
计纲要（比如，其被设定为标准的房地产产
品），所有基本的设计决策已经制定。这些途
径限制了设计师的灵感并经常导致设计成果
与地方环境难以呼应。

为了提升他们的兴趣，尤其是创造实
现高质量设计的机会，设计师设法扩大他
们与开发商谈判的机会。一般来说，设计
任务的挑战性越强，开发商越需要经验老
道的设计师来推进项目成型，相应地，开
发商也需要为设计师提供更大空间。一般
来说，当开发商向设计师提供机会空间，
就有可能形成更高质量的设计。对于开发
商来说，最关键的问题是他们所选择的自
由空间——与他们能够给予设计师的自由
（机会）空间；而设计师则需要知道开发商
能够退让到什么程度。

设计的机会空间还可以通过外部的力量／行动来扩展。运用规划／地产开发许可，公共部门制定各类要求以限制开发商的机会空间。设计控制不仅能够从外部挤压开发商的机会空间，也可以强制开发商为设计师让出机会空间，以增大设计的机会空间。比如，一些设计师依靠规划部门与公共部门的支持来改变开发商对待设计的态度。宽松的制度环境并不能真正扩大设计的机会空间，也不会必然促进设计师的设计。因为，第一，扩大的机会有可能被开发商占有；第二，设计师仍然是开发商的雇工（代理人）。虽然减小或减轻各种约束有可能扩大地产项目的机会空间（并因此激励地产开发），但与地产开发质量相关的政策困境也由此出现。更高的项目质量需要严格的制度控制，以迫使开发商为设计师让出机会空间（见第11章）。在保证地产项目充分获利的前提下，开发商一般会遵循与制度法规冲突最小的开发路径；如果这一路径过于困难，开发商或者结束这一项目，或转而寻找新的开发路径。

设计师的机会空间越大，设计师用以影响或决定地产项目设计方案的余地就越大。虽然这一观点预先假设了设计师满足确定需求（与协调竞争需求）的能力，但这种能力作为解决问题的过程，仍然是设计的核心。其同样也可以说明，如果缺乏从环境而来的约束，如预算、政策框架等，就没有了设计师得以生成设计思想的外在条件（开发商也就此没有理由雇佣设计师了）。

然而，对设计师来说，更大的机会空间并不一定能转化为更好的设计方案——其仅仅为更好的设计方案提供了机会。经验丰富的、具有天分的设计师会比阅历较少的设计师更充分地发掘这些机会——即使所有建筑师都希望利用机会来实现他们的"英雄主义"观念。

就设计师如何与客户／开发商就设计与设计质量展开谈判这一问题，宾利给出了设计师可以运用的三种能力：

- 运用知识与经验，这是他们学习、研究、开展专业活动与理解案例的成果。
- 运用设计的主创性，因为一般来说只有"设计师"才能设计物质环境。
- 运用设计师的声誉，以及为维持这一特定声誉而对设计质量做出的承诺，这就是开发商雇佣他们以及在未来仍将继续选择他们的部分原因。如果更换设计师，开发商还会承担额外的成本。

在实践中，有一种能力通过影响而不是强制来实现特定结果。设计师们指出，好的设计在本质上能够在开发商利己主义的背景下提供一个高质量的地产项目，并可以让开发商直接获益。比如，其可以获得更高的回报——花费同样的成本，一个更高质量的住宅区设计会更好地提升成本／价值的平衡关系，其意味着开发商会能够高价、高速地销售地产项目。追求更高回报的方案往往蕴含着更大的风险，如果其可以节约即时生产成本，开发商有可能愿意承担风险。好的设计可以发掘场地的积极特征，或削弱消极特征所带来的影响。在这些方面的充分考虑同样能够说服规划部门提高预设的容量或密度（表10.6）。

有研究试图确定优质设计所带来的附加值（Carmona，2001）。对于设计师与政策制定者而言，在某种程度上其象征着一个"圣杯"（可以实现持有者一切愿望的宝物），因为，如果能够表明设计提升了地产价值，以及相应的环境，那么开发商（与公共部门）无疑更愿意投资其中。研究同样应该关注，设计作为开发商商业战略中，尤其是估算风险与回报时所需考虑的重要因素，所具有的特征。

利益相关者	短期价值	长期价值
土地所有者	● 土地升值的机会	—
开发投资者 （短期）	● 更安全的市场投资	—
开发商	● 快速获得许可 ● 提高公众支持 ● 更高的销售价值 ● 独特型 ● 投资升值潜力 ● 妥善处理难以开发的土地	● 更好的声誉 ● 未来更多的合作
设计专业人员	● 工作量增加，持续受到高素质、运营稳定的客户的委托	● 提升专业声誉
投资者（长期）	● 更高的租金回报 ● 资产价值的提升 ● 运营成本的下降 ● 具有竞争力的投资优势	● 持续的价值／收益 ● 降低维护成本 ● 更高的零售价值 ● 高素质、长期的租户
管理机构	—	● 若采用高质量建材，则易于维护
使用者	—	● 更加积极的员工 ● 更强的生产力 ● 商业信心的提升 ● 更少的破坏性搬迁 ● 使用其他功能设施时更高的可达性 ● 治安费用的降低 ● 使用者声望的提高 ● 运营成本的降低
公共利益	● 更新的机会 ● 缓解公私间的矛盾	● 公共支出的降低 ● 更多的时间来做积极的规划 ● 在邻里功能与发展机会方面经济生存能力的增强 ● 地方税收的增加 ● 更加可持续的环境
社区利益	—	● 更好的治安与更少的犯罪 ● 地方背景的延续 ● 更少的污染 ● 更少的压力 ● 更好的生活质量 ● 更充沛的公共空间 ● 更公平的环境 ● 更强的居民自豪感 ● 更浓厚的场所感 ● 更高的房地产价格

资料来源：改编自卡莫纳 等 2001b：29

3.3 场所质量

提升单个地产项目的设计质量是实现"好的"城市设计与更优场所的必要非充分条件。开发商们只会顺应使用者与投资商的需求，而将公众与社会的需求排除在外。被隔离的住房地产——以一种极端的形式，门禁社区——以及内向的地产开发，提供了所谓购买者与使用者需要的环境，但由于缺乏与公共领域的联系与整合，这种项目对场所质量的贡献甚微。同时，开发商还难以等同地认识如下两个问题，即如何将建筑作为投资对象（可视为私营职责）与如何将建筑间的空间作为投资对象（可视为公共职责）。

从设计的角度来看，地产开发的过程与成果经常有所缺陷，因为他们总是考虑项目本身而忽视了对场所的营造。公共空间计划（www.pps.org）认为典型的地产开发过程聚焦于"项目"与"专业"之上，其往往导致：

- 设计目标过于狭隘。
- 只能够处理浅层次的设计与政治问题。
- 其范围与评估受专业限定。
- 采用外部价值体系。
- 依赖于专业人员与"专家"。
- 成本昂贵，由政府、开发商与合作机构等共同投资。
- 形成抵制变化的社群。
- 以静态的设计方案为主，不考虑实用性。
- 其限制了市民对场所的体验与公共领域中公众参与的可能性。

萨蒂奇研究了开发商如何对公共领域失去兴趣，而专注于"创造易于管理的开发部件"——一栋办公楼、商业中心，或者一个工业园区。克里斯托夫·亚历山大则认为，这些地产开发被看作是"物体"而非"关系"。这可以被看作是市场驱动下地产开发项目不可避免的发展结果：如，斯滕伯格指出："依

据一个冷漠的、自主的运营逻辑，房地产市场将城市环境切割与划分为独立的部分，从而形成了不连贯、碎片化的城市"。

为解决这一问题，需要在根本上鼓励——或强迫——开发商为营造场所做出贡献，比如引导地产开发突破场地边界，辐射更大范围（见第9章）。公共空间项目（Project for Public Spaces, 2001）提出重塑地产开发过程，将"场所"与"社区"作为主要的关注点，并认为这样的地产项目会：

- 促进场所的生长与公众参与潜力的提升；
- 允许地方社区表达他们的意愿、需求与优先权；
- 提供了一个具有说服力的共享愿景，来吸引合作伙伴、资金与具有创意的方案；
- 鼓励社区与专业人员协同、高效地工作；
- 使设计成为支持预期需求的次要工具；
- 将方案建立在现有成果的基础上，使其更加灵活；
- 赋予地方社会更多的责任，使市民有权力主动塑造公共领域。

对地产开发过程的管理、引导与推进可以通过认可共同利益与利用开发商利己主义的途径来实现。建筑是独立的财产，开发商总是希望受益于邻里环境中积极的外部因素（如林荫大道、特别的景观等），避免消极因素的影响（如较差的景观、噪声等）。但在实践中。他们经常更为在意消极的外部性，并因此建造内向的地产项目，以保证环境的可掌控性。这些地产项目与环境相割裂，降低了自身的价值，并为内向发展的地产项目提供了正当的理由，继而引发恶性循环，导致每一个新增项目都无法为环境做出积极的贡献。如果说城市设计是营造更好场所的过程，那么城市设计就必须制止与扭转这种恶性循环。

为形成良性循环，每一个新增项目都必须为整体环境做出贡献。为了实现这一目标，

开发商必须尊重与信赖环境，尊重区域内的控制性规则与条例，以及其他形式的自我约束"规则系统"。在过去的实践中，通过限制建筑材料、建造技术与项目启动能力等内容，这一目标已经在某种程度上得以实现。亚历山大等人所著的《城市设计新理论》（见第9章）也对此有所提及。

虽然营造积极的外部环境，与建设外向的地产项目（以从外部获益并提升外部环境），均能形成多赢的利益格局，但开发商有可能并不愿意这么做。邻里环境从两个方向上影响地产项目：其无法为所有者带来单独的收益，除非所有的地产所有者都愿意这么做。本质上来说，这是一个集体行动的问题，面向私利的个体行动的集合往往导致对所有人都不利的结果。

集体行动的问题可以通过多种方式解决，比如，通过更高权力机构的强制性指令（州，或者在一些情况下的土地所有者），或者通过合作运营的形式。如下几个途径可以用来实现必要的协作，并基本保证更大范围内所有地产项目的增值：

- 当土地只属于一个所有者，或土地已经合并，并被一人掌握，土地所有者可以编制一个总体规划或者工作框架，以约束购地开发商的开发行为。这一途径可以解决一系列与场所营造相关的问题：总体上的协调、部分与整体之间关系、地产项目与周边环境之间的过渡与联系等。

- 公共部门通过制定总体规划或工作框架也能起到同样的作用，这些规划通过获得私营部门认可或者依托法定程序可以约束一定范围内所有的开发商。在这种情况下，公共部门承担了引导与协调的职能，其基本代表集体利益。这种途径还可以建立与地方利益相关

者的协商与合作机制。

- 与"指令与控制"模式相比，第三种模式更加具有协作性与自愿性。多样的开发商、土地所有者、社群与其他利益相关者走到一起，就"愿景"、总体规划与工作框架、以及实现规划的方法等方面达成一致，这一方法可以将所有因素组合在一起——即使其并不能像前两种方法一样保证各方对规划的服从。

- 与总体规划或工作框架相比，"社区"更愿意认同一整套的规则与条约。这是所谓"自生城市化"的本质所在。泰伦解释说，自生的条约"引导结构性决策，而不规定特定的物质形态。他们提供一定的自由，但这些自由被限定在不对邻里环境产生破坏的禁令框架之中"。正如哈基姆所述，他们是"……一个自下而上的自我控制系统，因此非常民主"。"由环境形成的建筑"——即这些建筑具有呼应周边环境的明显设计特征——同样也可以被视为是"自生城市化"的一种形式。

- 与之相似，当就营造良好场所的规则达成共识后，一个地区中各片用地的开发商就能够联合起来（并准备好共同工作）以形成开发整体；区域范围内不同的开发商会雇佣同一个设计师（设计师同时会履行必要的协调职能）；开发商之间以及／或开发商与公共机构之间会建立合作关系。

由于同时汇集所有（潜在的）开发商与（潜在的）利益相关者，或者达成一个普遍获益的协议都不太现实，所以这些规划或多或少有点理想主义。不过，一个"社区"规划或愿景不是一成不变的：其形成于某一时间点，并会在后续过程中被不断地检讨与修改。

公共部门还能够采取多样的行动辅助提

升地方的信心与确定性,并将"设计附加条件"作为交换条件加入其中。举例来说,公共机构会:

- 投资示范性(有催化作用的)项目——一个区域内的第一个行动者需要承担相当大的风险,因此,公共投资的示范性项目主要在于引领某些地区的发展,或支持地区内新型的开发项目,比如,在特定区位中或针对地区本身在商业成就与风险预测方面给予的示范。
- 投资旗舰项目与/或补贴地产开发项目——旗舰项目常常是大尺度的地产项目,其一般具有三重目标:作为先锋示范性项目(如上文);作为标杆项目为后续项目设置标准;与/或依靠其开发规模在一定的区域内所建造的、对地方发展(或者对某种特定类型的开发项目)具有决定性的综合性项目。
- 投资改善基础设施——改善城市环境与公共领域对于改变一个区域的整体印象来说至关重要。作为应行使的义务,公共部门经常为地产市场与其他环境优化促进行动奠定基础(见第5章)。新基础设施的设计经常有助于设计目标、原则与标准的形成(图10.10)。
- 投资改善区域整体环境——虽然重要的启动性项目与示范型项目不可或缺,但是还是需要以综合整体的观念在更大的范围内而不是在零散的地块中鼓励更多的再开发项目——其意图在于形成一个覆盖面广的、积极的邻里效应。
- 建立专门的区域管理机构——地方管理机构尝试通过明确的区域与地产项目管理来降低风险。保证安全投资环境的重点在于在有潜力的地区妥善管理开发过程与节奏。较之成熟的市场,初期的与正在形成的市场更易受到外

图 10.10 伊拉斯谟/Erasmus 大桥("天鹅"),鹿特丹(图片来源:马修·卡莫纳。新的基础设施元素能够提升地方特征与可识别性,并由此形成设计标准。

部环境影响而形成繁荣与萧条的交替。地方管理者可以控制资本流入特定的地区,并控制土地的供应——过多可用的土地储备会充斥市场,并伴随房地产价格的下跌;而过少的土地则意味着市场争斗的开始,因为其不能提供具有决定性的、足够大的开发规模。

4 结语

这一章讨论了房地产的开发过程;开发中的角色与参与者,以及他们的相互关系;与设计质量问题。由于缺乏高质量城市设计的强制执行机制,开发商(与地产开发过程中的生产方)只能在如下的情况中才能支持设计,即证明在质量上的投资会通过地产项目收益的提升/或成本的减少而得到补偿——或者说,能够证明实现设计附加值的确凿证据。如上所述,相较于更高的建筑质量与建材质量,更好的城市设计与更好的场所有可能不会增加额外成本。

尽管并不确定,但英国的一些研究还是证明了更好的城市设计与更高的投资回报正

相关，美国与澳大利亚（澳大利亚产权委员会 1999）的研究也支持这一观点。英国的研究指出了高质量设计提升开发价值的 10 个途径：

- 提供更高的投资回报（可观的租金收益与资本增值）。
- 作为建立新市场的工具（如为了城市中心区的生活 /e.g.for city—center living)，通过差异化的产品打开新的市场区域，强化产品形象。
- 通过呼应确切的使用者需求，使开发项目在长期投资过程中更具吸引力。
- 辅助盘活一定场地内更多的可租赁土地（更高密度），并保证设计质量。
- 减少管理、维护、能源消耗与治安方面的费用。
- 更具生产力、富有斗志的员工。
- 在开发项目中支持"具有生命力的"混合功能的空间要素。
- 发掘新的投资机遇，提升信心，并吸引公共部门的补助资金。
- 推动经济复兴与场所营销红利。
- 发布切实可行的规划成果，减小公共财政在提升较低质量城市设计方面的负担。

本章论述到此结束，下一章将讨论在保障与维护高质量场所过程中公共部门的作用。

第 11 章　控制过程

公共部门在保障与维护高质量环境的过程中扮演了很重要的角色。这一章揭示了公共机构如何运用立法权力来制定开发方案的质量门槛，引导、鼓励与推动适合的地产开发，并增强公共领域的建设。但是，公共部门的作用远远超出了对设计与开发的"控制"与"引导"。其还以一种整体性的方式、与多样的形式展开行动，依托大范围的法定与非法定职能，影响场所营造与设计质量（见表11.1）。通过这些机制，公共部门成为提升建成环境质量的重要促进者，其不仅利用自身直权（运用直接"经手"的方式），还通过影响与指示（运用间接"不插手"的方式）引导私人部门的高质量地产开发。一个关于伦敦城市环境的研究说明了公共部门行动的多样性，并将其归类为"政策与程序"、"持续的影响"与"促进因素"（图11.1）。

林奇界定了公共部门的四种行动模式："诊断"（评价）、"政策"、"设计"与"调控"。罗利补充了两个模式——"教育与参与"，以及"管理"。鉴于与"参与"相关的内容将会在第12章展开讨论，林奇的四个模式，外加教育与管理将会构成本章的框架。这些模式在城市设计中与公共部门行动联系紧密，其

中的大部分也与私人部门密切相关。在详细讨论公共部门的作用之前，有必要首先思考公共部门进行干预的合理合法性。

公共部门的行动　　　　表 11.1

- 广告控制
- 建造／开发的许可／控制
- 建设公共设施
- 保护行动／控制
- 文化活动与公共艺术
- 设计控制／检讨
- 设计指引、政策与纲要
- 装饰与亮化公共空间
- 意象营造与强化
- 地方环境保护行动，例如地方21世纪议程
- 土地整合与再分
- 土地整备
- 土地出让／转让
- 用地功能布局（区划）
- 公共空间与游憩资源
- 停车控制
- 合作与合资计划
- 林荫大道、铺装拓宽与交通稳静化
- 公众参与
- 公共秩序管理与犯罪控制
- 公共建筑与示范性项目
- 公共教育
- 社会住房投资与／或供给，与管理
- 城市中心管理
- 交通管理、投资与规划
- 城市管理与维护
- 城市更新与筹措补贴

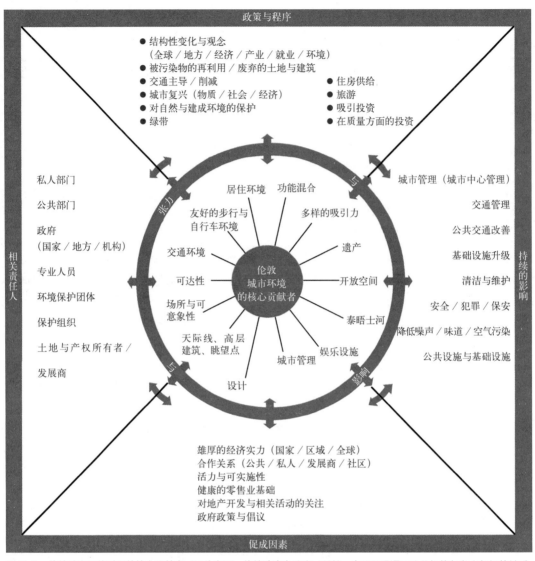

图 11.1 伦敦城市环境质量的核心贡献者（图片来源：伦敦政府办公室 1996）。本图示强调了公共机构与私人部门的关系，与每一方意图影响的核心质量。

1 公共干预

艾琳（Ellin，2006）提出了关于公共干预的一个核心问题，即询问我们应该"袖手旁观，允许城市在没有任何的外在引导下自由生长与变化么？"她自问自答说：

"不，那样会纵容市场力操纵城市发展。市场只能基于短期利益来配置资源，而对那些无法带来明显经济价值的事物并不关心，如空气与水的纯净程度，或者社区的质量。"

虽然公共干预与开发管理经常被视为是

解决（房地产）市场机能失调与低质量地产与场所设计的有效途径，这一假设受到了错误思想的影响，即（完美的）行政管理是解决不了完美市场运营的方式。正如同市场失灵，行政管理也会如此。因此，"好的设计导则与控制必然创造良好场所"这一假设经常会受到质疑。真实的情况是，由于市场经济环境下政府的干预行动，形势变得更为复杂，并引发了诸多难题。

一些言论认为，在一个地方形成之初，往往不会产生市场失灵的现象，而当昂贵而耗时的官僚机构介入地方发展并试图纠正一些假设存在问题的时候，反而经常会导致比他们试图解决的问题还糟糕的副作用。比如，在反对区划的讨论中，西根（Siegan）认为区划通过限制土地供应提升了住房的价格；通过对土地利用、密度与高度的强制约束推动了城市蔓延；同时区划还是排外的，因为其通过扭曲市场而不是引导市场的方式抑制不利群体的需求（比如在居住区中削减商店或汽车修理厂）。不过，与其说这是干预行为本身的失误，不如说这只是劣质公共干预的失误，其首先没有为开发提供配置足够的土地，第二，其采用了小汽车主导的郊区发展模式，而不是步行主导的邻里发展模式。显然，如同地产开发有好有坏一样，管理也有好坏之分。

至于土地——以及进行土地开发的动力与资源——大部分掌握在私人手中，因此公共部门的干预与管理必不可少，其（1）保护其他土地所有者的权益与（2）整体社会的权益，以对抗不恰当的地产开发。这其中没有类似于"自由"市场的完全的自由，即使是在很少受到管理的地方，也存在着对形式或功能的控制。例如休斯敦，这个唯一没有区划控制的美国大城市，正式通过了减少特定土地利用问题的法案，包括禁止妨害他人、禁止后街停车，并规定了最小的地块面积、密度与土地利用需求等内容。

与其讨论是否需要干预，不如讨论需要何种干预，以及如何实现干预。这对于城市设计师来说至关重要，比如他们必须知道公共部门在哪个位置介入私人部门的开发过程是最高效的——其一般在开发项目设计阶段之前或过程中介入，是前置性的主动干预，而不是反馈式的被动干预。

1.1 导则、激励与控制

控制——这一章节的标题——其本身是一个有问题的术语，其暗示了强制性的行为。事实上，公共部门在干预设计环节的行动中有许多可选的"工具"（详见第3章）。舒斯特（Schuster）与蒙肖（Monchaux）将这些工具分类为：

- 所有权与运营：公共部门可以通过占有土地与建筑，直接选择项目（政府将会做些什么）。
- 管理，通过对开发相关行为的直接干预（你必须或严禁做什么）。
- 激励（与阻碍），用以鼓励一些积极行动的措施，如提供补助、交换土地或增大开发权（如果你这么做，政府就会那样做）。
- 对权力的确定、布局与执行，比如通过土地利用区划或区划调整（你有权去做政府将会实施的事情）。
- 信息，通过收集与散布信息，来影响相关参与者的行动，比如为鼓励某种设计品质而编制的设计指引（你应该这么做，或者你为了这么做应该知道这些）。

对于就职于公共部门、并试图影响开发项目设计方案的城市设计师来说，这些方法可被概括为三个关键的过程，即"引导"、"激励"与"控制"：

引导过程通过制定一系列的规划与导则积极鼓励适合的开发项目。这些需要或多或少的立法权予以支撑。他们已经从简单的"信息"工具扩展到用以引导土地利用分配与再分配的"确定、布局与执行"工具。不过，最终的开发决策仍然掌握在土地所有者手中。公共部门积极推进计划的权力也因此被掌握资源渠道的私人部门所限制。

激励过程与之相反，是一个更加积极的项目推进过程，其主动地将公共部门的土地与资源投入地产开发过程中（也许用于补充投资缺口），或者通过提供公益设施或开发红利、可变的用地布局或高质量的公共领域等方式，向土地所有者描绘具有吸引力的开发前景。

控制过程赋予了公共部门管控地产开发过程的权力，其通过行使"否决权"拒绝开发项目。出于这一原因，这一章被命名为"控制"，因为如果引导或激励过程失效，控制过程为政府提供了最后的约束力，其通过一系列的规章体系（规划、保护、公路选线、环境保护、建筑许可等）确保公共利益。虽然否定地产项目是一种非建设性的行动，但控制过程经常包括谈判、辩论与劝导，甚至恐吓（威胁其否定许可）。因此，控制地产开发是一个复杂的、需要技巧的过程，其涉及对公私需求与意愿的权衡。

一个更好理解公共部门中城市设计作用的途径是将其作为鼓励更高质量设计与实现更好场所的工具，而不是自上而下的指令与控制行为，在其中，引导与激励过程先于控制过程进行，控制过程在引导与激励过程的支持下得以成型。庞特强调了公共部门的控制是如何从一个消极的设计管理思路转变为鼓励设计质量的积极管理思路。他指出传统的设计观是面向"目标产品"的静态行为——特定的建成形态——而不是面向过程的动态行为——具有创造力的解决问题的过程——开发项目在这样的过程中才能得以实现。因此，对于设计与开发过程中的公共干预来说，需要理解与重视在基本控制这条防线之上，公共部门在塑造场所方面所起到的积极作用。

1.2 设计质量？是谁的？

设计质量同样是个问题，因为对于不同的参与者与利益相关者来说，设计质量意味着不同的东西。此外，在任何特定的社区或社会中，在"什么是更高的设计质量"与"什么是好的场所"这些问题上，也不会存在一致的答案。确实，利益相关者在磋商约谈中的首要任务往往是在设计质量方面达成共识（见第 10 章和第 12 章）。

基于对私有产权的约束，设计与开发项目的控制体系总是引起激愤，以及不时的论战。那些认为他们被直接严重影响到的人——设计师与开发商——经常使用非常极端的案例来抵制这种形式的控制。如同沃尔特斯所述："许多建筑师对设计标准的下意识反应是错误的，他们更喜欢'自由'地建造糟糕的建筑，而不愿意依据指令式的标准按部就班地提升设计质量。"不过这并不偶然，一些设计师还持有相互矛盾的看法，他们认为除了他们以外，任何设计都需要控制。

在美国，希尔清晰地描述了许多对公共部门控制设计的误解。她提到这些过程是：

● 浪费时间与金钱的。

● 通过说服、"美好蓝图"与政治等手段很容易掌控全局。

● 由一些滥用职权与毫无经验的职员来执行任务。

● 在提升建成环境质量方面毫无实效。

● 唯一一个允许外行直接统治专业人员的专业领域。

- 相关的议题往往是个人的，而非公共利益，尤其在维护产权价值方面。
- 违背言论自由。
- 奖励平庸的设计行为，而不鼓励额外的设计行为。
- 专横、含糊与肤浅的。
- 鼓励超出导则规定议题的判断。
- 缺乏适当的过程（由于多样的议题与控制过程）。
- 不承认没有美的标准。
- 总是提出抽象、普适的设计原则，在社区尺度缺乏特色的、与地方相关联的或具有意味的建议。
- 鼓励模仿，淡化场所的"真实性"。
- 城市设计的"坏表亲"，因为其牺牲了广阔的视野，仅仅关注个体项目。

为了回应这些批评，瑞比克金斯基（Rybczynski, 1994）指出了为什么即使意识到了错误，设计控制过程仍然在公共部门内部持续承担着重要的任务。通过频繁且激烈的讨论，他认为这一过程可以被理解为是"极端高效的"。此外，这一过程也反映了公众对专业人员设计思想的不满，以及建筑设计师之间在设计标准方面缺少共识。因此，他建议这样的过程至少应该是保证"新""旧"相容的工具，并且具有特定的价值，因为他们可以反映与促进其内含的公共价值。他还提到，到了20世纪末期，这些价值具有了"怀旧的"、而不是"空想的"意味，他认为这一现象在当代很好被理解，即建筑技术与材料的爆炸性发展释放了多元的设计风格与可能性，使得许多建筑都与周边环境形成了不愉快的对比。他总结了政府干预设计的历史经验：

"在一些迥然不同的城市，如锡耶纳、耶路撒冷、柏林与华盛顿中，建筑设计的公共条例并不会必然阻碍建筑师的创意——事实也远非如此。其能够成就……更好的整体环境质量。弱化单体与更加整体化的运作一定不会产生坏的效果。"

(1994:211)

虽然这一争论还会继续，但这一过程还是承担了日益增加的政治责任，获得了更为广泛的公共支持。这是非常重要的，因为在进入引导、激励与控制过程之前，在公共部门内部或周边工作的城市设计实践者与政客必须说服政客与其他决策制定者，即设计质量是必要的且有价值。同样的，如果他们希望影响开发项目，他们同样需要说服那些有权做出修改的人——开发商、投资者与使用者——以认同投资于场所质量的收益（见第10章）。在给予他们影响设计质量的权力之后，实践者们开始在公共部门工作，而政客们不仅需要对场所营造具有更深刻的理解，还需要从一个外行成长为一名精明干练的城市设计师。城市设计实践者因此承担着非常重要的职责——其不仅是提倡者，还是教育者。

卡莫纳指出，公共部门在四个方面给予城市设计明显的优先权：通过建立设计标准，这些标准形成于公共咨询活动，与公共利益密切相关；通过对地方环境的呼应与考虑；通过向控制设计的各种机制灌输价值；通过为设计注入资源与保障更好场所。将这些因素组合起来，就基本确定了政府干预设计的途径。不过，仍有很多阻碍地方设计行动的因素，包括：

- 政治意愿介入设计（在国家与地方层面）；
- 地方投资的力度与地产市场；
- 地方社区与政客的"保护主义"与反开发态度；
- 历史街区在适应变化方面的承载力；
- 有经验设计师的可用性（尤其是那些具有城市设计专业能力的设计师）；

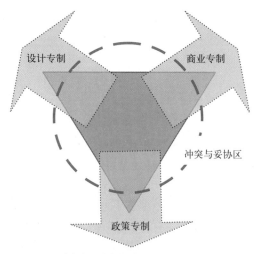

图 11.2　三种专制：冲突与妥协区（图片来源：马修·卡莫纳，2009b）

案（在场地、预算、设计纲要等方面的限制下），从而为投资换取客观的回报（如维持生意），并满足更大范围内的公共政策目标。由于各方的目标往往背道而驰，结果经常形成三向拉锯战，中心的区域将会处于紧绷状态，其可被称为冲突与妥协区（图11.2）。这张图示能够非常有代表性地表达全球的地产开发过程。

然而，在冲突与妥协区中，如果将公共部门视为在创意、市场与规范专制之间建立共识的机构，就有可能形成变通（见表11.15）。卡莫纳指出经验老道的政府能够通过如下方式实现这一目标：

- 一个更广泛的设计概念，其在"美学"与基本"服务设施"等目标之上延伸，还包括对环境质量的考虑，其涵盖城市设计与可持续发展——经济的、社会的与环境的。
- 一个尊重理解环境的设计方法，其基于对区域与场地的评估，以及公共咨询与参与（详见第12章）。
- 一个整体性的设计指引体系，其从战略性的城市／街区尺度延伸至更大规模的更新、保护或开发项目，为特定的场地与发展潜力编制设计指引。
- 一个城市设计团队，其具有能够推进设计过程的各种方法与能力，其通过预先准备政策／指引框架与设计纲要，来确定、激励与引导开发机会，并对开发计划进行积极的回应。

许多具有代表性的国际化城市——伯明翰（见框图11.1）、波特兰、巴塞罗那、阿姆斯特丹、弗里德贝格、温哥华与新加坡——对这些方式早有应用；其他的城市也在迅速追赶。因此，这一章将主要讨论控制过程中的一些关键要素。

- 开发商与投资者对投资于设计质量方面的意愿；
- 法规体系对其自身技术程序之外的规定弹性不足，以及过于细化的设计标准。

1.3　冲突还是有益的谈判？

在第1章，有论述提到三个专业方面的专制——创意、市场与规范专制。后者的缩影是保守地方政客所宣扬的"我们知道我们喜欢什么，我们喜欢我们知道的事物"，或者是随意的议会技术专家所认为的"规矩就是规矩"。换言之，一个公共部门以追求专制为特征，而非面向好的设计。在那些反对这些戒律以至于反对整个系统的群体眼中，公共部门这些狭隘的技术专政观点极大地削弱了其内在的合理性。事实会证明，专制在实现创意、市场与规范意愿方面均具有较弱的能力。

每一种专制的核心都是各异与专横的，其目标均是为了实现一个具有创意的设计方伯明翰在很长时间以来一直是英国城市设计的典范。20世纪50～60年代经过城市中心的战后重建，伯明翰成了英国的第一个"汽车之城"。在70～80年代，由于城市中心内部环状道路的限制，加剧了城市的大萧条，催生了英国国内从城市设计视角思考城市形态问题的第一次认真尝试。在20世纪90年代早期，城市设计策略开始出现，首先建立了全市范围内的（步行）联系，从"人视"的角度理解人们使用与阅读城市的方式，发掘城市的遗产与特色，并重塑了以人（而非汽车）为中心的城市。

维多利亚公园，伯明翰（图片来源：马修·卡莫纳）

近20年来，这座城市坚持这一策略，将自身资源投入到公共领域，但更为重要并获得更大成功的是，再次吸引了私人发展商向城市中心区投资。这些投资包括布林德利商业区，以及最近建成的斗牛场购物中心与许多居住项目。

自始至终，这个城市都显示出了卓越的引领性，通过主动的、有远见的设计指引，以及英国最大的地方住房与城市设计组织，驱动着城市的转变。在2000年～2008年之间，作为对城市转变的回应，伯明翰经历了一次地产开发的高潮，在2007年高潮褪去之后，城市用其自身资源填补了发展空缺，并继续向城市愿景迈进，如规划启动21世纪的第一个新城市公园。

2   调查分析／评价

第3章讨论了城市设计作为实践过程的本质，并将其与设计过程"万能"模型中的关键阶段相联系：设立目标、分析、设想、综合与预测、决策与评估。设定初始的限定性因素，在此基础上形成设计方案，继而将其反馈回设计过程中并进行评估——林奇提出的行为模式中的第一步——既是设计过程的开始（如分析）又是结束（如评估）。

城市设计中普适的或基本的原则仅能为开发项目提供一个框架——每一个场地或区域都有其独一无二的品质、潜力与威胁——通过这些具体条件才能够确定具体的城市设计行动。无论是具体项目还是政策编制，私人部门的地产开发与公共部门的干预均以评价作为起点。然而，对环境的系统化分析需要考虑到尺度问题，因为公共部门的运作涉及各种空间尺度——街区／区域、地区与特定场地——需要不同种类的分析来支撑恰当的设计。除了最大规模的地产项目，几乎所有的开发项目都仅在特定地块的尺度上进行分析。

在大部分国家中，公共部门均强调尊重地方环境的重要性。例如在英国，中央政府的设计建议一贯强调要参考周边环境来评估开发计划的必要性。作为清晰指示公共设计目标与评判具体设计计划的工具，政府需要理解与重视环境的特征与本质，并从中获得裁量权。不确定的与确定的场所质量都应该尽可能地在区／区域、地区与特定场地尺度上进行评价。

2.1 城市/区域尺度上的评价

在这一尺度上，评价应该从基础的自然景观总体特征开始，通过识别城镇与城市中的特色区域（如邻里单元或街区），来理解基础网络与行动模式。这提供了理解城市生长模式的工具，并将新开发项目与现有城市区域以一种可持续的方式相关联（图11.3）。

大尺度空间分析经常用于分析自然景观

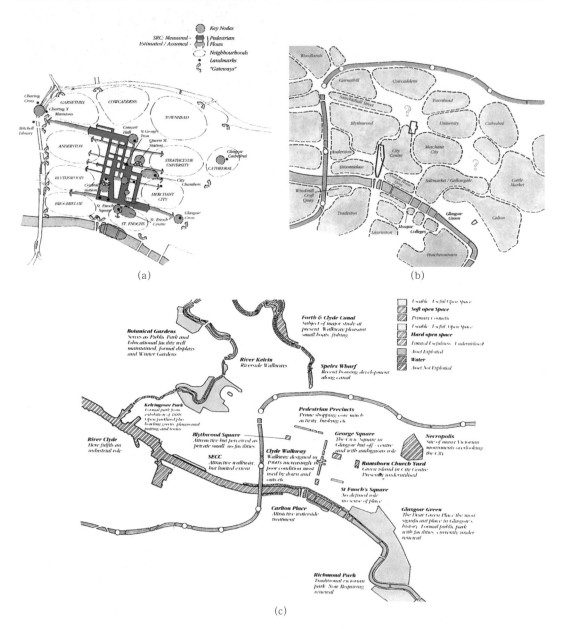

图11.3 (a—c) 格拉斯哥城市中心：(a) 社会活动模式；(b) 开放空间结构，与 (c) 特色邻里（图片来源：Gillespies, 1995）。在设计导向的城市再生战略基础上，格拉斯哥市中心的空间特征通过多样的方式得以描绘。

（郊区）。在英国，一个最大尺度的空间分析识别了 181 个景观特征区域，每一个区域都有详细的自然保护区、景观特征与生态特征描述（乡村委员会与英国自然协会 1997）。在相对小一点的区域尺度之上，这样的分析也受到了知名城市设计研究者的推崇。在欧洲的许多部分——尤其是德国与瑞典——景观／生态分析已经成为策略性设计与规划决策的基础。这样的分析通常直接用于确定区域的"景观承载力"（不可承受损害发生之前的修正能力），景观敏感度，以及新开发项目在强化积极属性与改善消极属性方面的潜力。对于一个住区开发项目来说，承载力既可以增强现有的特征，又可以保证开发项目以一种可持续的方式推进，因此同样应该是战略设计的基本组成部分。

新建项目与建成特征之间尖锐的对立在城市历史文化街区中经常出现，在大尺度的空间分析中开展城市承载力的研究为解决这一问题提供了新的方向。比如在切斯特（英国），城市的大部分地区与周边都具有重要的保护价值，新开发项目对其构成了极大的挑战，也使得以保护为导向的战略发展方式成为必需。地方实践将这一战略与更为宏观的可持续发展目标相关联，凸显了检验城市承载力的需求，并由此推动了全市范围内的环境承载力评估（Arup Economics & Planning, 1996）（图 11.4）。这一分析为制定战略发展方针提供了更为宏观的驱动。

对于索斯沃斯来说，在宏观尺度上对自然与建成环境的评价是考虑"城市质量"以及解决城市质量问题的必然组成部分。他提出，如今在城市尺度或区域尺度上，有大量可用的数据，其中的大部分都能够直接反映质量问题，这些数据分析可以通过 GIS 技术实现（见第 12 章）。对他来说："诸如土地利用模式、密度、容积率，或循环模式等城

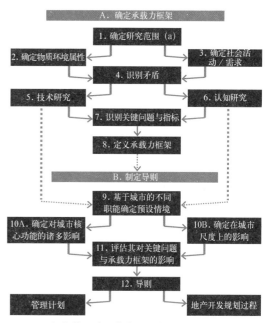

图 11.4　切斯特环境承载力研究方法（图片来源：Arup Economics & Planning, 1995）

市规划师惯用的测度方法难以衡量或预测使用者感知到的建成环境质量"。反之，他认为我们对建成环境多方面的直观感知更加可靠，在此基础上衡量城市质量的能力也"更加接近于所谓的质量"，如风景、地形、光影、微气候、街道轮廓、尺度与模式、噪声等级、建筑足迹、公共与绿化开放空间、公共服务设施、市政设施、诸如行道树或城市郊野、城市天际线等景观特色。他发现"在测量与处理多方面的建成环境质量这一问题上，并不存在什么技术限制"，同时提到这种评价活动缺乏政治意愿的支持。如果缺少了此类信息，在城市尺度的设计过程中，设计质量仍然难以得到重视。

2.2　地区尺度上的评价

在地区尺度，评价往往是形成设计政策与导则的前身。然而，在这个尺度上的评价既昂贵又耗时，其有赖于专业技术人员（公

共部门经常缺少这种人才），而且在本质上经常是综合的。此类评价多用于（指定的）历史地区，其既反映了公共部门在这一区域内干预范围的扩大，也反映了提供给实践者的引导更为综合。

英国遗产组织（1997，2005）——一个负责指导与管理英格兰大部分保护区法规的机构——将评价视为保护与规划行动的基础，并为这样的分析提供了专门的框架（表11.2）。除了从历史与视觉角度进行评价之外，这一框架还是能够为地区提炼清晰、简明的特征。城市设计师的目标是基于对地区相关问题的客观认识，以及开展分析所需的技术与资源，来形成他们独特的设计构思。无论

在哪一个尺度上，都应包括对城市形态、视觉、知觉、社会与功能特征，以及主要的自然、政治与经济等环境的分析。

为了使地区评价有更加系统化的方法，英国城市设计联盟建立了"场所调查技术"（www.placecheck.info）——一个评估场所质量、识别提升需求、聚焦于地方居民与组织（包括地方政府以共同改善环境）的方法。这个方法通过如下途径得到应用，鼓励相关群体聚集在一起，询问关于其所在城市、邻里或街道的问题，通过拍照、绘图、规划、图表、注释、草图，甚至录像等各种方式记录答案。其目标不仅在于更好地理解与欣赏场所，还在于促进对积极城市形态的引导，

特征评价的清单		表 11.2
区位与人口	将该地区置于更大的人居环境中，以理解地区的社会状况如何影响其特征	
景观构成	理解开发项目与景观、自然地形之间的关系	
地区的起源与发展	理解地方是如何生长与进化的，尤其追踪其形态上的传承	
地区内部当前与原有的功能与活动	理解功能如何塑造了地方的特征，不仅包括建筑与空间的形式与布局特征，还包括公共领域的社会特征	
关键的视线与景观	识别地区向内与向外的关键视线，以及地标建筑的景观价值	
特色地区或区域的划定	确定具有景观或建筑特征的子区域	
地区的考古价值	需要专业的评估以保证对地区潜在考古价值的关注	
房屋的建筑特征与历史特征	探讨主导的建筑风格或建造传统，以及强化地方特色或屋顶景观的建筑群	
普通建筑的作用	认识无立法保护的建筑对地方特色的贡献	
地区内各类空间的特征与关联	保证对公共与私人空间之间关系的特别关注，并将其作为确定城镇景观与空间视觉特色的手段（尤其是围合的手段），以及布局功能与利用空间的途径	
常用的与传统的建筑材料、质地、颜色与细部	建筑、铺地景观与街道家具的细节经常为一个区域带来视觉上的趣味，并因此对建构地方特色起到很大作用	
绿化空间、树木、生态环境与生物多样性的作用	识别自然与人工绿化环境，其是形成地区特征的重要组成部分	
地区的构成及其与周边环境的关联	关注更为广阔的景观环境，特别是自然地形，以及通向郊区或地标的视线、景观	
地区受到损失、干扰、破坏的程度	消极的特征或重要的威胁与积极特征一样，经常会对地区特色形成强烈的影响	
现有的中性地区	保证提升所有地区发展的机遇，包括设计的机遇	
困难、压力以及承载变化的能力	确定地区如何积极或消极地变化，及其承载变化的能力	

资料来源：改编自英国遗产组织（English Heritage，1997，2005）

如设计框架、法规、大纲等。

在调查之初，主要询问三个问题：(1)关于这个场所，你喜欢什么？(2)你不喜欢什么？(3)什么需要改进？接下来的15个具体问题涉及相关的使用群体，以及他们是如何使用场所的。

公众

- 为改善场所，什么群体需要参与其中？
- 为了辅助公众参与，哪些地方资源是可用的？
- 还可以用什么样的方法来发展与充实我们改进场所的理念？
- 我们如何最大限度地利用其他计划与资源？
- 我们如何开阔眼界？
- 还有什么方案能够改善这一场所？

场所

- 如何能将其建设成为具有特色的场所？
- 如何能将其建设成为绿色的场所？
- 街道与其他公共空间如何能被建设为更加安全、适于步行的场所？
- 还有什么方法可以改善公共空间？
- 如何能使场所更加适应未来的变化？
- 如何能够更好地利用资源？
- 如何最大限度地利用公共交通？
- 如何使各种路线更好地相连？(Cowan, 2001)

为了激发更充分的思考，这些问题还会被进一步拆解为上百个问题。这一方法试图应用多样的途径，并且已经在一系列的试点项目中得到广泛的验证。公共空间计划在他们的"场所图示"中也提供了同样实用的方法。在其中，主要有四个关键标准来评估特定的场所——舒适性与可意象性；可达性与连接性；使用与活动；社交性——其基于一系列的直觉或定性因素（"模糊的"）；而定量因素可以通过统计分析或研究的方式得以测度（见表8.1）。

一个并不复杂但是非常有效的分析方式——SWOT（优势、劣势、机遇、威胁）分析——也可以获得类似的效果。SWOTs包括头脑风暴与对地方优势、劣势的纪录，以及通过发掘而得出的机遇与威胁。场所调研技术、场所图示与SWOT技术的价值在于通过前期分析制定潜在的行动路线。这些技术也适用于特定场地尺度上的分析。

2.3 特定场地尺度上的评价

对于设计师与开发商来说，特定场地尺度上的评价是地产开发的先决条件。与之相似，对于公共部门来说，兼具特定环境特征与场地特征的设计指引也有赖于全面的场所评价。在这一尺度上，凯文·林奇认为，为了提出彰显地方特色、连贯肌理与保持均衡的设计概念，每一个环境分析与研究都需要专门的评价，其内容既包括积极特征，也包括消极特征。特定场地尺度上评价的目标不仅在于识别值得保护的场所特征，还在于发掘可提升的潜力，并继而确定保护或改进场所品质的原则与方案。查普曼与拉克姆（Chapman & Larkham,1994）为此提供了一个实用的评价清单（表11.3）。在《新西兰城市设计工具书》第三版中（环境部 2006），还可以查到一个综合性的评价列表与详细的技术介绍（表11.4）。

为使尊重环境成为设计政策的重要目标，庞特与卡莫纳坚称理解环境是至关重要的。现状评价是一个昂贵且耗时的过程，但同样是为实现高质量场所的必需过程。政府更应该保证在城市尺度与地区尺度上的充分评价，以形成设计政策与指引。他们同时还承担着一个重要的作用，即为开发方案保证充分的场地评价，或在开发指导过程中加入对重点地区的分析，以激励好的设计。

特定场地尺度上的评价清单	表 11.3

- 记录对场地的大概印象——如现有的场所感；使用记录、草图、平面、记录信息的照片，以及易读性。
- 记录场地的物质环境特征——如场地尺度／面积、特征、边界、坡度、地面状况、排水与水资源、树木与植被、生态环境、建筑物与其他特征。
- 考察场地与环境之间的关系——比如土地利用、道路与小径、公共交通站点与路线、地方设施与服务、其他基础设施。
- 思考影响场地的环境因素——比如方位、阳光／日照、气候、微气候、盛行风向、阴影／遮阳、日照面、污染、噪声、烟尘、味道等。
- 评价视觉与空间特征——比如视线与视景、全景、具有吸引力的特征或建筑、难看的东西、景观质量与周边环境、地标、边界、节点、关口、空间序列。
- 辨识危险信号——如下陷、滑坡、较差的排水、沼泽地、非法倾倒垃圾、各种破坏行为、不和谐的活动或相邻地块土地利用、安全感。
- 观察居民活动——如期望的标准、活动构成、氛围、聚会的场所与活动中心。
- 顾及地区的背景与历史——如地方与区域资源、传统、风格、细节、主流建筑与城市设计环境、城市肌理与考古价值。
- 评价功能混合状况——如场地内与场地周边的多样性，对地方生命力的贡献。
- 研究法规约束——如土地所有权、路权、规划状况（政策与指引）、规划条件、协议、法定服务的承担者。
- 运用SWOTs分析方法——SWOT分析作为设计评价与指定纲要的起点，有着良好的实效，并善于描述与聚焦关键问题。

资料来源：改编自查普曼与拉克姆（Chapman & Larkham，1994）

评价技术	表 11.4

- 可达性评价
  - 可达性审查
  - 出行选择评价
  - 出行行动规划
- 已有的研究
- 环境影响评价
- 行为调查
  - 行动地图
  - 活动地图
  - 空间轨迹观察
- 建筑年代统计
- 特征评价
- 通过环境设计安全性审查得出的预防犯罪能力
- 通过环境设计安全场地评价得出的预防犯罪能力
- 健康影响评价——城市设计与健康／福利
- 易读分析
  - 感知地图
  - 心智地图
- 绘制地图
  - 分层绘图

- GIS 绘图
- 航拍图
- 数字高程模型
- 数字地形模型
- 步行区域分析
- 社会影响评价
- 空间句法分析
- 现场调查
- 组织分析
  - 城市组织
- 交通影响分析
- 运输与交通模拟
  - 多情景交通模拟
  - 交通流模拟
- 城市设计审查
- 城市形态
  - 土地关系
  - 类型分析
  - 材料与要素分析
- 步行漫游分析

资料来源：新西兰城市设计工具箱，环境部（2006）。

3 政策，设计与法规

为了突出重点，这一部分主要展开探讨公共部门引导与控制地产项目过程中的三种行动模式——"政策"、"设计"与"法规"。由于公共部门全额投资新建项目的情况（"完全设计"/Total Design，见第 1 章）比较少见，因此他们在保证开发项目质量方面往往展不开拳脚。即便如此，通过各种公共机构，大多数管治系统都可以在保证私人部门的设计方案服务公共利益方面发挥作用。

这些系统通常依托相互关联的规划、保护与建筑控制过程来运行。在许多国家，这些系统相互关联，但在管理上相对独立，即使他们可以被合并在一个框架下，比如规划与保护可以组成一个单独的系统，规划审批也可以包括建造许可。每个系统都建立在一个（法定的）政策环境之中，这些政策环境通过多样的设计（引导）工具被深入详细地制定，为现实中的规范（控制）工作提供环境。下文的结构据此展开。

3.1 设计政策

在很长一段时期内，设计质量或者只是一种口号，其只重视历史环境的感官质量，或者被政治议题排除在外，就如同 20 世纪 80 年代英国的案例一样。其所导致的结果是专业人员之间的公开冲突，不达标的设计成果，以及公共部门设计能力的逐步退化。近期，在全球范围内设计复兴政治议程的驱动下，地方与国家管理机构已经逐步开始寻找适合的工具来缓解公共部门干预设计所引发的批评，用以营造更为良好的场所。

在某种程度上，这反映了在全球化与地方化城市竞争战场上，建筑设计与城市设计作为战斗武器的新定位，也反映了政府部

门重新审视既往设计政策之后，可持续观念的提升。在一些地区，设计已经开始融入具体的政府法规，其用于规定政府的责任与义务——比如法国在 1977 年设立的建筑法 77-2，或者更近的，意大利 2008 年颁布的建筑质量法律框架。在其他的国家，政府利用一些通行的法规或宪法权利中的法定解释，来行使其在控制设计方面的权力。比如在美国，这一程序已经在议会完善保护言论自由的第一修正案中得以通过；议会认为政府的权力以保证社会整体的"普遍福利"为基础（政策权力也由此得到了支持）。

但是，虽然设计管理的看似有健全的法律基础，但由此而来的政策仍然是矛盾与冲突的来源。最常见的挑战是，通过法定程序影响设计的尝试表达了"设计在本质上的主观性"，因此，对设计的控制不可避免地充满了强烈的价值判断与偏见——凯斯·希尔（Case Scheer，1994）将其称为"专横的、含糊的与肤浅的"。在英国，像这样的主观性指令已经引发了政策在控制设计质量实效性方面的诸多探讨：

1980 年，英格兰政府指引认为："规划部门应该认识到美学是一个非常主观的事物。他们不应基于对好坏的简单判断，而将审美观强加于开发商之上。"

1992 年，其变为："规划部门应该拒绝没有尺度感或与周边环境不符的劣质设计。但审美判断在一定程度上是主观的，规划部门不应基于对好坏的简单判断，而将他们的喜好强加于申请者。"

1997 年，对于主观性的论述已经消失："地方规划部门应拒绝较差的设计，尤其是当决策受到规划政策或设计导则明确支持的时候，其中的政策与设计导则已经得到了公众认可，并被地方规划部门接受。"

2005 年，设计的重要性被重新认定为中

心议题："好的设计能够保证具有吸引力、实用性、持久与适应性的场所，是实现可持续发展的关键要素。好的设计与好的规划密不可分。"

这些变化浓缩了政府思路上的演进，其承认只有基于预先设定并经过系统评估的政策与导则，设计问题才能够得到客观的处理。同时，其体现了设计重点从详细建筑设计（即美学）向城市设计与场所营造方面的转变。近年来，良好设计在实现可持续发展方面的重要性也逐步显现。

虽然如此，英国政府客观对待城市设计的尝试还是落后于欧洲其他地区与美国的实践。比如，德国、法国与一些美国城市所应用的系统，均基于由区划条例与设计指引法定捆绑而成的综合性政策，其来源于设计评审程序对开发规划与设计法规的增补。在美国，最高法院所断定的"公平确定性"原则，要求政府在判断设计质量方面的管理支配权必须基于公开发布的、清晰的标准或导则。由此，在规则施行区域，区划控制向有开发意向的地区授权，并为地方政府提供了合法控制开发项目的工具。

区划控制对地区内的城市与建筑设计有很重要的影响力——其主要控制功能混合、形态特征（如建筑轮廓线、地块进深与面宽等）与开发项目的三维形态（如高度、退台、密度等）。其他城市设计标准与具体的建筑控制由于对项目干预过多，因此很少在区划中出现。

作为对区划的增补，以及在开发过程中最大化公共利益的工具，激励区划体系在美国广为应用。为换取额外的建筑面积，开发商会提供更好的公共服务设施，如更好的设计、景观或公共空间。如截至2000年，纽约通过这一途径新建了503个公共空间，其中的大部分附属于办公楼、住宅与公共机构建筑，以这些伪公共空间作为交换条件，这些建筑比预期的更高、更大。

虽然这一激励体系在获取公共服务设施方面卓有成效，但其在实践中的局限与滥用还是难以成为实现更好设计的工具。这其中的问题包括：开发商趋于将奖励视为"理所应当"的权力；提高楼板面积的态势（以及提高建筑高度与容量，而不考虑其影响）；获得奖励之后不再推动公共服务设施建设；缺乏透明规则而使该系统有失公平，耗费时间；所提供的公共服务设施质量低下（Loukaitou-Sideries & Banerjee,1998）。比如在纽约，除了一些令人印象深刻的、具有示范性的新建公共空间，大多数的新建公共空间空洞、不友善，并且被高度管控（Kayden,2000）。此外，这一系统只在开发商愿意建造公共空间的地方提供奖励，而不是在需要公共空间的地方。

就其本身来说，区划在影响开发项目与场所质量方面是一个非常愚钝的工具，为此，许多政府都附加了设计导则。一个非常著名且重要的案例是波特兰，其享有"全美规划设计最成功城市之一"的美誉。在一定程度上，这一美誉来源于其清晰与高效的政策框架，其将城市的空间设计策略与一系列"中心城市基本设计导则"相结合（图11.5）。后者被凝炼为一个设计清单，用于评估所有的城市中心设计项目（波特兰规划局，1992）。其目标在于：

- 鼓励中心城市优秀的城市设计；
- 整合城市设计与遗产保护，将其纳入到中心城市的发展过程中；
- 增强波特兰中心城区的特色；
- 在中心城市范围提升开发项目的多样性与地区的独特性；
- 建立中心城区与中心城市的城市设计关系，将其作为整体考虑；

项目：_____
材料编号：_____
时间：_____

可应用　必须遵守　不遵守

A. 波特兰的个性
A1 与河流相结合
A2 强调波特兰主题
A3 尊重波特兰街区结构
A4 使用统一的元素
A5 提升、美化与增强地区可识别性
A6 建筑的再利用、修复与重建
A7 建立与保持城市围合感
A8 对城市景观、发展阶段与相关行动的贡献
A9 强化城市出入口

B. 强化步行环境
B1 强化与增强步行系统
B2 保护步行街
B3 扫除步行街阻隔
B4 提供购物与观景的场所
B5 打造成功的广场、公园与公共空间
B6 考虑光照、阴影、眩光、反射光、风雨等因素
B7 整体化的无障碍设计

C. 项目设计
C1 尊重建筑整体性
C2 考虑景观因素
C3 为协调而设计
C4 在建筑与公共空间之间建立优雅的过渡
C5 设计街角以形成活动节点
C6 区别建筑周边人行道的标高
C7 营造多样标高的步行空间
C8 特别关注侵占公共空间的现象
C9 关联并利用屋顶平台
C10 提升开发项目的持久性与质量

图 11.5　中心城市基本设计导则，波特兰，俄勒冈

- 在中心城市中提供宜人、丰富与多样的步行环境体验；
- 通过提升公共艺术水平为中心城市营造人文气息；
- 创造安全、人性化、繁荣、24 小时活力的中心城市；
- 保证新开发项目的人性化尺度，及其与周边地区、与中心城市的有机关联。

德国与法国的规划体系制订了总体的战略规划——德国的土地利用计划与法国的计划管理——以引导大尺度的空间规划与设计决策，包括关键公共空间、景观、保护区与基础设施供应。这些内容经常在地方尺度上通过更加详细的规划得以完善——即德国的建设计划（B-Plan）与法国的土地利用规划。这些与区划条例较为相似，其中会规定每个片区或地块上详细的设计规则，包括总体布局、建筑高度、密度、景观、停车、建筑红线与外观。在这两个国家，详细的设计指引也经常出现（图 11.6）。

欧洲与美国一些城市的经验证明了精心制定的政策与引导机制作为公共部门中立干预设计的基础所具有的价值。在德国——虽然细节与控制的深度取决于地方的意见——但建设计划的内容仍然由法律规定。包括尺度、符号、土地利用的填充颜色与填充线、特殊线型（如表达建筑红线确定或可能的位置）在内的常用符号也已经统一。这种方式既保证了全国的一致性，也使得建设计划易于被理解。在英国，最重要的地方政策工具是发展规划（在英格兰被称为地方发展框架），其——一般而言——制定设计原则，并以此作为评价开发方案的标准。

然而，在英格兰地区对设计政策的早期研究发现，开发规划政策经常是模糊的、构想拙略的，无法充分基于对地方环境的清晰理解与重视。美国的经验也显示合法制定健全设计标准的困难，尤其当看似严格建构的设计标准被法院以"过于含混"与违反合理确定性的名义推翻的时候。为克服含混的问题，英国政府的设计与规划体系指引将 7 个政策目标与地产开发的物质形态紧密关联。这一方式力求保证这些政策超越泛泛的发展意愿，并能够以具体的环境为依据为这些原则提供解释。其作者大胆地宣称说：

　　"任何不能明确反映城市设计目标的政策、导则或设计都对好的城市设计无

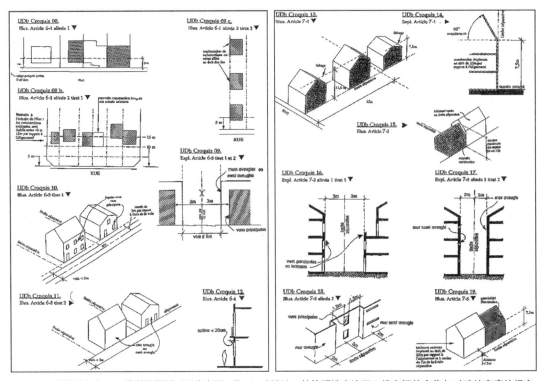

图 11.6　蒙特雷乌尔，土地利用规划（图片来源：Trache，2001）。其简明地表达了三维空间的定位与对建筑高度的规定

	特征	连续与围合	环境质量	可达性	可读性	可适应性	多样性	实效性
平面布局：结构								
平面布局：肌理								
密度								
尺度：高度								
尺度：体块								
外观：细部								
外观：材质								
景观								

图 11.7　思考矩阵（图片来源：根据坎贝尔与考恩 1999 重新绘制）。"思考机器"（或矩阵）用于关联政策目标与开发项目的物质形态，虽然其没有被包含在《依托设计：规划体系中的城市设计》的最终版本中。

所裨益。同样的，任何不能明确表达地产开发物质形态的政策、导则或设计将不会对未来产生任何影响。"

虽然不被包括在最终的导则中，作者还是建构了一个"思考机器"（或矩阵）作为联系目标与形式的工具（图 11.7）。

编制政策的艺术将在第 12 章中讨论；英格兰政策编写指引见表 11.5。虽然精心编制与表达清晰的政策是公共部门影响与引导城市设计政策的关键工具，但其影响力仍然有限：无论政策编制的多么完善，它们永远无法替代房地产在投资设计质量的意向与政府（地方或国家）建设公共领域建设的意愿。关于高质量或更高质量城市设计的论述必须在所有的领域与环节中均获得认同。

健全设计政策的编制	表 11.5

设计政策的编制过程

1. 设计意愿应该在设计政策与指引的各个层面得以体现。
2. 对设计质量的追求应该影响其他政策领域（如住房政策或交通政策）。
3. 运用已有的实施经验编制新政策。
4. 政策应该涵盖恰当的设计过程。
5. 区域分析评价与公共咨询应当是政策形成的基础。

设计政策的基本原则

6. 设计政策代表了实现未来良性发展愿景的机遇。
7. 保证开发项目与周边环境的良好呼应。
8. 设计政策应该基于可持续城市设计的概念。
9. 政府应该在总体战略尺度与地区尺度建立一个清晰的空间设计战略。

设计政策所涵盖的关键方面

10. 涵盖城市设计的不同维度是设计政策的基础。
11. 对景观的考虑应该体现在所有尺度的设计政策中。
12. 鼓励应用建筑设计技巧与体现当代设计风格的开发项目。
13. 扶持协调与管理良好的城市环境。
14. 保护政策应该同时强调设计机遇与限制条件。
15. 政策应该鼓励对历史性建筑的特别关注。

编制、实施与监督设计政策

16. 政策应该对经常碰到的设计问题与不足进行回应。
17. 政策应该在编制过程中即考虑到实施方式。
18. 地区尺度与具体地块尺度的指引应与一般性的设计政策交叉参考。
19. 设计政策应该通过恰当成熟的调控程序得以实施。
20. 为评价与提升政策的实效性，设计政策应该受到监督。

资料来源：改编自卡莫纳 等／Carmona et al（2002：11）

3.2 设计（导则）

为开发计划或区划条例而编制政策的过程是更广泛设计过程中的一部分，其本身也是一个创新性的、解决问题的过程。这里的设计是第 1 章所提到的"二次订单"设计行为，其并不是对建筑、空间或人居环境的直接设计，而在于建立关键开发项目与设计的决策环境。由于设计导则关系到未来的、往往无法预知的开发计划，同时由于这些导则所对应的空间范围很大，因此大部分的设计政策与条例都非常

抽象、概括。为了保证设计规则能够在地方化的层面上得到思考与应用，许多政府制定了针对具体区域与地段的设计导则。这些形式的设计导则是整个层级控制体系中关联总体战略政策与具体地块导则的中间层级。虽然制定这些计划耗费大量的资源，但是人们还是认为这样的设计导则是实现公共设计意愿与保证设计质量的有效工具。

最基本的，设计导则可以被定义为为引导更好地开发设计而用于制定设计参数的工具集。不同的国家有不同的惯例，并或多或少地会应用不同的指引形式。在法国，类型－形态导则经常被用于理解与呼应大型历史街区的特色。在澳大利亚，维多利亚州住区设计标准为住宅开发项目提供了一个州级的设计导则，而在美国，新城市主义者的断面图示（见下文）也为沿城市中心到乡村绵延地带的所有开发项目提供了一个普适的设计导则。

在英国，如果有人问"什么是设计导则？"，那么在 20 世纪 70 年代由全国上上下下的政府编制而成的、详细且笨重的住区设计指南就会浮现在我们脑海中——即著名的埃塞克斯设计指南。无论过去还是现在，这些设计导则的形式均由公共部门制定，用以指导全区住房开发项目的设计。但设计导则并不必须采用这些规定形式；它可以和所有类型的开发项目相关联；而且，它可以针对具体的地区与地块，而不是对所有区域的泛泛指引。

作为多样性的体现，设计导则的种类逐步增多，其中有地方设计指南、设计战略、设计框架、设计纲要、开发标准、空间总体规划、设计规范、设计合约与设计纲领等。这些条例经常彼此混淆、难于定义、相互重叠。尽管有研究依据他们的相互关系对其进行了分类，但这种截然的划分只不过表达了设计导则作为设计／开发工具的模糊性与不确定性。

在区分设计导则与规范、政策这一问题

上，首先需要说的是导则既不是法定的，也没有约束力——后者所指的是"导则"不具备强制性。设计导则用于提供建议而不是强制的指令。第二，其不是一个"蓝图"，因为"导则"只是为解决设计问题提供一个方向，而不是具体的解决方案。最后，导则不仅仅是诸如场地或特征评价之类的分析，因为孤立的分析并不能为设计提供方向性的建议，而充其量是形成建议的依据。正因为这样，在设计导则如何与一些可用的工具相匹配这一问题上，答案并不是很明晰。比如林奇面向公共部门的四大行动模式就无法为设计导则提供参考。事实上，设计导则的诸多方面经常存在于林奇的模式之中，而且并不存在明显的行动界限。因此，林奇的第三个模式——设计——可以被修改为"设计导则"，因为公共部门很少参与具体设计。

除去不同类型设计导则之间的歧义与多样的标签，设计导则可以依据其核心特征进行分类（见表11.6）。不幸的是，人们往往无法理解多样设计存在的意义，除非他们明白两个

问题，一，为什么会有多样的导则形式，二，他们各自的问题与潜力。第一个问题的答案非常简单：所有形式的设计导则都因为一个目的而存在——影响设计过程使其向特定的目标发展。因此，当经过设计导则的结果比一般的结果更好，导则就可以被视为是成功的。

基于规划设计师的多种意愿与开发环境的类型，设计导则的目标多样各异。举例来说，其目标有可能是树立设计质量的最低门槛，或通过高品质的设计为项目把关。前者——"是一种'安全网'方式——可以为地方设计导则或者那些受到低质量开发项目困扰的导则制定受限制的目标"。后者——是一种"实现卓越的跳板"——可以作为特定地区的设计导则，或者用于指引那些希望提升质量的地区。即使并不相互排斥，但这些目标的实现还是有赖于适合的使用者，他们乐于接受导则中的内容，并能够平衡利益相关者之间的关系（尤其是公私部门之间）。这些目标还更为广泛地强调了使用者必须透彻理解开发过程与设计导则的使

设计导则：基于不同特征的分类　　　　　　　　　　　　　　　　　　　　表 11.6

主题	按照土地利用、区位（郊区、城区、乡村）或开发主题（如空地、店面、建筑辅助设施等）分类。一些设计导则会涵盖多个主题。
环境类型	与导则相关的环境，以及导则对环境的敏感度，无论其是扩展建设用地、填充建成区，还是历史街区改建等。
涉及范围	是否涉及战略性的设计问题，如基础设施供给、城市设计议题（空间网络、公共领域、功能混合等），或者在建筑与具体景观设计方面的问题。
管理层级	从中央政府与相关机构，到州／区域与次区域的政府部门，再到地方政府
普遍性与特殊性	其针对特殊区域还是一般区域，是否针对很大的地区（如整个城市）与未确定区域。一般来说，导则应用的尺度越小，其对应的管理层级越低，特殊性越强。
详细程度	从"优质"设计这一泛泛的目标准则，到针对设计问题特定方面的详细指引。
指引的程度	虽然是建议性内容，其中的一些条例仍然会比一些条例更为确定，不同程度的指引往往被表述为"开发商必须……"、"开发商一般应该……"、"开发商可以考虑……"
所有权	一般来说，设计导则由公共部门编制用以提升私人发展部门的设计质量，但其也有可能由私人部门编制，以规范共建项目中各个合作方的开发建设行为。
过程或成果	设计导则是强调设计、地产开发与管理过程，还是重视产品或成果
表达手段	传统的印刷形式，或通过交互的电子与互联网手段。其并不必然改变导则的内容，但将会决定其行文方式，以及使用方式与使用群体。

设计导则的比较
表 11.7

	金丝雀码头设计导则（1987）	哈姆地区发展导则（1994）	伊塞克斯设计导则（2005）
类别	设计法规	设计策略／法规	地方设计导则
主导功能	商业办公与公共场所	住房地产与公共场所	居住与混合功能地区
环境	新建棕地	推倒重建地区	正在进行填充与新建的待开发地区
应用尺度	建筑与景观	城市设计	城市设计、建筑、景观
管理层面	无（企业开发区）	地方	次区域
通用还是专属	专属	专属	通用
详细程度	非常详细	宽泛的规则	综合
成果	高度规定性	咨询性	咨询性
权属	私人	公众，半官方机构	公众，地方政府
过程导向或产品导向	产品	产品	过程与产品
目标	高质量	质量准入	质量准入

用方式（见第 10 章）。下文将讨论设计导则的类型，其中表 11.7 运用三个具有历史影响力的案例论证表 11.6 中设计导则的差别。

（1）设计／开发纲要

设计纲要是为具体场所提供设计指引的一般性工具。依赖于地方环境，纲要主要强调设计思想、较为宽泛的规划概念或开发／管理主题。"开发纲要"因此是一类关于设计、规划或开发主题的纲要（图 11.8）。他们出于一系列的考虑而具有特定的价值观，包括：

- 为规划与设计提供积极主动的路径引导。
- 保证对关键设计议题的关注。
- 提供改善场所、商讨开发计划的基础；鼓励协作设计。
- 保证同时考虑公共利益与私人利益（尤其是开发项目中公共设施的杠杆作用）。
- 为设计决策过程的确定性与透明性提供一个简洁直接的工具。

霍尔指出，设计纲要是"积极引导的基础与确定场地设计目标的有形手段"。因为他们超越了开发利益来设定恰当的设计准则，并通过建立开展谈判的核心准则，来帮助盘活复杂的城市场地。然而，虽然纲要将公共

设计导则提升到了一个很高的规范性层面，但为了避免对创意或创新活动的抑制，政府必须意识到这些导则应该具有市场意识与灵活性。尽管如此，霍尔还是指出，他们应该在实体形式上提供清晰的导则，包括对地块与临街面的详细说明。在实践中，根据不同的场地属性与敏感性、涉及议题的尺度、政治考量与政府的过往行动，纲要在格式上的差异很大。举例来说，根据筹备可用的资源，

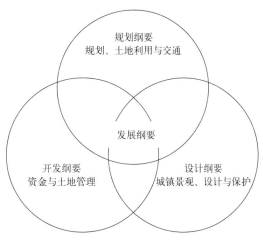

图 11.8 发展纲要的种类（图片来源：根据查普曼与拉克姆／Chapman & Larkham 1994 改绘）

一些会为特定场地定制纲要格式，另一些则会应用标准化的格式。

一般来说，纲要包括"描述"要素（场地特征与环境信息），"程序"要素（应用步骤的概述）与"规定"要素（阐明政府意向）。他们通常包括如下内容：

- 背景与目标——如纲要制定的背景，其与上位设计政策与空间战略的关系，以及规划获益目标。
- 调查与分析——如建成环境与自然环境，包括对开发限制与机遇的确定。
- 规划与设计需求——如运用政策形式清晰阐述评估开发计划的关键标准。
- 工程与建设要求——如公路或其他基础设施的详细说明。

- 应用步骤——如概述如何应用指引来评价项目计划与步骤，或者额外的报告与调查。
- 指标式的设计计划——如概述地块开发项目的可能性，包括精心措辞的条例，但避免对创新活动的过度抑制。

设计纲要一般由政府的规划或设计部门在机构内制定，而很少由外部的咨询机构制定。

(2) 设计策略、框架、控制性规划与总体规划

"设计策略"、"框架"、"控制性规划"与"总体规划"经常被交互使用。相较于实践价值来说，严格的学术定义并不重要——因为他们是主动引导开发过程、提升设计附加值的实践工具。所有规划都会提供二维或三维的发展蓝图（尽管应用不同的方法），表11.8

策略、框架、总体规划与设计纲要的层级　　　　　　　　　　　　　　　表 11.8

	大空间尺度
设计（发展）战略（蓝图）	大手笔，制定首要目标与发展意向 二维规划为主 概括性的、概念性的 有限的控制与决策
发展框架	制定： 目标城市结构 关键基础设施 土地划分 功能与开放空间 一般为二维规划 一般应用指示性而非规定性描述
控制性规划	确定的城市结构 划定区域或地块 建立法规与规章的应用方式 典型的二维规划 高度的规定性
总体规划	更高的规定性，三维规划 详细的基础设施、公共场所与开放空间规划 对建成环境形态关系的详细规划（如街道与建筑轮廓线、高度等） 有些情况下详细制定视觉／建筑特征、建筑材料与城市景观
设计纲要（发展纲要）	因地区而异 详细的街道与建筑轮廓线／流线与体块设计 详细的容积率、建筑面积设计 详细的土地利用 详细的停车场布局 经常与估价、交易结构相关
	小空间尺度

图 11.9　诺丁汉城市设计策略（图片来源：URBEN 2009）。诺丁汉的新城市中心总体规划 2005–15——一个更加详细的城市设计策略——综合宏伟的公共领域倡议与具体地块的设计导则。这座城市也在应用设计纲要指导具体规划方面有长期的实践。

将这些工具进行了层级化整理。

设计策略一般为城镇或城市中心等较为大型的区域提供空间设计蓝图。它们在本质上是概念性与富有弹性的，其发掘与协调区域内关键地段的潜力与基础设施项目，以实现设计导向下的宏观发展蓝图（图 11.9）。与之相反，设计框架主要通过协调关键的设计特性为基础设施、城市结构、开发地块、景观与土地利用配置等内容设定空间框架，来指引大范围的开发活动。它们经常替代总体规划，因为其会为规划期内的建设留有很大的灵活性，并且多属于二维而非三维规划。

一些总体规划与特殊的控制性规划非常具体地确定了物质空间布局与目标发展蓝图。控制性规划与德国的建设计划（B-Plan）类似，在美国经常与形态设计导则结合应用（详见下文）。帕罗莱克阐述了规划的三大用途：

- 行政管理，确定不同边界或区域上所应用的控制法规，比如选取不同的控制要素。
- 布局设计，在街道布局、沿街面、底层建筑功能、建筑类型等方面构建城市形态的平面布局。
- 区域特征，定义不同开发区域的空间形态与特征，并由此建立公共领域。

在法治基础上，控制性规划经常与规划法规伴生，以作为对具体地块或开发区域的控制工具。正如其名，控制性规划的主要职责在于控制，同时也涉及对各版城市设计框架或总体规划中地区规划蓝图的演替更新。

总体规划是一个经常被误用与误解的规划类别，因此更需要深入的辨析。总体规划经常被认为过于严格与刚性，因为其所建议或提出的控制等级都远大于现实的需求。举例来说，加罗将总体规划定义为：

"被认为是一种包含有诸多严格控制条例的开发项目，其可以抑制一切具有想象力的未来，任何关于生活的可能性、自发性或应对不确定性事件的弹性都被泯灭"。

不管怎样，这样的论述都非常恰当地形容了"蓝图"总体规划——比如，其往往更为密切地与大型建筑设计项目相关联，而不是城市设计或规划。一种更宽松的规划形式是"框架型"总体规划。正如在第9章中所讨论的，两者间的区别在于，蓝图式的总体规划给出的是一个单方意向的成果，而框架式总体规划往往制定出较为宽泛的城市设计目标与原则，为具体的开发行为提供决策框架——其最终的成果也因此是典型的多方意

向成果（multi-authored）。由于概念上的混淆，"开发框架"经常被认为是总体规划。

在英国，随着国家政策对设计重要性的强调，总体规划得到了更加广泛的推广应用。对于贝尔（2005）来说，这反映了能从中获益的地产开发投资者鉴赏力的提升，但同时也带来了一些问题：在生产与规划建成环境中私人利益的控制力（谁主导总体规划），以及总体规划所确定的质量问题。为了在过程与内容两方面提升总体规划，由建筑与建成环境委员会（CABE，2004）编制的导则建议总体规划应该确定：

- 邻里街区中街道、广场与公共空间的布局与联系；
- 建筑的高度、形状与体块；
- 建筑与公共空间之间的关系；
- 地区的活动与功能；
- 步行者、骑行者、小汽车与公共交通、市政服务车辆的出行模式；
- 公共设施与基础设施的供给；
- 物质空间形态与社会经济文化环境之间的关系；
- 新建环境与现有社区、建成与自然环境的融合。

策略、框架、控制性规划与总体规划常常：

- 提供一个用于指引开发项目的总体愿景或概念；
- 设定建设质量的标准与预期值；
- 确保质量门槛（即禁止低质量开发项目以避免潜在开发价值的降低）；
- 为所有群体提供确定性（投资者、开发商、使用者与地方社群）；
- 相互协调以保证各部分可以组合为更好的整体（即极力避免降低地方舒适度的"坏邻居"开发项目，追求营造更好的场所）（见第10章）。

不同于设计纲要，这些导则经常由政府

部门委托给外部的城市设计咨询公司编制，一些特定的总体规划与控制性规划项目则经常由开发商委托。与设计纲要类似，除控制性规划之外，他们经常以一种报告的形式呈现，伴有大量的规划与说明。与所有的设计政策工具一样，他们需要具有营销功能与综合性，能够鼓励创新设计，并应用易懂、实用的形式呈现。这些形式结合了政策信息与指示性／规定性的设计思想。

(3)设计标准与规范

最后一类设计导则，也是最具强制性的导则。在史料记载中，不同形式的设计导则先后呈现，并伴以各种类型的法规，其最早可以追溯到罗马时代，在罗马街道标准或维特鲁斯 (Vitruvius) 的论著中均有体现。其中，《建筑十书》就提及了城市布局（包括良好的城市选址、城墙的建造、公共空间的方位）、公共与私人建筑，以及建筑材料等方面的议题。

时至今日，已经形成了大量的开发标准用以指导建筑与城市环境设计，控制物质环境的各个方面：

- 规定建筑外部与（一些）内部设计的全国性建筑法规或标准，如美系的国际建筑规范。
- 道路设计标准（全国或地方）通过控制道路与人行道的设计与布局，保证公共领域中道路的良好质量。
- 规划标准（全国或地方）规定密度等级、建筑间空间、停车需求、公共空间需求等内容。
- "设计安全认证"或防御性设计规范（详见第6章）要求视线、渗透性、入口等内容。
- 应急服务通道导则规定建筑之间与出入口之间的距离。
- 关于健康与安全的标准涵盖了物质环

境的方方面面。

这些标准有时会出现在其他的设计导则中，例如上文提到的特定地段设计导则，但他们更常作为控制各种开发项目的通用标准而被政府采纳。通过追述世界各地城市空间形式与功能的"隐含规则"，本－约瑟夫指出，由于政府部门在执行过程中没有认识到规则的基本原理与推行效用，规则的初始目标与价值经常被忽略。此外，大部分的规则局限于自身的领域与专业技术之中，并不能从物质空间的角度或针对特殊地区发挥效用。

与之相反，这些设计标准的形式追求全局上的最小控制。在许多案例中，对这些标准与法规毫无创新性的遵循，形成了大量苍白的、无吸引力的场所——对设计标准的批评至少可以追述到了20世纪50年代英国的城市景观美化运动，其被批判为"简陋的规划"。这是一个典型的规划管理（而非市场）失败案例，以至于本－约瑟夫论断，今天再卓越的法规也难以营造明天良好的场所。

设计规范——或者那些闻名美国的城市形态规则——与那些约束特定开发项目三维要素及相互关系的详细设计导则截然不同，它们并不规定设计成果的形态。这种规范的目标在于明确特定地区所需设计质量的构成要素，为开发商与地方社区提供确定性。基于这一方式，与开发标准相反，他们对具体场所的目标质量提供积极的陈述。他们不仅关注街道、街区、建筑体块等方面的设计原则，也涉及景观、建筑与建造等议题（如能源效用）。

如今的规范已经非常精细与简明——在美国新城市主义开发项目中，设计规范一般都会包括一定数量的图示与表格，以表达城市、建筑、公共场所与景观要素等一系列独立但相关的规则——如马里兰州肯特兰的设计规范（见第4章）（图11.10）。

建筑规范用于规定诸如屋顶坡度与建材

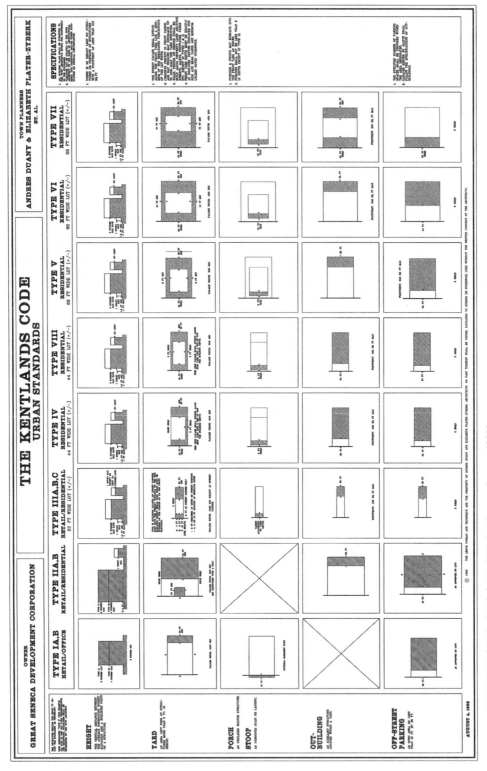

图 11.10　肯特兰的设计规范（图片来源：DPZ Architects，Duany，1989）

等要素，它是一种最具争议与最不重要的规范。尽管如此，杜埃尼等还是强调了这些批评中的矛盾：

"向我们抱怨海滨地区的同僚往往持有两类批评。第一类批评建筑规范的限制性，第二类批评那里装饰过度、华而不实的别墅群。他们经常惊讶地发现，滨海地区华而不实的房屋所表现的并不是建筑规范的要求（主要为折中主义风格），而是面对美国购房者传统品味时建筑规范的失效。消灭令人厌恶的建筑的唯一方式就是增强这些令人厌恶的建筑规范的执行力"。

在不同的控制层级中，建筑规范的规定性强弱不一。一些建筑规范并不约束优质的设计或某些建筑类型（如公共建筑），另一些则包含城市设计规范而非建筑规范。最近的一项创新是"横断面"（Transect），一种由杜埃尼、普拉特－兹伊贝克建筑事务所（Duany Plater－Zyberk's architects）创新的"管理守则"，其已经被编入了因"精明规范"（Smart Codes）而闻名的"区划管制规则模板"中（详见框图11.2）。

在英国，设计规范已经通过一个政府投资的试点项目（社区与地方政府部门／DCLG 2006b）进行了大量的检验，其指出了设计规范的一系列潜在价值，包括：

- 在某种意义上树立高质量的设计目标，以保证大量开发项目对其始终如一的贯彻。
- 能够提供一个稳固的设计导则形式，以保证相关策略的强制性。

框图11.2 横断面

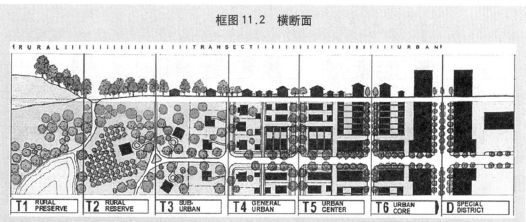

横断面最明确的特征是在一个由城市中心（T6）到郊野（T1）的理论断面或原型聚居区断面上表达各种规范特征的相互关系。横断面的想法至少可以回溯到一个世纪以前的帕特里克·格迪思先生（Patrick Geddes），近年来在拓扑形态学者关于城市发展历史研究中被广泛利用（详见第4章）。然而，新城市主义者的创新是将横断面应用为一种管理工具，其依据不同的形态特征定义了六种环境区域，并据此形成了一种"理想"的城市形态类型。

这一概念引发了很多评论。如布劳尔批评其是一个理想城市的基本空间模型，并没有充分认识到建构社区的社会环境。与之相反，索斯沃斯则批评到，在多中心城市逐日递增的背景下，其认为城市是（或应是）单中心这一假设过于刚性，同时，这种形态一旦建立，从中心到郊区的平缓过渡将永远静止。

虽然存在诸多评判，但横断面仍然被遍及美国的"精明规范"逐步接受，形成了深刻的影响力，并极大地推动了区划条例从单功能、小汽车主导模式向传统邻里发展模式（TND）转化。

- 通过制定一个计划中"必需"的设计参数，检验、推进与实现总体规划或地段规划中的愿景。
- 基于开发团体的意愿与实现高质量设计的能力，提供更强的开发确定性与"公平竞赛场所"。

其中，设计规范的关键优势在于他们在众多项目中持续协调设计各个阶段以形成整体设计愿景的能力。正因如此，当地段很大（或有多个相邻地块组成）需要分阶段建设、多方权属、或由多个开发与设计团体参与的时候，设计规范最具价值。英国试点项目（社区与地方政府部门／DCLG 2006a）确定了成功的规范编制项目所应具有的七大基本要素：

- 城市设计优先——实现可持续的城市设计应该首先关注设计规范。
- 设定质量门槛——设计规范应通过设定清晰的设计质量门槛，建立基本的、一致的场所构成要素体系，以鼓励更好的设计。
- 预先投入——设计规范的准备工作包括一个由所有相关团体做出的在时间与资源方面的重要预先承诺，其用于提升全程的销售价值，减小开发过程中的冲突。
- 建立实现空间愿景的规则——通常在总体规划中，设计规范需要为坚定的地段规划愿景奠定牢固的基础。
- 协作的环境与利益团体的合伙关系——公共部门、开发商与设计参与者之间有保证规范执行效用的合作前提。
- 清晰与高效的领导者——领导者是高效筹备与执行规范的关键，其可以从土地所有者、开发商、规划师、政客或规范设计者中产生。
- 不可取代的技术——不仅需要多学科的方法，还需要贯穿于规范筹备与执行过程中的先进设计技术经验。

这七大基本要素不仅直接与设计规范相关，还与各种形式的设计导则相关。设计规范并不是提升设计质量的唯一工具，不一定适合所有形式的开发项目。即便如此，还是有证据表明它们能够提升标准，并形成更好的场所。对于公共部门来说，相关的经验非常清楚：在开发过程前期明确设计质量意愿，并通过周密的设计导则将其与现实场所清晰关联。

3.3 设计管理

管理是设计政策与导则得以执行的首要工具。管理本身并不产生高质量的设计，更为贴切地理解是，管理的功能在于提高营造更好场所的可能性。

管理过程主要表现为如下两种类型——它们或者基于确定的法定框架与行政决策，或者当法律与政策的界限较为明显的时候，具有一定的自由裁量特征——后者根据地方环境与政治决策，通过"导引式"的规划与有技巧的专业说明而得以制定。前者则基于一个确定的限制体系（如区划）；后者则提供具体行动执行之前的官方授权许可。一般来说，多数的管理体制都是两者的混合。举例来说，在英国，规划、保护与环境保护是自由裁量的（虽然其中的核心技能充满了专业判断），这一缺点有可能导致政府不得不回头采纳确定的标准，而建筑控制与公路审批过程所采纳的是确定的技术程序，其不接纳解释或上诉行为。

庞特指出，近年来，两种系统通过在法定设计审批程序中的叠加已经趋同化，其以一种更全面的视角审视设计，通过附加详细的设计导则，提升其在自由裁量系统中的确定性，并增强弹性。

两种决策形式都能够促成管理专政的意识——自由裁量的决策由于其专断性，在本质上是易变与主观的；法定体系则由于缺乏灵活性而无法断定那些无标准的决策。此外，管理过程与体系的多样性（即使在同一地区），以及其间不连贯、不协调甚至自相矛盾的问题，加剧了一种对设计管理的看法，即"一个必须参加的、繁文缛节式的马拉松"。

在设计管理系统中最核心的任务即在于使"好的事物"更易实施，而使"坏的事物"难以推进。其预设了辨别优劣的能力，并拥有一套奖惩制度。鉴于管理过程中最严厉的惩罚是否定（在城市设计中的建设）行动许可，因此其中主要的激励措施是及时补贴获批的计划，而主要的惩罚措施则是拒批项目。然而，为了鼓励设计标准高于准入水平，政府会提供开发奖励、高效的审批程序（避免缓慢审批流程的折磨）、以津贴为形式的直接财政辅助等方式，来保证核心公共目标（如历史建筑的维护）、设立奖项与奖金、宣传优秀设计，甚至是对项目的直接投资（如公私合作）。

在新自由主义盛行时期，经常会出现放宽管理的倡议，以减小市场行为的负担，促进经济发展（经常通过吸引对内投资）。有时候这种思想会引发放宽设计控制的倡议，其呼唤让"设计师放手设计"。然而减少调控以促进发展的观点却受到了另一种观点的挑战，其认为更加严格（确定）的政策框架能够为开发商提供更强的确定性。杜埃尼等通过考察美国城市，描述了一些城市是如何"放弃了市场的主动性，而不是为市场兴旺而提供一个理想环境"。

与之相似，还有一种观点也是错误的，即失败的管理框架会为"设计师放手设计"提供自由空间，并能够促进更好的设计——实践中的现实是设计师受雇于、听命于开发商，如果没有公共部门的适当保障，开发项目将完全面向私人利益。与之相反，一个精心编制的设计政策框架既能够保证开发商雇佣经验丰富的设计师，还可以为他们带来机会空间（详见第10章）。

因此，在解除管制的推动力（新自由主义特性）与公共管理中设计质量的推动力之间存在着一种张力，并且存在着一个从鼓励开发但无视设计质量到鼓励开发也要求设计质量的序列。前者持有一种短期思维，其仅仅关注开发项目本身；后者则持有一种长期的观点，其认为设计质量若不能达标，就不予开展项目。

尽管如此，许多城市还是选择——或被迫选择——削减了规划的职能。许多城市由于惧怕其对发展的阻碍，不愿意施行更加严格的设计政策。其结果是，设计质量这一问题并没有通过主动的设计政策、策略与框架得以确定，而经常通过被动的开发控制／管理，或在设计形成之后由规划管理者与开发商协商确定——后者经常被称为是"补救性的工作"，或者更为形象地被称为"为猩猩涂红唇"。

尤其是当开发管理包括预算与协商工作时，主动的设计政策可以给予开发控制者一些谈判的资本。这些政策的缺失会将规划部门置于极其不利的地位——其只能在最后时刻依靠开发项目管理者的设计与沟通技能来提升设计质量。但这种在最后阶段提升开发计划的机会非常有限，因为关键的设计决策早已制订，开发项目的"预期价值"也已建立。在这一阶段，城市管理者可以通过修补一些边边角角后发放许可，也可以在其立场上拒绝发放许可。但拒批项目需要政治意愿的支撑，而且开发项目已经发展到这一阶段，开发计划很少因其设计问题而被驳回，其转而揭示了被动控制所受到的限制。

（1）设计审查与评估

城市设计控制与指引的制定与执行需要一个明确的愿景，否则政策与导则只能在真空中运行。其有可能是关于优质城市设计形

中央 / 州政府与区域战略政策

+

地方愿景（基于设计概念 / 被采纳的目标）

+

对地方环境理解力的综合评价

=

一个作为客观评审与控制设计（设计政策、法令、纲要、框架、法规等）工具的政策基础

图 11.11　设计控制与评审的政策基础

式的愿景，也有可能是展现设计的一种识别工具（即认知的技能 / 原则）。此外，正如同上文所述，并不是因为缺少控制而为之，控制需要以目标地区的愿景为根据。一个很具

有代表性的案例即为应用建筑后退红线距离而非建筑距红线距离；前者是消极的控制——其陈述了不能做的事情；后者是积极的调控——其表述了必须做的事情（比如为街道划定确切的空间）。理解了这两种管理方式的区别，以及使用它们的时机地点，能够为实现建设成果起到很重要的作用。

上文讨论的多种形式的导则提供了实现宽泛政策目标的工具。这些工具——与他们所建构的政策——最终实现了同样的功能：为评价开发计划提供依据。其准备过程在图11.11 中得以描述。

一旦准备妥当，他们即可基于清晰界定的、公开的政策与指引，提供运行调控过程的工具——设计评审 / 控制。在美国，调控开始于控制广告牌的美学影响的需求。其目

可持续插入 8——减少污染

如果把住所看作是吸收消化资源、排泄废物的生命体，那么减少废物排放即为实现可持续城市设计的一大关键——更高效地利用资源，减小开发项目对环境的影响，降低废物处理方面的能源消耗（Ritchie，2003）。减少污染在提升城市地区生活质量方面同样扮演着者重要的角色。对城市区域的消极认识，以及人们搬离城市、定居郊区与乡村的主要动因，均来自于城市中心区域的污染、灰尘与噪声（Mulholland Research Associates Ltd 1995）。

在所有空间尺度上，解决污染的首要目标在于将污染扼杀在摇篮之中——隔绝噪声；通风以避免烟尘；在设计中避免光污染；设计绿化作为空气净化器；投资建设公共交通以（尽可能地）控制私人汽车的使用。为支持减排行动，废物（能量、水、资源等）的再利用与循环利用是第二大目标。其有可能在场地中直接实现——比如应用可持续城市排水计划（SUDS）过滤污水，或在街区中将垃圾进行收集与焚化以转化为集中供热与发电站的燃料。清除场地垃圾应该是最后的手段。

举一个例子：水的净化是一个既昂贵又耗能的过程，但在英国只有 7% 的纯净水真正用于居民的饮用或烹饪中——其中的三分之一用于冲洗厕所；而大多数的水则直接涌入下水道中（CABE

无污染交通（图片来源：马修·卡莫纳）斯德哥尔摩市哈马比的有轨电车

2009）。减少污染因此需要城市设计师综合利用 3R 途径：即"降低（reduce）"、"重复利用（reuse）"与"循环（recycle）"——而仅在必需的时候才使用"清理"的方式。

框图 11.3　从属式与独立式设计审核过程

(1) 从属式设计控制／审核过程

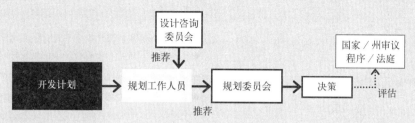

从属式系统

在这一模式中，设计被看作是更宽泛规划过程中必需的组成部分。设计与其他规划议题之间的关联——经济发展、土地利用、社会基础设施等——能够得以建立、相互理解与权衡，并形成理性、均衡的判断。但其风险在于设计目标经常会牺牲短期的社会经济目标。英国的设计控制程序即是一个典型的从属式系统。不过，还是有些程序通过制定概要式的、而非全方位的地产开发规划许可，将设计议题隔离于规划项目之外，将其作为"保留问题"推至日后考虑。一些政府会组织非法定（第三方）设计咨询委员会来建议规划委员会关注设计问题。在英国，建筑与建成环境委员会（CABE）对全国性重大项目进行独立的设计审查。

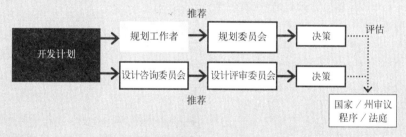

独立式系统

在这种模式中，设计决策独立于其他规划／开发决策之外，由独立主体评审与控制设计。这类评审经常由具有良好开发设计意识的官员负责，以在项目获批之前，对设计议题进行适当的衡量：这种程序往往不会出现在从属式系统中。这一模式的缺点在于其不易建立设计与规划议题间的必要关联，如土地利用区划、密度与交通／基础设施配置等决策将会对设计成果造成很大影响。在这样的程序中，设计经常仅仅意味着美学。许多美国政府采用独立式系统，但评审委员会在规划委员会中往往只扮演咨询者的角色。在另一些案例中，设计评审委员会在设计问题上具有最终决策权。

资料来源：改编自布来塞尔（Blaesser），引自凯斯·希尔与普瑞斯那（Case Scheer & Preiser, 1994）

标在于控制对个人视觉识别力的侵扰——在评价规则中，"安全、道德与高雅"成为可控的要素，即使在那个年代，纯粹的美学要素并不存在。在欧洲，控制设计的权力通常来自于对提高城市住宅基本健康与舒适度标准的需要，其往往是综合性规划体系的开路者。

在大多数国家，设计评审／控制过程与更宽泛的规划过程、以及规划建筑许可谈判相捆绑。设计评审一般或作为规划程序的一部分（作为更广泛调控过程的一部分），或作为独立运行但相互关联的程序（详见框图 11.3）。

在一些系统中，公共部门中一种深入的管理职能将开发过程与／或设计控制密切关联——即建筑控制，其主要涉及健康与安全方面的建造标准，与私人领域中的设计实施问题（空间标准、通风需求、结构稳定性等）。在英国，这些方面的问题分散在宽泛的城市设计与规划过程中，并通过不同的法定文书与程序解决。在德国，虽然规划与建筑法规之间具有法律界限，但由于后者向地方修正程序开放，其能够通过控制诸如建筑形式与建材等内容，而对建筑设计产生较前者更大的影响。

无论何种关系，微观设计管理与宏观设计思考的交接需要细致的协调工作，尤其是当问题跨越行政边界的时候，比如无障碍通道、能源利用／保护与建筑污染控制（在建造与使用过程中）。围绕可持续这一议题，这些思考阐述了城市设计领域如何变得更加宽泛与复杂——一个需要与管理过程中繁杂内容相匹配的复杂体。

无论在设计评审／控制环节中使用哪种行政程序，设计方案均会通过相似的设计评估过程。其不仅包括正式的设计演示与公共咨询环节，还包括不大正规的评估、专家咨询与协商环节。正因如此，这些程序需要一个成型、条理清晰、综合的政策与导则基础，表 11.9描述了设计审核过程中关键阶段的流程。

由项目团队自行承担的评估工作所采用的程序较为简单。其包括：

- 持续搜集用以支撑设计与决策的信息。
- 当需要时寻求额外的专业支持。
- 根据初始目标／纲要与最新的信息来评价设计方案。
- 使决策充分表达，易于执行；保留一些可以改良的设计要素，指出需要重新设计的要素；或者否定整个计划重新设计。
- 持续汲取过往项目与新开展项目设计过程中的诸多经验；并将其反馈到计划执行过程中。

调控系统中的自由裁量权越强，解释

恰当的设计评审实践流程　　表 11.9

对于一个计划项目的评审决策应该：

在申请提交之前：
- 能够使潜在的开发商就设计方案方面的问题咨询政府；
- 如果必须，推进设计纲要（见上文）的编制流程；
- 如果需要，进行初步的合作与／或参与组织工作。

申请提交之后：
- 评估场所与周边环境，以建立设计语境；
- 评审地方已有的设计政策与导则；
- 评审申请书，以保证设计的各个方面得到清晰与恰当的表达；
- 推进公共咨询进程；
- 征求专业建议（即设计专家小组、历史建筑专家、景观专家等）；
- 基于已掌握信息，协商改进设计；
- 考虑与协商实施要求（阶段划分、规划盈利需求、遗留问题等）；
- 基于已掌握信息，形成理性的决策建议（即批准、有条件批准与拒批）。

当制定否定决策之后：
- 在必要的情况下，运用已掌握信息应对各种申诉；
- 利用评估决策来监督评价过程，同时——在必要的情况下——修正设计政策与导则。

当制定肯定决策之后（或成功完成了一个评估）：
- 仔细监控设计的实施过程（如果需要，强制执行决策）；
- 评价设计成效；
- 应用已掌握信息监督更广泛的评价流程，在必要的情况下修正设计政策与导则。

资料来源：改编自卡莫纳（2001）。

与协商的余地越大，其转而需要高度熟练的个体应用他们的自由裁量权来评估项目计划。霍尔认为这是一种典型的协作过程，其需要时间来争取权利："……很有必要使设计过程惯例化，增强审查的细致程度，鼓励质疑，保持协商，并在公共领域问题上肯于花费时间……高质量的开发商都会支持这样的过程"。他将其视为一个形成城市设计专业化团队的过程，以及一个对场所的共识，其保证开发工作在法定控制过程中推进，并能够与开发商、其他机构一起形成好的工作关系。

批判地说，其还涉及管理重心的变化，即从关注法定、流程化的思维模式发展到关注成效，从单一性思维发展到合作与伙伴关系。

除了应用公共部门的标准项目评估技术——依据地段评估、成形的政策与指引、经验建议与各种咨询活动的成果来评价项目计划——还会应用一些其他技术来评估计划的经济与社会环境影响，如经常用到的成本收益分析与环境影响评估技术。然而，这些评价方法往往分析一些可获取的定量信息（如职业、交通影响或污染水平等），而有可能忽略其他方面的影响。例如较少分析有形的影响——历史文化建筑的损失，或精心设计的公共领域所带来的积极影响——这些影响难以定量，因此其价值也有可能被低估或忽视。考虑到评估所需的财力物力，这些方法也往往仅出现在大型的项目计划中，如那些与重大基础设施相关的项目。

英国的政府导则（环境、食品与农村事务部／建筑与建成环境委员会 DETR／CABE 2002）指出，"城市设计的艺术"在于为一个区域或地块的特殊环境提供良好的实践原则。设计原则应能够表现为可执行的准则、项目必须达到的评估标准（见第12章）。除了强力支持城市设计所需的协作方式，该导则还提到这种预先的导控方式并不能替代优秀的设计师，其本质上是"一个为设计师创造空间的方式，以帮助他们充满创意地设计，避免因为疏于考虑公共政策、经济或地方环境因素而自我牵绊"。因此，负责编写与执行设计政策的人必须认识到，任何类型的政策与管理都不会成为优秀设计作品的替代品。政府可以在政策中明确鼓励好的设计师，但更有效的方式在于：在政策与导则中制定较高的发展目标以提升设计质量；通过确凿的方案坚持高质量与综合性的成果；通过设计检讨持续追求更高的标准，而雇用经验丰富的

设计师是项目获得许可的先决条件。

（2）监督与检讨

设计过程的最后一个阶段是反馈循环，其包括对既往经验的总结，及其在未来实践中的应用。蔡泽尔（1981）认为成长与学习是设计必不可少的组成部分，是"一个一旦开始，就通过吸取外界信息形成补充性观点来进行自我反馈的过程"，由于大多数的观点均来自于对既往实践的总结，城市设计师从过去的经验中学习越多，他们复制成功避免错误的可能性就越大。这同样应用于管理层面，其强调承担系统监督工作并用以检讨设计过程与成果的公共部门与咨询机构的重要性。

最基本地，所有的设计政策与导则都应得到规范化的监督，以评价其实现目标的效用。其成果可用以提高政策与指引框架的实效性。监督工作还包括依据设计纲要与政策目标对完成项目的设计评价与使用后评价。公共部门还可以监督规划／设计评审决策（即获批／拒批的比率以及原因）与获批项目计划的质量。监督应涉及决策制定过程中的各种参与者——政府官员与推选的规划委员会成员——还有项目服务与最终方案的使用者——建筑师、开发商、市民、公益社团与更为广泛的社区。

由于是非强制性的工作，也由于人力、资源与能源转投了新项目，项目实施后的系统性监督很少实现。虽然如此，还是有越来越完善的方法应用于监督公共服务与审查服务质量的工作之中。在英国，涵盖地方政府服务的一系列绩效指标提供了一个对比项目行动各方面工作的工具。在美国，绩效指数是区划过程中被普遍接受的部分。然而，绩效指数往往有赖于对工作的定量衡量——规划许可过程的速度；建筑师所提交的申请书数量；申诉成功的、关乎设计的规划项目——其只能间接衡量城市设计的质量特征。

由于仅仅关注易于定量衡量的方面，决策的制定过程有可能被扭曲。包括质量审查流程（环境、食品与农村事务部／建筑与建成环境委员会／DETR/CABE 2000）在内的更多基础性的监督方法涉及对实践与政策的系统性审查，并包含了对公共部门服务效能的评价。即便如此，究其本质，监督工作还是关注过程多于成果。

其他监督设计质量的方法包括：

- 设计奖励计划，其在根本上也是为了激励开发商与设计师追求优质设计。
- 设计顾问小组，其用于检讨已完成划或待审批的项目计划。
- 由推选的议员与官员验收与走访已完成项目，强调与说明设计问题，并使决策者意识到他们的决策所带来的影响。

除了正式的监督方式之外，也可以进行非正式的监督工作。即将监督与检讨过程作为工作中的常规环节。非正式的监督工作可以在项目开始之前抽时间对相关案例进行简要研究，或者简单记录个人的感受，与同事进行非正式的讨论，并将各种反馈意见纳入正规的政策检讨流程或正在进行的设计与决策制定过程中。在监督与衡量质量这一问题上，卡莫纳与谢伊认为对公共部门规划或城市设计服务的全套影响评价应包括如下内容：

- 在明确的质量门槛基础上，贯穿规划／开发过程关键阶段的服务质量（效率、效用、经济与公平）。
- 领导者的组织层次、技能、资源，与为实现高质量服务的整体过程部署。
- 整个过程中（在可能之处）确定行动（如通过设计检讨优化设计方案）的成果或成效，在不易确定的地方，则衡量在总体上能广泛体现政府组织成果的事物（如可持续发展指标体系）。

然而，这些都需要大量的时间与资源，小型机构因此需要判断将有限资源投入何处以获取所需信息，提升服务质量。答案之一就是评价他们的能力。产能检查机构城市设计联盟（Capacitycheck, 2008）即致力于此，其目标在于建立城市设计意识，增强对城市设计的理解与专业技能，以作为各种机构弥补差距的工具。

4 教育与管理

贯穿这些商业运营过程的时间序列还关联了两种行为——"教育"与"管理"。在长时间范围内，教育为营造更好人居环境质量提供潜在的工具，而管理则是对城市环境的持续跟进，用以促进地方认同感。

尽管环境质量问题已被提升到政治议程之中，但因为在经济与社会目标的斗争中设计议题经常被牺牲，所以由公共部门与地方社区长期承担的环境质量责任仍然非常重要。这个长期的责任可以被认为是建成环境的管理过程。尽管如此，由于认识到环境质量与经济繁荣、社会和谐之间的关联，大部分的利益相关者也有提高环境质量的需求。这些需求源于一系列因素，包括：

- 公司与个人与环境有直接的利害关系，或拥有产权（对于多数房屋所有者来说，他们最重要的资产就是房子）。
- 越来越多的人游历各地，并愿意将高质量环境与自己的居住环境进行对比。
- 环境、健康与当代生活方式之间的关系已经得到公认，并经常引发讨论(详见第8章)。
- 建成环境问题在国家与地方层面都具有新闻价值。

地方居民一贯不满建成环境的管理方式，并且已成为引导政客将环境问题提上政治议程的关键原因。

4.1 教育

在很长一段时间内，公众普遍缺乏审美品位与视觉鉴赏能力被认为是营建良好场所的障碍，因为人们意识到过去强大的工商投资者已经不复存在（图 11.12）。

英国与美国的研究一致表明，在设计问题上，非专业与专业人士的鉴赏力大为不同。在具体场所中，建筑师的品位也经常既不同于规划师，也不同于地方政客与公众的品位。尽管如此，战后重建阶段的设计灾难还是提醒我们，专业人士应该谨慎对待对非专业品味的轻视。将地方公众的意见纳入设计方案是一个确保设计方案得到广泛支持的工具（详见第 12 章）。此外，不要臆断公众品味的必然低下，最好的方式是，首先尝试理解公众的品位，之后在参与沟通的过程中，鼓励、教导与提升认识的多样性。

虽然预先的设计与规范（而不是教育）被视为是塑造良好场所的首要手段，但教育也是重要的辅助工具，舒斯特认为其是设计规范的一种补充方式。他以设计评审为案例，认为"设计评审委员会最重要的任务是提升开发过程参与者与公众对公共领域需求与优质设计重要性的敏感度"。久而久之，这样的过程能够积累诸多关于社区如何看待设计的有价值信息，辅助启发控制者，引导决策制定过程。如同舒斯特恰当的警告，"……当通过执行政策来顾及社会与个人利益冲突或内化外在矛盾的时候，法规并不是政府干预的唯一模式"；知识与教育同样可以"……成为公共部门干预设计的重要工具"。

教育应该质疑、挑战、并有可能改变关键开发项目与设计者的观念——其鼓励、激发或促使思维的转换。对于兰德里来说，观念是"人们建构她们世界的顺序，以及做出选择的方式，其集实践与理想为一体，基于个人的价

图 11.12　当代的投资模式（图片来源：Louis Hellman）

图 11.13　阁楼（Loft）生活方式,沙德 泰晤士,伦敦（图片来源：史蒂文·蒂斯迪尔）。阁楼（Loft）生活方式挑战了工业化的常规思维，即人们不希望生活在开放的、管道外露的、砖砌的标准工业化建筑中。

值观、哲学、传统与信念"。同时，观念与我们的社会关系和各种行为中的社会规范密切相关。因此，既存在"专业文化"，也存在"本位观念"（在特定的企业与组织中）。不过，观念较为片面，其阻止人们以一种更为全面的角度看世界，甚至仅仅是来自于一个不同寻常的潮流。他们可以形成一个毋庸置疑的"约定俗成的智慧"，其抑制开发与探索过程中的新想法——J·K·加尔布雷思（J.K.Galibraith）

将这种约定俗成的智慧称为"普遍持有的、经常错误的观点集合"（图11.13）。

兰德里将观念转换定义为"……一个人立场、功能与核心思想被重新评估与改变的过程"。为了挑战那些已经形成或约定俗成的文化观念，鼓励观念转换，需要创新性的活动，鼓励行动者跳出框框进行思考（即在规范化的文化框架之外）。其可能需要扩大思想与概念的存贮／供应范围（如鼓励决策制定者委托开展设计研究、设计策略、总体规划等）。但更为重要的是，其可以提升对多种观念与概念的认识与接受程度。举例来说，政府举办的设计竞赛能够帮助关键的城市决策者尤其是政治家转变其对设计价值与重要性的认识（建筑与建成环境委员会／CABE 2004b）。

4.2 管理

本章所关注的最后一个要素是日常管理与城市环境的维护。管理过程对于任何城市设计概念来说都至关重要，尤其对于公共部门的调控功能而言。然而，在具体任务中，管理过程可以被视为日复一日维护环境、保持与提升场所质量的工具。其中，公共部门通过对交通、城市更新、保护、清理与维护过程的管理，起到很关键的作用——其运用所有促成因素提升场所质量。

（1）交通

交通问题是可持续城市生活模式的主导议题。虽然很多人认为这是其他人的责任（至少在宏观尺度上），但对于城市设计从业者来说，在城市设计的成果中，交通的决策对于居住区空间设计，以及营造舒适与宜居的城市空间来说，都至关重要。在宏观尺度中，大部分的讨论关注私人交通与公共交通之间的政治对抗，一个致力于将人口高效率地运送到城市周边，另一个则致力于限制小汽车使用。宏观尺度上与政治领域中的决策最终

会落实到微观尺度中。

在设计新环境的过程中，为保证机动交通需求与其他城市空间需求（步行街、自行车道与公共交通）之间的平衡，城市设计从业者扮演着重要的角色（见第4章和第8章）。不过，许多有关交通设施的日常决策也涉及对现有城市空间的管理——这是保证与维护高质量公共领域的核心。对于公共部门来说，其目标应该是促使各种社会阶层获得均等的可达性，比如限制私家车出行，为步行者与自行车骑行者提供空间，提供多种出行选择以降低人们对小汽车的依赖，在各种尺度中整合公共交通系统。

约翰指出将街道设计成为活动动脉（"连接"的能力）与公共场所（场所的能力）的难点在于其中的创新管理工作涉及多样的专业群体，他们具有不同的技能、兴趣与目标。这些群体至少包括交通规划师（考虑交通规划）、城市规划师（考虑空间规划）、交通工程师（考虑道路设计）与城市设计师（考虑场所设计）。这样就形成了一个关注战略性的网络架构的交通规划方案、一个关注土地利用的城市规划方案、一个关注交通运输的公路建设项目，与一个关注其他问题的城市设计方案。

他们认为需要一个整体性的、统筹考虑交通与场所问题的"街道规划"。街道规划类似于一个规范的街区或城市土地利用规划，其含有对未来街道的积极思考，以及对规划意愿的合理安排。其中，道路交通联系应交由交通规划师确定，并征询交通工程师的建议，而场所的规划则是由城市规划师结合城市设计师的建议进行制定。因此，高度联通的街道能够更好地服务于社会活动，而优质的场所也能更多地考虑相关的使用需求，如街道栏杆、座椅、铺装等。这种规划方法的优势在于达成了规划设计师与交通规划工程

师在街道空间规划过程中的平衡，更为重要的，其保证了街道设计过程中对场所质量的考虑。

（2）更新

在城市更新过程中城市设计同样起到很重要的作用。持续的适应与改变过程预示着发展与衰落——在重新投资与更新行动启动之前，前者经常依托后者。同样，公共部门行使着重要的职能——其通过规划行动与城市更新政策（包括土地回收、场所提升、直接投资项目，如投资建设基础设施）管理开发过程，并提供政府补贴或启动资金，引发投资循环。这些职能大都是激励性行为，其提供利用公共资源的关键机会，以引发更好的设计。

为了管理与引导特定地区的城市再生与复兴，经常会特设专门的机构或合作组织。这些机构可以采取多种形式，经常冠名为"增长联盟"，"增长机器"或公私合作组织（Logan & Molotch，1987）。他们多为第三方机构，包括私人、公共部门与志愿／社团组织，他们掌握不同的资源、能力与智力，如经济实力（在公共津贴与开发资本两方面），规划与立法能力（尤其包括获取土地的能力）与获取社区认同的能力。

无论应用何种特殊机制来推进城市更新行动——地方政府、公私合作组织、志愿者机构或诸如城市发展公司等半官方机构——在20世纪90年代这种方式被广泛接受，因此，高效的更新行动与物质环境设计投资一起，催生了可持续的社会与经济结构。

对特定地区，由地方政府、复兴机构与合作组织所承担的积极行动也能够刺激需求。主要的手段包括鼓励或资助旗舰（触媒）项目；资助开发项目；地方改善行动；基础设施供应；限制开发机会以引导竞争性供给；以及／或者建立城市设计框架或者编制总体规划。由

于地产开发涉及对回报与风险的估算，这些行动往往可以减少风险，提供更为安全的投资环境。良好的设计可以保证更新项目的可持续性，而劣质的设计则有可能削减更新活动的影响力。

许多城市都在一边刺激／吸引投资，一边规范开发项目。其潜在的结果是，为了保证投资项目的引进，设计准则很有可能失效或被迫折中（见第10章）。当规划调控过程允许低标准地产项目进入之后，政府对公共领域的高质量投资会被迅速贬值。如果遇到制度上的权利分割，这种情况往往更为复杂，尤其当一个政府部门（或者公务代行机构）希望激励开发项目（如经济发展或者更新管理机构），而另一个希望规范项目的时候（如规划部门）。如果各部门间的政策与实践不能充分协同的话也会出现复杂的情况，并为开发商创造了投机的机会。

（3）保护

美国波士顿、欧洲的巴塞罗那与谢菲尔德等许多城市都已经将高质量设计作为建立新意象、树立自信心以巩固中心区域地位的重要工具，其有力支撑了广泛开展的城市复兴行动。在每一处，遗迹、城市现有特征与历史均被作为复兴行动的起点。积极的保护行动可以为城市复兴提供强有力的工具（English Heritage，2000b）。

虽然保护行动与更为宏观的规划和更新行动密切关联，并在很大程度上依赖私人部门投资，但其在更大程度上代表了公共部门的行动。它也是实现环境主义城市设计（即遵循现有空间肌理，追求与场所的联系）的主要工具。在绝大多数的调控与规划系统中，保护机制通过一套单独的法规基础运作；将过去作为了解现在的基点与工具；通过承认变化的必然性与可预期性来展望未来；并且通过"捕捉"与发扬地方环境中的独到之处

来连接过去与未来，形成当今的地产开发。应用这些手段，保护行动可以反映广大群众对保护珍贵地方场景的支持。其还可以避免一些常有的批评，如这样的行动仅仅迎合了不健康的守旧观念（尤其在英语世界国家），简单的保留与"主题公园"式的遗产保护，以及仅仅保护物质环境遗迹，而疏于关注营造物质空间环境的社会活动（见第9章）。

泛泛地解释，保护行动涉及一个很宽泛且超前的议程，其囊括了诸如多样性、可识别性、场所、社区、独特性与可持续性等概念（图11.14）。从本质上说，对保护的宽泛定义可以被视为是对诸多城市设计原则强有力的应用。在这一点上，保护可以被纳入林奇的行动模式之中。将其归入其中是因为保护工作代表了一个适用于特定环境的优先管理权，其受益于附加的政策与调控机制。英国遗产中的评估特征清单（表11.2）明确了保护工作所应关注的范围。

在敏感的历史街区环境中，推动再开发的经济驱动力与维持已有社会与物质结构的社会意愿之间的矛盾最为突出，其如同设计中创新与传承之间的关系一样（见第7章和第9章）。为了控制这些矛盾，大部分的保护工作创建了双重调控系统，其包括对指定建

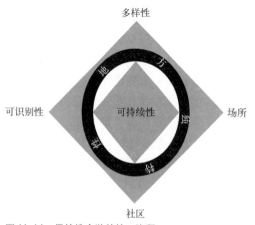

图 11.14　保护地方独特性：议程

筑与地区的特殊控制与对其他地区的法定控制——例如英国的建筑名录与"保护区"、美国的"国家级历史场所"，以及法国的"在册建筑"或"保护等级"，与"建筑与城市遗产保护区"。

(4)清理与维护

缺乏妥善的维护很有可能加速地方的衰落。正如同威尔逊与凯林（Wilson & Kelling）关于预防犯罪的破窗理论所述，当一栋建筑的窗户破碎但没有得到维修的时候，剩余的窗户很快也会破碎。威尔逊与凯林解释说：

"在大尺度区域中破窗现象并不会必然形成，因为一些区域居住着至关重要的破窗者，而另一些地区的居住者则都是爱惜窗户的人。失修的窗户是无人照料的信号，其意味着打破更多的窗户也无所谓。"

他们还指出，如果无法迅速处理社区细小的衰败信号，如涂鸦或娼妓拉客等，其会导致周边环境的迅速恶化，冷酷无情的犯罪者会搬入其中，并控制这一区域进行破坏行动。

高质量的公共领域需要清洁、健康、安全与维护良好的环境。虽然公共部门需要对此负责，但相关的服务工作——无论是主动的还是被动的——很有可能来自于一系列的公共与私人组织，包括废物处理与环境健康服务、交通部门、规划部门、公园与文娱部门、警察局、特许事业者、私人企业、社区组织与公众。的确，多样的利益相关者与所承担责任的不断变化使城市管理过程愈加复杂。

20世纪80～90年代公共领域衰败（Hillman，1988）的核心可以被部分归咎于郊区购物中心（以及大量其他的伪公共空间）开发项目的迅猛增长，这些项目往往由一个独立、明确的私人企业负责维护、设计、监管与调控。在英国，郊区零售项目所带来的竞争威胁与他们对传统城市中心"活力与生命力"的冲击，引发了对城市管理的重新思考，

并催生了整体性的城市中心管理组织（Town Center Management，TCM）（城市化、环境与设计研究会／城市与经济发展研究会／URBED 1994）。无论是大都市区中心，还是小集镇中心，管理者们已经作为城市中心的守门人在多样的场所中开始协同行动、监控变化，提升与营销城市中心，倡导与执行环境改善行动。

在美国，商业促进地区（Business Improvement Districts，BIDS）是一个致力于解决城市管理问题的半私有解决方案，如今遍及全球。与公共基金支持的城市中心管理组织（TCM）不同，商业促进地区（BIDS）由地方企业直接资助地方管理（维护、清理与一般的安全保障），其目的在于迎合他们的经营需求，吸引更多的顾客光顾，提升地产价值，而非关注广大的社群需求。但在本质上说，城市中心管理组织（TCM）与商业促进地区（BIDS）都反映了对公共部门无力维护城市环境这一现实，并因此试图绕过复杂多重的公共空间管理职责来实现基本的城市空间管理。

基于对国际公共空间管理体制与实践的回顾，卡莫纳等建议，应该有一个系统使所有的利益相关者都参与到维护公共空间质量的行动中，尤其在公共部门失职而需要自治的地方。他们

"不确定某种模式（以国家为中心、以市场为中心或以社区为中心）在道义与实践上的优先性，而是将他们进行综合，这样有助于在特定环境下形成正确的解决方案。其关键在于认识到每一个模式的优点与缺点，并由此决定这些模式在哪里、如何被应用"。

维护城市空间的目标应该是实现"公共产品"的同时避免非预期的结果，其有可能通过严格的法律契约、规划条件、强力的执行力度、协调的合作、对公共部门公共空间管理职能的检讨与权衡。

戴维斯建议采取一种特殊的行动计划来增强城市中心的特色，提升发展信心，并由此将新生力量引入其中。他的计划清单不仅阐述了公共部门所需的多样行动，还提及通过公共部门之间以及公私部门之间的合作，来实现与保持高水平的城市设计（表11.10）。

提升主要街道的环境质量　　表 11.10

便捷性	提升行动
欢迎	修整停车入口 使停车场内环境亲切友好 贯通通往主要街道的路径 明确道路标识
一个充满关怀的场所	消灭小广告与涂鸦 清理杂物与垃圾 放置垃圾回收箱
舒适与安全	静音交通
特性	强化行动
铺装	指定高质量的铺装 降低街道家具的凌乱程度 精简的街道家具
商店	美化商店门面 减少空置铺面的影响 交相呼应的店铺标识
城市空间	设计高密度的开发项目 营造自然的城市空间 种植行道树 引入季节性色彩
街道生活	鼓励沿街市场与售卖亭 城市空间中的多样活动 建立特殊节庆活动
地标	强化地标 为特殊场所设计铺装 安装公共照明 在公共场所装置艺术品

资料来源：由戴维斯（1997）改编

5 结语

这一章主要讨论公共部门在鼓励、保障与维持高质量城市设计方面的工作。这项职能多样、覆盖面广，并具有潜在的高度建设性，可以包括六种行动模式：

- 评价／诊断——分析环境以理解场所的质量与内涵。
- 政策——提供政策工具，以在特定地区引导、鼓励与控制适当的设计。
- 调控——通过谈判、评审与立法过程执行政策目标。
- 设计——从大尺度基础设施到具体地段，发展与推进具有针对性的设计与项目解决方案。
- 教育与参与——"宣传普及"，在设计过程中引入潜在使用者。
- 管理——对城市肌理持续的管理与维护。

然而，作为公共部门——与私人部门类似——很少独立运作，公共部门与私人部门之间的良好合作能够为成功的、可持续的城市设计提供最大的机会。从本质上来说，其需要公共干预来实现公共目标，同时将提升创新能力与实现价值作为场所营造的关键工作。换言之，在起点确定良好城市的本质，在过程中提升市场价值，并为设计创新提供空间。正如伊丽莎白·普拉特－兹伊贝克（Elizabeth Plater-Zyberk, Case Sheer & Preiser，1994）所指出的：

"将控制与自由在设计行动之前就融入规章之中，或明确给定项目的限制性因素，控制与自由能够有效共生，这远强于在已完成设计成果上的指指点点而引发的冲突"。

正如英国设计法规试点工作中的经验所示，无论在创新、市场还是调控职能中，利益相关者往往得益于积极的相互配合。前摄的政策与导则提供了一个媒介，通过它人们可以摆脱狭隘的本位视角——各种专制——迫使建成环境的制造者将开发过程视为共同的行动。在最后的分析中，"控制"有可能是必须的，但将调控过程视为在有效协调区域内为建设行动提供机会，无疑会比对已有成果的争论与妥协更能创造好的场所（见图11.15）。

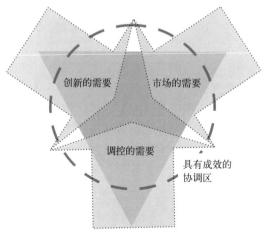

图 11.15 三大势力：具有成效的协调区
资料来源：马修·卡莫纳 2009b

第 12 章　沟通过程

设计是一个探索与发现的过程，图纸及其他表现与沟通形式是该过程不可或缺的组成部分。设计理念的实现及设计项目的成功与否，在很大程度上取决于设计师能否向设计团队的其他成员、委托方、社会大众及其他利益相关群体有效传达自己的思想。因此，城市设计师需要通过视觉与文字清晰、条理地向各种受众表述与沟通思想。如果设计师无法进行良好的沟通，那么他的设计思想与原则也就毫无价值。比如，为强化图像资料在集体研讨中的作用，康登强调了设计师在表达利益相关者及社群想法方面的作用，在其中，图纸不仅可以用来呈现讨论结果，绘图本身也是讨论的过程。

本章着重从四个方面探讨城市设计中的沟通问题。首先是沟通的行为；其次是社区参与——一种沟通的形式；第三是表达的手段与方法；最后是书面沟通。

1　沟通、劝导与调控

当城市设计师试图获取委托任务、赢得对项目的支持和／或认可、筹集资金或力保方案通过审批时，沟通环节的重要性就凸显

出来。无论面对的是个人、公司、政府机构还是官员，设计师都要向这些潜在的客户推销自己的服务，宣扬设计思想。同样，每个城市设计项目也需要向受众进行展示，这些受众从设计团队成员到客户代表、其他专业人士、公共部门代表、投资机构、当地社区以及媒体等等，千差万别。因此，沟通需要在语言与图像表达技巧方面对特定受众量体裁衣，其中，设计表达本身并不是目的，而是达成目的的手段，其目的是从中传达有价值的信息。

沟通并不是一个简单的过程，其涉及许多重要内容，如权利、操纵、诱导及误导。例如，鲍斯文其所著的《场所的再现：城市设计中的现实与现实主义》一书中提到，设计师总是尽可能地展示方案的优点，淡化或忽略方案的缺陷，而反对者则极力放大这些负面影响，而对方案的优点只字不提。

沟通大致存在两种基本类型。第一种为信息型沟通方式，其目的是向受众提供信息，使其更好地理解设计方案。第二种为劝导型沟通方式，其目的是确保设计方案获得认可、赞许、批准或资助。不过这种区分仅仅是学术上的，在实际操作中，任何沟通形式都既

提供信息也进行劝导。而在沟通中，更需要区分有意劝导与蓄意操纵。虽然方案的"真实面貌"可以通过各种技巧得以呈现，但由于图像可以被人为操纵，因此，是否操纵，或者在多大程度上操纵方案的"真实面貌"，则在于设计师的选择。

劝导与操纵密切相关，操纵一般在受众不知情的状态下进行。杜可斐指出操纵的惯例是通过歪曲设计方案，从毫不知情的参与方那里获取"被操纵的认可"。"诱导"则是操纵的另外一种形式——一种具有高度迷惑性的行动，其操纵对象的兴趣与需求，从而使他们需要"满足需求、实现自我认同的建筑群，以及与之紧密关联的建成环境"。尽管诱导通常是积极的，而操纵是消极的，但两者都涉及权力的运用，都可能导致滥用职权，因此，这种操纵方法所带来的危险经常存在。

比达尔夫在评论那些用于表现开发方案的"超自然图景"时说到，很难区分这些是"未来的城市环境"还是虚假"广告"。卡莫纳也指出大型设计项目的演示越来越多地使用专业化的沟通人才与技术，以便令开发商（以及他们的设计团队）占据优势。对于一些顶级的国际咨询与竞赛来说，对竞争力的要求将参与机构限定在少数国际咨询机构及知名建筑师范围内（见第5章）；而这些设计团队往往沉醉于视觉艺术中。麦克尼尔认为对于知名建筑师，即所谓的"明星建筑师"来说，其重心主要在于如何展现他们的品牌。而这些品牌的竖立依靠建筑师的自我引荐、报纸及出版物对他们的报道、背后庞大的宣传团队为他们所做的宣传、所参与的竞赛及获得的奖项、公司为他们精心制作的影视宣传材料，当然还包括他们设计的建筑（见第5章）。

与其说沟通过程是在迷惑、诱导或操纵受众，还不如说是为了向其本身发起挑战，以激发新观点。设计师总是希望向受众展示他们之前未曾想象过的事物。为了与受众沟通方案，交流想法，设计师可能会运用一些隐喻或者援引一些案例。案例是沟通过程中的一大"利器"，"设计师通过举例说明其设计意图，可以为受众提供一个能立即被认知的意象，一个熟悉的场景，从而解释清楚方案的设计目标"。

但是，援引案例与运用隐喻都需慎重，稍不留意就会出现使用不当的情况。譬如说，用意大利山顶小镇的图片来推销在格拉斯哥北部山顶新镇的设计概念，而事实上那里山脊突兀，狂风肆虐，与意大利山顶小镇的情况完全不同。除了视觉演示与口头描述以外，还可以让客户群体到那些"案例"中进行实地考察，与当地居民及用户交谈，若有必要，还应当引导客户多提建议，以反映他们的经历、印象及所感所想。

权利是沟通过程中一个不可避免的问题，例如第一位发言人就有发起提议、设定议程的权利，而后面的发言人则需要对之提出质疑。为了有效沟通，沟通者应具有基于诸如信任、尊敬等准则之上的可信度。受众既不能被诱导，也不能被操纵受骗，明显的操纵行为将会引起怀疑。福雷斯特曾探讨过规划中的沟通问题，他在论述中用城市设计师来替换规划师，时至今日，他的观点仍然可取：

"如果他们不能意识到自己的平常行为都会对沟通带来微妙的影响，那么即使他们心怀好意，也可能适得其反，他们也许真诚却受到猜疑，严谨却无人赏识，可靠却遭到怨恨。他们（城市设计师）试图向他人提供帮助，却反而令其形成依赖，试图表明诚意，却可能唤起不切实际的期望，从而导致灾难性的后果。但是这些问题并非无法避免。当城市设计师意识到自己的行为所具有的实用性及交际效果时，他们就会制定一些策略来规避这些问题，同时改善实际操作。"

(forester, 1989:138)

哈贝马斯在讨论"理想语境"概念时指出，人们都期望谈话易于理解、真诚、合法且真实。福雷斯特在阐释哈贝马斯提出的这个概念时，认为相互理解需要满足以下四个标准：

> "如果互动无益于理解，那么互动就毫无意义，只会令人困惑。如果缺乏诚意，那么我们所拥有的只是操纵与欺骗，而非信任。如果发言人的言论不合理，其结果就是滥用职权，而非正常行使权力。如果我们无法辨别言论的真实性，那么也就无法区分这是现实还是蛊惑。"

这些就是"理想"的条件，而这些条件存在的实际价值在于衡量现实交谈与理想环境之间的差距。

1.1　沟通中的隔阂

有效的沟通是一个"听"与"说"的双向过程，而信息的传递者与受众在这个过程中将建立起某种形式的关联。尽管沟通能够赋予人们权力来发挥积极的、富有建设性的作用，但是，其效力可能会因这种关联之间存在隔阂而受到负面影响。城市设计师必须能够判断沟通隔阂的发生条件，并且应该掌握消除隔阂的方法。例如，城市环境的生产者与消费者就存在典型的沟通隔阂（见第10章）。同时，设计师与使用者，专业人士与外行之间也存在交流性与社会性的隔阂。如果城市设计师试图为大众营造场所，那么就必须缩小而不是加深这些隔阂。

（1）专业人士与外行之间的隔阂

通过接受训练与教育，城市设计从业人员掌握了必要的技巧来表现城市现状及未来景象。这些技巧既有利也有弊。例如，朗曾指出环境设计专业人员在很大程度上桎梏于城市设计的图画模式中，其将城市视为艺术品而非人们日常生活的环境。哈伯德也认为：

> "设计训练及社会化灌输给人们一个专业视角，即只注重客观的物质环境质量，而漠视人的主观反应。……人们不难认识到这种差异反映出设计师与非设计师在对周围环境的思维方式上存在根本差别，而不仅仅是他们自我表达方式上的简单差异。"

这个问题内含于任何一种表达方式之中，而不单单是由训练及专业视角所造成的。正如鲍斯文所言，由于现实世界"丰富多彩、错综复杂"，无法被完全表现出来，因此设计师不可避免地要从现实中萃取"实际情况的精华"：

> "对于他们而言，表达过程是一个复杂的推理形式，他们所选择表达的某些东西，反过来影响着他们对现实的看法，并很大程度上限定了设计成果及规划方案，进而影响到未来的城市形态。"

这就引出了如何理解专业技能的本质，以及专家与非专家之间可能存在隔阂的问题。较之"专家"与"非专家"，将这一概念定义为"不同类型的专业技能"更为恰当。这是因为人们不难理解不同类型专家之间的沟通，但对于"假想的非专家的专业技能"这一概念的认知却非常模糊。城市设计从业人员在应对社区居民与使用者时，尤其需要注意这一点。宾利建议将专业技能分为两种，即"地域性的"与"全球性的"，他指出专家具有的是全球性的专业知识而当地人具有的是地域性专业知识。在设计过程中，以及在营造能引起共鸣、富有意义以及为使用者所珍视的场所的过程中，两者都必须得到应有的尊重。

对于国际化专家来说，一大关键挑战在于梳理地方专业知识。人们尝试使用各种各样新颖的方法技术来达到这一目的，例如让当地人写明信片或者录制短片。有时，也会让当地人假想与一群不同年纪、不同性别、不同民族的人居住在一起的生活体验；而另一些时候，则鼓励当地人讲述故事，口述者可以将自己从叙事中剥离，用间接的方式讲述他们的经历。

除了图像，还可能由于遣词造句而加深专业人士与外行之间的隔阂。城市设计从业人员不仅需要空间化的思维能力，用语言描述空间概念的能力，而且还需要通过书面化的设计政策与准则来表达空间概念、设计思想及设计原则的能力。同样，为了确保设计方案通过审批，或对其呈交的图纸文件作支持性与解释性论述时，城市设计师还需要撰写设计说明。然而语言、文字、短语、俚语以及常用概念的简写等都可能造成沟通隔阂。例如，杜埃尼等就观察到一些建筑师是如何试图通过所谓的"神秘主义"来重获一种"权利感"。"设计师通过使用难以理解的表达技巧以及令人费解的行话，使得沟通的空间愈变愈小。"

(2)设计师与非设计师之间的隔阂

设计师与非设计师之间也存在沟通隔阂。非设计师以及那些设计鉴赏力较低的人倾向于从二维平面的角度理解设计图纸上的图形与线条。比如，一些批量住宅的建造者就雇用技术人员（而非设计师）按照标准化的住宅布局及住宅类型来"设计"房屋。这些技术人员甚至从未对基地进行实地踏勘，因此更谈不上对基地的环境品质与特征的了解。技术工人所看到的是二维总平面图，设计成了"制模工艺"。与之相反，设计师一般使用空间思维去解读图纸，理解图形与线条所表达的那些限定空间与被空间限定的三维实体。绘图需要手、眼、脑的共同协作，而其他媒介改变了这种协同关系的本质，例如机械及计算机辅助制图降低了手、眼、脑协作的流畅度。其结果或许只是稍有不同，但是设计师仍应了解它们之间的差异程度，及其对设计过程所造成的影响。

(3)现实与表达之间的隔阂

一般来说，设计图纸所表达的内容写实性越强，人们对设计方案的理解就越接近项目建成后的真实效果。然而，一个普遍存在的问题就是"知觉"无法完全为"图像"所替代。许多设计表达都存在一个局限，即只描绘出对某个场所的主要视觉体验，而没能呈现更多对场所的感性及社会性认知。这是因为，人一旦在空间中移动，对周遭环境的所见所感便会随视觉、触觉、听觉、嗅觉以及气候敏感度的变化而变化（见第5章）。

伴随着表达技巧在准确性、逼真度方面的提升，我们也越来越多地面临由于表达的逼真所带来的混乱，即"写实"与"现实"的差异。问题的症结并不在于设计师能否以接近现实的方式去表达，或表达有否歪曲现实、是否误导受众，而在于他们需要认识到上述的这些问题以及问题在什么情况下容易发生、如何规避。但无论如何，表达展示出的设计方案绝不能与现实世界混淆，因此受众需要接受训练，以认识到任何一种表达技术都是既有优点也有缺点。正如文章稍后将要讨论的比例模型，这种模型尤其容易引起误导。

(4)有权者与无权者之间的隔阂

尽管在城市设计过程中，有权方与无权方的隔阂存在于多个方面，但是造成影响的一般是"付费"与"不付费"客户之间的隔阂（见第1章和第3章）以及生产者与消费者之间的隔阂（见第10章）。在经济学理论中，凡是市场运作良好的地方，消费者拥有绝对权力，而生产者则为其提供所需的商品或服务。而实际上，这种情况很少出现，经济力量的失衡常常需要依靠政府及监管部门进行校正。

谢里·阿恩斯坦（Sherry Arnstein）于1969年提出了公众参与阶梯理论，按照参与程度的高低将公众参与分为自下而上的八个层次（图12.1）。尽管在阿恩斯坦的阶梯中，较低层次的参与一般都是表面性的，但循着这一阶梯往上走，就包含了愈多的政府权力向市民权利的转移。阿恩斯坦还指出"让被统治阶级参与政府行为"从原则上说是"民主的基石"。于她而言，这是一个"崇高的理想"，"几乎受到每个人的强烈赞同"，然而"若只是那些穷人在宣扬民主并将参与视为权力再分配的话，那么这种赞同就被简化为礼貌性地鼓掌了"。

阿恩斯坦的阶梯理论自从问世以来，一直被广泛地重写与改编。巴顿等人将该理论进行重塑，认为公众参与是一个不断变化发展的过程，从夸夸其谈的形式主义到"二次听取"、双向收集信息及咨询、合作再到授权，直至最终的权力自主。其中的每一阶段都体现了公共决策部门对公众参与态度的转变，从开始的专制独裁，逐渐转变成操控、给予技术支持、授权、与利益相关相协同，最后反过来与各方抗衡，因为此时决策权已经自主分配给各个利益相关方了。

由此可见，设计与公共政策的其他领域大同小异。好比一场零和博弈，当地居民手上的权力越多，那些投资方、开发商、设计方以及项目审批部门所保留的权力就越少。更直截了当地说，这意味着在麦格林的开发过程参与者影响力分析图（见第10章）右侧的参与者（设计师与使用者）将获得更多的权力。权力是个复杂的现象，并且高度理论化卢克斯，但是权力多极化远远胜过单边化。与其让有些人拥有权力而其他人无权（如阿恩斯坦阶梯模型所示），还不如让所有参与者都拥有一些权力，而后他们再以复杂的方式相互影响与制约。

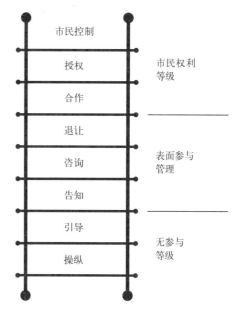

图12.1　阿恩斯坦的"参与阶梯"
（图片来源：根据阿恩斯坦著作重绘）

原则上说，合作关系是权力分化、建立互信的一种形式，利益冲突在这种合作关系中予以解决。这种相互合作与支持的组织方式以及在早期解决冲突的可能性的增加，都证明了修正后权力关系是恰当的，并且带来了更具持续性的结果。比如，通过制定考虑周全的设计政策与方案将使项目增值，让公众以主人的身份更广泛地参与设计过程，将促使公众形成对开发方案的责任感。除了管理机构与各支持性联盟，城市设计的合作方也可能会起到施压与游说的作用，它们的职责通常是保障某个地区的环境舒适度。

一旦信任缺失，当地公众对环境的主体意识、经济利益以及投资意愿就会受到破坏，在这种情况下，往往需要公共部门来应对其附带而来的在经济、社会及环境方面所产生的副作用。

(5)设计师与使用者之间的隔阂

设计师的工作重点及理想抱负与使用者

的要求可能并不一致，这是长期以来困扰城市设计的一大问题。20世纪60年代到70年代，设计师曾寄希望于社会科学来为人类行为与需求问题提供有用的信息与指引。社会调查提供了一个似是而非的方法，即从生活环境预测人类行为。尽管设计师常常将这些预测结果视为科学数据，但这实际上是一种"完全错误的寄托"。至于应该追究何者的错误，是责怪调研人员夸大其词或是未对调研结果进行充分论证，还是责怪设计师忽略了调研结论合格性的判定，这些都不得而知。然而，过度论证的信息却又未必为城市设计从业人员所接受。詹克斯也提出过类似的观点：

> "……人们可以编撰与总结出试验性的导则，使其对如何决策给予建议。反过来，这些建议也可以转换成导则、设计原则或规范，来辅助设计师完成工作。这样做本身并没有错，同时不可否认，它还具有重要作用。然而，一旦人们将其视为一个确定的典范、导则、规范或基本原理，那么其中的合理之处及有用之处就会随之消失殆尽。而此时，甚至还无法确定这些规范及建议是否具有权威性，是基于研究所得还是主观推测。"

更重要的是，维谢尔指出使用者调查应该从"需求与喜好"模式转变成为"适应与控制"模式，这将有助于提高使用者适应与控制所处环境的能力。这个概念性的转变将使用者从被动表达需求与喜好的角色转变为主动采取变化的角色。"适应"是指使用者通过改变自身行为来应对不同环境的能力，而"控制"则指使用者改变他们无意适应的环境形式的能力。

使用者需求与喜好调查通常假定，由于公众无法将自己的观点表达出来，因此项目发起方应该负责发表意见或至少将使用者的意见转达给设计师。这就意味着使用者的意见在设计过程中被采纳的越多，他们就会有越多需求可以得到满足。这里至少有以下三个设想值得推敲：

- 可以通过询问以确定使用者的需求与喜好。但由于使用者往往无法明确列出他们的需求与喜好顺序清单，研究人员不得不自行推断，从而将他们自己的价值观念引入需求评估过程。
- 恰当的设计可以让使用者的需求得到满足。
- 使用者不可避免地处于被动地位。正如维谢尔所指出的，确定并回应使用者的需求是将使用者

  "……置于一种被动的、接受者的角色中，而令研究人员（需求的确定者）与设计师（需求的回应者）成为最终调适使用者与环境关系的关键责任人。"

因此，这种模式不能让使用者在成为处理环境问题的主体以及要求环境变革的倡导者上发挥积极作用。

维谢尔最后总结到，给予使用者一些控制其所处环境的权力或许比试图按照他们所表达的需求来设计环境要更加有效，"使用者不应该是被动的、无为的，……他们在环境建设中发挥积极的作用，他们与环境相互影响，相互制约，并根据条件的变化对其做出相应的调整"。

在考虑设计师与使用者之间的隔阂问题时，价值观与权力也是非常重要的因素。文章稍后将讨论到，社区参与技术及参与活动正变得越来越具有互动性，这些参与活动包括交流、争论、提出新的设计思路及发展战略并对其进行探讨等。而诸如"设计调查"技术等的行动研究，则是一种对正在进行中的问题解决过程的反思，这类研究通常需要由个人与团队其他成员来合作完成，其目的是改进他们解决问题的方式。这种类型的社区参与要求居民更多地参与到设计过程中，

并承担起自己的义务，这不仅是对20世纪传统的"专家主导模式"的一大挑战，而且还引发了一场学科间的冲突，一方是注重"描述性"的科学与工程学，这类学科强调数据采集，而另一方则是注重"解释性"的艺术类学科，这类学科涉及人类感觉、情感、价值观及世界观。

弗林夫伯格在其著作《让社会科学有用》(Making Social Science Matter, Flyvbjerg, 2001)一书中提出了一种新的社会科学范式来应对这一明显冲突。基于经典的希腊概念"实践智慧"，他认为应该用"实践社会学"概念来取代传统的"认知社会学"。这一概念超越了分析性的科学知识及技术知识，而涉足价值观与权力的讨论，并探讨了什么社会行为是对人类好的，而什么是不好的。因此，根据弗林夫伯格的观点，社区参与及其他形式的社会行为必须明确以下四个与价值观相关的问题：

- 我们将何去何从？
- 这个开发方案合理吗？
- 在何种权力机制下又是谁得谁失？
- 如果还有事可做的话，我们应该怎么做？

2　社区参与

社区参与在城市设计中越来越多地被用于消除或至少是削弱专业与外行之间、有权者与无权者之间以及设计师与使用者之间的隔阂。尽管参与有许多不同形式，但大致都可归并至"自上而下"或"自下而上"两种方式中。

自上而下的参与方式往往是由公共部门或开发商发起的，通常用于听取公众意见以及赢得公众对设计方案的支持。组织者会事先准备好发展战略或政策建议，并将其作为参与活动的讨论重点。这种参与方式的缺陷在于讨论议程可能已经被大致设定，这就导致了公众意见受到操纵，或者公众仅仅是表决赞同，而不是真正地参与讨论。而这种方式的优点则在于能够充分利用专家来组织、协调以及解读公众意见，从而获得对人力资源的高效利用。

自下而上的参与方式主要是由底层群众发起的，当他们觉察到某些机遇或威胁出现时，作出的回应便是发动参与，因此他们在这种参与方式中占据着主导地位。尽管自下而上的参与方式能非常有效地影响政策决策过程，但耗时长久，需要花费大量的时间和精力来达成专业意见，并且常常找不到办法来实现他们的想法。

最理想的是，无论采取哪种参与方式，其长期与短期目标都应当是建立起一种互利的对话机制，促成政府部门、私人投资与非营利性利益相关群体的合作关系。为了保证对话的顺利进行，可以向社区居民及利益相关群体提供一些不同的设计方案及发展选择，例如向他们展示不同的开发密度、开发模式或开发类型。由此他们可以对这些备选方案及发展选择发表自己的意见与看法，或是提出新的开发思路（图12.2）。而咨询机构等参与活动的组织者可以策划的一些小游戏，既可以是传统的也可以是计算机辅助的，这些游戏有助于推动设计进程，使各参与方更深刻地理解设计决策过程的复杂性，并对包括正面、反面及折中方案在内的各种方案的发展前景进行利弊权衡。这些游戏作为设计过程正式开始前的热身活动尤为合适。

拉德林及福尔克在曼彻斯特城市议会为该市胡尔默地区制定的设计导则（Hulme Regeneration Limited, 1994）中指出，需要建立继而维持一种支持性联盟来协助设计师维护其设计理念、原则与方案。该设计导则制定之初也受到来自私人与社会住宅开发商、警察部门、交通工程师以及机构

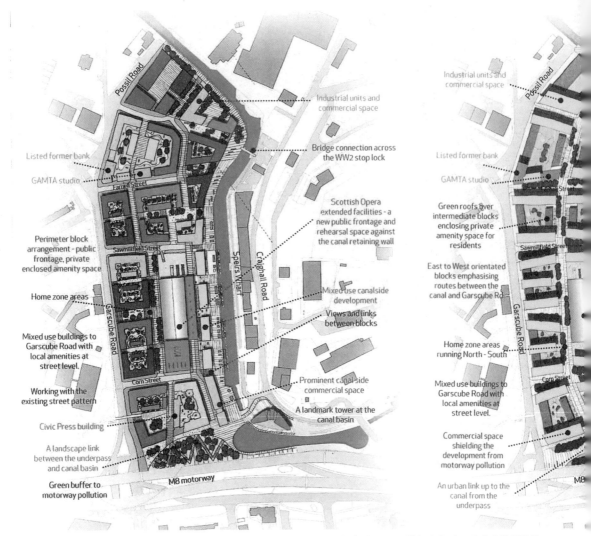

图 12.2　格拉斯哥对斯派斯码头发展选择（图片来源：伊希斯滨水区开发计划）。为了激起人们对码头未来发展的选择进行讨论与争辩，设计师向社会各界呈交了三种不同的开发模式——"院落式"、"狭长形"、"露台式"，以供人们比较、权衡，进而做出选择。

投资者的强烈反对，其中包含的设计原则与理念几乎难以为继。后来，由于胡尔默地区的专家顾问与当地政界建立了一个强有力的联盟从中支持，导则才得以继续制定并最终实施。

　　支持性联盟的核心是当地社区以及那些直接受到设计方案的影响的群体。城市设计小组曾做过研究（Urban Design Group，1998），发现社区居民有强烈的意愿参与到当地环境的设计与管理过程中。通过将社区纳入设计过程，可以促使人们形成对设计决策的主体意识，同时能够提高设计方案的质量，而利益也能得到更为公平的分配。让那些受开发项目影响的群体参与其中，则

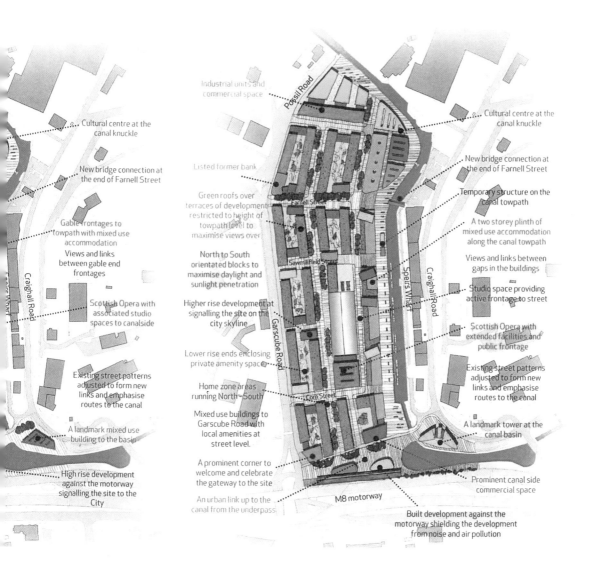

Industrial units and
commercial space

Popsil Road

Cultural centre at the
canal knuckle

Listed former bank

Green roofs over
terraces of development
restricted to height of
towpath level to
maximise views over

North to South
orientated blocks to
maximise daylight and
sunlight penetration

Higher rise development at
signalling the site on the
city skyline

Lower rise ends enclosing
private amenity space

Home zone areas
running North~South

Mixed use buildings to
Garscube Road with
local amenities at
street level

A prominent corner to
welcome and celebrate
the gateway to the site

An urban link up to the
canal from the underpass

Cultural centre at the
canal knuckle

New bridge connection at
the end of Farnell Street

Gable frontages to
towpath with mixed use
accommodation

Views and links
between gable end
frontages

Scottish Opera with
associated studio
spaces to canalside

Existing street patterns
adjusted to form new
links and emphasise
routes to the canal

A landmark mixed use
building to the basin

High rise development
against the motorway
signalling the site to the
City

Craighall Road

Farnell Street

Sawmillfield Street

Garscube Road

Corn Street

Spiers Wharf

Craighall Road

Cultural centre at the
canal knuckle

New bridge connection at
the end of Farnell Street

Temporary structure on the
canal towpath

A two storey plinth of
mixed use accommodation
along the canal towpath

Views and links between
gaps in the buildings

Studio space providing
active frontage to street

Scottish Opera with
extended facilities and
public frontage

Existing street patterns
adjusted to form new
links and emphasise
routes to the canal

A landmark tower at the
canal basin

Prominent canal side
commercial space

M8 motorway

Built development against the
motorway shielding the development
from noise and air pollution

具有更为本质的可持续性，这是因为参与设计过程能够让当地社区居民控制自己的生活环境，从而培养出他们更强的自给自足的意识（参见可持续性插入 9）。

因此，公众参与及咨询可以成为建立互信、赢得支持的重要手段。这一点从公屋整治中能够清楚地反映出。让租户参与到总体

规划设计与开发框架的建构中，有助于培养他们的主人翁意识。为了让支持联盟团结一致，前期工作及初步方案（"前期胜利"）能否成功也事关重要。

在任何咨询与参与活动的运作中，都要重视以下三种截然不同的行为——发布信息、收集信息、促进对话。前两者从本质上说都

可持续性插入 9——自给自足

在 20 世纪以前，建成环境发展缓慢，大部分集中在局部地区，主要使用当地资源——既包括人力资源也包括自然资源。在国际化进程日益加速，交通与通讯越来越便捷的情况下，人们的生活及建成环境的开发得以在一个不断扩大的空间范围中展开。空间范围的扩大将导致人口与资源之间的距离增大，必须依靠交通运输才能满足日常需要，这就意味着这种发展变化是不可持续的。而空间范围一旦扩大，前文所述的这种生活方式就必定嵌入其中并永存下去，那么建成环境的空间布局以及这种不可持续的生活方式就很难再改变。如果到最近的商店去买面包和牛奶需要穿越交通繁忙的公路，步行15 分钟，人们就会趋于驾驶汽车去买。

尽管生活方式在短期内很难发生改变，但是设计的一大作用就是为人们提供选择，引导他们在将来过上更加自给自足的生活。这可能包括一些具体措施，如鼓励人们多骑自行车，以倡导更可持续的交通方式，提供快速的因特网连接，使得在家办公成为可能，或仅仅是在密度较低的城市地区提供场所，进行食品生产以满足当地需要（Hopkins, 2000）。更重要的是，关键的利益相关者及居民需要更积极地参与到当地的环境建设与管理中。因此，积极参与更加广泛地体现了自给自足与可持续发展的宗旨。而这个概念在民主社会得到进一步的延伸，即少数人的行为不应该过多地影响到多数人所享有的环境，这就意味着需要制定一些补偿性措施来弥补那些放弃了自己利益的少数"妥协者"，从而维持利益的相对平衡。

不可避免的是，并非所有的社区居民都同样支持环境保护行为，但是城市设计可以鼓励更多的人参与其中。采用 4E 模式可以增加改变人们生活习惯的可能性。

1. 参与——通过社区、社会网络及营销来为公众提供参与辩论的机会。

2. 鼓励——奖励某些好的行为并阻止其他不好的行为，例如通过地方奖励机制、财政激励等来鼓励文明停车，而通过立法管制等来阻止违章停车。

3. 给予——通过建设基础设施来鼓励更具可持续性的行为，例如修建安全、富有吸引力的步行道通往当地主要的出行目的地，提供场所以摆放回收箱等等。

4. 带动——通过模范案例、地方领军人物起积极的示范作用。

塞浦路斯首都尼科西亚市的城市耕作区

属于单向的（独白式）沟通形式。尽管社区参与大多时候已成为开发方案咨询的一部分，但其意图往往只是向居民告知信息而非听取意见，其沟通方式通常是间接告知而非面对面讨论，或是在完成设计方案后才听取居民意见，而不是在设计进行过程中就组织参与。因此，社区参与的参与程度低，所带来的好处也微乎其微。

为了让社区居民更充分地参与设计过程，人们建立了一系列更积极的参与机制，力图促进对话与双向交流。尽管最开始需要某些鼓励与支持，但是自下而上（当地社区自发组织）地启动参与，其运作往往最有效，而自上而下地强制执行，其效果则不甚出色。常用的方法有以下这些：

● "情景规划"（Planning-for-real），该方法

使用大比例模型来推进社区居民与专业人员以合作的方式参与到发现问题与解决问题的过程中。该模式鼓励参与者提出建议，将其填写在建议卡上并贴在模型的相应位置，在随后的小组会议中再进行具体讨论。在这个过程中，社区居民尝试用各种不同思路去解决问题，而专业人员则记录结果，仲裁调停，担当着推进者与协调员的重任。

- 行动规划（Action planning），这是一种合作性的行动，由地方社区的不同群体与有着不同学科背景的专家共同合作来制定行动方案。该活动通常持续数日，整个过程包括主要利益相关者做简报、物质环境分析、头脑风暴法研讨、方案综合与表达、最终成果汇报与传播。
- 城市设计辅助团队（UDATs），是行动规划的一个变种，来自专业领域外的多学科团队"从天而降"以推进参与活动，他

们与当地社区居民一起"集思广益"共同探讨解决问题的方法，帮助当地区制定行动方案。城市设计辅助团队必须由当地社区组织并领导（即采取"自下而上"的参与方式）（图12.3，框图12.1）。

许多出版物都收录了大量现有的参与技巧与方法，例如新经济基金会的报告——《参与活动！21世纪社区参与的21种方法》(Participation Works! 21 Techniques of Community Participation for the 21st Century, New Economics Foundation, 1998)，以及城市设计小组的《社区参与城市设计》(Involving Local Communities in Urban Design—UDG, 1998)。这些出版物一共总结了78种不同的方法（表12.1），这些方法多数都将设计作为一种手段来帮助居民探讨他们所面临的各种问题与发展选择，从而寻求解决方案，而不是简单地将问题反复陈述。

关于如何在合作上取得成功，巴顿等人提出了以下五条黄金法则：

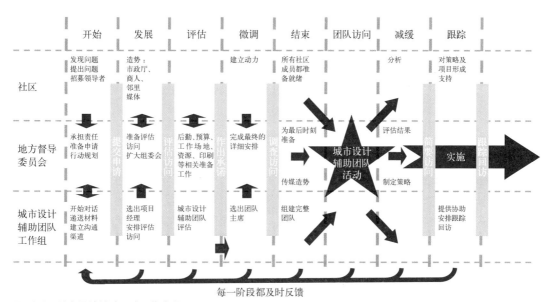

图12.3 城市设计辅助团队工作流程

框图 12.1　研讨会

"charrette" 这个词源于法语，原意为"小推车"，后来特指巴黎高等艺术学院用来收集学生快速建筑构思图（方案草图）的小推车。在近些年的城市规划设计实践中，城市设计辅助团队技术（UDAT）进一步发展成为一种研讨会，美国建筑师协会（American Institute or Architects）则借用"charrette"这个词来为这种研讨会命名。20世纪60年代以来，专家研讨会法的发展逐步受到限制，然而在本质上，该方法与城市设计辅助团队技术一样，都保留了大规模工作坊的模式，这种模式集合利益相关者、社区居民以及多学科专业人士在一起共同讨论，通常持续数日，少数情况下持续两周。

研讨会有两种基本类型——远景建构型研讨会与实施型研讨会（康登，2008）。前者倾向让所有对地区未来发展感兴趣的人士参与进来，而后者则主要由各利益相关者、机构组织以及其他一些规划的执行者参加。

较之社区参与、利益相关者参与等大多数参与形式而言，研讨会是代价比较昂贵的一种。康登指出一个为期三天的研讨会需要花费大约8万英镑（合12万美元），而更大型的研讨会则需花费数十万英镑。然而，研讨会的好处在于可以集合技术人员、决策者以及社区居民共同讨论，从而让原本需要耗费数年的工作大大缩短了时间周期，而这一好处成立的前提是关键决策者与主要利益相关者必须在场。再者，让居民参与到这种提供灵感与创意的活动中容易赢得他们的支持，而不像从前那样总是遭到反对。

沃尔特斯基于他在参与研讨会方面的丰富经验指出，研讨会应该让所有关键利益相关者都参与进来，以建立一个共同的社区远景构想；应以跨学科合作的方式来工作，这样有助于各工作小组的学习、研究及生产能力最大化；应建立快捷的反馈渠道来验证设想，鼓励参与，论证替代概念的可行性。而以上所有的工作都需要一个完善的管理流程，以建立互信，从而确保各项工作循着正确路线开展下去。在提出了大量丰富的关于组织研讨会的指引后，沃尔特斯总结到：

"研讨会是很有趣的活动……通过这个持续数日的协同设计与公共投入的过程，从城市规划师到地方企业主乃至社区居民，他们每个人都认识到了设计与开发的复杂性，这将有助于各参与者齐心协力，快速达成解决问题的共识。

英国塞伦塞斯特镇的社区研讨会（图片来源：约翰·汤普森与帕特纳）

(1) 目的明确

● 想达成什么目的？

● 为什么需要咨询或合作？

● 目标受众是何人？

(2) 用途恰当

● 所选用的参与方法是否适合将要进行的任务？

● 所选用的参与方法是否有助于完成一个协作规划？

● 所选用的方法是否符合法规要求？

● 你是否有能力完成任务？

● 其他参与人是否有能力完成任务？

(3) 避免错误的预期

● 你是否清楚自己的"底线"？

● 项目界限是否明确？

● 你是否为参与者提供有价值的信息？

行动规划	设计工作坊	参与性战略规划
行为地图	互信建设	参与大讲堂
行为创造体验（ACE）	立面蒙太奇	规划辅助
适应性模型	激励展望法	规划日
欣赏质询（AI）	环境商店	情景规划
建筑中心	寻找家园——画出我们的未来	规划周末
建筑周	鱼缸式讨论法	过程规划会议
提高认识日	论坛	实时策略变化
行为观察日（Beo）	从展望到行动	资源中心
最佳计算尺	远景讨论会	路边展示法
简报工作坊	可视化引导	圆桌会议
有广泛基础的组织	想象	社会审计
能力培养工作坊	互动式展示	街道货摊式展示法
选择方法	议题、目标展望、挑战与对话交流日	方案表格展示法
市民倡导	地方可持续发展模型	方案口头表达法
市民评审团	机动规划单元	谈话交流法
社区评估	实体模型	特遣部队
社区设计中心	邻里规划办公室	团队合并
社区指标	开放式设计竞赛	道德银行（时间—货币）
社区规划	公众开放日	主题工作坊
社区规划论坛	开放空间工作坊	试点
社区项目基金	教区地图	城市设计游戏
聚落管理规划	参与性评价	城市设计街头演说
社区战略规划	参与性建筑评估	城市设计工作室
协调对话		城市设计中心
设计辅助团队		视觉仿真
设计日		网站
设计游戏		

资料来源：城市设计小组（UDG，1998）与新经济基金会（New Economics Foundation，1998）

- 你是否同与提出改进意见的关键机构站在统一战线？

（4）一个开放包容的过程

- 如果没有参与者的支持，你能否行使好领导权利？
- 你能否让其他参与者在过程中拥有同等的主人翁地位？
- 参与渠道是否畅通，是否具有吸引力？
- 整个参与过程的所有信息是否可以接受监察？

（5）积极的过程

- 是否有"程序员"来形成共同远景？
- 你能否主导问题的解决过程，并寻求双赢良策？
- 你能否避开某些极端的、顽固的意见所造成的危险？

此外，在选择适宜的参与方法时，城市设计师还要考虑以下问题：

- 主要利益相关者的价值观何在，如何反映在被采纳的方式中？

- 有哪些资源？时间跨度如何？
- 需要何种层次的参与？
- 如何平衡参与活动的质量与数量？
- 如何让那些被剥夺权利的群体参与进来？
- 专家应该起什么作用 (如果需要专家的话)？
- 如何维持参与势头？

以上每个问题都或多或少地对如何恰当选择不同的参与方法提出挑战。而选择不同的方法技术则意味着必须努力走出形式化的咨询程序。多数社区咨询策略都会针对不同人群采用不同的方法技术，例如，在市政厅举行会议会吸引社会各阶层到在线电子公告栏留言，而对于那些难以接近的群体，如青少年，就必须使用更为新颖的方法与技术。为了使居民能够出席参与活动，往往需要向他们提供一些支持，如提供交通补助或儿童托管服务等。

由于存在不同的公共团体与社会群体，也存在不同的公众参与类型以及信息交流形式，如公众会议、展览、焦点团体、技术报告等，而这两组因素相互之间还存在对应关系，因此将其进行排列就可以生成矩阵，在这个矩阵中不同的技巧得以与不同的目标受众相匹配。使用这样一个矩阵将有助于城市设计师设计出一个灵敏且符合当地需求，同时还适应实际情况的公众参与或公众咨询方案 (图12.4)。

个人电脑的普及为公众提供了更多机会参与到设计与开发过程中。同时网络也有助于完善参与方法与技术，例如文字、图表、视频、音频或计算机文件中的信息可以直接通过互联网传输给任意数量的不同信息源。这样一来，网络上的图像设计工作室及数字设计工作室将不可避免地增多。联合设计正变得越来越重要，而国际互联网为设计信息的交流与存储提供了媒介，同时，这些新技术也使合作变得更为便捷，通过互联网，人们可以共享高清视频及电子图像，与此同时，实时讨论小组可以在线对此做出评论。

当然，人们很容易认为公众参与到设计与开发过程中一定能带来好的甚至是完美的效果。正如沃尔特斯所言，作为优秀的专业设计人员，他们毫无疑问应该努力去赢得公众的支持，而最佳途径就是让公众参与到设计过程中，使其见证设计的复杂性以及决策的艰难。然而，他还引用了霍尔登及艾夫森的观点，对人们的某些看法提出质疑。人们总是假定公众知道什么是对社区未来发展最好的选择。而实际上，社区居民的很多想法都非常消极，尤其是当大型城市建设项目与他们的住所息息相关时，即便是优秀的规划方案或城市设计，他们也会站出来抱以坚决反对的态度。在这种情况下，参与过程的主要作用则首先是让开发行为本身获得支持，然后才是对开发项目的类型与质量的质疑。这就需要一个教育过程，去让公众了解环境可持续发展及社会公平的重要性。

3 表达

城市设计师在思考及表达其想法、设计概念或是设计方案时，所特有的手段便是草图、图表或其他一些图形表达方式。在贝克眼中，图表是分析师与设计师的"基本工具"，

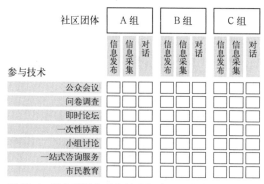

图12.4 社会群体与参与技术矩阵 (图片来源：根据达克著作改编)

社区团体	A组			B组			C组		
参与技术	信息发布	信息采集	对话	信息发布	信息采集	对话	信息发布	信息采集	对话
公众会议									
问卷调查									
即时论坛									
一次性协商									
小组讨论									
一站式咨询服务									
市民教育									

使用图表可以激发"……一种更为敏锐的思维模式。这种敏锐性——即领会概念实质的能力——以及借助这种理解力对设计概念进行充分阐释,是设计行为的核心。"

然而,鲍斯文却提醒到,由于城市设计从业人员都知道表达所能发挥的巨大作用及其局限,"……他们想当然地去理解表达是如何影响思维的",因此,所采用的表达方式除了传达最终的设计成果外,还会不可避免地影响设计师的思维。

表达技巧多种多样,从最基本的二维图表到高度复杂的交互性四维视像——三个空间维度与一个时间维度。所有的表达方式从本质上说都是以一种更易于理解与交流的形式对现实进行抽象。鲍斯文认为"图像并不能模拟出我们目所能及的一切",而我们却总认为图像真实地再现了周遭世界,他说"任何光学系统都无法效仿我们双眼所完成的工作"。与电影、电视以及手绘或计算机渲染出的图片一样,任何图像的生成都依赖于所谓的"中心投影"或"线性透视"这样的一种"便捷的几何虚构物","这种技术对现实的表达较为有限"。

传统的图形表达方式包括透视法与平面图法,这些方法现在看来不足为奇,让人很难设想没有它们之前是怎样一种状况。菲利皮诺·布鲁内莱斯基(Filippo Brunelleschi,1377 ~ 1466)因发现——或者说重新发现——线性透视法而享有盛誉。在他去世 30 年后,莱昂纳多·达·芬奇(Leonardo da Vinci)对位于意大利艾米罗马涅大区的小镇伊莫拉(Imola, Emilia Romana, Italy)进行实地勘测,画出了世界上第一幅平面图,至此,平面图法作为第二种图形表达方式正式问世。1502 年,莱昂纳多被委任负责该镇在 1499 年的一次攻城战中被毁坏的防御工事的修复设计。中世纪后期

规划表现城市的方法非常具有讽刺意味——通常采用单一视角,选取那些城市代表性建筑在立面上画出,并以图形的大小来区分这些建筑对于教会的意义。而根据新的作战技术,必须在防御工事的设计图中体现大炮的平面尺寸及精确角度,因此,按照旧方法绘制出的设计图意义不大,所以莱昂纳多采用了一种能够表现城市街区及街道实际尺寸的绘图方法。他的方法后来被詹巴蒂斯塔·诺利(Giambattista Nolli)效仿,他因在 1736年到 1748 年之间绘制了罗马城市测绘图而闻名于世(见图 4.22)。

鲍斯文认为这两种方法——"平面图法"与"透视法"——代表了观察与理解世界的两种截然不同的方式:布鲁内莱斯基的方法代表了早期观点,即基于视觉体验的实证去理解世界;而莱昂纳多的平面法"……象征我们人类需要超越直接经验去解释事物的结构以及所见现象背后的理论"。鲍斯文认为这两种方法将"清晰明了的抽象"(俯瞰视角)与"令人迷惑的丰富与混乱"(平面视角)的分野引入了专业思维。尽管前者是一种"建筑师的视角",而后者是"规划师的视角",但要充分表现一个场所,两种方法都是必需的。虽然平面图法与透视法都是对现实的抽象,但后者却更加贴近我们的实际体验。

城市设计方案的图形表达必须考虑沟通过程的两个目的——提供信息与提供视觉映像。为达成"内部目的"(即促进设计团队的内部决策或与他人的共同决策)的表达以提供信息为主,而为达成"外部目的"(即宣传、管理)的表达则以视觉沟通为主。如前所述,设计相关专业人员理解图示内容较为容易,但其他人却未必如此。例如,鲍斯文指出:

"专业人员能够理解概念性的表达,或是对其提出自己的主张,但很少有非专业人士能读懂概念图纸,更不用说让他们

体会在图纸所示的街道或邻里中行走是怎样一种感觉。"

正如前文讨论过的,那些缺乏设计敏感性及鉴赏能力的人一般都无法准确画出自己所观察到的一切,也无法读懂图纸或其他表达方式中所蕴含的信息。这类似于一个人用自己不懂的语言去写作:作者不知自己所写的东西是否言之有理,或者根本就在乱写天书。因此,想方设法令沟通过程更加顺畅就显得极为重要,例如,以人们可以实际体验的场景来表达观点——即用他们可以想象得到的可观、可行、可坐的场景来表达。

一般来说,三维或四维的表达方式,如动画、照片拼贴、计算机生成的模型以及艺术表现等,较之平面图或概念图表等更易于被非专业人士理解。就表达本身而言,城市设计师不但需要表达现状,更重要的是表达出那些将会成为现实的事物。然而,现实环境与生俱来的丰富性与复杂性,意味着只能通过对现实的抽象才能创造出即易于理解又能代表现实的视觉表达形式。

城市设计方案的表达方式相当重要,美狄亚等学者区分了四种主要方法:概念法、分析法、测量法与感知法。前三种方法通常——但并不总是——属于抽象方法,常使用二维图像来表达出现实情况。而感知法则多用三维图像并越来越多地使用四维视像来表达。

更深入的讨论请查阅《城市设计制图法》或一些内部设计手册,如美国城市规划协会(2003)撰写的《城市规划设计手册》。

3.1　分析性与概念性的表达

分析性与概念性图表是城市设计师的基本工具。设计师可以使用它们来进行分析与评价,并就其结果与他人沟通,例如在城市现状及城市风貌的分析、评价中就可以使用到。这些图表包括基地分析、城市景观注记

及行人活动地图。在讨论它们在设计分析与沟通中发挥的作用时,贝克发现这些图表具有以下特征:

- 具有选择性;
- 内容清晰明了,便于沟通;
- 揭示本质;
- 通常简单易懂;
- 将问题分解,以更好地理解复杂之处;
- 允许一定的艺术自由度;
- 拥有自身生命力;
- 较之文字或照片能够更好地解释形态与空间。

分析性图表对于识别与理解影响设计的限制因素十分重要,它们通常作为基地调查、分析与评价的一部分在项目初期进行。这些图表主要由基地现状图及一些帮助发现并理解项目面临的机遇与潜在问题的背景信息图构成。其他基地分析的图形方法还有:太阳运行轨迹分析、日照与阴影分析、风流评估等。

正如第11章所讨论过的,基地分析可以为设计过程提供重要资料。美狄亚等学者认为以下步骤是城市设计必不可少的环节:基地周边腹地的背景分析;发展机遇与限制因素分析;城市形态分析;景观与开放空间分析;以及确定行动计划。分析图还可辅以含有统计数据的柱状图、曲线图及表格来描述社会经济背景。

概念性图表通常以抽象形式来表达初始或萌芽阶段的想法,它们多用于解释城市设计项目重要的设计原则以及项目运作方式。在整个设计过程中,概念性表达方式始终是表达设计理念本质的有力手段。"其最简单的形式可以是一个卡通形象、符号或剪辑过的视频原声。而更复杂的方式则包括手绘图、用于表达情绪的心情看板或者是一些先前未曾引用过的先例等。"通过这种方法,可以将那些尚未作出决议的想法提出并进行讨论,

而不必借助于特定的解决方案或具体图像。

分析性图表与概念性图表往往都是高度抽象的，它们通过符号、注记、意象及文字来表达某种品质或思想与现实之间的关系。这种图表传达出的是设计思想与原则，而不是方案预期达到的实际形象（图12.5）。它们常常可以帮助人们加深对项目背景与设计方案的理解，并使设计师得以在项目的设计与开发阶段中随时回顾他们的设计初衷——即所谓的"远景构想"。而这些图纸对设计决策过程具有同样的辅助作用。示意图、功能性图表及流程图都属于设计初始阶段思维过程的一部分，与概念性图表相似，它们都强调项目不同部分间的关系，并通过对活动、方向、强度及潜在矛盾的识别而将第四维——即时

间维度——纳入其中。

阿拉瓦及埃德尔曼将分析性图表分为静态图与动态图两类，他们认为这两类图表在项目初期作为分析过程的一部分具有较高的价值。静态图表可以阐明那些稳定不变的独立因素，如图底关系分析图，通过图底分析建筑实体与外部开放空间之间的关系被和盘托出。

动态图则相反，它描述的是一个变化的过程。拓扑图就是其中一种，通过把各种不同元素糅杂在一起，来描述一个城市的动态变化过程。

城市设计师常常使用凯文·林奇提出的城市意象五要素——路径、节点、边界、区域与地标——来分析某个地区或场地，其方式一般是在平面图上标识出符合这些要素的城市

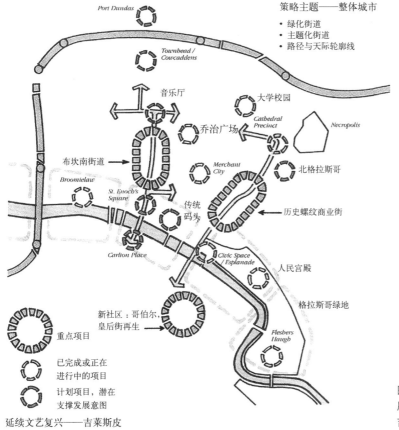

图12.5 格拉斯哥公共领域发展策略概念示意图（图片来源：吉莱斯皮，1995）

空间。这是一种常见而且也非常有效的分析技巧。然而，正如林奇自己所警告的，该技巧如果使用不当反而会曲解他的研究初衷——提醒设计师应当注意向使用者及当地居民咨询与征求意见。林奇遗憾地指出，例如虽然许多规划设计都被"时髦地装饰上"节点或诸如此类的标记，却很少有人试图去关怀现实存在的居民。他遗憾地指出他"新发明的行话"是用来"为市民对设计施加影响开辟渠道，而事实上这个新术语却成了拉开市民与设计之间距离的手段"。与其要设计师记录下自己对城市意象的猜想，还不如回归林奇对环境使用者的心智地图测验方法，该方法可以令城市意象的记录更有意义（见第5章）。

一些城市设计师为了表现城市设计的品质或特征构建了符号注记体系，例如林奇的城市意象五要素，该方法就常被用于表达有关城市形态与空间的概念构想，而不必受制于建筑细节。符号注记法可以成为城市设计师与社区居民之间相互沟通的重要且有效的手段。目前，各种类型的符号注记都成了评估与表达背景特征的主要方法。

卡伦提出了一套描述城市景观的"符号注记"，包括表示环境类型以及环境感知的各种分类符号。这些符号被分为四个基本类别：

- 人文——对人的研究；
- 人造物品——建筑及其他实体；
- 基调——场所特征；
- 空间——物质空间。

此外，还有四个二级参数来进行细分：

- 分类的范畴；
- 用途；
- 行为；
- 关系。

"指示符号"是该体系中最常被效仿的部分，它们标示出场地自身的各项独立特征，如标高与高度、边界、空间类型、联系、景观及视线走廊等（图12.6）。

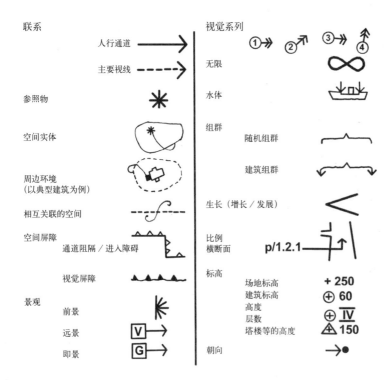

图12.6 卡伦的符号注记体系
（图片来源：卡伦 1967）

尽管自卡伦之后又形成了其他许多类似的符号注记体系,但至今仍没有一个能够成为权威。虽然它们总是随着项目的不同而变化,但均需具有易读性、适应性及可添加的特征。例如,在俄勒冈州的波特兰市,为了说明 1988 年城市中心区规划中建构的设计框架,城市规划师建立了一套条例明晰的符号体系以表达其城市设计思想(图 12.7)。

行人活动地图是一种更为深入的场所分析的图形表达方式(图 12.8)。这些图形不仅记录了人群在何处聚集、安坐、站立以及在何处匆匆而过,同时还记录下相应的时间及气候条件,从中我们可以分析出人们使用城市空间的方式与特征。此外,行人活动地

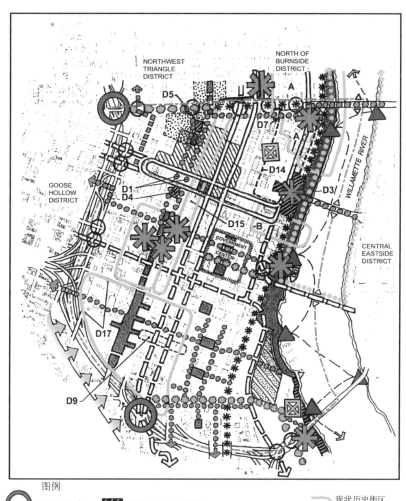

图例

⭕ 城市主要门户
◯ 城区门户
•••••• 沿河步行环路
⦿⦿⦿⦿⦿ 步行道
▭▭▭ 规划交通走廊
▬▬▬ 现状交通走廊

▨▨ 规划公园／开放空间
▰▰ 现状公园／开放空间
⊠ 缺少公园的地区
✳ 公共景点
▲ 水上的士
(水上计程船)

△ 观河视点(河上观景点)
⬆ 景观(视线)
▱▱▱ 老式电车
◉◉◉ 规划林荫道
✴✴ 现状林荫道
▨ 规划历史街区

▱ 现状历史街区
A 斯基莫／老城
B 亚姆山
⬚⬚ 拟建住房的地区
▨▨ 需要住房的地区
D3 行动图编号
—‧—‧— 区域边界

图 12.7 波特兰:城市中心区规划(图片来源:庞特 1999)

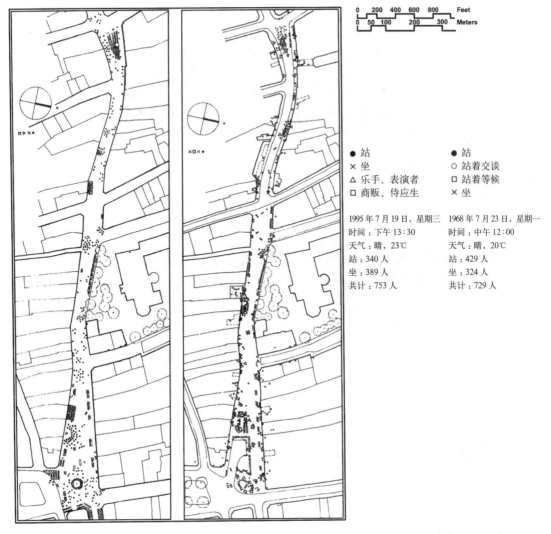

图 12.8　1995 年 7 月 19（星期三）与 1968 年 7 月 23（星期一）哥本哈根同一条街上行人活动地图（图片来源：鲍斯文 1998）

图还可用于划分与分析行人活动模式，如阿普尔亚德关于交通量如何影响住宅区街道行人活动模式的著名研究（见第 4 章）。又或者，在"公共空间计划"（2000）中，使用延时摄影与摄像技术，将各个时间段的街道活动压缩入一个几分钟的电影中，也可使人们对某个场所内人的活动及行为模式产生更强烈的印象。

图底研究、空间句法（参见第 8 章）及空间断面分析为形态学分析与表述提供了手段。图底分析技术源自于詹巴蒂斯塔·诺利（Giambattista Nolli）对罗马的勘测（1736 ～ 1748），他在勘测中用白色表示公共可达空间，黑色表示建筑物覆盖（见图 4.22，注：教堂及其他公共建筑的室内空间也用白色来表示）。这些图形彰显了城市形态中"实"

（即黑色部分）与"虚"（即白色部分）的关系，揭示了哪些并非立时可见，但也许正在改变人们对某个地区或开发项目看法的事物，从而令人们更好地理解其间的关系与模式。图底关系分析图还可以反映出某个地区的城市纹理，并突出新开发项目与周边环境的关系。

"肌理"研究是基于著名的或成功的先例而去评价某个地区的城市形态与空间尺度及比例。这种技巧是将一个总平面图叠加在另一个表现出某种城市形态特征的总平面图之上（以同一比例），从而得以对不同城市区域的尺度与比例进行鉴赏。在这点上，詹金斯著有的《规模》一书是一个很有价值的文献，这本书以图 - 底的形式用相同比例绘制了一百个城市的平面图（参见第4章）。

筛分地图也可用于不同空间信息层的叠加分析。描图纸以最简单的形式层层叠加于正规的地形图之上，每一层代表不同的限制因素，这有助于识别为开发造成困难的区域或地块。当使用地理信息系统（GISs）或类似的制图系统时，可将社会经济层面及物质形态数据整合并进行比较（如下）。公共机构经常就某一问题收集并保存大量基于GIS技术得来的数据，这些数据涉及面相当广泛，包括人口统计、社会剥削模式、交通层级、污染等级、环境资源以及土地利用现状，此类数据与基地研究相结合，对于城市设计来说，是强有力的分析工具。

3.2 二维表现

这一节将讨论两种二维的设计表达方式——正射投影法及地理信息系统（GISs）

（1）正射投影

正射投影法借助平面图、剖面图及立面图等二维图像来表达三维的物体与空间。为阐明一个设计方案通常需要选取不同视角来绘制图纸。平面图表达城市形态的方式与在

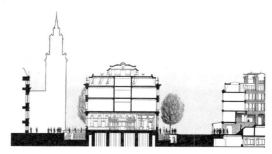

图12.9 横断面（图片来源：帕帕达基思，1993）在表现内部空间与外部空间的相互关系时，剖面图尤其有用。平面图表达的是空间组织的逻辑，而剖面图则传递出空间或环境的意境（弗雷德里克，2007）。

现实中体验城市的方式不同，它是一种抽象化的视图，其视角是从城市上方无限远点俯瞰城市，这样生成的图像才不会因为视角的原因而失真。剖面图也是一种重要的图纸，但其自身所能提供的信息十分有限，它通过表达相对于三维实体某一水平维度的垂直维度，而成为平面图的一种补充(图12.9)。同时，可以借助剖面图来表达与探究三维实体内外部空间之间的关系以及不同标高平面之间的关系。而在表现某一地区的城市景观特征时，较之平面图，剖面图包含的信息量更大也更具价值。总而言之，正射投影法是交流设计信息的一种重要手段，尤其是以某一比例表现设计方案时，已成为了设计工作及工程制图一个必不可少的组成部分。

（2）地理信息系统

近年来，地理信息系统（GIS）也加入了城市设计师常用工具的行列。这是一种基于计算机来处理地理信息的系统。人们最初提及GIS时，总是将其与某一地区二维数字地图相关的一切数据集联系在一起。而现代的GIS则包含了更多信息，例如公用设施与服务信息、空间与居住信息以及交通线路信息等。此外，GIS还可以存储、显示与操作视听信息，如照片与视频影像，并使之与传统数据相结合以供使用。这种多层级的方式使

图 12.10 汉斯·弗雷德曼·德·弗里斯绘制的透视图（图片来源：汉斯·弗雷德曼·德·弗里斯，1599）

得 GIS 超越了二维的设计表达领域。城市设计师可以利用它来增进对城市区域特征的理解与分析。与区域相关的海量信息，包括建筑与空间及其使用方式在内的数据都可被储存在该系统中。虽然，GIS 早先多用于地理学与城市规划的研究中，但现在它正越来越多地用于城市设计的分析与设计过程中。

二维表现的主要缺陷在于非专业人士理解这类图纸时存在困难，因为它们往往与城市空间或城市风貌的真实景象相距甚远。然而，这些资料却是专业人士之间交流设计信息的重要手段，并且相对来说制图速度快且成本低。

3.3 三维表现

三维表现以一种更加易于理解的形式来传达信息，然而，它们的制作往往需要更多的技巧与时间以及较之二维图像更高的成本。尽管三维图像更加写实，但是除了实体模型外，它们仍需借助二维媒介来表现，如纸或计算机屏幕。城市设计中最常使用的三维表现方式为：透视图、草图、平行线图、计算机辅助设计以及实体模型。

（1）透视图

布鲁内莱斯基的试验使得线性透视成为表达现实并确定物体空间方位的重要技巧，

这是视觉表达方式发展史中的一大转折点（图12.10）。透视法表现出一种视觉效果，即肉眼感觉各平行直线在无穷远处汇聚成一点。不管是作为最终设计成果的表达，还是作为设计概念形成阶段的辅助，透视法都十分有用。较之正射投影图，透视图能够更好地表现出某些抽象品质，如气氛、特征与基调，因此，在使非专业人士理解设计方案方面颇具价值。然而，它们仅仅在表现可见场景时才有用，由于透视图常常使用艺术加工，以至于所表现出的景象可能与真实体验并不一致。譬如，空间透视图的日益普及正是因其所产生的"激赞"效果。由于透视图对于表现真实生活体验并没有太大价值，因此其主要用途是宣传设计方案。

透视图存在的另一个潜在陷阱是，在表现新开发项目时，使用与周边环境一致的绘制技巧能够使其看起来与环境相协调，然而真实情况却未必如此。反之，如果未经充分渲染与修饰，透视图几乎表现不出材料、质感与色彩。

（2）草图与照片拼贴

草图是一种重要的交流工具，它不仅能够帮助设计师快速勾勒方案构想，同时还有助于环境的观察与分析，此外，在探讨前期设计理念，测试视觉效果以及调整设计方案与周边环境的关系等方面也具有重要作用。草图并不是设计最终所求，而是思考过程的一部分。尽管计算机也能生成草图，然而手绘图所表现出的品质感、个性及氛围是任何电子制图技术无法复制的。绘制草图并不费时，并且有利于鼓励更多的人参与到设计过程中，例如，在公众参与活动中使用草图可以鼓励人们参与。

照片拼贴的方法是将方案表现图添加至照片中，这种表现方法能够产生逼真的效果，并较好地反映出该设计与现状环境的结合程

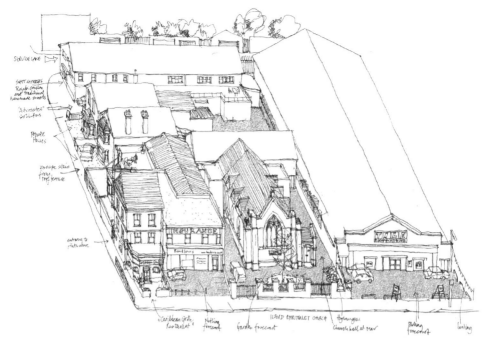

图 12.11　平行线图（图片来源：戈特·斯科特建筑师）三向投影及等角投影在表现三维形态上十分有用。它们同时也可作为分析工具，如上图所示，用作对城市街区的分析。

度。但是要获得逼真的效果，还须注意诸如阴影之类的细节问题。由于照片拼贴法能令客户、地方规划机构以及市民大众迅速理解设计方案并作出回应，因而很受他们的青睐。现在设计师用得越来越多的是精确视觉再现技术（AVR），即将三维计算机模型添加至照片中，然后进一步操作生成图像，这就意味着在确保图像精准度的同时也要保证其可信度。

（3）平行线图

平行线图的绘制是基于正射投影法，通过使用三向投影法或等角投影法，可以在图上同时表现出物体的长度、宽度及高度，从而达成对其第三维的表现（图 12.11）。平行线图并不像正射投影图那样以平面区域来界定空间，它是通过体量去组织空间。它们有助于视觉认知的形成，但由于透视效果被忽视，其作用也较为有限。

（4）计算机辅助设计

计算机辅助技术（CAD）的应用使得设计理念得以被迅速转化为图像，并形成多种可替代方案（图 12.12）。它促使设计师在项目初始阶段就以立体思维去考虑问题。通过赋予材质及真实色彩，相关软件也能计算并模拟出人工环境、采光条件及材料效果等。计算机模型通过动画效果，以及添加人物、汽车、景观与街道家具等，可以额外增加一层真实感。然而，计算机模型也存在争议，争论的焦点在于模型应表现出何种层次的细节以供城市设计决策才是合理的。一些人认为，详细模型会掩盖城市形态的一些基本问题，如建筑后退、建筑体块等，这是因为建筑风格及表面材质等无疑更容易吸引人们的注意而成为讨论重点。另一些人却认为如果看不到建筑细节，人们很难想象其真实效果。或许最好的办法是针对不同受众展示不同层

图 12.12、图 12.13 格拉斯哥城市中心区数字模型（图片来源：格拉斯哥市议会）格拉斯哥市议会委托他人制作了城市中心区及克莱德河畔地区的互动式三维数字模型（www.glasgow.gov.uk/urbanmodel）。数字模型使得公众更加容易获取并理解城市发展的相关信息。其潜在益处包括：增进公众理解；有助于城市复兴；改善未来城市开发的公众参与与咨询；在向公众解释开发影响时提供视觉辅助说明；选择合作伙伴及开发商；为展示开发方案提供宣传工具；提高开发质量。

图 12.14 伦敦道格斯岛开发方案的实体模型（图片来源：马修·卡莫纳）

次的细节，如专业人士就比外行更容易看懂与使用更为抽象的、更不"真实"的图纸。由于在模型中加入了细节，就很容易进行修改或增加，以便用不同的图纸来表现不同的设计侧重点：如街区布局、三维模型、建筑处理等。

计算机生成的城市区域三维模型使得不同的开发或设计方案得以被置于总体环境中，从任何角度进行观察，这有助于评估新建筑及其他可替代方案对现有城市景观的影响（图 12.12 和图 12.13）。而诸如色彩方案、建筑材料、屋顶倾斜度、高度及开窗方法等设计方案的方方面面都可以在计算机模型中进行测试与评价。因此，许多问题都得到迅速而有效的解决，并几乎能够即刻见到修正后的效果。此外，通过利用计算机扫描图像及提高图像质量的技术（如增加采光、阴影等）还可以弥补徒手绘图技巧的不足。然而，必须防止通过计算机技巧营造出的华丽表象而掩盖设计方案的真实面貌，也要提防计算机技术过多地左右设计。

制作三维模型能够有效表达城市设计决策可能导致的后果及影响。鲍斯文描述过这样一个案例，规划师在尚未考虑政策可能会对场所体验造成影响的情况下就制定了一个空间权政策。如果使用计算机模型，就可以更清楚地表达项目的发展前景及政策产生的影响。同时，通过模拟决策者、规划师或其他人在他们所关注的空间中行走时的场景，还可以帮助他们更好地理解所制定的政策能否获得预期效果。

（5）模型

为了更好地理解与交流设计方案，可以在沟通中使用实体模型，它可以作为传统设计图纸的补充或替代（图 12.14）。根据使用方式及使用时段的不同，实体模型所发挥的作用也各不相同：

● 概念模型，用在设计初始阶段，本质上一种三维图表，用于表达并探讨设计师的初始设计意图。

● 咨询模型，可作为社区参与工具，一般由场地模型构成，人们可以通过移动模型中表示建筑或其他构筑物的体块来表达自己的建议，探讨各种可能的布局模式。

● 工作模型，用在设计发展阶段，以增进对空间及序列关系的理解，同时还可用于模拟采光及气候条件。

● 展示模型，用于表现最终设计成果，这种模型用仿真环境要素（如人物、景观及汽车等）进行适当装饰，其作用往往体现在辅助项目沟通以及市场营销方面，而非设计决策。

尽管用模型来表现建筑与城市形态是一个公认的好方法，但是它们仍然引发了某些问题，主要集中在写实与现实之间的差距上。较之图纸，用三维模型来表现设计方案看起来更为真实，然而试图借助它去理解真实尺寸的建筑与环境是怎样时，问题就又出现了。这是目的与手段的混淆——观看者被诱导，认为模型就是最终的设计成果，却没有意识到它只是表现最终成果的一个手段。而模型的特点就是将物体与空间都缩小了来表现，因而造成了比例理解上的困难。例如，康威及罗恩尼斯奇曾提到过模型在表现一个理想世界的时具有诱导性：

"精美的制作……这些模型让我想起了儿时玩过的那些玩具房子、积木与铁轨。这种诱导性……不仅在于其大小与用材，还在于其形态的清晰与整洁以及照明与落影方式。它们表现出的是脱离周边环境、不受气候与时间侵蚀的、纯粹的、理想化的建筑。"

使模型具有一定程度的理想化——或抽象化——通常是有目的的。在强调这仅仅是

模型（一种对现实的表达）的同时，它有利于突出某些特征。由于灰白模型的阴影效果更为强烈，因此它们往往能够更好地表现建筑与城市形态。同时还允许设计师与客户在材料、饰面及色彩选择方面保留意见。然而，即便是这样的模型也同样无法避免将建筑从其周边环境中剥离出来。一些城市设计师建议，模型最适宜的比例为 1∶300——其作用在于对预期开发体量及空间营造效果进行探讨与沟通，而不在于展示建筑细部。大比例模型（如 1∶200）通常要求做出建筑细部，而这偏离了城市空间设计的研究范畴。

3.4 四维表现

城市环境体验是一个动态活动，不但包含了人在空间中的移动，而且也涉及时间（参见第 9 章），因此，将时间维度纳入图形表现有利于增进理解与沟通。几个世纪以来，设计师与艺术家一直尝试将这些体验以图像或视觉的形式表现出来。早期现代主义艺术家，如立体派画家曾试图通过艺术作品来捕获这种体验，杜桑（Duchamp）的画作《下楼梯的女人》（Lady Descending the Stair）就是一个例子。目前，已经形成了一些空间表现技巧，它们通过对空间与时间的序列性描述来记录与表达复杂的交互式三维活动体验。

（1）序列视景

序列视景是一种以现实主义手法来表现城市景观的方法，它将"运动"引入到城市景观体验中，以一系列序列图的形式表达了人在空间中移动的体验。卡伦在《城镇景观》中的草图（The Concise Townscape, Cullen 卡伦，1971）以及培根在《城市设计》一书中的图表（Design of Cities, Bacon, 1967）都反映了同一种观点，即空间中的运动可以被解读或理解为序列图景。正如第 7 章提到过的，卡伦认为序列视景不仅可以作为视觉

分析工具来使用，同时在进行创造性设计时也可借助于它。传统静态图像表现的是场所在某一时刻的状态，而序列图则表现出动态的场所体验随时间变化的整个过程。然而，正如鲍斯文所意识到的，不论是对于实际如何体验与解读空间，还是形成对空间结构与方位的认知，序列视景都无法提供太多帮助，因此，它们最好是最作为分析工具来使用。

（2）视频动画

由于人们对电视及录影技术已经非常熟悉了，因此使用视频图像来表现设计成果能够使其更易于理解。设计师在与委托方、规划部门、投资方及社区居民沟通开发方案时，越来越多地使用计算机制作的视频演示文件或快速翻页动画。视频技术的优势在于它能够给予观众包括视觉、听觉、动感、空间感以及时间感在内的全方位体验，同时，较之静态图像，它能令观众对建筑与城市的尺度及比例做出更为精准的判断。然而，观众只能按照预设好的、剧本化的路线去体验空间，这就导致了人对环境的感知受限，也正因为此，观众对视频演示的反馈受到了某种程度的预设。与序列视景一样，视频动画的视域范围过于狭窄，无法真实地展现与捕获人类肉眼所见到的及其他感官所感知到的事物。视频演示也不可避免地会消隐某些可能会吸引人们注意但却并不重要的景观。此外，尽管在宣传推广演示中，快速翻页动画几乎无处不在，然而考虑到该方法用于调整及达成设计决策的合法性方面可能引发问题，因此，项目体验不常或者说很少使用这种方法。

（3）计算机图像与动画

传统的设计表达是从空间的某个固定视角来绘制图纸，因此表现的是一种对空间的静态感知，而计算机则能表现出对空间的动态体验，尽管其表达仍受制于二维抽象图形，需要借助计算机屏幕或印刷品形式的硬拷贝

来显示。诸如虚拟现实技术等的一系列新技术将对城市设计产生巨大影响。事实上，很少有新的计算机技术能像虚拟现实技术那样激发人们的想象力。在此之前，只有制作全尺寸实物模型才能让人实时体验新项目的设计效果。而如今，计算机凭借其高速完善的运作方式将图像、声音及其他效果结合起来生成一个交互式系统，它快速而直观，以至于计算机几乎从使用者的思维中消失，而其合成的虚拟环境却被视为现实。在这个"虚拟现实"中，人们可以按照自己的方式和步调去感知并理解环境，从而更积极地参与设计过程并反馈更多有价值的信息。

城市环境与设计方案的四维表现对于项目沟通、宣传及销售的重要性正与日俱增。尽管如此，仍需严格把控这一发展中的技术，使其朝着增进设计师及外行对方案理解的方向继续完善。新技术为人们提供了一个逼真的交互式环境，参观者得以拥有自行选择观赏路线的自由，相比之下，传统的手绘或计算机表现就只能按照预设好的程序进行演示。四维表现技术无论是作为创作过程的一部分，还是作为决策、演示或评估工具，其重要性都将不断增强。尽管该技术在缩小实际所见与设计方案之间的差距方面具有明显潜力，但设计师还是需要提防虚拟现实的诱导性所带来的种种陷阱。

许多视觉与图形技术都是为了表现场所体验而存在。随着专业人员及公众对表现技术越来越熟悉，这也为他们体验城市设计方案带来新的机遇。前文已充分论述过技术在城市设计的表达与沟通中发挥着日益重要的作用。作为表达方式的一种，计算机辅助设计已经取代了以往所有的方法。

新技术的应用不仅有助于人们形成对设计方案日渐清晰的认识，同时还提高了每个人对设计方案做出反馈并与之互动的能力。尽管

新技术使得信息更加易于理解,信息传递更易于操作,设计师仍然需要正确判断计算机在设计过程的不同阶段所能扮演的角色,以及相对于不同项目各自的优劣势所在。由于方案沟通越来越具说服力,这就引发了在信息传递方面的职业操守问题。高、新、尖的可视化设计表达技术意味着除了少数专家外,很少有人知道如何处理信息。随之而来的后果便是几乎没人能够获取相关信息并用它们来校核仿真的准确性。因此,控制技术的发展动向,使之能令公众更好地理解并参与到影响他们所处环境的决策过程中是非常重要的。

4 书面沟通与设计

除了使用图像进行沟通之外,城市设计师还需要以书面形式来交流设计概念,如条例、政策、分析、指引以及报告、设计说明、文章、其他各式各样的宣传资料与官方资料等等。第 11 章已论述过这些书面沟通工具在方案调整过程中的目的与作用;本章将重点讨论作为设计成果表达以及图像沟通补充形式的设计概念的书面表达。

以图像形式进行沟通往往会加深前文提及的专业人士与外行之间的隔阂,而以书面形式交流设计信息时也同样如此。杜埃尼等人曾用哈佛设计研究所新闻(Harvard Graduate School of Design News, Winter/Spring,1993)中的一个例子来说明这个问题。该案例是这样描述一个独户住宅平面的:

> "这些失真之处的破解需要借助若干可以类比住宅的概念构想的辅助说明,以及更深层次的阐释。然而这些概念构想却又被基本图示与那些它们流传下来的具体形式之间的矛盾不断地激发或挫败。这里所谓的"它们"是指可以用于对比或类比住宅的理想的或真实存在的

物体、组织、流程以及历史。"

用这样的文字来混淆问题或使之复杂化对于理解设计方案来说毫无意义,也无法赢得各团体的鼎力支持。在城市设计实践中,一个文字使用的正面案例是 20 世纪 90 年代间英国伯明翰地区(Birmingham, UK)整治计划。在 20 世纪 80 年代末以前,当地居民对城市未来景观毫无概念,因此,将设计理念及设计原则传达给市民大众,使他们了解设计预期达到的效果,就显得格外重要。为此,设计师在书面材料中使用了一些诸如"修补我们的城市"、"敲碎钢筋混凝土圈梁"、"城市生活"及"将街道还给居民"等通俗易懂的词条,这些关键措辞已完全抓住了城市设计原则的精髓,而无须采用那些不必要的、令人费解的行话。

目前,关于城市设计的书面表达最全面的研究或许是庞特与卡莫纳于 20 世纪 90 年代对英国地方规划政策所进行的研究。他们调查了地方政府部门,旨在指明一套书写设计政策的指南,并对各种书写设计概念所使用的工具做出调整使之完善。

- 权衡刚性与弹性——这二者之间良好平衡的建立取决于所选择的书面表达工具的类型、其目的以及所隶属的是自主系统还是调控系统(参见第 11 章)。具有法律效力的工具应保持适当的说明性及规定性,以避免被不精准的解读或是引起法律纠纷,而自主制定的政策及导引的形式则应具有相当的灵活度,以便进行专业的诠释与转译,同时为设计过程留下更改余地。

- 权衡细节化与清晰度——就这点而言,写的越多反而传达出的信息越少。这是因为过于细节化的政策和指引可能导致关键信息被无数细节所掩盖,而这些信息恰恰是设计师、监管部门及

其他群体必须掌握的。

- 注重分析而非描述——富于描述性的分析及指引对于使用者而言，其价值有限。相反，为了更好地诠释那些递交给各社会群体的资料，很重要的一点便是使用分析性、建议性的语言，而非混乱冗余的描述。

- 论述切题且严密——在各种形式的设计书面材料中，都必须考虑读者，同时应使用恰当的语言来表达主题，避免使用不必要的、费解的行话以及过于文学化或是法律化的语言，应使文字内容与书写材料所要达到的目的高度吻合。

- 区分建议与法律要求——在具有法律效力的文件、政策及条例中，通常都掺杂着劝导意味浓重的指引。遇到这样的情形时，为避免混淆，很关键的一点便是区分强制性与非强制性规定。

- 论证充分且合理——在篇幅及格式允许的情况下，对政策和指引中包含的规定进行解释是非常必要的，这样有助于读者充分理解，从而在掌握必要信息的前提下对建议与设计要求做出恰当的回应。

- 权衡书面表达与图形表现——"一图

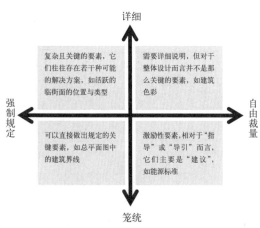

图 12.15　要素控制力度定位图
(图片来源：改编自 DCLG 2006:77)

胜千言"，因此在任何形式的条例、政策及指引中，都需要权衡某项内容是采用文字形式去表达还是用图形来表现。如果设计意图用图形表现更为清晰易懂，那么就采用图形表达方式。

在最后一点上，大西洋两岸的国家在城市设计工作中多使用城市形态设计准则来表达设计意图及要求（见第 11 章）。帕罗莱克等人在评论美国的城市形态设计准则时（但只与大多数的城市设计工具有关）特别强调了"了解使用者"（即读者）的重要性。

"理解这一点的关键在于必须意识到使用这些准则的人来自各行各业，包括规划专业人员、业主、开发商、建筑师、规划师、企业主、地方官员、购房者及普通市民，最后但同样重要的是还包括律师与法官。他们都是带着许多问题去阅读设计准则，尽管这些问题千差万别，但是对于这些人而言，他们每个人都希望很容易就能找到并且理解问题的答案。"

(Parolek et al, 2008:174)

对于非专业的使用者来说，为图片配上解释说明性的文字尤其有用，这样不仅有助于他们理解这些图片，同时还可将其与上下文联系起来。帕罗莱克等人还强调说，无论是文字还是图片，只有一个原则：简明扼要。

英国政府的设计准则撰写指南建议到："一个优秀的总体规划师未必需要将其专长转变为撰写设计准则。然而其项目团队应当掌握一套独特的设计准则写作技巧"（DCLG 2006）。与书写设计政策或指引一样，设计准则的撰写也是既要从整体上把握文件内容的刚性与弹性的相对平衡，也要处理好准则中各具体条款的规定性与灵活性。该指南还提供了一个四象限的工作框架，以便设计师确定某一要素是任其自由裁量还是做出强制性规定，是详细说明还是笼统介绍（图 12.15）。

指南极力主张"能用图形表达绝不用文字"，同时建议在撰写强制性规定时，多使用"要"、"必须"等表示要求、命令的词，而在撰写非强制性建议时，则多使用"应该"、"可以""能够"等劝告、建议意味浓的词语。

庞特与卡莫纳总结到：

"人们总是要做出许多取舍，比如是要清晰还是要简洁，是要精确还是要笼统，是要专业精准还是要通俗易懂。但很重要的一点是，应根据实际情况来撰写政策。政策文件的写作是一门微妙的艺术，既需要平衡各方利益，又需要在各个目标间权衡抗争，既需要政治判断力，又需要较强的实际判断能力。"

无论是撰写政策、条例还是指引，都需要做出这样的取舍。城市设计师如果想成为一名优秀的沟通者，那么就必须既有扎实的书面沟通能力又有高超的图纸绘制技术，而这也正是未来的发展趋势。

5　结语

城市设计沟通涵盖了口头表达及非口头表达的所有方面，也包括聆听、识别与尊重他人观点、价值观及愿望的能力。沟通是一种影响决策的重要工具（图 12.16）。任何城市设计项目的沟通都应尽可能真实地向各参与方展示设计方案，而欺骗、怀疑以及对图像的操控都会在接下来的设计过程中引发种种问题与困难。

表达媒介的选择涉及许多因素，包括适宜性、成本、时间及设计师本身的技能等。尽管如此，设计师仍需将重心放在设计而非表达上。由于表现技巧会对设计师理解其创作成果的方式造成影响，进而对设计方案产生重大影响，因此设计师应该认识到通过表达媒介展示出来的设计并不是现实世界。同时，越来越多的设计师趋向于使用过于抽象及复杂的表现手法，以至于仅有其他同行才能理解。这种专业精英主义对于说服外行认同高质量设计的优点来说，收效甚微，并且还会对设计理念的有效沟通带来负面影响。美狄亚等学者提出以下几点注意事项：

● 确保所有参与方都理解演示的目的；

● 明确告知观众演示的准确程度或演示效果

● 使用恰当的方法来传达信息——如分析法、概念法、感知法与测量法；

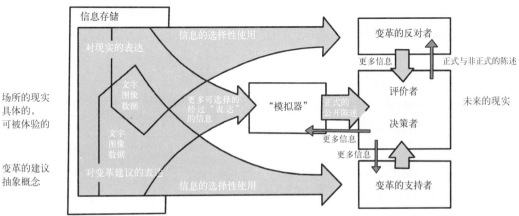

图 12.16　设计沟通模型（图片来源：根据鲍斯文，1998：202 重绘）

- 在决定采用手绘方式还是计算机生成技术之前，先弄清两种方法各自的优缺点；
- 避免使用图像误导观众。

每个人观察与感知城市环境的方式都各不相同，正如不同的人对他们感兴趣或吸引其注意的特定现象会做出不同反应一样。环境认知方式受观察者背景、对场所的熟悉程度、探访场所的目的或出行模式等的影响（见第 5 章）。在城市设计项目的沟通中，应当努力使观察者以认识现实世界的方式去体验设计方案。高质量的视觉图像为广泛而多样的受众提供清晰易懂的信息，令所有受开发项目影响的人都能对此做出评价。演示者必须了解沟通过程的背景，从而了解受众，这样有助于他们使用恰当的沟通方式。同时，演示者还应认识到可能存在的沟通障碍，包括社会的、心理的、技术的、语言使用上的以及诸如肢体语言的非语言表达方式。

第13章 整体的城市设计

本书的论述基本是从理论到实践逐渐展开的。第一部分首先介绍了城市设计的性质与城市设计师的职责，进而回顾了城市设计的演变及其对城市形态产生的影响，最后分析了城市设计活动的基本语境——当地的、全球的、市场的以及调控的。第二部分从形态、认识、社会、视觉、功能与时间这六个维度讨论了城市设计涉及的主要领域。第三部分则探讨了公共部门及私人开发机构在制定和维护高质量城市设计方案中的性质与作用。城市设计是为人创造场所的活动，这一贯穿全书的核心概念同时也确定了四个主题思想的重要性：城市设计关注人；城市设计重视"场所"；城市设计在"现实"世界中运作，因此设计师的职能领域必然受到市场及政府调控力量的约束与限制；城市设计是一个过程。

在最后一章中，我们将再次强调与重申上述主题思想中的第四点——城市设计是一个过程，以及城市设计师所面临的挑战，尤其是在第3章讨论过的全球语境中，如何去应对设计作品引起的全球环境效应。

"质疑"城市设计

归根究底，本书应被理解为是关于对如何在"空间"中创造"场所"这一问题的讨论。如前所述，这并不完全是设计师的任务，居住在其中的人们及其行为活动也发挥了很大作用。为了便于集中论述，本书按城市设计活动的主要领域来组织章节内容。城市设计思想的重要研究成果都可以被纳入到这个结构体系中并得以关联。但是由于城市设计的综合性特征，多数作者及评论家在讨论城市设计问题时往往会跨越若干不同维度，那么，如何在这个体系内安放这些个别的研究成果就需要进一步商榷，本书的结构也试图去强调城市设计多维度及多层次的特征。为了便于论述，我们建构了这样的结构体系，事实上，人们对城市环境的真实体验并非如此，因为这种体验是整体性的。只是出于促进理解的目的，有必要将其分解为若干要素进行分析。然而，无论是塑造一个新的场所，还是对现有场所的积极干预与影响，都必须把这些构成要素联系在一起，将其作为整体去考虑。

在阐明城市设计本质的过程中，本书并不刻意追求自创一套规定性的"新"理论，也不会为城市设计做出新的定义，更不会试图去提供一套程式化的"解决问方案"。第1章的讨论表明，大部分城市设计的定义都是恰当且有价值的，但它们同样存在局限性与争议性。尽管有些著名的城市设计师提出了一些非常实用的理论框架，但往往附有相应的告诫，提醒人们不能将其视为刻板的教条，也不能将其灵活性降低至机械化公式的程度。公式化的应用不仅会否定积极的城市设计过程，同时还会消减设计师及其设计才能的发挥。没有哪一套职责体系（或目标体系）能够完全涵盖城市设计涉及的领域，并准确体现其复杂性，也没人能够制定出一套按部就班的程序，用以成功地塑造一个场所。城市设计是一个探索的、直觉的以及推理的过程，不仅需要深入研究遇到的各种问题，同时还要综合考虑多变的、特定的时间及场所条件。然而，某一场所的创造过程与构成要素之间复杂的相互作用是可以被考证的，这种考证有助于总结场所成功或失败的一般规律。

因此，必须对城市设计保持一种不断质疑、不断追问的态度。与任何设计过程一样，城市设计中不存在绝对"正确"或者"错误"的答案，只有"较好"或者"较差"的选择，至于设计质量的高低只能通过时间来验证。譬如说，劳森就认为设计基本上：

> "是靠设计师做选择而不断进行的，即使他们没有足够的时间和足够的知识。出于这些原因，有时设计师会尽量简化问题，以组织思维好让自己更加严谨地为设计做出选择，这不失为一个有用的办法，因为我们不可能让一切都完美。"

在弗兰克·劳埃德·赖特（Frank Lloyd Wright）职业生涯几近结束的时候，有人曾经问他认为自己设计得最好的建筑是哪个，赖特是这样回答的："下一个"，这个答案囊括了我们每个设计师所必须具备的态度。

有很多组织机构试图通过设定一系列问题来建构一个提高场所质量的行动纲领。例如，为生活而设计（Building for Life）这个组织就设定了20个问题来确定"是什么使得空间适宜居住"；公共空间计划（The project for Public Spaces）也列出了36个问题试图找出"是什么造就了一个成功的场所"这个问题的答案；而城市设计联盟（Urban Design Alliance）则更为详细地设定了100多个问题供使用者去评估"场所质量"。

框图13.1以提问题的形式将本书讨论过的城市设计的各种研究成果及维度串联起来。其意图在于就重要议题进行重申与提醒，而不是为城市设计或场所塑造制定一套完整的概念或行业规定。这些问题可以用来评估设计方案，同样也适用于分析场所成功与否的原因。

挑战

实现一个高质量的城市设计的确困难重重，从很难在当代城市设计实践中找出优秀案例上就可以看出这点。本书注意到许多制约因素，正是它们妨碍了高质量城市设计的完成以及更好场所的塑造；其中许多已在前面的章节中讨论过，总的来说主要包括：

- 认识缺失——关于广义的环境质量对于成功运营的价值这个问题，投资者与使用者有着不同的认识。然而研究表明，不同的细分市场对设计有着不同的关注程度与熟悉程度，例如，零售商往往比办公楼的使用者能够更清楚地认识到设计的作用。
- 信息匮乏——缺少关于未来使用者与投资者喜好的可靠信息，容易增加偏离传统设计质量标准的风险，而这些标准往往很"可靠"。
- 市场的不可预测性——项目开发的时间选择与房地产市场及投资市场的波

框图 13.1　质疑城市设计

定义
- 该项目是否会对公共空间产生影响，无论这种影响有多么小？
- 该项目是否有助于创造或强化场所的意义？

语境
- 该项目是否尊重、理解现状环境文脉，汲取其合理之处并与之融为一体？
- 设计方案是否支持环境良性发展，或至少不对其造成不良影响？
- 设计方案是否具有经济可行性以及可持续发展品质？
- 设计方案是否获得相关利益群体的支持？

形态
- 形态模式是否已经被理解并得到积极地延伸，从而创造出富有个性的城市街区以及联系紧密、肌理细腻、整体连贯的街道与空间网络？

认知
- 该项目是否有助于延续已有的场所感，或形成新的场所感？
- 该项目是否创造了一个可识别的、富有意义的公共空间？

社会
- 该项目是否提高公共空间的可达性及安全性？
- 该项目是否为社会交往、社会交混以及多样性提供机会？

视觉
- 是否将建筑、街道、空间、硬质或软质景观、街道家具等统筹考虑，以创造舞台般的效果以及视觉吸引点，同时增强场所感

功能
- 混合使用和功能布局是否激发了公共空间的活力，并支持必要性、选择性及社会性活动？
- 规划基础设施是否与现状基础设计网络紧密结合，并在可能的情况下对其进行扩充？

时间
- 设计方案有否考虑跨越不同的时间范围利用空间，如白天与黑夜、夏季与冬季、短期与长期？
- 该项目能否使"新"与"旧"以渐进的方式逐步融合，能否在适当的条件下避免大规模的再开发，能否在每个发展阶段都保持自身的完整性，并在发展中不断修补边界形态？
- 该项目是否考虑了环境的长期经营及维护？

开发
- 该项目是否具有经济可行性？能否为开发商、投资者及使用者的近期、中期以及远期利益提供保障？

控制
- 如何在开发方案中表达及反映公众意愿？

沟通
- 远景构想或设计方案是否被清楚地传达给公众，并被他们理解与接受？

动有关，而这种波动影响到投资商对风险的认识，从而决定了他们对城市设计质量的投资态度，因此，房地产市场的这种周期性变化往往成为高质量城市设计的障碍。

- 高昂的土地价格——高昂的土地价格会降低利润，同时大大压缩为提高质量的额外投资所预留下的空间，在房地产市场价格调整缓慢、存在缺陷的情况下更是如此。

- 土地所有权分散——土地所有权过于分散会延长项目开发周期，增加开发过程中的许多不确定因素，导致开发显得零碎、不协调。

- 项目开发不协调——个体的开发行为往往是不协调的，因此很难聚合成一个更大的整体。一般来说，土地规模较大的开发（一旦土地所有权掌握到单一所有者手中），更有可能去解决关于"场所创造"方面的问题，也使得投资者更容易获得能以租金或资产价值的形式带来收益的"外在形态"。同时我们需要认识到单一所有者的土地开发将使得开明管理与控制成为可能。同样地，小规模渐进式开发，尤其是它们以某种形式相互协调时（可能是无意间的），通常会产生"更好"的场所。

- 对抗的关系——开发商与公共部门之间对立的关系会延长项目开发所需的时间，从而也增加了风险和不确定因素。

- 资金水平——总体经济形势的不确定性与不稳定性，往往导致投资商做出短期投资的决策以及在设计方面较少的投资。

- 缺乏选择——在理想的区位中缺乏适当品质的物业会减少设计因素对使用者决策的影响——如果适当的地点不能提供高质量的空间，使用者通常会放弃较差的开发项目而选择另一地点。

- 近利主义——与现有资本市场的结构相匹配的规划时限仅为 3~5 年，这是因为投资获得盈利一般需要 3~5 年的时间，而在城市设计中如果要让投入的资金看得到效果或是创造出高品质的场所就必须长期投资，这让投资商们望而却步。从他们更愿意选择短线交易或一次性交易的方式，而不去选择维持一种持续的、长期合作关系，也不愿做回头客生意中也可以看出这点。

- 成本意识——使用者的理解是：尽管更多公众能够享有好的设计所带来的益处（即：这些效益属于社会效益），但为之买单的却是直接使用者，他们需要支付较高的租金、运营管理费用以及广告费用（即：这些费用涉及私人成本）。

- 决策模式——许多重要的城市设计决策并不是由规划师、开发商或设计师做出的，而是由一些可能并不认为自己参与了城市设计项目的人做出的（即一些不知情的城市设计师）。这类人通常对他们所做决策产生的后果与影响缺乏清醒的认识，尤其是意识不到自己所做的决定将会对城市环境造很大的影响。

- 消极规划——许多地方政府采用保守的而不是积极主动的方式去认识城市设计，也无法将其与城市更新联系起来，因此，他们往往认识不到城市设计可以为城市更新做出重要贡献。

- 技术欠缺——开发过程中双方都缺乏先进的城市设计技术，这始终是导致更好设计无法有效完成的主要障碍。

这些限制条件应被视为是对设计师的挑战——一个成功的城市设计师应该善于面对并克服这些障碍，从而创造出更好的场所。

城市设计不仅仅是对变化的一个变动回应，它同时还是一种掌控变化并创造更好场所的积极尝试。然而，要获得成功，城市设计师还应具备良好的政治技能与业务技能。例如，蒂巴尔兹就指出成功的城市设计师应该具备以下个人能力：

- 能够保持较高的设计水平——要成为政界、管理层、实业家及开发商等重视与赏识的一股力量；

- 要积极地付诸实践——将各种各样的设计理念转变为设计实践；
- 思维开阔——对其他专业人士及市民大众的观点与建议表示尊重与谦恭；
- 论述中肯且有信服力，从而为设计理念的实现争取必要的资金、土地及人力资源；
- 具备敏锐的金融意识；
- 既要理想高远又要脚踏实地——能够认识到为什么会出差错；
- 要有丰富的想象力，追求高质量，并且有始有终的完成设计；

正如蒂巴尔兹所指出的，这些技能仅仅是达到目标的手段而已，真正的目标则是借助它们来获得有价值的业绩。在这点上，朗注意到，城市设计已不再是涵盖建成环境专业所有组成部分的综合性活动了，它关注的是"夹在中间的那部分"（即介于规划与建筑之间的部分）——一种城市主义论（见第1章），"它形成了自己的专业领域，已经发展为其从未成为的——一门独立的学科"。他还指出，如果继续发展下去的话，城市设计将不再保持学科协同，它从建成环境专业中汲取有用的知识，但又不同于它们，"城市设计已经越来越面向发展，面向社会，同时对于城市层面决策环节的各种不稳定因素也有了更为清醒的认识"。

前文列举的这些障碍突显了公共部门为促进"好的"设计而在创造政治与法规环境方面的重要性。巴塞罗那、哥本哈根、温哥华、伯明翰、波特兰以及旧金山等城市都不同程度地克服这些障碍，做出了极佳的城市设计范例。在这些城市中，除了认识到公共部门在为设计营造支持性氛围所起到的积极推进作用之外，私人发展商及投资者在确保各利益相关群体共同保障设计质量方面所发挥的积极作用也非常重要。假若各部门都能够履

图13.1　挪威，奥斯陆，阿克尔布吉码头（图片来源：马修·卡莫纳）

阿克尔布吉建立了一个新的城市中心区，作为一个场所，其成功得益于：

- 功能多样——咖啡馆、餐厅、零售商业、购物嘉年华、办公楼、两家剧院、戏剧学院、居民区、电影院、医疗中心、幼儿园等；
- 形态与形式——与滨水空间保持良好联系、有着活跃用途的空间序列、对步行者友好且无车的步行空间、便捷的公共交通、较强的渗透性（包括视觉的与实际的）且不以损失主要空间的舒适感为代价；
- 建筑交混——风格大胆的现代建筑与历久弥新的历史建筑的丰富结合；
- 呼应气候——为冬季活动提供有遮蔽的室外地块、室内通道与空间，设置在天气好的情况下可以延伸至外部空间中开展的功能；
- 尺度与密度——在64公顷的区域内虽然具有较高的开发密度，但建筑尺度相对较小，且居住人口及工作人口规模适中。

行相应的义务，那么创造出在任何时代都堪称第一的公共场所与城市空间便不再是天方夜谭。图13.1～13.4举了四个这样的例子。

如果说实现高质量的城市设计的限制条件中有许多是与设计、开发及政府调控过程有关的，那么（与可持续发展一样）多数解决方案也是如此。某些与过程有关的限制条件——当地市场状况、宏观经济形势等——是城市设计师或其他建成环境专业人士几乎无法去干预的。而另一些条件——在较长一段时期内产生影响的、国家以及地方政府行

图 13.2　伦敦，南岸区（图片来源：马修·卡莫纳）

南岸区是伦敦城市设计的一大成功典范。它有着各式各样的景点以及引人入胜的自然背景，在该区人们的视线可以穿过泰晤士河欣赏对岸伦敦城（City of London）及威斯敏斯特（Westminster）的风光，从而吸引了外地游客及伦敦市民前往游览。然而，它并不是以开发形式进行的常规城市设计，而是以"复兴"方式操作的，目前还在进行中。从塔桥东侧沿河边散步至威斯敏斯特桥，一路上可以看到伦敦设计博物馆（London's Design Museum）、南华克大教堂（Southwark Cathedra）、历史悠久的巴罗市场（the Borough Market）、环球剧院（the Globe Theatre）、泰德现代美术馆（the Tate Modern Art Gallery）与国家剧院（the National Theatre），以及其他许多娱乐、艺术、居住、商业、零售、餐饮等功能区。由于景点沿步行路线分布，因此该区的城市形态是由步行线路主导的，表现为高密度传统空间与现代商业开发相结合的形式。该区历史性的公共空间以及高品质的公共艺术与景观主要是由公共部门投资改造或兴建，还有许多政府干预的成功范例，例如塔桥广场（Tower Bridge Plaza）、可因大街（Coin Street）社会住宅开发等。一系列标志性建筑提升了该区的吸引力——塔桥（Tower Bridge）、伦敦议会大楼（the London Assembly Building）、改造后的河岸发电厂（Bankside Power Station）、千禧桥（the Millennium Bridge）（上图所示）、伦敦眼（the London Eye）以及皇家节日音乐厅（Royal Festival Hall）等。大量高品质的视觉及社会"刺激物"使得南岸区成为一个令人难忘的场所。该区城市设计的成功更为重要的原因是各参与者做出的努力，其中包括地方政府主导的更新改造团队、大批志愿者、社区及相关商业团体等。而其复兴很大程度上是通过管控下的渐进式开发（而不是任何宏伟的总体规划）、注重品质以及强调泰晤士河主题而达成的。

图 13.3　美国俄勒冈州，波特兰市，先锋法院广场（图片来源：史蒂文·蒂斯迪尔）

先锋法院广场位于波特兰市中心区，是一个城市设计的成功范例。广场自身的特点以及市民归属感导致了其较长的酝酿与修建周期。1952 年，原波特兰大酒店被拆除，就地建起了一座两层楼的车库。20 世纪 60 年代初，有人提议用公共广场来取代车库，但直到 1972 年，波特兰市下城区规划才确定了该街区未来将用于修建广场。市政府最终于 1979 年买下这块地，并在次年（1980 年）组织了一次国际竞赛以期招募广场设计方案。市民评审团选择了由当地一家建筑事务所提出的方案，但由于市长换届以及成立波特兰市下城区商业协会的原因，该计划被迫中止。最后是一个草根阶层的行动组织——先锋广场之友，经过努力抗争才保留下该项目，同时他们还通过出售广场座椅、树木、路灯以及 6 万多块地砖的赞助权筹集到了 160 万美金。1984 年，广场终于建成并启用，整个广场有着不同私密与开放程度的空间，给予人们欣赏美景的机会，并提供各种安坐环境。广场中心地带创造了各种活动机会，每年举办约 300 场不同的活动。它的另一个重要作用便是促使波特兰市下城区重新成为区域的社会与经济中心，同时开明交通政策的施行更是使得广场成为区域轻轨系统的一大枢纽。

图 13.4 德国,费莱堡市,沃邦区的社区活动（图片来源: Iqbal Hamiduddin）

沃邦区是一个新兴的城市居民区,它位于费莱堡市南面约 4 公里处,于 20 世纪 90 年代中期开始兴建,目前大约有 5000 个居民及 600 份工作岗位。该地区原为法国占领军兵营,废弃后被设计成一个可持续发展的示范区。沃邦区与城市的联系主要依靠便捷的公共交通,大约 40% 的家庭没有汽车,人车共享街道,限速 5 公里／小时;使用生态技术以低能耗标准来建造房屋,例如采取良好的绝缘措施以及高效的供热技术就可以减少约 60% 的二氧化碳排放量,使用热电联产设备或者太阳能光伏板等材料就可以生产出 65% 的自身用电量。同时,该项目还提倡公众深度参与开发过程以激发其热情,例如鼓励公众直接参与其生活环境的塑造,或是鼓励他们参与社区的可持续发展管理。一些大型建筑公司也参与开发,但是大部分房屋建设都是由小型私营建筑公司和"团购建房小组"(Baugrupprn)合作完成的,或者是由居民组成社区团体按照详细规划及设计准则中规定的参数自行修建。这就为沃邦区带来了一种细节多变但整体统一的城市肌理以及高品质的宜居环境 (http://www.vauban.de/info/)。

为的结果——则只能去遵守。它们包括:关键行为人对城市设计及场所创造的认识、已有的决策模式、土地价格以及规划体系与其他调控机制的性质等。这些作为城市设计的市场语境与调控语境在第 3 章已经讨论了,实际上,城市设计师往往只能将其视为既定条件来接受。

尽管如此,仍有许多制约因素是在城市设计师、委托方以及当地社区的影响范围之内的,例如:提供有效的公众需求与喜好信息;土地整理与开发机遇;将规划进程作为

改革的推动力;关于"好"设计的价值的教育;无论在公共部门还是私营机构都配备有接受过专门训练的技术人员;以及制定并通过一个条理清晰的地方愿景等。最重要的是,城市设计从业人员可以尝试放弃目光短浅、行事强硬的专业方法,转而采用一种注重集体协作的方法去设计出好的作品。

一个整体的方法
场所创造 + 可持续发展

我们以重申城市设计整体协同的本质作为本书的结语。正如第 3 章讨论过的,一个好的设计作品必须同时符合"坚固"、"实用"、"美观"这三个标准,然而,在任何设计过程中,却都存在着只优先考虑某一维度——美学维度、功能维度、技术维度或经济维度——而将其孤立于该设计的语境之外,不去考虑它对于整体环境的作用。许多奉行所谓"功能主义"的现代建筑就饱受这个问题的困扰。根据功能主义的理论,功能需求是城市设计的首要标准,它主导着建筑平面布局、形态建构以及视觉表达等。而作为对工业城市过于拥挤与不健康环境条件的回应,秉持现代主义观点的设计师主张人们需要新鲜的空气、充足的日照以及阳光与绿地。因此他们认为在设计中应该遵循某些重要标准,比方说在新建住宅项目中按照更严格的日照标准来设计,而这难免会导致建筑布局过于分散。这种方法过于强调设计的某一方面,而忽略了它有可能带来的其他负面影响,例如,与地方文脉与生活模式的融合,潜在住户的喜好与选择。

第 3 章将"经济"作为第四个标准加入了业已建立的"坚固"、"实用"、"美观"这个三位一体的设计准则中。"经济"不仅仅可以从狭义上理解为预算限制,更为重要

的是其广义涵义——将环境代价降至最低。二十一世纪我们面临的最大挑战或许就是如何应对复杂的可持续发展诉求。而城市设计师及城市管理者将在诉求的满足中发挥重要作用。

正如第二部分及第三部分关于可持续发展的插页中论述到的,可持续发展这一要求以不同的方式影响着城市设计的各个维度及全过程。第 3 章所提出的 10 条不同空间尺度下的可持续设计原则(见第 3 章),已充分表明了制定一个可持续城市设计策略的复杂性,就更不用说去实现这样一个策略了。同时,这也体现出该议题所具有的理想性本质以及只有通过实践才能化解其内在矛盾的必然性。例如,想要设计出更为集中的发展模式可能无意间就为增加生物多样性或更具可持续性的排水系统埋下伏笔;想要获得最理想的日照条件,建筑最好采用坐北朝南的布局模式;想要满足人们方便社交的要求,则应提供一个更具渗透性的城市网格。本书中提出的这些原则仅仅代表一个设计过程的开始,项目开发还应根植于全球语境,同时结合项目所

图 13.5　贝丁顿零能耗开发项目(BedZED)(图片来源:马修·卡莫纳)
设计时有意割裂基地与周边环境的联系,采用各建筑紧凑相邻,所有住宅朝南并设有双层低辐射真空玻璃房的模式,从而建成了一个自给自足的零碳排放"飞地"。

在的当地语境、调控环境以及市场语境来考虑问题,制定具体策略。

然而,一个根本性的问题还是出现了,目前在城市设计理论与实践中占据主流地位的是"场所创造"这个传统观念,在这个思维传统中,可持续发展是否是一个必要的设计议题?我们是否需要一套全新的以"可持续发展"而不是"场所创造"为核心的理论与方法呢?

伦敦贝丁顿零能耗发展项目(BedZED)(图 13.5)是一个国际公认的"可持续发展的典范",设计时有意割裂基地与周边环境的联系,采用各建筑紧凑相邻,所有住宅朝南并设有双层低辐射真空玻璃房的模式,从而建成了一个自给自足的零碳排放"飞地"。而一些知名建筑师也陆续做出了其他的可持续发展典范,他们或者将可持续城市设计视为是一种对建筑的回归,认为可持续发展的要求应落实到建筑单体上,例如杨经文的绿色摩天大厦;或者将其视为是一种总体设计层面上技术主导的解决方案(见第 1 章),以及与之相应的生活方式的设计,例如由英国咨询公司奥雅纳(Arup)主持设计的上海东滩零碳生态小镇。而由英国福斯特建筑事务所(Foster & Partner)设计的阿布托比市马斯达尔城则融合了这两种设计思想,整个城镇可被视为一个在沙漠中的封闭整体,先进技术可以让居住在其中的人们过上零碳排放的生活。

这些例子都体现出了可持续城市设计与作为"场所创造"的城市设计观的决裂,至少在一定程度上,可持续城市设计关注的是形态及可能造成的影响,而不是人与场所。然而,在本书中提到的可持续设计原则中,没有一条意味着城市设计一旦满足了可持续发展要求,就不能满足场所创造的要求。如里奇(in Ritchie & Thomas,2009)总结到:

"我们需要分析一个成功场所的构成要素，并再次与之协作（为人们创造出好的场所）……（同时要意识到）……我们现在面临的是与以往不同的新问题：气候变化以及更多的人渴望生活在更富人文气息的环境中，问题不同，其解决方法也必定发生变化。"

《城市设计纲要2》的作者认为："普遍存在一种错误观念，认为追求高质量的城市设计的原则与追求最理想的环境可持续性的观点之间存在冲突。"他们还举例说，城市设计完全可以在进行街道空间设计的同时保证其良好的热力性能，即兼顾场所质量与可持续性。

然而，在看待城市环境及其构成要素上，需要秉持一种更为复杂的、功能复合的观点：例如，住宅除了居住功能外还可用来发电；绿化系统也可用作水循环；邻里中容纳多种使用功能；公共空间也可作为野生动植物的生境等。同时，由于气候不断变化，世界各地的环境也发生了改变，因此有必要从历史中汲取经验教训，思考什么样的城市形态适用于什么样的气候条件，并灵活应用于各地，从而达到以适宜的城市形态来改善当地气候，人们不必过于依赖能源密集型技术的目的。

格兰尼（Golany，1996）也认为，如果设计得当，城市形态无需借助主动式技术或能源密集型技术就可以调节城市气温。他举例说，在气候应激条件下（即气候变化幅度大），紧凑型城市形态较为合适；由于连续的街道网系统有利于加速空气流通，因此比较适合炎热气候，而不规则封闭型街道系统则更适合寒冷气候。格兰尼最后总结到，应该深入研究我们的祖先是如何应对严酷的气候条件，归纳其经验并进行革新，从而实现"原生"与"创新"的结合。以上这些论据充分支持了本书的观点，即可持续城市设计

无需重复发明，相反，它好比一个包罗万象的镜头，透过它场所创造的六个维度（形态、认知、社会、视觉、功能、时间）以及各个过程（开发、控制、沟通）都可以被看到，并被放在一起得以综合考虑，这就是城市设计的整体观。

更大的挑战

如果无法付诸实施，那么任何概念化的可持续城市设计都将一文不值。因此，更加积极地实现可持续设计的观点受到了人们的广泛拥护，人们不仅意识到越来越不可持续的生活方式及发展模式会对环境带来长期持久的破坏，同时还认识到人类行为既存在对自然环境造成不可逆转的破坏的可能性，也存在对环境进行修复及改善的可能性。实现可持续设计的决策从本质上说是一个道德问题，因此必须经由国际、国家及地方的政治进程讨论后方可做出决定，并通过相关开发及管理过程来实施。如，弗雷就认为：

"想要获得一个可持续发展的城市区域，不仅需要对城市及城市区域现有的发展模式进行反思，同时还要检讨现行的政策、设计方法、设计师的专业责任感及公众教育等问题。更需要有强烈的政治意愿，通过实施强有力的、统一的方针政策、使用恰当的设计方法以及制定相应的开发策略来履行可持续发展的承诺，这相当于一场温和的、友好的革命。敷衍塞则是不可能实现城市可持续发展的。"

实现可持续城市设计可谓障碍重重，甚至有时这些障碍看似坚不可摧。其中相当重要的原因就是它们无所不在，而且还进一步加深了前文提及的实现一个好的城市设计的一般性障碍。它们主要包括：

- 生活方式已经定型——已经建立起的生活模式通常是根深蒂固，难以改变

的，例如依靠汽车出行及以此为基础形成的城市空间格局；

- 公众的意识与意愿——人们往往喜欢不可持续的、高消费的生活模式，包括希望拥有低密度的住宅（尤其是盎格鲁撒克逊人），希望拥有一辆私家车（有时甚至两、三辆）；
- 经济与管理体系——经济体系及管理体系很少反映出开发真实的环境成本；
- 缺乏政治意愿——政府部门影响开发过程的首要压力及原因是经济效益，其次是社会效益，最后才是环境效益；
- 缺乏远见——无论是公共部门还是私营机构都缺乏在解决方案创新上的远见，无法超越思维定势，因此往往选择那些久经考验，但通常是不可以持续的常规开发模式；
- 自私自利——大多数利益相关者都认为环境问题是"别人的问题"，与己无关，因此考虑不到（有时是主动否认）自身的作用；
- 缺乏选择权——由于文化、经济、教育及其他实际情况的限制，多数人很少有或没有选择自己生活方式的权利；
- 问题的范畴——改变不可持续的生活方式是一个极其艰难且漫长的过程，需要人们从根本上改变他们的态度以及来自各行各界的利益相关者在不同空间尺度上的通力合作。出于这样的原因，我们很容易认为个人的力量过于微薄，在这个问题的解决上很难发挥作用，积极行动可以留待以后再实施。

欧盟可持续城市设计工作小组（EU2004）非常赞同这一说法，他们总结说之所以遇到障碍往往是因为：

"缺乏政治意愿与意识；规划与管理、立法与程序方面存在困难；需要恰当的训练与教育；缺乏知识共享体系；偏执于传统观念（墨守成规）；城市规划与城市设计所使用的方法不当；由于可持续发展整体观的复杂性，规划人员不愿接受。"

显然，这些障碍既有国际的也有地方的，既涉及公共部门的职权领域也直指个人的义务范畴。

尽管如此，正如本书第三部分指出的那样，各利益相关群体仍然可以借助各种各样的方法对实现一个更整体的、更可持续的城市设计施加影响。表13.1列出了哪些人应该参与到可持续城市设计的实施中来，并从不同的空间尺度上列举了他们分别可以采取怎样的办法。这个表囊括了许多不同的公共部门与机构以及其可能对可持续设计带来的影响，同时还从四个不同的空间尺度罗列了公共部门、私营机构及社区不同的利益关注点。它不仅强调了"合作"方法对于职权分散的领域的重要性（或许是最为重要的），还突出了计划制定部门及拥有拨款权限的部门的重要作用——如规划部门、道路管理部门及重建部门，他们都应该利用其核心领导权与管理权去协调各公共部门的工作，协调公私利益，促进公共部门与私营机构的合作，从而为建设可持续发展的城市而共同奋斗（见可持续发展插入10）。

然而，要实现一个更可持续的城市设计，最重要的一点就是确立变革所需的推动力。国际组织、国家及地方政府都逐渐意识到变革不仅是受欢迎的，而且是必要的，也是不可避免的（EU 2004）。尽管实现可持续发展无论对于公共部门还是个人来说，无疑都是应当承担起的责任与义务，但是如果不想流于形式的话，公共部门还是应该首当其冲地履行自己的职责。最先开始采取的行动例如美国绿色建筑委员会（US Green Building Council）制定了绿色建筑评估体系（LEED），

	建筑	空间	区域	住区
私营机构				
设计专业人员	建筑设计 城市设计 视觉设计	城市设计 景观设计 视觉设计	城市设计 景观设计 视觉设计	城市设计 视觉设计
开发商	建筑开发	城市开发 公共／私人合作关系	城市开发 公共／私人合作关系	新兴住区 公共／私人合作关系
投资者	项目融资 长期投资	项目融资 长期投资	项目融资 长期投资	项目融资
公共部门				
规划部门	地方规划政策 设计指引 设计纲要 开发控制	地方规划政策 设计指引 设计纲要 开发控制 规划收益	地方规划政策 设计指引 设计纲要 开发控制 规划收益	战略规划方针 地方规划政策 设计策略
公路管理部门		道路建设标准 道路养护程序	道路规划标准 道路养护程序	交通运输规划 交通管理
建筑控制／审批部门	建筑管理			
消防部门	消防标准	消防标准	防火通道标准	
环境卫生部门	噪音控制	垃圾处理／管控	汽车排放控制	污染控制
住房管理／提供部门	社会住房供给／津贴 住房设计标准	住房设计标准／ 质量指标		住房政策
公园及康乐设施管理 部门		开放空间维护	开放空间建设／保护	景观／公共空间策略
警察机构	建筑联络	建筑联络 公共秩序 交通管制	公共秩序细则	
重建部门	设计指引	设计指引 补缺资助／拨款 公共／私人合作关系	土地复垦／改造 补缺资助／拨款 公共／私人合作关系	公共／私人合作关系
环保机构	补缺资助／拨款 保护建筑指定／管理	优化方案／资金 保护区划定／管理	优化方案／资金 保护区划定／管理	
城市管理部门		城市街景管理／协调	城市宣传／管理／协调	
公共／私人				
公共设施管理部门		道路／人行道维修标准		提供基础设施
公共交通部门		公共交通管理	提供公共交通	公共交通整合
教育机构／教育部门			教育机构／教育部门	提高环保意识
社区				
志愿者小组／团体	咨询回答	主动参与（参与，城 市管理）	组织活动 主动参与（参与，城市 管理）	组织活动
当地政界人士	法定权力	法定权力 支出优先排序	法定权力 支出优先排序 游说	法定权力 支出优先排序 游说
个体／私人企业	房屋／建筑维修	生活方式选择 公民责任	公民责任	

可持续插入 10——管理

可持续的场所是以塑造高品质的建成环境为目标的，各种尺度上的开发以及正在进行的适应与变化进程都被以一种综合的方式积极地导向这个目标。这就需要管理部门为可持续发展的各个方面都制定出明确且可衡量的目标，同时还要始终持有这样的意识，即让这些目标都有助于实现整体效益、综合效益、经济效益、社会效益及环境效益。

世界各国的政策机构都表达了对可持续发展这个新议题的热切关注与重视。例如，《新西兰城市设计草案》（环境部，2005）就将城市设计纳入到《国家可持续发展行动纲领》中，呼吁各个城镇要在培育竞争力、蓬勃发展、开拓创新的同时还应是宜居及环境友好的。目前，英国国家规划政策也做出了类似的规定："好的设计不但要确保场所富有吸引力、实用、经久耐用、适应性强，很关键的一点是还应符合可持续发展的要求。"（ODPM，2005）。

英国国家规划机构"为了生活而设计"（Building for Life）对"什么是设计得很好的住房与邻里"制定了一个基准，它体现了上个插页中提到过的可持续设计原则，其中列出了20个问题，开发商撰写在开发纲要时可以参考，地方政府也可根据它来提出更高的设计要求。

规划师、设计师、开发商及其他利益相关者也可以提出以下问题，这些问题同样反映了可持续发展的观点，同时也是对表 13.1 的补充：

1. 方案能否为人们的活动及出行提供多种选择，是否支持土地混合使用？

2. 方案是否尊重环境特色，并有助于建立或维存地方场所感？

3. 方案是否满足人们对安全、社交、舒适、艺术美感的需求？

4. 方案是否通过精心整合人工资源与自然资源来为生物环境提供支持？

5. 方案是否注重减少土地占用及能源消耗，是否增加城市的活力与生存能力？

6. 方案是否具有足够的弹性，可以经受并适应随时间推移可能发生的变化？

7. 方案能否有效降低消耗并长期高效使用能源与自然资源？

8. 方案是否支持建立更加自给自足、注重参与的本地社区？

9. 方案是否在建设及长期管理中都力求将其对更大范围的环境所产生的污染降至最低？

10. 方案是否有利于改善环境，能否有效联合各利益群体，以便更好地对随时间推移可能发生的变化加以控制？

芝加哥农夫集市（图片来源：马修·卡莫纳）在满足人类需求的同时兼顾环境需求

其中一部分是"社区发展评价系统"；再如英国政府也提出了《可持续住房评估标准》，而英国建筑与建成环境委员会（CABE）（www.sustainablecities.org.uk）则为应对可持续发展的挑战提供了一些工具。

结语

一个可持续发展的城市设计才是好的设计，但是正如本书通篇关于可持续发展的讨论所阐明的，实现可持续发展远远不止降低能源消耗、减少二氧化碳排放量那么简单，相反，它意味着一个更加深刻的决策基础，由此才能做出影响建成环境的社会可持续、经济可持续、环境可持续的决策。这就需要一个全局观——创造可持续的场所——决策时应综合考虑城市设计的各个维度对当地环境乃至全球环境的影响，并通过协作的方式来推进可持续发展进程。

同时，非常重要的一点就是必须意识到城市设计只是更广泛的可持续发展议程的一部分，其目的在于创造一个在经济、社会及环境方面都具可持续性的场所。奥尔门丁格与蒂斯迪尔认为这既需要考虑"人力因素"——他们的技能、资源及承诺、社会基础、经济基础等，也需要考虑"地域因素"——沟通、物质资源、经济结构、地理位置、生活质量、地方管理等。由于城市设计涉及所有这些方面，因而成为这个广泛议程中的一个关键部分。

尽管城市设计如此重要，但是这个行业不会孕育出像建筑领域那样的声名显赫的"大师"。部分原因是好的城市设计通常是非凡而不唐突的，它们融入环境甚至隐于环境之中——我们注意不到它们的存在。相反，低劣的城市设计却往往十分惹眼。而事实上，它们也只有在不起作用时才会引起人们的注意。好的城市设计类似于一场足球比赛，裁判不引起过分关注的比赛才是一场好比赛。而在实现一个好的城市设计的过程中，个人

贡献往往为团队光芒所掩盖，这反过来又反映出可持续城市设计作为"联系过程"的本质——既要联系场所与环境来综合考虑问题，又要让专业人员及其他行动者与非专业人员、社区居民和投资者建立联系以便沟通。

然而，要想发挥出全部潜能，城市设计需要更加注重公共部门及私人开发组织（表13.1 所列出的各部门与机构）在设计决策方面的作用，同时还要注重普及建成环境及相关领域的知识教育。人们需要在文化上做出转变，学会留意与欣赏城市设计。希望本书能在这些方面给予人们一些提示。

如果说城市设计是为人们创造公共场所的活动，那么我们面临的挑战就是如何设计出人们都乐于使用与居住的场所。霍尔在其著作《城市与文明》（Cities and Civilisation）的结语中说过即使是世界上最享有盛名的那些城市，也远远不是"现世的乌托邦"，而是：

> "充满压力与紧张、矛盾与冲突的地方有时甚至是令人痛苦的……肾上腺激素在身体里涌动的地方，工作地点所在的街区有时甚至是混乱肮脏的……然而即便是这样的地方，依然是精彩的，宜居的……"

这就是城市设计的真正动机——创造精彩的、宜居的场所。

专业词汇对照

Connotation 内涵

Conservation 保护

Consultation 咨询

Containment 容量

Continuity of place 场所的连续性

Controls 控制

  Public sector role 公共机构角色

  Smart controls 智能控制

  Zoning controls 分区控制

Conzen, John 约翰康泽恩

Copenhagen, Denmark 哥本哈根，丹麦

Crawford, Margaret 玛格丽特克劳福

Crime 犯罪

  Displacement 替代

  Fear of victimization 受害的恐惧

  Perception 感知

  Prevention 阻止

  Broken windows theory 破窗理论

  Dispositional approaches 处理方式

  Situational approaches 情境方法

Crime prevention through environment design 通过环境设计的犯罪预防

Cul-de-sacs 尽端路

Cullen, Gordon 戈登卡伦

Culture 文化

  Mass culture 大众文化

Curvilinear layouts 曲线布局

Cuthbert, Alexander 亚历山大卡斯伯特

D

Decentralisation 离散化

Democracies 民主

Denotation 涵义

Density 密度

  Benefits of higher density 高密度的益处

  Urban form 城市形态

Denver, Colorado 丹佛，科罗拉多州

Design 设计

  Policies 政策

Design briefs 设计纲要

Design codes 设计法规

Design frameworks 设计框架

Detroit, Michigan, USA 底特律，密歇根州

Developers 开发商

  Motivations of 动机

  Types of 类型

Development advisers 开发顾问

Development funders 开发资金提供者

Development pipeline model 开发流线模型

  Development feasibility 开发可行性

  Market conditions 市场条件

  Ownership constraints 所有权限制

  Physical conditions 自然条件

  Project viability 项目的可存续性

  Public procedures 公共秩序

Development pressure and prospects 开发阻力与前景

Development process 开发过程

  Actors and roles 参与者与角色

  Adjacent landowners 邻近土地的所有者

  Advisers 顾问

  Builders 建造者

  Developers 开发商

  Funders 资金提供者

  Investors 投资者

  Landowners 土地所有者

  Motivations of 动机

  Occupiers 居住者

  Public sector 公共机构

  Land and property development 房地产开发

  Models 模型

  Agency models 代理模型

  Equilibrium models 均衡模型

  Event-sequence models 事件次序模型

  Institutional models 制度模型

  Structure models 结构模型

  Quality issues 质量问题

  Monitoring and review 监控与审查

  Producer-consumer gap 生产者与消费者的分歧

  Public sector role 公共机构角色

  Urban design quality 城市设计品质

  Urban designer's role 城市设计师的角色

Disability 残障

Discovery 发现

development 另见开发过程，城市开发
Property markets 房地产市场
Public goods 公共物品
Public life 公众生活
Public participation, see Participation 公众参与，
见参与
Public procedures 公共程序
Public realm 公共领域
Decline of 公共领域的衰落
Design 设计
Exclusion strategies 隔离策略
Function of 公共领域的功能
Management and 管理
Physical and sociocultural public realms 物理
与社会文化公共领域
See also Public space 另见公共空间
Public sector 公共部门
Appraisal 评价
Area-wide appraisal 地区尺度的评价
District/region-wide scale 街区／区域尺度
的评价
Site-specific appraisal 特定场地的评价
Design brief 设计纲要
Design control/review 设计控制／审核
Design frameworks and codes 设计框架与规程
Intervention by 公共部门干预
Management role 管理职责
Conservation 保护
Maintenance 维护
Regeneration 更新
transport 交通
monitoring and review 监控与审核
policy 政策
role in development process 开发过程中的作用
role in quality control 质量监控中的作用
Public space 公共空间
Comfort 舒适
Discovery 探索
Edges 边界
Engagement 参与
Active 主动参与
Passive 被动参与
Exclusion strategy 隔离策略

External 外部的
Internal 内部的
Movement through 通行活动
Network 网络
Quasi-public space 私有化公共空间
Relaxation 消遣
Shape 形状
Social use of 公共空间的社会功能
See also Public Realm；Urban space 另见公
共领域、城市空间
Punter, John 庞特·约翰

Q

Quality in Town and Country initiative 村镇品
质倡议／提升行动
Quality issue 品质问题
Constraints 约束条件
Monitoring and review 监控与审核
Producer-consumer gap 生产－消费分歧
Public sector role 公共部门职能
See also Public sector 另见公共部门
Quasi-public space 私有化公共空间

R

Radiance 辐射
Reality-representation gap 现实－表现分歧
Redevelopment 重建
Regeneration 更新
Regulatory context 调控环境
Government structure 政府结构
Market-state relations 市场与政府间关系
Relaxation 消遣
Relph, Edward 拉夫·爱德华
See also Placelessness 另见无场所
Representation 表现
Analytical representations 分析图示
Computer imaging and animation 计算机呈像
与动画
Computer-aided design 计算机辅助设计
Conceptual representations 概念图示
Four dimensions 四维
Geographic information systems（GIS）地理信
息系统

Models 模型

Orthographic projections 正射影像图

Paraline drawings 轴测图

Perspective drawings 效果图

Photomontage 蒙太奇照片

Serial vision 视觉序列

Sketches 草图

Three dimensions 三维

Two dimensions 二维

Video animation 视频动画

Resilience 弹性

Responsive environment 共鸣的环境

Reurbanism——see Fishman, Robert 再城市化——见菲什曼·罗伯特

Rhyme 韵律

Rhythm 节奏

Rhythmic repetition 有节奏的重复

Road design 道路设计

Impact on urban form 对城市形态的影响

See also Cars；Transport 另见机动车，交通

Robustness 稳固性／鲁棒性

Access and 可达性

Cross-sectional depth and 进深

Room shape and size and 房间的形状与尺寸

Rome, Italy 意大利罗马

Rowe, Colin 罗·科林

See also Collage City；Figure-grounded studies 另见拼贴城市，图底研究

Rybczynski, Witold 罗伯津斯基·维托尔德

S

Safety 安全

24-hour cities 24 小时城市

Road design and 道路设计与健康

San Francisco, California, USA 美国加州旧金山

Savannah, South Carolina, USA 美国北卡罗来纳州萨凡纳

Scale 尺度

Schwarzer, Mitchell 施瓦泽·米切尔

Seaside, Florida 佛罗里达海滨

See also New Urbanism 另见新城市主义

Seaside, Florida 佛罗里达海滨

Seasonal cycle 季节性周期

Seattle, Washington 华盛顿州西雅图

Security 安全性

Animation/peopling approach 活力／汇聚人气的途径

Crime prevention 预防犯罪

Fortress approach 堡垒化途径

Management/regulatory approach 管理／规范化途径

Panoptic approach 全景监控途径

See also Crime 另见犯罪

Semiotics 符号学

Serial vision 视觉序列

Servicing 服务

Seven Clamps of Urban Design 城市设计的七大限制

Seoul, South Korea 韩国首尔

Shade 阴影

Shanghan, China 中国上海

Shared streets 共享街道

Short-termism 短期行为／短期主义

Sieve map 地图细分

Sienna, Italy 意大利锡耶纳

Signification 含义

Simulation 模仿

See also Invented places 另见虚构场所

Sitte, Camillo 西特·卡米洛

Situational approach (to crime prevention) 预防犯罪的情景化途径

Sketches 草图

Slow Food 慢食

Slow City 慢城

Smart controls 精明控制

Smart growth 精明增长

Smell 气味

Social costs 社会成本

Social mix 社会混合

Social segregation 社会隔离

Social space 社会空间

See also Public space 另见公共空间

Social urbanism 社会都市主义／社会城市主义

Sonic environment 声环境

Soundscape 声景观

Southworth, Michael 索思沃思·迈克尔

Space left over after planning (SLOAP) 规划盲区
Space, see Public space 空间 见公共空间
　　See also Urban environment, Urban space 另见城市环境，城市空间
Space Syntax 空间句法
Spatial analysis 空间分析
Spatial containment 空间容量
Squares 广场
　　Amorphous squares 不规则广场
　　Closed squares 围合广场
　　Dominated squares 受支配广场／从属性广场
　　Enclosure 围合
　　Freestanding sculptural mass 独立式雕塑群
　　Grouped squares 成组的广场
　　Monuments 纪念碑
　　Nuclear squares 向心性广场
Shape 形状
Starchitect 偶像派建筑师
See also icon, iconic 另见偶像，偶像的
Stevens, Quentin 史蒂文斯·昆廷
Sternberg, Ernst 斯腾伯格·厄恩斯特
Street furniture 街道家具
Street reclaiming 街道再生
Streets 街道
　　Lighting 照明
　　Pattern, see cadastral (street) pattern 模式，见地籍（街道）模式
Structure models 结构模型
Suburbs 郊区
Sunlight 阳光
Superficiality 表层／肤浅
Surveillance 监视
Sustainable development 可持续发展
　　By spatial scale 空间尺度上的
　　Density and 密度
　　Strategies for 相关政策
SWOTs analysis 综合分析
Sydney, Australia 澳大利亚悉尼市
Symbolism 象征主义

T
Talen, Emily 泰伦·埃米莉
Technical standards 技术标准

Telecommunications 通讯
　　Impact on urban form 对城市形态的影响
Territoriality 领域感
　　Loss of attachment to territory 缺乏归宿感
Theme parks 主题公园
　　Crime prevention 预防犯罪
　　See also Invented places 另见虚构场所
Third place 第三场所
Third way 第三条路（社会民主制）
Tibbalds, Francis 蒂贝尔兹·弗朗西斯
Tiesdell, Steve 蒂斯迪尔·史蒂夫
Time 时间
　　Cycles 周期
　　Management of 时间管理
　　March of 时间的行进
　　Time frames of change 变化的时间框架
Tissue studies 组织研究
Tokyo (Japan) 日本东京
Toronto (Canada) 加拿大多伦多
Total designers 总体设计师
Touch 触觉
Town center management 城镇中心管理
Townscape 城镇景观
Traditional neighborhood developments (TNDs) 传统邻里开发
Traditional urbanism c 传统城市主义
Traffic calming measures 交通稳静手段
Transit-oriented development (TOD) 交通导向的发展
Transport 交通
　　Environmental sustainability issues 环境可持续议题
　　Impact on urban form 对城市形态的影响
　　Management 管理
　　Road networks 道路网络
　　Technology 技术
　　See also Cadastral(street) pattern 另见地籍（街道）模式
Trancik, Roger 特兰西克·罗杰
Transect 横断面
　　See also new Urbanism, Andres Duany 另见新城市主义，安德烈斯·杜埃尼
Trees 树木
　　Air quality and 空气质量

Shade　树荫

Wind protection　防风

Triangulation　三角化

Twenty four-hour society　24 小时社会

U

Urban architecture　城市建筑

　　See also buildings　另见建筑

Urban code　城市规章

Urban conservationists　城市守护者

Urban design　城市设计

　　As joining up　作为组织者

　　　　The professions　专家

　　　　The urban environment　城市环境

　　Challenges　挑战

　　Clients and consumers of　客户与用户

　　Controls　控制

　　Definition　定义

　　　　Ambiguities in　概念含混

　　　　Relational definition　相关概念

　　　　Scale and　尺度

　　Design briefs　设计刚要

　　Design codes　设计规章

　　Design review and evaluation　设计审查与评价

　　Frameworks　框架

　　　　Allan Jacobs and Donald Appleyard　阿伦·雅各布斯与唐纳德·阿普尔亚德

　　　　Francis Tibbalds　弗朗西斯·蒂贝尔兹

　　　　Kevin Lynch　凯文·林奇

　　　　Responsive environments　共鸣的环境

　　　　The congress of new urbanism　新城市主义大会

　　Global context　全球化语境／背景

　　Holistic approach　整体性途径

　　"Knowing" urban design　自明的城市设计

　　Local context　地方语境／背景

　　　　Market context　市场语境／背景

　　　　Monitoring and review　监控与审查／检讨

　　　　Need for　城市设计需求

　　Practice　实践

　　　　Types of　实践的类型

　　Process　过程

　　Quality　质量

Barriers to　障碍

Questioning　质疑

Regulatory context　规范环境

Seven clamps of urban design　城市设计的七大限制

Technical standards　技术标准

Traditions of thought　传统思想

　　Making places tradition　场所营造的传统

　　Social usage tradition　社会使用的传统

　　Visual-artistic tradition　视觉艺术的传统

Urban design alliance (UDAL)　城市设计联盟

　　Placecheck　场地调查技术

Urban design group (UDG)　城市设计小组

Urban development　城市发展

　　Change management　变更管理

　　Development briefs　发展纲要

　　Environmental sustainability　环境可持续发展

　　　　Density and　密度

　　　　Strategies for　策略

　　　　Sustainable design by spatial scale　空间尺度的可持续设计

　　Quality　品质

　　Smart growth　精明增长

　　Transportations in urban form　城市形态中的交通

　　Industrial cities　工业城市

　　　　Informational age urban form　信息时代的城市形态

　　　　Post-industrial urban form　后工业城市形态

　　　　　　See also Development process, Urban design　另见发展过程，城市设计

Urban entertainment destination (UED)　城市娱乐地

　　See also Invented places　另见虚构场所

Urban environment　城市环境

　　Changes　变化

　　　　Time frames of　时间框架

　　Components of　构成

　　Culture relationship　文化关联

　　Environment-people interaction　环境与人的相互所用

　　Environmental determination　环境决策

　　　　Environmental possibilism　环境可能论

　　　　Environmental probabilism　环境或然说

　　　　Environmental perception　环境认知